더 쉽게 더 빠르게 **합격 플러스**

2차 시험

산업보건지도사

산업위생공학

서영민 지음

BM (주)도서출판 **성안당**

P·R·E·F·A·C·E

머리말

본서는 한국산업인력공단 산업보건지도사 2차 시험 출제기준 및 산업위생공학에 관한 사항, 전문지식, 지도내용을 포함하여 구성하였으며, 산업보건지도사 시험을 준비하는 수험생 여러분들이 효율적으로 학습할 수 있도록 최근 출제경향을 기본으로 필수 내용만 정성껏 담았습니다.

본 교재의 특징

1. 최근 출제경향의 특성 분석에 의한 기출 및 플러스 학습 이론 내용을 충실하게 수록
2. 산업위생공학 관련 중요 이론을 플러스 학습을 통해 실전대비 내용 수록
3. 계산문제 완벽풀이 구성
4. 최근 출제되었던 기출문제(2013~2025년)를 포함하여 수록
5. 시험에 자주 출제되는 중요 법령 정보 수록

차후 실시되는 산업보건지도사 문제를 반영할 예정이며, 미흡하고 부족한 점을 계속 수정·보완해 나가도록 하겠습니다.

끝으로 이 책을 출간하기까지 끊임없는 성원과 배려를 해주신 성안당 이종춘 회장님, 편집부 최옥현 전무님, 이용화 부장님, 김원갑 부장님, 세라컴 유완호 부장님, 아들 서지운에게 깊은 감사를 전합니다.

저자 **서영민**

이 책의 특징 및 구성

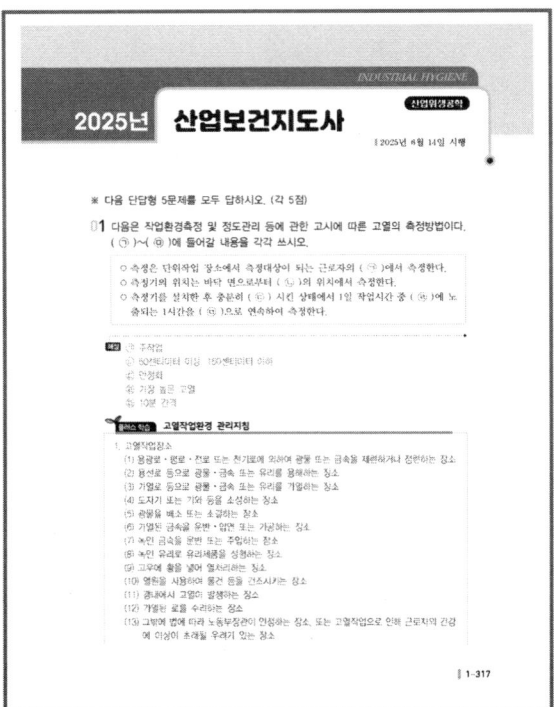

2013~2025년 13개년 과년도 문제를 자세하고 꼼꼼한 해설과 함께 수록하여 시험에 필요한 중요 개념과 내용을 정확하게 숙지할 수 있도록 하였다.

또한 해설에서 다루지 못한 약간 아쉬운 부분은 플러스 학습을 통하여 설명하여 이론에 대한 완벽한 이해가 가능하도록 하였다.

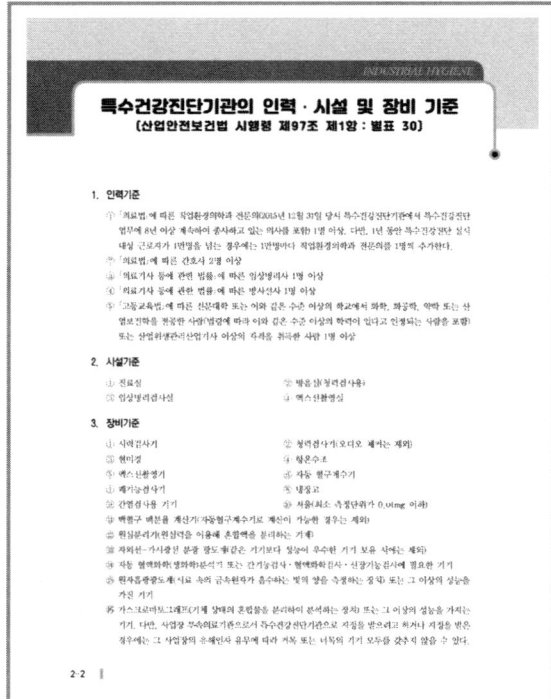

산업안전보건 관련 법, 고용노동부 고시, 관련 지침의 중요사항만을 체계적으로 정리한 후 부록으로 수록하여 출제비중이 높은 부분에 대한 반복적인 학습을 통해 시험에 대한 완벽한 대비가 가능하도록 하였다.

시험안내

01 기본 정보

① 산업보건지도사란 산업인력공단에서 시행하는 산업보건지도사 시험에 합격하여 그 자격을 취득한 자를 말한다. 응시자격에는 제한이 없으며, 응시자는 1차, 2차 필기시험과 3차 면접시험 3단계를 통과해야 한다. 1차는 객관식, 2차는 주관식, 3차는 면접으로 시행되며, 필기시험 1차와 2차는 100점을 만점에 과목당 40점 이상, 전 과목 평균 60점이상이면 합격한다. 면접시험은 10점 만점에 6점 이상이면 합격한다.

② 자격분류 : 국가전문자격

③ 시행기관 : 한국산업인력공단

02 자격 정보

(1) 산업보건지도사

① 산업보건지도사란 산업인력공단에서 시행하는 산업보건지도사 시험에 합격하여 그 자격을 취득한 자를 말한다.

② 산업보건지도사는 직업환경의학, 산업위생공학 분야로 구성된 국가전문자격으로 사업장 안전보건에 대한 진단·평가 및 기술지도, 교육 등을 하는 산업안전보건 컨설턴트이다.

③ 산업안전법 개정에 따라 2014년부터 '산업위생지도사' 자격 명칭을 '산업보건지도사'로 변경하였다.

(2) 특징

① 산업보건지도사 자격검정은 1차, 2차, 3차로 나누어 진행된다. 1차 시험은 분야별 구분없이 공통과목으로 시행되며, 2차 시험은 직업환경의학, 산업위생공학 분야별로 나누어 시행된다. 3차 시험은 면접시험으로 시행된다.

② 산업보건지도사는 작업환경의 평가 및 개선 지도, 작업환경 개선과 관련된 계획서 및 보고서의 작성, 근로자 건강진단에 따른 사후관리 지도, 직업성 질병 진단(의료법에 따른 의사인 산업보건지도사만 해당) 및 예방 지도, 산업보건에 관한 조사·연구, 그 밖에 산업보건에 관한 사항으로서 대통령령으로 정하는 사항 등을 직무로 한다.

(3) 자격증의 활용

① 창업 : 산업보건지도사는 보건관리기관을 법인으로 낼 수 있고, 기술사와 더불어 측정기관과 보건관리기관의 필수자격이다. 산업보건 중에서 최상위 자격으로 평가된다.

시험안내

② **취업** : 대기업 등 자율적인 보건관리 체계가 정착되도록 고도의 기술을 요하는 사업을 지원하는 데 지도사의 역할이 부각될 전망이며, 사업장 보건관리자로도 취업이 가능할 것이다.

03 시행 취지

외부전문가인 지도사의 객관적이고도 전문적인 지도·조언을 통하여 사업장 내에서의 기존의 위생·보건상의 문제점을 규명하여 개선하고 생산라인 관계자에게 생산현장의 생산방식이나 공법도입에 따른 위생·보건 대책수립에 도움을 주기 위하여 본 자격시험을 시행한다.

04 수행직무

① 유해위험방지계획서, 안전보건개선계획서, 공정안전보고서, 물질안전보건자료 작성지도
② 작업환경측정에 대한 공학적인 개선대책 기술지도
③ 기타 산업위생, 건강증진에 관한 교육 또는 기술지도

05 소관부처명

고용노동부(산업보건과)

06 시험과목 및 시험시간

(1) 시험과목

구분		시험과목
제1차 시험	공통필수 (3과목)	① 공통필수 Ⅰ – 산업안전보건법령
		② 공통필수 Ⅱ – 산업위생일반
		③ 공통필수 Ⅲ – 기업 진단·지도
제2차 시험	전공필수 (택 1)	• 직업환경의학 • 산업위생공학
제3차 시험	공통필수 (면접)	• 전문지식과 응용능력 • 산업안전·보건제도에 대한 이해 및 인식정도 • 상담·지도 능력

(2) 시험시간

구분	시험과목	입실	시험시간
제1차 시험	① 공통필수 Ⅰ - 산업안전보건법령 ② 공통필수 Ⅱ - 산업위생일반 ③ 공통필수 Ⅲ - 기업 진단·지도	09 : 00	09 : 30∼11 : 00(90분)
제2차 시험	전공필수	09 : 00	09 : 30∼11 : 10(100분)
제3차 시험	• 전문지식과 응용능력 • 산업안전·보건제도에 대한 이해 및 인식정도 • 상담·지도 능력	수험자 1명당 20분 내외	

※ 시험과 관련하여 법률 등을 적용하여 정답을 구하여야 하는 문제는 시험시행일 현재 시행 중인 법률 등을 적용하여
   그 정답을 구하여야 함

07 시험방법

① 제1차 시험 : 객관식 5지 택일형(과목당 25문항)
② 제2차 시험 : 주관식 논술형 및 단답형
③ 제3차 시험 : 면접시험

08 응시자격

① 응사자격은 별도의 규정이 없다.
② 단, 지도사 시험에서 부정행위를 한 응시자에 대해서는 그 시험을 무효로 하고, 그 처분
   을 한 날부터 5년간 시험응시자격을 정지한다.

09 결격사유(산업안전보건법 제145조)

다음의 어느 하나에 해당하는 사람
① 피성년후견인 또는 피한정후견인
② 파산선고를 받고 복권되지 아니한 사람
③ 금고 이상의 실형을 선고받고 그 집행이 끝나거나(집행이 끝난 것으로 보는 경우를 포
   함) 집행이 면제된 날부터 2년이 지나지 아니한 사람
④ 금고 이상의 형의 집행유예를 선고받고 그 유예기간 중에 있는 사람
⑤ 산업안전보건법을 위반하여 벌금형을 선고받고 1년이 지나지 아니한 사람
⑥ 산업안전보건법에 따라 등록이 취소된 후 2년이 지나지 아니한 사람

시험안내

10 시험의 일부 면제(산업안전보건법 시행령 제104조)

(1) 다음의 어느 하나에 해당하는 사람에 대한 시험의 면제는 해당 분야의 업무영역별 지도사 시험에 응시하는 경우로 한정한다.

① 「국가기술자격법」에 따른 건설안전기술사, 기계안전기술사, 산업위생관리기술사, 인간 공학기술사, 전기안전기술사, 화공안전기술사 : 별표 32에 따른 전공필수·공통필수Ⅰ 및 공통필수Ⅱ 과목

 ※ 인간공학기술사는 공통필수Ⅰ 및 공통필수Ⅱ 과목만 면제하고 전공필수(제2차 시험) 는 반드시 응시

② 「국가기술자격법」에 따른 건설 직무분야(건축 중직무분야 및 토목 중직무분야로 한정), 기계 직무분야, 화학 직무분야, 전기·전자 직무분야(전기 중직무분야로 한정)의 기술사 자격 보유자 : 별표 32에 따른 전공필수 과목

③ 「의료법」에 따른 직업환경의학과 전문의 : 별표 32에 따른 전공필수·공통필수Ⅰ 및 공통필수Ⅱ 과목

④ 공학(건설안전·기계안전·전기안전·화공안전 분야 전공으로 한정), 의학(직업환경의학 분야 전공으로 한정), 보건학(산업위생 분야 전공으로 한정) 박사학위 소지자 : 별표 32에 따른 전공필수 과목

⑤ ② 또는 ④에 해당하는 사람으로서 각각의 자격 또는 학위 취득 후 산업안전·산업보건 업무에 3년 이상 종사한 경력이 있는 사람 : 별표 32에 따른 전공필수 및 공통필수Ⅱ 과목

 ※ 산업안전·산업보건업무는 다음의 업무에 한하여 인정

> ㉠ 안전·보건 관리자로 실제 근무한 기간
> ㉡ 산업안전보건법에 따라 지정·등록된 산업안전·보건 관련 기관에서 산업안전·보건업무 종 사자로 실제 근무한 기간
> ※ 안전·보건관리전문기관, 재해예방지도기관, 안전·보건진단기관, 작업환경측정기관, 특 수건강진단기관 등(지정서로 확인)
> ㉢ 기업체에서 실제 안전관리 또는 보건관리 업무를 수행한 기간
> ※ 품질·환경 업무, 시설(안전)점검 등 산업안전보건법상의 안전·보건관리 업무와 무관한 경력기간은 제외하고, 경력증명서상에 '안전관리' 또는 '보건관리'라고 기재되어 있으며 수 행기간이 구체적으로 기재되어 있을 경우에 한해 인정

⑥ 「공인노무사법」에 따른 공인노무사 : 별표 32에 따른 공통필수Ⅰ 과목

⑦ 산업안전(보건)지도사 자격 보유자로서 다른 지도사 자격시험에 응시하는 사람 : 별표 32에 따른 공통필수Ⅰ 및 공통필수Ⅲ 과목

⑧ 산업안전(보건)지도사 자격 보유자로서 같은 지도사의 다른 분야 지도사 자격시험에 응 시하는 사람 : 별표 32에 따른 공통필수Ⅰ, 공통필수Ⅱ 및 공통필수Ⅲ 과목

※ 산업안전보건법 시행령 별표 32

지도사 자격시험 중 필기시험의 업무 영역별 과목 및 범위(제103조 제2항 관련)

구분		산업보건지도사	
		직업환경의학 분야	산업위생 분야
전공필수	과목	직업환경의학	산업위생공학
	시험범위	• 직업병의 종류 및 인체발병경로, 직업병의 증상 판단 및 대책 등 • 역학조사의 연구방법, 조사 및 분석방법, 직종별 직업환경의학적 관리대책 등 • 유해인자별 특수건강진단 방법, 판정 및 사후관리대책 등 • 근골격계 질환, 직무스트레스 등 업무상 질환의 대책 및 작업관리방법 등	• 산업환기설비의 설계, 시스템의 성능검사·유지관리 기술 등 • 유해인자별 작업환경 측정방법, 산업위생 통계 처리 및 해석, 공학적 대책 수립 기술 등 • 유해인자별 인체에 미치는 영향·대사 및 축적, 인체의 방어 기전 등 • 측정시료의 전처리 및 분석방법, 기기분석 및 정도관리 기술 등
공통필수 Ⅰ	과목	산업안전보건법령	
	시험범위	「산업안전보건법」, 「산업안전보건법 시행령」, 「산업안전보건법 시행규칙」, 「산업안전보건기준에 관한 규칙」	
공통필수 Ⅱ	과목	산업위생일반	
	시험범위	산업위생개론, 작업관리, 산업위생보호구, 위험성평가, 산업재해 조사 및 원인 분석 등	
공통필수 Ⅲ	과목	기업 진단·지도	
	시험범위	경영학(인적자원관리, 조직관리, 생산관리), 산업심리학, 산업안전개론	

(2) 제1차 또는 제2차 필기시험에 합격한 사람에 대해서는 다음 회의 자격시험에 한정하여 합격한 차수의 필기시험을 면제한다.

(3) 경력 및 면제요건 산정 기준일

서류심사 마감일

11 **합격자 결정**(산업안전보건법 시행령 제105조)

① **필기시험** : 매 과목 100점을 만점으로 하여 과목당 40점 이상, 전 과목 평균 60점 이상을 득점한 사람을 합격자로 결정한다.
② **면접시험** : 면접시험은 평정 요소별로 평가하되, 10점 만점에 6점 이상 득점한 사람을 합격자로 결정한다.

시험안내

12 수험자 유의사항

(1) 제1 · 2 · 3차 시험 공통 수험자 유의사항

① 수험원서 또는 제출서류 등의 허위작성 · 위조 · 기재오기 · 누락 및 연락불능의 경우에 발생하는 불이익은 전적으로 수험자 책임이다.

② 수험자는 시험시행 전까지 시험장 위치 및 교통편을 확인하여야 하며(단, 시험실 출입은 할 수 없음), 시험당일 교시별 입실시간까지 신분증, 수험표, 필기구를 지참하고 해당 시험실의 지정된 좌석에 착석하여야 한다.

※ 매 교시 시험시작 이후 입실불가

※ 신분증 인정범위

- 모든 수험자 공통 적용
  - 모바일신분증
    ① 정부24 · PASS앱을 통한 주민등록증 모바일 확인서비스
    ② 모바일 운전면허증(삼성월렛 등 민간 앱에 발급된 모바일 운전면허증 포함) 및 PASS앱을 통한 모바일 운전면허 확인서비스
    ③ 모바일 공무원증
    ④ 모바일 큐넷 전자지갑에 발급된 모바일 자격증 및 정부24, 카카오, 네이버를 통한 모바일 국가기술자격 확인 서비스
    ⑤ 모바일 국가보훈등록증(삼성월렛 등 민간 앱에 발급된 모바일 국가보훈등록증 포함)
  - 실물 신분증
    ① 주민등록증(주민등록증발급신청확인서(유효기간 이내인 것))
    ② 운전면허증(경찰청에서 발행된 것)
    ③ 건설기계조종사면허증
    ④ 여권
    ⑤ 공무원증(장교 · 부사관 · 군무원신분증 포함)
    ⑥ 장애인등록증(복지카드)(주민등록번호가 표기된 것)
    ⑦ (구)국가유공자증 및 국가보훈등록증
    ⑧ 국가기술자격증
      *국가기술자격법에 의거 한국산업인력공단 등 10개 기관에서 발행된 것
    ⑨ 동력수상레저기구 조종면허증(해양경찰청에서 발행된 것)
- 초 · 중 · 고등학생 및 만 18세 이하인 자
  - 초 · 중 · 고등학교 학생증(사진 · 생년월일 · 성명 · 학교장 직인이 표기 · 날인된 것)
  - NEIS 및 정부24를 통해 발급(흑백, 컬러)된 재학증명서(사진 · 생년월일 · 성명 · 학교장 직인이 표기 · 날인되고, 발급일로부터 1년 이내인 것)
  - 국가자격검정용 신분확인증명서
  - 청소년증(청소년증 발급신청확인서 포함)
  - 국가자격증(국가공인 및 민간자격증 불인정)
  - 서울시교육청 하이잡하이유 앱에 발급된 스마트학생증(서울 소재 특성화고 한정)
- 미취학 아동
  - 한국산업인력공단 발행 "국가자격검정용 임시신분증"
  - 국가자격증(국가공인 및 민간자격증 불인정)
- 사병(군인) : 국가자격검정용 신분확인증명서
- 외국인
  - 외국인등록증
  - 외국국적동포국내거소신고증
  - 영주증

※ 신분증(증명서)에는 사진, 성명, 주민번호(생년월일), 발급기관이 반드시 포함(없는 경우 불인정)

※ 원본이 아닌 화면 캡쳐본, 녹화·촬영본, 복사본 등은 신분증으로 불인정

※ 신분증미지참자는 응시 불가

③ 본인이 원서접수 시 선택한 시험장이 아닌 다른 시험장이나 지정된 시험실 좌석 이외에는 응시할 수 없다.

④ 시험시간 중에는 화장실 출입이 불가하고, 시험시간의 1/2 경과 후 퇴실할 수 있다.

※ '시험포기각서' 제출 후 퇴실한 수험자는 재입실·응시 불가 및 당해 시험 무효(0점) 처리

※ 단, 배탈·설사 등 긴급한 상황으로 시험포기 없이 시험 중에 퇴실하려는 자는 퇴실 가능하지만, 해당 교시에 재입실은 불가하고 시험시간 1/2 결과 전까지 시험 본부에 대기(퇴실 전 작성한 답안까지 인정)

⑤ 결시 또는 기권, 답안카드(답안지) 제출 불응한 수험자는 해당 교시 이후 시험에 응시할 수 없다.

⑥ 시험 종료 후 감독위원의 답안카드(답안지) 제출지시에 불응한 채 계속 답안카드(답안지)를 작성하는 경우 당해 시험은 무효 처리하고 부정행위자로 처리될 수 있으니 유의하여야 한다.

⑦ 수험자는 감독위원의 지시에 따라야 하며, 부정한 행위를 한 수험자에게는 당해 시험을 무효로 하고, 그 처분일로부터 5년 간 시험에 응시할 수 없다.

⑧ 시험실에는 벽시계가 구비되지 않을 수 있으므로, 개인용 시계(손목시계, 탁상시계 등)를 준비하시어 시험시간을 관리하기 바라며, 휴대전화기 등 데이터를 저장할 수 있는 전자기기는 시계대용으로 사용할 수 없다.

※ 시험시간은 타종 등에 의하여 관리되며, 교실에 비치되어 있는 시계 및 감독위원의 시간안내는 단순참고사항이며 시간 관리의 책임은 수험자에게 있음

※ 통신, 계산 또는 검색이 가능한 시계(스마트워치, 스마트밴드 등) 부정행위에 활용될 수 있는 일체의 시계 사용을 금함

※ 시험시간 중 개인용 시계의 알람 등이 울려 시험 진행을 방해한 경우 응시 제한 등 불이익을 받을 수 있음

⑨ 전자계산기는 필요시 1개만 사용할 수 있고 공학용 및 재무용 등 데이터 저장기능이 있는 전자계산기는 수험자 본인이 반드시 메모리(SD카드 포함)를 제거, 삭제(리셋, 초기화)하고 시험위원이 초기화 여부를 확인할 경우에는 협조하여야 한다. 메모리(SD카드 포함) 내용이 제거되지 않은 계산기는 사용불가하며 사용 시 부정행위로 처리될 수 있다.

※ 단, 메모리(SD카드 포함) 내용이 제거되지 않은 계산기는 사용 불가

※ 시험일 이전에 리셋 점검하여 계산기 작동여부 등 사전확인 및 재설정(초기화 이후 세팅) 방법 숙지

시험안내

⑩ 시험시간 중에는 통신기기 및 전자기기[휴대용 전화기, 휴대용 개인정보단말기(PDA), 휴대용 멀티미디어 재생장치(PMP), 휴대용 컴퓨터, 휴대용 카세트, 디지털 카메라, 음성파일 변환기(MP3), 휴대용 게임기, 전자사전, 카메라펜, 시각표시 외의 기능이 부착된 시계, 스마트워치 등]를 일체 휴대할 수 없으며, 금속(전파)탐지기 수색을 통해 시험 도중 관련 장비를 소지·착용하다가 적발될 경우 실제 사용여부와 관계없이 당해 시험을 정지(퇴실) 및 무효(0점) 처리하며 부정행위자로 처리될 수 있음을 유의하여야 한다.
※ 휴대폰은 전원 OFF하여 시험위원 지시에 따라 보관
⑪ 시험 당일 시험장 내에는 주차공간이 없거나 협소하므로 대중교통을 이용하도록 하며, 교통 혼잡이 예상되므로 미리 입실할 수 있도록 한다.
⑫ 시험장은 전체가 금연구역이므로 흡연을 금지하며, 쓰레기를 함부로 버리거나 시설물이 훼손되지 않도록 주의하도록 한다.
⑬ 가답안 발표 후 의견제시 사항은 반드시 정해진 기간 내에 제출하도록 한다.
⑭ 기타 시험일정, 운영 등에 관한 사항은 해당 자격 큐넷 홈페이지의 시행공고를 확인하여야 하며, 미확인으로 인한 불이익은 수험자의 귀책이다.

(2) 제1차 시험 객관식 수험자 유의사항

① 답안카드에 기재된 '수험자 유의사항 및 답안카드 작성 시 유의사항'을 준수하도록 한다.
② 수험자교육시간에 감독위원 안내 또는 방송(유의사항)에 따라 답안카드에 수험번호를 기재 마킹하고, 배부된 시험지의 인쇄상태 확인 후 답안카드에 형별을 마킹하여야 한다.
③ 답안카드는 국가전문자격 공통 표준형으로 문제번호가 1번부터 125번까지 인쇄되어 있다. 답안 마킹 시에는 반드시 시험문제지의 문제번호와 동일한 번호에 마킹하여야 한다.
④ 답안카드 기재·마킹 시에는 반드시 검은색 사인펜을 사용하여야 한다.
※ 지워지는 펜 사용 불가
⑤ 채점은 전산 자동 판독 결과에 따르므로 유의사항을 지키지 않거나 수험자의 부주의(답안카드 기재·마킹착오, 불완전한 마킹·수정, 예비마킹, 형별착오 마킹 등)로 판독불능, 중복판독 등 불이익이 발생할 경우 수험자 책임으로 이의제기를 하더라도 받아들여지지 않는다.
※ 답안을 잘못 작성했을 경우, 답안카드 교체 및 수정테이프 사용가능(단, 답안 이외 수험번호 등 인적사항은 수정불가)하며 재작성에 따른 시험시간은 별도로 부여하지 않음
※ 수정테이프 이외 수정액 및 스티커 등은 사용불가

(3) 제2차 시험 주관식 수험자 유의사항

① 국가전문자격 주관식 답안지 표지에 기재된 '답안지 작성 시 유의사항'을 준수하도록 한다.

② 수험자 인적사항·답안지 등 작성은 반드시 검은색 필기구만 사용하여야 한다. (그 외 연필류, 유색필기구 등으로 작성한 답항은 채점하지 않으며 0점 처리)

※ 필기구는 본인 지참으로 별도 지급하지 않음

※ 지워지는 펜 사용 불가

③ 답안지의 인적사항 기재란 외의 부분에 특정인임을 암시하거나 답안과 관련 없는 특수한 표시를 하는 경우, 답안지 전체를 채점하지 않으며 0점 처리한다.

④ 답안 정정 시에는 반드시 정정부분을 두 줄(=)로 긋고 다시 기재하거나 수정테이프를 사용하여 수정하여야 하며, 수정액 등을 사용했을 경우 채점상의 불이익을 받을 수 있으므로 사용하지 않도록 한다.

(4) 제3차(면접) 시험 수험자 유의사항

① 수험자는 일시·장소 및 입실시간을 정확하게 확인 후 신분증과 수험표를 소지하고 시험당일 입실시간까지 해당 시험장 수험자 대기실에 입실하여야 한다.

② 소속회사 근무복, 군복, 교복 등 제복(유니폼)을 착용하고 시험장에 입실할 수 없다. (특정인임을 알 수 있는 모든 의복 포함)

(5) 부정행위자 기준 및 사례

① 시험 중 다른 수험자와 시험과 관련된 대화를 하는 행위

② 시험문제지 및 답안지(실기작품 포함)를 교환하는 행위

③ 시험 중에 다른 수험자의 답안지 또는 문제지를 엿보고, 자신의 답안지를 작성하는 행위

④ 다른 수험자를 위하여 답안(실기작품의 제작방법 포함)을 알려주거나 엿보게 하는 행위

⑤ 시험 중 시험문제 내용을 책상 등에 기재하거나 관련된 물건(메모지 등)을 휴대하여 사용 또는 이를 주고받는 행위

⑥ 시험장 내외의 자로부터 도움을 받고 답안지를 작성하는 행위

⑦ 사전에 시험문제를 알고 시험을 치른 행위

⑧ 다른 수험자와 성명 또는 수험번호를 바꾸어 제출하는 행위

⑨ 대리시험을 치르거나 치르게 하는 행위

⑩ 수험자가 시험시간에 통신기기 및 전자기기[휴대용 전화기, 휴대용 개인정보단말기(PDA), 휴대용 멀티미디어 재생장치(PMP), 휴대용 컴퓨터, 휴대용 카세트, 디지털 카메라, 음성파일 변환기(MP3), 휴대용 게임기, 전자사전, 카메라펜, 시각표시 외의 기능이 부착된 시계 등]를 사용하여 답안지를 작성하거나 다른 수험자를 위하여 답안을 송신하는 행위

⑪ 공인어학성적표 등에 허위사실을 기재한 행위

⑫ 응시자격을 증명하는 제출서류 등에 허위사실을 기재한 행위

⑬ 그 밖에 부정 또는 불공정한 방법으로 시험을 치르는 행위

시험안내

13 최근 7년간 합격자 통계

구분		1차			2차			3차		
2019년		대상	응시	합격	대상	응시	합격	대상	응시	합격
소계		330	272	37	26	24	8	53	52	37
보건	직업환경	72	51	3	7	7	1	5	5	4
	산업위생	258	221	34	19	17	7	48	47	33
2020년		대상	응시	합격	대상	응시	합격	대상	응시	합격
소계		355	290	124	91	85	17	58	56	29
보건	직업환경	91	69	29	28	27	8	14	14	10
	산업위생	264	221	95	63	58	9	44	42	19
2021년		대상	응시	합격	대상	응시	합격	대상	응시	합격
소계		475	394	101	128	119	22	64	62	21
보건	직업환경	135	106	33	49	45	4	11	11	5
	산업위생	340	288	68	79	74	18	53	51	16
2022년		대상	응시	합격	대상	응시	합격	대상	응시	합격
소계		596	476	176	163	151	45	115	111	35
보건	직업환경	195	146	53	70	68	27	36	33	10
	산업위생	401	330	123	93	83	18	79	78	25
2023년		대상	응시	합격	대상	응시	합격	대상	응시	합격
소계		848	669	71	130	124	12	93	90	25
보건	직업환경	272	206	27	63	61	6	33	33	12
	산업위생	576	463	44	67	63	6	60	57	13
2024년		대상	응시	합격	대상	응시	합격	대상	응시	합격
소계		994	758	255	233	218	28	79	77	20
보건	직업환경	353	265	105	109	104	27	47	45	16
	산업위생	641	493	150	124	114	1	32	32	4
2025년		대상	응시	합격	대상	응시	합격	대상	응시	합격
소계		908	718	185	283	259	37	101	97	27
보건	직업환경	383	303	78	139	127	20	45	43	19
	산업위생	525	415	107	144	132	17	56	54	8

차 례

PART 1 과년도 출제문제(13개년 기출문제 풀이)

PART 2 부 록

PART 1

과년도
출제문제

산업위생공학

2013년 산업보건지도사

▌2013년 6월 22일 시행

※ 다음 단답형 5문제를 모두 답하시오. (각 5점)

01 다음은 미국산업위생전문가협회(ACGIH)에서 규정하고 있는 입자상 물질의 구분에 대한 내용이다. 괄호 안에 들어갈 내용을 쓰시오.

> 호흡기 어느 부위에 침착하더라도 독성을 유발하는 물질을 (㉠) 입자상 물질이라 하고, 이들 물질의 평균 입경은 (㉡)이며, 폐포에 침착되었을 때 독성을 유발하는 물질을 (㉢) 입자상 물질이라고 하고, 이들 물질의 평균 입경은 (㉣)이다.

해설 ㉠ 흡입성, ㉡ $100\mu m$, ㉢ 호흡성, ㉣ $4\mu m$

플러스 학습 **미국산업위생전문가협회(ACGIH)규정 입자상 물질 구분**

1. 흡입성 입자상 물질(IPM ; Inspirable Particulates Mass)
   ① 호흡기 어느 부위에 침착(비강, 인후두, 기관 등 호흡기의 기도 부위)하더라도 독성을 유발하는 분진
   ② 입경범위는 $0{\sim}100\mu m$
   ③ 평균 입경(폐침착의 50%에 해당하는 입자의 크기)은 $100\mu m$
   ④ 침전분진은 재채기, 침, 코 등의 벌크(bulk) 세척기전으로 제거됨
   ⑤ 비암이나 비중격천공을 일으키는 입자상 물질이 여기에 속함
   ⑥ 채취기구는 IOM sampler

2. 흉곽성 입자상 물질(TPM ; Thoracic Particulates Mass)
   ① 기도나 하기도(가스교환 부위)에 침착하여 독성을 나타내는 물질
   ② 평균 입경은 $10\mu m$
   ③ 채취기구는 PM 10

3. 호흡성 입자상 물질(RPM ; Respirable Particulates Mass)
   ① 가스 교환부위, 즉 폐포에 침착할 때 유해한 물질
   ② 평균 입경은 $4\mu m$
   ③ 폐포에 침착 시 독성으로 인한 섬유화를 유발하여 진폐증 유발
   ④ 채취기구는 10mm nylon cyclone

02 발암성 물질, 생식세포 변이원성 물질 그리고 생식독성 물질에 대하여 간단히 쓰시오.

해설
- 발암성 물질

  암을 일으키거나 그 발생을 증가시키는 성질을 말한다.

- 생식세포 변이원성 물질

  자손에게 유전될 수 있는 사람의 생식세포에서 돌연변이를 일으키는 성질을 말한다. 돌연변이란 생식세포 유전물질의 양 또는 구조에 영구적인 변화를 일으키는 것으로 형질의 유전학적인 변화와 DNA 수준에서의 변화 모두를 포함한다.

- 생식독성 물질

  생식기능 및 생식능력에 대한 유해영향을 일으키거나 태아의 발생·발육에 유해한 영향을 주는 물질을 말한다.

플러스 학습   물질안전보건자료 작성지침

1. 물질안전보건자료 작성지침상 용어
   ① 급성독성 물질

      입 또는 피부를 통하여 1회 또는 24시간 이내에 수 회로 나누어 투여되거나 호흡기를 통하여 4시간 동안 노출 시 나타나는 유해한 영향을 일으키는 물질을 말한다.

   ② 급성수생환경 유해성 물질

      단기간의 노출에 의해 수생환경에 유해한 영향을 일으키는 물질을 말한다.

   ③ 경고표지

      유해제품에 관한 적절한 문자, 인쇄 또는 그래픽 정보요소를 관련된 대상 분야에 맞게 선택한 것으로, 컨테이너, 유해제품 또는 유해제품의 포장용기에 고정, 인쇄 또는 부착된 것을 말한다.

   ④ 그림문자

      하나의 그래픽 조합을 의미한다. 심벌에 다른 그래픽 요소(테두리선, 배경무늬 또는 색깔)로 구성된 것을 말한다.

   ⑤ 금속부식성 물질

      화학적인 작용으로 금속에 손상 또는 부식을 일으키는 단일물질 또는 그 혼합물을 말한다.

   ⑥ 발암성 물질

      암을 일으키거나 그 발생을 증가시키는 성질을 말한다.

   ⑦ 생식세표 변이원성 물질

      자손에게 유전될 수 있는 사람의 생식세포에서 돌연변이를 일으키는 성질을 말한다. 돌연변이란 생식세포 유전물질의 양 또는 구조에 영구적인 변화를 일으키는 것으로 형질의 유전학적인 변화와 DNA 수준에서의 변화 모두를 포함한다.

   ⑧ 산화성 가스

      일반적으로 산소를 발생시켜 다른 물질의 연소가 더 잘 되도록 하거나 연소에 기여하는 가스를 말한다.

⑨ 산화성 고체

그 자체로는 연소하지 않더라도 일반적으로 산소를 발생시켜 다른 물질을 연소시키거나 연소를 촉진하는 고체를 말한다.

⑩ 산화성 액체

그 자체로는 연소하지 않더라도, 일반적으로 산소를 발생시켜 다른 물질을 연소시키거나 연소를 촉진하는 액체를 말한다.

⑪ 생식독성 물질

생식기능 및 생식능력에 대한 유해영향을 일으키거나 태아의 발생·발육에 유해한 영향을 주는 물질을 말한다.

⑫ 심한 눈 손상성 또는 눈 자극성

눈에 시험물질을 노출했을 때 눈 조직의 손상 또는 시력의 저하 등이 나타나 21일 이내에 완전히 회복되지 않거나 눈에 변화가 발생하고 21일 이내에 완전히 회복되는 물질을 말한다.

⑬ 특정표적장기 독성 물질(1회 노출)

1회 노출에 의하여 급성 독성, 피부 부식성/피부 자극성, 심한 눈 손상성/눈 자극성, 호흡기 과민성, 피부 과민성, 생식세포 변이원성, 발암성, 생식독성, 흡인 유해성 이외의 특이적이며, 비치사적으로 나타나는 물질을 말한다.

⑭ 특정표적장기 독성 물질(반복 노출)

반복 노출에 의하여 급성 독성, 피부 부식성/피부 자극성, 심한 눈 손상성/눈 자극성, 호흡기 과민성, 피부 과민성, 생식세포 변이원성, 발암성, 생식독성, 흡인 유해성 이외의 특이적이며 비치사적으로 나타나는 물질을 말한다.

⑮ 피부 과민성 물질

피부에 접촉되어 피부 알레르기 반응을 일으키는 물질을 말한다.

⑯ 피부 부식성 물질 또는 자극성 물질 중 피부 부식성 물질

피부에 비가역적인 손상(피부의 표피부터 진피까지 육안으로 식별 가능한 괴사를 일으키는 물질로 전형적으로 궤양, 출혈, 혈가피가 유발하며, 노출 14일 후 표백작용이 일어나 피부 전체에 탈모와 상처자국이 생김)을 일으키는 물질을 말하며, 피부 자극성 물질이라 함은 가역적인 손상을 일으키는 물질을 말한다.

⑰ 호흡기 과민성 물질

호흡기를 통해 흡입되어 기도에 과민반응을 일으키는 물질을 말한다.

⑱ 흡인유해성 물질

액체나 고체 화학물질이 직접적으로 구강이나 비강을 통하거나 간접적으로 구토에 의하여 기관 및 하부 호흡기계로 들어가 나타나는 화학적 폐렴, 다양한 단계의 폐손상 또는 사망과 같은 심각한 급성 영향을 일으키는 물질을 말한다.

⑲ EC_{50}(50% Effective concentration)

대상 생물의 50%에 측정 가능할 정도의 유해한 영향을 주는 물질의 유효농도를 말한다.

⑳ ErC_{50}(50% Reduction of growth rate)

성장률 감소에 의한 EC_{50}을 말한다.

㉑ LC₅₀(50% Lethal Concentration, 반수치사농도)

실험동물 집단에 물질을 흡입시켰을 때 일정 시험기간 동안 실험동물 집단의 50%가 사망 반응을 나타내는 물질의 공기 또는 물에서의 농도를 말한다.

㉒ LD₅₀(50% Lethal Dose, 반수치사용량)

실험동물 집단에 물질을 투여했을 때 일정 시험기간 동안 실험동물 집단의 50%가 사망 반응을 나타내는 물질의 용량을 말한다.

2. 물질안전보건자료 적용대상 물질

① 단일물질

㉠ 물리적 위험성 물질

ⓐ 폭발성 물질   ⓑ 인화성 가스

ⓒ 인화성 액체   ⓓ 인화성 고체

ⓔ 에어로졸   ⓕ 물반응성 물질

ⓖ 산화성 가스   ⓗ 산화성 액체

ⓘ 산화성 고체   ⓙ 고압가스

ⓚ 자기반응성 물질   ⓛ 자연발화성 액체

ⓜ 자연발화성 고체   ⓝ 자기발열성 물질

ⓞ 유기과산화물   ⓟ 금속부식성 물질

㉡ 건강 유해성 물질

ⓐ 급성 독성 물질   ⓑ 피부 부식성 또는 자극성 물질

ⓒ 심한 눈 손상성 또는 자극성 물질   ⓓ 호흡기 과민성 물질

ⓔ 피부 과민성 물질   ⓕ 발암성 물질

ⓖ 생식세포 변이원성 물질   ⓗ 생식독성 물질

ⓘ 특정표적장기 독성 물질(1회 노출)   ⓙ 특정표적장기 독성 물질(반복 노출)

ⓚ 흡인유해성 물질

㉢ 환경유해성 물질

ⓐ 수생환경 유해성 물질

ⓑ 오존층 유해성 물질

② 혼합물질

㉠ 물리적 위험성 물질인 혼합물이거나 고용노동부고시에 따라 혼합물을 구성하고 있는 단일물질에 관한 자료를 통해 혼합물의 물리적 잠재유해성을 평가한 결과 물리적 위험성이 있다고 판단된 경우에는 물질안전보건자료 작성 대상이다.

ⓒ 건강 유해성 및 환경 유해성 물질을 포함한 혼합물

   ⓐ 건강 유해성 및 환경 유해성 물질을 〈표〉에서 규정한 한계농도 이상 함유한 혼합물은 물질안전보건자료 작성 대상이다.

   ⓑ 〈표〉에서의 한계농도 이하의 농도에서도 화학물질의 분류에 영향을 주는 성분에 대한 정보는 물질안전보건자료에 기재한다.

‖ 건강 및 환경 유해성 분류에 대한 한계농도 기준 ‖

구분	건강 및 환경 유해성 분류		한계농도
건강 유해성	1. 급성 독성		1%
	2. 피부 부식성/피부 자극성		1%
	3. 심한 눈 손상성/눈 자극성		1%
	4. 호흡기 과민성		0.1%
	5. 피부 과민성		0.1%
	6. 생식세포 변이원성	1A 및 1B	0.1%
		2	1%
	7. 발암성		0.1%
	8. 생식독성		0.1%
	9. 특정표적장기 독성 - 1회 노출		1%
	10. 특정표적장기 독성 - 반복 노출		1%
	11. 흡인유해성		1%
환경 유해성	12. 수생환경 유해성		1%
	13. 오존층 유해성		0.1%

3. 물질안전보건자료 적용대상 제외물질

  ① 「건강기능식품에 관한 법률」에 따른 건강기능식품

  ② 「농약관리법」에 따른 농약

  ③ 「마약류 관리에 관한 법률」에 따른 마약 및 향정신성 의약품

  ④ 「비료관리법」에 따른 비료

  ⑤ 「사료관리법」에 따른 사료

  ⑥ 「생활주변방사선 안전관리법」에 따른 원료물질

  ⑦ 「생활화학제품 및 살생물제의 안전관리에 관한 법률」에 따른 안전확인대상 생활화학제품 및 살생물제품 중 일반소비자의 생활용으로 제공되는 제품

  ⑧ 「식품위생법」에 따른 식품 및 식품첨가물

  ⑨ 「약사법」에 따른 의약품 및 의약외품

  ⑩ 「원자력안전법」에 따른 방사성 물질

  ⑪ 「위생용품 관리법」에 따른 위생용품

⑫ 「의료기기법」에 따른 의료기기
⑬ 「첨단재생의료 및 첨단바이오의약품 안전 및 지원에 관한 법률」에 따른 첨단바이오의약품
⑭ 「총포·도검·화약류 등의 안전관리에 관한 법률」에 따른 화약류
⑮ 「폐기물관리법」에 따른 폐기물
⑯ 「화장품법」에 따른 화장품
⑰ ①부터 ⑯까지의 규정 외의 화학물질 또는 혼합물로서 일반소비자의 생활용으로 제공되는 것(일반소비자의 생활용으로 제공되는 화학물질 또는 혼합물이 사업장 내에서 취급되는 경우를 포함한다)

03 소음발생 작업장에 근무하고 있는 작업자의 소음노출 수준을 고용노동부의 노출 기준과 미국산업안전보건청(OSHA)의 허용기준을 각각 비교하여 평가하고자 한 다. 이를 위해 누적소음노출량측정기를 사용하여 소음을 측정하고자 하는 경우 측 정기의 설정조건을 어떻게 해야 하는지 아래 표의 (가)~(바)에 해당되는 내용을 쓰시오.

설정조건	고용노동부	OSHA
Criteria	(가)	(라)
Exchange rate	(나)	(마)
Threshold	(다)	(바)

해설 (가) 90dB (나) 5dB (다) 80dB
(라) 90dB (마) 5dB (바) 90dB(청력 보호 : 80dB, 소음 제어 : 90dB)

 플러스 학습 **소음계 측정**

1. 소음계
   소음의 주파수를 분석하지 않고 총 음압수준(SPL)으로 측정하는 기기를 말하며, 주파수의 범위와 청감보정특성의 허용범위 정밀도 차이에 의해 정밀소음계, 지시소음계, 간이소음계 로 분류된다.

2. 소음노출량계
   ① Noise Dose Meter(누적소음 노출량 측정기)를 말하며, 근로자 개인의 노출량을 측정하는 기기로서 노출량(Dose)은 노출기준에 대한 백분율(%)로 나타낸다.
   ② 소음에 대한 작업환경측정시 소음의 변동이 심하거나 소음수준이 다른 여러 작업장소를 이동하면서 작업하는 경우 소음의 노출평가에 가장 적합한 소음기이다.

3. 지시소음계
   ① 마이크로폰, 증폭기 및 지시계 등으로 구성되어 있으며, 소리의 세기 또는 에너지량을 음 압수준으로 표시한다.
   ② 음량조절 장치는 A특성, B특성, C특성을 나타내는 3가지의 주파수 보정회로로 되어 있다.
   ③ 보정회로를 붙인 이유는 주파수별로 음압수준에 대한 귀의 청각반응이 다르기 때문에 이 를 보정하기 위함이다.
   ④ 대부분의 소음에너지가 1,000Hz 이하일 때는 A, B, C의 각 특성치의 차이는 커진다.

4. 옥타브밴드 분석소음계
   근로자가 노출되는 소음의 주파수 특성을 파악하여 공학적인 소음관리대책을 세우고자 할 때 적용하는 소음계이다.

04 다음은 작업환경측정 및 정도관리 등에 관한 고시 등에 관한 고시에 따른 검량선 작성을 위한 표준용액 조제와 탈착효율 실험을 위한 시료조제방법에 대한 내용 중 일부이다. 괄호 안에 들어갈 내용을 쓰시오.

> 표준용액의 농도범위는 채취된 시료의 예상 농도 (㉠)배 수준에서 결정하는 것이 좋으며, 표준용액은 최소한 (㉡)개 수준 이상을 만드는 것이 좋고, 그리고 탈착효율은 최소한 (㉢) 이상이 되어야 한다.

해설 ㉠ 0.1~2
㉡ 5
㉢ 75%

플러스 학습 **작업환경측정 및 정도관리 등에 관한 고시상 시료채취 및 분석 시 고려사항**

1. 시료채취 시 고려사항
   ① 시료채취 시에는 예상되는 측정대상 물질의 농도, 방해인자, 시료채취 시간 등을 종합적으로 고려하여야 한다.
   ② 시간가중 평균허용기준을 평가하기 위해서는 정상적인 작업시간 동안 최소한 6시간 이상 시료를 채취해야 하고, 단시간허용기준 또는 최고허용기준을 평가하기 위해서는 10~15분 동안 시료를 채취해야 한다.
   ③ 시료채취 시 오차를 발생시키는 주요 원인은 시료채취 시 흡입한 공기 총량이 정확히 측정되지 않아서 발생되는 경우가 많다. 따라서 시료채취용 펌프는 유량 변동폭이 적은 안정적인 펌프를 선택하여 사용하여야 하고, 시료채취 전후로 펌프의 유량을 확인하여 공기 총량을 산출하여야 한다.

2. 검량선 작성 시 주의점
   ① 측정대상 물질의 표준용액을 조제할 원액(시약)의 특성[분자량, 비중, 순도(함량)노출기준 등]을 파악한다.
   ② 표준용액의 농도범위는 채취된 시료의 예상농도(0.1~2배 수준)에서 결정하는 것이 좋다.
   ③ 표준용액의 조제방법은 표준원액을 단계적으로 희석시키는 희석식과 표준원액에서 일정량씩 줄여가면서 만드는 배취식이 있다. 희석식은 조제가 수월한 반면 조제 시 계통오차가 발생할 가능성이 있고, 배취식은 조제가 희석식에 비해 어려운 점은 있으나 계통오차를 줄일 수 있는 장점이 있다.
   ④ 표준용액은 최소한 5개 수준 이상을 만드는 것이 좋으며, 이때 분석하고자 하는 시료의 농도는 반드시 포함되어져야 한다.
   ⑤ 원액의 순도, 제조일자, 유효기간 등은 조제 전에 반드시 확인되어져야 한다.
   ⑥ 표준용액, 탈취효율 또는 회수율에 사용되는 시약은 같은 로트(lot) 번호를 가진 것을 사용하여야 한다.

3. 내부 표준물질
    ① 내부 표준물질은 시료채취 후 분석 시 칼럼의 주입손실, 퍼징손실 또는 점도 등에 영향을 받은 시료의 분석결과를 보정하기 위해 인위적으로 시료 전처리 과정에서 더해지는 화학물질을 말한다.
    ② 내부 표준물질도 각 측정방법에서 정하는 대로 모든 측정시료, 정도관리시료 그리고 공시료에 가해지며, 내부 표준물질 분석결과가 수용한계를 벗어난 경우 적절한 대응책을 마련한 후 다시 분석을 실시하여야 한다.
    ③ 내부 표준물질로 사용되는 물질은 다음의 특성을 갖고 있어야 한다.
        ㉠ 머무름시간이 분석대상 물질과 너무 멀리 떨어져 있지 않아야 한다.
        ㉡ 피크가 용매나 분석대상 물질의 피크와 중첩되지 않아야 한다.
        ㉢ 내부 표준물질의 양이 분석대상 물질의 양보다 너무 많거나 적지 않아야 한다.
    ④ 내부 표준물질은 탈착용매 및 표준용액의 용매로 사용되는 물질에 적당한 양을 직접 주입한 후 이를 표준용액 조제용 용매와 탈착용매로 사용하는 것이 좋다.

4. 탈착효율 실험을 위한 시료조제방법
    탈착효율 실험을 위한 첨가량은 작업장에서 예상되는 측정대상 물질의 일정 농도 범위(0.5~2배)에서 결정한다. 이러한 실험의 목적은 흡착관의 오염여부, 시약의 오염여부 및 분석대상 물질이 탈착용매에 실제로 탈착되는 양을 파악하여 보정하는데 있으며, 그 시험방법은 다음과 같다.
    ① 탈착효율 실험을 위한 첨가량을 결정한다. 작업장의 농도를 포함하도록 예상되는 농도(mg/m^3)와 공기채취량(L)에 따라 첨가량을 계산한다. 만일 작업장의 예상농도를 모를 경우 첨가량은 노출기준과 공기채취량 20L(또는 10L)를 기준으로 계산한다.
    ② 예상되는 농도의 3가지 수준(0.5~2배)에서 첨가량을 결정한다. 각 수준별로 최소한 3개 이상의 반복 첨가시료를 다음의 방법으로 조제하여 분석한 후 탈착효율을 구하도록 한다.
        ㉠ 탈착효율 실험용 흡착 튜브의 뒤층을 제거한다.
        ㉡ 계산된 첨가량에 해당하는 분석대상 물질의 원액(또는 희석용액)을 마이크로 실린지를 이용하여 정확히 흡착 튜브 앞층에 주입한다.
        ㉢ 흡착 튜브를 마개로 즉시 막고 하룻밤 동안 상온에서 놓아둔다.
        ㉣ 탈착시켜 분석한 후 분석량/첨가량으로서 탈착효율을 구한다.
    ③ 탈착효율은 최소한 75% 이상이 되어야 한다.
    ④ 탈착효율 간의 변이가 심하여 일정성이 없으면 그 원인을 찾아 교정하고 다시 실험을 실시해야 한다.

5. 회수율 실험을 위한 시료조제방법

회수율 실험을 위한 첨가량은 측정대상 물질의 작업장 예상농도 일정범위(0.5~2배)에서 결정한다. 이러한 실험의 목적은 여과지의 오염 시약의 오염여부 및 분석대상 물질이 실제로 전처리 과정 중에 회수되는 양을 파악하여 보정하는데 있으며, 그 시험방법은 다음과 같다.

① 회수율 실험을 위한 첨가량을 결정한다. 작업장의 농도를 포함하도록 예상되는 농도(mg/m^3)와 공기채취량(L)에 따라 첨가량을 계산한다. 만일 작업장의 예상농도를 모를 경우 첨가량은 노출기준과 공기채취량 400L(또는 200L)를 기준으로 계산한다.

② 예상되는 농도의 3가지 수준(0.5~2배)에서 첨가량을 결정한다. 각 수준별로 최소한 3개 이상의 반복 첨가시료를 다음의 방법으로 조제하여 분석한 후 회수율을 구하도록 한다.

    ㉠ 3단 카세트에 실험용 여과지를 장착시킨 후 상단 카세트를 제거한 상태에서 계산된 첨가량에 해당하는 분석대상 물질의 원액(또는 희석용액)을 마이크로 실린지를 이용하여 주입한다.

    ㉡ 하룻밤 동안 상온에 놓아둔다.

    ㉢ 시료를 전처리한 후 분석하여 분석량/첨가량으로서 회수율을 구한다.

③ 회수율은 최소한 75% 이상이 되어야 한다.

④ 회수율간의 변이가 심하여 일정성이 없으면, 그 원인을 찾아 교정하고 다시 실험을 실시해야 한다.

05 산업안전보건법에 따른 허가대상유해물질(베릴륨 및 석면은 제외)을 취급하는 설비에 설치해야 하는 국소배기장치의 제어풍속을 물질의 상태에 따라 구분하고, 후드 형식에 따른 제어풍속 측정위치를 쓰시오.

해설 (1) 허가대상 유해물질 국소배기장치의 제어풍속
　　① 가스상태 : 0.5m/sec 이상
　　② 입자상태 : 1.0m/sec 이상
(2) 후드 형식에 따른 제어풍속
　　① 포위식, 부스식 후드 : 후드개구면에서의 풍속
　　② 외부식, 레시버식 후드 : 유해물질이 가스·증기 또는 분진이 빨려 들어가는 범위에서 해당 개구면으로부터 가장 먼 작업위치에서의 풍속

🌱 플러스 학습 **국소배기장치의 제어풍속(산업안전보건법)**

1. 관리대상 유해물질 관련 국소배기장치 후드의 제어풍속

물질의 상태	후드 형식	제어풍속(m/sec)
가스상태	포위식 포위형	0.4
	외부식 측방흡인형	0.5
	외부식 하방흡인형	0.5
	외부식 상방흡인형	1.0
입자상태	포위식	0.7
	외부식 측방흡인형	1.0
	외부식 하방흡인형	1.0
	외부식 상방흡인형	1.2

[비고]
1. 가스상태
　관리대상 유해물질이 후드로 빨아들여질 때의 상태가 가스 또는 증기인 경우를 말한다.
2. 입자상태
　관리대상 유해물질이 후드로 빨아들여질 때의 상태가 흄, 분진 또는 미스트인 경우를 말한다.
3. 제어풍속
　국소배기장치의 모든 후드를 개방한 경우의 제어풍속으로서 다음에 따른 위치에서의 풍속을 말한다.
　• 포위식 후드에서는 후드 개구면에서의 풍속
　• 외부식 후드에서는 해당 후드에 의하여 관리대상 유해물질을 빨아들이려는 범위 내에서 해당 후드 개구면으로부터 가장 먼 거리의 작업위치에서의 풍속

2. 허가대상 유해물질(베릴륨 및 석면 제외) 관련 국소배기장치 후드의 제어풍속

물질의 상태	제어풍속(m/sec)
가스상태	0.5
입자상태	1.0

[비고]

1. 이 표에서 제어풍속이란 국소배기장치의 모든 후드를 개방한 경우의 제어풍속을 말한다.

2. 이 표에서 제어풍속이란 후드의 형식에 따라 다음에서 정한 위치에서의 풍속을 말한다.

   • 포위식 또는 부스식 후드에서는 후드의 개구면에서의 풍속
   • 외부식 또는 레시버식 후드에서는 유해물질의 가스·증기 또는 분진이 빨려들어가는 범위에서 해당 개구면으로부터 가장 먼 작업위치에서의 풍속

※ 다음 논술형 2문제를 모두 설명하시오. (각 25점)

06 화학물질의 분류·표시 및 물질안전보건자료에 관한 기준에 따르면 화학물질의 건강유해성 분류에서 단일물질과 혼합물질의 발암성에 대한 구분을 1A, 1B, 2로 구분하고 있다. 다음 각 물음에 답하시오.

(1) 발암성 물질이란 무엇인지 설명하시오.

(2) 단일물질 1A, 1B, 2의 구분기준을 설명하시오.

(3) 혼합물질 1A, 1B, 2의 구분기준을 설명하시오.

해설 (1) 발암성 물질

암을 일으키거나 그 발생을 증가시키는 성질을 말한다.

(2) 단일물질의 분류

발암성의 구분은 1A, 1B, 2를 원칙으로 하되, 구분 1A와 1B의 소구분이 어려운 경우에만 구분 1, 2로 통합 적용할 수 있다.

구분	구분 기준
1A	사람에게 충분한 발암성 증거가 있는 물질
1B	시험동물에서 발암성 증거가 충분히 있거나, 시험동물과 사람 모두에서 제한된 발암성 증거가 있는 물질
2	사람이나 동물에서 제한된 증거가 있지만, 구분 1로 분류하기에는 증거가 충분하지 않는 물질

(3) 혼합물의 분류

구성성분의 발암성 자료가 있는 경우에는 우선적으로 한계 농도를 이용하여 다음과 같이 분류한다.

구분	구분 기준
1A	발암성(구분 1A)인 성분의 함량이 0.1% 이상인 혼합물
1B	발암성(구분 1B)인 성분의 함량이 0.1% 이상인 혼합물
2	발암성(구분 2)인 성분의 함량이 1.0% 이상인 혼합물

플러스 학습 **화학물질의 분류·표시 및 물질안전보건자료에 관한 기준**

1. 생식세포 변이원성(germ cell mutagenicity)
   ① 정의
   자손에게 유전될 수 있는 사람의 생식세포에서 돌연변이를 일으키는 성질을 말한다. 돌연변이란 생식세포 유전물질의 양 또는 구조에 영구적인 변화를 일으키는 것으로 형질의 유전학적인 변화와 DNA 수준에서의 변화 모두를 포함한다.
   ② 단일물질의 분류
   생식세포 변이원성은 구분 1A, 1B, 2를 원칙으로 하되, 구분 1A와 1B의 소구분이 어려운 경우에만 구분 1, 2로 통합 적용할 수 있다.

구분	구분 기준
1A	사람에서의 역학조사 연구결과 사람의 생식세포에 유전성 돌연변이를 일으키는 것에 대해 양성의 증거가 있는 물질
1B	다음 어느 하나에 해당되어 사람의 생식세포에 유전성 돌연변이를 일으키는 것으로 간주되는 물질 ① 포유류를 이용한 생체내(in vivo) 유전성 생식세포 변이원성 시험에서 양성 ② 포유류를 이용한 생체내(in vivo) 체세포 변이원성 시험에서 양성이고, 생식세포에 돌연변이를 일으킬 수 있다는 증거가 있음 ③ 노출된 사람의 정자 세포에서 이수체 발생빈도의 증가와 같이 사람의 생식세포 변이원성 시험에서 양성
2	다음 어느 하나에 해당되어 생식세포에 유전성 돌연변이를 일으킬 가능성이 있는 물질 ① 포유류를 이용한 생체내(in vivo) 체세포 변이원성 시험에서 양성 ② 기타 시험동물을 이용한 생체내(in vivo) 체세포 유전독성 시험에서 양성이고, 시험관내(in vitro) 변이원성 시험에서 추가로 입증된 경우 ③ 포유류 세포를 이용한 변이원성시험에서 양성이며, 알려진 생식세포 변이원성 물질과 화학적 구조활성관계를 가지는 경우

   [주] 생식세포 변이원성 구분 1의 분류기준을 1A 또는 1B에 속하는 것으로 사람의 생식세포에 유전성 돌연변이를 일으키는 물질 또는 그러한 것으로 간주되는 물질이다.
   ③ 혼합물의 분류
   ㉠ 구성성분의 생식세포 변이원성 자료가 있는 경우에는 우선적으로 한계 농도를 이용하여 다음과 같이 분류한다.

구분	구분 기준
1A	생식세포 변이원성(구분 1A)인 성분의 함량이 0.1% 이상인 혼합물
1B	생식세포 변이원성(구분 1B)인 성분의 함량이 0.1% 이상인 혼합물
2	생식세포 변이원성(구분 2)인 성분의 함량이 1.0% 이상인 혼합물

ⓛ 구성성분에 대한 자료가 있는 경우에도 혼합물 전체로서 시험된 자료가 있는 경우 또는 가교 원리를 적용할 수 있는 경우에는 전문가의 판단에 따라 다음의 분류방법을 적용할 수 있다.

    ⓐ 혼합물 전체로 시험된 자료가 용량, 관찰기간, 통계분석, 시험감도 등 시험방법의 적절성, 민감성 등을 근거로 생식독성 변이원성 물질로 분류하기에 적절한 경우에는 혼합물 전체로 시험된 자료를 이용하여 분류한다.

    ⓑ 유사 혼합물에서의 분류자료 등을 통하여 혼합물 전체로서 판단할 수 있는 근거자료가 있는 경우에는 희석·뱃치(batch) 또는 유사혼합물 등의 가교 원리를 적용하여 분류한다.

2. 발암성(carcinogenicity)
  ① 정의
    암을 일으키거나 그 발생을 증가시키는 성질을 말한다.
  ② 단일물질의 분류
    발암성의 구분은 구분 1A, 1B, 2를 원칙으로 하되, 구분 1A와 1B의 소구분이 어려운 경우에만 구분 1, 2로 통합 적용할 수 있다.

구분	구분 기준
1A	사람에게 충분한 발암성 증거가 있는 물질
1B	시험동물에서 발암성 증거가 충분히 있거나, 시험동물과 사람 모두에서 제한된 발암성 증거가 있는 물질
2	사람이나 동물에서 제한된 증거가 있지만, 구분 1로 분류하기에는 증거가 충분하지 않은 물질

[주] 발암성 구분 1의 분류기준은 구분 1A 또는 1B에 속하는 것으로 인적 경험에 의해 발암성이 있다고 인정되거나 동물시험을 통해 인체에 대해 발암성이 있다고 추정되는 물질을 말한다.

  ③ 혼합물의 분류
    ㉠ 구성성분의 발암성 자료가 있는 경우에는 우선적으로 한계 농도를 이용하여 다음과 같이 분류한다.

구분	구분 기준
1A	발암성(구분 1A)인 성분의 함량이 0.1% 이상인 혼합물
1B	발암성(구분 1B)인 성분의 함량이 0.1% 이상인 혼합물
2	발암성(구분 2)인 성분의 함량이 1.0% 이상인 혼합물

    ㉡ 구성성분에 대한 자료가 있는 경우에도 혼합물 전체로서 시험된 자료가 있는 경우 또는 가교 원리를 적용할 수 있는 경우에는 전문가의 판단에 따라 다음의 분류방법을 적용할 수 있다.

ⓐ 혼합물 전체로 시험된 자료가 용량, 관찰기간, 통계분석, 시험감도 등 시험방법의 적절성, 민감성 등을 근거로 발암성 물질로 분류하기에 적절한 경우에는 혼합물 전체로 시험된 자료를 이용하여 분류한다.

ⓑ 유사 혼합물에서의 분류자료 등을 통하여 혼합물 전체로서 판단할 수 있는 근거 자료가 있는 경우에는 희석·뱃치(batch) 또는 유사혼합물 등의 가교 원리를 적용하여 분류한다.

3. 생식독성(reproductive toxicity)
① 정의
생식기능 및 생식능력에 대한 유해영향을 일으키거나 태아의 발생·발육에 유해한 영향을 주는 성질을 말한다. 생식기능 및 생식능력에 대한 유해영향이란 생식기능 및 생식능력에 대한 모든 영향 즉, 생식기관의 변화, 생식가능 시기의 변화, 생식체의 생성 및 이동, 생식주기, 성적 행동, 수태나 분만, 수태결과, 생식기능의 조기노화, 생식계에 영향을 받는 기타 기능들의 변화 등을 포함한다. 태아의 발생·발육에 유해한 영향은 출생 전 또는 출생 후에 태아의 정상적인 발생을 방해하는 모든 영향 즉, 수태 전 부모의 노출로부터 발생 중인 태아의 노출, 출생 후 성숙기까지의 노출에 의한 영향을 포함한다.

② 단일물질의 분류
생식독성의 구분은 구분 1A, 1B 2, 수유독성을 원칙으로 하되, 구분 1A와 1B의 소구분이 어려운 경우에만 구분 1, 2, 수유독성으로 통합 적용할 수 있다.

구분	구분 기준
1A	사람에게 성적기능, 생식능력이나 발육에 악영향을 주는 것으로 판단할 정도의 사람에서의 증거가 있는 물질
1B	사람에게 성적기능, 생식능력이나 발육에 악영향을 주는 것으로 추정할 정도의 동물시험 증거가 있는 물질
2	사람에게 성적기능, 생식능력이나 발육에 악영향을 주는 것으로 의심할 정도의 사람 또는 동물시험 증거가 있는 물질
수유독성	다음 어느 하나에 해당하는 물질 ① 흡수, 대사, 분포 및 배설에 대한 연구에서, 해당 물질이 잠재적으로 유독한 수준으로 모유에 존재할 가능성을 보임 ② 동물에 대한 1세대 또는 2세대 연구결과에서, 모유를 통해 전이되어 자손에게 유해영향을 주거나, 모유의 질에 유해영향을 준다는 명확한 증거가 있음 ③ 수유기간 동안 아기에게 유해성을 유발한다는 사람에 대한 증거가 있음

[주] 생식독성 구분 1의 분류기준은 구분 1A 또는 1B에 속하는 것으로 인적 경험에 의해 생식독성이 있다고 인정되거나 동물시험을 통해 인체에 대해 생식독성이 있다고 추정되는 물질을 말한다.

③ 혼합물의 종류

　　㉠ 구성성분의 생식독성 자료가 있는 경우에는 우선적으로 한계 농도를 이용하여 다음과 같이 분류한다.

구분	구분 기준
1A	생식독성(구분 1A)인 성분의 함량이 0.3% 이상인 혼합물
1B	생식독성(구분 1B)인 성분의 함량이 0.3% 이상인 혼합물
2	생식독성(구분 2)인 성분의 함량이 3.0% 이상인 혼합물
수유독성	수유독성을 가지는 성분의 함량이 0.3% 이상인 혼합물

　　㉡ 구성성분에 대한 자료가 있는 경우에도 혼합물 전체로서 시험된 자료가 있는 경우 또는 가교 원리를 적용할 수 있는 경우에는 전문가의 판단에 따라 다음의 분류방법을 적용할 수 있다.

　　　ⓐ 혼합물 전체로 시험된 자료가 용량, 관찰기간, 통계분석, 시험감도 등 시험방법의 적절성, 민감성 등을 근거로 생식독성 물질로 분류하기에 적절한 경우에는 혼합물 전체로 시험된 자료를 이용하여 분류한다.

　　　ⓑ 유사 혼합물에서의 분류자료 등을 통하여 혼합물 전체로서 판단할 수 있는 근거자료가 있는 경우에는 희석·뱃치(batch) 또는 유사혼합물 등의 가교 원리를 적용하여 분류한다.

07 벤젠은 산업안전보건법 제39조의2에 따른 허용기준 설정물질이다. 벤젠에 대한 허용기준 초과여부를 판단하기 위해 작업환경측정을 하는 경우 다음에 대하여 답하시오.

(1) 시료채취기의 종류 및 시료채취 시의 시료채취용 펌프의 유량 범위

(2) 시료탈착 용매의 종류 및 시료탈착 방법

(3) 분석기기의 종류 및 작업환경 표준상태의 온도와 압력

(4) 흡착제의 시료채취 능력에 영향을 주는 인자 3가지 설명

해설 (1) 시료채취기의 종류 및 시료채취시 시료채취용 펌프의 유량범위
   ① 시료채취기의 종류 : 활성탄관
   ② 시료채취용 펌프의 유량 범위 : 0.01~0.20L/min

(2) 시료탈착 용매의 종류 및 시료탈착 방법
   ① 시료탈착 용매의 종류 : 이황화탄소
   ② 시료탈착 방법 : 용매 탈착 경우에는 탈착효율을 검증하여야 하며 탈착효율은 분석물질이 얼마 나오는지에 대한 검증단계이며 농도의 0.1배, 0.5배, 1배, 2배 수준에서 결정된다. (작은 빈병에 흡착관을 넣고 CS_2 용매를 넣어 일정시간 동안 방치함)

(3) 분석기기의 종류 및 작업환경 표준상태의 온도와 압력
   ① 분석기기의 종류 : 불꽃이온화검출기(FID)가 장착된 가스크로마토그래피
   ② 작업환경 표준상태의 온도와 압력 : 25℃, 1atm

(4) 흡착제의 시료채취 능력에 영향을 주는 인자
   ① 온도
      온도가 낮을수록 흡착에 좋으나 고온일수록 흡착이 감소하며 파과가 일어나기 쉽다.
   ② 습도
      극성 흡착제를 사용할 때 수증기가 흡착되기 때문에 파과가 일어나기 쉽다.
   ③ 시료채취 속도
      시료채취 속도가 크면 파과가 일어나기 쉽다.

플러스 학습 **흡착제를 이용하여 시료채취 시 영향인자**

1. 온도
   ① 온도가 낮을수록 흡착에 좋다.
   ② 고온일수록 흡착대상 오염물질과 흡착제의 표면 사이 또는 2종 이상의 흡착대상 물질간 반응속도가 증가하여 흡착성질이 감소하며, 파과가 일어나기 쉽다(모든 흡착은 발열반응이다.)
   ③ 고온일수록 흡착성질이 감소하여 파과가 일어나기 쉽다.

2. 습도
   ① 극성 흡착제를 사용할 때 수증기가 흡착되기 때문에 파과가 일어나기 쉽다.
   ② 습도가 높으면 파과공기량(파과가 일어날 때까지 채취공기량)이 적어진다.

3. 시료채취속도(시료채취량)
   시료채취속도가 크고 코팅된 흡착제일수록 파과가 일어나기 쉽다.

4. 유해물질 농도(포집된 오염물질의 농도)
   ① 농도가 높으면 파과용량(흡착제에 흡착된 오염물질량)이 증가하나 파과공기량은 감소한다.
   ② 동족 화합물에서는 분자 크기가 클수록 흡착량은 증가하나 고분자 화합물은 흡착되기 어렵다.

5. 혼합물존재
   ① 혼합기체의 경우 각 기체의 흡착량은 단독성분이 있을 때보다 적어지게 된다(혼합물 중 흡착제와 강한 결합을 하는 물질에 의하여 치환반응이 일어나기 때문).
   ② 극성 흡착제는 쌍극자모멘트가 가장 큰 성분, 비극성 흡착제는 끓는점이 높은 화합물을 잘 흡착한다.

6. 흡착제의 크기(흡착제의 비표면적)
   입자 크기가 작을수록 표면적이 증가, 채취효율이 증가하나 압력강하가 심하다(활성탄은 다른 흡착제에 비하여 큰 비표면적을 갖고 있다).

7. 흡착관의 크기(튜브의 내경 : 흡착제의 양)
   흡착제의 양이 많아지면 전체 흡착제의 표면적이 증가하여 채취용량이 증가하므로 파과가 쉽게 발생되지 않는다(단, 이 경우도 채취 pump의 압력강하는 심함).

※ 다음 논술형 2문제 중 1문제를 선택하여 설명하시오. (각 25점)

08 국소배기장치의 구성을 순서대로 나열하고 각각의 구성에 대한 역할과 종류를 설명하시오.

[해설] (1) 국소배기장치의 구성순서

후드 → 덕트 → 공기정화장치 → 송풍기 → 배기구

(2) 구성요소의 역할과 종류

① 후드

㉠ 역할

후드는 발생원에서 발생된 유해물질을 작업자 호흡영역까지 확산되어 가기 전에 한 곳으로 포집하고 흡인하는 장치로 최소의 배기량과 동력비로 유해물질을 효과적으로 처리하기 위해 가능한 오염원 가까이에 설치한다.

㉡ 종류

ⓐ 포위식(유해물질의 발생원을 전부 또는 부분적으로 포위하는 후드)

ⓑ 외부식(유해물질의 발생원을 포위하지 않고 발생원 가까운 위치에 설치하는 후드)

ⓒ 레시버식(유해물질이 발생원에서 상승기류, 관성기류 등 일정 방향의 흐름을 가지고 발생할 때 설치하는 후드)

② 덕트

㉠ 역할

후드에서 흡입한 유해물질을 공기정화장치를 거쳐 송풍기까지 운반하는 송풍관 및 송풍기로부터 배기구까지 운반하는 관을 덕트라 한다.

㉡ 종류

직관, 곡관, 합류관, 확대관, 축소관

③ 공기정화장치

㉠ 입자상 물질 처리

ⓐ 중력집진장치(가장 간단한 집진장치로 입자 자체의 무게(비중)에 의해 가라앉게 만드는 장치)

ⓑ 관성력집진장치(유해물질 함유공기를 고속으로 유입시켜 내부에 설치한 장애물로 공기의 흐름을 급격히 바꾸면서 유해물질을 침강시키는 장치)

ⓒ 원심력집진장치(유해물질 함유공기를 유입시켜 내부에서 회전시키고, 그 원심력에 의해서 입자상 물질을 침강시키는 장치)

ⓓ 세정집진장치(액적, 액막, 기포 등에 의해 배기를 세정하여 공기를 정화시키는 장치)

ⓔ 여과집진장치(유해물질 함유공기를 유입시켜 여과포를 통과시킴으로써 공기를 정화시키는 장치)

ⓕ 전기집진장치(고압직류원을 이용한 코로나 방전에 의하여 분진을 대전시켜 집진

극판에서 분진을 분리·포집하는 장치)
   ⓒ 가스상 물질 처리
      ⓐ 흡수탑(배기가스를 흡수액에 접촉시켜 반응을 시키거나 용해시켜 유해가스를 제
        거하는 장치로써 흡수액에는 물, 알칼리, 산, 염류 등의 수용액 사용)
      ⓑ 흡착탑(흡착작용을 가진 흡착제를 유해가스가 함유된 공기를 통과시켜 유해가스
        가 흡착제에 흡착되어 제거되도록 하는 장치)
      ⓒ 연소법(유해가스를 산소와 반응시켜 열, 이산화탄소, 물을 급속히 발생시키는 산
        화현상을 이용하는 장치)
④ 송풍기
   ㉠ 역할
     국소배기장치의 일부로서 오염공기를 후드에서 덕트 내로 유동시켜서 옥외로 배출
     하는 원동력을 만들어내는 흡인장치로 국소배기장치의 저항을 극복하고, 필요한 양
     의 공기를 이송시키는 역할을 한다.
   ㉡ 종류 – 원심력 송풍기
      ⓐ 다익형(전향날개형이라고 하며 많은 날개를 가지고 있고 회전날개가 회전방향과
        동일한 방향으로 설계되어 있는 송풍기)
      ⓑ 평판형(방사날개형이라고 하며 날개가 다익형보다 적으며, 직선이고 길이가 길
        며 평판 모양을 하고 있어 강도가 매우 높게 설계되어 있는 송풍기)
      ⓒ 터보형(후향날개형이라고 하며 회전날개가 회전방향 반대편으로 경사지게 설계
        되어 있어 충분한 압력을 발생시킬 수 있는 송풍기)
⑤ 배기구
   ㉠ 역할
     배기구는 국소배기장치에서 오염된 공기를 포집, 제거한 후 외부로 배출되는 통로
     를 말하며 배기구는 가능한 높은 곳에서 배출, 대기확산효율을 높이고 재유입되지
     않도록 하여야 한다.
   ㉡ 종류
     직관형, 비마개형, 엘보형, 루버형

플러스 학습 **국소배기장치**

1. HOOD 설계 시 유의사항
   ① 발생원 중심
      ㉠ 오염물질의 발생 농도와 허용 농도 파악
      ㉡ 발생원의 온도와 작업장의 온도
      ㉢ 오염물질의 비산속도와 횡단기류속도
      ㉣ 발생원 주위상태(작업방법, 공간 활용범위)
      ㉤ 오염물질이 mist, fume, vapor 상태로 배출되어 냉각 응축되는지 등의 특성
   ② HOOD 중심
      ㉠ 최소의 배기량으로 최대의 흡인효과를 발휘할 것
      ㉡ 가능한 한 발생원에 가깝게 설치하고, 개구부를 작게 할 것
      ㉢ 작업자의 호흡영역을 보호할 것
      ㉣ HOOD 개구면에서의 면속도 분포를 일정하게 할 것
      ㉤ 외형을 보기 좋게 하고 압력손실을 작은 형태로 할 것

2. 「산업환기설비에 관한 기술지침」상 덕트의 접속 등
   ① 덕트의 접속 등은 다음의 사항에 적합하도록 설치하여야 한다.
      ㉠ 접속부의 내면은 돌기물이 없도록 할 것
      ㉡ 곡관(Elbow)은 5개 이상의 새우등 곡관으로 연결하거나, 곡관의 중심선 곡률반경이 덕트 지름의 2.5배 내외가 되도록 할 것
      ㉢ 주덕트와 지덕트의 접속은 30° 이내가 되도록 할 것
      ㉣ 확대 또는 축소되는 덕트의 관은 경사각을 15° 이하로 하거나, 확대 또는 축소 전후의 덕트 지름 차이가 5배 이상 되도록 할 것
      ㉤ 접속부는 덕트 소용돌이(Vortex) 기류가 발생하지 않는 구조로 할 것
      ㉥ 지덕트가 2개 이상인 경우 주덕트와의 접속은 각각 적절한 방향과 간격을 두고 접속하여 저항이 최소화되는 구조로 하고, 2개 이상의 지덕트를 확대관 또는 축소관의 동일한 부위에 접속하지 않도록 할 것
   ② 덕트 내부에는 분진, 흄, 미스트 등이 퇴적할 수 있으므로 청소가 가능한 부위에 청소구를 설치하여야 한다.
   ③ 미스트나 수증기 등 응축이 일어날 수 있는 유해물질이 통과하는 덕트에는 덕트 응축된 미스트나 응축수 등을 제거하기 위한 드레인밸브(Drain valve)를 설치하여야 한다.
   ④ 덕트에는 덕트 내 반송속도를 측정할 수 있는 측정구를 적절한 위치에 설치하여야 하며, 측정구의 위치는 균일한 기류상태에서 측정하기 위해서, 엘보, 후드, 지덕트 접속부 등 기류변동이 있는 지점으로부터 최소한 덕트 지름의 7.5배 이상 떨어진 하류 측에 설치하여야 한다.
   ⑤ 덕트의 진동이 심한 경우, 진동전달을 감소시키기 위하여 지지대 등을 설치하여야 한다.

⑥ 플랜지를 이용한 덕트 연결 시에는 개스킷을 사용하여 공기의 누설을 방지하고, 볼트 체결부에는 방진고무를 삽입하여야 한다.

⑦ 덕트 길이가 1m 이상인 경우, 견고한 구조로 지지대 등을 설치하여 휨 등에 의한 구조변화나 파손 등이 발생하지 않도록 하여야 한다.

⑧ 작업장 천장 등의 설치공간 부족으로 덕트 형태가 변형될 때에는 그에 따르는 압력손실이 크지 않도록 설치하여야 한다.

⑨ 주름관 덕트(Flexible duct)는 가능한 한 사용하지 않는 것이 원칙이나, 필요에 의하여 사용한 경우에는 접힘이나 꼬임에 의해 과도한 압력손실이 발생하지 않도록 최소한의 길이로 설치하여야 한다.

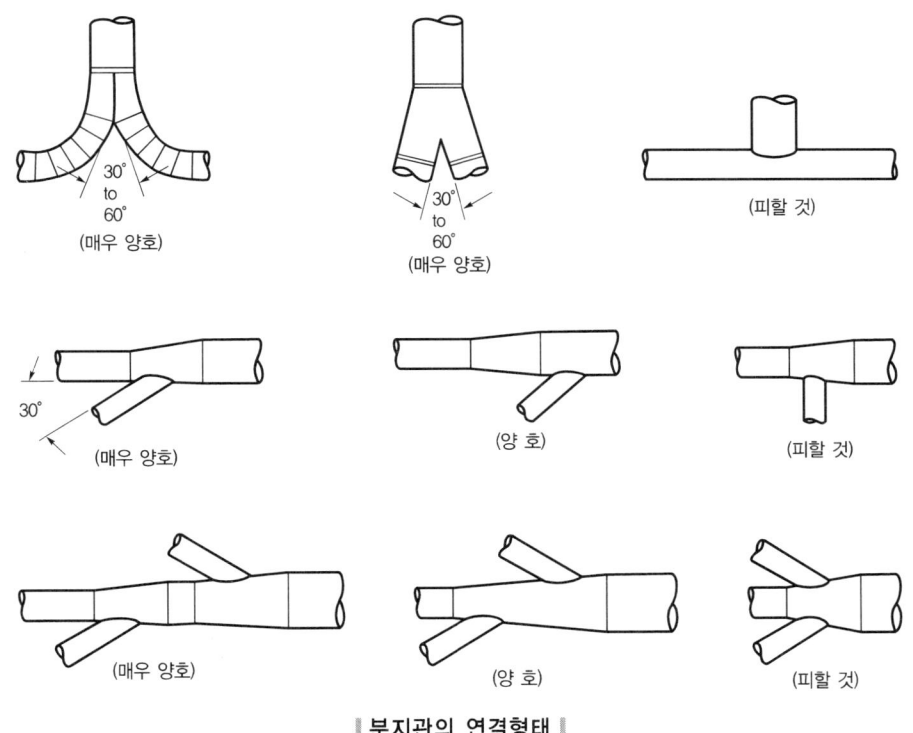

‖ **분지관의 연결형태** ‖

3. 배기덕트(배기구)
   ① 「산업환기설비에 관한 기술지침」상 배기구의 설치
      ㉠ 옥외에 설치하는 배기구의 높이는 지붕으로부터 1.5m 이상이거나 공장건물 높이의 0.3~1.0배 정도의 높이가 되도록 하여 배출된 유해물질이 당해 작업장으로 재유입되거나 인근의 다른 작업장으로 확산되어 영향을 미치지 않는 구조로 하여야 한다.
      ㉡ 배기구는 내부식성, 내마모성이 있는 재질로 하되, 빗물의 유입을 방지하기 위하여 비덮개를 설치하고, 배기구의 하단에 배수밸브를 설치하여야 한다.

② 배기구의 설치는 「15-3-15 규칙」을 참조하여 설치

  ㉠ 배출구와 공기를 유입하는 흡입구는 서로 15m 이상 떨어져야 한다.

  ㉡ 배출구의 높이는 지붕 꼭대기나 공기유입구보다 위로 3m 이상 높게 하여야 한다.

  ㉢ 배출되는 공기는 재유입되지 않도록 배출가스 속도는 15m/s 이상 유지한다.

③ 배기구 설치 시 주의사항

  ㉠ 배출 공기의 재유입을 방지 및 대기확산효율을 높이기 위해 가능한 한 높게 배출시킬 수 있어야 한다.

  ㉡ 비나 눈 등의 유입을 최소화할 수 있도록 해야 한다.

  ㉢ 배출 저항이 가능한 한 적게 발생되도록 해야 한다.

  ㉣ 설치비용이 저렴하고, 유지관리가 용이해야 한다.

  ㉤ 국소배기장치의 배출구 압력은 항상 대기압보다 높아야 한다.

  ㉥ 비마개형 배기구에서 직경에 대한 높이의 비(높이/직경)가 작을수록 압력손실은 증가한다.

4. 「산업환기설비에 관한 기술지침」상 송풍기(배풍기) 설치

① 배풍기는 가능한 한 옥외에 설치하도록 하여야 한다.

② 배풍기 전후에 진동 전달을 방지하기 위하여 캔버스(Canvas)를 설치하는 경우 캔버스의 파손 등이 발생하지 않도록 조치하여야 한다.

③ 배풍기의 전기제어반을 옥외에 설치하는 경우에는 옥내작업장의 작업영역 내에 국소배기장치를 가동할 수 있는 스위치를 별도로 부착하여야 한다.

④ 옥내작업장에 설치하는 배풍기는 발생하는 소음 및 진동에 대한 밀폐시설, 흡음시설, 방진시설 설치 등 소음·진동 예방조치를 하여야 한다.

⑤ 배풍기에서 발생한 강한 기류음이 덕트를 거쳐 작업장 내부 또는 외부로 전파되는 경우, 소음감소를 위하여 소음감소장치를 설치하는 등 필요한 조치를 하여야 한다.

⑥ 배풍기의 설치 시 기초대는 견고하게 하고 평형상태를 유지하도록 하되, 바닥으로의 진동의 전달을 방지하기 위하여 방진스프링이나 방진고무를 설치하여야 한다.

⑦ 배풍기는 구조물 지지대, 난간 등과 접속하지 않아야 한다.

⑧ 강우, 응축수 등에 의하여 배풍기의 케이싱과 임펠러의 부식을 방지하기 위하여 배풍기 내부에 고인 물을 제거할 수 있도록 배수밸브(Drain valve)를 설치하여야 한다.

⑨ 배풍기의 흡입부분 또는 토출부분에 댐퍼를 사용한 경우에는 반드시 댐퍼 고정장치를 설치하여 작업자가 배풍기의 배풍량을 임의로 조절할 수 없는 구조로 하여야 한다.

09 작업환경측정을 위한 시료채취 근로자(시료) 수를 결정할 때 고용노동부의 관련 고시에서 규정하고 있는 방법과 미국산업안전보건연구원(NIOSH)에서 권고하고 있는 방법을 각각 기술하고 두 방법 간의 핵심적인 차이가 무엇인지를 설명하시오.

해설 시료채취 근로자 수

(1) 고용노동부 관련 고시

① 단위작업장소에서 최고 노출 근로자 2인 이상에 대하여 동시에 측정하되, 단위작업장소에 근로자가 1인인 경우에는 그러하지 아니하며, 동일작업 근로자 수가 10인을 초과하는 경우에는 매 5인당 1인(1개 지점) 이상 추가하여 측정하여야 한다. 다만, 동일작업 근로자 수가 100인을 초과하는 경우에는 최대 시료채취 근로자 수를 20인으로 조정할 수 있다.

② 지역시료채취방법에 의한 측정시료의 개수는 단위작업장소에서 2개 이상에 대하여 동시에 측정하여야 한다. 다만, 단위작업장소의 넓이가 50평방미터 이상인 경우에는 매 30평방미터마다 1개 지점 이상을 추가로 측정하여야 한다.

(2) 미국산업안전보건연구원(NIOSH) 권고방법

단위작업장소에서 근무하는 대상으로 그 수에 따라 무작위로 몇 명의 근로자를 선정하여 시료를 채취해야만 90% 이상의 신뢰성을 가지고 최고 농도에 노출될 사람이 적어도 한 명 이상 포함될 수 있는가에 따른 시료수 결정방법이다.

(3) 핵심적인 차이

고시에서 규정하고 있는 시료수 결정방법은 단위장소에서 측정자(산업위생전문가)가 판단하여 최고 노출이 될 것으로 예상되는 사람을 대상으로 사람 수에 따라 그 수를 결정하는 방식을 채택하고, NIOSH는 최고 농도에 노출될 사람이 적어도 한 명 이상이 포함될 수 있는가에 따른 시료수 결정방식으로 접근방식이 다른 점이 핵심적인 차이이다.

플러스 학습 **작업환경 측정분석에 대한 일반 기술지침**

1. 용어의 정의
   ① 예비조사

   사업장에 대한 본 작업환경측정을 하기 전에 측정 결과의 신뢰성 확보를 목적으로 작업공정, 작업자, 작업 방법, 사용 화학물질 및 기계 기구, 노출실태 등을 파악하기 위해 작업환경측정 전문가가 행하는 일련의 서류상 및 현장 사전 조사(Workthrough survey)를 말한다.

   ② 유사노출군(Similar Exposure Group, SEG)

   동일 공정에서 작업하는 사유 등으로 인해 통계적으로 유사한 유해인자 노출 수준을 가질 것으로 예상되는 근로자의 집단을 말한다.

   ③ 현장 공시료(Field blank)

   특정 유해인자에 대한 작업환경측정에서 시료채취 매체 자체, 시료채취 과정, 채취된 시료의 운반 등에서 발생할 수 있는 오염을 확인할 목적으로 수거되는 동일한 깨끗한 시료채취 매체를 말한다.

   ④ 회수율(Recovery rate)

   채취한 금속류 등의 분석값을 보정하는데 필요한 것으로, 시료채취 매체와 동일한 재질의 매체에 첨가된 양과 분석량의 비로 표현된 것을 말한다.

   ⑤ 탈착효율(Desorption efficiency)

   채취한 유기화합물 등의 분석값을 보정하는데 필요한 것으로, 시료채취 매체와 동일한 재질의 매체에 첨가된 양과 분석량의 비로 표현된 것을 말한다.

   ⑥ 검출한계(Limit of Detection)

   주어진 분석절차에 따라 합리적인 확실성을 가지고 검출할 수 있는 가장 적은 농도나 양을 의미한다.

   ⑦ 정량한계(Limit of Quantification)

   주어진 신뢰수준에서 정량할 수 있는 분석대상물질의 가장 최소의 양으로 단지 검출이 아니라 정밀도를 가지고 정량할 수 있는 가장 낮은 농도를 말한다. 일반적으로 검출한계의 3배 수준을 의미한다.

2. 예비조사 시 본 측정에 필요한 제반 조건 및 여건 파악을 위한 수행하여야 할 내용
   ① 본 측정에 필요한 물질안전보건자료 등 서류의 확보와 검토
   ② 사업주 혹은 안전보건 관계자와의 면담
   ③ 작업공정에 대한 현장 관찰
   ④ 필요 시 현장 관리자 혹은 근로자와의 면담

3. 예비조사 시 측정계획서 작성 위한 파악 내용
    ① 제품별 생산공정 흐름도 및 구획 배치도
    ② 공정별 원료, 생산제품, 중간생성물, 부산물, 사용 기계 기구, 작업내용, 작업 및 교대 시간, 작업 및 운전 조건, 종사 근로자 수 및 배치현황
    ③ 근로자가 노출 가능한 물리적 및 화학적 유해인자와 인자별 발생 주기
    ④ 측정의 시작, 종료, 점심, 휴식 시간을 고려한 본 측정의 시료채취 예상시간
    ⑤ 단위작업장소(공정)별 채취 예정 시료의 수 및 대상 근로자
    ⑥ 측정에 소요되는 장비, 소모품 및 인력
    ⑦ 본 측정에 필요한 기타 사항

4. 측정계획 수립 시 포함 내용
    ① 업체명, 대표자, 업종, 생산품, 근로자 수 등 사업장 개요
    ② 부서별 공정, 작업내용, 근로자 수 및 공정흐름도
    ③ 화학물질 사용실태(사용량 포함) 및 소음 등 물리적 인자의 발생실태
    ④ 유해인자별 노출 근로자 수 및 예상 시료 수
    ⑤ 공정의 배치도 및 예상 측정 위치
    ⑥ 작업 및 휴식 시간 등 측정분석 시 고려되어야 할 여타 사항

5. 유해인자에 대한 시료채취와 분석방법 선정 기준
    ① 한국산업안전보건공단 안전보건기술지침(KOSHA-GUIDE) 중 시료채취 및 분석지침(A)
        - http://www.kosha.or.kr/kosha/data/guidanceA.do
    ② 한국산업표준(Korean Industrial Standards)의 기술기준
        - https://standard.go.kr/KSCI/portalindex.do
    ③ 국제표준화기구(International Organization For Standardization)의 규격
        - https://www.iso.org/home.html
    ④ 미국국립산업안전보건연구원(NIOSH)의 NIOSH Manual of Analytical Methods
        - https://www.cdc.gov/niosh/nmam/default.html
    ⑤ 미국산업안전보건청(OSHA)의 Sampling and Analytical Methods
        - https://www.osha.gov/dts/sltc/methods/toc.html
    ⑥ 영국보건안전연구소(HSE)의 Methods for the Determination of Hazardous Substances (MDHS) Guidance
        - https://www.hes.gov.uk/pubns/mdhs
    ⑦ 미국재료시험협회(ASTM International)의 Standard Test Methods
        - https://www.astm.org/Standards/D1415.htm

6. 입자상 물질의 측정
① 공기 중 석면은 지름 25mm 셀룰로오스막여과지(Mixed cellulose membrane filter, MCE)를 장착한 연장통(extension cowl)이 달린 카세트를 사용하여 시료를 채취하고 위상차현미경을 이용하여 분석한다. 섬유상 먼지의 정성 분석이 필요한 경우 전자현미경법을 적용할 수 있다.
② 석영(Quartz) 등의 결정체 산화규소 성분을 함유하지 않은 광물성 분진은 37mm, PVC 여과지(Polyvinyl Chloride filter, PVC)를 장착한 카세트를 사용하여 시료를 채취하고 전자저울을 이용한 중량분석법으로 무게를 산출한다.
③ 석영, 크리스토바라이트(Cristobalite), 트리디마이트(Tridymite) 등 결정체 산화규소 성분을 함유한 광물성 분진은 37mm PVC 여과지를 장착한 카세트를 사용하여 시료를 채취하고 적외선 분광 분석기(Fourier transform infrared spectroscopy, FTIR)을 이용하여 분석한다. 이 경우 호흡성 분진의 채취 시에는 사이클론 등 분립장치를 장착하되 해당 장치의 제조사가 제시한 채취유량을 준수한다.
④ 용접흄은 37mm PVC 여과지나 MCE 여과지를 장착한 카세트에 포집하여 전자저울을 이용한 중량분석법을 이용한다. 호흡성 용접흄의 채취 시에는 사이클론 등 분립장치를 장착하되 해당 장치의 제조사가 제시한 채취유량을 준수한다.
⑤ 소우프스톤, 운모, 포틀랜드 시멘트, 활석, 흑연 등 결정체 산화규소 성분 1% 미만 함유한 광물성 분진은 37mm PVC 여과지를 장착한 카세트에 포집하여 전자저울을 이용한 중량분석법을 이용한다. 이 경우 호흡성 분진의 채취 시에는 사이클론 등 분립장치를 장착하되 해당 장치의 제조사가 제시한 채취유량을 준수한다.
⑥ 곡물 분진, 유리섬유 분진은 37mm PVC 여과지를 장착한 카세트에 포집하여 전자저울을 이용한 중량분석법을 이용한다. 이 경우 호흡성 분진의 채취 시에는 사이클론 등 분립장치를 장착하되 해당 장치의 제조사가 제시한 채취유량을 준수한다.
⑦ 목재 분진과 같은 흡입성 분진을 측정하려는 경우 PVC 여과지가 장착된 IOM sampler(Institute of Occupational Medicine) 또는 직경분립충돌기 등 동등 이상의 채취가 가능한 장비를 이용하여 시료를 채취하고 전자저울을 이용한 중량분석법으로 정량한다.

7. 입자상 및 가스상 물질 측정 시 시료채취의 경우 작업장 내 고려조건
① 온도
온도가 지나치게 높은 경우 활성탄관 등 흡착제에 대한 화학물질의 흡착 능력이 저하되어 채취유량 과도에 따른 파과 등이 발생하거나 화학물질이 상호반응(가수분해 등)에 의해 손실될 수 있으므로 유의한다.

② 습도

　　㉠ 공기 중 수분은 극성매체에 쉽게 흡착되어 파과를 일으키기 쉬우므로 주의하여야 한다.

　　㉡ 수분이 흡수된 일부 여과지(MCE 여과지 등)는 안정된 무게측정에 영향을 줄 수 있으므로 건조기를 이용하여 수분 제거를 한 후 꺼내어 무게를 재는 중량분석실에 최소한 1시간 이상 놓아두어 중량분석실의 온·습도와 필터의 온·습도 조건을 평형화한 후 무게를 칭량한다.

　　㉢ 과도한 수분이 흡착된 측정 매체(실리카겔 등)와 여과지는 시료채취용 펌프에 과도한 부담을 줄 수 있으므로 유량조절과 가동 중 멈춤에 유의한다.

　　㉣ 저습도는 일부 여과지(PVC 여과지, MCE 여과지 등)에 정전기를 발생시켜 여과지 표면에의 불균일한 침착과 분진의 되 튐을 야기하므로 주의한다.

③ 농도

　　과도한 공기 중 유해인자의 농도는 측정 매체에 파과가 발생하거나 여과지에 대한 압력 손실을 증가시킬 수 있으므로 유의한다.

④ 기류

　　기류가 강한 경우 입자상 물질 채취 시에는 시료의 정확한 포집을 위하여 시료채취매체가 하방향으로 향하도록 주의해야 한다.

8. 작업환경 시료의 채취

① 단위작업장소의 선정

　　작업환경측정의 기본이 되는 단위작업장소는 사업장의 단위 공정을 중심으로 한다. 다만 공정이나 작업의 특성상 해당 공정 노출 근로자에 대한 농도의 변이가 심하여 모든 근로자를 유사 노출군에 포함하기 어려운 경우 동 공정을 몇 개의 단위작업장소로 구획하여 측정할 수 있다.

② 측정 방법의 선정

　　단위작업장소 근로자에 대한 작업환경측정은 개인시료채취를 원칙으로 한다. 다만 다음에서 지역시료채취를 적용할 수 있다. 지역시료채취를 한 경우에는 작업환경 측정결과 보고서에 반드시 그 사유를 기재하도록 한다.

　　㉠ 해당 유해인자에 대하여 지역시료채취 방법만 있는 경우

　　㉡ 시료채취기의 장착이 근로자의 안전을 심각하게 해칠 수 있는 경우

　　㉢ 근로자의 움직임 등 작업의 특성상 시료채취기의 장착이 매우 곤란한 경우

　　㉣ 한 근로자가 다수의 시료채취기를 과도하게 장착하여 작업에 심히 방해되거나 측정 결과의 정확성과 정밀성을 훼손할 우려가 있는 경우

　　㉤ 기타 개인시료채취가 심히 곤란하거나 측정 결과에 심각하게 영향을 주는 경우

③ 시료채취 시간
  ㉠ 8시간 시간가중평균노출기준(Time-Weighted Average, TWA)에 따른 노출평가를 수행하고자 하는 경우 각 교대작업 시간 당 6시간 이상 연속 혹은 분리 측정한다. 다만, 유해물질의 발생시간 및 간헐성과 작업의 불규칙성 등을 고려하여 유해물질 발생시간 동안만 측정할 수 있다.
  ㉡ 단시간노출기준(Short Term Exposure Limit, STEL)에 따른 노출평가를 수행하고자 하는 경우 15분간 측정한다.
  ㉢ 최고노출기준(Ceiling, C)에 따른 노출평가를 수행하고자 하는 경우 평가에 필요한 최소한의 시간으로 한다. 다만, 최소한의 시간을 특정할 수 없는 경우 15분으로 할 수 있다.
④ 단위작업장소별 채취 시료 수
  ㉠ 각 단위작업장소별 근로자 수에 따른 최소 시료 수는 다음 표에 따른다. 다만 작업 근로자 수가 1인인 경우는 시료 수 1개를 채취한다.

‖ 단위작업장소별 근로자 수에 따른 최소 시료 수 ‖

근로자 수	시료 수	근로자 수	시료 수
10명 이하	2	56~60	12
11~15	3	61~65	13
16~20	4	66~70	14
21~25	5	71~75	15
26~30	6	76~80	16
31~35	7	81~85	17
36~40	8	86~90	18
41~45	9	91~95	19
46~50	10	96 이상	20
51~55	11		

  ㉡ 단위작업장소별 지역 시료채취 방법으로 측정을 하는 경우 단위작업장소 내에서 2개 이상의 지점에 대하여 동시에 측정하여야 한다. 다만, 단위작업장소의 넓이가 50평방미터 이상인 경우에는 매 30평방미터마다 1개 지점 이상을 추가로 측정하여야 한다.
⑤ 채취유량과 공기량
  시료채취유량과 공기량은 선정한 측정분석방법에서 정한 기준을 준수한다. 이 경우 기존의 작업환경측정결과와 전문가적 판단에 따라 단위작업장소에서 예상되는 근로자의 노출 농도가 낮은 경우 권고 유량과 공기량을 조정할 수 있다. 다만 분석 결과 활성탄관 등 측정매체의 예비층(뒷층)에서 검출된 유해물질의 총량이 본 층(앞층)에서 검출될 양의 10%를 초과하면 파과가 발생한 것으로 간주하여 해당 단위작업장소의 해당 유해 물질에 대하여 재측정을 한다.

⑥ 측정 장비의 보정 및 공시료
  ㉠ 측정 장비의 보정
    ⓐ 시료채취에 사용되는 개인시료채취기 등 보정이 필요한 장비는 측정을 실시 전과 후에 보정장치를 이용하여 보정한다. 다만 누적 소음노출량 측정기의 경우는 최소 1주일을 단위로 일괄적으로 보정을 할 수 있다.
    ⓑ 모든 보정장치는 기관의 장비 지침에 따라 1년 또는 2년에 1회 이상 국가/국제인증기관으로부터 검정을 실시한다.
    ⓒ 국가/국제인증기관으로부터 검정을 한 보정장치에 대한 성적서 등 관련 서류는 3년간 보존한다.
  ㉡ 공시료
    ⓐ 작업환경측정 시에는 시료 세트에 따라 최소 10% 이상의 공시료를 분석한다. 다만 선정한 분석방법이 실험방법의 정확성이나 정밀성 등의 사유로 공시료를 10% 이상 요구하는 경우 해당 공시료의 수를 따른다.
    ⓑ 공시료는 측정에 사용된 채취 매체와 동일한 생산번호를 가진 것을 이용한다.
    ⓒ 가스상 물질에 대한 공시료는 각 단위작업장소에 대한 측정이 종료된 뒤 현장에서 채취매체의 양 끝단을 절단한 후 시료와 동일하게 지정된 마개를 막아 채취된 시료와 함께 운반하여 분석실험실로 이관한다.
    ⓓ 여과지가 장착된 카세트를 사용한 입자상 물질 측정에 대한 공시료는 측정이 종료된 뒤 양 끝단의 마개를 잠시 열었다 닫아준 후 시료와 함께 운반하여 분석실험실로 이관한다.

⑦ 채취 시료의 운반, 보관 및 인계
  ㉠ 채취된 시료는 단위작업장소별로 시료채취 표에 기록한 것과 동일한 시료 번호를 명기하고 플라스틱 백(지퍼 백) 등을 이용하여 외부포장을 한 후 분석실험실로 운반한다.
  ㉡ 여과지가 장착된 카세트를 이용하여 입자상 물질을 채취한 경우에는 해당 물질의 손실과 흐트러짐을 방지하기 위해 채취된 여과지 면이 위로 향하도록 하고 흔들림이 없는 방법으로 실험실로 운반한다.
  ㉢ 채취된 시료를 당일에 분석할 수 없는 경우 가스상 물질을 포집한 측정 매체는 보관 방법에 알맞은 조건을 선택하여 보관한다.
  ㉣ 입자상 물질을 포집한 여과지가 장착된 카세트에 대하여 중량분석을 하고자 하는 경우 데시케이터 또는 항온항습기 내에 보존한다.
  ㉤ 채취된 시료를 분석실험실(이하 "분석실")에 전달하는 경우에는 측정자와 분석자의 서명이 있는 시료 인수인계서를 작성하여 보관한다.

9. 회수율 및 탈착효율의 실험
  ① 금속류에 대한 회수율 실험
    ㉠ 회수율 실험을 위한 첨가량은 측정대상물질의 작업장 예상 농도 일정 범위(0.01~2배)에서 결정한다. 작업장의 농도를 포함하도록 예상되는 농도(mg/m^3)와 공기채취량(L)에 따라 첨가량을 계산한다. 만일 작업장의 예상 농도 산출이 어려운 경우 첨가량은 노출 기준과 권고하는 공기채취량을 기준으로 계산한다.
    ㉡ 수준별로 최소한 3개 이상의 반복 첨가 시료를 다음의 방법으로 조제하여 분석한 후 회수율을 구하도록 한다.
      ⓐ 3단 카세트에 실험용 여과지를 장착시킨 후 상단 카세트를 제거한 상태에서 계산된 첨가량에 해당하는 분석대상물질의 원액(또는 희석용액)을 마이크로실린지를 이용하여 주입한다.
      ⓑ 하룻밤 동안 상온에서 놓아둔다.
      ⓒ 시료를 전처리한 후 분석하여 분석량/첨가량으로서 회수율을 구한다.
      ⓓ 분석방법의 회수율은 최소한 75% 이상이 되어야 한다.
      ⓔ 회수율 간의 변이가 심하면 그 원인을 찾아 교정하고 다시 실험을 해야 한다.
  ② 유기화합물류 등에 대한 탈착효율 실험
    ㉠ 탈착효율 검증용 시료 분석은 매 시료분석 시 행한다.
    ㉡ 3개 농도 수준(저, 중, 고농도)에서 각각 3개씩의 흡착관과 공시료로 사용할 흡착관 3개를 준비한다.
    ㉢ 미량주사기를 이용하여 탈착효율 검증용 용액(stock solution)의 일정량(계산된 농도)을 취해 흡착관의 앞 층에 직접 주입한다. 탈착효율 검증용 저장용액은 ㉡에서 언급한 3개의 농도 수준이 포함될 수 있도록 시약의 원액을 혼합한 것을 말한다.
    ㉣ 탈착효율 검증용 저장용액을 주입한 흡착관은 즉시 마개를 막고 하룻밤 정도 실온에 놓아둔다.
    ㉤ 시료를 전처리한 후 분석하여 분석량/첨가량으로서 탈착효율을 구한다.
    ㉥ 분석방법의 탈착효율은 최소한 75% 이상이 되어야 한다.
    ㉦ 탈착효율 간의 변이가 심하면 그 원인을 찾아 교정하고 다시 실험을 해야 한다.

10. 검량선의 작성
  ① 금속류에 대한 검량선의 작성
    ㉠ 측정 대상물질의 표준용액을 조제할 원액(시약)의 농도를 파악한다.
    ㉡ 표준 용액의 농도 범위는 채취된 시료의 예상 농도(노출기준 0.01배 이상)에서 한다.
    ㉢ 표준용액 조제 방법은 표준원액을 단계적으로 희석하는 희석식과 표준원액에서 일정량씩 취해 희석용액에 직접 주입하는 배치식 중 선택하여 조제한다.
    ㉣ 표준용액은 최소한 5개 수준 이상으로 한다.
    ㉤ 원액의 순도, 제조 일자, 유효기간 등은 조제 전에 반드시 확인한다.

ⓑ 표준용액, 탈착효율 또는 회수율에 사용되는 시약은 같은 로트(Lot)번호를 가진 것을 사용한다.

ⓢ 분석기기(ICP, AAS)의 감도 등을 고려하여 5개의 농도 수준을 표준용액으로 하여 검량선을 작성한다. 이때 표준용액의 농도 범위는 분석시료 농도 범위를 포함하는 것이어야 한다.

ⓞ 가열 판을 이용한 전처리 시료의 표준용액 제조는 최종 희석용액을 사용하며, 마이크로웨이브 회화기, 핫 블록 등을 이용한 시료의 표준용액 제조 시의 산 농도는 시료 속의 산 농도와 동일하게 한다.

ⓩ 회수율 검증 시료의 분석값을 다음 식에 적용하여 회수율을 구한다.

회수율(RE, Recovery Efficiency)=검출량/첨가량

② 유기화합물류 등에 대한 검량선의 작성

ⓐ 검출한계에서 정량한계의 10배 농도 범위까지 최소 5개 이상의 농도 수준을 표준용액으로 하여 검량선을 작성한다. 또는 표준용액의 농도 범위는 현장 시료 농도 범위를 포함해야 한다.

ⓑ 탈착효율 검증용 시료의 분석값을 다음 식에 적용하여 탈착효율을 구한다.

탈착효율(DE, Desorption Efficiency)=검출량/주입량

11. 검출한계 및 정량한계의 결정

① 측정 시료에 대한 검출한계의 산정은 실험실 분석에서 적용한 검량선의 식($y = ax + b$)에서 기울기와 절편을 적용하여 다음 식에 따라 산출한다. 다만 필요한 경우 분석기기의 바탕선에 대한 노이즈를 적용하는 방법 등 화학분석 분야에서 널리 적용하는 방법에 따라 산출할 수 있다.

$$검출한계 = 3 \times \frac{S}{a}$$

여기서, S : 검량선의 표준오차

a : 검량선의 기울기

② 측정 시료에 대한 정량한계의 산정은 실험실 분석에서 적용한 검량선의 식($y = ax + b$)에서 기울기와 절편을 적용하여 다음 식에 따라 산출한다. 다만 필요한 경우 분석기기의 바탕선에 대한 노이즈를 적용하는 방법 등 화학분석 분야에서 널리 적용하는 방법에 따라 산출할 수 있다.

$$정량한계 = 10 \times \frac{S}{a}$$

여기서, S : 검량선의 표준오차

a : 검량선의 기울기

12. 시료의 전처리
  ① 금속류의 전처리(가열 판 이용 시)
    ㉠ 회화용액은 진한 질산이나 염산, 과염소산 등을 혼합하여 사용한다.
    ㉡ 시료채취기로부터 막 여과지를 핀셋 등을 이용하여 비커에 옮긴다.
    ㉢ 여과지가 들어간 비커에 제조한 회화용액 5mL를 넣고 유리 덮개로 덮은 후, 실온에서 30분 정도 놓아둔다.
    ㉣ 가열 판 위로 비커를 옮긴 후 120℃에서 회화용액이 약 0.5mL 정도가 남을 때가지 가열시킨다.
    ㉤ 유리 덮개를 열고 회화용액 2mL를 다시 첨가하여 가열시킨다. 비커 내의 회화용액이 투명해질 때까지 이 과정을 반복한다.
    ㉥ 비커 내의 회화용액이 투명해지면 유리 덮개를 열고 비커와 접한 유리 덮개 내부를 초순수로 헹구어 잔여물이 비커에 들어가도록 한다. 유리 덮개는 제거하고 비커 내의 용액량이 거의 없어져 건조될 때까지 증발시킨다.
    ㉦ 희석용액 2~3mL를 비커에 가해 잔류물을 다시 용해한 다음 10mL 용량 플라스크에 옮긴 후 희석용액을 가해 최종용량이 20mL가 되게 한다.
    ㉧ 그 외 마이크로웨이브 회화기나 핫 블록 등을 이용하여 시료채취 및 분석지침에서 권장하는 산을 선택하여 전처리 할 수 있다.
  ② 유기화합물 등의 일반적인 전처리
    ㉠ 흡착튜브 앞 층과 뒤 층을 각각 다른 바이엘에 담는다. 이때 유리섬유와 우레탄폼 마개는 버린다.
    ㉡ 바이엘에 피펫으로 1.0mL의 선정된 탈착액을 넣고 즉시 마개로 막는다.
    ㉢ 가끔 흔들면서 30분 이상 방치한다.
    ㉣ 유기화합물의 탈착액 선정은 선택한 방법에 따라 적용하여 분석한다.

13. 기기분석
  ① 실험실 종사자는 사용할 분석기기의 작동원리, 성능, 적용 범위, 사용조건 및 제한점, 안전상의 유의사항 등을 충분히 숙지한 상태에서 분석에 임한다.
  ② 기기분석과 관련된 일반 사항은 선정된 작업환경측정분석방법과 해당 기기의 사용자 매뉴얼에 따른다.
  ③ 측정 시료에 대한 기기분석은 시료에 대한 전처리나 탈착을 한 당일에 수행한다. 당일 분석이 곤란한 경우 처리된 시료를 냉장 등의 방법으로 저장할 수 있으나 오차 발생에 유의한다.
  ④ 기기분석 시 측정 시료에 대한 검출량은 적용된 검량선의 농도 범위 내에 있도록 한다. 해당 범위를 벗어나는 경우 검량선의 재작성이나 시료에 대한 희석 등 적정한 방법을 적용한다. 다만 노출기준 대비 노출 수준이 낮은 경우에는 검량선의 제일 낮은 농도를 벗어나더라도 검량선을 적용할 수 있다.

14. 분석 결과에 따른 측정 결과값의 평가

① GC(가스크로마토그래피) 등 분석 장비를 사용하여 분석한 결과가 검출한계 미만인 경우 보고서에서 검출농도는 "불검출"로 표기한다. 다만 기기분석에서 피크가 전혀 나타나지 않은 경우와 적은 피크에 따라 검출한계 미만으로 나타난 경우를 상호 구분하여 보고서에 기재하고자 하는 경우 "불검출" 및 "검출한계 미만"으로 구분하여 표시할 수 있다.

② GC(가스크로마토그래피) 등 분석 장비를 사용하여 분석한 결과가 검출한계 이상 정량한계 미만인 경우 보고서의 농도는 "정량한계 미만"으로 표기한다. 다만 현재 작업환경측정 결과 보고서 전산 시스템에서는 검출한계 이상의 농도를 표기하여 보고할 수 있다.

③ 검출한계 미만으로 결과가 나온 화학적 인자에 대해서는 계산된 검출한계값을 보고서에 제시한다.

④ 화학물질의 경우 근로자의 노출시간이 8시간을 초과하는 경우 보정 노출기준은 다음 식에 따라 산출한다.

$$보정\ 노출기준 = 8시간\ 노출기준 \times \frac{8}{H}$$

여기서, $H(Hr)$: 노출시간/일

⑤ 소음의 경우 근로자의 노출 시간이 8시간을 초과하는 경우 보정 노출기준은 다음 식에 따라 산출한다.

$$소음의\ 보정\ 노출기준 = 16.61\ \text{Log}\left(\frac{100}{12.5 \times H}\right) + 90$$

여기서, $H(Hr)$: 노출시간/일

⑥ GC(가스크로마토그래피) 등 분석 장비를 사용하여 분석 시 산출된 크로마토그램 등 근거자료는 법에 따라 측정이 보고서가 완료된 날로부터 3년간 보관한다. 필요한 경우 보관 기간을 늘릴 수 있다.

산업위생공학

2014년 산업보건지도사

2014년 6월 28일 시행

※ 다음 단답형 5문제를 모두 쓰시오. (각 5점)

01 노말헥산(n-hexane), 메탄올(methanol), 아세톤(acetone), 크실렌(xylene) 및 톨루엔(toluene)에 대한 각각의 생물학적 노출지표를 쓰시오.

해설 (1) 노말헥산(n-hexane)의 생물학적 노출지표
　　　소변 중 2.5-헥산디온

(2) 메탄올(methanol)의 생물학적 노출지표
　　소변 중 메탄올

(3) 크실렌(xylene)의 생물학적 노출지표
　　소변 중 메틸마뇨산

(4) 아세톤(acetone)의 생물학적 노출지표
　　소변 중 아세톤

(5) 톨루엔(toluene)의 생물학적 노출지표
　　소변 중 마뇨산 (소변 중 o-크레졸)

플러스 학습 화학물질에 대한 대사산물(측정 대상물질) 및 시료채취시기(노출에 대한 생물학적 모니터링)

화학물질	대사산물 (노출지표검사 측정물질)	시료 채취시기	생물학적 노출지수(BEI)
납	혈중 납	수시	$30\mu g/dL$
	혈중 징크 프로토포피린		$100\mu g/dL$
	소변 중 델타아미노레뷸린산		$85mg/L$
	소변 중 납		$5mg/L$
수은	소변 중 수은	작업 전	$200\mu g/L$ $(0.1mg/m^3)$
	혈중 수은	주말	$15\mu g/L$
카드뮴	혈중 카드뮴	수시	$5\mu g/L$
	소변 중 카드뮴		$5\mu g/g\ crea$
벤젠(1ppm)	소변 중 뮤콘산	당일	$1mg/g\ crea$
	혈중 벤젠	당일	$5\mu g/L$
	권장) 소변 중 S-페닐머캅토산	당일	$50mg/g\ crea$
	소변 중 페놀	당일	$50mg/g\ crea$
메틸벤젠	–	–	–
니트로벤젠	–	–	–
클로로벤젠	소변 중 총 클로로카테콜	당일	$150mg/g\ crea$
페놀	소변 중 총 페놀	당일	$250mg/g\ crea$
아세톤	소변 중 아세톤	당일	$80mg/L$
톨루엔	소변 중 마뇨산	당일	$2.5g/g\ crea$
크실렌	소변 중 메틸마뇨산	당일	$1.5g/g\ crea$
스티렌	권장) 소변 중 만델릭산	당일	$800mg/g\ crea$
	권장) 소변 중 페닐글리옥실산	당일	$240mg/g\ crea$
트리클로로에틸렌	소변 중 총 삼염화물	주말	$300mg/g\ crea$
	소변 중 삼염화초산		$100mg/g\ crea$
퍼클로로에틸렌 (테트라클로로에틸렌)	소변 중 삼염화초산	주말	$5mg/L$
	권장) 혈액 중 퍼클로로에틸렌		–
메틸클로로포름 (1,1,1-트리클로로에탄)	소변 중 삼염화초산	주말	$10mg/L$
	소변 중 총 삼염화에탄올		$30mg/L$

화학물질	대사산물 (노출지표검사 측정물질)	시료 채취시기	생물학적 노출지수(BEI)
디메틸포름아미드	소변 중 N-메틸포름아미드	당일	15mg/L
N,N-디메틸아세트아미드	소변 중 N-메틸아세트아미드	당일	30mg/g crea
사염화에틸렌	–	–	–
N-헥산	소변 중 2,5-헥산디온	당일	5mg/g crea
일산화탄소	혈중 카복시헤모글로빈	당일*	5%
	호기 중 일산화탄소 농도	당일**	40ppm
이황화탄소	권장) TTCA	당일	5mg/g crea
크롬 및 그 화합물	소변 중 크롬	주말	30μg/g crea

※ 시료채취시기 구분
- 수시 : 하루 중 아무 때(At anytime)
- 주말 : 목요일이나 금요일 또는 4~5일간의 연속작업의 작업종료 2시간 전부터 직후까지
- 작업 전 : 작업을 시작하기 전
- 당일 : 당일 작업종료 2시간 전부터 직후까지
- 당일*(혈액) : 작업종료 후 10~15분 이내
- 당일**(호기) : 작업종료 후 10~15분 이내, 마지막 호기 채취

02 작업환경측정 및 분석을 여러 번 되풀이하면 다른 결과값을 얻게 되는데 산업위생 통계에서 표현하는 대푯값의 종류 5가지를 쓰시오.

해설 ① 산술평균
② 중앙값
③ 최빈값
④ 가중평균
⑤ 기하평균

플러스 학습 **산업위생통계 대푯값 5종류**

1. 산술평균($\overline{M}$)
   ① 평균을 구하기 위해 모든 수치를 합하고 그것을 총 개수로 나누면 평균이 된다.
   ② 계산식

$$M = \frac{X_1 + X_2 + X_3 + \cdots\cdots + X_n}{N} = \frac{\sum_{i=1}^{N} X_i}{N}$$

   여기서, M : 산술평균
   $\quad\quad\quad N$: 개수(측정치)

2. 가중평균($\overline{X}$)
   ① 작업환경 유해물질 평균농도 산출에 이용되며, 자료의 크기를 고려한 평균을 가중평균이라 하며, 보통 기호로 $\overline{X}$ 를 사용한다.
   ② 계산식

$$\overline{X} = \frac{X_1 N_1 + X_2 N_2 + X_3 N_3 + \cdots + X_n N_k}{N_1 + N_2 + N_3 + \cdots + N_k}$$

   여기서, $\overline{X}$: 가중평균
   $\quad\quad\quad k$개의 측정치에 대한 각각의 크기를 N_1, N_2, $\cdots$, N_k

3. 중앙치(median)
   N개의 측정치를 크기 순서로 배열 시 $X_1 \leq X_2 \leq X_3 \leq \cdots \leq X_n$이라 할 때 중앙에 오는 값을 중앙치라 하며, 값이 짝수일 때는 중앙값이 유일하지 않고 두 개가 될 수 있다. 이 경우 두 값의 평균을 취한다.

4. 기하평균(GM)

① 모든 자료를 대수로 변환하여 평균 후 평균한 값을 역대수 취한 값 또는 N개의 측정치 X_1, X_2, $\cdots$, X_n이 있을 때 이들 수의 곱의 N 제곱근의 값

② 산업위생 분야에서는 작업환경 측정결과가 대수정규분포를 하는 경우 대푯값으로써 기하평균을 산포도로서 기하표준편차를 널리 사용한다.

③ 기하평균이 산술평균보다 작게 되므로 작업환경관리 차원에서 보면 기하평균치의 사용이 항상 바람직한 것이라고 보기는 어렵다.

④ 계산식

$$\log(GM) = \frac{\log X_1 + \log X_2 + \cdots + \log X_n}{N} \cdots\cdots (\text{I})$$

에서 GM을 구함(가능한 식 (I) 사용 권장)

$$GM = \sqrt[N]{X_1 \cdot X_2 \cdots\cdots X_n} \cdots\cdots (\text{II})$$

5. 최빈치(M_o)

① 측정치 중에서 도수가 가장 큰 것을 최빈치(유행치)라 하며, 주어진 자료에서 평균이나 중앙값을 구하기 어려운 경우에 특히 유용하다.

② 계산식

$$M_o = \overline{M} - 3(\overline{X} - \text{med})$$

여기서, M_o : 최빈치

　　　 med : 중앙치

　　　 $\overline{M}$: 산술평균

　　　 $\overline{X}$: 가중평균

03 허용기준 대상물질인 납을 추출하여 납피를 만드는 사업장에서 공기 중 납을 측정
하여 분석하는 경우 다음 사항을 쓰시오.

(1) 시료채취에 사용할 여과지 종류

(2) 시료채취용 펌프의 적정유량

(3) 분석기기의 명칭

(4) 회화장비의 명칭

(5) 분석된 회수율 검증시료를 통한 회수율 산정 공식

해설 (1) 시료채취에 사용할 여과지 종류

MCE막여과지, PVC막여과지(공극 0.8μm, 직경 37mm)

(2) 시료채취용 펌프의 적정유량

1~4L/min(8시간 동안 연속적으로 작동이 가능해야 함)

(3) 분석기기의 명칭

유도결합플라스마 분광광도계(ICP) 또는 원자흡광광도계(AAS)

(4) 회화장비의 명칭

가열판(Hot Plate) 또는 마이크로웨이브(Microwave) 회화기

(5) 분석된 회수율 검증시료를 통한 회수율 산정 공식

$$회수율 = \frac{검출량}{첨가량}$$

플러스 학습 **기기분석**

1. 유도결합플라스마 분광광도계(ICP) 또는 원자흡광광도계(AAS)의 기기를 작동시켜 최적화시
킨 후 283.3nm에서 배경보정상태로 납 흡광도를 측정하도록 한다. 만일 방해물질이 존재할
경우 283.3nm 이외의 다른 파장을 선택하여 분석한다.

[작업장 공기 중에 칼슘(calcium), 황산염(sulfate), 인산염(phosphate), 요오드화물(iodide), 불
화물(fluoride), 또는 아세테이트(acetate)가 고농도로 존재하는 작업장에서 채취된 시료를
AAS로 분석할 때는 분석장비의 배경보정(background correction)을 실시하는 것이 좋다.]

2. 표준용액, 공시료, 현장시료, 그리고 회수율 검증시료를 흡입시켜 납의 흡광도를 측정한다.

3. 검출한계 및 시료채취분석오차

이 방법의 검출한계는 0.062μg/시료(ICP)와 2.6μg/시료(AAS)이며, 시료채취분석오차는 0.171(ICP
분석), 0.198(AAS 분석)이다.

04 분진 등을 배출하기 위하여 설치하는 국소배기장치(이동식은 제외)에 대하여 산업안전보건기준에 관한 규칙에서 제시하는 덕트(duct)의 설치기준 5가지를 쓰시오.

해설 ① 가능한 한 길이는 짧게 하고 굴곡부의 수는 적게 할 것
② 접속부의 안쪽은 돌출된 부분이 없도록 할 것
③ 청소구를 설치하는 등 청소하기 쉬운 구조로 할 것
④ 덕트 내부에 오염물질이 쌓이지 않도록 이송속도를 유지할 것
⑤ 연결부위 등은 외부 공기가 들어오지 않도록 할 것

🌱 **플러스 학습** **국소배기장치의 후드설치 기준(보건규칙)**

사업주는 인체에 해로운 분진(粉塵), 흄(fume, 열이나 화학반응에 의하여 형성된 고체증기가 응축되어 생긴 미세입자), 미스트(mist, 공기 중에 떠다니는 작은 액체방울), 증기 또는 가스 상태의 물질(이하 "분진 등")을 배출하기 위하여 설치하는 국소배기장치의 후드는 다음의 기준에 맞도록 하여야 한다.
① 유해물질이 발생하는 곳마다 설치할 것
② 유해인자의 발생형태와 비중, 작업방법 등을 고려하여 해당 분진 등의 발산원(發散源)을 제어할 수 있는 구조로 설치할 것
③ 후드(hood) 형식은 가능하면 포위식 또는 부스식 후드를 설치할 것
④ 외부식 또는 리시버식 후드는 해당 분진 등의 발산원에 가장 가까운 위치에 설치할 것

05 화학물질 및 물리적 인자의 노출기준에는 발암성 물질에 대한 표기가 구분되어 있다. 발암성 정보물질의 표기를 3가지로 구분하고 그 의미를 쓰시오.

해설 (1) 발암성 물질

암을 일으키거나 그 발생을 증가시키는 성질을 말한다.

(2) 단일물질의 분류

발암성의 구분은 1A, 1B, 2를 원칙으로 하되, 구분 1A와 1B의 소구분이 어려운 경우에만 구분 1, 2로 통합 적용할 수 있다.

구분	구분 기준
1A	사람에게 충분한 발암성 증거가 있는 물질
1B	시험동물에서 발암성 증거가 충분히 있거나, 시험동물과 사람 모두에서 제한된 발암성 증거가 있는 물질
2	사람이나 동물에서 제한된 증거가 있지만, 구분 1로 분류하기에는 증거가 충분하지 않은 물질

(3) 혼합물의 분류

구성성분의 발암성 자료가 있는 경우에는 우선적으로 한계농도를 이용하여 다음과 같이 분류한다.

구분	구분 기준
1A	발암성(구분 1A)인 성분의 함량이 0.1% 이상인 혼합물
1B	발암성(구분 1B)인 성분의 함량이 0.1% 이상인 혼합물
2	발암성(구분 2)인 성분의 함량이 1.0% 이상인 혼합물

플러스 학습 **화학물질의 분류 · 표시 및 물질안전보건자료에 관한 기준**

1. 생식세포 변이원성(germ cell mutagenicity)
   ① 정의
   자손에게 유전될 수 있는 사람의 생식세포에서 돌연변이를 일으키는 성질을 말한다. 돌연변이란 생식세포 유전물질의 양 또는 구조에 영구적인 변화를 일으키는 것으로 형질의 유전학적인 변화와 DNA 수준에서의 변화 모두를 포함한다.
   ② 단일물질의 분류
   생식세포 변이원성은 구분 1A, 1B, 2를 원칙으로 하되, 구분 1A와 1B의 소구분이 어려운 경우에만 구분 1, 2로 통합 적용할 수 있다.

구분	구분 기준
1A	사람에서의 역학조사 연구결과 사람의 생식세포에 유전성 돌연변이를 일으키는 것에 대해 양성의 증거가 있는 물질
1B	다음 어느 하나에 해당되어 사람의 생식세포에 유전성 돌연변이를 일으키는 것으로 간주되는 물질 ① 포유류를 이용한 생체내(in vivo) 유전성 생식세포 변이원성 시험에서 양성 ② 포유류를 이용한 생체내(in vivo) 체세포 변이원성 시험에서 양성이고, 생식세포에 돌연변이를 일으킬 수 있다는 증거가 있음 ③ 노출된 사람의 정자 세포에서 이수체 발생빈도의 증가와 같이 사람의 생식세포 변이원성 시험에서 양성
2	다음 어느 하나에 해당되어 생식세포에 유전성 돌연변이를 일으킬 가능성이 있는 물질 ① 포유류를 이용한 생체내(in vivo) 체세포 변이원성 시험에서 양성 ② 기타 시험동물을 이용한 생체내(in vivo) 체세포 유전독성 시험에서 양성이고, 시험관내(in vitro) 변이원성 시험에서 추가로 입증된 경우 ③ 포유류 세포를 이용한 변이원성시험에서 양성이며, 알려진 생식세포 변이원성 물질과 화학적 구조활성관계를 가지는 경우

[주] 생식세포 변이원성 구분 1의 분류기준을 1A 또는 1B에 속하는 것으로 사람의 생식세포에 유전성 돌연변이를 일으키는 물질 또는 그러한 것으로 간주되는 물질이다.

③ 혼합물의 분류

　㉠ 구성성분의 생식세포 변이원성 자료가 있는 경우에는 우선적으로 한계 농도를 이용하여 다음과 같이 분류한다.

구분	구분 기준
1A	생식세포 변이원성(구분 1A)인 성분의 함량이 0.1% 이상인 혼합물
1B	생식세포 변이원성(구분 1B)인 성분의 함량이 0.1% 이상인 혼합물
2	생식세포 변이원성(구분 2)인 성분의 함량이 1.0% 이상인 혼합물

　㉡ 구성성분에 대한 자료가 있는 경우에도 혼합물 전체로서 시험된 자료가 있는 경우 또는 가교 원리를 적용할 수 있는 경우에는 전문가의 판단에 따라 다음의 분류방법을 적용할 수 있다.

　　ⓐ 혼합물 전체로 시험된 자료가 용량, 관찰기간, 통계분석, 시험감도 등 시험방법의 적절성, 민감성 등을 근거로 생식독성 변이원성 물질로 분류하기에 적절한 경우에는 혼합물 전체로 시험된 자료를 이용하여 분류한다.

　　ⓑ 유사 혼합물에서의 분류자료 등을 통하여 혼합물 전체로서 판단할 수 있는 근거 자료가 있는 경우에는 희석·뱃치(batch) 또는 유사혼합물 등의 가교 원리를 적용하여 분류한다.

2. 발암성(carcinogenicity)

① 정의

암을 일으키거나 그 발생을 증가시키는 성질을 말한다.

② 단일물질의 분류

발암성의 구분은 구분 1A, 1B, 2를 원칙으로 하되, 구분 1A와 1B의 소구분이 어려운 경우에만 구분 1, 2로 통합 적용할 수 있다.

구분	구분 기준
1A	사람에게 충분한 발암성 증거가 있는 물질
1B	시험동물에서 발암성 증거가 충분히 있거나, 시험동물과 사람 모두에서 제한된 발암성 증거가 있는 물질
2	사람이나 동물에서 제한된 증거가 있지만, 구분 1로 분류하기에는 증거가 충분하지 않은 물질

[주] 발암성 구분 1의 분류기준은 구분 1A 또는 1B에 속하는 것으로 인적 경험에 의해 발암성이 있다고 인정되거나 동물시험을 통해 인체에 대해 발암성이 있다고 추정되는 물질을 말한다.

③ 혼합물의 분류
　㉠ 구성성분의 발암성 자료가 있는 경우에는 우선적으로 한계 농도를 이용하여 다음과 같이 분류한다.

구분	구분 기준
1A	발암성(구분 1A)인 성분의 함량이 0.1% 이상인 혼합물
1B	발암성(구분 1B)인 성분의 함량이 0.1% 이상인 혼합물
2	발암성(구분 2)인 성분의 함량이 1.0% 이상인 혼합물

　㉡ 구성성분에 대한 자료가 있는 경우에도 혼합물 전체로서 시험된 자료가 있는 경우 또는 가교 원리를 적용할 수 있는 경우에는 전문가의 판단에 따라 다음의 분류방법을 적용할 수 있다.
　　ⓐ 혼합물 전체로 시험된 자료가 용량, 관찰기간, 통계분석, 시험감도 등 시험방법의 적절성, 민감성 등을 근거로 발암성 물질로 분류하기에 적절한 경우에는 혼합물 전체로 시험된 자료를 이용하여 분류한다.
　　ⓑ 유사 혼합물에서의 분류자료 등을 통하여 혼합물 전체로서 판단할 수 있는 근거 자료가 있는 경우에는 희석·뱃치(batch) 또는 유사혼합물 등의 가교 원리를 적용하여 분류한다.

3. 생식독성(reproductive toxicity)
① 정의
생식기능 및 생식능력에 대한 유해영향을 일으키거나 태아의 발생·발육에 유해한 영향을 주는 성질을 말한다. 생식기능 및 생식능력에 대한 유해영향이란 생식기능 및 생식능력에 대한 모든 영향 즉, 생식기관의 변화, 생식가능 시기의 변화, 생식체의 생성 및 이동, 생식주기, 성적 행동, 수태나 분만, 수태결과, 생식기능의 조기노화, 생식계에 영향을 받는 기타 기능들의 변화 등을 포함한다. 태아의 발생·발육에 유해한 영향은 출생 전 또는 출생 후에 태아의 정상적인 발생을 방해하는 모든 영향 즉, 수태 전 부모의 노출로부터 발생 중인 태아의 노출, 출생 후 성숙기까지의 노출에 의한 영향을 포함한다.
② 단일물질의 분류
생식독성의 구분은 구분 1A, 1B, 2, 수유독성을 원칙으로 하되, 구분 1A와 1B의 소구분이 어려운 경우에만 구분 1, 2, 수유독성으로 통합 적용할 수 있다.

구분	구분 기준
1A	사람에게 성적기능, 생식능력이나 발육에 악영향을 주는 것으로 판단할 정도의 사람에서의 증거가 있는 물질
1B	사람에게 성적기능, 생식능력이나 발육에 악영향을 주는 것으로 추정할 정도의 동물시험 증거가 있는 물질
2	사람에게 성적기능, 생식능력이나 발육에 악영향을 주는 것으로 의심할 정도의 사람 또는 동물시험 증거가 있는 물질
수유독성	다음 어느 하나에 해당하는 물질 ① 흡수, 대사, 분포 및 배설에 대한 연구에서, 해당 물질이 잠재적으로 유독한 수준으로 모유에 존재할 가능성을 보임 ② 동물에 대한 1세대 또는 2세대 연구결과에서, 모유를 통해 전이되어 자손에게 유해영향을 주거나, 모유의 질에 유해영향을 준다는 명확한 증거가 있음 ③ 수유기간 동안 아기에게 유해성을 유발한다는 사람에 대한 증거가 있음

[주] 생식독성 구분 1의 분류기준은 구분 1A 또는 1B에 속하는 것으로 인적 경험에 의해 생식독성이 있다고 인정되거나 동물시험을 통해 인체에 대해 생식독성이 있다고 추정되는 물질을 말한다.

③ 혼합물의 종류
  ㉠ 구성성분의 생식독성 자료가 있는 경우에는 우선적으로 한계 농도를 이용하여 다음과 같이 분류한다.

구분	구분 기준
1A	생식독성(구분 1A)인 성분의 함량이 0.3% 이상인 혼합물
1B	생식독성(구분 1B)인 성분의 함량이 0.3% 이상인 혼합물
2	생식독성(구분 2)인 성분의 함량이 3.0% 이상인 혼합물
수유독성	수유독성을 가지는 성분의 함량이 0.3% 이상인 혼합물

  ㉡ 구성성분에 대한 자료가 있는 경우에도 혼합물 전체로서 시험된 자료가 있는 경우 또는 가교 원리를 적용할 수 있는 경우에는 전문가의 판단에 따라 다음의 분류방법을 적용할 수 있다.
    ⓐ 혼합물 전체로 시험된 자료가 용량, 관찰기간, 통계분석, 시험감도 등 시험방법의 적절성, 민감성 등을 근거로 생식독성 물질로 분류하기에 적절한 경우에는 혼합물 전체로 시험된 자료를 이용하여 분류한다.
    ⓑ 유사 혼합물에서의 분류자료 등을 통하여 혼합물 전체로서 판단할 수 있는 근거자료가 있는 경우에는 희석·뱃치(batch) 또는 유사혼합물 등의 가교 원리를 적용하여 분류한다.

※ 다음 논술형 2문제를 모두 설명하시오. (각 25점)

06 산업안전보건기준에 관한 규칙에는 청력보존 프로그램, 호흡기보호 프로그램, 밀폐공간 보건작업 프로그램을 수립·시행하도록 하고 있다. 이와 관련된 다음 사항에 대하여 쓰시오.

(1) 청력보존 프로그램을 수립·시행하여야 하는 사업장

(2) 청력보존 프로그램의 계획에 포함되는 내용

(3) 호흡기보호 프로그램을 수립·시행하여야 하는 사업장

(4) 호흡기보호 프로그램의 계획에 포함되는 내용

(5) 밀폐공간 작업프로그램 수립·시행에 필요한 내용

해설 (1) 청력보존 프로그램을 수립·시행하여야 하는 사업장
 ① 근로자가 소음작업, 강렬한 소음작업 또는 충격소음작업에 종사하는 사업장
 ② 소음으로 인하여 근로자에게 건강장해가 발생한 사업장

(2) 청력보존 프로그램의 계획에 포함되는 내용
 ① 소음노출 평가
 ② 소음노출에 대한 공학적 대책
 ③ 청력보호구의 지급과 착용
 ④ 소음의 유해성과 예방 관련 교육
 ⑤ 정기적 청력검사
 ⑥ 청력보존 프로그램 수립 및 시행 관련 기록·관리체계
 ⑦ 그 밖에 소음성 난청 예방·관리에 필요한 사항

(3) 호흡기보호 프로그램을 수립·시행하여야 하는 사업장
 ① 분진의 작업환경 측정 결과 노출기준을 초과하는 사업장
 ② 분진작업으로 인하여 근로자에게 건강장해가 발생한 사업장

(4) 호흡기보호 프로그램의 계획에 포함되는 내용
 ① 분진노출평가
 ② 분진노출기준 초과에 따른 공학적 대책
 ③ 호흡보호구의 선택, 지급 및 착용 관리
 ④ 분진의 유해성과 예방에 관한 교육
 ⑤ 정기적 건강진단 및 사후관리
 ⑥ 호흡기보호 프로그램 관련 문서작성 및 기록관리

(5) 밀폐공간 작업프로그램 수립·시행에 필요한 내용
 ① 사업장내 밀폐공간의 위치 파악 및 관리 방안
 ② 밀폐공간 내 질식·중독 등을 일으킬 수 있는 유해·위험요인의 파악 및 관리 방안

③ 밀폐공간 작업시 사전확인이 필요한 사항에 대한 확인절차
④ 안전보건교육 및 훈련
⑤ 그 밖에 밀폐공간작업 근로자의 건강장해 예방에 관한 사항

플러스 학습   산업안전보건기준에 관한 규칙

1. 청력보존 프로그램
   ① 업무흐름도

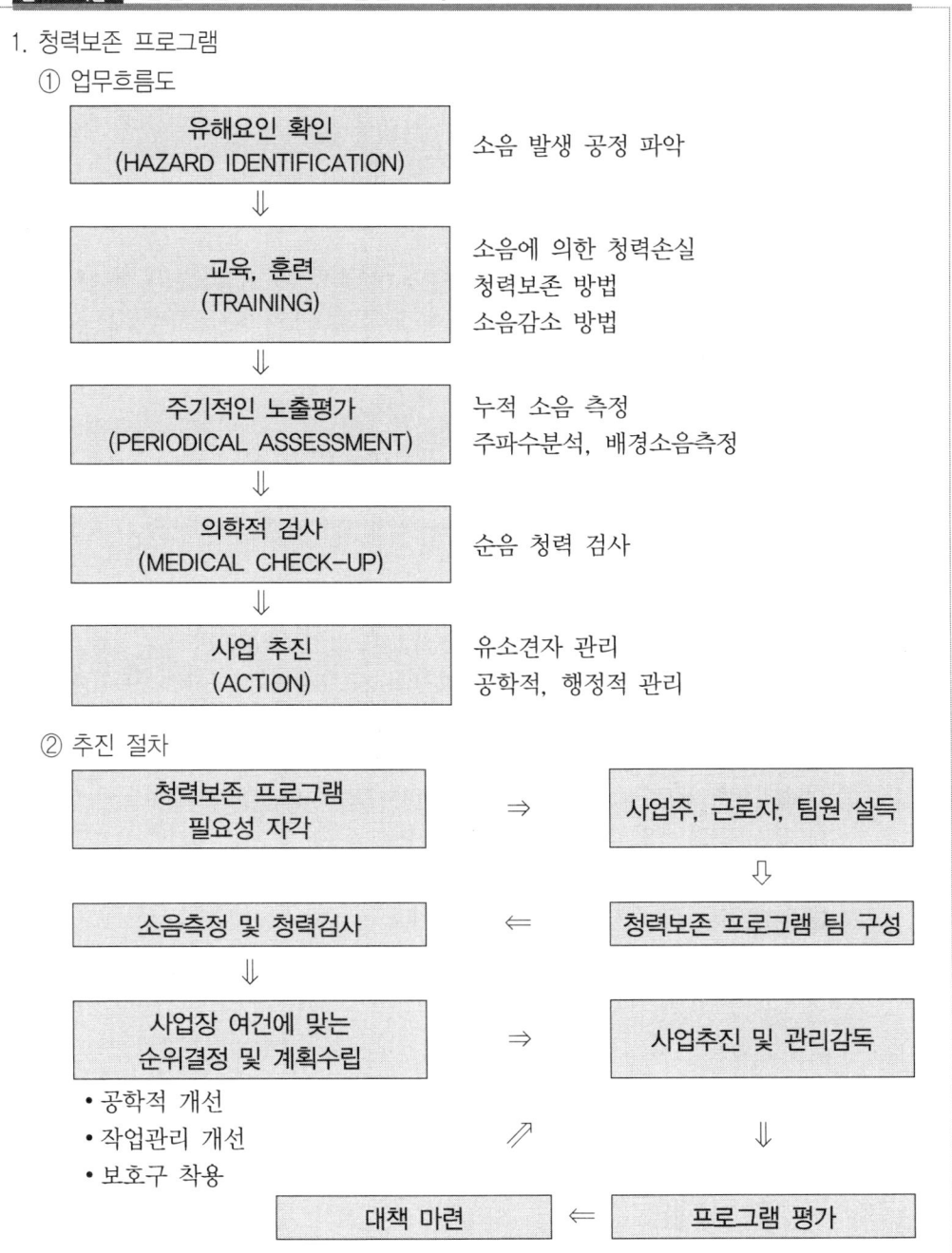

   ② 추진 절차

③ 소음노출평가 절차
  ㉠ 청력손실을 유발할 수 있는 소음이 발생하는지 여부 확인
  ㉡ 청력손실 예방을 위한 프로그램에 포함시켜야 되는 근로자 확인
  ㉢ 공학적인 개선대책 수립을 위한 소음평가
  ㉣ 소음감소 방안의 우선 순위 결정
  ㉤ 공학적 개선대책의 효과 평가

④ 공학적 대책
  ㉠ 프로그램을 수립·시행하는 경우 기계·기구 등의 대체, 시설의 밀폐, 흡음 또는 격리 등 공학적 대책을 가장 우선적으로 적용한다.
  ㉡ 공학적 개선대책 수립을 위하여 사업장 내부의 전문가를 선정하기가 곤란한 경우에는 외부의 전문가에게 의뢰한다.
  ㉢ 공학적인 개선대책 수립 시에는 현장 근로자의 반발감소, 경험에 의한 정보 획득을 위하여 토의할 시간을 가져야 하고 효율적인 작업을 위한 인간 공학적인 면도 고려한다.
  ㉣ 공학적 대책이 현저히 곤란한 경우 근로자 노출시간의 저감, 교대근무의 실시 또는 개인보호구의 착용 등 작업 관리적 대책을 시행한다.

2. 국내기준과 미국 OSHA 호흡기보호 프로그램과의 주요 차이점
  ① 미국 OSHA의 기준 : 호흡기보호 프로그램(Respiratory protection program)은 29 CFR §1910.134-Respiratory protection 상의 규정으로 순수 호흡용 보호구(Respirator)의 선정·사용·관리 등에 관련된 것만 규정하고 있다.
  ② 보건규칙상의 기준 : 호흡용 보호구와 관련된 것뿐만 아니라 작업환경측정·평가, 공학적 대책, 의학적 검진, 교육, 관리 등을 종합적으로 규정하고 있다.
  ③ 미국의 호흡기보호 프로그램은 분진보다는 유해가스의 위험으로부터 근로자를 보호하는 데에 보다 초점이 주어져 있으나 우리나라의 경우는 분진장해예방에만 적용되도록 하고 있다.
  ④ 미국의 호흡기보호 프로그램의 핵심은 정량적 및 정성적 밀착시험(Fit testing)의 시행이나 우리나라의 경우 이 부분에 대한 구체적인 요구가 없으며, 실제로 사업장에서 이를 시행하기 위해서는 필요한 관련 장비의 구매에 따른 비용이 요구되며 해당 시험의 실시를 위한 전문가의 양성과 교육이 필수적이다.
  ⑤ 미국의 호흡기보호 프로그램은 호흡용 보호구의 사용자에 대하여 사전에 설문형 조사나 의학적 검진을 실시하도록 하고 있으나 우리나라의 경우 이 부분은 생략되어 있다.

3. 밀폐공간작업 프로그램의 추진절차

밀폐공간작업 대상 선정	밀폐공간에 출입하지 않고 외부에서 작업하는 방법이 불가능한 밀폐공간작업 선정(잠재적 유해위험요인 발생가능성 있는 장소 포함)

⇩

질식재해예방 대책 수립	• 산소 및 유해가스 농도 측정, 환기대책 수립 • 보호구 선정 및 사용, 유지관리 내용 • 응급처치 및 비상연락체계 구축

⇩

교육, 훈련 **(근로자, 프로그램 추진팀)**	• 산소 및 유해가스 농도 측정방법 • 안전한 작업의 절차 • 위급시 대처요령, 보호구 사용방법 등

⇩

밀폐공간작업 모니터링	• 밀폐공간작업 허가 • 작업 지시 및 작업에 대한 관리감독 등

⇩

프로그램 평가	• 재해발생 현황 분석 • 교육 등 연간 업무수행 결과 및 개선내용 • 프로그램의 효율성 및 보완이 필요한 사항

4. 밀폐공간 작업절차

출입 사전조사	• 밀폐공간 여부 및 밀폐공간에 출입하지 않고 작업할 수 있는 가능성 확인 • 유해가스 존재 및 유입(발생)가능성 여부

⇩

장비준비/점검	• 산소농도, 유해가스농도 측정기 • 환기팬, 공기호흡기 또는 송기마스크 • 대피용 기구(사다리, 섬유로프) 등 안전장구 • 화기작업이 있을 경우 방폭전등, 소방장비 등

⇩

출입조건설정	• 출입자, 출입시간, 출입방법 등 결정 • 관계자외 출입금지표지판 설치

⇩

출입 전 산소 및 유해가스 농도 측정	• 산소 및 유해가스(H_2S, CO_2, CO, CH_4 등) 농도 측정 • 측정지점수, 측정방법을 준수하여 실시

⇩

환기 실시	작업장소에 따라 적합한 환기방법, 환기량(초기 밀폐공간 체적 5배, 작업 중 시간당 교환 횟수 20회 이상) 적용

⇩

밀폐공간작업 허가서 작성 및 허가자 결재	• 작업허가서 • 화기작업 허가는 밀폐공간작업 허가내용에 포함 • 프로그램 추진팀(장)에 결재

⇩

감시인 배치	밀폐공간 외부에 감시인 상주 및 연락체계 구축

⇩

통신수단 구비	• 무전기 등 근로자와 감시인의 연락용 장비 구비 • 비상 연락체제 구축 • 대피용 기구 등 구비 : 송기마스크 또는 공기호흡기, 사다리, 섬유로프 등

⇩

밀폐공간작업 허가서 작업공간 게시	• 밀폐공간 출입구 등 눈에 잘 보이는 곳에 게시(작업 종료시 까지) • 허가서의 훼손 방지조치

⇩

밀폐공간 출입	• 안전보호구 착용 후 사다리 등을 이용 • 출입인원 확인

⇩

감시모니터링 실시	• 밀폐공간 내 작업상황 주기적(최대 1~2시간 간격) 확인 • 작업자와 연락체제 구축

⇩

문제발생시 긴급조치 및 사후보고	• 재해자에 대한 응급처치 실시 • 관리감독자 등 추진팀에 연락 • 119 등 관계기간 통보 및 보고

5. 밀폐공간 작업방법

① 밀폐공간 작업자는 개인 휴대용 측정기구를 휴대하여 작업 중 산소 및 유해가스 농도를 수시로 측정한다.

② 밀폐공간 내에서 양수기 등의 내연기관 사용 또는 슬러지제거, 콘크리트 양생작업과 같이 작업을 하는 과정에서 유해가스가 계속 발생한 가능성이 있을 경우에는 산소농도 및 유해가스 농도를 연속 측정한다.

③ 밀폐공간에 산소결핍, 질식, 화재·폭발 등을 일으킬 수 있는 기체가 유입될 수 있는 배관 등에는 밸브나 콕을 잠그거나 차단판을 설치하고 잠금장치 및 임의개방을 금지하는 경고표지를 부착한다.

④ 화재·폭발의 위험성이 있는 장소에서는 방폭형 구조의 기계기구와 장비를 사용하여야 한다.

⑤ 밀폐공간 작업자는 휴대용 측정기구가 경보를 울리면 즉시 밀폐공간을 떠나고 감시인은 모든 출입자가 작업현장에서 떠나는 것을 확인하여야 한다.

⑥ 작업현장 상황이 구조활동을 요구할 정도로 심각할 때 출입자는 밀폐공간 외부에 배치된 감시인으로 하여금 즉시 비상구조 요청을 하도록 한다.

⑦ 밀폐공간작업 관리감독자는 밀폐공간작업 수행 중에 주기적으로 작업의 진행사항과 근로자 안전여부를 확인하여야 한다. 이 경우 확인 주기는 최대 1~2시간 간격으로 한다.

⑧ 밀폐공간작업 중 재해자가 발생한 경우 구조를 위해서는 송기마스크 또는 공기호흡기 등 안전조치 없이 절대로 밀폐공간에 들어가지 않는다.

07 산업현장에서 오염원을 제거하기 위하여 설치한 국소배기시스템의 후드상태를 점검하려고 할 때, 후드의 성능 점검사항을 다음 항목별로 구분하여 쓰시오.

(1) 외관검사

(2) 기류 흐름 확인(가시적 확인)

(3) 후드 제어유속 및 흡인 유량 측정

(4) 후드 정압 측정

해설 (1) 외관검사

① 검사방법

표면상태를 육안으로 관찰하여 이상유무를 조사

② 판정기준(내용)

후드의 내외면은 흡기의 기능을 저하시키는 마모, 부식, 변형, 파손 또는 부식의 원인이 되는 도장 등의 손상이 없을 것

(2) 기류 흐름 확인(가시적 확인)

① 포위식 후드

㉠ 검사방법

포위식(부스식, 레시버식을 포함) 후드의 경우에는 개구면을 한 쪽이 0.5m 이하가 되게 16개 이상의 등면적으로 분할하고, 각 등면적의 중심에서 발연관(smoke tester)을 사용하여 연기가 흐르는 방향을 조사

㉡ 판정기준(내용)

흡인기류 연기(smoke)가 완전히 후드 내부로 흡인되어 후드 밖으로의 유출이 없을 것

② 외부식 후드

㉠ 검사방법

해당 후드에 의해서 유해물질을 흡입하려는 범위 중 후드 개구면으로부터 가장 멀리 떨어진 쪽의 바깥면을 16등분하고 각 등분점에서 발연관을 사용하여 연기가 흐르는 방향을 조사

㉡ 판정기준

흡인기류 연기(smoke)가 완전히 후드 내부로 흡인되어 후드 밖으로의 유출이 없을 것

③ 레시버식 후드
  ㉠ 검사방법
    평상시 상태에서 작업을 시켜 발생원으로부터 비산하는 유해물질의 비산상태를
    조사
  ㉡ 판정기준
    회전체를 가진 레시버식 후드는 정상작업이 행해질 때 발산원으로부터 유해물질이
    후드 밖으로 비산하지 않고 완전히 후드 내로 흡입되어야 할 것

(3) 후드 제어유속 및 흡인 유량 측정
  ① 포위식(부스식 및 그라인더 등에 설치한 레시버식 포함)
    ㉠ 검사방법
      개구면을 1변이 0.5m 이하가 되도록 16개 이상(개구면이 현저히 작은 경우에는 관
      계가 없다)의 등면적을 분할하고 등면적의 중심에서 후드에 유입한 기류의 속도를
      지향성의 탐침을 부착한 열식 미풍속도계로 측정하고 얻은 값의 최소치를 제어풍속
      으로 한다. 흡인유량은 측정한 제어풍속과 후드개구면과의 곱으로 할 수 있다.
    ㉡ 판정기준
      국소배기장치의 성능은 특정분진, 유기용제 등에 관련된 후드의 경우 성능에 이상
      이 없고, 특정화학물질에 대한 국소배기장치 성능기준은 가스상은 0.5m/sec 이상,
      입자상은 1.0m/sec 이상의 성능을 가질 것
  ② 외부식(열원에 설치한 개노피형 레시버식을 포함)
    ㉠ 검사방법
      당해 후드에 의해 유해물질을 흡입하기 위한 범위 중 후드 개구면으로부터 가장 멀
      리 떨어진 작업위치에 따라서 개구면으로 향한 기류의 속도를 지향성의 탐침을 부
      착한 열식미풍속도계를 이용하여 측정한다.
    ㉡ 판정기준
      국소배기장치의 성능은 특정분진, 유기용제 등에 관련된 후드의 경우 성능에 이상
      이 없고, 특정화학물질에 대한 국소배기장치 성능기준은 가스상은 0.5m/sec 이상,
      입자상은 1.0m/sec 이상의 성능을 가질 것

(4) 후드 정압 측정
  ① 검사방법
    후드개구면에서 수주마노미터 또는 정압탐침계(probe)를 부착한 열식 미풍속계를 사용
    하여 송풍관 내의 정압을 측정
  ② 판정기준
    초기정압을 P_S라고 할 때 $P_S \pm 10\%$ 이내일 것

플러스 학습 **덕트의 검사항목**

1. 외면의 마모, 부식 변형 등

검사방법	판정기준
가지송풍관에 대해서는 후드 접속부로부터 합류부로 향해서, 주 송풍관에 대해서는 상류로부터 하류로 향해서 송풍관 계의 바깥표면을 관찰하고 이상 유무를 조사한다.	공기가 새는 원인이 되는 마모, 부식, 변형, 파손 또는 부식의 원인이 되고 도장 등의 손상 혹은 통기저항의 증가 또는 분진 등의 축적원인이 되는 변형이 없을 것

2. 내면의 마모, 부식, 분진 등의 축적

검사방법	판정기준
① 점검구가 설치되어 있는 경우에는 점검구를 열고 점검구가 설치되지 않은 경우에는 송풍관 접속부를 때고 내면의 상태를 관찰한다.	① 공기누출 원인이 되는 마모, 부식 또는 부식의 원인이 되고 도장 등의 손상, 혹은 통기저항을 증가시키는 분진 등이 축적되지 않을 것
② 수직 송풍관 아래의 분진 등이 축적되기 쉬운 장소에 대하여 다음의 용구를 이용해 송풍관 외면을 가볍게 쳐 타성음을 듣는다. • 두꺼운 송풍관의 경우는 테스트 함마 • 얇은 송풍관의 경우는 나무 또는 대나무 등의 가는 봉(직경 1~3cm, 길이 0.5~1m일 것)	② 분진 등이 쌓여 있는 이상음이 없을 것
③ 두꺼운 송풍관에서 부식, 마모 등에 의해 파손의 위험이 있는 경우에는 송풍관계의 적당한 장소에 초음파 측정기를 사용하여 송풍관의 두께를 측정한다.	③ 전 측정점에 있어서 초음파 측정기를 사용하여 판의 두께가 처음의 1/4 이상일 것
④ 송풍관계의 적당한 곳에 설치된 측정구에 있어서 수주마노미터 또는 정압 탐침계(probe)를 부착한 열식 미풍속계를 사용하여 송풍관 내의 정압을 측정한다.	④ 초기 정압을 P_s라고 할 때 $P_s \pm 10\%$ 이내일 것

[주]

1) 상기 ①이 될 수 있다면 ②~④는 행할 필요가 없다. ①이 될 수 없는 경우에는 얇은 송풍관에 있어서는 ②, 두꺼운 송풍관에 있어서는 ② 또는 ③ 및 ④를 행한다.
2) 이 방법은 합성 수지제의 송풍관에는 사용하지 않는다.
3) 이상음의 판정은 분진 등이 쌓이지 않는 부분, 이를테면 수직 송풍관 또는 제진장치의 끝부분 등의 부분을 칠 때의 음과 비교한다.
4) 두꺼운 송풍관 : 여기서는 초음파 두께 측정기 측정에 따라서 3mm 이상 강판을 사용한 송풍관을 말한다.

3. 댐퍼의 작동상태 확인

검사방법	판정기준
유량조절용 댐퍼에 있어서는 규정선 위치에 고정되어 있는 것을 확인한다.	유량조절용 댐퍼는 국소배기장치의 성능을 보존하도록 규정선 위치에 고정될 것
유로 변경용 및 폐쇄용 댐퍼에 대해서는 작동시켜 보고, 개방 시 및 폐쇄 시에 해당 댐퍼에 의한 유로의 변경 또는 폐쇄된 후드의 흡입 유무를 발연관을 사용하여 관찰한다.	댐퍼가 가벼운 힘에 작동되고 유로의 변경 또는 폐쇄가 완전히 될 것

4. 접속부의 헐거움

검사방법	판정기준
플랜지의 고정용 볼트·너트 및 패킹의 손상 유무를 관찰한다.	플랜지의 결합 볼트, 패킹, 플랜지 너트의 손상이 없을 것
발연관을 사용하여 접속부의 가스가 새는지의 유무를 관찰한다.	발연관의 기류가 흡입덕트에서는 접속부로부터 흡입되지 않고 배기덕트에서는 접속부로부터 배출되지 말 것
접속부의 가스가 누출로 인한 음을 듣는다.	공기의 유입이나 누출에 의한 소리가 없을 것
송풍관계의 적당한 장소에 설치한 측정구에 있어서 수주 마노미터 또는 정압 탐침계를 부착한 열식 미풍속계를 사용하고 송풍관 내의 정압을 측정한다.	덕트 내의 정압이 초기 정압을 P_s라고 할 때 $P_s \pm 10\%$ 이내일 것

※ 다음 논술형 2문제 중 1문제를 선택하여 설명하시오. (25점)

08 작업환경측정 및 정도관리 등에 관한 고시에서 규정한 입자상 물질의 측정방법을 쓰시오.

해설 입자상 물질 측정방법(작업환경측정 및 정도관리 등에 관한 고시)

(1) 측정 및 분석방법
　① 석면의 농도는 여과채취방법으로 측정하고 계수방법 또는 이와 동등 이상의 분석방법으로 분석할 것
　② 광물성 분진은 여과채취방법으로 측정하고 석영, 크리스토바라이트, 트리디마이트를 분석할 수 있는 적합한 방법으로 분석할 것. 다만, 규산염과 그 밖의 광물성 분진은 중량분석방법으로 분석한다.
　③ 용접흄은 여과채취방법으로 측정하되 용접보안면을 착용한 경우에는 그 내부에서 채취하고 중량분석방법과 원자흡광광도계 또는 유도결합 프라즈마를 이용한 방법으로 분석할 것
　④ 석면, 광물성 분진 및 용접흄을 제외한 입자상 물질은 여과채취방법으로 측정한 후 중량분석방법이나 유해물질 종류에 따른 적합한 방법으로 분석할 것
　⑤ 호흡성 분진은 호흡성 분진용 분립장치 또는 호흡성 분진을 채취할 수 있는 기기를 이용한 여과채취방법으로 측정할 것
　⑥ 흡입성 분진은 흡입성 분진용 분진장치 또는 흡입성 분진을 채취할 수 있는 기기를 이용한 여과채취방법으로 측정할 것

(2) 측정위치
　개인시료채취방법으로 측정하는 경우에는 측정기기를 작업근로자의 호흡기 위치에 장착하여야 하며, 지역시료채취방법의 경우에는 측정기기를 발생원의 근접한 위치 또는 작업근로자의 주 작업행동 범위의 작업근로자 호흡기 높이에 설치하여야 한다.

(3) 측정시간
　① 「화학물질 및 물리적 인자의 노출기준(고용노동부 고시, 이하 '노출기준 고시')」에 시간가중평균기준(TWA)이 설정되어 있는 대상물질을 측정하는 경우에는 1일 작업시간 동안 6시간 이상 연속 측정하거나 작업시간을 등간격으로 나누어 6시간 이상 연속분리하여 측정하여야 한다. 다만, 다음의 경우에는 대상물질의 발생시간 동안 측정할 수 있다.
　　㉠ 대상물질의 발생시간이 6시간 이하인 경우
　　㉡ 불규칙작업으로 6시간 이하의 작업을 하는 경우
　　㉢ 발생원에서의 발생시간이 간헐적인 경우
　② 노출기준 고시에 단시간 노출기준(STEL)이 설정되어 있는 물질로서 작업특성상 노출이 불균일하여 단시간 노출평가가 필요하다고 자격자 또는 작업환경측정기관이 판단하는 경우에는 측정에 추가하여 단시간 측정을 할 수 있다. 이 경우 1회에 15분간 측정하되 유해인자 노출특성을 고려하여 측정횟수를 정할 수 있다.

③ 노출기준 고시에 최고노출기준(Ceiling, C)이 설정되어 있는 대상물질을 측정하는 경우에는 최고노출 수준을 평가할 수 있는 최소한의 시간동안 측정하여야 한다. 다만, 시간가중평균기준(TWA)이 함께 설정되어 있는 경우에는 측정을 병행하여야 한다.

플러스 학습 **가스상 물질의 측정방법(작업환경측정 및 정도관리 등에 관한 고시)**

1. 측정 및 분석방법
   가스상 물질의 측정은 개인시료채취기 또는 이와 동등 이상의 특성을 가진 측정기기를 사용하여, 시료를 채취한 후 원자흡광분석, 가스크로마토그래프 분석 또는 이와 동등 이상의 분석방법으로 정량분석 하여야 한다.

2. 측정위치 및 측정시간
   가스상 물질의 측정위치, 측정시간 등은 입자상 물질의 규정을 준용한다.

3. 검지관 방식의 측정
   ① 다음의 어느 하나에 해당하는 경우에는 검지관 방식으로 측정할 수 있다.
      ㉠ 예비조사 목적인 경우
      ㉡ 검지관 방식 외에 다른 측정방법이 없는 경우
      ㉢ 발생하는 가스상 물질이 단일물질인 경우. 다만, 자격자가 측정하는 사업장에 한정한다.
   ② 자격자가 해당 사업장에 대하여 검지관 방식으로 측정을 하는 경우 사업주는 2년에 1회 이상 사업장위탁 측정기관에 의뢰하여 1, 2의 방법으로 측정을 하여야 한다.
   ③ 검지관 방식의 측정결과가 노출기준을 초과하는 것으로 나타난 경우에는 즉시 재측정을 하여야 하며, 해당 사업장에 대하여는 측정치가 노출기준 이하로 나타날 때까지는 검지관 방식으로 측정할 수 없다.
   ④ 검지관 방식으로 측정하는 경우에는 해당 작업근로자의 호흡기 및 가스상 물질 발생원에 근접한 위치 또는 근로자 작업행동 범위의 주 작업위치에서의 근로자 호흡기 높이에서 측정하여야 한다.
   ⑤ 검지관 방식으로 측정하는 경우에는 1일 작업시간 동안 1시간 간격으로 6회 이상 측정하되 측정시간마다 2회 이상 반복 측정하여 평균값을 산출하여야 한다. 다만, 가스상 물질의 발생시간이 6시간 이내일 때에는 작업시간 동안 1시간 간격으로 나누어 측정하여야 한다.

09 석면은 산업안전보건법 제39조의2에 따른 허용기준 대상물질이다. 허용기준 준수 여부를 확인하기 위한 작업환경측정을 하는 경우 다음 사항을 쓰시오.

(1) 여과지의 종류 및 카세트의 특성

(2) 위상차현미경으로 분석하는 경우 사용하는 시약과 현미경 계수자 명칭

(3) 석면 계수방법

해설 (1) 여과지의 종류 및 카세트의 특성

① 여과지 종류

셀루로오스 에스테르 막여과지(MCE 막여과지, 공극 $0.45 \sim 1.2 \mu m$, 직경 25mm)

② 카세트 특성

패드가 장착된 길이가 약 50mm의 전도성 카울이 있는 3단 카세트(직경 25mm)를 사용

(2) 위상차현미경으로 분석하는 경우 사용하는 시약과 현미경 계수자 명칭

① 시약

크로마토그래피 분석등급의 아세톤 및 트리아세틴

② 계수자 명칭

Walton-Beckett graticule(Type G-22)을 사용 [400배율 시야상에서 Walton-Beckett graticule의 지름은 $100 \pm 2 \mu m$의 크기여야 한다. $100 \mu m$의 시야면적은 $0.00785 mm^2$]

(3) 석면 계수방법

① 위상차 현미경의 위상차 이미지 형성조건을 위한 최적화를 시킨다.

② HSE/NPL 테스트 슬라이드를 이용하여 위상차현미경의 분해능을 확인한다(매회 분석을 시작하기 전에 주기적으로 확인한다).

③ 현미경 재물대에 전처리한 시료를 올려놓고 400배 또는 450배에서 초점을 조절하여 맞춘 후 다음 규정에 따라 석면섬유를 계수한다.

④ 길이가 $5 \mu m$보다 크고 길이 대 넓이의 비가 3 : 1 이상인 섬유만 계수한다.

⑤ 섬유가 계수면적 내에 있으면 1개로, 섬유의 한쪽 끝만 있으면 1/2개로 계수한다.

⑥ 계수면적 내에 있지 않고 밖에 있거나 계수면적을 통과하는 섬유는 세지 않는다.

⑦ 100개의 섬유가 계수될 때까지 최소 20개 이상 충분한 수의 계수면적을 계수하되, 계수한 면적의 수가 100개를 넘지 않도록 한다.

⑧ 섬유다발뭉치는 각 섬유의 끝단이 뚜렷이 보이지 않으면 1개로 계수하고, 뚜렷하게 보이면 각각 계수한다.

(3) 석면 계수 시 주의사항

① 첫 계수면적 선정 시 렌즈로부터 잠깐 눈을 돌린 후 재물대를 이동시켜 이를 선정한다.

② 전처리한 필터의 한 부분에 치우치지 않게 전체적인 면적을 골고루 계수한다.

③ 계수면적의 이동은 여과지의 한쪽 끝에서 반대 쪽 끝까지 계수하고, 수직으로 조금 움직여 다시 반대편 방향(수직)으로 계수한다.

④ 섬유덩어리가 계수면적의 1/6을 차지하면 그 계수면적은 버리고 다른 것을 선정한다. 버린 계수면적은 총 계수면적에 포함시키지 않는다.

⑤ 계수면적을 옮길 때 계속해서 미세조정 손잡이로 초점을 맞추면서 섬유를 측정한다. 작은 직경의 섬유는 매우 희미하게 보이나 전체 석면 계수에 큰 영향을 미친다.

플러스 학습 **농도**

다음 식에 의해 작업장의 공기 중 석면(섬유) 농도를 계산한다.

1. 다음 식에 의하여 섬유밀도를 계산한다.

$$E = \frac{(F/n_f - B/n_b)}{A_f}$$

여기서, E : 단위면적당 섬유밀도(개/mm^2)

F : 시료의 계수 섬유수(개)

n_f : 시료의 계수 시야수

B : 공시료의 평균 계수 섬유수(개)

n_b : 공시료의 계수 시야수

A_f : 석면계수자 시야면적 → 0.00785mm^2(graticule의 직경이 100μm일 때)

2. 공기 중 석면(섬유) 농도

위에서 계산한 섬유밀도를 이용하여 다음과 같이 계산한다.

$$C = \frac{(E)(A_c)}{V \cdot 10^3}$$

여기서, C : 개/cc

E : 단위면적당 섬유밀도(개/mm^2)

A_c : 여과지의 유효면적(실측하여 사용함) (mm^2/25mm여과지의 경우 385mm^2)

V : 시료공기 채취량(L)

2015년 산업보건지도사

┃ 2015년 7월 4일 시행

※ 다음 단답형 5문제를 모두 답하시오. (각 5점)

01 산업안전보건기준에 관한 규칙에서 규정하는 허가대상 유해물질의 물질 상태별 국소배기장치의 제어풍속(m/sec) 기준을 쓰시오.

해설 허가대상 유해물질의 물질 상태별 제어풍속

물질의 상태	제어풍속(미터/초)
가스상태	0.5
입자상태	1.0

[비고]
㉠ 이 표에서 제어풍속이란 국소배기장치의 모든 후드를 개방한 경우의 제어풍속을 말한다.
㉡ 이 표에서 제어풍속은 후드의 형식에 따라 다음에서 정한 위치에서의 풍속을 말한다.
  • 포위식 또는 부스식 후드에서는 후드의 개구면에서의 풍속
  • 외부식 또는 리시버식 후드에서는 유해물질의 가스·증기 또는 분진이 빨려 들어가는 범위에서 해당 개구면으로부터 가장 먼 작업 위치에서의 풍속

플러스학습 허가대상 유해물질과 관리대상 유해물질의 제어풍속

1. 허가대상 유해물질
   ① 허가대상 유해물질(베릴륨 및 석면은 제외)을 제조하거나 사용하는 경우의 설비기준 준수사항
      ㉠ 허가대상 유해물질을 제조하거나 사용하는 장소는 다른 작업장소와 격리시키고 작업장소의 바닥과 벽은 불침투성의 재료로 하되, 물청소로 할 수 있는 구조로 하는 등 해당 물질을 제거하기 쉬운 구조로 할 것
      ㉡ 원재료의 공급·이송 또는 운반은 해당 작업에 종사하는 근로자의 신체에 그 물질이 직접 닿지 않는 방법으로 할 것
      ㉢ 반응조(batch reactor)는 발열반응 또는 가열을 동반하는 반응에 의하여 교반기 등의 덮개부분으로부터 가스나 증기가 새지 않도록 개스킷 등으로 접합부를 밀폐시킬 것

ⓔ 가동 중인 선별기 또는 진공여과기의 내부를 점검할 필요가 있는 경우에는 밀폐된 상태에서 내부를 점검할 수 있는 구조로 할 것

ⓜ 분말 상태의 허가대상 유해물질을 근로자가 직접 사용하는 경우에는 그 물질을 습기가 있는 상태로 사용하거나 격리실에서 원격조작하거나 분진이 흩날리지 않는 방법을 사용하도록 할 것

② 사업주는 근로자가 허가대상 유해물질(베릴륨 및 석면은 제외)을 제조하거나 사용하는 경우에 허가대상 유해물질의 가스·증기 또는 분진의 발산원을 밀폐하는 설비나 포위식 후드 또는 부스식 후드의 국소배기장치를 설치하여야 한다. 다만, 작업의 성질상 밀폐설비나 포위식 후드 또는 부스식 후드를 설치하기 곤란한 경우에는 외부식 후드의 국소배기장치(상방 흡인형은 제외)를 설치할 수 있다.

③ 사업주는 허가대상 유해물질의 제조·사용 설비로부터 오염물이 배출되는 경우에 이로 인한 근로자의 건강장해를 예방할 수 있도록 배출액을 중화·침전·여과 또는 그 밖의 적절한 방식으로 처리하여야 한다.

2. 관리대상 유해물질 관련 국소배기장치 후드의 제어풍속

물질의 상태	후드 형식	제어풍속(m/sec)
가스상태	포위식 포위형	0.4
	외부식 측방흡인형	0.5
	외부식 하방흡인형	0.5
	외부식 상방흡인형	1.0
입자상태	포위식 포위형	0.7
	외부식 측방흡인형	1.0
	외부식 하방흡인형	1.0
	외부식 상방흡인형	1.2

[비고]
1) 가스상태
   관리대상 유해물질이 후드로 빨아들여질 때의 상태가 가스 또는 증기인 경우를 말한다.
2) 입자상태
   관리대상 유해물질이 후드로 빨아들여질 때의 상태가 흄, 분진 또는 미스트인 경우를 말한다.
3) 제어풍속
   국소배기장치의 모든 후드를 개방한 경우의 제어풍속으로서 다음에 따른 위치에서의 풍속을 말한다.
   • 포위식 후드에서는 후드 개구면에서의 풍속
   • 외부식 후드에서는 해당 후드에 의하여 관리대상 유해물질을 빨아들이려는 범위 내에서 해당 후드 개구면으로부터 가장 먼 거리의 작업위치에서의 풍속

02 유해물질의 독성을 결정하는 인자 5가지만 쓰시오.

해설 유해물질의 독성을 결정하는 인자

중독 발생에 관여하는 요인은 유해물질에 의한 유해성을 지배하는 인자, 유해물질이 인체에 건강 영향(위해성)을 결정하는 인자와 같은 의미이다.

(1) 공기 중의 농도(폭로 농도)
① 유해물질의 농도 상승률보다 유해도의 증대율이 훨씬 많이 관여한다.
② 유해물질이 혼합할 경우 유해도는 상승적(상승작용)으로 나타난다.
③ 유해화학물질의 유해성은 그 물질 자체의 특성(성질, 형태, 순도 등)에 따라 달라진다.
④ 폭로되는 화학물질의 농도가 높으면 독성이 증가하지만 단순한 비례관계는 아니다.
⑤ 낮은 농도에서는 독성작용이 없는 유해물질도 높은 농도에서는 급성중독을 일으킬 수 있다.

(2) 폭로시간(폭로횟수)
① 유해물질에 폭로되는 시간이 길수록 영향이 크다.
② 동일한 농도의 경우에는 일정시간 동안 계속 폭로되는 편이 단순적으로 같은 시간에 폭로되는 것보다 피해가 크다.
③ Haber 법칙(유해물질에 단시간 폭로 시 중독되는 경우에만 적용)

$$K = C \times t$$

여기서, K : 유해물질지수
C : 노출 농도(독성의 의미)
t : 폭로(노출)시간(노출량의 의미)

(3) 작업강도
① 호흡량, 혈액순환속도, 발한이 증가되어 유해물질의 흡수량에 영향을 미친다.
② 강도가 클수록 산소요구량이 많아져 호흡률이 증가하여 유해물질이 체내에 많이 흡수된다. 일반적으로 앉아서 하는 작업은 3~4L/min, 강한 작업은 30~40L/min 정도의 산소요구량이 필요하다.
③ 근육활동을 하면 산소량이 현저하게 증가, 이산화탄소량도 증가하여 피로를 유발한다.

(4) 기상조건
고온·다습하거나 대기가 안정된 상태에서는 유해가스가 확산되지 않고 농도가 높아져 중독을 일으킨다.

(5) 개인 감수성
① 인종, 연령, 성별, 선천적 체질, 질병의 유무에 따라 감수성이 다르게 나타나나 화학물질의 독성에 크게 영향을 준다.
② 일반적으로 연소자, 여성, 질병이 있는 자(간, 심장, 신장질환)의 경우 감수성이 높게 나타난다.

③ 여성이 남성보다 유해화학물질에 대한 저항이 약한 이유
    ㉠ 피부가 남자보다 섬세함
    ㉡ 월경으로 인한 혈액소모가 큼
    ㉢ 각 장기의 기능이 남성에 비해 떨어짐

플러스학습 독성실험 단계

1. 제1단계(동물에 대한 급성폭로시험)
    ㉠ 치사성과 기관장해(중독성 장해)에 대한 반응곡선을 작성
    ㉡ 눈과 피부에 대한 자극성을 시험
    ㉢ 변이원성에 대하여 1차적인 스크리닝 실험

2. 제2단계(동물에 대한 만성폭로시험)
    ㉠ 상승작용과 가승작용 및 상쇄작용에 대하여 실험
    ㉡ 생식영향(생식독성)과 산아장해(최기형성)를 실험
    ㉢ 거동(행동) 특성을 실험
    ㉣ 장기독성을 실험
    ㉤ 변이원성에 대하여 2차적인 스크리닝 실험
    ㉥ 두 가지의 생물종에 대해 양-반응곡선(90일)을 작성
    ㉦ 약동력학적 실험, 생물체의 흡수, 분포, 생체내 변화, 배설 등 조사

3. 제3단계(인간에 대한 만성독성시험)
    ㉠ 포유동물에 대한 변이원성 실험
    ㉡ 설치류에 대한 발암성 실험
    ㉢ 인간에 대한 약동력학적 실험
    ㉣ 인간에 대한 임상학적 실험
    ㉤ 급성 및 만성 폭로에 대한 역학적 자료 취득

03 작업환경측정 관련 시료 전처리시 오차 감소를 위한 방법 4가지만 쓰시오.

해설 작업환경측정 관련 시료 전처리시 오차 감소방법

① 분석하고자 하는 시료의 형태와 목적성분의 특성을 파악하여 분석시스템에 맞는 형태로 시료를 전처리하여야 한다.

② LOD, LOQ를 만족시키는 회수율, 탈착율의 가장 이상적인 비율은 100%이지만 시료 전처리과정이 늘어나면 늘어날수록 시료의 손실이 발생될 확률이 높아지므로 가능한 시료 전처리 과정을 신속히 진행한다.

③ 검량선을 작성하고 정량분석시 시료에 들어있는 성분과 머무름 시간이 겹치지 않는 내부 표준물질을 선택해야 한다.

④ 시료의 매트릭스는 고상, 액상, 기상, 젤, 미생물 등 다양하여 시료의 형태를 고려하여 전처리방법을 선택하여야 한다.

⑤ 시료의 무게, 부피에 따라 적절한 용기, 바이얼을 선택해야 한다.

⑥ 목적성분과 비슷한 간섭물질이 존재한다면 이를 제거하기 위해 추가적인 전처리 방법을 고려하여야 한다.

플러스학습 **시료 전처리 목적**

① 분석방해물질 제거
② 분석시스템의 손상보호
③ 분석법에 맞도록 시료전환

04 작업장에서 발생되는 입자상 물질을 여과 포집법으로 채취하고자 한다. 여과지 채취의 5가지 기전(mechanism)을 쓰시오.

해설 여과지 채취 기전

(1) 직접차단(간섭 : interception)
　① 기체유선에 벗어나지 않는 크기의 미세입자가 섬유와 접촉에 의해서 포집되는 집진기구이며, 입자 크기와 필터 가공의 비율이 상대적으로 클 때 중요한 포집기전이다.
　② 영향인자
　　㉠ 분진입자의 크기(직경)
　　㉡ 섬유의 직경
　　㉢ 여과지의 기공 크기(직경)
　　㉣ 여과지의 고형성분(solidity)

(2) 관성충돌(intertial impaction)
　① 입경이 비교적 크고 입자가 기체유선에서 벗어나 급격하게 진로를 바꾸면 방향의 변화를 따르지 못한 입자의 방향지향성. 즉 관성 때문에 섬유층에 직접 충돌하여 포집되는 원리이며 유속이 빠를수록, 필터 섬유가 조밀할수록 이 원리에 의한 포집비율이 커진다.
　② 관성충돌은 $1\mu m$ 이상인 입자에서 공기의 면속도가 수 cm/sec 이상일 때 중요한 역할을 한다.
　③ 영향인자
　　㉠ 입자의 크기(직경)
　　㉡ 입자의 밀도
　　㉢ 섬유로의 접근속도(면속도)
　　㉣ 섬유의 직경
　　㉤ 여과지의 기공 직경

(3) 확산(diffusion)
　① 유속이 느릴 때 포집된 입자층에 의해 유효하게 작용하는 포집기구로서 미세입자의 불규칙적인 운동. 즉 브라운 운동에 의한 포집원리이다.
　② 입자상 물질의 채취(카세트에 장착된 여과지 이용) 시 펌프를 이용. 공기를 흡인하여 시료채취 시 크게 작용하는 기전이 확산이다.
　③ 영향인자
　　㉠ 입자의 크기(직경) → 가장 중요한 인자
　　㉡ 입자의 농도 차이 [여과지 표면과 포집공기 사이의 농도구배(기울기) 차이]
　　㉢ 섬유로의 접근속도(면속도)
　　㉣ 섬유의 직경
　　㉤ 여과지의 기공 직경

(4) 중력침강(gravitional settling)

① 입경이 비교적 크고, 비중이 큰 입자가 저속기류 중에서 중력에 의하여 침강되어 포집되는 원리이다.

② 면속도가 약 5cm/sec 이하에서 작용한다.

③ 영향인자

㉠ 입자의 크기(직경)

㉡ 입자의 밀도

㉢ 섬유로의 접근속도(면속도)

㉣ 섬유의 공극률

(5) 정전기 침강(electrostatic settling)

입자가 정전기를 띠는 경우에는 중요한 기전이나 정량화하기가 어렵다.

(6) 체질

05 전리방사선의 피폭과 관련된 노출특성에 대한 조사항목 4가지만 쓰시오.

해설 **전리방사선 노출특성 조사항목**

① 피부(피부발적, 괴사 등)
② 골수와 림프계(림프구 감소증, 과립구 감소증, 혈소판 감소증, 적혈구 감소증 등)
③ 소화기계(장 상피 괴사에 의한 궤양 등)
④ 생식기계(정자수 감소, 불임 등)
⑤ 눈(수정체 혼탁 등)
⑥ 호흡기(폐렴, 폐섬유증 등)

플러스 학습 **방사성물질**

1. 방사능 (단위 : Bq)
   ① 공기
      ㉠ 조사선량 : γ, X-선이 공기를 어느 정도 전리시키는가
      ㉡ 단위 : C/kg or R
   ② 물질 : 인체를 포함한 모든 물질
      ㉠ 흡수선량 : 방사선의 에너지가 얼마나 물질에 흡수되었는가
      ㉡ 단위 : Gy
   ③ 인체
      ㉠ 유효선량 : 전신에 대한 영향은 어느 만큼인가
      ㉡ 단위 : Sv
2. 방사선 인체 영향
   ① 직접작용(조사된 방사선이 직접 인체 각 장기에 작용)
      DNA나선구조절단 → 세포치사, 변형 → 세포기능 상실 → 장기의 기능 이상, 암발생, 유전적 결함 토대
   ② 간접작용(방사선의 세포 안의 다른 원자와 분자(특히 물)와 작용해 생선된 유리기(활성산소)가 DNA에 작용)

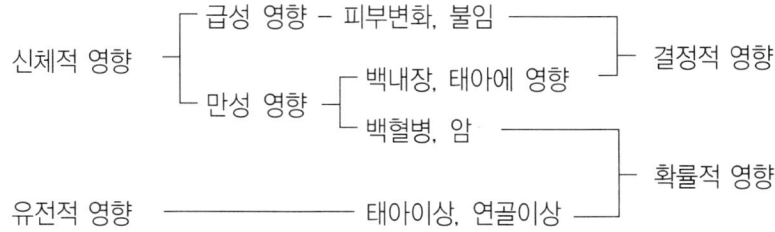

3. 외부방사선 피폭에 대한 방어의 3대 원칙
   ① 시간 → 단축 필요함
   ② 거리 → 방사선 피폭은 거리의 제곱에 반비례
   ③ 차폐 → 밀도와 원자번호 증가 시 감쇄효과 증가 (납, 물, 플라스틱, 텅스텐, 철)

4. 내부 피폭의 3대 방어원칙
    ① 거리 : 작업자의 작업환경에서 격리 (격리방법 : 작업장소 제한, 후드, 글러브박스, 핫셀 등)
    ② 희석 : 발생 방사선오염을 제염, 혼합 등의 수단 이용 → 희석시켜 농도를 감소시키는 방법
    ③ 차단 : 방사선 방호복을 착용하는 수동적인 개념
5. 개인 피복선량 측정 휴대장비
    ① 포켓 도시미터(pocket dosimeter)
      만년필형의 개인용 방사선 감시장치, 소형이어서 휴대 편리, 피폭된 누적선량 직접 읽음
    ② 서베이 미터(survey meter)
      • 방사선물질의 유무나 조사선량율을 측정하는 휴대용 방사선 검출기
      • X선, γ선용, β선, α선, 중성자 측정용
    ③ 알람모니터(alarm monitor)
      개인경보선량계, 방사선량율이 많을수록 경보음 간격 짧아짐 (방사선 피폭을 예방할 수 있도록 알려주는 장치
    ④ 필름배지(film badge)
      • 방사선에 의한 필름의 흑화도에서 피폭선량을 측정하는 선량계의 한 종류
      • 방사선 검출용
      • 특별 제작된 필름을 휴대용 용기에 넣고 작업 중에 배지로서 가슴에 달고 있다가 작업이 끝난 후에 이것을 현상하여 흑화된 정도로 피폭량을 알 수 있음

※ 다음 논술형 2문제를 모두 답하시오. (각 25점)

06 사업장의 작업환경측정(본 조사)을 하고자 한다. 시료채취 전략을 수립하기 위한 6가지 고려사항과 그 각각에 대해 산업안전보건법에서 규정하고 있는 내용을 쓰시오. (단, 예외조항은 고려하지 않음)

해설 작업환경측정 전략 수립 시 고려(검토)사항

(1) MSDS
① 취급물질에 대한 정확한 정보를 확인하기 위해 반드시 확보해야 하는 자료이다.
② 취급물질이 복합물질일 경우 구성성분의 명칭 및 함유량을 파악할 수 있다.

(2) Bulk 시료채취
만약 MSDS로 확인이 어려울 경우에는 Bulk시료를 채취하여 성분분석을 실시하여 취급물질에 대한 정확한 정보를 확인해야 한다.

(3) 측정분석방법
① KOSHA-Code, NIOSH, OSHA, HSE 등에서 권고하고 있는 유해인자별 작업환경측정 분석방법을 참고해야 한다. 각각의 방법들에는 시료채취매체, 시료채취유량, 측정절차, 분석방법 등이 자세히 기록되어 있다.
② 국내 전문가들의 가장 많이 참고하는 자료는 NIOSH manual이며 일부 NIOSH manual에 없는 유해인자에 대해서는 OSHA나 HSE에 확인할 수 있는 경우가 있다.
③ KOSHA-Code의 경우는 NIOSH, OSHA의 자료를 기초로 작업환경측정 분석방법을 국문으로 작성한 것이다.

(4) 노출기준 설정현황
① 노출기준을 확인해야 이를 근거로 측정전략을 수립할 수 있다.
② TLV-TWA 기준은 어느 정도이며, TLV-STEL기준은 없는지, 혹 Ceiling 농도로 평가를 해야 하는 물질은 아닌지 등에 대해 파악을 해야 한다.
③ 우리나라 노출기준이 없는 물질의 경우는 ACGIH의 TLV를 준용하여 평가하여야 한다.

(5) 동일노출그룹의 선정
① 노출되는 유해인자의 농도와 특성이 유사하거나 동일한 근로자의 그룹을 말하는데 유해인자의 특성이 동일하다는 것은 노출되는 유해인자가 동일하고 농도가 일정한 변이 내에서 통계적으로 유사하다는 의미이다. 따라서 이를 기초로 측정대상 근로자 수를 산정해야 한다.
② 동일노출그룹 선정을 하지 않으면 노출이 없는 근로자를 측정할 수도 있고 자칫 최고노출근로자가 대상에서 누락될 수도 있기 때문이다. 따라서 측정대상 근로자를 선정함에 있어 매우 중요하다 할 수 있다.

(6) 노출수준의 예측

① 작업환경평가에 어느 정도 경험이 있어야 가능한 부분이라 할 수 있겠으나 반드시 경험이 많은 사람만이 노출수준을 예측할 수 있는 것은 아니다. 기존의 작업환경 측정자료를 참고한다거나 직독식 기기를 활용하거나, 유해물질 취급량, 국소환기장치의 설치, 가동상태, 작업방법 등을 통해 파악할 수 있기 때문이다.

② 노출수준을 예측할 수 있다면 작업환경측정 전략수립에 대단히 유용하다. 노출수준을 예측하여 작업환경측정을 실시할 경우 정확한 유해물질 노출농도를 평가해 낼 수 있을 것이나 그렇지 못한 경우는 측정에 문제가 발생할 수도 있다.

③ 노출농도가 낮은 경우는 시료채취시간을 길게 해야 신뢰성 있는 시료분석이 가능하여 측정결과의 오차를 줄일 수 있으나 시료채취시간을 너무 짧게 할 경우는 분석이 불가능한 경우도 발생할 수 있다.

④ 노출농도가 높은 경우는 시료채취시간을 여러 번 나누어 측정해야 하나 장시간 시료채취방법을 사용할 경우 시료의 파과 등의 문제가 발생될 수 있다.

07 산업안전보건법에서 규정하고 있는 사업장 위험성 평가를 단계별로 쓰시오.

해설 사업장 위험성 평가

1. 위험성 평가의 절차 (상시근로자 수 20명 미만 사업장(총 공사금액 20억원 미만의 건설공사)의 경우에 다음 절차 중 ③을 생략할 수 있다.)
   ① 평가대상의 선정 등 사전준비
   ② 근로자의 작업과 관계되는 유해·위험요인의 파악
   ③ 파악된 유해·위험요인별 위험성의 추정
   ④ 추정한 위험성이 허용 가능한 위험성인지 여부의 결정
   ⑤ 위험성 감소대책의 수립 및 실행
   ⑥ 위험성평가 실시내용 및 결과에 관한 기록
2. 단계 (절차)
   (1) 사전준비
      ① 위험성 평가 실시규정 작성 시 포함사항
         ㉠ 평가의 목적 및 방법
         ㉡ 평가담당자 및 책임자의 역할
         ㉢ 평가시기 및 절차
         ㉣ 주지방법 및 유의사항
         ㉤ 결과의 기록보존
      ② 대상
         과거에 산업재해가 발생한 작업, 위험한 일이 발생한 작업 등 근로자의 근로에 관계되는 유해·위험요인에 의한 부상 또는 질병의 발생이 합리적으로 예견가능한 것 모두
      ③ 위험성 평가에 활용 시 사업장 안전정보 사전조사사항
         ㉠ 작업표준, 작업절차 등에 관한 정보
         ㉡ 기계·기구, 설비 등의 사양서, 물질안전보건자료(MSDS) 등의 유해·위험요인에 관한 정보
         ㉢ 기계·기구, 설비 등의 공정 흐름과 작업 주변의 환경에 관한 정보
         ㉣ 같은 장소에서 사업의 일부 또는 전부를 도급을 주어 행하는 작업이 있는 경우 혼재 작업의 위험성 및 작업 상황 등에 관한 정보
         ㉤ 재해사례, 재해통계 등에 관한 정보
         ㉥ 작업환경측정결과, 근로자 건강진단결과에 관한 정보
         ㉦ 그 밖에 위험성평가에 참고가 되는 자료 등
   (2) 유해·위험요인 파악
      유해·위험요인을 파악할 때 업종·규모 등 사업장 실정에 따라 다음 방법 중 어느 하나 이상의 방법을 사용
      ① 사업장 순회점검에 의한 방법

② 청취조사에 의한 방법

③ 안전보건 자료에 의한 방법

④ 안전보건 체크리스트에 의한 방법

⑤ 그 밖에 사업장의 특성에 적합한 방법

(3) 위험성 추정

유해·위험요인을 파악하여 사업장 특성에 따라 부상 또는 질병으로 이어질 수 있는 가능성 및 중대성의 크기를 추정함

① 위험성 추정방법

   ⊙ 가능성과 중대성을 행렬을 이용하여 조합하는 방법

   ⓒ 가능성과 중대성을 곱하는 방법

   ⓒ 가능성과 중대성을 더하는 방법

   ⓔ 그 밖에 사업장의 특성에 적합한 방법

② 위험성 추정 시 유의사항

   ⊙ 예상되는 부상 또는 질병의 대상장 및 내용을 명확하게 예측할 것

   ⓒ 최악의 상황에서 가장 큰 부상 또는 질병의 중대성을 추정할 것

   ⓒ 부상 또는 질별의 중대성은 부상이나 질병 등의 종류에 관계없이 공통의 척도를 사용하는 것이 바람직하며, 기본적으로 부상 또는 질병에 의한 요양기간 또는 근로손실일수 등을 척도로 사용할 것

   ⓔ 유해성이 입증되어 있지 않은 경우에도 일정한 근거가 있는 경우에는 그 근거를 기초로 하여 유해성이 존재하는 것으로 추정할 것

   ◉ 기계·기구, 설비, 작업 등의 특성과 부상 또는 질병의 유형을 고려할 것

(4) 위험성 결정

① 유해·위험요인별 위험성 추정결과와 사업장 자체적으로 설정한 허용 가능한 위험성 기준을 비교하여 해당 유해·위험요인별 위험성의 크기가 허용가능한 지 여부를 판단하여야 한다.

② 허용가능한 위험성의 기준은 위험성 결정을 하기 전에 사업장 자체적으로 설정해 두어야 한다.

(5) 위험성 감소대책 수립 및 실행

위험성을 결정한 결과 허용가능한 위험성이 아니라고 판단되는 경우에는 위험성의 크기, 영향을 받는 근로자 수 및 위험성 감소를 위한 대책을 수립하여 실행

① 위험성 감소대책 수립 시행 시 순서

   ⊙ 위험한 작업의 폐지·변경, 우해·위험물질 대체 등의 조치 또는 설계나 계획 단계에서 위험성을 제거 또는 저감하는 조치

   ⓒ 연동장치, 환기장치 설치 등의 공학적 대책

   ⓒ 사업장 작업절차서 정비 등의 관리적 대책

   ⓔ 개인용 보호구의 사용

② 사업주는 위험성 감소대책을 실행한 후 해당 공정 또는 작업의 위험성의 크기가 사전에 자체 설정한 허용가능한 위험성의 범위인지를 확인하여야 한다.

③ ②에 따른 확인 결과, 위험성이 자체 설정한 허용가능한 위험성 수준으로 내려오지 않는 경우에는 허용 가능한 위험성 수준이 될 때까지 추가의 감소대책을 수립·실행하여야 한다.

④ 사업주는 중대재해, 중대산업사고 또는 심각한 질병이 발생할 우려가 있는 위험성으로서 ①에 따라 수립한 위험성 감소대책의 실행에 많은 시간이 필요한 경우에는 즉시 잠정적인 조치를 강구하여야 한다.

⑤ 사업주는 위험성 평가를 종료한 후 남아 있는 유해·위험요인에 대해서는 게시, 주지 등의 방법으로 근로자에게 알려야 한다.

(6) 기록 및 보존

플러스 학습 **위험성 평가 추진절차 및 단계별 수행방법**

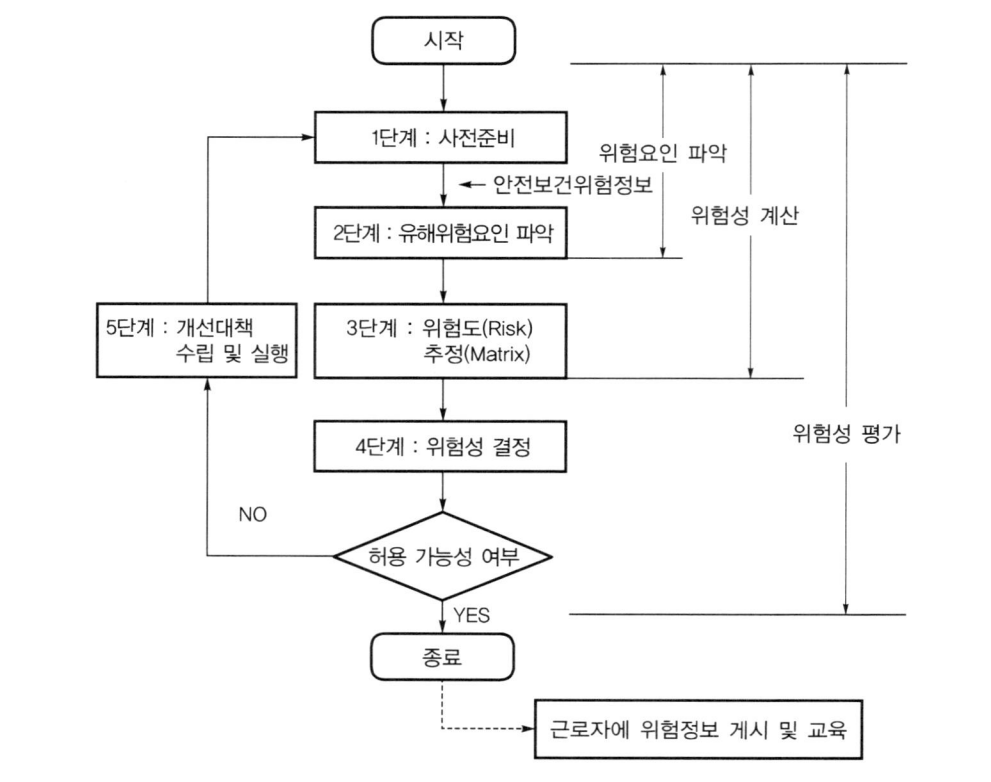

‖ **위험성 평가 추진절차** ‖

(1) 1단계 : 사전준비

① 위험성 평가 실시계획서 작성
  ㉠ 실시의 목적 및 방법
  ㉡ 실시 담당자 및 책임자의 역할
  ㉢ 실시 연간계획 및 시기
  ㉣ 실시의 주지방법
  ㉤ 실시상의 유의사항

② 위험성 평가 대상선정
  과거에 산업재해가 발생한 작업, 위험한 일이 발생한 작업 등 근로자의 근로에 관계되는 유해·위험 요인에 의한 부상 또는 질병의 발생이 합리적으로 예견 가능한 것을 대상으로 한다.

③ 위험성 평가 실시 관계자 교육 실시
  사업주, 평가담당자 및 근로자 등

④ 위험성 평가 팀구성
  팀리더 및 대상공정 작업책임자, 안전보건관리자 등으로 구성한다.

⑤ 위험성 평가에 활용할 안전보건정보 수집
  ㉠ 작업표준, 작업절차 등에 관한 정보
  ㉡ 기계・기구, 설비 등의 사양서
  ㉢ 물질안전보건자료(MSDS) 등의 유해・위험 요인 정보
  ㉣ 기계・기구, 설비 등의 공정흐름과 작업주변의 환경에 관한 정보
  ㉤ 같은 장소에서 사업의 일부 또는 전부를 도급을 주어 행하는 작업이 있는 경우 혼재 작업의 위험성 및 작업상황 등에 관한 정보
  ㉥ 재해사례, 재해통계 등에 관한 정보
  ㉦ 작업환경측정 결과, 근로자 건강진단 결과 정보
  ㉧ 그 밖에 위험성 평가에 참고가 되는 자료 등 : 건물 및 설비의 배치(위치)도, 전기 단선도, 공정흐름도 등
(2) 2단계 : 유해・위험 요인 파악
  ① 유해・위험 요인 파악방법(한 가지 이상을 사용)
    ㉠ 사업장 순회점검에 의한 방법
    ㉡ 청취조사에 의한 방법
    ㉢ 안전보건자료에 의한 방법
    ㉣ 안전보건 체크리스트에 의한 방법
    ㉤ 그 밖에 사업장의 특성에 적합한 방법
  ② 4M 유해・위험 요인 파악방법(4M 위험성 평가 ; 4M Risk Assessment)
    산업안전보건공단에서 4M을 활용하여 정성적인 위험요인 도출에 발생빈도와 피해 크기를 그룹화하여 사업장에 쉽게 적용할 수 있도록 위험성 평가를 위한 개발 기법이다.
    ㉠ Man(인적)
      • 근로자 특성의 불안전 행동
      • 여성, 고령자, 외국인, 비정규직
      • 작업자세, 동작의 결함
      • 작업정보의 부적절 등
    ㉡ Machine(기계적)
      • 기계・설비의 결함
      • 위험방호장치의 불량
      • 본질 안전화의 결여
      • 사용 유틸리티의 결함 등
    ㉢ Media(물질・환경적)
      • 작업공간의 불량
      • 가스, 증기, 분진, 흄 발생
      • 산소결핍, 유해광선, 소음・진동
      • MSDS 미비 등
    ㉣ Management(관리적)
      • 관리감독 및 지도 결여
      • 교육・훈련의 미흡

- 규정, 지침, 매뉴얼 등 미작성
- 수칙 및 각종 표지판 등 미게시

(3) 3단계 : 위험도 추정

① 유해·위험 요인을 파악하여 사업장 특성에 따라 부상 또는 질병으로 이어질 수 있는 가능성(빈도) 및 중대성의 크기를 추정하여야 한다.

② 위험성 추정방법은 행렬을 이용한 조합(Matrix) 방법을 권장한다.

③ 각 위험요인에 대한 위험도 계산은 사고의 빈도와 사고의 강도의 곱으로 위험도(위험의 크기) 수준 결정

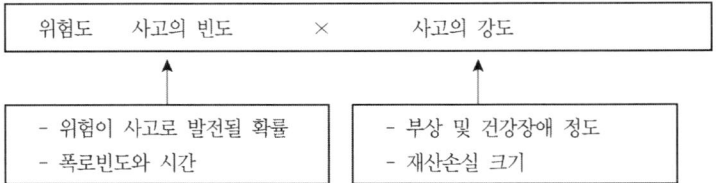

④ 위험도 계산에 필요한 발생빈도의 수준을 5단계로, 피해 크기인 강도의 수준을 4단계로 정하고, 사업장 특성에 따라 빈도 및 강도 수준의 단계를 조정할 수 있다.

(4) 4단계 : 위험성 결정

① 유해·위험 요인별 위험성 추정결과와 사업장 설정 허용가능 위험성 기준을 비교하여 유해·위험 요인별 위험성의 크기가 허용 가능한 것인지의 여부를 판단하여야 한다.

② 허용가능 위험성 기준은 위험성 결정 전에 사업장 자체 설정을 준비하고, 사업장 특성에 따라 설정기준은 변경 가능하다.

③ 위험성 결정

㉠ 곱셈식에 의한 결정(상해)

위험도 수준		관리기준	비고
1~3	무시할 수 있는 위험	현재의 안전대책 유지	위험작업을 수용함(현 상태로 계속 작업가능)
4~6	미미한 위험	안전정보 및 주기적 표준작업안전교육의 제공이 필요한 위험	
8	경미한 위험	위험의 표지부착, 작업절차서 표기 등 관리적 대책이 필요한 위험	
9~12	상당한 위험	계획된 정비·보수 기간에 안전대책을 세워야 하는 위험	조건부 위험작용 수용(위험이 없으면 작업을 계속하되, 위험 감소 활동을 실시하여야 함)
15	중대한 위험	긴급 임시 안전대책을 세운 후 작업을 하되 계획된 정비·보수 기간에 안전대책을 세워야 하는 위험	
16~20	허용 불가 위험	즉시 작업중단(작업을 지속하려면 즉시 개선을 실행해야 하는 위험)	위험작업 불허(즉시 작업을 중지하여야 함)

ⓛ 조합(Matrix)에 의한 결정

위험성 수준		관리기준 (개선 시기)	내용
6~9	높음	즉시 개선	작업을 지속하려면 즉시 개선을 실행
3~4	보통	개선(계획)	안전보건대책을 수립하고 개선하며, 현재 설치되어 있는 환기장치의 효율성 검토 및 성능개선 실시
1~2	낮음	현 상태 유지	근로자에게 유해위험성 정보 및 주기적인 안전보건교육 제공

ⓒ 곱셈식에 의한 결정(질환)

위험성 수준		관리기준	비고
12~16	매우 높음	즉각적으로 종합적인 작업환경관리수준 평가 실시(전문가 상담)	위험작업 불허
6~9	높음	현행 법상 작업환경 개선을 위한 조치기준에 대한 평가 실시	조건부 위험작업 수용
3~4	보통	현재 설치되어 있는 환기장치의 효율성 검토 및 성능개선 실시	
1~2	낮음	근로자에게 유해성 정보 및 주기적 안전보건교육 제공	위험작업 수용 (현 상태로 계속 작업 가능)

(5) 5단계 : 개선대책 수립 및 실행

① 위험성 결정 결과, 허용 가능한 위험성이 아니라고 판단한 경우 위험성 감소대책 수립·실행한다.

② 위험성의 크기, 영향을 받는 근로자 수 및 다음 순서를 고려하여 위험성 감소를 위한 대책을 수립 실행해야 한다.

〈위험성 감소대책 수립실행 우선순위〉

ⓛ 위험한 작업 폐지·변경, 유해·위험물질 대책 등의 조치 또는 설계나 계획단계에서 위험성을 제거 또는 저감하는 조치

ⓛ 연동장치, 환기장치 설치 등의 공학적 대책

ⓒ 사업장 작업절차서 정비 등의 관리적 대책

ⓔ 개인용 보호구의 사용

③ 위험성 감소대책 수립·실행 후 사업주 조치사항

ⓛ 해당 공정 또는 작업의 위험성의 크기가 자체 설정한 허용가능 위험성의 범위인지를 재확인

ⓛ 허용가능 위험성 기준 범위를 초과한 경우 허용가능 위험성 수준이 될 때까지 추가 감소대책을 수립 및 실행

ⓒ 중대재해, 중대산업사고 또는 심각한 질병발생 우려가 있는 위험성으로서 수립한 위험성 감소대책의 실행에 많은 시간이 필요한 경우 즉시 잠정적 조치를 강구
④ 위험성 평가 종료 후 남아있는 유해·위험 요인 조치
남아있는 유해·위험 요인에 대한 정보 게시, 주지 등의 방법으로 근로자에게 알려야 한다.

※ 다음 논술형 2문제 중 1문제를 선택하여 답하시오. (각 25점)

08 산업안전보건법에서 규정하고 있는 아래 사항을 쓰시오.
(1) 화학물질의 노출기준에 있어 설정 유해물질 수와 기준 초과시 조치 내용
(2) 유해인자의 허용기준에 있어 설정 유해물질 수와 기준 초과시 조치 내용

해설 (1) 화학물질의 노출기준에 있어 설정 유해물질 수와 기준 초과시 조치 내용
① 화학물질의 노출기준 설정 유해물질 수
731개(가솔린 외 730개)
② 노출기준 초과시 조치 내용
㉠ 작업측정결과에 따라 노출기준을 초과하는 작업 공정에 대해서 시설·설비개선, 측정주기 단축 등 안전보건 조치
㉡ 건강진단실시, 보호구 지급 등 근로자의 건강을 보호하기 위한 조치
㉢ 측정결과에 따라 근로자의 건강보호를 위하여 시설개선 등 적절한 조치를 이행하지 아니한 경우 1,000만 원 이하의 벌금

(2) 유해인자의 허용기준에 있어 설정 유해물질 수와 기준 초과시 조치 내용
① 유해인자의 허용기준 설정 유해물질 수
38개 (6가크롬 화합물 외 37개)
② 노출기준 초과시 조치 내용
㉠ 작업측정결과 노출기준 이상으로 측정되면 1,000만 원의 과태료가 부과
㉡ 해당 물질을 사용하는 공정은 국소배기장치가 정상 작동되도록 관리
㉢ 근로자들에게 방독마스크 등 적절한 보호구를 지급
㉣ 1차·2차·3차 위반 과태료는 각각 1,000만 원

플러스 학습   **유해물질을 종류**

1. 설정유해물질(유해인자 허용기준 이하 유지대상 유해인자)
  ① 6가크롬 화합물
  ② 납 및 그 무기화합물
  ③ 니켈 화합물(불용성 무기화합물로 한정)
  ④ 니켈카르보닐
  ⑤ 디메틸포름아미드
  ⑥ 디클로로메탄
  ⑦ 1,2-디클로로프로판
  ⑧ 망간 및 그 무기화합물
  ⑨ 메탄올
  ⑩ 메틸렌 비스(페닐 이소시아네이트)
  ⑪ 베릴륨 및 그 화합물
  ⑫ 벤젠
  ⑬ 1,3-부타디엔
  ⑭ 2-브로모프로판
  ⑮ 브롬화 메틸
  ⑯ 산화에틸렌
  ⑰ 석면(제조・사용하는 경우만 해당)
  ⑱ 수은 및 그 무기화합물
  ⑲ 스티렌
  ⑳ 시클로헥사논
  ㉑ 아닐린
  ㉒ 아크릴로니트릴
  ㉓ 암모니아
  ㉔ 염소
  ㉕ 염화비닐
  ㉖ 이황화탄소
  ㉗ 일산화탄소
  ㉘ 카드뮴 및 그 화합물
  ㉙ 코발트 및 그 무기화합물
  ㉚ 콜타르피치 휘발물
  ㉛ 톨루엔
  ㉜ 톨루엔-2,4-디이소시아네이트
  ㉝ 톨루엔-2,6-디이소시아네이트
  ㉞ 트리클로로메탄
  ㉟ 트리클로로에틸렌
  ㊱ 포름알데히드

㊲ n-헥산

㊳ 황산

2. 대통령령으로 정하는 제조 등이 금지되는 유해물질

① β-나프틸아민과 그 염

② 4-니트로디페닐과 그 염

③ 백연을 포함한 페인트(포함된 중량의 비율이 2퍼센트 이하인 것은 제외)

④ 벤젠을 포함하는 고무풀(포함된 중량의 비율이 5퍼센트 이하인 것은 제외)

⑤ 석면

⑥ 폴리클로리네이티드 터페닐

⑦ 황린 성냥

⑧ ①, ②, ⑤ 또는 ⑥에 해당하는 물질을 포함한 혼합물(포함된 중량이 비율이 1퍼센트 이하인 것은 제외)

⑨ 「화학물질관리법」에 따른 금지물질

⑩ 그 밖에 보건상 해로운 물질로서 산업재해보상보험 및 예방심의위원회의 심의를 거쳐 고용노동부장관이 정하는 유해물질

3. 허가대상물질(법에서 대체물질이 개발되지 아니한 물질 등 대통령령으로 정하는 물질)

① α-나프틸아민 및 그 염

② 디아니시딘 및 그 염

③ 디클로로벤지딘 및 그 염

④ 베릴륨

⑤ 벤조트리클로라이드

⑥ 비소 및 그 무기화합물

⑦ 염화비닐

⑧ 콜타르피치 휘발물

⑨ 크롬광 가공(열을 가하여 소성 처리하는 경우만 해당)

⑩ 크롬산 아연

⑪ o-톨리딘 및 그 염

⑫ 황화니켈류

⑬ ①부터 ④까지 또는 ⑥부터 ⑫까지의 어느 하나에 해당하는 물질을 포함한 혼합물(포함된 중량의 비율이 1퍼센트 이하인 것은 제외)

⑭ ⑤의 물질을 포함한 혼합물(포함된 중량의 비율이 0.5퍼센트 이하인 것은 제외)

⑮ 그 밖에 보건상 해로운 물질로서 산업재해보상보험 및 예방심의위원회의 심의를 거쳐 고용노동부장관이 정하는 유해물질

09 스테인리스강에 이물질을 제거하기 위해 트리클로로에틸렌(TCE : C_2HCl_3)으로 탈지 작업을 한 모재에 솔리드 와이어 용접을 하고 있다. 용접작업시 조사해야 할 주요 화학적 유해인자, 시료포집방법 및 분석 장비에 대해 각각 쓰시오.

해설 (1) 용접작업시 발생하는 화학적 유해인자

1) 금속 흄 및 금속분진

① 카드뮴

㉠ 보호피복재, 용접전극피복재 또는 합금으로 사용된다.

㉡ 폐를 자극하여 예민한 반응을 보이며, 폐수종을 유발할 수 있고 만성영향으로 폐기종과 신장손상을 초래하기도 한다.

② 크롬

㉠ 스테인리스와 고합금 강철에 있어 주요 합금원료로 사용된다.

㉡ 불용성 6가 크롬에 대한 과도한 장기 폭로는 피부 자극과 폐암발생의 위험을 높일 수 있다.

㉢ 크롬함유 스테인리스강이나 크롬함유 용접봉을 사용할 경우 용접 흄이 발생된다.

③ 철

용접 흄 중 주요한 오염물질로서 급성영향으로 코, 목과 폐에 과민반응을 일으키며, 주된 만성영향으로는 철폐증이 있다.

④ 망간

㉠ 대부분의 탄소, 스테인리스 합금과 용접 전극봉에 소량 포함된다.

㉡ 노출 정도에 따라 큰 차이가 있으며, 용접자는 보통 위험한 농도까지 노출되지 않으나, 금속열을 일으킬 수 있다.

㉢ 장기 노출 시 중추신경계에 이상을 초래할 수 있다.

⑤ 납

㉠ 주로 납땜, 황동과 청동합금 그리고 이따금 강재의 초벌 도료 제거작업에서 발생된다.

㉡ 고노출 시에 급성 증상이 나타날 수 있다. 혈중 납농도 분석이 과대 노출의 지표이다.

㉢ 납독성과 관계된 만성영향으로는 빈혈증, 피로감, 복통과 여성의 생식능력 저하(남성의 경우도 포함) 및 신장, 신경 손상을 초래할 수 있다.

⑥ 아연

㉠ 청동, 황 및 납땜 작업 시 발생된다.

㉡ 아연 흄에 노출 시 나타날 수 있는 유일한 주요 증세는 금속열이다.

2) 유해가스

① 가스

㉠ 가스는 모든 용접작업공정에서 발생한다.

㉡ 오존, 질소산화물과 일산화탄소는 용접 시 발생하는 가스의 주성분이다.

　　　ⓒ 보통의 농도에서 이러한 가스들은 눈에 보이지 않으며, 일산화탄소의 경우는 냄새도 없다.

　② 오존(O₃)

　　　㉠ 대기 중의 산소와 용접 시 발생되는 자외선에 의해 오존가스가 생성된다.

　　　ⓛ 오존은 폐충혈, 폐기종, 폐출혈과 같이 매우 유해한 급성 영향을 유발한다.

　　　ⓒ 1ppm 미만의 저농도로 단기 폭로되더라도 두통과 눈의 점막이상을 초래할 수 있으며 또한 만성 폭로 시 폐기능의 심각한 변화를 초래할 수 있다.

　③ 질소산화물(NO ₓ)

　　　㉠ 오존과 마찬가지로 아크용접 시 자외선에 의해 생성된다.

　　　ⓛ 질소산화물은 보통 이산화질소(NO₂)와 일산화질소(NO)로 구성되며, 이산화질소(NO₂)가 주종을 이룬다.

　　　ⓒ 이산화질소(NO₂)는 10~20ppm의 저농도에서도 눈, 코와 호흡기관에 자극을 유발한다.

　　　ⓔ 고농도의 경우 폐수종과 기타 폐에 심각한 영향을 줄 수도 있다. 만성 폭로 시 폐기능에 중대한 변화를 초래한다.

　④ 일산화탄소(CO)

　　　㉠ 전극봉 피복과 용재의 연소와 분해 시 생성되며, 무색무취의 화학질식제이다.

　　　ⓛ 급성 영향으로는 두통, 현기증과 정신혼란 등을 유발한다.

　　　ⓒ 만성 폭로의 경우에 있어서도 보통 용접 시 발생되는 농도에서는 심각하지 않다.

　⑤ 포스겐(COCl₂)

　　　㉠ 트리클로로에틸렌 등으로 피용접물을 세척한 경우에 남아 있는 염화수소(염소계 유기용제)가 불꽃에 접촉되면 맹독가스인 포스겐(COCl₂)이 발생한다.

　　　ⓛ 포스겐은 만성 중독은 거의 일어나지 않고 대부분 급성 중독으로 주증상은 호흡부전과 순환부전증이다.

　　　ⓒ 호흡기나 피부로 흡수되면 폭로 후 24시간 이내에 나타날 수 있으며, 초기증상은 목이 타며, 가슴이 답답하다.

　　　ⓔ 호흡곤란, 청색증, 극심한 폐부종 등이 나타나며, 마침내는 호흡 및 순환부전증으로 인한 사망을 초래한다.

　⑥ 포스핀(PH₃)

　　도장부에서 전처리공정으로 녹방지용인 산피막처리를 한 피용제를 용접하는 경우 포스핀이 발생하는 것으로 알려지고 있으며, 포스핀의 유해성은 포스겐과 거의 비슷하다.

(2) 시료포집방법

　여과채취방법 즉 37mm PVC 여과지나 MCE 여과지를 장착한 카세트를 헬멧 안쪽에 부착하여 채취한다.

(3) 분석 장비
① 중량 분석방법
② 원자흡광분광계를 이용한 분석방법
③ 유도결합플라스마를 이용한 분석방법

플러스 학습 **작업환경 측정분석에 대한 일반 기술지침**

1. 용어의 정의
① 예비조사
사업장에 대한 본 작업환경측정을 하기 전에 측정 결과의 신뢰성 확보를 목적으로 작업공정, 작업자, 작업 방법, 사용 화학물질 및 기계 기구, 노출실태 등을 파악하기 위해 작업환경측정 전문가가 행하는 일련의 서류상 및 현장 사전 조사(Workthrough survey)를 말한다.

② 유사노출군(Similar Exposure Group, SEG)
동일 공정에서 작업하는 사유 등으로 인해 통계적으로 유사한 유해인자 노출 수준을 가질 것으로 예상되는 집단을 말한다.

③ 현장 공시료(Field blank)
특정 유해인자에 대한 작업환경측정에서 시료채취 매체 자체, 시료채취 과정, 채취된 시료의 운반 등에서 발생할 수 있는 오염을 확인할 목적으로 수거되는 동일한 깨끗한 시료채취 매체를 말한다.

④ 회수율(Recovery rate)
채취한 금속류 등의 분석값을 보정하는데 필요한 것으로, 시료채취 매체와 동일한 재질의 매체에 첨가된 양과 분석량의 비로 표현된 것을 말한다.

⑤ 탈착효율(Desorption efficiency)
채취한 유기화합물 등의 분석값을 보정하는데 필요한 것으로, 시료채취 매체와 동일한 재질의 매체에 첨가된 양과 분석량의 비로 표현된 것을 말한다.

⑥ 검출한계(Limit of Detection)
주어진 분석절차에 따라 합리적인 확실성을 가지고 검출할 수 있는 가장 적은 농도나 양을 의미한다.

⑦ 정량한계(Limit of Quantification)
주어진 신뢰수준에서 정량할 수 있는 분석대상물질의 가장 최소의 양으로 단지 검출이 아니라 정밀도를 가지고 정량할 수 있는 가장 낮은 농도를 말한다. 일반적으로 검출한계의 3배 수준을 의미한다.

2. 예비조사 및 측정계획 수립
(1) 예비조사
① 예비조사는 작업환경측정 및 정도관리 등에 관한 고시에 따라 본 작업환경측정 전에 실시한다.

② 예비조사 시에는 본 측정에 필요하 제반 조건과 여건의 파악을 위하여 다음의 사항을 수행한다.

㉠ 본 측정에 필요한 물질안전보건자료 등 서류의 확보와 검토

㉡ 사업주 혹은 안전보건 관계자와의 면담

㉢ 작업공정에 대한 현장 관찰

㉣ 필요 시 현장 관리자 혹은 근로자와의 면담

③ 예비조사 시에는 측정계획서 작성을 위해 다음 내용을 파악한다.

㉠ 제품별 생산공정 흐름도 및 구획 배치도

㉡ 공정별 원료, 생산제품, 중간생성물, 부산물, 사용 기계 기구, 작업내용, 작업 및 교대 시간, 작업 및 운전 조건, 종사 근로자 수 및 배치현황

㉢ 근로자가 노출 가능한 물리적 및 화학적 유해인자와 인자별 발생 주기

㉣ 측정의 시작, 종료, 점심, 휴식 시간을 고려한 본 측정의 시료채취 예상시간

㉤ 단위작업장소(공정)별 채취 예정 시료의 수 및 대상 근로자

㉥ 측정에 소요되는 장비, 소모품 및 인력

㉦ 본 측정에 필요한 기타 사항

(2) 측정계획 수립시 포함 내용

① 업체명, 대표자, 업종, 생산품, 근로자 수 등 사업장 개요

② 부서별 공정, 작업내용, 근로자 수 및 공정흐름도

③ 화학물질 사용실태(사용량 포함) 및 소음 등 물리적 인자의 발생실태

④ 유해인자별 노출 근로자 수 및 예상 시료 수

⑤ 공정의 배치도 및 예상 측정 위치

⑥ 작업 및 휴식 시간 등 측정분석 시 고려되어야 할 여타 사항

3. 시료채취 및 분석방법 선정

(1) 시료채취 및 분석방법

유해인자에 대한 시료채취와 분석방법은 작업환경측정기관(이하 "측정기관")의 실정을 고려하여 다음 중 하나로 한다. 다만, 측정 결과에 대한 정확성과 정밀성을 담보할 수 있는 것으로 인정되는 경우 측정기관이 자체적으로 개발한 방법을 적용할 수 있다.

① 한국산업안전보건공단 안전보건기술지침(KOSHA-GUIDE) 중 시료채취 및 분석지침(A)

- http://www.kosha.or.kr/kosha/data/guidanceA.do

② 한국산업표준(Korean Industrial Standards)의 기술기준

- https://standard.go.kr/KSCI/portalindex.do

③ 국제표준화기구(International Organization For Standardization)의 규격

- https://www.iso.org/home.html

④ 미국국립산업안전보건연구원(NIOSH)의 NIOSH Manual of Analytical Methods

- https://www.cdc.gov/niosh/nmam/default.html

⑤ 미국산업안전보건청(OSHA)의 Sampling and Analytical Methods

- https://www.osha.gov/dts/sltc/methods/toc.html

⑥ 영국보건안전연구소(HSE)의 Methods for the Determination of Hazardous Substances (MDHS) Guidance
 – https://www.hes.gov.uk/pubns/mdhs
⑦ 미국재료시험협회(ASTM International)의 Standard Test Methods
 – https://www.astm.org/Standards/D1415.htm
⑧ 기타 국제적으로 권위 있는 기관의 공기 중 유해물질 측정분석방법
(2) 시료채취 장비 및 매체의 선정
① 소음의 측정을 위해서는 누적 소음노출량 측정기 혹은 적분형 소음계를 사용한다.
② 고열은 습구흑구온도지수(WBGT)를 측정할 수 있는 기기 또는 이와 동등 이상의 성능을 가진 기기를 사용한다.
③ 입자상 물질의 측정
 ㉠ 공기 중 석면은 지름 25mm 셀룰로오스막여과지(Mixes cellulose membrane filter, MCE)를 장착한 연장통(extension cowl)이 달린 카세트를 사용하여 시료를 채취하고 위상차현미경을 이용하여 분석한다. 섬유상 먼지의 정성 분석이 필요한 경우 전자현미경법을 적용할 수 있다.
 ㉡ 석영(Quartz) 등의 결정체 산화규소 성분을 함유하지 않은 광물성 분진은 37mm, PVC 여과지(Polyvinyl Chloride filter, PVC)를 장착한 카세트를 사용하여 시료를 채취하고 전자저울을 이용한 중량분석법으로 무게를 산출한다.
 ㉢ 석영, 크리스토바라이트(Cristobalite), 트리디마이트(Tridymite) 등 결정체 산화규소 성분을 함유한 광물성 분진은 37mm PVC 여과지를 장착한 카세트를 사용하여 시료를 채취하고 적외선 분광 분석기(Fourier transform infrared spectroscopy, FTIR)을 이용하여 분석한다. 이 경우 호흡성 분진의 채취 시에는 사이클론 등 분립장치를 장착하되 해당 장치의 제조사가 제시한 채취유량을 준수한다.
 ㉣ 용접흄은 37mm PVC 여과지나 MCE 여과지를 장착한 카세트에 포집하여 전자저울을 이용한 중량분석법을 이용한다. 호흡성 용접흄의 채취 시에는 사이클론 등 분립장치를 장착하되 해당 장치의 제조사가 제시한 채취유량을 준수한다.
 ㉤ 소우프스톤, 운모, 포틀랜드 시멘트, 활석, 흑연 등 결정체 산화규소 성분 1% 미만 함유한 광물성 분진은 37mm PVC 여과지를 장착한 카세트에 포집하여 전자저울을 이용한 중량분석법을 이용한다. 이 경우 호흡성 분진의 채취 시에는 사이클론 등 분립장치를 장착하되 해당 장치의 제조사가 제시한 채취유량을 준수한다.
 ㉥ 곡물 분진, 유리섬유 분진은 37mm PVC 여과지를 장착한 카세트에 포집하여 전자저울을 이용한 중량분석법을 이용한다. 이 경우 호흡성 분진의 채취 시에는 사이클론 등 분립장치를 장착하되 해당 장치의 제조사가 제시한 채취유량을 준수한다.
 ㉦ 목재 분진과 같은 흡입성 분진을 측정하려는 경우 PVC 여과지가 장착된 IOM sampler(Institute of Occupational Medicine) 또는 직경분립충돌기 등 동등 이상의 채취가 가능한 장비를 이용하여 시료를 채취하고 전자저울을 이용한 중량분석법으로 정량한다.

◎ 입자상 물질 중 미스트를 측정하려는 경우 시료채취분석방법에서 지정한 채취매체와 분석법을 적용한다. 이때 해당 미스트가 시료채취 중 가스상 물질로 손실될 우려가 있는 경우 복합매체를 적용한다.

④ 가스상 물질의 측정

㉠ 가급적 두 가지 이상의 방법을 혼용하여 적용하지 않는다.

㉡ 작업장소에서 측정대상 유해인자가 입자상 물질과 가스상 물질로 혼재하는 경우 정한 방법에 따라 여과지와 흡착제가 복합된 매체 등을 적용하여 시료를 채취하고 분석한다.

⑤ 검지관 측정법은 오차가 25%에 이를 수 있으므로 예비조사 등 특별한 경우를 제외하고는 가급적 동 방법을 이용하여 작업환경측정을 실시하지 않는다.

⑥ 정한 방법이 수동 시료채취법(passive sampling)을 적용하고 있는 경우 이를 작업환경측정에 적용할 수 있다.

(3) 작업장 조건에 대한 고려

입자상 및 가스상 물질을 측정하는 경우에는 다음과 같은 작업장 내 조건을 고려하여 시료를 채취한다.

① 온도

온도가 지나치게 높은 경우 활성탄관 등 흡착제에 대한 화학물질의 흡착 능력이 저하되어 채취유량 과도에 따른 파과 등이 발생하거나 화학물질이 상호반응(가수분해 등)에 의해 손실될 수 있으므로 유의한다.

② 습도

㉠ 공기 중 수분은 극성매체에 쉽게 흡착되어 파과를 일으키기 쉬우므로 주의하여야 한다.

㉡ 수분이 흡수된 일부 여과지(MCE 여과지 등)는 안정된 무게측정에 영향을 줄 수 있으므로 건조기를 이용하여 수분 제거를 한 후 꺼내어 무게를 재는 중량분석실에 최소한 1시간 이상 놓아두어 중량분석실의 온·습도와 필터의 온·습도 조건을 평형화 한 후 무게를 칭량한다.

㉢ 과도한 수분이 흡착된 측정 매체(실리카겔 등)과 여과지는 시료채취용 펌프에 과도한 부담을 줄 수 있으므로 유량조절과 가동 중 멈춤에 유의한다.

㉣ 저습도는 일부 여과지(PVC 여과지, MCE 여과지 등)에 정전기를 발생시켜 여과지 표면에의 불균일한 침착과 분진의 되 튐을 야기하므로 주의한다.

③ 농도

과도한 공기 중 유해인자의 농도는 측정 매체에 파과가 발생하거나 여과지에 대한 압력손실을 증가시킬 수 있으므로 유의한다.

④ 기류

기류가 강한 경우 입자상 물질 채취시에는 시료의 정확한 포집을 위하여 시료채취매체가 하방향으로 향하도록 주의해야 한다.

4. 작업환경 시료의 채취

(1) 단위작업장소의 선정

작업환경측정의 기본이 되는 단위작업장소는 사업장의 단위 공정을 중심으로 한다. 다만 공정이나 작업의 특성상 해당 공정 노출 근로자에 대한 농도의 변이가 심하여 모든 근로자를 유사 노출군에 포함하기 어려운 경우 동 공정을 몇 개의 단위작업장소로 구획하여 측정할 수 있다.

(2) 측정방법의 선정

단위작업장소 근로자에 대한 작업환경측정은 개인시료채취를 원칙으로 한다. 다만 다음에서 지역시료채취를 적용할 수 있다. 지역시료채취를 한 경우에는 작업환경 측정결과 보고서에 반드시 그 사유를 기재하도록 한다.

① 해당 유해인자에 대하여 지역시료채취 방법만 있는 경우

② 시료채취기의 장착이 근로자의 안전을 심각하게 해칠 수 있는 경우

③ 근로자의 움직임 등 작업의 특성상 시료채취기의 장착이 매우 곤란한 경우

④ 한 근로자가 다수의 시료채취기를 과도하게 장착하여 작업에 심히 방해되거나 측정 결과의 정확성과 정밀성을 훼손할 우려가 있는 경우

⑤ 기타 개인시료채취가 심히 곤란하거나 측정 결과에 심각하게 영향을 주는 경우

(3) 시료채취 시간

① 8시간 시간가중평균노출기준(Time-Weighted Average, TWA)에 따른 노출평가를 수행하고자 하는 경우 각 교대작업 시간당 6시간 이상 연속 혹은 분리 측정한다. 다만, 유해물질의 발생시간 및 간헐성과 작업의 불규칙성 등을 고려하여 유해물질 발생시간 동안만 측정할 수 있다.

② 단시간노출기준(Short Term Exposure Limit, STEL)에 따른 노출평가를 수행하고자 하는 경우 15분간 측정한다.

③ 최고노출기준(Ceiling, C)에 따른 노출평가를 수행하고자 하는 경우 평가에 필요한 최소한의 시간으로 한다. 다만, 최소한의 시간을 특정할 수 없는 경우 15분으로 할 수 있다.

(4) 단위작업장소별 채취 시료 수

① 각 단위작업장소별 근로자 수에 따른 최소 시료 수는 다음 표에 따른다. 다만 작업 근로자 수가 1인인 경우는 시료 수 1개를 채취한다.

∥ 단위작업장소별 근로자 수에 따른 최소 시료 수 ∥

근로자 수	시료 수	근로자 수	시료 수
10명 이하	2	56~60	12
11~15	3	61~65	13
16~20	4	66~70	14
21~25	5	71~75	15
26~30	6	76~80	16
31~35	7	81~85	17
36~40	8	86~90	18
41~45	9	91~95	19
46~50	10	96 이상	20
51~55	11		

② 단위작업장소별 지역 시료채취 방법으로 측정을 하는 경우 단위작업장소 내에서 2개 이상의 지점에 대하여 동시에 측정하여야 한다. 다만, 단위작업장소의 넓이가 50평방 미터 이상인 경우에는 매 30평방미터마다 1개 지점 이상을 추가로 측정하여야 한다.

(5) 채취유량과 공기량

시료채취유량과 공기량은 선정한 측정분석방법에서 정한 기준을 준수한다. 이 경우 기존 의 작업환경측정결과와 전문가적 판단에 따라 단위작업장소에서 예상되는 근로자의 노 출 농도가 낮은 경우 권고 유량과 공기량을 조정할 수 있다. 다만 분석 결과 활성탄관 등 측정매체의 예비층(뒷층)에서 검출된 유해물질의 총량이 본 층(앞층)에서 검출될 양의 10%를 초과하면 파과가 발생한 것으로 간주하여 해당 단위작업장소의 해당 유해물질에 대하여 재측정을 한다.

(6) 측정 장비의 보정 및 공시료

① 측정 장비의 보정

㉠ 시료채취에 사용되는 개인시료채취기 등 보정이 필요한 장비는 측정을 실시 전과 후에 보정장치를 이용하여 보정한다. 다만 누적 소음노출량 측정기의 경우는 최 소 1주일을 단위로 일괄적으로 보정을 할 수 있다.

㉡ 모든 보정장치는 기관의 장비 지침에 따라 1년 또는 2년에 1회 이상 국가/국제인 증기관으로부터 검정을 실시한다.

㉢ 국가/국제인증기관으로부터 검정을 한 보정장치에 대한 성적서 등 관련 서류는 3 년간 보존한다.

② 공시료
  ○ 작업환경측정 시에는 시료 세트에 따라 최소 10% 이상의 공시료를 분석한다. 다만 선정한 분석방법이 실험방법의 정확성이나 정밀성 등의 사유로 공시료를 10% 이상 요구하는 경우 해당 공시료의 수를 따른다.
  ○ 공시료는 측정에 사용된 채취 매체와 동일한 생산번호를 가진 것을 이용한다.
  ○ 가스상 물질에 대한 공시료는 각 단위작업장소에 대한 측정이 종료된 뒤 현장에서 채취매체의 양 끝단을 절단한 후 시료와 동일하게 지정된 마개를 막아 채취된 시료와 함께 운반하여 분석실험실로 이관한다.
  ○ 여과지로 장착된 카세트를 사용한 입자상 물질 측정에 대한 공시료는 측정이 종료된 뒤 양 끝단의 마개를 잠시 열었다 닫아준 후 시료와 함께 운반하여 분석실험실로 이관한다.

(7) 채취 시료의 운반, 보관 및 인계
  ① 채취된 시료는 단위작업장소별로 시료채취 표에 기록한 것과 동일한 시료 번호를 명기하고 플라스틱 백(지퍼 백) 등을 이용하여 외부포장을 한 후 분석실험실로 운반한다.
  ② 여과지가 장착된 카세트를 이용하여 입자상 물질을 채취한 경우에는 해당 물질의 손실과 흐트러짐을 방지하기 위해 채취된 여과지 면이 위로 향하도록 하고 흔들림이 없는 방법으로 실험실로 운반한다.
  ③ 채취된 시료를 당일에 분석할 수 없는 경우 가스상 물질을 포집한 측정 매체는 보관방법에 알맞은 조건을 선택하여 보관한다.
  ④ 입자상 물질을 포집한 여과지가 장착된 카세트에 대하여 중량분석을 하고자 하는 경우 데시케이터 또는 항온항습기 내에 보존한다.
  ⑤ 채취된 시료를 분석실험실(이하 "분석실")에 전달하는 경우에는 측정자와 분석자의 서명이 있는 시료 인수인계서를 작성하여 보관한다.

5. 실험실 분석
  (1) 분석 장비의 선정
    ① 작업환경측정 시료(이하 "측정시료")에 대한 분석 장비는 시료채취분석방법에서 지정한 것을 사용한다.
    ② 중량분석의 경우 $10^{-5}g$ 이하 칭량이 가능한 전자저울을 사용한다.
    ③ 선정한 분석 장비와 비교하여 동등 이상의 정확성과 정밀성의 확보가 가능한 경우 다른 장비를 사용할 수 있다. 이 경우 선정된 장비가 동등 이상의 성능을 발휘될 수 있음은 해당 작업환경측정기관이 입증한다.
  (2) 측정시료의 실험실 인수 및 보관
    ① 측정시료를 인수하는 경우 실험실의 담당자는 시료 인수인계서에 서명을 한다. 필요한 경우 실험실 책임자 혹은 대표인사의 날인을 받는다.

② 실험실이 인수한 측정시료는 중량분석을 할 시료의 경우 데시케이터 또는 항온항습기 내에 보관한다. 이 경우 해당 데시케이터는 수분 제거에 필요한 성능을 발휘할 수 있는 흡습제를 내장하고 있어야 한다.

③ 중량분석을 실시할 측정시료는 무게를 재기 전에 데시케이터 또는 항온항습기 내에 48시간 이상 보관한다. 고습도 환경에서 채취된 경우 데시케이터 또는 항온항습기 내 보존 기간을 충분히 늘려준다.

④ 가스상 물질을 포집한 측정시료는 분석 직전까지는 시료채취분석방법에서 요구하는 보관수단에 따라 보관한다.

⑤ 입자상 물질을 채취한 측정시료를 중량분석 이외의 방법으로 분석하고자 하는 경우 시료채취분석방법에서 다른 수단에 의한 보관을 요구하는 경우 그에 따른다.

⑥ 모든 측정시료는 해당 시료채취가 종료된 날로부터 2주 이내에 분석한다. 다만 시료채취분석방법에서 특별히 시료가 불안정하여 일정한 분석기간을 요구하는 경우는 반드시 준수한다.

(3) 회수율 및 탈착효율의 실험

① 금속류에 대한 회수율 실험

㉠ 회수율 실험을 위한 첨가량은 측정대상물질의 작업장 예상 농도 일정 범위(0.01~2배)에서 결정한다. 작업장의 농도를 포함하도록 예상되는 농도(mg/m^3)와 공기채취량(L)에 따라 첨가량을 계산한다. 만일 작업장의 예상 농도 산출이 어려운 경우 첨가량은 노출 기준과 권고하는 공기채취량을 기준으로 계산한다.

㉡ 수준별로 최소한 3개 이상의 반복 첨가 시료를 다음의 방법으로 조제하여 분석한 후 회수율을 구하도록 한다.

ⓐ 3단 카세트에 실험용 여과지를 장착시킨 후 상단 카세트를 제거한 상태에서 계산된 첨가량에 해당하는 분석대상물질의 원액(또는 희석용액)을 마이크로실린지를 이용하여 주입한다.

ⓑ 하룻밤 동안 상온에서 놓아둔다.

ⓒ 시료를 전처리한 후 분석하여 분석량/첨가량으로서 회수율을 구한다.

ⓓ 분석방법의 회수율은 최소한 75% 이상이 되어야 한다.

ⓔ 회수율 간의 변이가 심하면 그 원인을 찾아 교정하고 다시 실험을 해야 한다.

② 유기화합물류 등에 대한 탈착효율 실험

㉠ 탈착효율 검증용 시료분석은 매 시료분석 시 행한다.

㉡ 3개 농도 수준(저, 중, 고농도)에서 각각 3개씩의 흡착관과 공시료로 사용할 흡착관 3개를 준비한다.

㉢ 미량주사기를 이용하여 탈착효율 검증용 용액(stock solution)의 일정량(계산된 농도)을 취해 흡착관의 앞 층에 직접 주입한다. 탈착효율 검증용 저장용액은 ㉡에서 언급한 3개의 농도 수준이 포함될 수 있도록 시약의 원액을 혼합한 것을 말한다.

㉣ 탈착효율 검증용 저장용액을 주입한 흡착관은 즉시 마개를 막고 하룻밤 정도 실온에 놓아둔다.

ⓜ 시료를 전처리한 후 분석하여 분석량/첨가량으로서 탈착효율을 구한다.

ⓑ 분석방법의 탈착효율은 최소한 75% 이상이 되어야 한다.

ⓢ 탈착효율 간의 변이가 심하면 그 원인을 찾아 교정하고 다시 실험을 해야 한다.

(4) 검량선의 작성

① 금속류에 대한 검량선의 작성

㉠ 측정 대상물질의 표준용액을 조제할 원액(시약)의 농도를 파악한다.

㉡ 표준용액의 농도 범위는 채취된 시료의 예상 농도(노출기준 0.01배 이상)에서 한다.

㉢ 표준용액 조제 방법은 표준원액을 단계적으로 희석하는 희석식과 표준원액에서 일정량씩 취해 희석용액에 직접 주입하는 배치식 중 선택하여 조제한다.

㉣ 표준용액은 최소한 5개 수준 이상으로 한다.

㉤ 원액의 순도, 제조일자, 유효기간 등은 조제 전에 반드시 확인한다.

㉥ 표준용액, 탈착효율 또는 회수율에 사용되는 시약은 같은 로트(Lot)번호를 가진 것을 사용한다.

㉦ 분석기기(ICP, AAS)의 감도 등을 고려하여 5개의 농도 수준을 표준용액으로 하여 검량선을 작성한다. 이때 표준용액의 농도 범위는 분석시료 농도 범위를 포함하는 것이어야 한다.

㉧ 가열 판을 이용한 전처리 시료의 표준용액 제조는 최종 희석용액을 사용하며, 마이크로웨이브 회화기, 핫 블록 등을 이용한 시료의 표준용액 제조 시의 산 농도는 시료 속의 산 농도와 동일하게 한다.

㉨ 회수율 검증 시료의 분석값을 다음 식에 적용하여 회수율을 구한다.

회수율(RE, Recovery Efficiency) = 검출량/첨가량

② 유기화합물류 등에 대한 검량선의 작성

㉠ 검출한계에서 정량한계의 10배 농도 범위까지 최소 5개 이상의 농도 수준을 표준용액으로 하여 검량선을 작성한다. 또는 표준용액의 농도 범위는 현장 시료 농도 범위를 포함해야 한다.

㉡ 탈착효율 검증용 시료의 분석값을 다음 식에 적용하여 탈착효율을 구한다.

탈착효율(DE, Desorption Efficiency) = 검출량/주입량

(5) 검출한계 및 정량한계의 결정

① 측정시료에 대한 검출한계의 산정은 실험실 분석에서 적용한 검량선의 식 ($y = ax + b$)에서 기울기와 절편을 적용하여 다음 식에 따라 산출한다. 다만 필요한 경우 분석기기의 바탕선에 대한 노이즈를 적용하는 방법 등 화학분석 분야에서 널리 적용하는 방법에 따라 산출할 수 있다.

$$검출한계 = 3 \times \frac{S}{a}$$

여기서, S : 검량선의 표준오차

a : 검량선의 기울기

② 측정시료에 대한 정량한계의 산정은 실험실 분석에서 적용한 검량선의 식
($y = ax + b$)에서 기울기와 절편을 적용하여 다음 식에 따라 산출한다. 다만 필요한
경우 분석기기의 바탕선에 대한 노이즈를 적용하는 방법 등 화학분석 분야에서 널리
적용하는 방법에 따라 산출할 수 있다.

$$\text{정량한계} = 10 \times \frac{S}{a}$$

여기서, S : 검량선의 표준오차
a : 검량선의 기울기

(6) 시료의 전처리
① 금속류의 전처리(가열 판 이용 시)
㉠ 회화용액은 진한 질산이나 염산, 과염소산 등을 혼합하여 사용한다.
㉡ 시료채취기로부터 막 여과지를 핀셋 등을 이용하여 비커에 옮긴다.
㉢ 여과지가 들어간 비커에 제조한 회화용액 5mL를 넣고 유리 덮개로 덮은 후, 실온
에서 30분 정도 놓아둔다.
㉣ 가열 판 위로 비커를 옮긴 후 120℃에서 회화용액이 약 0.5mL 정도가 남을 때까
지 가열시킨다.
㉤ 유리 덮개를 열고 회화용액 2mL를 다시 첨가하여 가열시킨다. 비커 내의 회화용
액이 투명해질 때까지 이 과정을 반복한다.
㉥ 비커 내의 회화용액이 투명해지면 유리 덮개를 열고 비커와 접한 유리 덮개 내부
를 초순수로 헹구어 잔여물이 비커에 들어가도록 한다. 유리 덮개는 제거하고 비
커 내의 용액량이 거의 없어져 건조될 때까지 증발시킨다.
㉦ 희석용액 2~3mL를 비커에 가해 잔류물을 다시 용해한 다음 10mL 용량 플라스
크에 옮긴 후 희석용액을 가해 최종용량이 20mL가 되게 한다.
㉧ 그 외 마이크로웨이브 회화기나 핫 블록 등을 이용하여 시료채취 및 분석지침에
서 권장하는 산을 선택하여 전처리 할 수 있다.
② 유기화합물 등의 일반적인 전처리
㉠ 흡착튜브 앞 층과 뒤 층을 각각 다른 바이엘에 담는다. 이때 유리섬유와 우레탄폼
마개는 버린다.
㉡ 바이엘에 피펫으로 1.0mL의 선정된 탈착액을 넣고 즉시 마개로 막는다.
㉢ 가끔 흔들면서 30분 이상 방치한다.
㉣ 유기화합물의 탈착액 선정은 시료채취 및 분석방법 조항에서 선택한 방법에 따라
적용하여 분석한다.

(7) 기기분석
① 실험실 종사자는 사용할 분석기기의 작동원리, 성능, 적용 범위, 사용조건 및 제한점,
안전상의 유의사항 등을 충분히 숙지한 상태에서 분석에 임한다.

② 기기분석과 관련된 일반 사항은 작업환경측정분석방법과 해당 기기의 사용자 매뉴얼에 따른다.

③ 측정시료에 대한 기기분석은 시료에 대한 전처리나 탈착을 한 당일에 수행한다. 당일 분석이 곤란한 경우 처리된 시료를 냉장 등의 방법으로 저장할 수 있으나 오차 발생에 유의한다.

④ 기기분석 시 측정시료에 대한 검출량은 적용된 검량선의 농도 범위 내에 있도록 한다. 해당 범위를 벗어나는 경우 검량선의 재작성이나 시료에 대한 희석 등 적정한 방법을 적용한다. 다만 노출기준 대비 노출 수준이 낮은 경우에는 검량선의 제일 낮은 농도를 벗어나더라도 검량선을 적용할 수 있다.

6. 분석 결과에 따른 측정 결과값의 평가

(1) GC(가스크로마토그래피) 등 분석 장비를 사용하여 분석한 결과가 검출한계 미만인 경우 보고서에서 검출농도는 "불검출"로 표기한다. 다만 기기분석에서 피크가 전혀 나타나지 않은 경우와 적은 피크에 따라 검출한계 미만으로 나타난 경우를 상호 구분하여 보고서에 기재하고자 하는 경우 각각 "불검출" 및 "검출한계 미만"으로 구분하여 표시할 수 있다.

(2) GC(가스크로마토그래피) 등 분석 장비를 사용하여 분석한 결과가 검출한계 이상 정량한계 미만인 경우 보고서의 농도는 "정량한계 미만"으로 표기한다. 다만 현재 작업환경측정 결과 보고서 전산 시스템에서는 검출한계 이상의 농도를 표기하여 보고할 수 있다.

(3) 검출한계 미만으로 결과가 나온 화학적 인자에 대해서는 계산된 검출한계값을 보고서에 제시한다.

(4) 화학물질의 경우 근로자의 노출시간이 8시간을 초과하는 경우 보정 노출기준은 다음 식에 따라 산출한다.

$$\text{보정 노출기준} = \text{8시간 노출기준} \times \frac{8}{H}$$

여기서, $H(\mathrm{hr})$: 노출시간/일

(5) 소음의 경우 근로자의 노출시간이 8시간을 초과하는 경우 보정 노출기준은 다음 식에 따라 산출한다.

$$\text{소음의 보정 노출기준} = 16.61 \, \mathrm{Log}\left(\frac{100}{12.5 \times H}\right) + 90$$

여기서, $H(\mathrm{hr})$: 노출시간/일

(6) GC(가스크로마토그래피) 등 분석 장비를 사용하여 분석 시 산출된 크로마토그램 등 근거자료는 법에 따라 측정 보고서가 완료된 날로부터 3년간 보관한다. 필요한 경우 보관기간을 늘릴 수 있다.

7. 작업환경측정 결과보고서의 작성 및 보관

   (1) 작성된 보고서에는 측정담당자, 분석담당자, 측정(분석)책임자 및 대표이사가 서명을 한다. 이 경우 소음만을 측정한 경우 분석담당자나 분석책임자의 서명을 생략할 수 있다.

   (2) 작성된 보고서에는 해당 보고서에 대한 보존기간을 명시하여 보존하되 동일한 사업장에 대해 수년에 걸친 다수의 보고서를 보존하는 경우 문구용 바인더를 이용하여 함께 철하여 별도의 보관함이나 책장에 보관한다.

   (3) GC(가스크로마토그래피) 등 분석 장비를 사용하여 분석 시 산출된 크로마토그램 등 근거자료는 해당 보고서와 함께 철하여 보관하거나 전자문서로 보관한다.

   (4) 보고서에 심각한 오류가 발견되는 경우 그 사유와 수정된 내용을 기록하고 내부 결재를 득하여 보관한다. 이 경우 해당 사업장에는 수정된 보고서를 재송부한다.

2016년 산업보건지도사

▌2016년 6월 25일 시행

※ 다음 단답형 5문제를 모두 답하시오. (각 5점)

01 산업안전보건법에 따른 화학물질의 유해성·위험성 평가와 관련하여 다음 설명에 적합한 용어를 각각 쓰시오.

(1) 화학물질의 독성 등 인체에 영향을 미치는 화학물질의 고유한 성질

(2) 근로자가 유해성이 있는 화학물질에 노출됨으로써 건강장해가 발생할 가능성과 건강에 영향을 주는 정도의 조합

(3) 화학물질의 독성에 대한 연구 자료, 국내 산업계의 취급 현황, 근로자 노출수준 및 그 위험성 등을 조사·분석하여 인체에 미치는 유해한 영향을 추정하는 일련의 과정

(4) 유해성·위험성이 상당하여 관리가 필요하다고 판단되는 화학물질에 대하여 규제에 따른 사회적·경제적 비용과 편익에 대한 타당성·적합성을 조사·분석하는 일련의 과정

(5) 작업장에 존재하는 화학물질의 정성적·정량적 분석 자료를 근거로 화학물질이 인체 내부로 들어오는 노출 수준을 추정하는 일련의 과정

해설 (1) 유해성

(2) 위험성

(3) 유해성·위험성 평가

(4) 사회성·경제성 평가

(5) 노출평가

플러스 학습 **화학물질의 유해성 · 위험성 평가에 관한 규정**

1. 용량 · 반응 평가
   화학물질에 의한 근로자의 노출과 그 노출로 인하여 인체에 미치는 영향의 상관성을 규명하는 일련의 과정을 말한다.

2. 역치
   유해한 영향이 발생할 것으로 예상되는 최소한의 용량 또는 노출수준을 말한다.

3. 화학물질의 유해성 · 위험성 평가절차
   ① 평가대상 화학물질 제안
   ② 평가대상 화학물질 선정
   ③ 유해성 · 위험성 평가 계획 수립
   ④ 유해성 · 위험성 평가
   ⑤ 사회성 · 경제성 평가
   ⑥ 법적 관리 필요성 및 관리 수준 검토

4. 유해성 · 위험성 평가대상 화학물질을 선정하는 경우 고려사항
   ① 외국에서 금지, 허가 등의 수단으로 규제하고 있는지 여부
   ② 산업안전보건법에 따른 관리 수준의 변경이 필요한지 여부
   ③ 산업안전보건법에 다른 관리 대상으로 새롭게 추가할 필요가 있는지 여부
   ④ 직업병 발생 등 사회적으로 문제가 되고 있는지 여부
   ⑤ 용도, 유통량 등을 고려할 때 국내 산업계에서 널리 취급되고 있다고 판단되는지 여부

5. 평가대상 화학물질에 대한 유해성 · 위험성 평가를 실시하는 경우 판단사항
   ① 평가대상 화학물질의 고유한 물리적 · 화학적 특성, 독성 등의 종류 및 그 정도
   ② 평가대상 화학물질을 취급하는 근로자가 해당 화학물질에 노출되어 발생할 수 있는 건강 장해의 가능성 및 그 정도

6. 유해성 · 위험성 평가순서
   ① 유해성 확인
   ② 용량–반응 평가
   ③ 노출 평가
   ④ 위험성 결정

7. 유해성 확인시 우선적으로 고려하여야 하는 평가항목
   ① 급성 독성
   ② 생식세포 변이원성
   ③ 발암성
   ④ 생식독성
   ⑤ 특정표적장기 독성(1회 노출)
   ⑥ 특정표적장기 독성(반복 노출)
   ⑦ 흡인 유해성

8. 동물 독성시험 자료를 이용하여 용량–반응관계 평가시 고려사항
   ① 별도의 입증된 과학적 근거가 없는 한 노출에 따른 역치가 있는 영향과 역치가 없는 영향을 구분하여 수행할 것
   ② 특정 노출수준 이하에서 급성독성, 만성독성, 생식독성 등 독성이 관찰되지 않는 독성 항목은 역치가 있는 건강영향으로 가정할 것
   ③ 발암성은 모든 노출수준에서 유해 가능성을 보이는 독성항목으로서 독성 역치가 없는 건강영향으로 가정할 것

9. 평가대상 화학물질의 인체 노출량 추정방법
   ① 평가대상 화학물질 취급 사업장의 작업환경측정을 통한 노출량 측정
   ② 근로자에 대한 노출농도 예측과 노출 시나리오에 따른 노출량 추정
   ③ 생체지표를 통한 총 노출량 산정

02 산업안전보건기준에 관한 규칙에 따라 특별관리물질을 취급하는 경우 취급일지를 작성하고, 근로자에게 알려야 한다. 다음 사항을 쓰시오.

(1) 취급일지에 포함시켜야 할 3가지 항목

(2) 근로자에게 고지해야 할 2가지 내용

해설 (1) 취급일지에 포함시켜야 할 항목

    ① 근로자의 이름

    ② 특별관리물질의 명칭

    ③ 취급량

    ④ 작업내용

    ⑤ 작업 시 착용한 보호구

    ⑥ 누출, 오염, 흡입 등의 사고가 발생한 경우 피해내용 및 조치사항

(2) 근로자에게 고지해야 할 2가지 내용

    ① 근로자가 특별관리물질을 취급하는 경우에는 그 물질이 특별관리물질이라는 사실

    ② 발암성 물질, 생식세포 변이원성 물질 또는 생식독성 물질 중 어느 것에 해당하는지에 관한 내용

 **특별관리물질**

1. 정의

발암성, 생식세포 변이원성, 생식독성 물질(Carcinogenic, Mutagenic, Reproductive toxic agents, CMR) 등 근로자에게 중대한 건강장해를 일으킬 우려가 있는 물질로써 산업안전보건기준에 관한 규칙 별표에서 특별관리물질로 표기된 물질을 말한다.

발암성 물질 (Carcinogenic agents)	암을 일으키거나 그 발생을 증가시키는 물질
생식세포 변이원성 물질 (Mutagenic agents)	자손에게 유전될 수 있는 사람의 생식세포에 돌연변이를 일으킬 수 있는 물질
생식독성 물질 (Reproductive toxic agents)	생식기능, 생식능력 또는 태아의 발생·발육에 유해한 영향을 주는 물질

- CMR : Carcinogenic(발암성), Mutagenic(생식세포 변이원성), Reproductive toxic(생식독성)
- 1A : 사람에게 충분한 발암성 증거가 있는 물질
- 1B : 시험동물에서 발암성 증거가 충분히 있거나, 시험동물과 사람 모두에서 제한된 발암성 증거가 있는 물질
- 2 : 사람이나 동물에서 제한된 증거가 있지만, 구분1로 분류하기에는 증거가 충분하지 않는 물질

2. 종류

번호	물질명	CMR 물질 독성분류		
		발암성	생식세포 변이원성	생식독성
1	벤젠	1A	1B	–
2	1,3-부타디엔	1A	1B	–
3	사염화탄소	1B	–	–
4	포름알데히드	1A	2	–
5	니켈 및 그 화합물	1A (니켈금속 2)	–	–
6	삼산화안티몬	2 (생산 1B)	–	–
7	카드뮴 및 그 화합물	1A	2	2
8	크롬 및 그 화합물 (6가크롬만 특별관리물질)	1A	–	–
9	산화에틸렌	1A	1B	–
10	1-브로모프로판	2	–	1B

번호	물질명	CMR 물질 독성분류		
		발암성	생식세포 변이원성	생식독성
11	2-브로모프로판	–	–	1A
12	에피클로로히드린	1B	–	–
13	트리클로로에틸렌	1A	2	–
14	페놀	–	2	–
15	납 및 그 무기화합물	1B (납 금속 2)	–	1A
16	황산(pH 2.0 이하인 강산)	1A(mist)	–	–
17	수은 및 그 화합물 (아릴·알킬화합물 제외)	–	–	1B
18	디니트로톨루엔	1B	2	2
19	N,N-디메틸아세트아미드	–	–	1B
20	디메틸포름아미드	–	–	1B
21	2-메톡시에탄올	–	–	1B
22	2-메톡시에틸 아세테이트	–	–	1B
23	스토다드 용제 (벤젠 0.1% 이상 함유)	1B	1B	–
24	아크릴로니트릴	1B	–	–
25	아크릴아미드	1B	1B	2
26	2-에톡시에탄올	–	–	1B
27	2-에톡시에틸 아세테이트	–	–	1B
28	에틸렌이민	1B	1B	–
29	2,3-에폭시-1-프로판올	1B	2	1B
30	1,2-에폭시프로판	1B	1B	–
31	이염화에틸렌	1B	–	–
32	1,2,3-트리클로로프로판	1B	–	1B
33	퍼클로로에틸렌	1B	–	–
34	프로필렌이민	1B	–	–
35	히드라진	1B	–	–
36	황산 디메틸	1B	2	–

03 입자상태의 크롬산 아연을 취급하는 작업장에 레시버식 후드가 설치되어 있다. 산업안전보건법에 따른 국소배기장치 안전검사와 관련하여 다음 사항을 쓰시오.

(1) 후드의 설치와 관련된 3가지 검사기준

(2) 후드의 흡인성능에 대한 2가지 검사기준

해설 (1) 후드의 설치와 관련된 검사기준

① 유해물질 발산원마다 후드가 설치되어 있을 것

② 후드 형태가 해당 작업에 방해를 주지 않고 유해물질을 흡인하기에 적절한 형식과 크기를 갖출 것

③ 근로자의 호흡위치가 오염원과 후드 사이에 위치하지 않으며 후드가 유해물질 발생원 가까이에 위치할 것

(2) 후드의 흡인성능에 대한 검사기준

① 스모크테스터(발연관)을 이용하여 흡인기류(스모크)가 완전히 후드 내부로 흡인되어 후드 밖으로의 유출이 없을 것

② 회전체를 가진 레시버식 후드는 정상작업이 행해질 때 발산원으로부터 유해물질이 후드 밖으로 비산하지 않고 완전히 후드 내로 흡입되어야 할 것

③ 후드의 제어풍속이 산업안전보건기준에 관한 규칙의 제어풍속에 적합할 것

플러스 학습 국소배기장치 안전검사

1. 국소배기장치 안전검사 대상 유해물질(49종)

   디아니시딘과 그 염, 디클로로벤지딘과 그 염, 베릴륨, 벤조트리클로리드, 비소 및 그 무기화합물, 석면, 알파-나프틸아민과 그 염, 염화비닐오로토-톨리딘과 그 염, 크롬광, 크롬산 아연, 황화니켈 외

2. 검사시기

   3년 이내에 최초 안전검사를 실시하고 그 이후부터 2년마다 안전검사를 받아야 한다.

3. 검사기준

구분	내용
	후드
후드의 설치	가. 유해물질 발산원마다 후드가 설치되어 있을 것 나. 후드 형태가 해당 작업에 방해를 주지 않고 유해물질을 흡인하기에 적절한 형식과 크기를 갖출 것 다. 근로자의 호흡위치가 오염원과 후드 사이에 위치하지 않으며, 후드가 유해물질 발생원 가까이에 위치할 것
후드의 표면상태	후드의 내외면은 흡기의 기능을 저하시키는 마모, 부식, 흠집, 그 밖의 손상이 없을 것

구분	내용
흡입기류를 방해하는 방해물 등의 여부	가. 흡입기류를 방해하는 기둥, 벽 등의 구조물이 없을 것 나. 후드 내부 또는 전처리필터 등의 퇴적물로 인한 제어풍속의 저하 없이 기준치를 유지할 것
흡인성능	가. 스모크테스터(발연관)를 이용하여 흡인기류(스모크)가 완전히 후드 내부로 흡인되어 후드 밖으로의 유출이 없을 것 나. 회전체를 가진 레시버식 후드는 정상작업이 행해질 때 발산원으로부터 유해물질이 후드 밖으로 비산하지 않고 완전히 후드 내로 흡입되어야 할 것 다. 후드의 제어풍속이 「산업안전보건기준에 관한 규칙」의 제어풍속에 적합할 것

덕트	
표면상태 등	덕트 내외면의 파손, 변형 등으로 인한 설계 압력손실 증가 또는 파손부분 등에서의 공기 유입 또는 누출이 없고, 이상음 또는 이상 진동이 없을 것
플렉시블 덕트	플렉시블(flexible) 덕트의 심한 굴곡, 꼬임 등으로 인한 압력손실은 흡인성능 이내일 것
덕트 내면상태 등	가. 덕트 내면의 분진, 오일미스트 등의 퇴적물로 인해 설계 압력손실 증가 등 배기성능에 영향을 주지 않도록 할 것 나. 분진 등의 퇴적으로 인한 이상음 또는 이상 진동이 없을 것
접속부	가. 플랜지의 결합볼트, 너트, 패킹의 손상이 없을 것 나. 정상작동 시 스모크테스터의 기류가 흡입덕트에서는 접속부로 흡입되지 않고 배기덕트에서는 접속부로부터 배출되지 않도록 관리될 것 다. 공기의 유입이나 누출에 의한 이상음이 없을 것
댐퍼	가. 댐퍼가 손상되지 않고 정상적으로 작동될 것 나. 댐퍼가 해당 후드의 적정 제어풍속 또는 필요 풍량을 가지도록 적절하게 개폐되어 있을 것 다. 댐퍼 개폐방향이 올바르게 표시되어 있을 것

배풍기	
배풍기	가. 배풍기 또는 모터의 기능을 저하시키는 파손, 부식, 그 밖에 손상 등이 없을 것 나. 배풍기 케이싱(Casing), 임펠러(Impeller), 모터 등에서의 이상음 또는 이상진동이 발생하지 않을 것 다. 각종 구동장치, 제어반(Control Panel) 등이 정상적으로 작동될 것

구분	내용
벨트	벨트의 파손, 탈락, 심한 처짐 및 풀리의 손상 등이 없을 것
회전방향	배풍기의 회전방향은 규정의 회전방향과 일치할 것
캔버스	가. 캔버스의 파손, 부식 등이 없을 것 나. 송풍기 및 덕트와의 연결부위 등에서 공기의 유입 또는 누출이 없을 것 다. 캔버스의 과도한 수축 또는 팽창으로 배풍기 설계 정압 증가에 영향을 주지 않을 것
안전덮개	전동기와 배풍기를 연결하는 벨트 등에는 안전덮개가 설치되고 그 설치부는 부식, 마모, 파손, 변형, 이완 등이 없을 것
배풍량 등	배풍기의 성능을 저하시키는 설계정압의 증가 또는 감소가 없을 것
공기정화장치	
형식 등	제거하고자 하는 오염물질의 종류, 특성을 고려한 적합한 형식 및 구조를 가질 것
표면상태 등	가. 처리성능에 영향을 줄 수 있는 외면 또는 내면의 파손, 변형, 부식 등이 없을 것 나. 구동장치, 여과장치 등이 정상적으로 작동되고, 이상음이 발생하지 않을 것
접속부	접속부는 볼트, 너트, 패킹 등의 이완 및 파손이 없고 공기의 유입 또는 누출이 없을 것
성능	여과재의 막힘 또는 파손이 없고 작동상태가 정상일 것
최종 배기구	
구조 등	분진 등을 배출하기 위하여 설치하는 국소배기장치(공기정화장치가 설치된 이동식 국소배기장치를 제외)의 배기구는 직접 외기로 향하도록 개방하여 실외에 설치하는 등 배출되는 분진 등이 작업장으로 재유입되지 않는 구조일 것
빗물 방지조치	최종 배기구에는 배풍기 등으로의 빗물 유입방지 조치가 되어 있을 것

04 유입계수(entry coefficient, C_e)란 무엇인지 용어를 정의하고, 후드유입손실계수 (hood entry loss factor, F_h)와의 관계를 수식으로 표현하시오.

해설 (1) 유입계수(C_e)

① 유입계수는 실제 후드 내로 유입되는 유량과 이론상 후드 내로 유입되는 유량의 비를 의미한다.

$$유입계수(C_e) = \frac{실제유량}{이론적인\ 유량}$$

② 유입계수는 후드의 유입효율을 나타내며, C_e가 1에 가까울수록 압력손실이 작은 후드를 의미한다.

(2) 관계식

$$후드유입손실계수(F) = \frac{1}{C_e^2} - 1$$

$$유입계수(C_e) = \sqrt{\frac{1}{1+F}}$$

플러스 학습 **후드(Hood) 정압(SP_h)**

1. 정의

가속손실과 유입손실을 합한 것이다. 즉 공기를 가속화시키는 힘인 속도압과 후드 유입구에서 발생되는 후드의 유입손실을 합한 것이다.

2. 관계식

$$후드정압(SP_h) = VP + \Delta P = VP + (F \times VP) = VP(1+F)$$

여기서, VP : 속도압(동압)(mmH₂O)

　　　　ΔP : HOOD 압력손실(mmH₂O) → 유입손실

　　　　F : 유입손실계수(요소) → 후드 모양에 좌우됨

3. 가속손실

① 정지상태의 실내공기를 일정한 속도로 가속화시키는데 필요한 운동에너지

② 가속화시키는데는 동압(속도압)에 해당하는 에너지가 필요하다.

③ 공기를 가속시킬 시 정압이 속도압으로 변화될 때 나타나는 에너지손실, 즉 압력손실이다.

④ 관계식

$$가속손실(\Delta P) = 1.0 \times VP$$

여기서, VP : 속도압(동압)(mmH₂O)

4. 유입손실

① 공기가 후드나 덕트로 유입될 때 후드 덕트의 모양에 따라 발생되는 난류가 공기의 흐름을 방해함으로써 생기는 에너지손실을 의미한다.

② 후드 개구에서 발생되는 베나수축(Vena contractor)의 형성과 분리에 의해 일어나는 에너지손실이다.

③ 관계식

$$유입손실(\Delta P) = F \times VP$$

여기서, F : 유입손실계수(요소)

VP : 속도압(동압)(mmH₂O)

5. 베나수축

① 관내로 공기가 유입될 때 기류의 직경이 감소하는 현상, 즉 기류면적의 축소현상을 말한다.

② 베나수축에 의한 손실과 베나수축이 다시 확장될 때 발생하는 난류에 의한 손실을 합하여 유입손실이라 하고 후드의 형태에 큰 영향을 받는다.

③ 베나수축은 덕트의 직경 D의 약 $0.2D$ 하류에 위치하며, 덕트의 시작점에서 Duct 직경 D의 약 2배쯤에서 붕괴된다.

④ 베나수축에서는 관단면에서 유체의 유속이 가장 빠른 부분은 관중심부이다.

⑤ 베나수축현상이 심할수록 손실은 증가되므로 수축이 최소화될 수 있는 후드 형태를 선택해야 한다.

⑥ 베나수축이 일어나는 지점의 기류면적은 덕트 면적의 70~100% 정도의 범위이다.

⑦ 베나수축이 심할수록 후드 유입손실은 증가한다.

⑧ 베나수축지점에서는 정압이 속도압으로 변환되면서 약 2% 정도의 에너지손실이 일어난다.

⑨ 기류가 베나수축을 통과하고 나서는 약 $0.8D$ 지점부터 다시 후드 전체로 충만되어 흐르기 때문에 기류가 감속되어 와류에 의한 난류발생과 함께 속도압이 정압으로 변하면서 다량의 에너지손실을 가져온다.

⑩ 베나수축을 완화하는 방법은 후드에 플랜지 부착 및 복합 후드로 설계한다.

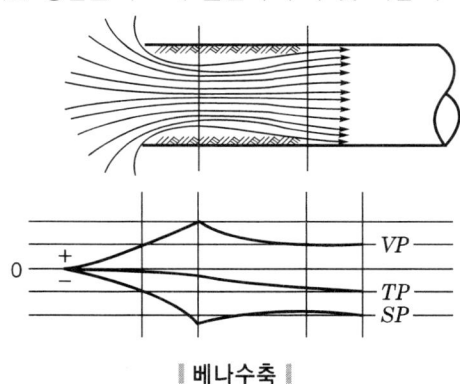

┃ 베나수축 ┃

05 메탄올에 직업적으로 노출되어 발생하는 중독의 3가지 독성학적 기전을 쓰시오.

해설 메탄올(메틸알코올) 독성학적 기전(대사과정)

메탄올(methanol) → 포름알데히드(formaldehyde) → 포름산(formate)
→ CO_2 + H_2O

① 체내 흡수된 메틸알코올은 ADH(Alcohol Dehydrogenase) 효소의 작용으로 포름알데히드로 대사된다.
② 포름알데히드는 FDH(Formaldehyde Dehydrogenase)에 의하여 포름산으로 대사된다. 이 포름산이 대사성 산증을 유발해 전신중독증상을 발생시킨다.
③ 포름산은 CO_2와 H_2O로 전환되면서 해독된다.

플러스 학습 메탄올에 대한 작업환경 측정 · 분석 기술지침

메탄올(Methanol)			
분자식 : CH_4O 화학식 : CH_3OH 분자량 : 32.04 CAS No. : 67-56-1			
녹는점 : -98℃ 끓는점 : 65.4℃ 비 중 : 0.792 용해도 : 물에 잘 녹음			
특징, 발생원 및 용도 : 가볍고 무색의 가연성이 있는 유독한 액체이다. 일산화탄소와 수소를 촉매로 써서 합성하며, 목재의 건류로 얻어지는 조 메탄올을 정제해서도 얻어진다.			
노출기준	고용노동부(ppm) : 200, 250(STEL)		OSHA(ppm) : 200
	ACGIH(ppm) : 200, 250(STEL)		NIOSH(ppm) : 200, 250(STEL)
동의어 : Methyl alcohol			
분석원리 및 적용성 : 작업환경 중의 분석대상 물질을 매체로 채취하여 이황화탄소/디메틸포름아미드로 탈착 후 일정량을 가스크로마토그래프(Gas Chromatograph, GC)에 주입하여 정량한다.			

시료채취 개요	분석 개요

• 시료채취매체 : 흡착관(두 개의 Anasorb 747 튜브, 앞 400mg와 뒤 200mg 튜브를 실리콘 튜브로 연결)
• 유량 : 0.05L/min
• 공기량
  – 최대 : 5L(상대습도 > 50% @25℃)
  – 최소 : 3L(상대습도 < 50% @25℃)
• 운반 : 일반적인 방법
• 시료의 안정성 : 회수율 88.6% (18일 실온 보관)
• 공시료 : 시료 세트당 2~10개 또는 시료 수의 10% 이상
	• 분석기술 : 가스크로마토그래피법, 불꽃이 온화검출기
	• 분석대상물질 : 메탄올
	• 전처리 : 60/40 (v/v) 이황화탄소와 디메 틸포름아미드 용액, 3mL
	• 컬럼 : Capillary, 30m×0.32mm ID, 0.5μm film polyethylene glycol, Stabilwax, or equivalent
	• 기기조건
	  – 오븐 40℃ → 10℃/min, 200℃
	  – 주입구 220℃
	  – 검출기 250℃
	• 범위 : 134.5~2,690μg/sample
	• 검출한계 : 2.1μg/sample
	• 정밀도 : –

방해작용 및 조치	정확도 및 정밀도
다른 용제가 존재하면 Anasorb 747 튜브가 메탄올을 포집하는 용량이 감소한다. 낮은 습도는 Anasorb 747 튜브가 메탄올을 흡착 하는 능력을 떨어뜨린다.	• 연구범위(range studied) : – • 편향(bias) : – • 총 정밀도(overall precision) : – • 정확도(accuracy) : ±10.27% (냉장보관 ±11.41%) • 시료채취분석오차 : 0.264

시약	기구
• 메탄올(methanol) • 이황화탄소(carbon disulfide, CS₂) • 디메틸포름아미드(dimethylformamide, DMF) • 디메틸설폭사이드 (dimethyl sulfoxide, HPLC용) • 1-Octanol • 탈착용액 : CS₂와 DMF를 60 : 40으로 혼합 • 내부 표준액 : 0.5% 1-octanol(필요시) • 질소(N_2) 또는 헬륨(He) 가스 (순도 99.9% 이상) • 수소(H_2) 가스 (순도 99.9% 이상) • 여과된 공기	• 시료채취매체 : 한 개의 400mg 튜브와 한 개의 200mg Anasorb 747(11cm×6mm ID×8mm OD)를 실리콘 튜브로 연결 • 개인시료채취펌프 (유연한 튜브관 연결됨), 유량 0.01~1L/min • 가스크로마토그래프, 불꽃이온화검출기 • 컬럼 : 30m×0.32mm ID, 0.5μm, film polyethylene glycol, Stabilwax 또는 동 등 이상 • 바이알, PTFE캡 • 마이크로 실린지 • 용량플라스크 • 피펫

특별 안전보건 예방조치 : 메탄올은 인화성 물질로 화재와 폭발 위험성이 있다. CS₂는 독 성이 강하고 인화성이 강한 물질이므로 반드시 보호 장비를 착용한 상태로 후드 안에서 실험을 수행해야 한다.

Ⅰ. 시료채취

① 각 개인 시료채취펌프를 하나의 대표적인 시료채취매체로 보정한다.

② 흡착튜브의 양끝을 절단하고 400mg의 배출부 끝부분이 200mg 유입부 끝부분이 되도록 ID 1/4인치 길이 1인치의 실리콘 튜브로 연속으로 연결한다. 이것을 유연성 튜브를 이용하여 펌프에 연결한다.

③ 흡착튜브 400mg 부분이 공기 유입부가 되도록 위치시킨다.

④ 25℃에서 습도가 50% 이상일 때 0.05L/min에서 5L, 25℃에서 습도가 50% 미만일 때 0.05L/min에서 정확히 3L 정도의 시료를 채취한다.

⑤ 시료채취가 끝나면 두 튜브를 분리하고 흡착튜브를 플라스틱 마개로 밀봉하여 운반한다.

Ⅱ. 시료 전처리

⑥ 시료 튜브의 내용물을 4mL 바이알로 옮긴다. 유리섬유와 우레탄폼 마개는 버린다.

⑦ 각각의 바이알에 탈착액 3mL를 넣고, 즉시 뚜껑을 닫는다.

⑧ 가끔 흔들면서 1시간 정도 방치한다.

Ⅲ. 분석

【검량선 작성 및 정도관리】

⑨ 시료농도가 포함될 수 있는 적절한 범위에서 최소한 5개의 표준물질로 검량선을 작성한다.

　㉠ 메탄올을 물로 희석함으로 원액을 준비한다. 원액을 탈착용액으로 희석시킴으로 분석 표준액을 준비한다. 예를 들어, 77.4mg/mL를 함유하는 표준원액은 메탄올 1mL를 물 10mL에 희석시킴으로 만들 수 있다. 분석 표준액은 원액 17μL에 탈착용액 3mL을 희석시킴으로 이 원액으로부터 만들 수 있다. 분석 표준액의 농도는 $1,315.8\mu$g/시료이며 이것은 대략 200ppm의 공기를 5L 채취한 값과 동일하다.

　㉡ 시료, 공시료와 함께 분석한다.

　㉢ 검량선을 작성한다. (면적값 vs 메탄올 질량(μg))

⑩ 한번 작성한 검량선에 따라 보통 10개의 시료를 분석한 다음, 표준용액에서 분석기기 반응에 대한 재현성을 점검한다. 재현성이 나쁘면 검량선을 다시 작성하고 시료를 분석한다.

⑪ 탈착효율(DE)을 구한다. 각 시료군 배취당 최소한 한 번씩은 행하여야 한다. 이때 3개 농도수준에서 각각 3개씩과 공시료 3개를 준비한다.

　㉠ 각 시료군 배치당 최소한 한 번씩은 행하여야 하며 3개 농도 수준에서 각각 3개씩과 공시료 3개를 준비한다.

　㉡ 탈착효율은 유리 바이알에서 Anasorb 747의 흡착제 400mg를 넣는다.

　㉢ 물과 섞여 있는 메탄올을 미량 주사기를 이용하여(1~20μL) 정확히 주입한다.

　㉣ 이 시료들을 상온에서 하룻밤 방치한 다음 탈착하여 분석한다.

　㉤ 검량선 표준용액과 같이 분리한다.

　㉥ 다음 식에 의해 탈착효율을 구한다.

> 탈착효율(Desorption Efficiency, DE) = 검출량/주입량

【분석과정】

⑫ 가스크로마토그래피 제조회사가 권고하는 대로 기기를 작동시키고 조건을 설정한다.

※ 분석기기, 컬럼 등에 따라 적정한 분석조건을 설정하며, 아래의 조건은 참고사항임

주입량		1μL
운반가스		질소 또는 헬륨, 2mL/min
온도	도입부(Injector)	200℃
	컬럼(Column)	40℃(5min) → 10℃/min, 200℃(5min)
	검출부(Detector)	250℃

⑬ 시료를 정량적으로 정확히 주입한다. 시료주입방법은 flush injection technique과 자동주입기를 이용하는 방법이 있다.

※ 다음 논술형 2문제를 모두 답하시오. (각 25점)

06 B도시에 있는 사업장에서 메탄올 중독사고가 발생되어 안전보건기술지침(KOSHA GUIDE)에 따라 작업환경측정과 생물학적 모니터링(biological monitoring)을 수행하고자 한다. 다음 사항을 쓰시오.

(1) 작업환경측정과 관련된 시료채취 매체, 권장 유량, 공시료 수

(2) 작업환경측정 시료분석과 관련된 분석기기, 시약, 탈착 용액

(3) 생물학적 모니터링과 관련된 생물학적 노출지표 물질, 분석기기, 시료채취 시기, 시약

해설 (1) 작업환경측정과 관련된 시료채취 매체, 권장 유량, 공시료 수

① 시료채취 매체

흡착관(두 개의 Anasorb 747 튜브, 앞 400mg과 뒤 200mg 튜브를 실리콘 튜브로 연결)

② 권장 유량

0.05L/min

③ 공시료 수

시료 세트당 2~10개 또는 시료 수의 10%

(2) 작업환경측정 시료분석과 관련된 분석기기, 시약, 탈착 용액

① 분석기기

가스크로마토그래피법(불꽃이온화검출기)

② 시약

㉠ 메탄올

㉡ 이황화탄소

㉢ 디메틸포름아미드(DMF)

㉣ 디메틸설폭사이드(HPLC용)

㉤ 1-Octanol

③ 탈착 용액 CS_2와 DMF를 60 : 40으로 혼합

(3) 생물학적 모니터링 생물학적 노출지표 물질, 분석기기, 시료채취시기, 시약

① 생물학적 노출지표 물질

소변 중 메탄올(메틸알코올)

② 분석기기

㉠ 헤드스페이스 가스크로마토그래피 불꽃이온화검출기(HS GC-FID)

㉡ 헤드스페이스 가스크로마토그래피 질량분석검출기(HS GC-MSD)

③ 시료채취시기

당일 작업종료 2시간 전부터 작업종료 사이

④ 시약
    ㉠ 메틸알코올
    ㉡ 염화나트륨
    ㉢ 탈이온수

07 작업환경 중 유해물질에 대한 측정 자료는 정규분포보다는 대수정규분포를 한다고 알려졌다. 다음 사항을 쓰시오.

(1) 기하평균(GM)과 기하표준편차(GSD)를 수식이 아닌 대수확률지를 활용하여 구하는 방법(log-probability plotting)

(2) 측정 자료의 분포를 검증할 수 있는 통계분석기법

(3) 측정 자료의 대표치로 산술평균 대신 기하평균을 사용하는 이유

해설 (1) 기하평균(GM), 기하표준편차, 대수확률지를 활용하여 구하는 방법

대수확률분포곡선에서 측정자료의 분포가 정규분포에 속하면 대수확률 방안지에 직선으로 나타내고 대수정규분포의 기하평균치와 기하표준편차를 대수확률방안지에 그려진 직선으로부터 구할 수 있다.

① 기하평균

대수확률분포곡선에서 누적분포율 50%에 해당하는 값

② 기하표준편차

대수확률분포곡선에서 누적분포율 84.13%, 50%, 15.87%에 해당하는 값을 이용 다음 식으로 구함

$$기하표준편차 = \frac{84.13\%값}{50\%값} = \frac{50\%값}{15.87\%값}$$

(2) 측정 자료의 분포를 검증할 수 있는 통계분석기법

① 빈도분석(Freguency)

㉠ 원천데이터의 내용들이 도수분포표상에서 어떠한 분포적 특성을 가지고 있는지를 파악하는 데 이용되고 있다.

㉡ 분포특성 통계량

ⓐ 도수분포표로 구성(빈도, 상대적 빈도, 누적빈도)

ⓑ 중심화경향 통계량으로 구성(최빈값, 중앙값, 산술평균)

ⓒ 분산도(범위, 평균편차, 분산, 표준편차)

ⓓ 바차트, 히스토그램으로 그래픽 처리

② 기술통계분석(Descriptive)

㉠ 요약 통계량을 계산하고 표준화된 변수값들을 데이터파일에 저장하며 기술통계분석의 통계처리결과는 빈도분석의 통계량과 거의 유사하다.

㉡ 빈도분석은 이산적 변수값을 다루는 데 비해 기술통계분석은 연속적인 변수값을 다룬다는 점에서 빈도분석과 다르다.

③ 교차분석(Crosstabs)

㉠ 명목 및 서열척도의 범주형 변수들을 분석하기 위한 방법이다.

㉡ 한 변수의 범주를 다른 변수의 범주에 따라 빈도를 교차 분류하는 교차표(cross tabulation ; 분할표)를 먼저 작성하고 두 변수간의 독립성과 관련성을 분석한다.

④ 상관관계분석(Correlation Analysis)
  ㉠ 연구하고자 하는 변수들간의 관련성을 분석하기 위해 사용한다.
  ㉡ 한 변수가 다른 변수와의 관련성이 있는지 여부와 관련성이 있다면 어느 정도의 관련성이 있는 지를 알고자 할 때 이용하는 분석기법이다.
  ㉢ 각각의 변수가 주로 연속형 데이터인 경우에 사용한다.
⑤ 요인분석(Factor Analysis)
  ㉠ 일련의 관측된 변수에 근거하여 직접 관측할 수 없는 요인을 확인하기 위한 방법이다.
  ㉡ 수많은 변수들을 적은 수의 몇 가지 요인으로 묶어줌으로써 그 내용을 단순화하는 것이 목적이다.
⑥ 회귀분석(Regression Analysis)
  ㉠ 변수들 중 하나를 종속변수로 나머지를 독립변수로 하여 이들 변수들이 서로 상관관계를 가질 때 독립변수가 변화함에 따라 종속변수가 어떻게 변화하는가를 규명하는 통계기법이다.
  ㉡ 독립변수의 개수에 따라 단순회귀분석과 다중회귀분석으로 구분할 수 있다.
⑦ 분산분석(Analysis of Variance)
  ㉠ 두 표본 이상의 평균치에 대한 차이를 검정하는 통계기법이다.
  ㉡ 표본들이 동일한 평균을 가진 모집단에서 추출된 것인지의 여부를 추론할 수 있다.

(3) 측정 자료의 대표치로 산술평균 대신 기하평균을 사용하는 이유
  ① 변화량의 평균계산. 데이터의 정규화에는 산술평균을 적용하기 어렵기 때문에 기하평균을 사용한다.
  ② 데이터를 정규화 할 때는 기하평균을 이용하며 산술평균은 정규화의 기준을 다르게 잡으면 데이터의 크기 순위가 달라질 수 있다.

※ 다음 논술형 2문제 중 1문제를 선택하여 답하시오. (25점)

08 작업환경 중 유해인자에 대한 수동식 시료채취(passive sampling)와 관련하여 다음 사항을 쓰시오.

(1) 수동식 시료채취의 기본원리와 공식(Fick's law)

(2) 수동식 시료채취기에 포집되는 유해물질의 양에 영향을 주는 요인

(3) 능동식 대비 수동식 시료채취의 장점과 단점

(4) 채취되는 물질의 양을 늘리기 위하여 시료채취기 개발 시 고려해야 할 요인과 방법

해설 (1) 수동식 시료채취의 기본원리와 공식

① 원리

수동채취기는 공기채취펌프가 필요하지 않고 공기층을 통한 확산 또는 투과되는 현상을 이용하여 수동적으로 농도구배에 따라 가스나 증기를 포집하는 장치이며, 확산포집방법(확산포집기)이라고도 한다. 또한 채취용량(SQ)이라는 표현 대신에 유량이라는 표현을 사용한다.

② 적용 이론

㉠ Fick의 제1법칙(확산)

$$W = D\left(\frac{A}{L}\right)(C_i - C_o) \quad \text{또는} \quad \frac{M}{At} = D\frac{C_i - C_o}{L}$$

$$M = D\frac{A}{L}(C_i - C_o)t$$

여기서, W : 물질의 이동속도(ng/sec)

D : 확산계수(cm²/sec)

A : 포집기에서 오염물질이 포집되는 면적(확산경로의 면적)(cm²)

L : 확산경로의 길이(cm)

$C_i - C_o$: 공기 중 포집대상 물질 농도와 포집매질에 함유한 포집대상 물질의 농도(ng/cm³)

M : 물질의 질량(ng) : 총 시료채취량

t : 포집기의 표면이 공기에 노출된 시간(채취시간)(sec)

위 식에서 DA/L(cm³/sec)이 시료채취율로서 시료채취기의 확산면적 A가 커지고 확산길이 L이 작아지면 시료채취율이 높아지고, 반대로 확산면적이 작아지고, 확산길이가 길어지면 시료채취율은 낮아진다.

㉡ Fick 확산식을 적용 시 가정조건

ⓐ 시료채취기간 동안 공기 중 유해물질의 농도가 일정하거나 채취기 내에서 유해물질의 농도가 빠른시간 내에 정상상태에 도달한다.

ⓑ 흡착제가 유해물질을 효과적으로 채취한다. (역확산이 일어나지 않음)

ⓒ 유해물질의 채취기 내에서의 이동은 기류속도와 무관하다.

(2) 수동식 시료채취기에 포집되는 유해물질의 양에 영향을 주는 요인

① 습도

㉠ 습도가 높으면 오차가 커진다.

㉡ 저습도는 시료채취 및 포집에 영향을 거의 미치지 않는다.

② 온도와 압력

㉠ 온도가 높아지면 오차가 커진다.

㉡ 유기용제의 확산계수는 절대온도와 압력의 함수이다.

③ 기류의 면속도

㉠ 너무 낮으면 공기 중 오염물질의 확산이 이루어지지 않아 일정한 채취유량을 기대하기 어렵다. (결핍현상)

㉡ 너무 높으면 시료채취기 내부에 난류가 형성된다.

㉢ 시료채취기의 확산면이 기류방향과 수직으로 마주 볼 때가 가장 높은 채취효율을 나타낸다.

④ 농도

OSHA에서는 대상물질 노출기준의 0.1배 정도의 수준에서 채취하여 평가하도록 권고한다.

(3) 능동식 대비 수동식 시료채취의 장점과 단점

① 장점

㉠ 시료채취방법이 편리하고 간편하다.

㉡ 근로자의 작업에 방해되지 않는다.

㉢ 시료채취가 배지(bedge) 형태로 가볍고 크지 않아서 근로자들이 착용하는데 불편함이 거의 없다.

② 단점

㉠ 능동식 시료채취기에 비해 시료채취속도가 매우 낮기 때문에 저농도 측정 시에는 장기간에 걸쳐 시료채취를 해야 한다. (따라서 대상오염물이 일정한 확산계수로 확산되는 물질이 개발되어야 함)

㉡ 채취오염물질 양이 적어 재현성이 좋지 않다.

㉢ 능동식 시료채취기에 비해 가격이 고가이다.

㉣ 온도, 습도가 높으면 일부물질의 포집효율이 감소하며 오차가 커진다.

(4) 채취되는 물질의 양을 늘리기 위하여 시료채취기 개발 시 고려해야 할 요인과 방법

① 시료채취기의 모양 및 구조(원통형 모양으로 양방향으로 공기가 들어오는 구조)

② 확산길이(양쪽 동일하게 적용)

③ 흡착제 종류 및 사용량(입자상 활성탄 약 300mg)

④ 기류제어막(나일론 필터)

09 화학물질의 분류·표시 및 물질안전보건자료에 관한 기준에서는 생식독성에 대해 단일물질과 혼합물로 분류하여 1A, 1B, 2, 수유독성으로 구분하고 있다. 다음 사항을 쓰시오.

(1) 생식독성의 정의

(2) 단일물질의 1A, 1B, 2, 수유독성 구분기준

(3) 혼합물의 1A, 1B, 2, 수유독성 구분기준

(4) 화학물질 및 물리적 인자의 노출기준에서 생식독성 1A로 분류된 6개 물질

해설 (1) 생식독성의 정의

생식기능 및 생식능력에 대한 유해영향을 일으키거나 태아의 발생·발육에 유해한 영향을 주는 성질을 말한다.(생식기능 및 생식능력에 대한 유해영향이란 생식기능 및 생식능력에 대한 모든 영향 즉, 생식기관의 변화, 생식기능 등)

(2) 단일물질의 1A, 1B, 2, 수유독성 구분기준

구분	구분기준
1A	사람에게 성적기능, 생식능력이나 발육에 악영향을 주는 것으로 판단할 정도의 사람에서의 증거가 있는 물질
1B	사람에게 성적기능, 생식능력이나 발육에 악영향을 주는 것으로 추정할 정도의 동물시험 증거가 있는 물질
2	사람에게 성적기능, 생식능력이나 발육에 악영향을 주는 것으로 의심할 정도의 사람 또는 동물시험 증거가 있는 물질
수유독성	다음 어느 하나에 해당하는 물질 ① 흡수, 대사, 분포 및 배설에 대한 연구에서, 해당 물질이 잠재적으로 유독한 수준으로 모유에 존재할 가능성을 보임 ② 동물에 대한 1세대 또는 2세대 연구결과에서, 모유를 통해 전이되어 자손에게 유해영향을 주거나, 모유의 질에 유해영향을 준다는 명확한 증거가 있음 ③ 수유기간 동안 아기에게 유해성을 유발한다는 사람에 대한 증거가 있음

(3) 혼합물의 1A, 1B, 2, 수유독성 구분기준

구분	구분기준
1A	생식독성(구분 1A)인 성분의 함량이 0.3% 이상인 혼합물
1B	생식독성(구분 1B)인 성분의 함량이 0.3% 이상인 혼합물
2	생식독성(구분 2)인 성분의 함량이 3.0% 이상인 혼합물
수유독성	수유독성을 가지는 성분의 함량이 0.3% 이상인 혼합물

(4) 화학물질 및 물리적 인자의 노출기준에서 생식독성 1A로 분류된 6개 물질

　① 납 및 그 무기화합물

　② 2–브로모프로판

　③ 아세네이트 연

　④ 와파린

　⑤ 일산화탄소

　⑥ 크롬산 연

2017년 산업보건지도사

▌2017년 6월 24일 시행

※ 다음 단답형 5문제를 모두 답하시오. (각 5점)

01 직업적 요인으로 직무타이틀, 근무했던 공정, 환기, 근무기간 등이 있다. 공기 중 유해인자농도(종속변수)에 유의하게 영향을 미치는 직업적 요인(독립변수)을 규명하고자 할 때 사용할 수 있는 통계분석방법을 쓰시오.

해설 회귀분석(Regression Analysis)

플러스 학습   회귀분석(Regression Analysis)

1. 회귀분석
   ① 변수와 변수 사이의 관계를 알아보기 위한 통계적 분석방법
   ② 변수들 중 하나를 종속변수로 나머지를 독립변수로 하여 이들 변수들이 서로 상관관계를 가질 때 독립변수가 변화함에 따라 종속변수가 어떻게 변화하는가를 규명하는 통계기법
   ③ 독립변수의 개수에 따라 단순회귀분석과 다중회귀분석으로 구분

2. 독립변수
   ① 다른 변수에 영향을 받지 않고 독립적으로 변화하는 수
   ② $y = f(x)$에서 x에 해당

3. 종속변수
   ① 독립변수의 영향을 받아 값이 변화하는 수, 즉 분석의 대상이 되는 변수
   ② $y = f(x)$에서 y에 해당

4. 단순선형회귀분석
   독립변수가 한 개일 때, 종속변수와의 상관관계를 분석한 것

5. 다중선형회귀분석
   독립변수가 2개 이상일 때, 종속변수와의 상관관계를 분석한 것

6. 선형회귀분석의 가정 충족조건
　① 선형성
　　독립변수의 변화에 따라 종속변수로 변화하는 선형(linear) 모형이라는 의미
　② 독립성
　　잔차(오차항 : 계산에 의해 얻어진 이론값과 실제 관측이나 측정에 의해 얻어진 값의 차이)와 독립변수의 값이 관련되어 있지 않아야 한다는 의미
　③ 정규성
　　잔차항이 정규분포를 이뤄야 한다는 의미
　④ 등분산성
　　잔차항들의 분포는 동일한 분산을 갖는다는 의미
　⑤ 비상관성
　　잔차항들끼리 상관이 없어야 한다는 의미

02 직업(occupation) 또는 직무(job)를 산업, 공정 등과 조합해서 생성한 노출변수 용어를 쓰시오.

해설 직무-노출 메트릭스(Job-Exposure Matrics)

🌱 **플러스 학습** **직무-노출 메트릭스(JEM)**

1. 개요
   JEM은 산업역학연구에서 과거 또는 잠재적인 건강위험에 대한 노출을 평가하는 데 사용되는 도구이며 특정직무에서 유해하거나 잠재적인 인자의 노출수준으로 구성된다.

2. 직업노출변수
   산업, 직무, 공정, 고용기간, 화학물질취급, 기계 등

3. 장점
   ① 차별적 정보편의가 없다.
   ② 경제적이다.

4. 직무노출 메트릭스의 축
   ① 직무 구분에 대한 축
   ② 노출되는 유해물질에 대한 축
   ③ 시간축(시간별로 노출농도의 값이 변하는 경우)

5. 분류
   ① 일반인구 혹은 사회중심의 연구에서 사용될 직무-노출 메트릭스
   ② 특정연구 혹은 가설설정을 위한 직무-노출 메트릭스
   ③ 특정산업 혹은 사업장을 위한 직무-노출 메트릭스

03 국제보건기구(WHO) 산하에 있는 조직으로 물질, 인자 등에 대한 암 발생 위험을 평가하고 분류하는 연구소 이름을 쓰시오.

해설 국제암연구소(IARC ; International Agency for Research on Cancer)

🌱 플러스 학습 **발암물질 구분**

1. 국제암연구위원회(IARC)의 발암물질 구분
   ① Group 1 : 인체 발암성 물질(Carcinogenic to humans)
      ㉠ 사람, 동물에게 발암성 평가
      ㉡ 인체에 대한 발암물질로써 충분한 증거가 있는 물질(sufficient evidence)
      ㉢ 확실하게 발암물질이 과학적으로 규명된 인자
      ㉣ 예 벤젠, 알코올, 담배, 다이옥신, 석면
   ② Group 2A : 인체 발암성 예측 추정물질(Probably carcinogenic to humans)
      ㉠ 실험동물에게만 발암성 평가
      ㉡ 인체에 대한 발암물질로써 증거는 불충분함(단, 동물에는 충분한 증거가 있음 : limited evidence)
      ㉢ 실험동물에 대해 발암가능성이 십중팔구 있다고(probably) 인정되는 인자
      ㉣ 예 자외선, 태양램프, 방부제 등
   ③ Group 2B : 인체 발암성 가능 물질(possibly carcinogenic to humans)
      ㉠ 발암물질로써 증거는 부적절함(Inadequate evidence)
      ㉡ 인체 발암성 가능 물질을 말함
      ㉢ 사람에 있어서 원인적 연관성 연구결과들이 상호 일치되지 못하고 아울러 통계적 유의성도 약함
      ㉣ 실험동물에 대한 발암성의 근거가 충분하지 못하여 사람에 대한 근거 역시 제한적임
      ㉤ 아마도, 혹시나, 어쩌면 발암 가능성이 있다고 추정하는 인자
      ㉥ 예 커피, pickle, 고사리, 클로로포름, 삼산화안티몬 등
   ④ Group 3 : 인체 발암성 미분류물질(not classifiable as to carcinogenicity to humans)
      ㉠ 발암물질로써 증거는 부적절함(Inadequate evidence)
      ㉡ 발암물질로 분류하지 않아도 되는 인자
      ㉢ 인간 및 동물에 대한 자료가 불충분하여 인간에게 암을 일으킨다고 판단할 수 없는 물질
      ㉣ 예 카페인, 홍차, 콜레스테롤 등
   ⑤ Group 4 : 인체 비발암성 추정물질(probably not carcinogenic to humans)
      ㉠ 십중팔구 발암물질이 아닌 인자(발암물질일 가능성이 거의 없음)
      ㉡ 동물실험, 역학조사 결과 인간에게 암을 일으킨다는 증거가 없는 물질

2. 미국산업위생전문가협의회(ACGIH)의 발암물질 구분
　① A1 : 인체 발암 확인(확정)물질(confirmed human carcinogen)
　　㉠ 역학적으로 인체에 대한 충분한 발암성 근거 있음
　　㉡ 예 석면, 우라늄, Cr^{6+}화합물, 아크릴로니트릴, 벤지딘, 염화비닐, β-나프틸아민,
　　　　4-아미노비페닐
　② A2 : 인체 발암 의심(추정)물질(suspected human carcinogen)
　　IARC 분류 중 2A와 유사하다.
　③ A3 : 동물 발암성 확인물질(인체 발암성 모름)(animal carcinogen)
　　근로자들의 노출과는 별로 연관성이 없는 정도로 고농도 노출이거나, 노출경로가 다르거
　　나, 병리조직학적 소견이 상이한 실험동물연구에서 발암성이 입증된 경우를 말한다.
　④ A4 : 인체 발암성 미분류 물질(not classifiable as a carcinogen)
　　비록 인체 발암성은 의심되지만 확실한 연구결과가 없는 물질 및 실험동물 또는 시험관
　　연구결과가 해당 물질이 Group A1, A2, A3, A5 중 하나에 속한다는 근거를 제시못하는
　　물질을 말한다.
　⑤ A5 : 인체 발암성 미의심 물질(not suspected as a human carcinogen)
　　충분한 인체연구결과 인체발암물질이 아니라는 결론에 도달한 경우의 물질을 말한다.

3. 미국국립독성 프로그램(NTP)의 발암성 물질 분류

구분	발암성 물질 분류기준
K	인간발암성이 알려진 물질 (known to be human carcinogens)
R	합리적으로 인간발암성이 예상되는 물질 (reasonably anticipated to be human carcinogens)
합계	

4. 화학물질의 분류 및 표지에 관한 국제조화시스템(GHS)의 발암성 물질 분류

구분		발암성 물질 분류기준
발암성 물질	1급	인체 발암성 물질 또는 발암성 추정 물질
	1A급	사람에 발암성이 있다고 알려져 있음 (주로 사람에서의 증거에 의함)
	1B급	사람에 발암성이 있다고 추정됨 (주로 동물에서의 증거에 의함)
	2급	인체 발암성 의심 물질

5. 미국환경청(EPA)의 발암성 물질 분류

구분		발암성 물질 분류기준
발암성 물질	Group A	사람에 대한 발암물질(Human carcinogen)
	Group B	사람에 대한 발암가능성이 높은 물질 (Probable human carcinogen)
	B1	사람에 대해 제한적인 역학적 증거가 있는 물질 (Limited evidence)
	B2	동물실험에서의 충분한 증거(Sufficient evidence)는 있지만, 인체에서의 부적절한 증거 또는 증거가 없는 물질
	Group C	사람에 대한 발암가능성이 있는 물질 (Possible human carcinogen)
비발암성 물질	Group D	사람에 대한 발암성 물질로 분류할 수 없는 물질 (Not classifiable as to human carcinogenicity)
	Group E	사람에 대한 비발암성 물질 (Evidence of noncarcinogenicity for humans)

〈출처 : 한국산업안전보건연구원〉

04 작업환경 측정에서 시료 준비, 시료 운반, 시료 분석 과정에서 오염된 양을 보정하기 위한 시료의 용어를 쓰시오.

해설 공시료(blank sample, field blank)

🌱 **플러스 학습** **공시료**

1. 정의
   공시료는 공기 중의 유해물질, 분진 등을 측정 시 시료를 채취하지 않고 측정오차를 보정하기 위하여 사용하는 시료, 즉 채취하고자 하는 공기에 노출되지 않은 시료를 말한다.

2. 목적
   모든 시료에는 공시료를 분석하고, 이를 농도산정에 고려하여 측정오차를 보정하기 위한 목적이 있다.

3. 개수
   시료 세트에 따라 최소 10% 이상(산정한 분석방법이 실험방법의 정확성이나 정밀성 등의 사유로 공시료를 10% 이상 요구하는 경우 해당 공시료의 수를 따름)

4. 취급방법
   ① 현장시료와 동일한 방법으로 취급·운반·분석되어야 한다.
   ② 공시료에서 채취하고자 하는 물질의 양이 높게 나타나면 오염을 의심하고 결과의 정확도에도 의문을 가지고 그 원인을 파악해서 교정해야 한다.

05 비가역적이고 치명적인 건강영향을 예방할 목적으로 근로자가 1일 작업시간 동안 잠시라도 노출을 초과하지 않도록 설정한 노출기준을 쓰시오.

해설 최고노출기준(C : Ceiling, 최고허용농도)

플러스 학습 ACGIH 노출기준 종류

1. 시간가중평균 허용기준(TLV-TWA ; Time Weighted Average)
   ① 1일 8시간 또는 1주일 40시간 동안의 노출되는 평균농도
   ② 시간가중치로서 거의 모든 근로자가 1일 8시간 또는 주 40시간의 작업에 있어서 나쁜 영향을 받지 않고 노출될 수 있는 농도
   ③ 시간에 중점을 둔 유해물질의 평균농도이며, 이 농도에서는 장시간 작업하여도 건강장애를 일으키지 않는 관리지표로 사용
   ④ 노출기준이 설정된 모든 물질이 가지고 있는 기준
   ⑤ 만성적인 노출을 평가하기 위한 기준
   ⑥ 산출 공식

   $$TWA = \frac{(C_1 \times T_1) + \cdots + (C_n \times T_n)}{8}$$

   여기서, C : 유해물질의 측정농도(ppm or mg/m³)
   　　　　T : 유해물질의 발생시간(hr)

2. 단시간 허용기준(TLV-STEL ; Short Time Exposure Limit)
   ① 근로자가 자극, 만성 또는 불가역적 조직장해, 사고유발, 응급대처능력 저하 및 작업능률 저하를 초래할 정도의 마취를 일으키지 않고 단시간(15분) 동안 노출될 수 있는 농도(기준)
   ② 급성독성 물질이나 독작용을 빠르게 나타내는 유해물질에 대한 단시간(15분)의 노출로 야기될 수 있는 건강상의 장애를 예방하기 위한 기준
   ③ 작업장의 TWA가 기준치 이하라고 하더라도 15분 동안 노출되어서는 안 되는 시간평균농도
   ④ TLV-TWA에 대한 보완기준
   ⑤ 유해작용이 주로 만성이고 고농도에서 급성중독을 일으키는 물질에 적용
   ⑥ 작업장의 TWA가 기준치 이상이고 STEL 이하라면 1일 4회를 넘어서는 안 되며, 이 범위 농도에서 반복 노출 시에는 1시간 간격이 필요함

3. 천정값 허용기준(TLV-C ; Ceiling)
   ① 최고허용기준 의미
   ② 1일 작업시간 동안 잠시도 초과되어서는 안 되는 기준
   ③ 허용기준에 초과되어 노출 시 즉각적으로 비가역적인 반응이 나타나는 물질에 적용
   ④ 허용기준 앞에 'C'를 붙여 표시
   ⑤ 자극성 가스나 독작용이 빠른 물질 및 TLV-STEL이 설정되지 않은 물질에 적용
   ⑥ 측정은 실제로 순간 농도측정이 불가능하며, 따라서 약 15분간 측정함

※ 다음 논술형 2문제를 모두 답하시오. (각 25점)

06 자동차도장 작업에서 발생되는 유기용제를 공기 중에서 채취하고자 한다. 다음 사항을 쓰시오.

(1) 시료채취 펌프의 채취유량이 0.2L/min 이하인 이유

(2) 활성탄관 앞층과 뒤층을 구분해서 탈착을 해야 하는 이유

(3) 유기용제 성분을 정량할 수 있는 일반적 분석기기와 분석원리

───

해설 (1) 시료채취 펌프의 채취유량이 0.2L/min 이하인 이유

① 시료채취 펌프의 채취유량이 0.2L/min 이상인 경우 시료채취속도가 커져서 파과가 일어나기 쉽기 때문이다.

② 주로 흡착관을 이용한 가스나 증기 채취유량은 0.001~0.2L/min 범위이다.

③ 주로 여과지를 이용한 입자상 물질 채취유량은 0.5~5L/min 범위이다.

(2) 활성탄관 앞층과 뒤층을 구분해서 탈착을 해야 하는 이유

① 앞층과 뒤층을 구분해서 탈착을 하는 이유는 파과를 감지하기 위함이다.

② 일반적으로 앞층의 1/10 이상이 뒤층으로 넘어가면 파과가 일어났다고 하고 측정결과로 사용할 수 없다.

(3) 용기용제 성분을 정량할 수 있는 일반적 분석기기와 분석원리

① 분석기기

가스크로마토그래피(Gas Chromatography)

② 원리

기체시료 또는 기화한 액체나 고체시료를 운반가스로 고정상이 충전된 컬럼(분리관) 내부를 이동시키면서 컬럼 내 충전물의 흡착성 또는 용해성 차이에 따라 시료의 각 성분을 분리·전개시켜 각 성분의 크로마토그래피적(크로마토그램)을 이용하여 정성 및 정량하는 분석기기이다.

플러스 학습 **파과 · 흡착관 · 속도이론**

1. 파과
   ① 연속채취가 가능하며, 정확도 및 정밀도가 우수한 흡착관을 이용하여 채취 시 파과 (Breakthrough)를 주의하여야 한다.
   ② 파과란 공기 중 오염물질이 시료채취 매체에 포함되지 않고 빠져나가는 현상으로 흡착관 앞층에 포화된 후 뒤층에 흡착되기 시작하여 결국 흡착관을 빠져나가며 파과가 일어나면 유해물질 농도를 과소평가할 우려가 있다.
   ③ 포집시료의 보관 및 저장 시 흡착물질의 이동현상(migration)이 일어날 수 있으며, 파과현상과 구별하기가 힘들다.
   ④ 시료채취유량이 높으면 파과가 일어나기 쉽고 코팅된 흡착제일수록 그 경향이 강하다.
   ⑤ 고온일수록 흡착성질이 감소하여 파과가 일어나기 쉽다.
   ⑥ 극성 흡착제를 사용할 경우 습도가 높을수록 파과가 일어나기 쉽다.
   ⑦ 공기 중 오염물질의 농도가 높을수록 파과용량(흡착된 오염물질량)은 증가한다.
   ⑧ 일반적으로 앞층의 1/10 이상이 뒤층으로 넘어가면 파과로 판정하며, 심각한 파과의 기준은 1/2 이상으로 한다.

2. 흡착관
   ① 작업환경측정 시 많이 이용하는 흡착관은 앞층이 100mg, 뒤층이 50mg으로 되어 있는데 오염물질에 따라 다른 크기의 흡착제를 사용하기도 한다.
   ② 표준형은 길이 7cm, 내경 4mm, 외경 6mm의 유리관에 20/40mesh 활성탄이 우레탄폼으로 나뉜 앞층과 뒤층으로 구분되어 있으며, 구분 이유는 파과를 감지하기 위함이다.
   ③ 대용량의 흡착관은 앞층이 400mg, 뒤층이 200mg으로 되어 있으며, 휘발성이 큰 물질 및 낮은 농도의 물질채취 시 사용한다.
   ④ 일반적으로 앞층의 1/10 이상이 뒤층으로 넘어가면 파과가 일어났다고 하고 측정결과로 사용할 수 없다.
   ⑤ 채취효율을 높이기 위하여 흡착제에 시약을 처리하여 사용하기도 한다.

3. 속도이론
   ① 개요
      ㉠ 유해물질의 분석을 위한 크로마토그래피 분리관(column)의 띠넓음 현상은 Van Deemter Plot(반딤터 그림)으로 설명할 수 있다.
      ㉡ Van Deemter Plot은 소용돌이 확산, 세로 확산, 비평형 물질전달의 세 가지 요소로 구성되며, 크로마토그래피의 속도이론이라고도 한다.
      ㉢ 이 세 가지 요소는 이동상의 유속, 고정상 입자의 크기, 확산속도 및 고정상의 두께 등에 영향을 받는다.

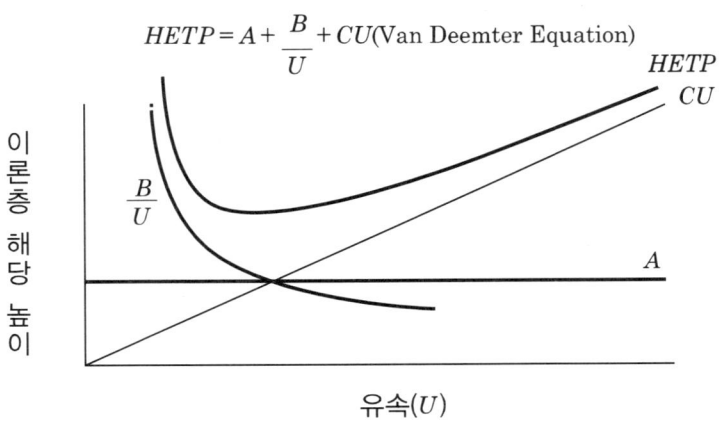

$$HETP = A + \frac{B}{U} + CU \text{(Van Deemter Equation)}$$

- A : 소용돌이 확산계수
- B : 세로 확산계수
- C : 비평형 물질전달계수
- H : 이론층 해당 높이(HETP)
- CU : 비평형 물질전달(nonequilibrium mass transfer)
- U : 유속(liner velocity) 또는 유량(flow rate)

‖ 반딤터 그림(Van Deemter Plot) ‖

ⓔ X축은 유속으로 선속도를 표시, Y축은 효율로 이론단 높이를 표시하며 유속의 변화가 분리효율에 어떻게 영향을 미치는지를 파악하는 데 유용하다.

② 소용돌이 확산
  ㉠ 다경로 효과
     분석물질이 이동상을 따라 분리관의 고정상을 지날 때 흐름의 경로차이에 의하여 피크폭이 넓어지는 현상으로 고정상의 입자 크기가 고르지 못하거나 충진이 불규칙하여 운반기체의 경로가 달라지기 때문에 나타나는 현상이다.
  ㉡ 이동상의 속도에 상관없이 일정하다.

③ 세로 확산
  ㉠ 이동상의 속도가 느릴 경우에 크게 작용하고 속도가 빠르면 그 영향이 적다.
  ㉡ 이동상의 운반기체의 밀도가 작거나 분리관 안의 기체압력이 낮을 경우 증가된다. 즉 피크폭이 넓어진다.

④ 비평형 물질전달
  ㉠ 시료분자들이 분리관을 지나는 동안 농도가 진한 중앙부분에서 농도가 묽은 주변으로 확산하려는 성질이다.
  ㉡ 유속이 빠른 경우 완전평형을 이루기 전에 분리관의 아래쪽으로 움직이게 되어 같은 시료분자들이라 해도 분리관을 통과하는 시간이 달라지게 되는 현상을 비평형 물질전달이라 한다.
  ㉢ 유속이 빠를수록 증가된다. 즉 피크폭이 넓어진다.

07 세척 공정 탱크 위 측면 공간에 설치된 국소배기장치 후드의 제어효율이 낮은 것으로 평가되었다. 설계된 송풍기 용량과 후드 면적은 변화시킬 수 없다고 가정할 때 후드 제어효율을 증가시키기 위한 방법 2가지를 쓰시오. (단, 공정 지장 여부는 고려할 필요가 없다.)

> **해설** (1) 후드에 플랜지(flange) 부착
> ① 외부식 후드에 플랜지를 부착하면 후방유입기류를 차단하고 후드전면에서 포집범위가 확대되어 플랜지가 없는 후드에 비해 동일지점에서 동일한 제어속도를 얻는 데 필요한 송풍량을 약 25% 감소시킬 수 있다.
> ② 플랜지 폭은 후드단면적의 제곱근($\sqrt{A}$; A 후드 개구 단면적) 이상이 되어야 한다.
> ③ 플랜지부착 후드는 플랜지 없는 후드에 비해 등속선이 멀리 영향을 미치어 후드 뒤쪽으로부터 흡인되는 유동을 감소시키고 후드 전면영역으로 강제로 흐르게 한다. 따라서 후드 개구면에서 동일한 거리의 점을 통과하는 등속도면의 면적은 플랜지가 없는 경우보다 약 25% 정도 감소, 흡인량도 그만큼 감소한다.
> (2) 후드 설치위치 조정 및 후드 주변 방해기류 최소화
> ① 가능한 후드 개구면을 유해물질 발생원에 근접하게 조정 설치하면 제어거리 감소로 많은 흡인유량의 증대효과를 기대할 수 있다.
> ② 작업상 방해가 되지 않는 범위에서 칸막이, 커튼, 풍향판 등을 사용하여 주위에 유입되는 난기류(방해기류)의 영향을 최소화하면 흡인유량의 증대효과를 기대할 수 있다.

플러스 학습 **후드의 설계 및 선택 시 고려사항**

1. 후드 설계 시 고려사항

구분	고려사항
배출원을 중심으로	• 오염물질의 배출농도와 허용기준농도파악 • 배출원의 온도와 작업장의 온도 • 오염물질의 비산속도와 횡단기류속도(작업장 내의 공기흐름속도) • 작업방법과 공간활용범위 등 주위상태 • 오염물질 mist, fume, vaper상태로 배출되어 냉각응축되는지 등의 특성
후드를 중심으로	• 최소의 배기량으로 최대의 흡인효과를 발휘할 것 • 발생원에 가깝게, 개구부위를 적게 할 것 • 작업자의 호흡영역은 보호할 것 • 후드개구면에서의 면속도분포를 일정하게 할 것(70% 범위 내) • 외형을 보기 좋게, 압력손실을 적게 할 것

2. 후드 선택 시 고려사항

(1) 필요환기량을 최소화 할 것

① 가급적 기류 차단판이나 커튼 등을 사용하여 공정을 많이 포위한다.

② 후드를 유해물질 발생원에 가깝게 설치한다. 제어거리를 단축하면 환기량이 줄어들기 때문이다. 작업에 지장이 없다면 포위식 후드를 설치하는 것이 좋다.

③ 공정에서 발생 또는 배출되는 오염물질의 절대량을 줄이도록 한다.

④ 후드 개구부에서 기류가 균일하게 분포되도록 설계한다.

(2) 작업자의 호흡영역을 보호할 것

① 후드 내로 유입되는 공기흐름이 작업자의 호흡영역에 들어오지 않도록 후드를 위치시켜야 한다.

② 개방 처리조 및 용접 작업대 등과 같이 허리를 굽혀 작업하는 공정에서는 특히 작업자의 호흡영역을 보호하는 것이 중요하다.

(3) 추천된 설계사양을 사용할 것

설계할 때는 국제적인 설계기준(ACGIH, OSHA)을 사용하는 것이 바람직하다. 단, 작업장 내에 존재하는 방해기류 및 오염물질의 독성, 설치하고자 하는 환경, 유해물질의 발생 특성 등을 고려하여야 한다.

(4) 작업자가 사용하기 편리하도록 만들 것

① 작업자의 작업에 방해가 되지 않으면서 발생되는 오염물질을 모두 제어할 수 있도록 적절한 후드를 선정하여야 한다.

② HOOD가 작업자에게 장애물 또는 안전사고 요인으로 작용하지 않도록 한다.

(5) 후드 설계 시 일반적인 오류를 범하지 말 것

① 후드 개구면에서 상당거리 떨어져 있는 유해물질도 흡인할 수 있어 유해물질을 제어할 수 있다고 생각하나 실제는 후드로 유입되는 기류는 개구부 주위에 구형의 기류를 형성하면서도 유입속도는 개구부에서 덕트의 직경거리 이상 벗어나면 급격히 감소한다.

② 공기보다 비중이 무거운 증기는 작업장 내 바닥으로 가라앉으므로 후드를 작업장 바닥에 설치해야 된다고 생각하나 실제는 공기와 혼합된 오염물질은 공기와 비중이 거의 같아지므로 오염원의 위치를 고려하여 후두의 위치를 선정하여야 한다.

※ 다음 논술형 2문제 중 1문제를 선택하여 답하시오. (25점)

08 전자산업에서는 노출기준이 없거나 작업환경측정과 특수건강검진 대상에 해당되지 않는 화학물질이 많이 사용된다. 이러한 화학물질에 대한 질병 발생위험을 평가(위험성 평가)하기 위한 전략을 쓰시오.

> **해설** 노출기준이 없거나 작업환경 측정결과가 없는 경우의 위험성 평가

(1) 노출수준 등급결정
　① 직업병 유소견자(D_1) 발생여부 확인
　　직업병 유소견자(D_1)가 확인되면 노출수준은 4등급으로 함
　　　　　　　　　　　⇓ (직업병 유소견자에 해당되지 않는 경우)
　② 취급량 및 비산성/휘발성 확인
　　㉠ 화학물질의 취급량과 비산성/휘발성을 조합하여 노출수준 분류
　　㉡ 취급량(하루 취급하는 화학물질 양의 단위, 1~3등급)과 비산성(분진, 흄, 1~3등급)
　　　또는 휘발성(가스, 증기, 미스트, 1~3등급) 조합하여 노출수준 등급(1~4등급) 결정

(2) 유해성 등급결정
　① CMR물질(1A, 1B, 2) 해당여부 확인
　　발암성, 생식세포 변이원성 및 생식독성 정보(CMR)를 확인하여 CMR물질(1A, 1B, 2)에 해당하면 유해성을 4등급으로 함
　　　　　　　　　　　⇓ (CMR물질에 해당되지 않는 경우)
　② 화학물질의 노출기준확인
　　해당 화학물질의 발생형태(분진 또는 증기)에 따라 노출기준을 적용하여 아래와 같이 유해성을 성분

등급	내용	노출기준 발생형태 : 분진	노출기준 발생형태 : 증기
1	피부나 눈 자극	1~10mg/m³ 이하	50~500ppm 이하
2	한번 노출 시 위험	0.1~1mg/m³ 이하	5~50ppm 이하
3	심한 자극 및 부식	0.01~0.1mg/m³ 이하	0.5~5ppm 이하
4	한번 노출에 매우 큰 독성	0.01mg/m³ 미만	0.5ppm 미만

　　　　　　　　　　　⇓ (노출기준이 설정되어 있지 않은 경우)
　③ MSDS 위험문구(R-Phrase) 확인
　　㉠ 단시간노출기준(STEL) 또는 최고노출기준(C)만 규정되어 있는 화학물질
　　㉡ 노출기준이 10mg/m³(분진) 또는 500ppm(증기)을 초과하는 경우
　　　　　　　　　　　⇓ (MSDS 위험문구 정보가 없는 경우)
　④ MSDS의 유해 · 위험문구(H code) 확인
　　MSDS 위험문구(R-Phrase)에 대한 정보를 검색할 수 없는 경우

플러스 학습 | **위험성(Risk) = 노출수준(Probability) × 유해성(Severity)**

1. 측정결과 있는 경우 = 작업환경측정결과(1~4등급)×노출기준(1~4등급)
   (노출기준 설정물질)

2. 측정결과 없는 경우 = 하루취급량과 비산성/휘발성의 조합(1~4등급)×노출기준(1~4등급)
   (노출기준 설정물질)

3. 측정결과가 없는 경우 = 하루취급량과 비산성/휘발성의 조합(1~4등급)×MSDS의 위험
   (노출기준 미설정물질) 문구나 유해·위험문구(1~4등급)

09 TCE 과거 노출정도를 추정하고자 한다. 근로자가 근무한 작업장 체적은 2m×2m ×1.5m였고 ACH(시간당 공기 교환 횟수)는 0.5를 가정했다. 근로자가 사용한 TCE의 공기 중 발생률은 시간당 100μg으로 추정했다. 근로자가 노출된 공기 중 TCE 농도(μg/m³)를 계산하시오.

해설

$$ACH = \frac{필요환기량(Q)}{작업장\ 용적(V)}$$

필요환기량(Q) = ACH × 작업장 용적
$$= 0.5회/hr × (2×2×1.5)m^3$$
$$= 3m^3/hr$$

필요환기량$(Q) = \frac{발생률(G)}{농도(c)}$ 이므로

$$농도(μg/m^3) = \frac{100μg/hr}{3m^3/hr} = 33.33μg/m^3$$

 **플러스 학습** **ACH**

1. ACH(경과된 시간 및 CO_2 농도변화)

$$ACH = \frac{\left[\begin{array}{c} \ln(\text{측정 초기 농도} - \text{외부의 } CO_2 \text{ 농도} \\ - \ln(\text{시간 지난 후 } CO_2 \text{ 농도} - \text{외부의 } CO_2 \text{ 농도}) \end{array}\right]}{\text{경과된 시간(hr)}}$$

2. 관련 문제

직원이 모두 퇴근한 직후인 오후 6시에 측정한 공기 중 CO_2 농도는 1,200ppm, 사무실이 빈 상태로 2시간 경과한 오후 8시에 측정한 CO_2 농도는 500ppm이었다면 이 사무실의 시간당 공기교환 횟수는? (단, 외부 공기 CO_2 농도 330ppm)

(풀이)

$$\text{시간당 공기교환 횟수} = \frac{\left[\begin{array}{c} \ln(\text{측정 초기 농도} - \text{외부의 } CO_2 \text{ 농도} \\ - \ln(\text{시간 지난 후 } CO_2 \text{ 농도} - \text{외부의 } CO_2 \text{ 농도}) \end{array}\right]}{\text{경과된 시간(hr)}}$$

$$= \frac{\ln(1,200 - 330) - \ln(500 - 330)}{2hr}$$

$$= 0.82회(\text{시간당})$$

2018년 산업보건지도사

산업위생공학

| 2018년 6월 16일 시행

※ 다음 단답형 5문제를 모두 답하시오. (각 5점)

01 국소배기장치에서 시스템의 잠재적 에너지라고 할 수 있는 정압(SP)의 손실에 관여하는 요소 4가지를 쓰고 설명하시오.

해설 (1) HOOD

후드에서는 후드정압(SP_h)을 계산한다.

(2) Duct

직관, 곡관, 확대관, 합류관 등을 고려하여 압력손실을 계산한다.

(3) 공기정화장치

선정된 공기정화장치의 본체에 대한 압력손실을 계산한다.

(4) 배기 Duct

직관, 곡관 등을 고려하여 압력손실을 계산한다.

플러스 학습   **덕트의 압력손실**

1. 마찰압력손실
　① 공기가 덕트면과 접촉에 의한 마찰에 의해 발생한다.
　② 마찰압력손실에 미치는 영향인자
　　　㉠ 덕트 내 속도
　　　㉡ 덕트 내면의 성질(조도 : 거칠기)
　　　㉢ 덕트 직경
　　　㉣ 공기밀도 및 점도
　　　㉤ 덕트의 형상

2. 난류압력손실
　① 난류의 속도 증감에 의해 발생한다.
　② 난류압력손실에 미치는 영향인자
　　　㉠ 곡관에 의한 공기기류의 방향 전환
　　　㉡ 축소관에 의한 덕트 단면적의 감소
　　　㉢ 확대관에 의한 덕트 단면적의 증가

02 산업안전보건기준에 관한 규칙에 따라 전체환기장치가 설치된 유기화합물 취급작업장 중에서 밀폐설비나 국소배기장치를 설치하지 않을 수 있는 유기화합물의 설비특례 요건 4가지를 쓰시오.

해설 유기화합물의 설비특례(전체환기장치가 설치된 유기화합물 취급작업장 중 밀폐설비나 국소배기를 설치하지 않을 수 있는 경우)

(1) 유기화합물의 노출기준이 100ppm 이상인 경우

(2) 유기화합물의 발생량이 대체로 균일한 경우

(3) 동일한 작업장에 다수의 오염원이 분산되어 있는 경우

(4) 오염원이 이동성이 있는 경우

🌱 **플러스 학습** **보건규칙상 설비특례**

1. 임시작업인 경우의 설비특례
   ① 사업주는 실내작업장에서 관리대상 유해물질 취급업무를 임시로 하는 경우에 밀폐설비나 국소배기장치를 설치하지 아니할 수 있다.
   ② 사업주는 유기화합물 취급 특별장소에서 근로자가 유기화합물 취급업무를 임시로 하는 경우로서 전체환기장치를 설치한 경우에 밀폐설비나 국소배기장치를 설치하지 아니할 수 있다.
   ③ 관리대상 유해물질 중 특별관리물질을 취급하는 작업장에는 밀폐설비나 국소배기장치를 설치하여야 한다.

2. 단시간작업인 경우의 설비특례
   ① 사업주는 근로자가 전체환기장치가 설치되어 있는 실내작업장에서 단시간 동안 관리대상 유해물질을 취급하는 작업에 종사하는 경우에 밀폐설비나 국소배기장치를 설치하지 아니할 수 있다.
   ② 사업주는 유기화합물 취급 특별장소에서 단시간 동안 유기화합물을 취급하는 작업에 종사하는 근로자에게 송기마스크를 지급하고 착용하도록 하는 경우에 밀폐설비나 국소배기장치를 설치하지 아니할 수 있다.
   ③ 관리대상 유해물질 중 특별관리물질을 취급하는 작업장에는 밀폐설비나 국소배기장치를 설치하여야 한다.

3. 국소배기장치의 설비특례
   사업주는 다음의 어느 하나에 해당하는 경우로서 급기·배기 환기장치를 설치한 경우에 밀폐설비나 국소배기장치를 설치하지 아니할 수 있다.
   ① 실내작업장의 벽·바닥 또는 천장에 대하여 관리대상 유해물질 취급업무를 수행할 때 관리대상 유해물질의 발산면적이 넓어 설비를 설치하기 곤란한 경우

② 자동차의 차체, 항공기의 기체, 선체 블록(block) 등 표면적이 넓은 물체의 표면에 대하여 관리대상 유해물질 취급업무를 수행할 때 관리대상 유해물질의 증기 발산면적이 넓어 설비를 설치하기 곤란한 경우

03 산업위생 통계와 관련하여 다음 설명에 적합한 용어를 각각 쓰시오.

(1) 자료들이 평균 가까이에 모여 분포하고 있는지 혹은 흩어져서 분포하고 있는지를 측정하는 것

(2) 측정치와 평균치의 차이

(3) 동일한 모집단에서 시료를 반복 채취하여 각각의 평균값을 계산한 후에 이들 평균치의 표준편차

(4) 변수의 최대치와 최소치

(5) 상대적 산포도로서 표준편차를 평균으로 나눈 값

해설 (1) 분산(Variance)

(2) 편차(Deviation)

(3) 표준오차(Standard Error of Mean ; 평균오차)

(4) 범위(Range)

(5) 변이계수(Coefficient of Variation, 변동계수)

플러스 학습 **산업위생 통계 관련 용어**

1. 분산
① 확률분포 또는 자료가 얼마나 퍼져있는지를 알려주는 수치
② 분산은 음의 값을 가질 수 없으며 분산이 클수록 확률분포는 평균에서 멀리 퍼져있고 0에 가까울수록 평균에 집중됨을 의미
③ 편차의 제곱의 합을 자료의 수로 나눈 값

2. 표준편차
① 데이터가 평균을 중심으로 얼마나 퍼져있는지를 나타내는 수치
② 표준편차가 0에 가까울수록 데이터는 평균 근처에 집중되어 있음을 의미하고, 표준편차가 클수록 데이터가 널리 퍼져있음을 의미
③ 분산의 양의 제곱근을 말함

3. 편차
데이터(혹은 변량)가 평균값으로부터 어느 정도 또는 작은가를 나타내는 값

편차=데이터 값(변량)-평균값

4. 표준오차
 ① 표본평균에 대한 표준편차를 말함
 ② 표준편차는 각 측정치의 평균과 얼마나 차이를 가지느냐를 알려주는 반면에 표준오차는 측정량의 정도를 나타내는 척도로써 샘플링을 여러 번 했을 때 각 측정치들의 평균이 전체평균과 얼마나 차이를 보이는가를 알 수 있는 통계량의 값

5. 범위
 변량의 데이터 변화폭을 말하며, 즉 최댓값과 최솟값의 차이를 의미함

6. 변이계수(CV)
 ① 개요
  ㉠ 측정방법의 정밀도를 평가하는 계수이며, %로 표현되므로 측정단위와 무관하게 독립적으로 산출된다.
  ㉡ 통계집단의 측정값들에 대한 균일성과 정밀성의 정도를 표현한 계수이다.
  ㉢ 단위가 서로 다른 집단이나 특성값의 상호 산포도를 비교하는 데 이용될 수 있다.
  ㉣ 변이계수가 작을수록 자료들이 평균 주위에 가깝게 분포한다는 의미이다.
  ㉤ 표준편차의 수치가 평균치에 비해 몇 %가 되느냐로 나타낸다.
 ② 계산식

$$CV(\%) = \frac{\text{표준편차}}{\text{평균치}} \times 100$$

04 화학물질 및 물리적 인자의 노출기준에는 발암성, 생식세포 변이원성 및 생식독성에 대한 정보가 표시되어 있다. ( )에 들어갈 기관 또는 규칙명을 쓰시오.

> 발암성, 생식세포 변이원성 및 생식독성 정보는 법상 규제 목적이 아닌 정보제공 목적으로 표시하는 것으로서 발암성은 (①), (②), (③), (④) 또는 (⑤)의 분류를 기준으로 화학물질의 분류·표시 및 물질안전보건자료에 관한 기준에 따라 분류한다.

해설 ① 국제암연구소(IARC)
② 미국산업위생전문가협회(ACGIH)
③ 미국독성프로그램(NTP)
④ 유럽연합의 분류·표시에 관한 규칙(EU CLP)
⑤ 미국산업안전보건청(OSHA)

플러스 학습 **생식세포 변이원성 및 생식독성의 기준 규칙**

유럽연합의 분류·표시에 관한 규칙(EU CLP)

05 벤젠(분자량 78)의 공기 중 농도가 노출기준(TWA 0.5ppm)의 20% 정도로 예상된다. 검출한계값(LOD)이 0.7μg이고 시료채취기(pump)의 유량은 0.1LPM일 때 최소 시료채취 시간(분)을 구하시오.

해설 농도를 mg/m^3으로 변환

$$농도(mg/m^3) = (0.5ppm \times 0.2) \times \frac{78}{24.45} = 0.32mg/m^3$$

$$최소공기량(L) = \frac{LOQ(LOD \times 3)}{농도}$$

$$= \frac{(0.7\mu g \times 3) \times mg/10^3 \mu g}{0.32mg/m^3}$$

$$= 0.006562m^3 \times 1,000L/m^3 = 6.562L$$

$$최소\ 시료채취\ 시간(min) = \frac{최소공기량}{pump용량}$$

$$= \frac{6.56L}{0.1L/min} = 65.62min$$

플러스 학습 **정량한계(LOQ)**

1. 정의(NIOSH)

   분석결과가 어느 주어진 분석 절차에 따라서 합리적인 신뢰성을 가지고 정량분석할 수 있는 가장 작은 양의 농도나 양이다. 또한 정량한계는 통계적인 개념보다는 일종의 약속이다.

2. 도입 이유

   ① 공시료와 실제 분석물질에 대한 신호의 통계학적인 분리를 위한 LOD 개념을 보충하기 위하여

   ② LOD가 정량분석에서 만족스런 개념을 제공하지 못하기 때문

3. 특징

   ① 일반적으로 표준편차의 10배 또는 검출한계의 3 또는 3.3배로 정의한다.

   ② 정량한계를 기준으로 최소한으로 채취해야 하는 양이 결정된다.

   ③ 시험분석 대상을 정량화할 수 있는 측정값이다.

   ④ 제시된 정량한계 부근의 농도를 포함하도록 시료를 준비하고 이를 반복 측정하여 얻은 결과의 표준편차(s)에 10배한 값을 사용한다.

※ 다음 논술형 2문제를 모두 답하시오. (각 25점)

06 직업성 천식을 유발하는 2,4-톨루엔디이소시아네이트(2,4-toluene diisocya-nate)는 허용기준 대상물질이다. 2,4-TDI에 대한 허용기준 초과여부를 확인하기 위해 작업환경측정을 수행하는 경우 다음 사항에 관하여 쓰시오.

(1) 3단 카세트에 장착될 여과지 및 코팅액의 종류

(2) 현장 공시료의 개수

(3) 분석기기 2가지 종류

(4) 시료 전처리에 사용하는 2가지 추출용액

(5) 분석된 회수율 검증시료를 통해 회수율을 구하는 방법

해설 (1) 3단 카세트에 장착될 여과지 및 코팅액의 종류

1-2pp[1-(2-pryridy)piperazine]가 코팅된 유리섬유 여과지가 장착된 37mm 3단 카세트 홀더를 사용한다.

(2) 현장 공시료의 개수

채취된 총 시료수의 10% 이상 또는 시료세트당 2~10개를 준비한다.

(3) 분석기기 2가지 종류

① 자외선-가시광선 검출기

② 형광검출기가 장착된 고성능 액체 크로마토그래피

(4) 시료 전처리에 사용되는 2가지 추출용액

ACN(아세토니트릴)과 DMSO(디메틸설폭사이드)를 부피비 9 : 1로 혼합한 용액

(5) 분석된 회수율 검증시료를 통해 회수율을 구하는 방법

회수율 검증용 시료분석은 시료 배치(batch)당 최소한 한 번씩은 행해져야 하며, 회수율 검증용 시료조제는 다음과 같은 요령으로 조제하여 사용하도록 한다.

① 3개 농도수준(저, 중, 고 농도)에서 각각 3개씩의 1,2-PP가 코팅된 유리섬유 여과지와 공시료용으로 사용할 1,2-PP가 코팅된 유리섬유 여과지 3개를 준비한다.

② 적당 무게의 2,4-톨루엔디이소시아네이트를 디클로로메탄에 녹인 후 미량 주사기를 이용하여 유리섬유 여과지에 주입한다.

③ 하룻밤 정도 실온에 놓아둔다.

07 밀폐공간 작업으로 인한 건강장해 예방에 대해 산업안전보건기준에 관한 규칙에서 정하고 있는 아래 사항들을 쓰시오.

(1) 밀폐공간의 정의
(2) 산소결핍의 정의
(3) 밀폐공간 작업 프로그램에 포함되어야 할 5가지 내용
(4) 밀폐공간 작업 시작 전 확인해야 할 6가지 사항
(5) 비상시에 근로자를 피난시키거나 구출하기 위하여 필요한 3가지 기구

해설 (1) 밀폐공간의 정의
산소결핍, 유해가스로 인한 질식·화재·폭발 등의 위험이 있는 장소

(2) 산소결핍의 정의
공기 중의 산소농도가 18퍼센트 미만의 상태

(3) 밀폐공간 작업 프로그램에 포함되어야 할 5가지 내용
사업주는 밀폐공간에서 근로자에게 작업을 하도록 하는 경우 다음의 내용이 포함된 밀폐공간 작업 프로그램을 수립하여 시행하여야 한다.
① 사업장 내 밀폐공간의 위치 파악 및 관리 방안
② 밀폐공간 내 질식·중독 등을 일으킬 수 있는 유해·위험 요인의 파악 및 관리 방안
③ ②에 따라 밀폐공간 작업 시 사전 확인이 필요한 사항에 대한 확인 절차
④ 안전보건교육 및 훈련
⑤ 그 밖에 밀폐공간 작업 근로자의 건강장해 예방에 관한 사항

(4) 밀폐공간 작업 시작 전 확인해야 할 6가지 사항
사업주는 근로자가 밀폐공간에서 작업을 시작하기 전에 다음의 사항을 확인하여 근로자가 안전한 상태에서 작업하도록 하여야 한다.
① 작업 일시, 기간, 장소 및 내용 등 작업 정보
② 관리감독자, 근로자, 감시인 등 작업자 정보
③ 산소 및 유해가스 농도의 측정결과 및 후속조치 사항
④ 작업 중 불활성가스 또는 유해가스의 누출·유입·발생 가능성 검토 및 후속조치 사항
⑤ 작업 시 착용하여야 할 보호구의 종류
⑥ 비상연락체계

(5) 비상시에 근로자를 피난시키거나 구출하기 위하여 필요한 3가지 기구
① 공기호흡기 또는 송기마스크
② 사다리
③ 섬유로프

플러스 학습 ▸ 밀폐공간 작업

1. 밀폐공간 작업근로자에 대한 지급·착용 확인기구
   ① 안전대
   ② 구명밧줄
   ③ 공기호흡기 또는 송기마스크

2. 위급한 구출작업 시 착용 주지여부 확인기구
   공기호흡기 또는 송기마스크

3. 밀폐공간 작업근로자 대상으로 긴급상황 대응을 위한 훈련을 6개월에 1회 이상 실시, 그 결과를 기록·보존하여야 하는 사항
   ① 비상연락체계운영
   ② 구조용 장비의 사용
   ③ 공기호흡기 또는 송기마스크의 착용
   ④ 응급처치

4. 밀폐공간 작업시마다 작업근로자에 대하여 교육 등을 통한 안전 작업방법 주지여부 확인사항
   ① 산소 및 유해가스 농도 측정에 관한 사항
   ② 사고 시의 응급조치 요령
   ③ 환기설비의 가동 등 안전한 작업방법에 관한 사항
   ④ 보호구의 착용과 사용방법에 관한 사항
   ⑤ 구조용 장비 사용 등 비상시 구출에 관한 사항

※ 다음 논술형 2문제 중 1문제를 선택하여 답하시오. (각 25점)

08 최근 사회적으로 문제가 되고 있는 라돈에 대하여 화학물질 및 물리적 인자의 노출기준에 작업장 농도가 신설되었다. 이와 관련하여 다음 사항을 쓰시오.

(1) 라돈의 정의

(2) 발생원 및 인체 유입경로

(3) 인체영향

(4) 노출기준(작업장 농도)

(5) 대책

해설 (1) 라돈의 정의

라돈(Radon, 원소기호 222, Rn) 주기율표상 86번 원소로 우라늄과 토륨의 방사선 붕괴를 통하여 자연적으로 형성되는 가스형태의 방사선 동위원소이다.

(2) 발생원 및 인체 유입경로

① 라돈은 공기, 바위, 물, 토양에 존재하는 천연 방사성 화학물질

② 실내 또는 인체 유입경로

㉠ 토양으로부터 유입

실내 라돈의 약 90%는 토양으로부터 건물바닥이나 벽의 갈라진 틈을 통해 유입되며 건축자재로부터 약 2~5%, 지하수에 용해되어 있던 라돈이 실내(약 1%)로 유입된다.

㉡ 건물의 갈라진 틈

라돈은 실내 등 밀폐된 공간에 고농도로 축적되며 토양층을 통과해 유입된 라돈이 실외보다 압력이 낮은 건물 내부로 유입되어 축적된다.

㉢ 실내공기호흡시 노출

라돈에 노출되는 경로의 약 95%는 실내공기를 호흡할 경우이며 샤워, 음용시 라돈에 노출될 수 있다.

(3) 인체영향

호흡을 통해 인체에 흡입된 라돈과 라돈 유해 방사성 분자는 붕괴를 일으키면서 알파입자를 방출하여 폐조직을 파괴, 지속적으로 라돈에 노출되는 경우 폐암을 유발한다.

(4) 노출기준(작업장 농도)

600Bq/m³(화학물질 및 물리적 인자의 노출기준)

(5) 대책

① 환기는 라돈의 실내 수치를 가장 빠르게 저감할 수 있는 방법

② 벽이나 바닥의 갈라진 틈을 보강재로 메움

③ 건물 밑 토양에 라돈 배출관을 설치, 토양 중 라돈가스가 실내를 거치지 않고 건물 외부로 배출

④ 환기 팬을 이용, 외부 공기를 실내로 지속적으로 유입시켜 실내의 기압을 높여 낮은 곳에 모여 있는 라돈을 외부로 배출

플러스 학습 포름알데히드

1. 페놀 수지의 원료로서 각종 합판, 칩보드, 가구, 단열재 등으로 사용되어 눈과 상부기도를 자극하여 기침, 눈물을 야기시키며 어지러움, 구토, 피부질환, 정서불안정의 증상을 나타낸다.

2. 자극적인 냄새가 나고 메틸알데히드라고도 하며 일반주택 및 공공건물에 많이 사용하는 건축자재와 섬유옷감이 그 발생원이 되고 있다.

3. 산업안전보건법상 사람에 충분한 발암성 증거가 있는 물질(1A)로 분류되고 있다.

4. 무색의 액체로 인화되기 쉽고, 폭발위험성이 있다.

5. 주로 합성수지의 합성원료로 이용되며 물에 대한 용해도는 최대 550g/L이다.

6. 메탄올을 산화시켜 얻은 기체로 환원성이 강하다.

7. 고농도 흡입으로는 기관지염, 폐수종을 일으킨다.

09 사이클론을 연결한 시료채취기(pump)의 유량을 무마찰 거품관(frictionless bub-
blemeter)으로 보정하고자 할 때, 다음 사항을 쓰거나 그리시오.

(1) 유량보정의 정의
(2) 유량보정 시 절차
(3) 필요한 항목을 고려한 유량보정 그림
(4) 시료채취기의 유량을 2LPM으로 보정하고자 할 때, 거품관의 용량 $500cm^3$에
    거품이 올라가는데 걸리는 시간(초)

해설 (1) 유량보정의 정의

작업환경측정에서 기구보정은 일반적으로 공기를 채취하는 기구인 펌프의 유량보정을 말
하며, 기구보정(calibration)은 어느 특정한 조건에서의 표준값 또는 표준에서 유도된 값(기
준값 또는 참값)과 측정기구 또는 측정시스템이 표시하는 값의 상관관계를 설정하는 것을
말한다.

(2) 유량보정 시 절차

① 보정하고자 하는 시료채취 여재와 펌프를 뷰렛에 연결
② 펌프가 충전이 잘 되었는지 축전지를 확인
③ 펌프를 작동시켜 뷰렛의 내벽을 비누용액으로 젖게 하고 pump가 안정화 될 때까지 약
   5분 정도 기다림
④ 드라이버로 펌프의 유량조절나사를 돌려 원하는 유량으로 적절히 맞춤
⑤ 펌프가 충분히 안정되면 기구보정을 시작함
⑥ 작업환경측정 전에 한 번 실시하고, 측정이 끝난 후 동일과정을 반복하여 그 평균을
   시료채취유량으로 한다.

(3) 필요한 항목을 고려한 유량보정 그림

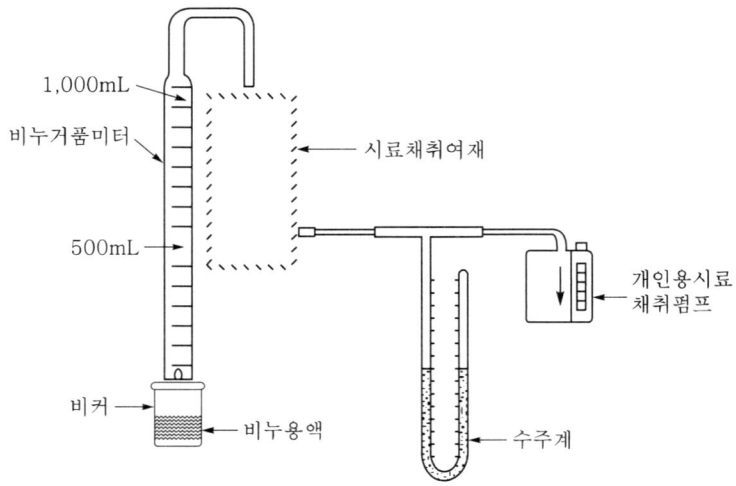

(4) 시간(sec)$=\dfrac{\text{채취량}}{\text{pump 용량}}$

$$=\dfrac{500\text{cm}^3(500\text{mL})}{2\text{L/min}\times\text{min/60sec}\times1{,}000\text{mL/L}}=15\text{sec}$$

> **플러스 학습** **표준기구(보정기구)**

1. 개요
   ① 공기채취 시 펌프의 유량을 정확히 결정하는데 이 과정을 공기시료채취 펌프의 기구보정
   이라 하며, 시료채취와 동일한 조건에서 기구보정을 실시해야 한다.
   ② 공기(시료)채취 시의 공기유량의 보정을 하는 기구를 표준기구라 한다.

2. 1차 표준기구(표준장비) : 1차 유량보정장치
   ① 물리적 크기에 의해서 공간의 부피를 직접 측정할 수 있는 기구를 말하며, 기구 자체가
   정확한 값을 제시한다. 즉 정확도가 ±1% 이내이다.
   ② pump의 유량을 보정하는데 1차 표준으로서 비누거품미터(soap bubble meter)는 정확하
   고 경제적이고, 비교적 단순하기 때문에 산업위생 분야에서 가장 널리 이용된다.
   ③ Pitot 튜브는 기류를 측정하는 1차 표준으로서 보정이 필요 없으며, 정확성에는 한계가
   있고 기류가 12.7m/sec 이상일 때는 U자 튜브를 이용, 그 이하에서는 기울어진 튜브를
   이용한다.
   ④ 폐활량계(Spirometer)는 실린더 형태의 종(bell)으로서 개구부는 아래로 향하고 있으며, 액
   체에 담겨져 있으며 파이프를 통하여 종 안에 공기가 유입 시 공기의 양에 따라 종이 상
   부로 이동하며 용량의 계산은 이동거리와 단면적을 곱하여 구한다.
   ⑤ 흑연 피스톤미터(frictionless piston meter : 무마찰 피스톤미터) 뷰렛 내에 거품이 형성,
   거품의 부피를 펌프로 이동하는 시간을 측정하여 유량을 알 수 있으며, 고유량에서는 정
   확도가 감소한다.
   ⑥ 공기채취기구의 보정에 사용되는 1차 표준기구 종류

표준기구	일반사용범위	정확도
비누거품미터(Soap bubble meter)	1mL/분~30L/분	±1%
폐활량계(Spirometer)	100~600L	±1%
가스치환병(Mariotte bottle)	10mL/분~500L/분	±0.05~0.25%
유리피스톤미터(Glass piston meter)	10mL/분~200L/분	±2%
흑연피스톤미터(Frictionless meter)	1mL/분~50L/분	±1~2%
피토튜브(Pitot tube)	15mL/분 이하	±1%

[참고] 피토튜브를 이용한 보정방법

1. 공기흐름과 직접 마주치는 튜브 → 총(전체) 압력측정
2. 외곽튜브 → 정압측정
3. 총 압력 − 정압 = 동압(속도압)
4. 유속 = $4.043\sqrt{동압}$

3. 2차 표준기구(표준장비)

① 2차 표준기구는 공간의 부피를 직접 알 수 없으며, 1차 표준기구로 다시 보정하여야 하며, 유량과 비례관계가 있는 유속, 압력을 측정하여 유량으로 환산방법을 말한다.

② 1차 표준기구를 기준으로 보정하여 사용할 수 있는 기구를 의미하며, 온도와 압력에 영향을 받는다.

③ 유량측정 시 가장 흔히 사용하는 2차 표준기구는 로타미터(Rotameter)이다.

④ 로타미터의 원리는 유체가 위쪽으로 흐름에 따라 float도 위로 올라가며, float와 관벽 사이의 접촉면에서 발생되는 압력강하가 float를 충분히 지지해 줄 때까지 올라간 float의 눈금을 읽는 것이다.

⑤ 습식 테스트미터는 주로 실험실, 건식 가스미터는 주로 현장에서 사용된다.

⑥ 2차 표준기구의 종류

표준기구	일반사용범위	정확도
로타미터(Rotameter)	1mL/분 이하	±1~25%
습식 테스트미터(Wet-test-meter)	0.5~230L/분	±0.05%
건식 가스미터(Dry-gas-meter)	10~150L/분	±1%
오리피스미터(Orifice meter)	−	±0.05%
열선기류계(Thermo anemometer)	0.05~40.6m/초	±0.1~0.2%

2019년 산업보건지도사

2019년 6월 15일 시행

※ 다음 단답형 5문제를 모두 답하시오. (각 5점)

01 산업안전보건기준에 관한 규칙 제607조 및 제617조 제1항 단서에 따라 설치하는 국소배기장치[연삭기, 드럼 샌더(Drum Sander) 등의 회전체를 가지는 기계에 관련되어 분진작업을 하는 장소에 설치하는 것은 제외한다]의 제어풍속에 관한 내용이다. (가)~(마)에 들어갈 내용을 쓰시오.

분진 작업 장소	포위식 후드의 경우	외부식 후드의 경우		
		측방 흡인형	하방 흡인형	상방 흡인형
암석 등 탄소원료 또는 알루미늄박을 체로 거르는 장소	(가)	–	–	–
주물모래를 재생하는 장소	(나)	–	–	–
주형을 부수고 모래를 터는 장소	0.7	(다)	1.3	–
그 밖의 분진작업장소	0.7	1.0	(라)	(마)

> 제어풍속(미터/초)

해설 (가) : 0.7m/sec
　　　(나) : 0.7m/sec
　　　(다) : 1.3m/sec
　　　(라) : 1.0m/sec
　　　(마) : 1.2m/sec

플러스 학습 **분진작업장소에 설치하는 국소배기장치의 제어풍속**

1. 국소배기장치[연삭기, 드럼 샌더(drum sander) 등의 회전체를 가지는 기계에 관련되어 분진 작업을 하는 장소에 설치하는 것은 제외한다]의 제어풍속

분진 작업장소	제어풍속(미터/초)			
	포위식 후드의 경우	외부식 후드의 경우		
		측방 흡인형	하방 흡인형	상방 흡인형
암석 등 탄소원료 또는 알루미늄박을 체로 거르는 장소	0.7	-	-	-
주물모래를 재생하는 장소	0.7	-	-	-
주형을 부수고 모래를 터는 장소	0.7	1.3	1.3	-
그 밖의 분진작업장소	0.7	1.0	1.0	1.2

[비고] 제어풍속

국소배기장치의 모든 후드를 개방한 경우의 제어풍속으로서 다음의 위치에서 측정한다.

가. 포위식 후드에서는 후드 개구면

나. 외부식 후드에서는 해당 후드에 의하여 분진을 빨아들이려는 범위에서 그 후드 개구면으로부터 가장 먼 거리의 작업위치

2. 국소배기장치 중 연삭기, 드럼 샌더 등의 회전체를 가지는 기계에 관련되어 분진작업을 하는 장소에 설치된 국소배기장치의 후드의 설치방법에 따른 제어풍속

후드의 설치방법	제어풍속(미터/초)
회전체를 가지는 기계 전체를 포위하는 방법	0.5
회전체의 회전으로 발생하는 분진의 흩날림방향을 후드의 개구면으로 덮는 방법	5.0
회전체만을 포위하는 방법	5.0

[비고] 제어풍속

국소배기장치의 모든 후드를 개방한 경우의 제어풍속으로서, 회전체를 정지한 상태에서 후드의 개구면에서의 최소풍속을 말한다.

02 섬유원단 우레탄수지 코팅공정에서 공기 중 유해인자인 디메틸포름아미드[NHCO(CH₃)₂, CAS No. 68-12-2]를 측정하여 분석하는 경우 다음 사항을 쓰시오.

(1) 시료채취기(흡착튜브)명

(2) 시료채취용 펌프의 적정유량 (단위 : L/분)

(3) 시료채취의 파과 시 채취공기량 (단위 : L)

(4) 분석기기의 명칭

(5) 시료 전처리(탈착) 시약명

해설 (1) 실리카겔관

(2) 0.01~1L/min (8시간 동안 연속적으로 작동이 가능해야 함)

(3) 최대시료채취량 80L×1.1=88L 이상

(4) 불꽃이온화검출기(FID)가 장착된 가스 크로마토그래피

(5) 메탄올

플러스 학습 **디메틸포름아미드**

1. 적용범위

이 방법은 작업장 내 디메틸포름아미드[NHCO(CH₃)₂, CAS No. 68-12-2] 노출 농도의 허용 기준 초과여부를 확인하기 위해 적용한다.

2. 시료채취

(1) 시료채취기

실리카겔관(silica gel 150mg/75mg, 또는 동등 이상의 흡착성능을 갖는 흡착 튜브)을 사용한다.

(2) 시료채취용 펌프

① 작업자의 정상적인 작업상황에서 작업자에게 부착 가능해야 한다.

② 적정유량(0.01~1L/분)에서 8시간 동안 연속적으로 작동이 가능해야 한다.

(3) 유량보정

① 시료채취기와 펌프를 유연성 튜브로 연결한 후, 비누거품 유량보정기를 사용하여 적정유량(0.01~1L/분)으로 보정한다.

② 유량보정은 시료채취 전·후에 실시한다.

(4) 시료채취

시료채취 직전 실리카겔관의 양 끝단을 절단한 후 유연성 튜브를 이용하여 실리카겔관과 펌프를 연결한다. 개인시료채취의 경우 펌프를 근로자에게 장착시키고 시료채취기는 근로자의 호흡영역에 부착하여 시료를 채취한다.

(5) 시료채취량

시료채취 시의 펌프유량 및 채취 총량은 다음 표의 정보를 참고하여 시료채취할 때 실리카겔관의 파과가 일어나지 않도록 펌프의 유량 및 시료채취 시간을 조절하여 시료채취를 한다.

[흡착제로 사용되는 실리카겔은 흡습성이 높은 물질이다. 따라서 작업장 공기 중의 습도가 과도하게 높으면 디메틸포름아미드의 흡착을 방해할 수 있다.]

시료채취		
유량(L/분)	총량(L)	
	최소	최대
0.01~1	15	80

OSHA의 평가결과로 파과기준은 5%임(46.22mg/m^{3}에서 159L 이상 포집 시 5% 이상 파과)

(6) 시료운반, 시료안정성, 현장공시료

① 채취된 시료는 실리카겔관의 마개로 완전히 밀봉한 후 상온·상압 상태에서 운반하며, 시료 보관 시의 시료안정성은 25℃에서 약 5일이다.

② 현장공시료의 개수는 채취된 총 시료 수의 10% 이상 또는 시료 세트당 2~10개를 준비한다.

[현장공시료는 시료채취에 사용하지 않은 실리카겔관의 양 끝단을 절단한 후 즉시 마개로 막아두어야 하며, 시료채취에 활용되지 않은 점만 제외하고 모두 현장시료와 동일하게 취급·운반한다.]

[디메틸포름아미드의 분석을 방해하거나 방해할 수 있다고 의심되는 물질이 작업장 공기 중에 존재한다면 관련 정보를 시료분석자에게 시료전달 시 제공하여야 한다.]

3. 분석

(1) 분석기기

불꽃이온화검출기(FID)가 장착된 가스 크로마토그래피를 사용한다.

(2) 시약

크로마토그래피 분석등급의 메탄올과 디메틸포름아미드를 사용한다.

[표준용액 및 시료 전처리는 반드시 후드 안에서 작업을 수행해야 한다.]

(3) 탈착효율 검증시료 제조

탈착효율 검증용 시료분석은 시료 배치(batch)당 최소한 한 번씩은 행해져야 하며, 탈착효율 검증용 시료조제는 다음과 같은 요령으로 조제하여 사용하도록 한다.

① 3개 농도수준(저, 중, 고 농도)에서 각각 3개씩의 실리카겔관과 공시료로 사용할 실리카겔관 3개를 준비한다.

② 미량 주사기를 이용하여 탈착효율 검증용 용액(stock solution)의 일정량(계산된 농도)을 취해 실리카겔관의 앞층 실리카겔에 직접 주입한다. 탈착효율 검증용 저장용액은 ①에서 언급한 3개의 농도수준이 포함될 수 있도록 디메틸포름아미드의 원액 또는 메탄올에 희석된 디메틸포름아미드 용액을 말한다.

③ 탈착효율 검증용 저장용액을 주입한 실리카겔관은 즉시 마개를 막고 하룻밤 정도 실온에 놓아둔다.

(4) 시료 전처리

① 실리카겔관 앞층과 뒤층의 실리카겔을 각각 다른 바이엘에 담는다.

② 바이엘에 피펫으로 1.0mL의 메탄올을 넣고 즉시 마개로 막는다.

③ 초음파 수욕조에 넣고, 1시간 이상 초음파 처리를 한다.

(5) 검량선 작성과 정도관리

① 검출한계에서 정량한계의 10배 농도범위까지 최소 5개 이상의 농도수준을 표준용액으로 하여 검량선을 작성한다. 표준용액의 농도 범위는 현장시료 농도 범위를 포함해야 한다.

② 표준용액의 조제는 적당량의 디메틸포름아미드를 취해 메탄올에 넣어 혼합시킨 후 이를 메탄올로 연속적으로 희석시켜 원하는 농도 범위의 표준용액을 조제하는 희석식 표준용액 조제방법을 사용한다.

③ 표준용액 검증용 표준용액(standard matching solution) : 조제된 표준용액이 정확히 만들어졌는지 이를 검증할 수 있는 표준용액 2개를 만들어 검증하도록 한다.

④ 작업장에서 채취된 현장시료, 탈착효율 검증시료, 현장공시료 및 공시료를 분석한다.

⑤ 분석된 탈착효율 검증용 시료를 통해 다음과 같이 탈착효율을 구한다.

> 탈착효율(DE ; Desorption Efficiency)＝검출량/주입량

(6) 기기분석

가스 크로마토그래피를 이용한 디메틸포름아미드의 분석은 머무름 시간이 동일한 방해물질 및 다른 화학물질의 존재여부에 따라 칼럼의 종류와 분석기기의 분석조건 등을 다르게 하여 분석하도록 한다. 다음에 예시된 기기분석 조건을 참고하여 디메틸포름아미드 분석이 용이하도록 가스 크로마토그래피를 최적화시킨다.

① 분석조건

칼럼	Capillary, 30m×0.32mm ID : 0.5μm film DB WAX
시료주입량	1μL
운반가스	질소 또는 헬륨가스
온도조건	시료도입부 : 200℃
	검출기 : 250℃
	오븐 : 35℃(3분)~150℃(8℃/분)

② 현장시료, 탈착효율 검증시료, 현장공시료 및 공시료의 디메틸포름아미드에 해당하는 피크 면적 또는 높이를 측정한다.

③ 검출한계 및 시료채취분석오차

이 방법의 검출한계는 50μg/시료이며, 시료채취분석오차는 0.117이다.

(7) 농도

다음 식에 의해 작업장의 공기 중 디메틸포름아미드의 농도를 계산한다.

$$C(\text{ppm}) = \frac{(W_f + W_b - B_f - B_b) \times 24.45}{V \times \text{DE} \times 73.10}$$

여기서, W_f : 시료 앞층에서 분석된 디메틸포름아미드의 질량(μg)

W_b : 시료 뒤층에서 분석된 디메틸포름아미드의 질량(μg)

B_f : 공시료들의 앞층에서 분석된 디메틸포름아미드의 평균질량(μg)

B_b : 공시료들의 뒤층에서 분석된 디메틸포름아미드의 평균질량(μg)

24.45 : 작업환경 표준상태(25℃, 1기압)에서 공기부피

V : 시료채취 총량(L)

DE : 평균 탈착효율

73.10 : 디메틸포름아미드의 분자량

03 작업장의 유해물질 농도를 측정하고 평가하는데 있어서 시료채취와 분석과정에서 발생할 수 있는 오차의 원인을 5가지만 쓰시오.

해설 ① 채취효율
② 측정장치 시스템에서의 공기누설
③ 공기채취유량 및 공기채취용량
④ 측정시간
⑤ 시료채취·운반·보관시 시료의 안정성
⑥ 시료 중 일부분을 분석시, 시료 내에 채취된 유해물질분포의 균일성
⑦ 공기 중에 존재하는 방해물질
⑧ 온도·압력 및 습도와 같은 환경요소

플러스 학습 **시료채취 및 분석오차(SAE ; Sampling and Analytical Error)**

1. 작업환경측정 분야에서 가장 널리 알려진 오차로 측정치와 실제농도와의 차이이며, 어쩔 수 없이 발생되는 오차를 허용한다는 의미이다.

2. 이 오차는 측정결과가 현장시료채취와 실험실 분석만을 거치면서 발생되는 것만을 말한다.

3. 엄격한 의미에서는 확률오차만을 의미하며, "1"을 기준으로 표준화된 수치로 나타내어진다.

4. SAE가 0.15라는 의미는 노출기준과 같은 정해진 수치로부터 15%의 오차를 의미하게 된다.

04 다음은 작업환경측정 대상 유해인자 중 입자상 물질을 채취할 때 적용되는 시료 채취 여과이론에 관한 내용이다. (가)~(라)에 들어갈 내용을 쓰시오.

> 산업현장에서 입자상 물질은 여과원리에 따라 시료를 채취한다. 여과이론에서 중요한 기전은 간섭·관성충돌·확산이지만, 입자상 물질이 폐에 침착될 때는 (가)·(나)·(다)이다. 폐침착에서 간섭은 (라)일 때 주로 관여한다.

해설 (가) : 관성충돌

(나) : 확산

(다) : 중력침강

(라) : 섬유상 물질(석면)

플러스 학습 **시료채취 여과이론**

1. 여과포집(채취) 원리(기전)
   (1) 직접차단(간섭 : interception)
      ① 기체유선에 벗어나지 않는 크기의 미세입자가 섬유와 접촉에 의해서 포집되는 집진 기구이며, 입자 크기와 필터 기공의 비율이 상대적으로 클 때 중요한 포집기전이다.
      ② 영향인자
         ㉠ 분진입자의 크기(직경)
         ㉡ 섬유의 직경
         ㉢ 여과지의 기공 크기(직경)
         ㉣ 여과지의 고형성분(solidity)
   (2) 관성충돌(intertial impaction)
      ① 입경이 비교적 크고 입자가 기체유선에서 벗어나 급격하게 진로를 바꾸면 방향의 변화를 따르지 못한 입자의 방향지향성, 즉 관성 때문에 섬유층에 직접 충돌하여 포집되는 원리이며 유속이 빠를수록, 필터 섬유가 조밀할수록 이 원리에 의한 포집비율이 커진다.
      ② 관성충돌은 $1\mu m$ 이상인 입자에서 공기의 면속도가 수 cm/sec 이상일 때 중요한 역할을 한다.
      ③ 영향인자
         ㉠ 입자의 크기(직경)
         ㉡ 입자의 밀도
         ㉢ 섬유로의 접근속도(면속도)
         ㉣ 섬유의 직경
         ㉤ 여과지의 기공 직경

(3) 확산(diffusion)

① 유속이 느릴 때 포집된 입자층에 의해 유효하게 작용하는 포집기구로서 미세입자의 불규칙적인 운동, 즉 브라운 운동에 의한 포집원리이다.

② 입자상 물질의 채취(카세트에 장착된 여과지 이용) 시 펌프를 이용, 공기를 흡인하여 시료채취 시 크게 작용하는 기전이 확산이다.

③ 영향인자

㉠ 입자의 크기(직경) → 가장 중요한 인자

㉡ 입자의 농도 차이 [여과지 표면과 포집공기 사이의 농도구배(기울기) 차이]

㉢ 섬유로의 접근속도(면속도)

㉣ 섬유의 직경

㉤ 여과지의 기공 직경

(4) 중력침강(gravitional settling)

① 입경이 비교적 크고, 비중이 큰 입자가 저속기류 중에서 중력에 의하여 침강되어 포집되는 원리이다.

② 면속도가 약 5cm/sec 이하에서 작용한다.

③ 영향인자

㉠ 입자의 크기(직경)

㉡ 입자의 밀도

㉢ 섬유로의 접근속도(면속도)

㉣ 섬유의 공극률

(5) 정전기 침강(electrostatic settling)

입자가 정전기를 띠는 경우에는 중요한 기전이나 정량화하기가 어렵다.

(6) 체질(siening)

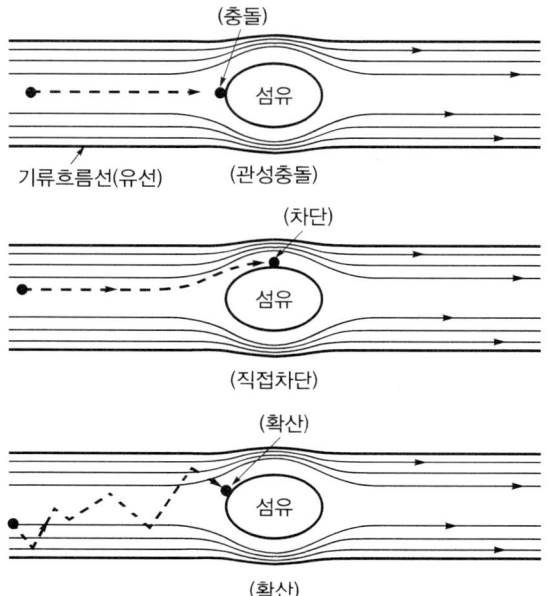

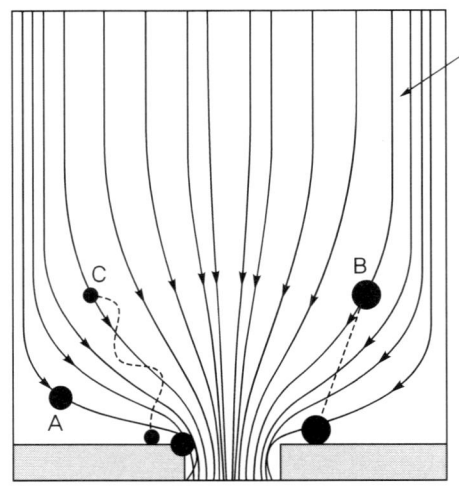

기류흐름선

A : 차단
B : 관성충돌
C : 확산

▮ 여과포집원리(기전) ▮

2. 입자의 호흡기계 침적(축적) 기전
  (1) 충돌(관성충돌)(impaction)
    ① 충돌은 공기흐름 속도, 각도의 변화, 입자밀도, 입자직경에 따라 변화한다.
    ② 충돌은 지름이 크고(1μm 이상), 공기흐름이 빠르고, 불규칙한 호흡기계에서 잘 발생한다.
  (2) 침강(중력침강)(sedimentation)
    ① 침강속도는 입자의 밀도, 입자지름의 제곱에 비례하여, 지름이 크고(1μm) 공기흐름
      속도가 느린상태에서 빨라진다.
    ② 중력침강은 입자모양과는 관계가 없다.
    ③ 먼지의 운동속도가 낮은 미세먼지나 폐포에서 주로 작용하는 기전이다.
  (3) 차단(interception)
    ① 차단은 길이가 긴 입자가 호흡기계로 들어오면 그 입자의 가장자리가 기도의 표면을
      스치게 됨으로써 일어나는 현상이다.
    ② 섬유(석면)입자가 폐 내에 침착되는 데 중요한 역할을 담당한다.
  (4) 확산(diffusion)
    ① 미세입자의 불규칙적인 운동, 즉 브라운 운동에 의해 침적된다.
    ② 지름이 0.5μm 이하의 것이 주로 해당되며, 전 호흡기계 내에서 일어난다.
    ③ 입자의 지름에 반비례, 밀도와는 관계가 없다.
    ④ 입자의 침강속도가 0.001cm/sec 이하인 경우 확산에 의한 침착이 중요하다.
  (5) 정전기 침강(electrostatic deposition)

05 작업환경측정 시료를 분석할 때, 시료의 주입손실과 퍼징손실 또는 점도 등에 영향을 받은 시료의 분석결과를 보정하기 위하여 인위적으로 내부표준물질을 시료 전처리 과정에서 첨가한다. 이 때 사용되는 내부표준물질이 갖고 있어야 할 특성 3가지를 쓰시오.

> **해설** 내부표준물질이 갖고 있어야 할 특성
>
> ① 순도가 높아야 함
> ② 시료용액에 잘 용해되어야 함
> ③ 화학적으로 안정해야 함
> ④ 머무름 시간이 분석대상물질과 너무 멀리 떨어져 있지 않아야 함
> ⑤ 내부표준물질의 양이 분석대상물질의 양보다 너무 많거나 적지 않아야 함
> ⑥ 피크의 용매나 분석대상물질의 피크와 중첩되지 않아야 함
> ⑦ 사용하는 분석기기의 검출기에서 반응이 양호해야 함

플러스 학습　**정량분석법**

1. 종류
   ① 면적표준화법(Area Normalization)
   ② 감응인자보정표준화법(Nomalization with response factors)
   ③ 외부표준물질법(External standard method)
   ④ 내부표준물질법(Internal standard method)

2. 정확도 순서
   내부표준물질법 > 외부표준물질법 > 감응인자보정표준화법 > 면적표준화법

3. 내부표준물질(Internal standard, IS)
   ① 시료를 분석하기 직전에 바탕시료, 교정 곡선용 표준물질, 시료 또는 시료추출물에 첨가되는 농도를 알고 있는 화합물이다. 이 화합물은 대상분석물질의 특성과 유사한 크로마토그래피 특성을 가져야 한다. 즉 시료채취 후 분석시 컬럼의 주입손실, 퍼징손실 또는 점도 등에 영향을 받은 시료의 분석결과를 보정하기 위해 인위적으로 시료 전처리과정에서 더해지는 화학물질을 말한다.
   ② 머무름 시간(retention time), 상대적 감응(relative response), 각 시료 중에 존재하는 분석물의 양(amount of analyte)을 점검하기 위해서 내부표준물질을 사용한다.
   ③ 내부표준물질법에 의해 정량할 때 내부표준물질의 감응과 비교하여 모든 분석물질의 감응을 측정한다.
   ④ 내부표준물질 감응은 교정곡선의 감응에 비해 ±30% 이내에 있어야 한다.

4. 대체표준물질(Surrogate)
   ① 분석하고자 하는 물질과 화학적 조성, 추출, 크로마토그래피가 유사한 유기화합물이다. 하지만 일반환경에서 통상적으로 검출되는 물질은 아니다.
   ② GC, GC/MS로 분석하는 미량유기물질의 분석에 이용된다.
   ③ 모든 바탕시료, 표준물질, 시료에 주입되어 각 시료에 대한 시험방법의 효율을 모니터하기 위하여 시료의 전처리부터 추출과 분석에 이르기까지 전반적인 과정을 조사할 수 있다.
   ④ 대체표준물질이 주입된 시료는 특별한 방법에 따라 퍼징(puring)하거나 추출 전에 주입되고 대체첨가물질의 회수율이 수용한계를 벗어나면 적절한 수정이 이루어진 후 재분석하여야 한다.

5. 내부표준물질과 대체표준물질
   ① 공통점
   분석하기 전에 시료나 바탕시료 등에 주입하는 것과 분석대상물질과 화학적 조성, 크로마토그래피가 유사하여야 한다.
   ② 차이점
   대체표준물질은 일반환경에서는 검출되지 않는 물질이라는 것이 차이점이다.

※ 다음 논술형 2문제를 모두 답하시오. (각 25점)

06 국소배기장치 설계 시 적절한 후드의 설계요령을 8가지만 쓰시오.

해설 후드의 설계요령

(1) 후드는 유해물질을 충분히 제어할 수 있는 구조와 크기로 하여야 한다.

(2) 후드는 발생원을 가능한 한 포위하는 형태인 포위식 형식의 구조로 하고, 발생원을 포위할 수 없을 때는 발생원과 가장 가까운 위치에 외부식 후드를 설치하여야 한다. 다만, 유해물질이 일정한 방향성을 가지고 발생될 때는 레시버식 후드를 설치하여야 한다.

(3) 상부면이 개방된 개방조에서 유해물질이 발생하는 경우에 설치하는 후드의 제어거리에 따른 형식과 설치위치를 고려하여야 한다.

(4) 슬로트후드의 외형단면적이 연결덕트의 단면적보다 현저히 큰 경우에는 후드와 덕트 사이에 충만실(Plenum chamber)을 설치하여야 하며, 이때 충만실의 깊이는 연결덕트 지름의 0.75배 이상으로 하거나 충만실의 기류속도를 슬로트 개구면 속도의 0.5배 이내로 하여야 한다.

(5) 후드의 흡입방향은 가급적 비산 또는 확산된 유해물질이 작업자의 호흡영역을 통과하지 않도록 하여야 한다.

(6) 후드 뒷면에서 주덕트 접속부까지의 가지덕트 길이는 가능한 한 가지덕트 지름의 3배 이상 되도록 하여야 한다. 다만, 가지덕트가 장방형덕트인 경우에는 원형덕트의 상당 지름을 이용하여야 한다.

(7) 후드의 형태와 크기 등 구조는 후드에서의 유입손실이 최소화되도록 하여야 한다.

(8) 후드가 설비에 직접 연결될 경우 후드의 성능 평가를 위한 정압 측정구를 후드와 덕트의 접합부분(hood throat)에서 주덕트 방향으로 1~3직경 정도에 설치한다.

(9) 후드는 내마모성 또는 내부식성 등의 재료 또는 도포한 재질을 사용하고, 변형 등이 발생하지 않는 충분한 강도를 지닌 재질로 하여야 한다.

(10) 후드의 흡인기류에 대한 방해기류가 있다고 판단될 때에는 작업에 영향을 주지 않는 범위 내에서 기류 조정판을 설치하는 등 필요한 조치를 하여야 한다.

플러스 학습 **덕트 설계요령**

1. 재질의 선정 등
   ① 덕트는 내마모성, 내부식성 등의 재료 또는 도포한 재질을 사용하고, 변형 등이 발생하지 않는 충분한 강도를 지닌 재질로 하여야 한다.
   ② 덕트는 가능한 한 원형관을 사용하고, 다음의 사항에 적합하도록 하여야 한다.
   　㉠ 덕트의 굴곡과 접속은 공기흐름의 저항이 최소화될 수 있도록 할 것
   　㉡ 덕트 내부는 가능한 한 매끄러워야 하며, 마찰손실을 최소화 할 것
   　㉢ 마모성, 부식성 유해물질을 반송하는 덕트는 충분한 강도를 지닐 것

2. 덕트의 접속 등
   ① 덕트의 접속 등은 다음의 사항에 적합하도록 설치하여야 한다.
   　㉠ 접속부의 내면은 돌기물이 없도록 할 것
   　㉡ 곡관(Elbow)은 5개 이상의 새우등 곡관으로 연결하거나, 곡관의 중심선 곡률 반경이 덕트 지름의 2.5배 내외가 되도록 할 것
   　㉢ 주덕트와 가지덕트의 접속은 30° 이내가 되도록 할 것
   　㉣ 확대 또는 축소되는 덕트의 관은 경사각을 15° 이하로 하거나, 확대 또는 축소 전후의 덕트 지름 차이가 5배 이상 되도록 할 것
   　㉤ 접속부는 덕트 소용돌이(Vortex)기류가 발생하지 않는 구조로 할 것
   　㉥ 가지덕트가 2개 이상인 경우 주덕트와의 접속은 각각 적절한 방향과 간격을 두고 접속하여 저항이 최소화되는 구조로 하고, 2개 이상의 가지덕트를 확대관 또는 축소관의 동일한 부위에 접속하지 않도록 할 것
   ② 덕트내부에는 분진, 흄, 미스트 등이 퇴적할 수 있으므로 청소가 가능한 부위에 청소구를 설치하여야 한다.
   ③ 미스트나 수증기 등 응축이 일어날 수 있는 유해물질이 통과하는 덕트에는 덕트에 응축된 미스트나 응축수 등을 제거하기 위한 드레인밸브(Drain valve)를 설치하여야 한다.
   ④ 덕트에는 덕트내 반송속도를 측정할 수 있는 측정구를 적절한 위치에 설치하여야 하며, 측정구의 위치는 균일한 기류상태에서 측정하기 위해서, 엘보, 후드, 가지덕트 접속부 등 기류변동이 있는 지점으로부터 최소한 덕트 지름이 7.5배 이상 떨어진 하류 측에 설치하여야 한다.
   ⑤ 덕트의 진동이 심한 경우, 진동전달을 감소시키기 위하여 지지대 등을 설치하여야 한다.
   ⑥ 플렌지를 이용한 덕트 연결 시에는 가스킷을 사용하여 공기의 누설을 방지하고, 볼트체결부에는 방진고무를 삽입하여야 한다.
   ⑦ 덕트 길이가 1m 이상인 경우, 견고한 구조로 지지대 등을 설치하여 휨 등에 의한 구조변화나 파손 등이 발생하지 않도록 하여야 한다.
   ⑧ 작업장 천정 등의 설치공간 부족으로 덕트형태가 변형될 때에는 그에 따르는 압력손실이 크지 않도록 설치하여야 한다.

⑨ 주름관 덕트(Flexible duct)는 가능한 한 사용하지 않는 것이 원칙이나, 필요에 의하여 사용한 경우에는 접힘이나 꼬임에 의해 과도한 압력손실이 발생하지 않도록 최소한의 길이로 설치하여야 한다.

3. 반송속도 결정

덕트에서의 반송속도는 국소배기장치의 성능향상 및 덕트내 퇴적을 방지하기 위하여 유해물질의 발생형태에 따라 정하는 기준에 따라야 한다.

4. 압력평형의 유지

① 덕트내의 공기흐름은 압력손실이 가능한 한 최소가 되도록 설계되어야 한다.
② 설계 시에는 후드, 충만실, 직선덕트, 확대 또는 축소관, 곡관, 공기정화장치 및 배기구 등의 압력손실과 합류관의 접속각도 등에 의한 압력손실이 포함되도록 하여야 한다.
③ 주덕트와 가지덕트의 연결점에서 각각의 압력손실의 차가 10% 이내가 되도록 압력평형이 유지되도록 하여야 한다.

5. 추가 설치시 조치

① 기설치된 국소배기장치에 후드를 추가로 설치하고자 하는 경우에는 추가로 인한 국소배기장치의 전반적인 성능을 검토하여 모든 후드에서 제어풍속을 만족할 수 있을 때에만 후드를 추가하여 설치할 수 있다.
② ①에 의하여 성능을 검토하는 경우에는 배기풍량, 후드의 제어풍속, 압력손실, 덕트의 반송속도 및 압력평형, 배풍기의 동력과 회전속도, 전기정격용량 등을 고려하여야 한다.

07 작업환경측정 시료 중 특정 화합물 또는 유기화합물을 가스크로마토그래피를 이용하여 분석하고자 한다. 이 때 사용되는 가스크로마토그래피에 관한 다음 사항을 쓰시오.

(1) 가스크로마토그래피의 기기 구성
(2) 검출기의 기능
(3) 검출기의 종류 중 5가지

해설 (1) 가스유로계 → 주입부(Injection) → 컬럼(column)오븐 → 검출기(detector)

(2) 분리관(column)에서 분리된 성분들은 머무름시간 순서대로 검출기로 들어가 검출기의 특성에 따라 전기적인 신호로 바뀌게 하여 시료를 검출하는 장치이다.

(3) ① 불꽃이온화검출기(FID)
② 열전도도검출기(TCD)
③ 전자포획검출기(ECD)
④ 불꽃광도(전자)검출기(FPD)
⑤ 광이온화검출기(PID)
⑥ 질소인검출기(NPD)

플러스 학습 검출기

1. 검출기는 복잡한 시료로부터 분석하고자 하는 성분을 선택적으로 반응, 즉 시료에 대하여 선형적으로 감응해야 하며, 검출기의 특성에 따라 전기적인 신호로 바꾸게 하여 시료를 검출하는 장치이다.

2. 검출기의 온도를 조절할 수 있는 가열기구 및 이를 측정할 수 있는 측정기구가 갖추어져야 한다.

3. 검출기는 감도가 좋고 안정성과 재현성이 있어야 하며, 시료에 대하여 선형적으로 감응해야 하고, 약 400℃까지 작동 가능해야 한다.

4. 검출기는 시료의 화학종과 운반기체의 종류에 따라 각기 다르게 감도를 나타내므로 선택에 주의해야 하고, 검출기를 오랫동안 사용하면 감도가 저하되므로 용매에 담궈 씻거나 분해하여 부드러운 붓으로 닦아주는 등 감도를 유지할 수 있도록 해야 한다.

5. 검출기 종류

① 불꽃이온화검출기(FID)의 작동원리

　㉠ 분리관에서 분리된 물질이 검출기 내부로 들어와 수소가스와 혼합되고 혼합된 기체는 공기가 통과하고 있는 젯(jet)으로 들어가서 젯 위에 형성된 2,100℃ 정도의 불꽃 안에서 연소가 되면서 이온화가 이루어지는 것이다.

　㉡ 발생된 이온은 직류전위차를 측정할 수 있는 전극에 의해 전류의 양으로 변환되는데 이는 전하를 띈 이온의 농도에 비례하게 된다.

　㉢ 특징
　　• FID는 성분의 탄소수에 비례하여 높은 감응도를 보이는데, 일반적인 유기화합물에 대한 감응수준은 10~100pg이며, 직선범위는 1×10^7 수준이다.
　　• FID에 감응하지 않는 화학성분들은 H_2O, CO_2, N_2, NH_4, O_2, SO_2, SiO_4 등이다.
　　• FID는 불꽃을 사용하므로 검출기의 온도가 너무 낮은 경우에는 검출기 내부에 수분이 응축되어 기기가 부식될 가능성이 있으므로 적어도 80~100℃ 이상의 온도를 유지할 필요가 있다.

② 전자포획검출기(ECD)의 작동원리

　㉠ 시료와 운반가스가 β선을 방출하는 검출기를 통과할 때 이 β선에 의해 운반가스(흔히 질소를 사용함)의 원자로부터 많은 전자를 방출하게 만들고 따라서 일정한 전류가 흐르게 하는 것이다. 그러나 운반기체와 함께 이송되는 시료성분인 유기화합물에 의해 운반기체에서 방출된 전자와 결합하기 때문에 검출기로부터 나오는 전류량은 유기화합물의 농도에 비례하여 감소하게 된다.

　㉡ 특징
　　• ECD는 할로겐, 과산화물, 퀴논, 니트로기와 같은 전기음성도가 큰 작용기에 대하여 대단히 예민하게 반응한다.
　　• 아민, 알코올류, 탄화수소와 같은 화합물에는 감응하지 않는다.
　　• 염소를 함유한 농약의 검출에 널리 사용되고, ECD를 통과한 화합물은 파과되지 않는다는 장점이 있다.
　　• 검출한계는 약 50pg 정도이고, 1×10^7까지 반응의 직선성을 가진다.

③ 불꽃광전자검출기(FPD)의 작동원리

　시료가 검출기 내부에 형성된 불꽃을 통과할 때 연소하는 과정에서 화합물들이 에너지가 높은 상태로 들뜨게 되고 다시 바닥상태로 돌아올 때 특정한 빛을 내놓는 불꽃 발광현상을 이용한 것이다. 이 빛은 광증배관에 의해 수집되고 측정되며 광학필터에 의해 황 및 인을 함유한 화합물에 매우 높은 선택성을 갖게 된다.

④ 이상의 검출기 이외에도 질소인검출(NPD), 열전도도검출기(TCD), 광이온화검출기(PID) 등이 있다.

- 최근에는 캐필러리칼럼이 주로 사용되며, 그 종류는 제조회사별로 다양하다.

‖ 검출기의 종류 및 특징 ‖

검출기 종류	특징
불꽃이온화검출기 (FID)	• 분석물질을 운반기체와 함께 수소와 공기의 불꽃 속에 도입함으로써 생기는 이온의 증가를 이용하는 원리 • 유기용제 분석 시 가장 많이 사용하는 검출기 • 매우 안정한 보조가스(수소-공기)의 기체흐름이 요구됨 • 큰 범위의 직선성, 비선택성, 넓은 용융성, 안전성, 높은 민감성 • 할로겐 함유 화합물에 대하여 민감도가 낮음 • 운반기체로 질소나 헬륨을 사용 • 주 분석대상 가스는 다핵방향족 탄화수소류, 할로겐화 탄화수소류, 알코올류, 방향족 탄화수소류, 이황화탄소, 니트로메탄, 멜캅탄류
열전도도검출기 (TCD)	• 분석물질마다 다른 열전도도차를 이용하는 원리 • 민감도는 FID의 약 $\dfrac{1}{1,000}$ • 사용되는 운반가스는 순도 99.8% 이상의 헬륨 사용 • 주 분석대상 가스는 벤젠
전자포획검출기 (ECD)	• 유기화합물의 분석에 많이 사용 • 사용되는 운반가스는 순도 99.8% 이상의 헬륨 사용 • 주 분석대상 가스는 할로겐화 탄화수소 화합물, 사염화탄소, 벤조피렌니트로 화합물, 유기금속 화합물, 염소를 함유한 농약의 검출 • 불순물 및 온도에 민감
불꽃광도(전자)검출기(FPD)	• 악취관계 물질분석에 많이 사용(이황화탄소, 멜캅탄류) • 잔류 농약의 분석(유기인, 유기황 화합물)에 대하여 특히 감도가 좋음
광이온화검출기 (PID)	주 분석대상 가스는 알칸계, 방향족, 에스테르류, 유기금속류
질소인검출기 (NPD)	• 매우 안정한 보조가스(수소-공기)의 기체흐름이 요구됨 • 주 분석대상 가스는 질소 포함 화합물, 인 포함 화합물

※ 다음 논술형 2문제 중 1문제를 선택하여 답하시오. (각 25점)

08 국소배기장치의 성능검사 시 송풍기의 V벨트에 대한 성능확인사항에 관하여 설명하시오.

해설 송풍기의 V벨트 성능확인사항

‖ 벨트 등의 상태 ‖

검사방법	판정기준
송풍기를 정지하고, 벨트의 손상 및 벨트와 풀리의 구성형태의 불일치, 풀리의 손상, 편심 또는 부착위치, 엇갈림, 키(잠금장치)의 헐거움 등의 유무를 조사한다.	벨트의 손상, 벨트와 풀리의 구성형태의 불일치, 풀리의 손상, 편심 또는 부착위치, 엇갈림, 키의 헐거움이 없을 것
벨트의 가루가 발생하는지 조사한다.	장력의 부적합이나 수평이 맞지 않는 것이 원인으로 V벨트 이상마모가 없을 것

검사방법	판정기준
 ‖ 인장계측기에 의한 인장강도 및 하중의 측정 ‖	
벨트를 손으로 눌러서 늘어진 치수를 조사한다.	• 벨트의 늘어짐이 10~20mm일 것 • 벨트의 휘는 양(X)은 $0.01L < X < 0.02L$의 조건이 만족할 것
송풍기를 운전하여 벨트의 미끄러짐 및 진동의 유무를 조사한다.	벨트의 미끄러짐 및 진동이 없을 것
회전계를 사용하여 송풍기 회전수를 측정한다.	규정의 회전수를 밑돌지 않을 것

플러스 학습 **송풍기**

1. 송풍기의 안전조치
   ① 송풍기는 점검 및 보수유지가 가능하도록 설치되어야 한다.
   ② 회전부위나 운동부위는 덮개나 울 등으로 보호되어야 한다.
   ③ 노출된 송풍기의 급기구는 종이나 쓰레기 기타 이물질이 유입되지 않도록 금속으로 제작된 미세한 망을 설치하여야 한다.
   ④ 급기구 및 배기구는 사람이 접근할 수 없는 곳에 설치하거나 주위에 울 등을 설치하여 사람의 접근을 방지한다.
   ⑤ A 등급으로 분류되는 대형 송풍기에는 진동감시장치 및 베어링 부위에 온도측정장치를 설치하여 자동으로 경보가 울리고 차단이 되도록 한다.
   ⑥ 풍량을 가변시켜 전범위에 걸쳐 사용되는 송풍기에는 서지(surge)검출 및 방지장치를 설치한다.

2. 운전 전 점검
   ① 베어링에는 지정된 윤활유가 적정한 양으로 채워져 있음을 확인한다.
   ② 송풍기 케이싱 내부에 고인 물이나 기름을 배출시킨다.
   ③ 케이싱 내부에 이물질이 없음을 확인한다.

3. 안전한 운전
   ① 운전이 시작되면 베어링 온도, 케이싱 내의 음향, 진동, 전류계 등의 상태가 정상인지를 확인한다.
   ② 전폐상태의 운전을 장시간 하면 케이싱 내에 압축열이 축적되어 사고발생 우려가 있으므로 규정풍량의 10% 이상을 유출시키도록 한다.
   ③ 토출댐퍼를 조작할 때에는 소풍량의 범위에서 서지를 일으킬 수 있으므로 이 범위에서는 빨리 댐퍼를 열어 서지를 방지한다.

4. 송풍기의 정기점검항목
   ① 기록된 진동치나 온도를 전체적으로 검토하고 진동해석을 하여 이상유무를 확인한다.
   ② 이물질의 흡입, 먼지나 슬러지의 퇴적 유무, 막힘상태 등을 확인한다.
   ③ 구동벨트가 열화, 마멸, 손상된 곳이 있는가를 검사한다.
   ④ 전동기, 전선 등의 부식, 진동이나 습기 등에 의한 절연열화나 손상이 있는가를 검사한다.
   ⑤ 날개, 축 등 운동부위에 부식, 변형, 마멸, 크랙, 홈 등이 발생되었는지를 검사한다.
   ⑥ 진동해석이나 육안검사에서 이상징후가 발견되면 송풍기를 분해하고 모든 회전부위에 대하여 액체침투탐상이나 자분탐상 등의 비파괴 검사를 실시한다.

5. 송풍기의 정기정비항목

① 이물질의 축적을 방지할 수 있도록 날개나 임펠러 및 케이싱 내부를 청소한다.

② 부식된 곳은 녹을 제거하고 손상부위를 보수한 후 부식방지를 위한 재도장 등의 조치를 한다.

③ 허브부시, 베어링 등 모든 구동부위 및 운동부위에는 재급유를 하고 그리스를 도포한다.

④ 이상이 있는 구동벨트는 교체한다.

⑤ 날개가 손상, 변경된 것은 밸런스 관계상 수정이 어려우므로 신품으로 교체한다.

09 입자상 물질인 흡입성 분진과 호흡성 분진에 관하여 다음 사항을 쓰시오.

(1) 흡입성 분진과 호흡성 분진의 개념

(2) 흡입성 분진과 호흡성 분진의 작업환경측정방법

해설 (1) 흡입성 분진과 호흡성 분진의 개념

① 흡입성 입자상 물질(IPM ; Inspirable Particulates Mass)

ㄱ 호흡기 어느 부위에 침착(비강, 인후두, 기관 등 호흡기의 기도 부위)하더라도 독성을 유발하는 분진

ㄴ 입경범위는 0~100μm

ㄷ 평균 입경(폐침착의 50%에 해당하는 입자의 크기)은 100μm

ㄹ 침전분진은 재채기, 침, 코 등의 벌크(bulk) 세척기전으로 제거됨

ㅁ 비암이나 비중격천공을 일으키는 입자상 물질이 여기에 속함

ㅂ 채취기구는 IOM sampler

② 호흡성 입자상 물질(RPM ; Respirable Particulates Mass)

ㄱ 가스 교환부위, 즉 폐포에 침착할 때 유해한 물질

ㄴ 평균 입경은 4μm

ㄷ 폐포에 침착 시 독성으로 인한 섬유화를 유발하여 진폐증 유발

ㄹ 채취기구는 10mm nylon cyclone

(2) 흡입성 분진과 호흡성 분진의 작업환경 측정방법

① 흡입성 분진

PVC여과지가 장착된 IOM sampler(Institute of Occupation Medicine) 또는 직경분립충돌기 등 동등 이상의 채취가 가능한 장비를 이용하여 시료를 채취하고 전자저울을 이용한 중량분석법으로 정량한다.

② 호흡성 분진

ㄱ 중량농도법(24시간 동안 시료를 채취하여 여과지(필터)에 모인 물질 중 그 크기가 2.5μm보다 작은 미세먼지의 질량을 저울로 직접(수동) 측정하는 방식으로 미세먼지 농도를 구함)

ㄴ 장치 구성

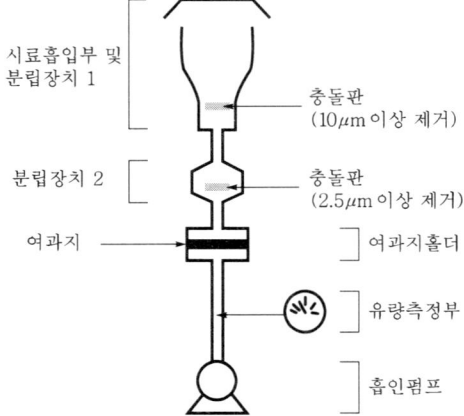

플러스 학습 **입자상 물질의 측정**

1. 공기 중 석면은 지름 25mm 셀룰로오스막여과지(Mixed cellulose membrane filter, MCE)를 장착한 연장통(extension cowl)이 달린 카세트를 사용하여 시료를 채취하고 위상차현미경을 이용하여 분석한다. 섬유상 먼지의 정성 분석이 필요한 경우 전자현미경법을 적용할 수 있다.

2. 석영(Quartz) 등의 결정체 산화규소 성분을 함유하지 않은 광물성 분진은 37mm PVC 여과지(Polyvinyl Chloride filter, PVC)를 장착한 카세트를 사용하여 시료를 채취하고 전자저울을 이용한 중량분석법으로 무게를 산출한다.)

3. 석영, 크리스토바라이트(Cristobalite), 트리디마이트(Tridymite) 등 결정체 산화규소 성분을 함유한 광물성 분진은 37mm PVC 여과지를 장착한 카세트를 사용하여 시료를 채취하고 적외선 분광 분석기(Fourier transform infrared spectroscopy, FTIR)을 이용하여 분석한다. 이 경우 호흡성 분진의 채취 시에는 사이클론 등 분립장치를 장착하되 해당 장치의 제조사가 제시한 채취유량을 준수한다.

4. 용접흄은 37mm PVC 여과지나 MCE 여과지를 장착한 카세트에 포집하여 전자저울을 이용한 중량분석법을 이용한다. 호흡성 용접흄의 채취 시에는 사이클론 등 분립장치를 장착하되 해당 장치의 제조사가 제시한 채취유량을 준수한다.

5. 소우프스톤, 운모, 포틀랜드 시멘트, 활석, 흑연 등 결정체 산화규소 성분 1% 미만 함유한 광물성 분진은 37mm PVC 여과지를 장착한 카세트에 포집하여 전자저울을 이용한 중량분석법을 이용한다. 이 경우 호흡성 분진의 채취 시에는 사이클론 등 분립장치를 장착하되 해당 장치의 제조사가 제시한 채취유량을 준수한다.

6. 곡물 분진, 유리섬유 분진은 37mm PVC 여과지를 장착한 카세트에 포집하여 전자저울을 이용한 중량분석법을 이용한다. 이 경우 호흡성 분진의 채취 시에는 사이클론 등 분립장치를 장착하되 해당 장치의 제조사가 제시한 채취유량을 준수한다.

7. 목재 분진과 같은 흡입성 분진을 측정하려는 경우 PVC 여과지가 장착된 IOM sampler(Institute of Occupational Medicine) 또는 직경분립충돌기 등 동등 이상의 채취가 가능한 장비를 이용하여 시료를 채취하고 전자저울을 이용한 중량분석법으로 정량한다.

8. 입자상 물질 중 미스트를 측정하려는 경우 시료채취분석방법에서 지정한 채취매체와 분석법을 적용한다. 이때 해당 미스트가 시료채취 중 가스상 물질로 손실될 우려가 있는 경우 복합매체를 적용한다.

2020년 산업보건지도사

산업위생공학

2020년 6월 20일 시행

※ 다음 단답형 5문제를 모두 답하시오. (각 5점)

01 베르누이가 제시한 속도압(VP, Velocity Pressure)에 관한 설명이다. ( )에 들어갈 내용을 쓰시오. (단, ㉠, ㉡, ㉢의 경우, 속도, 중력가속도, 표준상태의 공기밀도 중에서 하나를 골라 각각 쓰시오.)

> 속도압(VP)는 (㉠)에 비례, (㉡)의 제곱에 비례, (㉢)와 반비례 관계가 있다. 이러한 관계는 오염물질이 덕트에 퇴적되지 않고 운반되게 할 수 있는 (㉣) 산출에 중요하게 이용된다.

해설 ㉠ : 표준상태의 공기밀도
　　㉡ : 속도
　　㉢ : 중력가속도
　　㉣ : 반송속도(유속)

🌱 **플러스 학습**　**베르누이 정리**

베르누이 정리에 의해 속도수두를 동압(속도압), 압력수두를 정압이라 하고 동압과 정압의 합을 전압이라 한다.

> 전압(TP : Total Pressure)＝동압(VP : Velocity Pressure)＋정압(SP : Static Pressure)

1. 정압
   ① 밀폐된 공간(Duct) 내 사방으로 동일하게 미치는 압력, 즉 모든 방향에서 동일한 압력이며 송풍기 앞에서는 음압, 송풍기 뒤에서는 양압이다.
   ② 공기흐름에 대한 저항을 나타내는 저항압력 또는 마찰압력이라고 한다.
   ③ 정압이 대기압보다 낮을 때는 음압(Negative pressure)이고 대기압보다 높을 때는 양압(positive pressure)으로 표시한다.
   ④ 정압은 단위체적의 유체가 압력이라는 형태로 나타내는 에너지이며, 양압은 공간벽을 팽창시키려는 방향으로 미치는 압력이고 음압은 공간벽을 압축시키려는 방향으로 미치는 압력이다. 즉 유체를 압축시키거나 팽창시키려는 잠재에너지의 의미가 있다.
   ⑤ 정압은 속도압과 관계없이 독립적으로 발생한다.

2. 동압(속도압)

① 공기의 흐름방향으로 미치는 압력이고 단위체적의 유체가 갖고 있는 운동에너지이다. 즉 동압은 공기의 운동에너지에 비례한다.

② 정지상태의 유체에 작용하여 속도 또는 가속을 일으키는 압력으로 공기를 이동시키며, 공기의 운동에너지에 비례하여 항상 0 또는 양압을 갖는다.

③ 동압은 송풍량과 덕트 직경이 일정하면 일정하다.

④ 정지상태의 유체에 작용하여 현재의 속도로 가속시키는데 요구하는 압력이고 반대로 어떤 속도로 흐르는 유체를 정지시키는데 필요한 압력으로서 흐름에 대항하는 압력이다.

⑤ 공기속도(V)와 속도압(VP)의 관계

$$\text{속도압(동압)}(VP) = \frac{\gamma V^2}{2g} \text{에서, } V = \sqrt{\frac{2g\,VP}{\gamma}}$$

여기서, 표준공기인 경우 $\gamma = 1.203\,\mathrm{kg_f/m^3}$, $g = 9.81\,\mathrm{m/s^2}$이므로 위의 식에 대입하면

$$V = 4.043\sqrt{VP}$$

$$VP = \left(\frac{V}{4.043}\right)^2$$

여기서, V : 공기속도(m/sec)

VP : 동압(속도압)(mmH₂O)

⑥ Duct에서 속도압은 Duct의 반송속도를 추정하기 위해 측정한다.

3. 전압

① 전압은 단위유체에 작용하는 정압과 동압의 총합이며, 시설 내에 필요한 단위체적당 전 에너지를 나타내고 유체의 흐름방향으로 작용한다.

② 정압과 동압은 상호변환 가능하며 그 변환에 의해 정압, 동압의 값이 변화하더라도 그 합인 전압은 에너지의 득, 실이 없다면 관의 전 길이에 걸쳐 일정하다. 이를 베르누이 정리라 한다. 즉 유입된 에너지의 총량은 유출된 에너지의 총량과 같다는 의미이다.

③ 속도변화가 현저한 축소관 및 확대관 등에서는 완전한 변환이 일어나지 않고 약간의 에너지손실이 존재하며, 이러한 에너지손실은 보통 정압손실의 형태를 취한다.

④ 흐름이 가속되는 경우 정압이 동압으로 변화될 때의 손실은 매우 적지만 흐름이 감속되는 경우 유체가 와류를 일으키기 쉬우므로 동압이 정압으로 변화될 때의 손실은 크다.

02 덕트 합류 시 댐퍼(damper)를 이용한 정압 균형 유지 방법의 장점 5가지를 쓰시오.

해설 **저항조절명령법(댐퍼조절평형법)의 장점**

① 시설 설치 후 변경에 유연하게 대처가 가능하다.

② 최소설계풍량으로 평형유지가 가능하다.

③ 공장 내부의 작업공정에 따라 적절한 덕트 위치변경이 가능하다.

④ 설계 계산이 간편하고, 고도의 지식을 요하지 않는다.

⑤ 설치 후 송풍량의 조절이 비교적 용이하다. 즉 임의의 유량을 조절하기가 용이하다.

⑥ 덕트의 크기를 바꿀 필요가 없기 때문에 반송속도를 그대로 유지한다.

플러스 학습 **총 압력손실 계산 방법**

1. 정압조절평형법(유속조절평형법, 정압균형유지법)

① 정의

저항이 큰 쪽의 덕트 직경을 약간 크게 또는 덕트 직경을 감소시켜 저항을 줄이거나 증가시키거나 또는 유량을 재조정하여 합류점의 정압이 같아지도록 하는 방법이다.

② 적용

분지관의 수가 적고 고독성 물질이나 폭발성 및 방사성 분진을 대상으로 사용

③ 계산식

$$Q_c = Q_d \sqrt{\frac{SP_2}{SP_1}}$$

여기서, Q_c : 보정유량(m³/min)

Q_d : 설계유량(m³/min)

SP_1 : 압력손실이 작은 관의 정압(mmH₂O)

SP_2 : 압력손실이 큰 관의 정압(지배정압)(mmH₂O)

(계산결과 높은 쪽 정압과 낮은 쪽 정압의 비(정압비)가 1.2 이하인 경우는 정압이 낮은 쪽의 유량을 증가시켜 압력을 조정하고 정압비가 1.2보다 클 경우는 정압이 낮은 덕트의 직경을 재설계하여야 한다.)

④ 장점

㉠ 예기치 않는 침식, 부식, 분진 퇴적으로 인한 축적(퇴적) 현상이 일어나지 않는다.

㉡ 잘못 설계된 분지관, 최대저항 경로(저항이 큰 분지관) 선정이 잘못되어도 설계 시 쉽게 발견할 수 있다.

㉢ 설계가 정확할 때에는 가장 효율적인 시설이 된다.

㉣ 유속의 범위가 적절히 선택되면 덕트의 폐쇄가 일어나지 않는다.

⑤ 단점
　　㉠ 설계 시 잘못된 유량을 고치기 어렵다(임의의 유량을 조절하기 어려움).
　　㉡ 설계가 복잡하고 시간이 걸린다.
　　㉢ 설계유량 산정이 잘못되었을 경우 수정은 덕트의 크기 변경을 필요로 한다.
　　㉣ 때에 따라 전체 필요한 최소유량보다 더 초과될 수 있다.
　　㉤ 설치 후 변경이나 확장에 대한 유연성이 낮다.
　　㉥ 효율 개선 시 전체를 수정해야 한다.

2. 저항조절평형법(댐퍼조절평형법, 덕트 균형유지법)
　① 정의
　　각 덕트에 댐퍼를 부착하여 압력을 조정, 평형을 유지하는 방법이다.
　② 특징
　　㉠ 후드를 추가 설치해도 쉽게 정압조절이 가능하다.
　　㉡ 사용하지 않는 후드를 막아 다른 곳에 필요한 정압을 보낼 수 있어 현장에서 가장 편리하게 사용할 수 있는 압력균형 방법이다.
　　㉢ 총 압력손실 계산은 압력손실이 가장 큰 분지관을 기준으로 산정한다.
　③ 적용
　　분지관의 수가 많고 덕트의 압력손실이 클 때 사용(배출원이 많아서 여러 개의 후드를 주관에 연결한 경우)
　④ 장점
　　㉠ 시설 설치 후 변경에 유연하게 대처가 가능하다.
　　㉡ 최소설계풍량으로 평형유지가 가능하다.
　　㉢ 공장 내부의 작업공정에 따라 적절한 덕트 위치변경이 가능하다.
　　㉣ 설계 계산이 간편하고, 고도의 지식을 요하지 않는다.
　　㉤ 설치 후 송풍량의 조절이 비교적 용이하다. 즉 임의의 유량을 조절하기가 용이하다.
　　㉥ 덕트의 크기를 바꿀 필요가 없기 때문에 반송속도를 그대로 유지한다.
　⑤ 단점
　　㉠ 평형상태 시설에 댐퍼를 잘못 설치 시 또는 임의의 댐퍼 조정 시 평형상태가 파괴될 수 있다.
　　㉡ 부분적 폐쇄 댐퍼는 침식, 분진 퇴적의 원인이 된다.
　　㉢ 최대저항경로 선정이 잘못되어도 설계 시 쉽게 발견할 수 없다.
　　㉣ 댐퍼가 노출되어 있는 경우가 많아 누구나 쉽게 조절할 수 있어 정상기능을 저해할 수 있다.
　　㉤ 임의의 댐퍼 조정 시 평형상태가 파괴될 수 있다.

03 모표준편차(population standard deviation, σ)와 시료표준편차(sample standard deviation, s)를 구하는 식을 각각 쓰시오.

해설 (1) 모표준편차(σ)

$$\sigma = \sqrt{\frac{\Sigma(x_i - \mu)^2}{N}}$$

x_i : 측정치

μ : 측정치의 산술평균(모평균)

N : 측정치의 수

(2) 시료표준편차(S) : 표본표준편차

$$S = \sqrt{\frac{\Sigma(x_i - \overline{x})^2}{N-1}}$$

$\overline{x}$: 측정치의 산술평균(표본평균)

플러스 학습 표준편차

1. 표준편차
   ① 표준편차는 각 측정값과 평균의 차이를 측정하여 해당 자료의 산포를 나타내는 값을 말한다.
   ② 자료가 모집단인 경우, 측정치의 수 N으로 나누고, 만약 자료가 모집단을 대표하는 표본집단인 경우, 표본에 있는 자료값의 개수보다 작은 $N-1$로 나눈다.

2. 모표준편차 공식에 따른 계산
   ① 주어진 자료의 평균을 구함($\overline{x}$)
   ② 주어진 평균값에서 평균을 뺀 만큼을 편차라 함
   ③ 모든 편차를 제곱
   ④ 제곱편차들을 모두 더함
   ⑤ 제곱된 편차의 합을 모집단 자료개수로 나눔(이 계산 결과값을 분산이라 함)
   ⑥ 분산에 제곱근을 씌워 표준편차 구함

3. 시료(표본)표준편차 공식에 따른 계산
   ① 주어진 자료의 평균을 구함($\overline{x}$)
   ② 주어진 평균값에서 평균을 뺀 만큼을 편차라 함
   ③ 모든 편차를 제곱
   ④ 제곱편차들을 모두 더함
   ⑤ 제곱된 편차의 합을 표본집단의 자료개수에서 1를 뺀 값으로 나눔(이 계산 결과값을 분산이라 함)
   ⑥ 분산에 제곱근을 씌워 표준편차를 구함

04 보호구 안전인증 고시에 따른 '특급 방진마스크'의 성능기준에 관한 다음 사항을 쓰시오.

(1) 사용 장소 2곳

(2) 포집효율의 기준을 정할 때 사용하는 물질 2가지

(3) 위 2가지 물질을 이용한 시험에서 배기밸브가 있는 안면부여과식 방진마스크의 포집효율(%) 기준

해설 (1) 사용장소 2곳
　　　① 베릴륨과 같이 독성이 강한 물질들을 함유한 분진 등 발생장소
　　　② 석면 취급장소

　　(2) 포집효율의 기준을 정할 때 사용하는 물질 2가지
　　　① 염화나트륨 에어로졸(NaCl aerosol)
　　　② 파라핀 오일(Paraffin oil)

　　(3) 안면부여과식 방진마스크의 표집효율 기준
　　　① 특급 : 99.0% 이상
　　　② 1급 : 94.0% 이상
　　　③ 2급 : 80.0% 이상

플러스 학습 **특급 방진마스트 성능기준**

1. 방진마스크의 등급별 사용장소

등급	특급	1급	2급
사용 장소	• 베릴륨 등과 같이 독성이 강한 물질들을 함유한 분진 등 발생장소 • 석면 취급장소	• 특급마스크 착용장소를 제외한 분진 등 발생장소 • 금속흄 등과 같이 열적으로 생기는 분진 등 발생장소 • 기계적으로 생기는 분진 등 발생장소(규소 등과 같이 2급 방진마스크를 착용하여도 무방한 경우는 제외한다)	특급 및 1급 마스크 착용장소를 제외한 분진 등 발생장소
배기밸브가 없는 안면부여과식 마스크는 특급 및 1급 장소에 사용해서는 안 된다.			

2. 포집효율시험 계산방법
　① 염화나트륨 에어로졸(NaCl aerosol)에 의한 방법

$$P(\%) = \frac{C_1 - C_2}{C_1} \times 100$$

　　여기서, P : 분진 등 포집효율
　　　　　C_1 : 여과재 통과 전의 염화나트륨 농도
　　　　　C_2 : 여과재 통과 후의 염화나트륨 농도
　② 파라핀 오일(paraffin oil)에 의한 방법

$$P(\%) = \frac{C_1 - C_2}{C_1} \times 100$$

　　여기서, P : 분진 등 포집효율
　　　　　C_1 : 여과재 통과 전의 파라핀 오일 미스트 농도
　　　　　C_2 : 여과재 통과 후의 파라핀 오일 미스트 농도
　③ 안면부의 누설률시험(염화나트륨 에어로졸에 의한 방법)

$$P(\%) = \frac{C_2}{C_1} \times \frac{T_{흡기} + T_{배기}}{T_{흡기}} \times 100$$

　　여기서, P : 누설률
　　　　　C_1 : 체임버 내 농도
　　　　　C_2 : 측정된 평균 농도
　　　　　$T_{흡기}$: 흡기 전체시간
　　　　　$T_{배기}$: 배기 전체시간

3. 방진마스크의 표집효율

형태 및 등급		염화나트륨(NaCl) 및 파라핀 오일(Paraffin oil) 시험(%)
분리식	특급	99.95 이상
	1급	94.0 이상
	2급	80.0 이상
안면부 여과식	특급	99.0 이상
	1급	94.0 이상
	2급	80.0 이상

05 화학물질 및 물리적 인자의 노출기준에 따르면 화학물질이 2종 이상 혼재하는 경우에는 보통 유해작용의 가중으로 간주하여 아래 식에 따라 노출기준을 산출한다. 화학물질이 2종 이상 혼재할 때 아래 식을 적용하지 않는 경우를 쓰고, 이 경우 노출기준 초과 여부를 어떻게 판단하는지 설명하시오.

$$\frac{C_1}{T_1} + \frac{C_2}{T_2} + \cdots + \frac{C_n}{T_n}$$

C : 화학물질 각각의 측정치

T : 화학물질 각각의 노출기준

해설 (1) 화학물질이 2종 이상 혼재할 때 문제의 식을 적용하지 않는 경우

화학물질이 2종 이상 혼재하는 경우에 혼재하는 물질 간에 유해성이 인체의 서로 다른 부위에 작용한다는 증거가 있는 경우

(2) 노출기준 초과여부 판단

유해성이 각각 작용하므로 혼재하는 물질 중 어느 한 가지라고 노출기준을 넘는 경우 노출기준을 초과하는 것으로 판단함

※ 다음 논술형 2문제를 모두 답하시오. (각 25점)

06 미국산업위생학회(AIHA)에서 제안하고 있는 직업적 노출평가 및 관리 전략에 관한 다음 물음에 답하시오.

(1) 전략의 구성 항목들을 도식화하여 나타내시오.

(2) 노출평가 전략 중 순응 모니터링(compliance monitoring)과 포괄적 노출평가(comprehensive exposure assessment)에 관하여 설명하시오.

(3) 포괄적 노출평가의 장점을 4가지만 쓰시오.

해설 (1) 포괄적 노출평가 및 관리절차(AIHA)

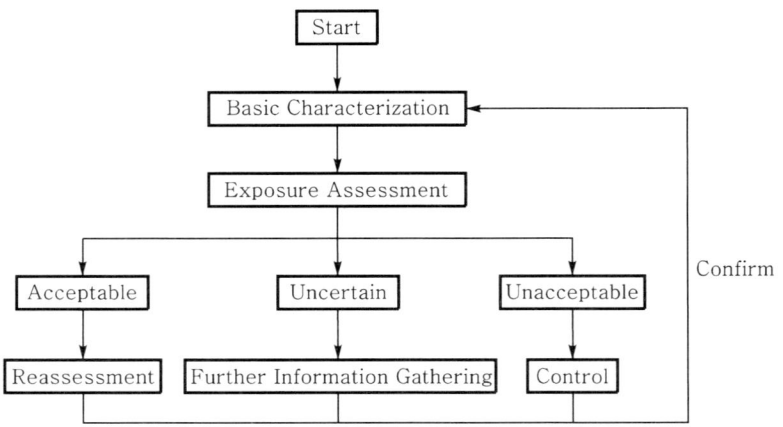

(2) 순응 모니터링(compliance monitoring)과 포괄적 노출평가(comprehensive exposure assessment)

　① 순응 모니터링

　　노출평가시 제반법규를 철저하게 지키도록 사전 또는 상식적으로 통제 감독하는 것을 말한다.

　② 포괄적 노출평가

　　포괄적 노출평가는 현행 평가제도보다 현장의 문제를 제대로 파악하고 개선으로 이루어질 수 있도록 하기 위한 도구이며 핵심적인 요인에 집중하는 선택과 집중의 관리방안을 제시할 수 있다.

(3) 포괄적 노출평가의 장점

　① 백화점식 측정을 지양하고 선택과 집중의 측정전략을 수립 가능하다.

　② 위험성평가 결과를 근거로 측정주기의 조정이 가능하다.

　③ 가장 열악한 작업조건이 측정에 반영되도록 측정대상과 측정시기를 조정 가능하다.

　④ 측정결과의 신뢰도를 높이기 위해 유사노출그룹(SEGs)을 대상으로 한 교차측정이 가능하다.

　⑤ 위험성평가를 접목한 작업환경측정 전략수립이 가능하다.

07 작업환경측정 시료 중 금속 물질을 유도결합플라스마(ICP)를 이용하여 분석하고
자 한다. 이 때 사용하는 유도결합플라스마(ICP)에 관한 다음 물음에 답하시오.

(1) 분석 원리를 설명하시오.

(2) 장점 3가지만 쓰시오.

(3) 단점 3가지를 쓰시오.

해설 (1) 유도결합플라스마(ICP) 분석 원리

유도결합플라스마는 원자분광광도계를 이용하여 시료 중에 들어있는 무기원소를 분석하며
원자나 이온에 열을 가하면 여기상태(들뜬상태)가 되며, 원자나 이온이 불안정해 다시 바닥
상태(안정된 상태)로 되돌아가려고 할 때 방출하는 에너지가 다르고 이 에너지를 검출하는
것이 유도결합플라스마의 원리이다.

(2) 장점

① 비금속을 포함한 대부분의 금속을 ppb 수준까지 측정할 수 있다. (원자흡광광도계에
비하여 희석에 따른 오차를 줄일 수 있음)

② 적은 양의 시료를 가지고 한꺼번에 많은 금속을 분석할 수 있다는 것이 가장 큰 장점이다.

③ 한 번의 시료를 주입하여 10~20초 내에 30개 이상의 원소를 분석할 수 있다.

④ 화학물질에 의한 방해로부터 거의 영향을 받지 않는다. (플라스마 온도가 매우 높아서
원자흡광광도계의 불꽃에서 발생되던 화학적 간섭물질이 없으며, 전처리가 요구되지
않아 분석시간을 절약할 수 있음)

⑤ 검량선의 직선성 범위가 넓다. 즉 직선성 확보가 유리하다.

⑥ 원자흡광광도계보다 적어도 같은 정밀도를 갖으며, 경제적인 측면에서도 유리하다.

(3) 단점

① 원자들은 높은 온도에서 많은 복사선을 방출하므로 분광학적 방해영향이 있다.

② 시료분해 과정 동안에 화합물(NO, CO, CN 등) 바탕방출이 있어 컴퓨터 처리과정에서
교정이 필요하다.

③ 유지관리(주 : 아르곤가스) 및 기기구입 가격이 높다(원자흡광광도계보다 약 2배 이상
고가).

④ 이온화에너지가 낮은 원소들은 검출한계가 높다.

⑤ 이온화에너지가 낮은 원소들이 공존하면 다른 금속의 이온화에 방해를 준다.

🌱 **플러스 학습** **측정기기**

1. 가스 크로마토그래피(GC ; Gas Chromatography)
   (1) 원리 및 적용범위
      가스 크로마토그래피는 기체시료 또는 기화한 액체나 고체 시료를 운반가스로 고정상이 충진된 칼럼(또는 분리관) 내부를 이동시키면서 시료의 각 성분을 분리·전개시켜 정성 및 정량하는 분석기기로서 허용기준 대상 유해인자 중 휘발성 유기화합물의 분석방법에 적용한다.
   (2) 속도이론
      ① 개요
         ㉠ 유해물질의 분석을 위한 크로마토그래피 분리관(column)의 띠넓음 현상은 Van Deemter Plot(반딤터 그림)으로 설명할 수 있다.
         ㉡ Van Deemter Plot은 소용돌이 확산, 세로 확산, 비평형 물질전달의 세 가지 요소로 구성되며, 크로마토그래피의 속도이론이라고도 한다.
         ㉢ 이 세 가지 요소는 이동상의 유속, 고정상 입자의 크기, 확산속도 및 고정상의 두께 등에 영향을 받는다.

$$HETP = A + \frac{B}{U} + CU \text{(Van Deemter Equation)}$$

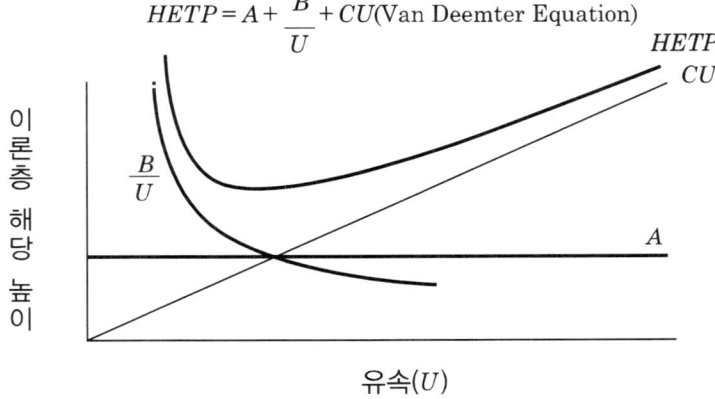

   • A : 소용돌이 확산계수
   • B : 세로 확산계수
   • C : 비평형 물질전달계수
   • H : 이론층 해당 높이(HETP)
   • CU : 비평형 물질전달(nonequilibrium mass transfer)
   • U : 유속(liner velocity) 또는 유량(flow rate)

‖ 반딤터 그림(Van Deemter Plot) ‖

         ㉣ X축은 유속으로 선속도를 표시, Y축은 효율로 이론단 높이를 표시하며 유속의 변화가 분리효율에 어떻게 영향을 미치는지를 파악하는 데 유용하다.

② 소용돌이 확산
  ⊙ 다경로 효과
    분석물질이 이동상을 따라 분리관의 고정상을 지날 때 흐름의 경로차이에 의하여
    피크폭이 넓어지는 현상으로 고정상의 입자 크기가 고르지 못하거나 충진이 불규
    칙하여 운반기체의 경로가 달라지기 때문에 나타나는 현상이다.
  ⓒ 이동상의 속도에 상관없이 일정하다.
③ 세로 확산
  ⊙ 이동상의 속도가 느릴 경우에 크게 작용하고 속도가 빠르면 그 영향이 적다.
  ⓒ 이동상의 운반기체의 밀도가 작거나 분리관 안의 기체압력이 낮을 경우 증가된다.
    즉 피크폭이 넓어진다.
④ 비평형 물질전달
  ⊙ 시료분자들이 분리관을 지나는 동안 농도가 진한 중앙부분에서 농도가 묽은 주변
    으로 확산하려는 성질이다.
  ⓒ 유속이 빠른 경우 완전평형을 이루기 전에 분리관의 아래쪽으로 움직이게 되어
    같은 시료분자들이라 해도 분리관을 통과하는 시간이 달라지게 되는 현상을 비평
    형 물질전달이라 한다.
  ⓒ 유속이 빠를수록 증가된다. 즉 피크폭이 넓어진다.

2. 원자흡광광도계
  (1) 원리
    분석대상 원소가 포함된 시료를 불꽃이나 전기열에 의해 바닥상태의 원자로 해리시키고,
    이 원자의 증기층에 특정파장의 빛을 투과시키면 바닥상태의 분석대상 원자가 그 파장
    의 빛을 흡수하여 들뜬상태의 원자로 되는데 이때 흡수하는 빛의 세기를 측정하는 분석
    기기이다.
  (2) 적용
    허용기준 대상 유해인자 중 금속 및 중금속의 분석방법에 적용한다.
  (3) 적용 이론
    램버트-비어 법칙

3. 분광광도계(흡광광도법)
  (1) 원리
    일반적으로 빛(백색광)이 물질에 닿으면 그 빛은 물질이 표면에서 반사, 물질의 표면에서
    조금 들어간 후 반사, 물질에 흡수 또는 물질을 통과하는 빛으로 나누어지는데, 물질에
    흡수되는 빛의 양(흡광도)은 그 물질의 농도에 따라 다르다. 분광광도계는 이와 같은 빛
    의 원리를 이용하여 일정한 파장에서 시료용액의 흡광도를 측정하여 그 파장에서 빛을
    흡수하는 물질의 양을 정량하는 원리를 갖는 분석기기이다.
  (2) 적용범위
    사용하는 파장대는 주로 자외선(180~320nm)이나 가시광선(320~800nm) 영역이다.

(3) 램버트–비어(Lambert–Beer)의 법칙

세기 I_o인 빛이 농도 C, 길이 L이 되는 용액층을 통과하면 이 용액에 빛이 흡수되어 입사광의 강도가 감소한다. 통과한 직후의 빛의 세기 I_t와 I_o 사이에는 램버트–비어의 법칙에 의하여 다음의 관계가 성립한다.

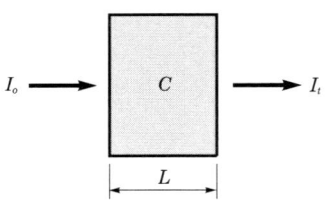

$$I_t = I_o \cdot 10^{-\varepsilon \cdot C \cdot L}$$

여기서, I_o : 입사광의 강도

I_t : 투사광의 강도

C : 농도

L : 빛의 투사거리(석영 cell의 두께)

ε : 비례상수로서 흡광계수

① 투과도(투광도, 투과율)(τ)

$$\tau = \frac{I_t}{I_o}$$

② 흡광도(A)

$$A = \xi Lc = \log \frac{I_o}{I_t} = \log \frac{1}{투과율}$$

여기서, ξ : 몰 흡광계수

※ 다음 논술형 2문제 중 1문제를 선택하여 답하시오. (각 25점)

08 작업환경측정 및 정도관리 등에 관한 고시에 따른 가스상 물질의 검지관 방식 측정에 관한 다음 사항을 쓰시오.

(1) 검지관 방식으로 측정할 수 있는 경우 3가지

(2) 검지관 방식으로 측정할 때 측정 위치

(3) 작업시간을 고려한 측정 방법

(4) 자격자가 해당 사업장에 대하여 검지관 방식으로 측정했음에도 불구하고 개인 시료채취기나 가스크로마토그래피 등으로 측정 및 분석을 해야 하는 경우 2가지

해설 (1) 검지관 방식으로 측정할 수 있는 경우 3가지
① 예비조사 목적인 경우
② 검지관 방식 외에 다른 측정방법이 없는 경우
③ 발생하는 가스상 물질이 단일물질인 경우. 다만, 자격자가 측정하는 사업장에 한정한다.

(2) 검지관 방식으로 측정할 때 측정위치
해당 작업근로자의 호흡기 및 가스상 물질 발생원에 근접한 위치 또는 근로자 작업행동범위의 주작업위치에서의 근로자 호흡기 높이에서 측정한다.

(3) 작업시간을 고려한 측정 방법
1일 작업시간 동안 1시간 간격으로 6회 이상 측정하되 측정시간마다 2회 이상 반복 측정하여 평균값을 산출하여야 한다. 다만, 가스상 물질의 발생시간이 6시간 이내일 때는 작업시간 동안 1시간 간격으로 나누어 측정한다.

(4) 개인 시료채취기나 가스 크로마토그래피 등으로 측정 및 분석을 해야 하는 경우 2가지
① 자격자가 해당 사업장에 대하여 검지관 방식으로 측정을 하는 경우 사업주는 2년에 1회 이상 사업장 위탁측정기관에 의뢰하여 측정한다.
② 검지관 방식의 측정결과가 노출기준을 초과하는 것으로 나타난 경우 분석한다.

플러스 학습 **검지관 방식 측정**

1. 장점
   ① 사용이 간편하다.
   ② 반응시간이 빨라 현장에서 바로 측정 결과를 알 수 있다.
   ③ 비전문가도 어느 정도 숙지하면 사용할 수 있지만 산업위생전문가의 지도 아래 사용되어야 한다.
   ④ 맨홀, 밀폐공간에서의 산소부족 또는 폭발성 가스로 인한 안전이 문제가 될 때 유용하게 사용된다.
   ⑤ 다른 측정방법이 복잡하거나 빠른 측정이 요구될 때 사용할 수 있다.

2. 단점
   ① 민감도가 낮아 비교적 고농도에만 적용이 가능하다.
   ② 특이도가 낮아 다른 방해물질의 영향을 받기 쉽고 오차가 크다.
   ③ 대개 단기간 측정만 가능하다.
   ④ 한 검지관으로 단일물질만 측정 가능하여 각 오염물질에 맞는 검지관을 선정함에 따른 불편함이 있다.
   ⑤ 색변화에 따라 주관적으로 읽을 수 있어 판독자에 따라 변이가 심하며, 색변화가 시간에 따라 변하므로 제조자가 정한 시간에 읽어야 한다.
   ⑥ 미리 측정대상 물질의 동정이 되어 있어야 측정이 가능하다.

09 작업환경측정 및 정도관리 등에 관한 고시에 따르면 1일 작업시간이 8시간을 초과하는 경우에는 소음의 보정노출기준을 산출한 후 측정치와 비교하여 평가하여야 한다. 다음 사항을 쓰시오.

(1) 소음의 보정노출기준 계산식

(2) 1일 10시간 작업 시 소음의 보정노출기준(소수점 둘째 자리에서 반올림)

(3) 1일 10시간 작업한 근로자에 대한 등가소음레벨이 85dB(A)인 경우, 노출기준 초과 여부

---●

해설 (1) 소음의 보정노출기준 계산식

$$\text{소음의 보정노출기준[dB(A)]} = 16.61 \log\left(\frac{100}{12.5 \times h}\right) + 90$$

(2) 1일 10시간 작업 시 소음의 보정노출기준

$$16.61 \log\left(\frac{100}{12.5 \times h}\right) + 90 = 16.16 \log\left(\frac{100}{12.5 \times 10}\right) + 90$$
$$= 88.39 ≒ 88.4 \text{dB(A)}$$

(3) 노출기준초과 여부

실제 노출된 값[85dB(A)]이 보정노출기준[88.4dB(A)]보다 작으므로 미만으로 평가할 수 있다.

플러스 학습 소음(작업환경측정 및 정도관리 등에 관한 고시)

1. 소음수준의 측정방법
   ① 소음측정에 사용되는 기기(이하 "소음계"라 한다)는 누적소음 노출량측정기, 적분형소음계 또는 이와 동등 이상의 성능이 있는 것으로 하되 개인 시료채취 방법이 불가능한 경우에는 지시소음계를 사용할 수 있으며, 발생시간을 고려한 등가소음레벨 방법으로 측정할 것. 다만, 소음발생 간격이 1초 미만을 유지하면서 계속적으로 발생되는 소음(이하 "연속음"이라 한다)을 지시소음계 또는 이와 동등 이상의 성능이 있는 기기로 측정할 경우에는 그러하지 아니할 수 있다.
   ② 소음계의 청감보정회로는 A특성을 할 것
   ③ 소음측정은 다음과 같이 할 것
      ㉠ 소음계 지시침의 동작은 느린(Slow) 상태로 한다.
      ㉡ 소음계의 지시치가 변동하지 않는 경우에는 해당 지시치를 그 측정점에서의 소음수준으로 한다.
   ④ 누적소음노출량 측정기로 소음을 측정하는 경우에는 Criteria는 90dB, Exchange Rate는 5dB, Threshold는 80dB로 기기를 설정할 것
   ⑤ 소음이 1초 이상의 간격을 유지하면서 최대음압수준이 120dB(A) 이상의 소음인 경우에는 소음수준에 따른 1분 동안의 발생횟수를 측정할 것

2. 소음측정 위치
   ① 개인 시료채취 방법으로 측정하는 경우에는 소음측정기의 센서 부분을 작업근로자의 귀 위치(귀를 중심으로 반경 30cm인 반구)에 장착하여야 한다.
   ② 지역 시료채취 방법으로 측정하는 경우에는 소음측정기를 측정대상이 되는 근로자의 주 작업행동 범위 내에서 작업근로자 귀 높이에 설치하여야 한다.

3. 소음측정시간
   ① 단위작업 장소에서 소음수준은 규정된 측정위치 및 지점에서 1일 작업시간 동안 6시간 이상 연속 측정하거나 작업시간을 1시간 간격으로 나누어 6회 이상 측정하여야 한다. 다만, 소음의 발생특성이 연속음으로서 측정치가 변동이 없다고 자격자 또는 지정측정기관이 판단한 경우에는 1시간 동안을 등간격으로 나누어 3회 이상 측정할 수 있다.
   ② 단위작업 장소에서의 소음발생시간이 6시간 이내인 경우나 소음발생원에서의 발생시간이 간헐적인 경우에는 발생시간 동안 연속 측정하거나 등간격으로 나누어 4회 이상 측정하여야 한다.

4. 소음수준의 평가

① 1일 작업시간 동안 연속 측정하거나 작업시간을 1시간 간격으로 나누어 6회 이상 소음 수준을 측정한 경우에는 이를 평균하여 8시간 작업시의 평균소음수준으로 한다. 다만, 3. 의 ①에 따라 측정한 경우에는 이를 평균하여 8시간 작업 시의 평균소음수준으로 한다.

② 3.의 ②에 의해 측정한 경우에는 이를 평균하여 그 기간 동안의 평균소음수준으로 하고 이를 1일 노출시간과 소음강도를 측정하여 등가소음레벨방법으로 평가한다.

③ 지시소음계로 측정하여 등가소음레벨방법으로 적용할 경우에는 다음 식에 따라 산출한 값을 기준으로 평가한다.

$$\text{leq}[\text{dB}(\text{A})] = 16.61 \, \log \frac{n_1 \times 10^{\frac{LA_2}{16.61}} + n_2 \times 1^{\frac{LA_2}{16.61}} + \cdots + n_N \times 10^{\frac{LA_\nu}{16.61}}}{\text{각 소음레벨 측정치의 발생시간 합}}$$

여기서, LA : 각 소음레벨의 측정치[dB(A)]
　　　　　n : 각 소음레벨 측정치의 발생시간(분)

④ 단위작업 장소에서 소음의 강도가 불규칙적으로 변동하는 소음 등을 누적소음 노출량측 정기로 측정하여 노출량으로 산출되었을 경우에는 시간가중평균 소음수준으로 환산하여 야 한다. 다만, 누적소음 노출량측정기에 따른 노출량 산출치가 주어진 값보다 작거나 크 면 시간가중평균소음은 다음 식에 따라 산출한 값을 기준으로 평가할 수 있다.

$$\text{TWA} = 16.61 \, \log\left(\frac{D}{100}\right) + 90$$

여기서, TWA : 시간가중평균 소음수준[dB(A)]
　　　　　D : 누적소음노출량(%)

⑤ 1일 작업시간이 8시간을 초과하는 경우에는 다음 식에 따라 보정노출기준을 산출한 후 측정치와 비교하여 평가하여야 한다.

$$\text{소음의 보정노출기준}[\text{dB}(\text{A})] = 16.61 \, \log\left(\frac{100}{12.5 \times h}\right) + 90$$

여기서, h : 노출시간/일

※ 다음 단답형 5문제를 모두 답하시오. (각 5점)

01 국소배기장치의 설치, 운용 및 검사와 관련하여 다음 설명에 해당하는 용어를 각각 쓰시오.

(1) 공기가 덕트로 유입될 때 개구부 바로 뒤쪽에서 난류가 발생하면서 기류의 단면적이 수축하는 현상

(2) 송풍기 시스템의 손실을 최소화하기 위하여 송풍기 입구의 덕트 길이는 덕트 직경의 6배 이상 직관으로 하고 출구의 덕트 길이는 덕트 직경의 3배 이상을 직관으로 사용해야 한다는 규칙

(3) 송풍량은 회전수에 비례, 송풍기 정압은 회전수 제곱에 비례, 동력의 변화는 회전수 세제곱에 비례한다는 법칙

(4) 배출구와 공기를 유입하는 흡입구는 서로 15m 이상 떨어져야 하고, 배출구의 높이는 지붕 꼭대기나 공기유입구보다 위로 3m 이상 높게 해야 하며, 배출되는 공기는 재유입 되지 않도록 배출가스 속도를 15m/sec 이상 유지해야 한다는 규칙

(5) 사이클론의 분진상자 또는 Multi clone의 호퍼부분에 설치하여 처리 배기량의 5~10%를 흡입시키면 사이클론 내 집진된 분진의 난류현상을 억제하여 비산을 방지함으로써 집진효율이 높아지는 효과

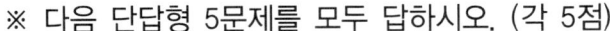

해설 (1) 베나수축(Vena contractor)

(2) Six in and Three Out

(3) 송풍기 상사법칙(Law of similarity)

(4) 15-3-15 규칙

(5) 블로다운(Blow Down)

플러스 학습 **용어 정의**

1. 베나수축
   ① 관내로 공기가 유입될 때 기류의 직경이 감소하는 현상, 즉 기류면적의 축소현상을 말한다.
   ② 베나수축에 의한 손실과 베나수축이 다시 확장될 때 발생하는 난류에 의한 손실을 합하여 유입손실이라 하고 후드의 형태에 큰 영향을 받는다.
   ③ 베나수축은 덕트의 직경 D의 약 0.2D 하류에 위치하며, 덕트의 시작점에서 Duct 직경 D의 약 2배쯤에서 붕괴된다.
   ④ 베나수축에서는 관단면에서 유체의 유속이 가장 빠른 부분은 관중심부이다.
   ⑤ 베나수축현상이 심할수록 손실이 증가되므로 수축이 최소화될 수 있는 후드 형태를 선택해야 한다.
   ⑥ 베나수축이 일어나는 지점의 기류면적은 덕트 면적의 70~100% 정도의 범위이다.
   ⑦ 베나수축이 심할수록 후드 유입손실은 증가한다.
   ⑧ 베나수축지점에서는 정압이 속도압으로 변환되면서 약 2% 정도의 에너지손실이 일어난다.
   ⑨ 기류가 베나수축을 통과하고 나서는 약 0.8D 지점부터 다시 후드 전체로 충만되어 흐르기 때문에 기류가 감속되어 와류에 의한 난류발생과 함께 속도압이 정압으로 변하면서 다량의 에너지손실을 가져온다.
   ⑩ 베나수축을 완화하는 방법은 후드에 플랜지 부착 및 복합 후드로 설계한다.

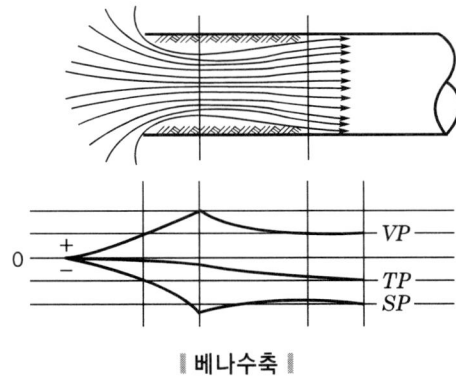

‖ 베나수축 ‖

2. 송풍기 법칙(상사 법칙 : Law of similarity)

(1) 정의

송풍기 법칙이란 송풍기의 회전수와 송풍기의 풍량. 송풍기 풍압. 송풍기 동력과의 관계이며 송풍기의 성능 추정에 매우 중요한 법칙이다.

(2) 송풍기 크기가 같고, 공기의 비중이 일정할 때

① 풍량은 회전속도(회전수) 비에 비례한다.

$$\frac{Q_2}{Q_1} = \frac{N_2}{N_1}$$

여기서, Q_1 : 회전수 변경 전 풍량(m^3/min)

Q_2 : 회전수 변경 후 풍량(m^3/min)

N_1 : 변경 전 회전수(rpm)

N_2 : 변경 후 회전수(rpm)

② 풍압(전압)은 회전속도(회전수) 비의 제곱에 비례한다.

$$\frac{FTP_2}{FTP_1} = \left(\frac{N_2}{N_1}\right)^2$$

여기서, FTP_1 : 회전수 변경 전 풍압(mmH₂O)

FTP_2 : 회전수 변경 후 풍압(mmH₂O)

③ 동력은 회전속도(회전수) 비의 세제곱에 비례한다.

$$\frac{kW_2}{kW_1} = \left(\frac{N_2}{N_1}\right)^3$$

여기서, kW_1 : 회전수 변경 전 동력(kW)

kW_2 : 회전수 변경 후 동력(kW)

(3) 송풍기 회전수. 공기의 비중량이 일정할 때

① 풍량은 송풍기의 크기(회전차 직경) 비의 세제곱에 비례한다.

$$\frac{Q_2}{Q_1} = \left(\frac{D_2}{D_1}\right)^3$$

여기서, D_1 : 변경 전 송풍기의 크기(회전차 직경)

D_2 : 변경 후 송풍기의 크기(회전차 직경)

② 풍압(전압)은 송풍기의 크기(회전차 직경) 비의 제곱에 비례한다.

$$\frac{\text{FTP}_2}{\text{FTP}_1} = \left(\frac{D_2}{D_1}\right)^2$$

여기서, FTP_1 : 송풍기 크기 변경 전 풍압(mmH$_2$O)

FTP_2 : 송풍기 크기 변경 후 풍압(mmH$_2$O)

③ 동력은 송풍기의 크기(회전차 직경) 비의 오제곱에 비례한다.

$$\frac{\text{kW}_2}{\text{kW}_1} = \left(\frac{D_2}{D_1}\right)^5$$

여기서, kW_1 : 송풍기 크기 변경 전 동력(kW)

kW_2 : 송풍기 크기 변경 후 동력(kW)

(4) 송풍기 회전수와 송풍기 크기가 같을 때

① 풍량은 비중(량)의 변화에 무관하다.

$$Q_1 = Q_2$$

여기서, Q_1 : 비중(량) 변경 전 풍량(m³/min)

Q_2 : 비중(량) 변경 후 풍량(m³/min)

② 풍압과 동력은 비중(량)에 비례, 절대온도에 반비례한다.

$$\frac{\text{FTP}_2}{\text{FTP}_1} = \frac{\text{kW}_2}{\text{kW}_1} = \frac{\rho_2}{\rho_1} = \frac{T_1}{T_2}$$

여기서, FTP_1, FTP_2 : 변경 전·후의 풍압(mmH$_2$O)

kW_1, kW_2 : 변경 전·후의 동력(kW)

ρ_1, ρ_2 : 변경 전·후의 비중(량)

T_1, T_2 : 변경 전·후의 절대온도

3. 배기 덕트(배기구)

(1) 「산업환기설비에 관한 기술지침」상 배기구의 설치

① 옥외에 설치하는 배기구의 높이는 지붕으로부터 1.5m 이상이거나 공장건물 높이의 0.3~1.0배 정도의 높이가 되도록 하여 배출된 유해물질이 당해 작업장으로 재유입되거나 인근의 다른 작업장으로 확산되어 영향을 미치지 않는 구조로 하여야 한다.

② 배기구는 내부식성, 내마모성이 있는 재질로 하되, 빗물의 유입을 방지하기 위하여 비덮개를 설치하고, 배기구의 하단에 배수밸브를 설치하여야 한다.

(2) 배기구의 설치는 「15-3-15 규칙」을 참조하여 설치

① 배출구와 공기를 유입하는 흡입구는 서로 15m 이상 떨어져야 한다.

② 배출구의 높이는 지붕 꼭대기나 공기유입구보다 위로 3m 이상 높게 하여야 한다.

③ 배출되는 공기는 재유입되지 않도록 배출가스 속도는 15m/s 이상 유지한다.

(3) 배기구 설치 시 주의사항

① 배출 공기의 재유입을 방지 및 대기확산효율을 높이기 위해 가능한 한 높게 배출시킬 수 있어야 한다.

② 비나 눈 등의 유입을 최소화할 수 있도록 해야 한다.

③ 배출 저항이 가능한 한 적게 발생되도록 해야 한다.

④ 설치비용이 저렴하고, 유지관리가 용이해야 한다.

⑤ 국소배기장치의 배출구 압력은 항상 대기압보다 높아야 한다.

⑥ 비마개형 배기구에서 직경에 대한 높이의 비(높이/직경)가 작을수록 압력손실은 증가한다.

4. 블로다운(Blow Down)

(1) 정의

사이클론의 집진효율을 향상시키기 위한 하나의 방법으로서 더스트 박스 또는 호퍼부에서 처리가스의 5~10%에 상당하는 함진가스를 추출·흡인하여 운영하는 방식이다.

(2) 효과

① 사이클론 내의 난류현상을 억제시킴으로써 집진된 먼지 비산방지 및 선회기류의 흐트러짐을 방지하여 유효원심력을 증가시킴

② 집진효율 증대

③ 원추하부에 가교현상을 방지하여 장치의 원추하부 또는 출구에 먼지퇴적을 억제한다.

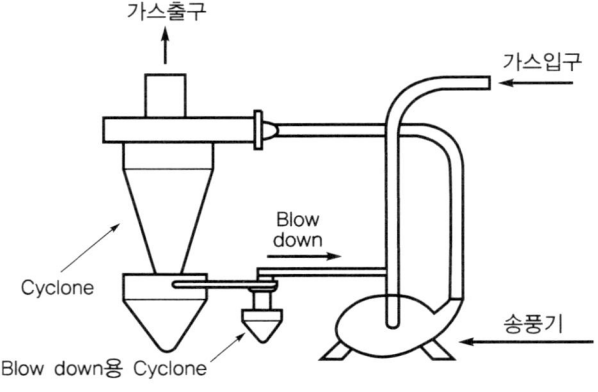

‖ blow-down cyclone ‖

02 산업안전보건기준에 관한 규칙상 사업주가 근로자에게 작업을 시작하기 전 해당 물질이 급성 독성을 일으키는 물질임을 알려야 하는 관리대상 유해물질을 5가지만 쓰시오.

해설 ① 디메틸포름아미드
② 벤젠
③ 사염화탄소
④ 아크릴아미드
⑤ 1,1,2,2-테트라 클로로에탄
⑥ 퍼클로로에틸렌

플러스 학습   **관리대상 유해물질**

1. 종류
   ① 유기화합물 (117종)
   ② 금속류 (24종)
   ③ 산·알칼리류 (17종)
   ④ 가스상태물질 (15종)
2. 관리대상유해물질을 취급하는 작업에 근로자를 종사하도록 하는 경우에 근로자를 작업에 배치하기 전 근로자에게 알려야 하는 사항
   ① 관리대상유해물질의 명칭 및 물리적·화학적 특성
   ② 인체에 미치는 영향과 증상
   ③ 취급상의 주의사항
   ④ 착용하여야 할 보호구와 착용방법
   ⑤ 위급상황 시의 대처방법과 응급조치 요령
   ⑥ 그 밖에 근로자의 건강장해 예방에 관한 사항

03 산업안전보건법령상 작업환경측정 대상 유해인자 중 인듐(CAS No. 7440-74-6)에 관한 다음 사항을 쓰시오.

(1) TWA 노출기준(mg/m^3)

(2) 생물학적 노출지표의 시료채취 검체 종류명과 그 채취시기

(3) 생물학적 노출지표 물질명

해설 (1) TWA 노출기준(mg/m^3)

① 고용노동부 : 0.01(호흡성)mg/m^3

② ACGIH : 0.1mg/m^3

③ NIOSH : 0.1mg/m^3

(2) 생물학적 노출지표의 시료채취 검체 종류명과 그 채취시기

① 시료채취 검체 : 혈액

② 채취시기 : 업무종사기간이라면 혈액시료는 아무 때나 채취

(3) 생물학적 노출지표 물질명

혈액 중 인듐

플러스 학습   인듐

1. 인듐(Indium and its compounds, as In)

분자식 : In   화학식 : In   분자량 : 114.82   CAS No. : 7440-74-6

녹는점 : 156.6℃   끓는점 : 2,000℃   비중 : 7.30   용해도 : 물에 녹지 않음

특징, 발생원 및 용도

• 은백색의 광택이 있는 유연한 금속

• 인듐주석 화합물, 인듐아연 산화물 등은 PC, TV, 휴대용 단말기의 평면 디스플레이, 터치패널 등의 재료, 산화인듐은 ITO제조 공정 등에 사용

노출기준	고용노동부(mg/m^3) : 0.01(호흡성)	OSHA(mg/m^3) : -
	ACGIH(mg/m^3) : 0.1	NIOSH(mg/m^3) : 0.1

동의어 : 화합물 형태로 인듐주석 화합물, 산화인듐, 삼염화인듐

분석원리 및 적용성 : 작업환경 중 대상물질을 여과지에 채취하여 산으로 회화시킨 다음 시료용액을 조제하여 유도결합플라스마분광광도계(ICP)를 이용하여 정량한다.

* 노출기준/허용기준이 호흡성/흉곽성/흡입성으로 설정된 경우 해당 시료채취기를 사용하고 그에 설정된 유량을 적용하여야 함

시료채취 개요	분석 개요
• 시료채취매체 : MCE 여과지와 사이클론 (호흡성 분진용 채취기) • 유량 : Nylon cyclone 1.7L/min, Aluminium cyclone 2.5L/min • 공기량 – 최대 : >2,000L 　　　　 – 최소 : 15L • 운반 : 여과지의 시료포집 부분이 위를 향하도록 하고 마개를 닫아 밀폐된 상태에서 운반 • 시료의 안정성 : 안정함 • 공시료 : 총 시료수의 10% 이상 또는 시료 세트당 2~10개의 현장 공시료	• 분석기술 : 유도결합플라스마분광광도계법 • 분석대상물질 : In • 전처리 : 가열판-질산 : 염산(1 : 3), 5mL, 핫블록-염산 1.25mL, 질산 1.25mL 또는 마이크로웨이브로 전처리 • 파장 : 230.6nm • 검량선 : In 표준용액 in 5%, HCl, 5% HNO$_3$ • 범위 : 5.0~39.7μg/sample • 검출한계 : 0.26μg/sample • 정밀도 : 0.056

방해작용 및 조치	정확도 및 정밀도
• 화학적 방해(chemical interferences) : 시료를 희석하거나 고온의 원자화기를 사용하여 화학적 방해를 줄일 수 있음 • 분광학적 방해(spectral interferences) : 신중한 파장 선택, 물질 상호 간의 교정과 공시료 교정으로 최소화 할 수 있음	• 연구범위(range studied) : 5.0~39.7μg/sample • 편향(bias) : −0.103 • 총 정밀도(overall precision) : 0.075 • 정확도(accuracy) : 22.6%

시약	기구
• 질산(HNO$_3$), 특급 • 염산(HCl), 특급 • 과염소산(HClO$_4$), 특급 • 검량선 표준용액 1,000μg/mL : 표준품을 구입하거나 조제함 • 희석용액 　– 가열판 회화 : 5% 질산 : 염산(1 : 3), 1L 용량 플라스크에 600mL의 증류수를 넣고 1% HNO$_3$, 3% HCl, 희석산 50mL를 넣은 후 증류수로 표선을 맞춤 　– 핫블록 회화 : 5% 질산 : 5% 염산, 1L 용량 플라스크에 600mL의 증류수를 넣고 50mL HNO$_3$와 50mL HCl을 천천히 넣은 후 증류수로 표선을 맞춤 • 아르곤 • 증류수 또는 탈이온수	• 시료채취매체 : MCE 여과지(공극 0.8μm, 직경 37mm), 카세트홀더를 장착한 호흡성 분진측정기 • 개인시료채취펌프(유연한 튜브관 연결됨), 유량 1~4L/min • 유도결합플라스마분광광도계 • 아르곤 가스 2단 레귤레이터 • 비커, 시계접시 • 용량플라스크 • 피펫 • 비커 • 가열판, 마이크로웨이브회화기 또는 핫블록 • 플라스틱 핀셋 ※ 모든 유리기구는 사용 전에 질산으로 씻고 증류수로 헹구어 준다.

특별 안전보건 예방조치 : 모든 산 회화작업은 흄후드 내에서 이루어져야 한다.

Ⅰ. 시료채취

1. 각 개인 시료채취펌프를 하나의 대표적인 시료채취매체로 연결하여 보정한다.
2. 호흡성 분진이 포집 가능한 사이클론의 제품 종류에 맞는 유량으로 총 15~2,000L의 공기를 채취하며, 여과지에 채취된 먼지가 총 2mg을 넘지 않도록 한다.
3. 사이클론을 사용할 때에는 시료채취장치가 전도되지 않도록 주의해야 한다. 필터 카세트와 수직으로 장착되어 있던 사이클론이 수평으로 방향이 바뀌면 사이클론 내부에 있던 큰 입자들이 필터에 침착하게 되어 분석결과에 영향을 미친다.
4. 채취가 끝난 여과지는 밀봉하여 먼지가 떨어지지 않도록 카세트를 바로 세워서 운반한다.

Ⅱ. 시료 전처리

5. 카세트의 홀더를 열고 시료와 공시료를 깨끗한 비커로 옮긴다.
6. 다음의 전처리 방법 중 하나를 선택하여 시료를 처리한다.
   - 가열판 : 질산 : 염산(1 : 3) 용액 5mL 넣고 시계접시를 덮은 후 실온에서 30분 동안 둔다. 용액이 0.5mL 남을 때까지 120℃의 가열판 위에서 가열한다. 질산 : 염산(1 : 3) 용액 2mL를 놓고 동일 과정을 2회 반복한다.
   - 핫블록 : 염산 1.25mL를 넣고 시계접시를 덮은 후 핫블록에 넣고 95℃로 15분 동안 가열한다. 핫블록에서 시료를 꺼내고 5분 동안 식힌다. 질산 1.25mL를 추가로 넣고 시계접시를 교체 한 후 핫블록에 넣어 95℃로 15분 동안 가열한다. 핫블록에서 시료를 꺼내 5분 이상 식힌다.
   ※ 다른 전처리 방법으로 마이크로파회화기를 사용할 수 있으며, 마이크로파회화기를 이용한 전처리 과정은 제조사의 매뉴얼 및 관련 문헌을 참고한다.

2. 생물학적 노출지표 물질분석 - 인듐
   (1) 분석개요
      혈청 중 인듐을 분석하며, 분석장비는 유도결합플라스마질량분석기(Inductively coupled plasma mass spectrometer)를 사용한다.
   (2) 분석원리
      인듐은 흡입 후 폐와 기관지 림프절에 쌓이며, 쥐를 이용한 연구에서 계산한 산화인듐의 반감기는 폐에서 2.5개월, 기관지 림프절에서 1.75개월로, 몸에서 느리게 배출된다. 혈청 중 인듐을 유도결합플라스마질량분석기로 분석한다.
   (3) 시료채취
      ① 시료채취시기
         업무 종사 기간이라면 혈액 시료는 아무 때나 채취한다.
      ② 시료채취 요령
         ㉠ 근로자의 정맥혈을 ethylenediaminetetraacetic acid(EDTA) 또는 헤파린 처리된 튜브와 일회용 주사기 또는 진공채혈관을 이용하여 채취한다. 채취 용기는 유리 용기를 사용하고, 시료는 용기의 90% 이상 채취한다.
         ㉡ 채취한 시료는 바로 4℃(2~8℃)에서 보관하고, 채취 후 5일 이내에 분석한다.
   (4) 생물학적 노출기준
      기준값 : 1.2μg/L

04 산업안전보건법령상 허용기준 이하 유지 대상 유해인자인 1,2-디클로로프로판 (CAS No. 78-87-5)에 대한 작업환경측정·분석 기술지침에 따른 다음 사항을 쓰시오.

(1) 시료채취매체 2가지

(2) 시료채취매체의 전처리에 필요한 탈착용매 2가지

(3) 분석에 필요한 기기명

해설 (1) 시료채취매채

① Coconut shell charcoal tube (100mg/50mg) : 활성탄 관

② Anasorb tube (140mg/70mg)

(2) 시료채취매체의 전처리에 필요한 탈착용매 2가지

① CS_2

② Acetone (15%)

(3) 가스크로마토그래피법

GC/FID

플러스 학습 **트리클로로에틸렌**

1. 트리클로로에틸렌(Trichloroethylene)

| 분자식 : CCl_2CHCl 화학식 : 131.39 비중 : 1.46 CAS No. : 79-01-6 |

녹는점 : -87℃ 끓는점 : 87℃ 용해도 : 지방에 잘 녹음

특징, 발생원 및 용도 : 무색의 불연성 액체로서 클로로포름과 비슷한 달콤한 냄새가 나며, 산소, 열, 자외선에 의해 분해되어 염화수소, 포스겐이 발생한다.

노출기준	고용노동부 : 50ppm	OSHA : 100ppm, 2ppm(Ceiling)
	ACGIH : 10ppm, 25ppm(STEL)	NIOSH : 25ppm, 2ppm(Ceiling)

동의어 : thrichloroethene, ethylene trichloride, triclene

분석원리 및 적용성 : 작업환경 중 트리클로로에틸렌을 흡착관(Coconut shell charcoal, 100mg/50mg)를 연결한 시료채취기로 채취하여 CS_2로 탈착시킨 후 일정량을 가스 크로마토그래피(GC/FID)에 주입하여 정량한다.

시료채취 개요	분석 개요
• 시료채취매체 : 활성탄관(Coconut shell charcoal, 100mg/50mg) • 유량 : 0.01~0.2L/min • 공기량 – 최대 : 30L 　　　　 – 최소 : 1L(100ppm) • 운반 : 일반적인 방법 • 시료의 안정성 : 알려지지 않음 • 공시료 : 시료 세트당 2~10개의 현장 공시료	• 분석기술 : 가스 크로마토그래피법 　　　　(Gas Chromatography, FID) • 분석대상물질 : Trichloroethylene • 탈착 : CS_2, 1mL 넣고 30분간 방치 • 운반가스 : N_2, 1mL/min • 컬럼 : OV 351, fused silica capillary, 60m×0.32mm×0.25um film thickness • 범위 : 0.5~10mg/sample • 검출한계 : 0.01mg/sample • 정밀도 : 0.038(1.6~6.4mg/sample)
방해작용 및 조치	**정확도 및 정밀도**
• 샘플링 : 공기 중 다른 증기가 채취용량을 저하시켜 흡착을 방해할 수 있음 • 샘플분석 : 머무름 시간이 비슷한 물질이 방해가 될 수 있음	• 연구범위(range studied) : 477~2,025 mg/m³ • 편향(bias) : −7.19% • 총 정밀도(overall precision) : 0.082 • 정확도(accuracy) : ±19.78%
시약	**기구**
• 탈착액 : CS_2(크로마토그래피 분석 등급) • 질소(N_2) 가스 • 수소(H_2) 가스 • 여과된 공기	• 채취기구 : 흡착관(Coconut shell charcoal, 100mg/50mg) • 개인시료채취용 펌프 : 0.05~0.2L/min에서 조절가능한 펌프 • 불꽃이온화검출기가 장착된 가스 크로마토그래피(GC/FID) • Column : OV 351, fused silica capillary, 60m×0.32mm×0.25um film thickness • 바이엘 : 2mL glass, PTFE-lined septum caps • 마이크로 실린지 : 10μL • 용량플라스크 : 10mL • 피펫

실험자 안전보건 : CS_2는 독성이 강하고 인화성이 강한 물질이므로(인화점 : −30℃) 특별한 주의를 기울여야 한다. 트리클로로에틸렌은 발암의심물질이고 마취성이 강한 물질이므로 반드시 후드 안에서 실험을 수행해야 한다.

I. 시료채취

1. 각 시료채취 펌프를 시표채취 시와 동일한 연결상태에서 보정한다.
2. 시료채취 바로 전에 흡착관 양끝을 절단한 후 유연성 튜브를 이용하여 펌프와 연결한다.
3. 0.01~0.2L/min에서 정확한 유량으로 1~30L 정도 시료를 채취한다.
4. 시료채취가 끝나면 활성탄관을 분리하여 플라스틱마개로 막은 후 운반한다.

II. 시료 전처리

5. 흡착관의 앞 층과 뒤 층을 각각 다른 바이엘에 넣는다. 이 때 유리섬유와 우레탄 마개는 버린다.
6. 각 바이엘에 1.0mL의 탈착액을 넣고 즉시 마개를 한다.
   ※ 에틸벤젠, 언데칸, 옥탄과 같은 내부표준물질을 부피비 0.1% 첨가하여 탈착액을 준비한다.
7. 가끔 흔들면서 30분 정도 방치한다.

III. 분석

【검량선 작성 및 정도관리】
8. 시료농도가 포함될 수 있는 적절한 범위(0.01~10mg/mL 정도)에서 최소한 6개의 표준물질로 검량선을 작성한다.
9. 시료 및 공시료를 함께 분석한다.

2. 생물학적 노출지표 물질분석-1,2-디클로로프로판
  (1) 분석개요
    소변 중 1,2-디클로로프로판을 분석하며, 분석장비는 헤드스페이스 고상미량추출 가스크로마토그래프 질량분석검출기(Headspace solid phase microextraction gas chromatograph-mass spectrometric detector, HS SPME GC-MSD)를 사용한다.
  (2) 분석원리
    1,2-디클로로프로판은 흡입 및 경구 노출 시 몸에 빠르고 광범위하게 흡수되고, 소변 및 호기를 통해서 배출된다. 소변 중 1,2-디클로로프로판을 HS SPME GC-MSD로 분석한다.
  (3) 시료채취
    ① 시료채취시기
      소변 시료는 당일 작업종료 2시간 전부터 작업종료 사이에 채취한다.
    ② 시료채취 요령
      ㉠ 채취 용기는 밀봉이 가능한 것을 사용하고, 시료는 10mL 이상 채취하며, 휘발성 성분의 손실을 최소화하기 위해 용기 상부까지 시료를 가득 채운다.
      ㉡ 채취한 시료를 밀봉하여 4℃(2~8℃)를 유지한 상태로 이동하고 보관하며, 채취 후 5일 이내에 분석한다.

(4) 건강진단을 할 때 고려사항

① 1,2-디클로로프로판 노출 근로자에 대하여 배치 전 및 주기적 건강진단의 주요 항목은 간기능, 신장기능, 중추신경계 증상, 조혈기계 증상, 담관암 소견이다.

② 간기능 : AST, ALT, γ-GTP 등으로 간독성을 확인할 수 있다.

③ 신장기능 : 소변검사를 시행하여 급성신부전을 확인할 수 있다.

④ 중추신경계증상 : 신경계 증상 문진을 시행하여 확인할 수 있다.

⑤ 조혈기계 : 혈색소량, 혈구용적치, 적혈구수 등의 검사로 확인할 수 있다.

⑥ 담관암 : 총빌리루빈, 직접빌리루빈, 간담도계 초음파 검사 등으로 검사할 수 있다.

(5) 건강진단 주기

① 1,2-디클로로프로판에 노출되는 작업부서 전체 근로자에 대한 특수건강진단 주기는 1년에 1회 이상으로 한다.

② 산업안전보건법 시행규칙에 따라 특수·수시 또는 임시 건강진단을 실시한 결과 직업병 유소견자가 발견된 작업공정에서 해당 유해인자에 노출되는 모든 근로자에 대해서는 다음과 같은 조건을 고려하여 건강진단을 실시한 직업환경의학과전문의가 특수건강진단 주기단축 여부를 정한다. 다음의 어느 하나에 해당하면 1,2-디클로로프로판에 노출되는 모든 근로자에 대하여 특수건강진단 기본주기를 다음 회에 한하여 1/2로 단축하여야 한다.

㉠ 당해 건강진단 직전의 작업환경 측정결과 1,2-디클로로프로판 농도가 노출기준 이상인 경우

㉡ 1,2-디클로로프로판에 의한 직업병 유소견자가 발견된 경우

㉢ 건강진단 결과 1,2-디클로로프로판에 대한 특수건강진단 실시주기를 단축하여야 한다는 의사의 판정을 받은 근로자

③ 배치 전 건강진단 후 첫 번째 특수건강진단은 6개월 이내에 해당 근로자에 대하여 실시하되, 배치 전 건강진단 실시 후 6개월 이내에 사업장의 특수건강진단이 실시될 예정이면 그것으로 대신할 수 있다.

(6) 건강진단 항목

① 1차 검사항목

㉠ 직업력 및 노출력 조사

㉡ 과거병력 조사 : 주요 표적 장기와 관련된 과거 질병력 조사

㉢ 임상진찰 및 검사 : 간·신장·조혈기계·중추신경계·담관암에 유의하여 진찰

ⓐ 간담도계 : AST(SGOT) 및 ALT(SGPT), γ-GTP

ⓑ 비뇨기계 : 요검사 10종

ⓒ 조혈기계 : 혈색소량, 혈구용적치, 적혈구수, 백혈구수, 혈소판수, 백혈구 백분율

ⓓ 신경계 : 신경계 증상 문진, 신경증상에 유의하여 진찰

㉣ 생물학적 노출지표검사 : 소변 중 1,2-디클로로프로판(작업 종료 시) (180ug/L)

② 2차 검사항목 – 임상검사 및 진찰
  ㉠ 간도담계 : AST(SGOT) 및 ALT(SGPT), γ-GTP, 총단백, 알부민, 총빌리루빈, 직접
    빌리루빈, 알칼리포스파타아제, B형간염 표면항원, B형간염 표면항체, C형간염 항
    체, A형간염 항체, CA19-9, 간도담계 초음파 검사
  ㉡ 비뇨기계 : 단백뇨정량, 혈청, 크레아티닌, 요소질소
  ㉢ 조혈기계 : 혈액도말검사, 망상적혈구수
  ㉣ 신경계 : 신경행동검사, 임상심리검사, 신경학적 검사

05 다음 설명에 해당하는 미국산업위생전문가협의회(ACGIH)의 생물학적 노출지수(Biological Exposure Indices, BEIs)의 표기항목(Notation)을 각각 쓰시오.

(1) 직업적으로 노출되지 않은 근로자의 생물학적 검체에서도 동 결정인자가 상당히 검출될 수 있다는 것을 나타내는 것(즉, 직업으로 인한 노출뿐만 아니라 다른 생활 활동에서도 노출이 있다는 의미)

(2) 충분한 자료가 없어 BEIs가 설정되지 않았다는 의미

(3) 동 화학물질뿐만 아니라 다른 화학물질의 노출에서도 이 결정인자가 나타날 수 있다는 의미

(4) 결정인자가 동 화학물질에 노출되었다는 지표일 뿐이고 측정치를 정량적으로 해석하는 것은 곤란하다는 의미

해설 (1) B(Back ground)
(2) Nq(Non-quantitatively)
(3) Ns(Non-specific, 비특이적)
(4) Sq(Semi-quantitatively, 반정량적)

플러스 학습 Sc와 CAS

1. Sc(Susceptibility, 감수성)
   동화학물질의 영향으로 증가된 감수성을 나타낼지도 모른다는 의미

2. CAS(Chemical Abstract Service registration number)
   화학물질별로 붙여진 고유번호이며 이 고유번호를 통하여 화학물질의 각종 정보를 알 수 있다.

※ 다음 논술형 2문제를 모두 답하시오. (각 25점)

06 산업안전보건법령에 따라 도급의 제한, 도급인의 안전조치 및 보건조치 등에 관한 다음 사항을 쓰시오.

(1) 관계수급인 근로자가 도급인의 사업장에서 작업을 하는 경우 도급인의 이행사항 중 5가지

(2) 안전 및 보건에 관한 평가의 내용에서 종합평가의 평가항목 중 5가지

(3) 안전 및 보건에 관한 협의체가 협의해야 하는 사항 5가지

(4) 도급인이 작업장의 안전 및 보건에 관한 점검을 할 때 구성해야 하는 점검반의 인력구성 3가지

(5) 도급인의 안전·보건 정보제공 등과 관련하여 토사·구축물·인공구조물 등의 붕괴 우려가 있는 장소에서 이루어지는 작업을 도급하는 자가 해당 도급작업이 시작되기 전까지 수급인에게 제공해야 하는 문서에 적어야 하는 사항 3가지

해설 (1) 관계수급인 근로자가 도급인의 사업장에서 작업을 하는 경우 도급인의 이행사항

① 도급인과 수급인을 구성원으로 하는 안전 및 보건에 관한 협의체의 구성 및 운영

② 작업장 순회점검

③ 관계수급인이 근로자에게 규정에 따른 안전보건교육을 위한 장소 및 자료의 제공 등 지원

④ 관계수급인이 근로자에게 하는 안전보건교육의 실시확인

⑤ 다음 어느 하나의 경우에 대비한 정보체계운영과 대피방법 등 훈련

㉠ 작업장소에서 발파작업을 하는 경우

㉡ 작업장소에서 화재·폭발, 토사·구축물 등의 붕괴 또는 지진 등이 발생한 경우

⑥ 위생시설 등 고용노동부령으로 정하는 시설의 설치 등을 위하여 필요한 장소의 제공 또는 도급인이 설치한 위생시설 이용의 협조

⑦ 같은 장소에서 이루어지는 도급인과 관계수급인 등의 작업에 있어서 관계수급인 등의 작업시기·내용, 안전조치 및 보건조치 등의 확인

⑧ 관계수급인 등의 작업혼재로 인하여 화재·폭발 등 대통령령으로 정하는 위험이 발생할 우려가 있는 경우 관계수급인 등의 작업시기·내용 등의 조정

(2) 안전 및 보건에 관한 평가의 내용에서 종합평가의 평가항목

① 작업조건 및 작업방법에 대한 평가

② 유해·위험요인에 대한 측정 및 분석

③ 보호구, 안전·보건장비 및 작업환경 개선시설의 적정성

④ 유해물질의 사용·보관·저장, 물질안전보건자료의 작성, 근로자 교육 및 경고표시 부착의 적정성

⑤ 수급인의 안전보건관리능력의 적정성

(3) 안전 및 보건에 관한 협의체가 협의해야 하는 사항
   ① 작업의 시작시간
   ② 작업 또는 작업장 간의 연락방법
   ③ 재해발생위험이 있는 경우 대피방법
   ④ 작업자 위험성 평가의 실시에 관한 사항
   ⑤ 사업주와 수급인 또는 수급인 상호간의 연락방법 및 작업공정의 변경

(4) 도급인이 작업장의 안전 및 보건에 관한 점검을 할 때 구성해야 하는 점검반의 인력구성
   ① 도급인(같은 사업 내에 지역을 달리하는 사업장이 있는 경우에는 그 사업장의 안전보건관리책임자)
   ② 관계수급인(같은 사업 내에 지역을 달리하는 사업장이 있는 경우에는 그 사업장의 안전보건관리책임자)
   ③ 도급인 및 관계수급인의 근로자 각 1명(관계수급인이 근로자인 경우에는 해당 공정만 해당한다)

(5) 도급인의 안전·보건 정보제공 등과 관련하여 토사·구축물·인공구조물 등의 붕괴 우려가 있는 장소에서 이루어지는 작업을 도급하는 자가 해당 도급작업이 시작되기 전까지 수급인에게 제공해야 하는 문서에 적어야 하는 사항
   ① 화학설비 및 그 부속설비에서 제조·사용·운반 또는 저장하는 위험물질 및 관리대상 유해물질의 명칭과 그 유해성·위험성
   ② 안전·보건상 유해하거나 위험한 작업에 대한 안전·보건상의 주의사항
   ③ 안전·보건상 유해하거나 위험한 물질의 유출 등 사고가 발생한 경우에 필요한 조치의 내용

07 고용노동부 고시에 따른 국소배기장치의 검사기준 및 안전검사에 관한 다음 사항을 쓰시오.

(1) 국소배기장치 중 후드의 설치의 검사기준 내용 5가지
(2) 국소배기장치 중 덕트의 댐퍼의 검사기준 내용 3가지
(3) 국소배기장치 중 배풍기의 검사기준 내용 3가지
(4) 자율검사프로그램을 인정받기 위해 보유하여야 할 검사장비 5가지
(5) 국소배기장치의 안전검사 적용대상 유해물질 중 5가지
(6) 위 (5)와 관련하여 국소배기장치의 안전검사 적용이 제외되는 경우

해설 (1) 국소배기장치 중 후드의 설치의 검사기준 내용
① 유해물질 발산원마다 후드가 설치되어 있을 것
② 후드 형태가 해당 작업에 방해를 주지 않을 것
③ 후드 형태가 유해물질을 흡인하기에 적절한 형식과 크기를 갖출 것
④ 근로자의 호흡위치가 오염원과 후드 사이에 위치하지 않을 것
⑤ 후드가 유해물질 발생원 가까이에 위치할 것

(2) 국소배기장치 중 덕트의 댐퍼의 검사기준 내용
① 댐퍼가 손상되지 않고 정상적으로 작동될 것
② 댐퍼가 해당 후드의 적정제어속도 또는 필요풍량을 가지도록 적절하게 개폐되어 있을 것
③ 댐퍼 개폐방향이 올바르게 표시되어 있을 것

(3) 국소배기장치 중 배풍기의 검사기준 내용
① 배풍기 또는 모터의 기능을 저하시키는 파손, 부식, 기타 손상 등이 없을 것
② 배풍기 케이싱, 임펠러, 모터 등에서의 이상음 또는 이상진동이 발생하지 않을 것
③ 각종 구동장치, 제어반 등이 정상적으로 작동될 것

(4) 자율검사프로그램을 인정받기 위해 보유하여야 할 검사장비
① 스모크테스터
② 청음기 또는 청음봉
③ 표면온도계 또는 초자온도계
④ 정압프로브가 달린 열선풍속계
⑤ 회전속도 측정기

(5) 국소배기장치의 안전검사 적용대상 유해물질
① 디아니시딘과 그 염
② 디클로벤지딘과 그 염
③ 베릴륨
④ 벤조트리클로리드

⑤ 비소 및 그 무기화합물

⑥ 석면

⑦ 크롬광

⑧ 황화니켈

⑨ 2-브로모프로판

⑩ 6가크롬화합물 외 39종

(6) (5)와 관련하여 국소배기장치의 안전검사 적용이 제외되는 경우

최근 2년 동안 작업환경측정결과가 노출기준 50% 미만인 경우에는 적용에서 제외

플러스 학습 **국소배기장치의 검사기준**

구분		내용
후드		
1	후드의 설치	① 유해물질 발산원마다 후드가 설치되어 있을 것 ② 후드 형태가 해당 작업에 방해를 주지 않고 유해물질을 흡인하기에 적절한 형식과 크기를 갖출 것 ③ 근로자의 호흡위치가 오염원과 후드 사이에 위치하지 않으며, 후드가 유해물질 발생원 가까이에 위치할 것
2	후드의 표면상태	후드의 내외면은 흡기의 기능을 저하시키는 마모, 부식, 흠집, 그 밖의 손상이 없을 것
3	흡입기류를 방해하는 방해물 등의 여부	① 흡입기류를 방해하는 기둥, 벽 등의 구조물이 없을 것 ② 후드 내부 또는 전처리필터 등의 퇴적물로 인한 제어풍속의 저하 없이 기준치를 유지할 것
4	흡인성능	① 스모크테스터(발연관)를 이용하여 흡인기류(스모크)가 완전히 후드 내부로 흡인되어 후드 밖으로의 유출이 없을 것 ② 회전체를 가진 레시버식 후드는 정상작업이 행해질 때 발산원으로부터 유해물질이 후드 밖으로 비산하지 않고 완전히 후드 내로 흡입되어야 할 것 ③ 후드의 제어풍속이 「산업안전보건기준에 관한 규칙」의 제어풍속에 적합할 것
덕트		
5	표면상태 등	덕트 내외면의 파손, 변형 등으로 인한 설계 압력손실 증가 또는 파손부분 등에서의 공기 유입 또는 누출이 없고, 이상음 또는 이상진동이 없을 것
6	플렉시블 덕트	플렉시블(flexible) 덕트의 심한 굴곡, 꼬임 등으로 인한 압력손실은 흡인성능 이내일 것

구분		내용
덕트		
7	덕트 내면상태 등	① 덕트 내면의 분진, 오일미스트 등의 퇴적물로 인해 설계 압력손실 증가 등 배기성능에 영향을 주지 않도록 할 것 ② 분진 등의 퇴적으로 인한 이상음 또는 이상진동이 없을 것
8	접속부	① 플랜지의 결합볼트, 너트, 패킹의 손상이 없을 것 ② 정상작동 시 스모크테스터의 기류가 흡입덕트에서는 접속부로 흡입되지 않고 배기덕트에서는 접속부로부터 배출되지 않도록 관리될 것 ③ 공기의 유입이나 누출에 의한 이상음이 없을 것
9	댐퍼	① 댐퍼가 손상되지 않고 정상적으로 작동될 것 ② 댐퍼가 해당 후드의 적정 제어풍속 또는 필요 풍량을 가지도록 적절하게 개폐되어 있을 것 ③ 댐퍼 개폐방향이 올바르게 표시되어 있을 것
배풍기		
10	배풍기	① 배풍기 또는 모터의 기능을 저하시키는 파손, 부식, 그 밖에 손상 등이 없을 것 ② 배풍기 케이싱(Casing), 임펠러(Impeller), 모터 등에서의 이상음 또는 이상진동이 발생하지 않을 것 ③ 각종 구동장치, 제어반(Control Panel) 등이 정상적으로 작동될 것
11	벨트	벨트의 파손, 탈락, 심한 처짐 및 풀리의 손상 등이 없을 것
12	회전방향	배풍기의 회전방향은 규정의 회전방향과 일치할 것
13	캔버스	① 캔버스의 파손, 부식 등이 없을 것 ② 송풍기 및 덕트와의 연결부위 등에서 공기의 유입 또는 누출이 없을 것 ③ 캔버스의 과도한 수축 또는 팽창으로 배풍기 설계 정압 증가에 영향을 주지 않을 것
14	안전덮개	전동기와 배풍기를 연결하는 벨트 등에는 안전덮개가 설치되고 그 설치부는 부식, 마모, 파손, 변형, 이완 등이 없을 것
15	배풍량 등	배풍기의 성능을 저하시키는 설계정압의 증가 또는 감소가 없을 것
전기설비		
16	전동기	① 전동기는 옥내, 옥외, 온도조건 및 그 밖의 사용조건에 적합한 구조일 것 ② 전동기는 이상소음, 이상발열이 없을 것 ③ 전동기의 절연저항값은 절연저항 $[M\Omega] \geq \dfrac{\text{사용전압}(V)}{1,000 + \text{출력}(KW)}$ 이어야 할 것

구분		내용
전기설비
17	배전반·분전반 등	① 외함의 구조는 충전부가 노출되지 않도록 폐쇄형으로 잠금장치가 있고 사용 장소에 적합한 구조일 것 ② 조작용 전기회로 및 방호장치 조작용 전기회로의 전압은 교류 대지전압 150볼트 이하 또는 직류 300볼트 이하일 것 ③ 퓨즈의 정격전류 또는 그 밖에 과전류보호장치의 전류설정치는 가능하면 낮게 선정하되 예상 과전류에 적절한 것일 것 ④ 과전류보호장치의 정격전류 또는 설정은 장치에 의해 보호되는 도체의 허용전류용량으로 결정될 것 ⑤ 배전반·제어반 등에는 명칭, 전원의 정격(전압, 주파수, 상수)이 표시된 이름판이 부착될 것 ⑥ 계전기는 절손, 변형, 부식 또는 피로에 의한 열화가 없어야 하며 정상적으로 작동할 것 ⑦ 운전 상태를 표시하는 표시등이 점등되고 버튼별 명칭이 표기될 것
18	배선	① 배선의 피복상태는 손상, 파손, 탄화부분이 없을 것 ② 배선의 단자체결 부분은 전용의 단자를 사용하고 볼트 및 너트의 풀림 또는 탈락이 없을 것 ③ 배선의 절연저항은 아래의 값 이상일 것 　㉠ 대지전압 150볼트 이하인 경우 : 0.1메가옴 　㉡ 대지전압 150볼트 초과 300볼트 이하인 경우 : 0.2메가옴 　㉢ 대지전압 300볼트 초과 400볼트 미만인 경우 : 0.3메가옴 　㉣ 사용전압 400볼트 이상인 경우 : 0.4메가옴 ④ 배선은 옥내, 옥외, 온도조건 및 그 밖의 사용조건에 적합한 구조로 시공된 것일 것
19	접지	① 전동기 외함, 배전반, 제어반의 프레임 등은 접지하여 그 접지저항은 아래의 값 이하일 것 　㉠ 400볼트 미만일 때 100옴 　㉡ 400볼트 이상일 때는 10옴 　　다만, 방폭지역의 저압 전기기계·기구의 외함은 전압에 관계없이 10옴 이하일 것 ② 접지선은 해당 전기기계·기구에 대하여 충분한 용량 및 전기적, 기계적 강도를 가질 것

구분		내용
공기정화장치		
20	형식 등	제거하고자 하는 오염물질의 종류, 특성을 고려한 적합한 형식 및 구조를 가질 것
21	표면상태 등	① 처리성능에 영향을 줄 수 있는 외면 또는 내면의 파손, 변형, 부식 등이 없을 것 ② 구동장치, 여과장치 등이 정상적으로 작동되고, 이상음이 발생하지 않을 것
22	접속부	접속부는 볼트, 너트, 패킹 등의 이완 및 파손이 없고 공기의 유입 또는 누출이 없을 것
23	성능	여과재의 막힘 또는 파손이 없고 작동상태가 정상일 것
최종 배기구		
24	구조 등	분진 등을 배출하기 위하여 설치하는 국소배기장치(공기정화장치가 설치된 이동식 국소배기장치를 제외한다)의 배기구는 직접 외기로 향하도록 개방하여 실외에 설치하는 등 배출되는 분진 등이 작업장으로 재유입되지 않는 구조일 것
25	빗물 방지조치	최종 배기구에는 배풍기 등으로의 빗물 유입방지 조치가 되어 있을 것

※ 다음 논술형 2문제 중 1문제를 선택하여 답하시오. (각 25점)

08 산업안전보건기준에 관한 규칙상 공기매개 감염병 예방 조치 등에 관한 다음 사항을 쓰시오.

(1) 근로자의 공기매개 감염병을 예방하기 위한 사업주의 조치사항 4가지
(2) 근로자가 공기매개 감염병이 있는 환자와 접촉하는 경우에 감염을 방지하기 위한 사업주의 조치사항 4가지
(3) 공기매개 감염병 환자에 노출된 근로자에 대한 사업주의 조치사항 4가지

해설 (1) 근로자의 공기매개 감염병을 예방하기 위한 사업주의 조치사항
　　① 감염병 예방을 위한 계획의 수립
　　② 보호구 지급, 예방접종 등 감염병 예방을 위한 조치
　　③ 감염병 발생 시 원인 조사와 대책 수립
　　④ 감염병 발생 근로자에 대한 적절한 처치

(2) 근로자가 공기매개 감염병이 있는 환자와 접촉하는 경우에 감염을 방지하기 위한 사업주의 조치사항
　　① 근로자에게 결핵균 등을 방지할 수 있는 보호마스크를 지급하고 착용하도록 할 것
　　② 면역이 저하되는 등 감염의 위험이 높은 근로자는 전염성이 있는 환자와의 접촉을 제한할 것
　　③ 가래를 배출할 수 있는 결핵환자에게 시술을 하는 경우에는 적절한 환기가 이루어지는 격리실에서 하도록 할 것
　　④ 임신한 근로자는 풍진·수두 등 선천성 기형을 유발할 수 있는 감염병 환자와의 접촉을 제한할 것

(3) 공기매개 감염병 환자에 노출된 근로자에 대한 사업주의 조치사항
　　① 공기매개 감염병의 증상 발생 즉시 감염 확인을 위한 검사를 받도록 할 것
　　② 감염이 확인되면 적절한 치료를 받도록 조치할 것
　　③ 풍진, 수두 등에 감염된 근로자가 임신부인 경우에는 태아에 대하여 기형 여부를 검사받도록 할 것
　　④ 감염된 근로자가 동료 근로자 등에게 전염되지 않도록 적절한 기간 동안 접촉을 제한하도록 할 것

플러스 학습 **병원체에 의한 건강장해의 예방**

1. 병원체에 노출될 수 있는 위험이 있는 작업을 하는 경우 근로자에게 유해성 주지사항
   ① 감염병의 종류와 원인
   ② 전파 및 감염 경로
   ③ 감염법의 증상과 잠복기
   ④ 감염되기 쉬운 작업의 종류와 예방방법
   ⑤ 노출 시 보고 등 노출과 감염 후 조치

2. 근로자가 혈액노출의 위험이 있는 작업을 하는 경우 사업주의 조치사항
   ① 혈액노출의 가능성이 있는 장소에서는 음식물을 먹거나 담배를 피우는 행위, 화장 및 콘택트렌즈의 교환 등을 금지할 것
   ② 혈액 또는 환자의 혈액으로 오염된 가검물, 주사침, 각종 의료 기구, 솜 등의 혈액오염물(이하 "혈액오염물"이라 한다)이 보관되어 있는 냉장고 등에 음식물 보관을 금지할 것
   ③ 혈액 등으로 오염된 장소나 혈액오염물은 적절한 방법으로 소독할 것
   ④ 혈액오염물은 별도로 표기된 용기에 담아서 운반할 것
   ⑤ 혈액노출 근로자는 즉시 소독약품이 포함된 세척제로 접촉 부위를 씻도록 할 것

3. 근로자가 주사 및 채혈 작업을 하는 경우 사업주의 조치사항
   ① 안정되고 편안한 자세로 주사 및 채혈을 할 수 있는 장소를 제공할 것
   ② 채취한 혈액을 검사 용기에 옮기는 경우에는 주사침 사용을 금지하도록 할 것
   ③ 사용한 주사침은 바늘을 구부리거나, 자르거나, 뚜껑을 다시 씌우는 등의 행위를 금지할 것(부득이하게 뚜껑을 다시 씌워야 하는 경우에는 한 손으로 씌우도록 한다)
   ④ 사용한 주사침은 안전한 전용 수거용기에 모아 튼튼한 용기를 사용하여 폐기할 것

4. 혈액노출과 관련된 사고가 발생한 경우 조사·기록·보존사항
   ① 노출자의 인적사항
   ② 노출 현황
   ③ 노출 원인제공자(환자)의 상태
   ④ 노출자의 처치 내용
   ⑤ 노출자의 검사 결과

5. 근로자가 혈액노출이 우려되는 작업을 하는 경우 지급·착용하여야 하는 보호구
   ① 혈액이 분출되거나 분무될 가능성이 있는 작업 : 보안경과 보호마스크
   ② 혈액 또는 혈액오염물을 취급하는 작업 : 보호장갑
   ③ 다량의 혈액이 의복을 적시고 피부에 노출될 우려가 있는 작업 : 보호앞치마

6. 근로자가 곤충 및 동물매개 감염병 고위험작업을 하는 경우 사업주의 조치사항
   ① 긴 소매의 옷과 바지의 작업복을 착용하도록 할 것
   ② 곤충 및 동물매개 감염병 발생 우려가 있는 장소에서는 음식물 섭취 등을 제한할 것
   ③ 작업 장소와 인접한 곳에 오염원과 격리된 식사 및 휴식 장소를 제공할 것
   ④ 작업 후 목욕을 하도록 지도할 것
   ⑤ 곤충이나 동물에 물렸는지를 확인하고 이상증상 발생 시 의사의 진료를 받도록 할 것

7. 곤충 및 동물매개 감염병 고위험작업을 수행한 근로자에게 즉시 의사의 진료를 받도록 하여
야 하는 증상
① 고열・오한・두통
② 피부발진・피부궤양・부스럼 및 딱지 등
③ 출혈성 병변(病變)

09 작업환경측정의 시료채취와 분석과정에서 발생하는 오차에 관한 다음 사항을 쓰시오.

(1) 오차를 일으킬 수 있는 요인 중 5가지

(2) 총(누적)오차 계산식

(3) 총(누적)오차를 최소화하기 위한 방법

해설 (1) 오차를 일으킬 수 있는 요인

　　① 채취효율

　　② 측정장치 시스템에서의 공기 누설

　　③ 공기채취유량 및 공기채취 용량

　　④ 측정시간

　　⑤ 시료채취·운반·보관 시 시료의 안정성

　　⑥ 시료 중 일부분을 분석 시, 시료 내에 채취된 유해물질분포의 균일성

　　⑦ 공기 중에 존재하는 방해물질

　　⑧ 온도·압력 및 습도와 같은 환경요소

(2) 총(누적)오차 계산식

　　총오차$(E_c) = \sqrt{E_1^{\,2} + \cdots + E_n^{\,2}}$

　　$E_1,\ \cdots,\ E_n$: 각각 요소에 대한 오차

(3) 총(누적)오차를 최소화하기 위한 방법

　　오차의 절댓값이 큰 항부터 개선하여야 함

플러스 학습 **직업환경측정분석 시 오차**

1. 계통오차
   ① 개요
      참값과 측정치간에 일정한 차이가 있음을 나타내며, 대부분의 경우 변이의 원인을 찾아낼 수 있으며, 크기와 부호를 추정할 수 있고 보정할 수 있다. 또한 계통오차가 작을 때는 정확하다고 말한다.
   ② 원인
      ㉠ 부적절한 표준물질 제조(시약의 오염)
      ㉡ 표준시료의 분해
      ㉢ 잘못된 검량선
      ㉣ 부적절한 기구보정
      ㉤ 분석물질의 낮은 회수율 적용
      ㉥ 부적절한 시료채취 여재의 사용
   ③ 종류
      ㉠ 외계오차(환경오차)
         ⓐ 측정 및 분석 시 온도나 습도와 같은 외계의 환경으로 생기는 오차
         ⓑ 보정값을 구하여 수정함으로써 오차를 제거할 수 있다.
      ㉡ 기계오차(기기오차)
         ⓐ 사용하는 측정 및 분석 기기의 부정확성으로 인한 오차
         ⓑ 기계의 교정에 의하여 오차를 제거할 수 있다.
      ㉢ 개인오차
         ⓐ 측정자의 습관이나 선입관에 의한 오차
         ⓑ 두 사람 이상의 측정자의 측정을 비교하여 오차를 제거할 수 있다.
   ④ 구분
      ㉠ 상가적 오차
         ⓐ 참값에 비해 크기가 항상 일정하게 벗어나는 경향이 있으며, 분석물질의 농도에 관계없이 크기가 일정한 오차이다.
         ⓑ 참값과 측정치의 관계는 직선을 나타낸다.
      ㉡ 비례적 오차
         ⓐ 오차의 크기가 분석물질의 농도수준에 비례적인 관계가 있는 오차이다.
         ⓑ 참값과 측정치의 관계는 곡선을 나타낸다.
   ⑤ 계통오차 확인방법
      ㉠ 표준시료 분석 후 인증서 값과 일치하는지 확인하는 방법
      ㉡ spliked된 시료 분석 후 이론값과 비교 확인하는 방법
      ㉢ 독립적 분석방법과 서로 비교 확인하는 방법

2. 우발오차(임의오차, 확률오차, 비계통오차)

① 개요

㉠ 어떤 값보다 큰 오차와 작은 오차가 일어나는 확률이 같을 때 이 값을 확률오차라 하며, 참값의 변이가 기준값과 비교하여 불규칙하게 변하는 경우로 정밀도로 정의되기도 한다. 따라서 오차원인규명 및 그에 따른 보정도 어렵다.

㉡ 한 가지 실험측정을 반복할 때 측정값의 변동으로 발생되는 오차이며, 보정이 힘들다.

② 원인

㉠ 전력의 불안정으로 인한 기기반응이 불규칙하게 변하는 경우

㉡ 기기로 시료 주입량의 불일정성이 있는 경우

㉢ 분석 시 부피 및 질량에 대한 측정의 변이가 발생한 경우

2022년 산업보건지도사

2022년 6월 11일 시행

※ 다음 단답형 5문제를 모두 답하시오. (각 5점)

01 작업환경측정 시 예비조사를 통하여 유사노출그룹(유사노출군, Similar Exposure Group)을 설정하는데, 유사노출그룹 설정의 장점 2가지를 쓰시오.

해설 (1) 시료채취 수를 경제적 할 수 있다.
(2) 모든 작업의 근로자에 대한 노출농도를 평가할 수 있다.

플러스 학습 **동일노출그룹(HEG ; Homogeneous Exposure Group)**

1. 개요
   ① 유사노출그룹(similar exposure group)이라고도 한다.
   ② 어떤 동일한 유해인자에 대하여 통계적으로 비슷한 수준(농도, 강도)에 노출되는 근로자 그룹이라는 의미이다.
   ③ 작업환경측정 분야에서 유사노출군의 개념이 도입된 배경은 한 작업장 내에 존재하는 근로자 모두에 대해 개인노출을 평가하는 것이 바람직하나 시간적, 경제적 사유로 불가능하여 대표적인 근로자를 선정하여 측정 평가를 실시하고 그 결과를 유사노출군에 적용하고자 하는 것이다.

2. HEG의 설정목적(활용)
   ① 시료채취 수를 경제적으로 하는 데 있다.
   ② 모든 작업의 근로자에 대한 노출농도를 평가할 수 있다.
   ③ 역학조사 수행 시 해당 근로자가 속한 동일노출그룹의 노출농도를 근거로 노출원인 및 농도를 추정할 수 있다.
   ④ 작업장에서 모니터링하고 관리해야 할 우선적인 그룹을 결정하기 위함이다.

3. HEG의 설정방법
   ① 전체 조직에서 공정을 구분하고 공정 내에서 작업별 범주로 구분하고 동일한 유해인자에 노출되는 그룹을 선정한다.
   ② 근로자가 수행하는 특정업무를 분석하여 유해인자에 대한 유사성을 확보한다.
   ③ 동일노출그룹을 가장 세분하여 분류하는 기준은 업무내용이며, 하부로 내려갈수록 유사한 노출특성을 갖게 된다.

④ HEG을 분류하는 단계

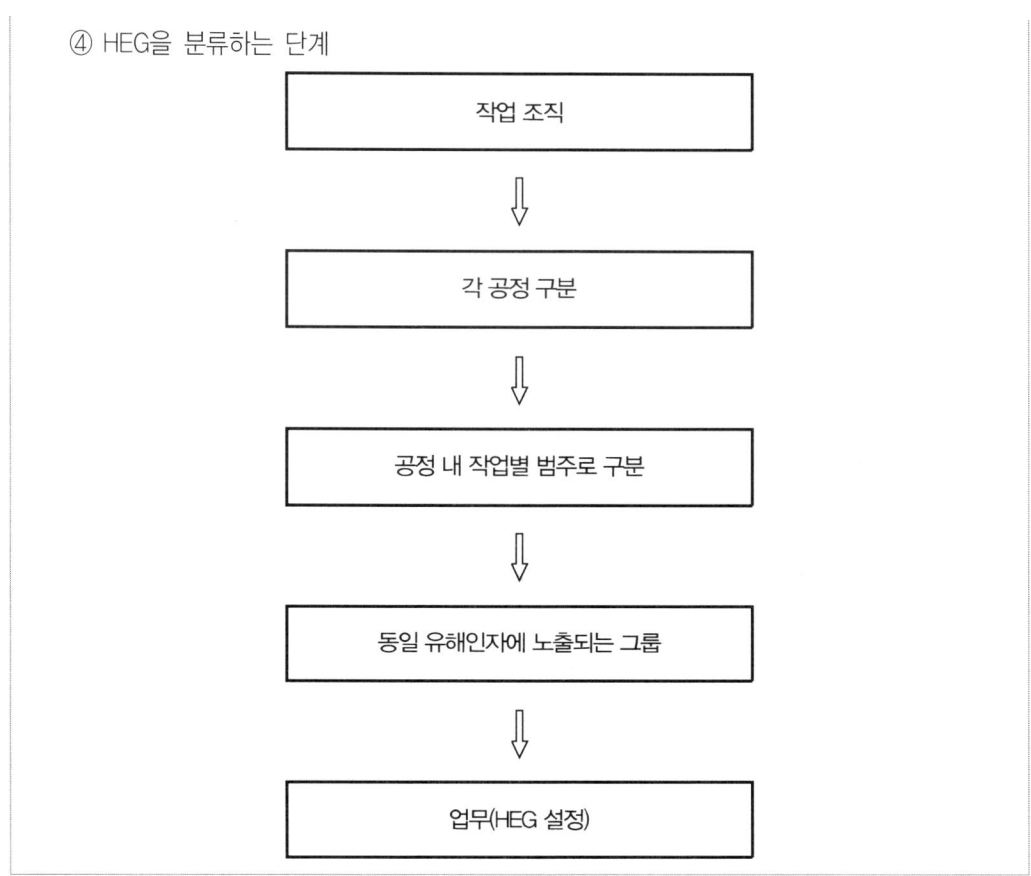

작업 조직

⇩

각 공정 구분

⇩

공정 내 작업별 범주로 구분

⇩

동일 유해인자에 노출되는 그룹

⇩

업무(HEG 설정)

02 산업안전보건기준에 관한 규칙에서 관리대상 유해물질 관련 국소배기장치 후드의
제어풍속에 관한 내용이다. ㉠~㉤에 들어갈 내용을 각각 쓰시오.

물질의 상태	후드 형식	제어풍속(m/sec)
가스상태	포위식 포위형	(㉠)
	외부식 측방흡인형	0.5
	외부식 하방흡인형	0.5
	외부식 상방흡인형	(㉡)

[비고]
"제어풍속"이란 국소배기장치의 모든 후드를 (㉢)한 경우의 제어풍속으로서 다음 각 목에
따른 위치에서의 풍속을 말한다.
① 포위식 후드에서는 (㉣) 에서의 풍속
② 외부식 후드에서는 해당 후드에 의하여 관리대상 유해물질을 빨아들이려는 범위 내에서
(㉤)에서의 풍속

해설 ㉠ : 0.4

㉡ : 1.0

㉢ : 개방

㉣ : 후드 개구면

㉤ : 해당 후드 개구면으로부터 가장 먼 거리의 작업위치

플러스 학습   제어풍속

1. 관리대상 유해물질 관련 국소배기장치 후드의 제어풍속

물질의 상태	후드 형식	제어풍속(m/sec)
가스상태	포위식 포위형	0.4
	외부식 측방흡인형	0.5
	외부식 하방흡인형	0.5
	외부식 상방흡인형	1.0
입자상태	포위식 포위형	0.7
	외부식 측방흡인형	1.0
	외부식 하방흡인형	1.0
	외부식 상방흡인형	1.2

[비고]

㉠ 가스상태

관리대상 유해물질이 후드로 빨아들여질 때의 상태가 가스 또는 증기인 경우를 말한다.

㉡ 입자상태

관리대상 유해물질이 후드로 빨아들여질 때의 상태가 흄, 분진 또는 미스트인 경우를 말한다.

㉢ 제어풍속

국소배기장치의 모든 후드를 개방한 경우의 제어풍속으로서 다음에 따른 위치에서의 풍속을 말한다.

• 포위식 후드에서는 후드 개구면에서의 풍속

• 외부식 후드에서는 해당 후드에 의하여 관리대상 유해물질을 빨아들이려는 범위 내에서 해당 후드 개구면으로부터 가장 먼 거리의 작업위치에서의 풍속

2. 허가대상 유해물질(베릴륨 및 석면 제외) 관련 국소배기장치 후드의 제어풍속

물질의 상태	제어풍속(미터/초)
가스상태	0.5
입자상태	1.0

[비고]

㉠ 이 표에서 제어풍속이란 국소배기장치의 모든 후드를 개방한 경우의 제어풍속을 말한다.

㉡ 이 표에서 제어풍속이란 후드의 형식에 따라 다음에서 정한 위치에서의 풍속을 말한다.

• 포위식 또는 부스식 후드에서는 후드의 개구면에서의 풍속

• 외부식 또는 레시버식 후드에서는 유해물질의 가스 · 증기 또는 분진이 빨려들어가는 범위에서 해당 개구면으로부터 가장 먼 작업위치에서의 풍속

3. 분진작업장소에서 설치하는 국소배기장치의 제어풍속
   ① 국소배기장치[연삭기·드럼 샌더(drum sander) 등의 회전체를 가지는 기계에 관련되어 분진작업을 하는 장소에 설치하는 것은 제외한다]의 제어풍속

분진작업장소	제어풍속(미터/초)			
	포위식 후드의 경우	외부식 후드의 경우		
		측방흡인형	하방흡인형	상방흡인형
암석 등 탄소원료 또는 알루미늄박을 체로 거르는 장소	0.7	−	−	−
주물모래를 재생하는 장소	0.7	−	−	−
주형을 부수고 모래를 터는 장소	0.7	1.3	1.3	−
그 밖의 분진작업장소	0.7	1.0	1.0	1.2

[비고]

제어풍속

국소배기장치의 모든 후드를 개방한 경우의 제어풍속으로서 다음의 위치에서 측정한다.
   ㉠ 포위식 후드에서는 후드 개구면
   ㉡ 외부식 후드에서는 해당 후드에 의하여 분진을 빨아들이려는 범위 안에서 그 후드 개구면으로부터 가장 먼 거리의 작업위치
   ② 국소배기장치 중 연삭기·드럼 샌더 등의 회전체를 가지는 기계에 관련되어 분진작업을 하는 장소에 설치된 국소배기장치의 후드의 설치 방법에 따른 제어풍속

후드의 설치 방법	제어풍속(미터/초)
회전체를 가지는 기계 전체를 포위하는 방법	0.5
회전체를 회전에 의하여 발생하는 분진의 흩날림방향을 후드의 개구면으로 덮는 방법	5.0
회전체만을 포위하는 방법	5.0

[비고]

제어풍속

국소배기장치의 모든 후드를 개방한 경우의 제어풍속으로서, 회전체를 정지한 상태에서 후드의 개구면에서의 최소풍속을 말한다.

03 밀폐공간에서 근로자에게 작업을 하도록 하는 경우 산업안전보건기준에 관한 규칙상 사업주의 조치사항 5가지만 쓰시오.

해설 (1) 환기

(2) 인원점검

(3) 출입금지

(4) 감시인 배치

(5) 안전대, 구명밧줄, 공기호흡기 및 송기마스크 지급·착용

(6) 대피용 기구의 비치

플러스 학습 **밀폐공간 작업 프로그램의 수립·시행**

1. 사업주는 밀폐공간에서 근로자에게 작업을 하도록 하는 경우 다음의 내용이 포함된 밀폐공간 작업 프로그램을 수립하여 시행하여야 한다.

   ① 사업장 내 밀폐공간의 위치 파악 및 관리 방안

   ② 밀폐공간 내 질식·중독 등을 일으킬 수 있는 유해·위험 요인의 파악 및 관리 방안

   ③ 밀폐공간 작업 시 사전 확인이 필요한 사항에 대한 확인 절차

   ④ 안전보건교육 및 훈련

   ⑤ 그 밖에 밀폐공간 작업 근로자의 건강장해 예방에 관한 사항

2. 사업주는 근로자가 밀폐공간에서 작업을 시작하기 전에 다음의 사항을 확인하여 근로자가 안전한 상태에서 작업하도록 하여야 한다.

   ① 작업 일시, 기간, 장소 및 내용 등 작업 정보

   ② 관리감독자, 근로자, 감시인 등 작업자 정보

   ③ 산소 및 유해가스 농도의 측정결과 및 후속조치 사항

   ④ 작업 중 불활성가스 또는 유해가스의 누출·유입·발생 가능성 검토 및 후속조치 사항

   ⑤ 작업 시 착용하여야 할 보호구의 종류

   ⑥ 비상연락체계

04 축전지 제조 사업장에서 공기 중 황산을 측정하는 경우 작업환경측정·분석 기술 지침에 따른 다음 사항을 쓰시오.

(1) 시료채취매체 2가지

(2) 시료포집 후 운반방법

해설 (1) 시료채취매체

① 37mm 석영(quartz fiber) 여과지

② 공극 0.45μm PTFE 여과지

(2) 시료포집 후 운반방법

① 시료는 냉장보관하여 실험실로 옮긴다.

② 시료를 바로 실험실로 보낼 수 없다면 냉장보관하여야 한다.

③ 실험실로 옮긴 시료는 즉시 냉장(4℃) 보관한다.

플러스 학습 **황산(Sulfuric acid)**

분자식 : H_2SO_4 화학식 : H_2SO_4 분자량 : 98.08 CAS No. : 7664-93-9		
녹는점 : 10.4℃ 끓는점 : 290℃ 비중 : 1.84 용해도 : 물과 알코올에 잘 혼합됨		
특징, 발생원 및 용도 : 무색, 무취의 눈, 피부 및 호흡기 계통에 자극성이 있는 물질		
노출기준	고용노동부(mg/m^3) : 0.2, 0.6(STEL), 흉곽성 발암성 1A(강산 Mist에 한정함)	OSHA(mg/m^3) : 1
	ACGIH(mg/m^3) : 0.2	NIOSH(mg/m^3) : 1
동의어	hydrogen sulfate, oil of vitriol	
분석원리 및 적용성 : 작업환경 중 대상물질을 여과지에 채취하여 추출용액으로 추출한 후 일정량을 이온 크로마토그래프(Ion Chromatograph)에 주입하여 정량한다.		
* 노출기준/허용기준이 호흡성/흉곽성/흡입성으로 설정된 경우 해당 시료채취기를 사용 하고 그에 설정된 유량을 적용하여야 함		

시료채취 개요	분석 개요
• 시료채취매체 : 37mm 석영(quartz fiber) 여과지 또는 공극 0.45μm PTFE여과지 • 유량 : 1~5L/min • 공기량 - 최대 : 2,000L - 최소 : 15L • 운반 : 시료포집 후 여과지를 용기에 넣은 후 추출액을 주입하고 뚜껑을 닫은 후 냉장보관상태(4℃)로 운반 • 시료의 안정성 : 20℃에서 1주일간 안정, 4℃에서 28일간 안정함 • 공시료 : 총 시료수의 10% 이상 또는 시료 세트당 최소 3개의 현장 공시료	• 분석기술 : 이온크로마토그래피법, 전도도 검출기 • 분석대상물질 : Sulfate(SO_4^{2-}) • 전처리 : 2.7mM Na_2CO_3/0.3mM $NaHCO_3$ 5mL로 추출 • 컬럼 : 음이온 분석용 커럼 • 범위 : 0.2~8mg/L • 검출한계 : 0.002mg/m³ • 정밀도 : 0.043
방해작용 및 조치	정확도 및 정밀도
황산염과 같은 입자상 물질은 양의 방해작용을 할 수 있음	• 연구범위(range studied) : 0.005~2.0mg /sample • 편향(bias) : − • 총 정밀도(overall precision) : 0.086 • 정확도(accuracy) : >23% • 시료채취분석오차 : 0.216
시약	기구
• 증류수 • Sodium carbonate(Na_2CO_3), 시약등급 • Sodium hydrogen carbonate($NaHCO_3$) • 추출·용리액 원액 : 0.2M Na_2CO_3/0.03M $NaHCO_3$; 2.86g Na_2CO_3와 0.25g $NaHCO_3$를 25mL 증류수에 넣고 저어서 혼합시킴. 그런 다음 100mL 용량플라스크에 넣고 마개를 닫아 증류수와 완전히 혼합함 • 추출·용리액 : 0.0027M Na_2CO_3/0.0003M $NaHCO_3$: 0.27M Na_2CO_3/0.03M $NaHCO_3$ 추출·용리액 원액 10mL를 1L 용량플라스크에 넣고 증류수를 넣어 마개를 닫아 완전히 혼합함 • Sulfate(SO_4^{2-}) ion 표준용액 1,000mg/L	• 시료채취매체 : 37mm 석영여과지 또는 공극 0.45μm PTFE여과지, 내산성 2단 카세트 또는 흉곽성분진 시료채취기 ※ 석영여과지는 결합재가 없고(binderless) 열 처리된 것이어야 함 • 개인시료채취펌프, 유량 1~5L/min • 이온 크로마토그래피, 전도도검출기 • 컬럼 : pre-컬럼(50mm, 4.0mm), 음이온교환컬럼(200mm, 4.0mm), 써프레서(4mm) • 초음파 세척기 • 플라스틱 용기 • 용량플라스크 • 피펫 • 비커 • 폴리에틸렌 용기

시약	기구
검량선 표준원액 100mg/L : sulfate ion 표준용액 10mL를 100mL 용량플라스크에 넣고 표선까지 용리액을 넣어 희석시킴	• 플라스틱 주사기 • 실린지 필터(공극 0.8μm, PTFE 멤브레인) • 마이크로 주사기 • PTFE로 코팅된 핀셋 • 오토샘플러 바이알 • 전자저울, 0.01mg까지 측정 가능한 것

특별 안전보건 예방조치 : 황산은 눈, 피부 및 호흡기 계통에 자극성이 있으며, 부식성이 있으므로 접촉을 피하고 보호장갑 및 보호복을 착용하고 흄후드 안에서 사용하여야 한다. 산은 물과 접촉 시 격렬하게 반응하여 열이 발생되며, 금속과 반응할 수 있으므로 실험 시 주의가 필요하다.

Ⅰ. 시료채취

1. 각 개인 시료채취펌프를 하나의 대표적인 시료채취매체로 보정한다.
2. 1~5L/min의 유량으로 총 15~1,000L의 공기를 채취한다.
3. 채취가 끝난 직후, PTFE 코팅된 핀셋을 이용하여 카세트에 있는 여과지를 10mL 스크류 캡 플라스틱 용기로 옮긴다. 약 2mL 추출용액(0.0027M Na_2CO_3/0.0003M $NaHCO_3$)으로 카세트 내부 표면을 헹구어 용기에 담는다. 용기에 추출용액을 추가하여 최종 용량이 5mL가 되도록 한다.
4. 시료 세트당 최소 3개의 현장 공시료를 준비하고 채취한 시료와 동일한 방식으로 처리한다. 즉, 각 여과지를 플라스틱 용기에 넣고 5mL 용리액을 넣어 시료와 함께 실험실로 보낸다.
5. 시료는 냉장보관하여 실험실로 옮긴다. 시료를 바로 실험실로 보낼 수 없다면 냉장보관하여야 한다.
6. 실험실로 옮긴 시료는 즉시 냉장(4℃) 보관한다.
7. 시료를 받고 4주 이내 분석을 실시한다.

Ⅱ. 시료 전처리

8. 시료 용기를 꺼내서 상온으로 옮긴다.
9. 초음파 세척기에 넣고 15분 이상 초음파 처리하고 30분 이상 식힌다.
10. PTFE 실린지 필터를 이용하여 각 시료의 추출용액을 여과하여 깨끗한 플라스틱 용기 또는 오토 샘플러 바이알에 담는다.

05 화학물질 및 물리적 인자의 노출기준(고용노동부고시 제2020−48호)과 작업환경 측정 대상 유해인자에 관한 다음 사항을 쓰시오.

(1) Skin 표시물질의 정의

(2) 작업환경측정 대상 유해인자에서 가스 상태 물질류(15종) 중 Skin 표시물질 1가지

해설 (1) 점막과 눈 그리고 경피로 흡수되어 전신 영향을 일으킬 수 있는 물질을 말함(피부자극성을 뜻하는 것이 아님)

(2) 시안화수소

플러스 학습 **가스 상태 물질(15종)**

① 불소	② 브롬
③ 산화에틸렌	④ 삼수소비소
⑤ 시안화수소	⑥ 암모니아
⑦ 염소	⑧ 오존
⑨ 이산화질소	⑩ 이산화황
⑪ 일산화질소	⑫ 일산화탄소
⑬ 포스겐	⑭ 포스핀
⑮ 황화수소	

※ 다음 논술형 2문제를 모두 답하시오. (각 25점)

06 작업환경측정 및 정도관리 등에 관한 고시에 따른 허용기준 이하 유지대상 유해인자의 허용기준 초과여부 평가방법을 쓰시오

해설 (1) 측정한 유해인자의 시간가중평균값 또는 단시간 노출값을 구한다

① 시간가중평균값(X_1)

$$X_1 = \frac{C_1 \cdot T_1 + C_2 \cdot T_2 + \cdots + C_N \cdot T_N}{S}$$

여기서, C : 유해인자의 측정농도(단위 : ppm, mg/m^3 또는 개/cm^3)

T : 유해인자의 발생시간(단위 : 시간)

② 단시간 노출값(X_2)

작업특성상 노출수준이 불균일하거나 단시간에 고농도로 노출되어 단시간 노출평가가 필요하다고 판단되는 경우 노출되는 시간에 15분간씩 측정하여 단시간 노출값을 구한다.

(2) $X_1(X_2)$을 허용기준으로 나누어 Y(표준화값)를 구한다.

$$Y(\text{표준화값}) = \frac{X_1(\text{또는 } X_2)}{\text{허용기준}}$$

(3) 95%의 신뢰도를 가진 하한치를 계산한다.

하한치 = Y − 시료채취분석오차

(4) 허용기준 초과여부 판정

① 하한치 > 1일 때 허용기준을 초과한 것으로 판정한다.

② (1) ①의 값을 구한 경우 이 값이 허용기준 TWA를 초과하고 허용기준 STEL 이하인 때에는 다음 어느 하나 이상에 해당되면 허용기준을 초과한 것으로 판정한다.

㉠ 1회 노출지속시간이 15분 이상인 경우

㉡ 1일 4회를 초과하여 노출되는 경우

㉢ 각 회의 간격이 60분 미만인 경우

07 작업환경 노출평가를 위해 공기 중 채취한 카드뮴을 분석하는 경우 작업환경 측정
·분석 기술지침에 따른 다음 사항을 쓰시오.

(1) 시료 전처리에 사용하는 추출용액 2가지

(2) 분석기기 종류 2가지

(3) 화학적 방해(chemical interferences)를 줄이기 위한 조치사항 2가지

(4) 회수율 검정을 위한 시료제조 및 회수율 계산방법

해설 (1) 시료 전처리에 사용하는 추출용액
　① 진한 질산(HNO₃) 6mL : 140℃
　② 진한 염산(HCl) 6mL : 400℃

(2) 분석기기 종류
　① 유도결합플라스마분광광도계(ICP – OES)
　② 원자흡광광도계(AAS)

(3) 화학적 방해를 줄이기 위한 조치사항
　① 시료를 희석
　② 고온의 원자화기를 사용하여 화학적 방해를 줄임

(4) 회수율검정을 위한 시료제조 및 회수율 계산방법
　① 회수율 정의
　　회수율은 여과지를 이용하여 채취한 물질의 분석값을 보정하는 데 필요한 것으로 채취에
　　사용하지 않은 동일한 여과지에 첨가된 양과 분석량의 비로 표현된 값
　② 관련 식
　　$$회수율 = \frac{분석량}{첨가량}$$
　③ 회수율 시험결과 확인사항
　　㉠ 여과지의 오염
　　㉡ 시약의 오염
　　㉢ 여과지에 대한 시료채취효율
　④ 시료제조 및 회수율 계산방법
　　㉠ 회수율 실험을 위한 첨가량을 결정한다.
　　　ⓐ 작업장의 농도를 포함하도록 예상되는 농도(mg/m³)와 공기채취량(L)에 따라 첨가량
　　　　계산
　　　ⓑ 작업장의 예상농도를 모를 경우 첨가량은 노출기준과 공기채취량 240L를 기준으로
　　　　계산
　　　ⓒ 계산된 첨가량 3개 농도 수준(0.5~2배)의 양을 반복적으로 3개(3수준×3반복＝9개)
　　　　주입할 여과지와 공시료 3개를 준비한다.
　　㉡ 분석대상물질의 원액 또는 희석액 일정량을 마이크로피펫 또는 마이크로시린지를
　　　이용하여 여과지에 주입
　　㉢ 여과지를 밀봉하고 하루 동안 상온에 놓아둠

ⓔ 여과지를 바이알에 넣고 추출용액으로 추출함
ⓜ 시료를 분석하여 검출량을 구함
ⓗ 회수율=분석량/첨가량 구함
ⓢ 회수율은 최소한 0.75 이상 되어야 하나 0.90 이상이면 좋음
ⓞ 회수율에 대한 평가는 분석자가 해야 함

🌱 플러스 학습   카드뮴(Cadmium, as Cd)

분자식 : Cd   화학식 : Cd   분자량 : 112.40(Cd), 128.40(CdO)
CAS No. : 7440-43-9(Cd), 1306-19-0(CdO)

녹는점 : 321℃   끓는점 : 765℃   비중 : 8.65   용해도 : 불용성

특징, 발생원 및 용도 : 부드럽고 연성의 흰색과 청색을 띄는 금속원소, 플라스틱 제조에서 안정제로 사용, 유리 및 도자기의 착색원료로서 동 물질을 평량, 배합, 융해하는 공정

노출기준	고용노동부(mg/m^3) : 0.01, 0.002(호흡성) OSHA(mg/m^3) : 0.01, 발암성 1A, 생식세포 변이원성 2, 생식독성 2 0.002(Respirable fraction)
	ACGIH(mg/m^3) : 0.01, 0.002 (Respirable fraction) NIOSH(mg/m^3) : -
동의어	Cadmium metal : Cadmium, Other synonyms vary depending upon the specific cadmium compound

분석원리 및 적용성 : 작업환경 중 대상물질을 여과지에 채취하여 산으로 회화시킨 다음 시료용액을 조제하여 유도결합플라스마분광광도계(Inductively Coupled Plasma Spectrometer, ICP) 또는 원자흡광광도계(Atomic Absorption Spectrophotometer, AAS)를 이용하여 정량한다.

* 노출기준이 호흡성/흉곽성/흡입성으로 설정된 경우 해당 시료채취기를 사용하고 그에 설정된 유량을 적용하여야 함

시료채취 개요	분석 개요

• 시료채취매체 : MCE 여과지 혹은 PVC 여과지
 • 유량 : 1~3L/min
 • 공기량 – 최대 : 1,500L
         – 최소 : 25L
 • 운반 : 여과지의 시료포집 부분이 위를 향하도록 하고 마개를 닫아 밀폐된 상태에서 운반
 • 시료의 안정성 : 안정함
 • 공시료 : 시료 세트당 2~10개 또는 시료 수의 10% 이상
	• 분석기술 : 유도결합플라스마분광광도계법 또는 원자흡광광도계법
	 • 분석대상물질 : Cd
	 • 전처리 : 진한 질산(HNO_3) 6mL : 140℃
	            진한 염산(HCl) 6mL : 400℃
	 • 파장 : 228.8nm
	 • 검량선 : Cd 표준용액 in 0.5N HCl
	 • 범위 : 2.5~30μg/sample
	 • 검출한계 : 0.05μg/sample
	 • 정밀도 : 0.05(3~23μg/sample 범위)

방해작용 및 조치	정확도 및 정밀도
• 화학적 방해(chemical interferences) : 시료를 희석하거나 고온의 원자화기를 사용하여 화학적 방해를 줄일 수 있다. • 분광학적 방해(spectral interferences) : 신중한 파장 선택, 물질 상호 간의 교정과 공시료 교정으로 최소화 할 수 있다.	• 연구범위(range studied) : 0.12~0.98 mg/m^3 • 편향(bias) : −1.57% • 총 정밀도(overall precision) : 0.06 • 정확도(accuracy) : ±13.23% • 시료채취분석오차 : 0.0821(ICP), 0.132(AAS)
시약	**기구**
• 진한 질산, HNO₃(특급) • 진한 염산, HCl(특급) • 염산용액 0.5N-1L 용량 플라스크에 500mL의 증류수를 넣고 41.5mL 진한 질산을 넣은 후, 증류수로 1L로 희석한다. • 표준용액, 100μg/mL : 시약업체에서 구매 가능, 또는 Cd 0.1g을 소량의 염산 혼합액에 첨가하고, 증류수를 가해 1L로 희석시킴 • 아세틸렌(acetylene) • 에어(air, filterd) • 증류수	• 시료채취매체 : MCE 여과지 혹은 PVC 여과지(공극 0.8μm, 직경 37mm), 카세트 홀더 • 개인시료채취펌프(유연한 튜브관 연결됨), 유량 1~3L/min • 유도결합플라스마분광광도계 또는 원자흡광광도계 • 비커, 시계접시 • 용량플라스크 • 피펫 • 가열관(표면온도 100℃~400℃) 또는 마이크로웨이브 회화기 ※ 모든 유리기구는 사용 전에 질산으로 씻고 증류수로 헹구어 준다.

특별 안전보건 예방조치 : 모든 산 회화작업은 흄후드에서 이루어져야 한다.

Ⅰ. 시료채취

1. 각 개인 시료채취펌프를 하나의 대표적인 시료채취매체로 보정한다.
2. 1~3L/min의 유량으로 총 25~1,500L의 공기를 채취하며, 여과지에 채취된 먼지가 총 2 mg을 넘지 않도록 한다.
3. 채취가 끝난 여과지는 밀봉하여 먼지가 떨어지지 않도록 카세트를 바로 세워서 운반한다.

Ⅱ. 시료 전처리

4. 카세트필터 홀더를 열고 시료와 공시료를 깨끗한 비커로 옮긴다.

5. 질산 2mL를 넣고 시계접시를 덮은 후, 용액이 0.5mL 남을 때까지 가열판에서 가열한다. 질산 2mL를 넣고 앞의 과정을 두 번 정도 반복한다.

6. 염산 2mL를 넣고 시계접시를 덮은 후, 용액이 0.5mL 남을 때까지 가열판(약 400℃)에서 가열하고, 마찬가지로 염산 2mL를 넣고 앞의 과정을 두 번 정도 반복한다.

   ※ 이때 용액이 완전히 건조되어서는 안 된다.

7. 용액을 식힌 후, 시계접시와 비커를 증류수로 헹군다.

8. 용액을 25mL 용량플라스크에 옮겨 담고, 증류수로 플라스크 표선을 맞춘다.

   ※ 다른 전처리 방법으로 마이크로파 회화기를 사용할 수 있으며, 마이크로파 회화기를 이용한 전처리 과정은 제조사의 매뉴얼 및 관련 문헌을 참고한다.

   ※ 전처리 시 막여과지에 채취된 시료를 잘 회화시킬 수 있는 다른 산 용액을 사용할 수 있다.

※ 다음 논술형 2문제 중 1문제를 선택하여 답하시오. (각 25점)

08 사업주는 인체에 해로운 분진, 흄, 미스트, 증기 또는 가스 상태의 물질을 배출하기 위하여 산업안전보건기준에 관한 규칙에 따라 국소배기장치를 설치해야 한다. 이 때 국소배기장치 구성요소별 설치기준을 쓰시오.

(1) 후드의 설치기준 4가지

(2) 덕트의 설치기준 5가지

(3) 공기정화장치를 설치하는 경우 배풍기의 설치기준

(4) 배기구의 설치기준

해설 (1) 후드의 설치기준
  ① 유해물질이 발생하는 곳마다 설치할 것
  ② 유해인자의 발생형태와 비중, 작업방법 등을 고려하여 해당 분진 등의 발산원(發散源)을 제어할 수 있는 구조로 설치할 것
  ③ 후드(hood) 형식은 가능하면 포위식 또는 부스식 후드를 설치할 것
  ④ 외부식 또는 리시버식 후드는 해당 분진 등의 발산원에 가장 가까운 위치에 설치할 것

(2) 덕트의 설치기준
  ① 가능하면 길이는 짧게 하고 굴곡부의 수는 적게 할 것
  ② 접속부의 안쪽은 돌출된 부분이 없도록 할 것
  ③ 청소구를 설치하는 등 청소하기 쉬운 구조로 할 것
  ④ 덕트 내부에 오염물질이 쌓이지 않도록 이송속도를 유지할 것
  ⑤ 연결 부위 등은 외부 공기가 들어오지 않도록 할 것

(3) 공기정화장치를 설치하는 경우 배풍기의 설치기준
  사업주는 국소배기장치에 공기정화장치를 설치하는 경우 정화 후의 공기가 통하는 위치에 배풍기를 설치하여야 한다. 다만, 빨아들여진 물질로 인하여 폭발할 우려가 없고 배풍기의 날개가 부식될 우려가 없는 경우에는 정화 전의 공기가 통하는 위치에 배풍기를 설치할 수 있다.

(4) 배기구의 설치기준
  사업주는 분진등을 배출하기 위하여 설치하는 국소배기장치(공기정화장치가 설치된 이동식 국소배기장치는 제외한다)의 배기구를 직접 외부로 향하도록 개방하여 실외에 설치하는 등 배출되는 분진 등이 작업장으로 재유입되지 않는 구조로 하여야 한다.

플러스 학습 **전체 환기 설치조건(분진 배출)**

1. 송풍기 또는 배풍기(덕트를 사용하는 경우에는 그 덕트의 흡입구를 말한다)는 가능하면 해당 분진 등의 발산원에 가장 가까운 위치에 설치할 것

2. 송풍기 또는 배풍기는 직접 외부로 향하도록 개방하여 실외에 설치하는 등 배출되는 분진 등이 작업장으로 재유입되지 않는 구조로 할 것

09 전리(電離)방사선에 관한 다음 사항을 쓰시오.

(1) 유효선량의 정의

(2) 산업안전보건기준에 관한 규칙에 따라 근로자의 건강장해를 예방하기 위하여 방사성 물질의 밀폐 등 필요한 조치를 하여야 하는 업무 5가지

(3) 결정적 영향(Deterministic effects)에 의한 건강장해 5가지

[해설] (1) 유효선량의 정의

① 유효선량(effective dose)은 특정 개인에 있어서 인체의 여러 조직이 방사선에 균일 또는 불균일하게 조사된 경우, 조직별 상대적인 위험도를 반영하여 피폭자의 전체적인 생물학적 영향을 평가하기 위해 정의된 방사선량을 말한다.

② 관련 식

$E = \Sigma H_T \times W_T$ (단위 : Sv 또는 rem)

여기서, H_T : 조직 또는 장기의 등가선량

W_T : 조직가중치

(2) 근로자의 건강장해를 예방하기 위하여 방사성 물질의 밀폐 등 필요한 조치를 하여야 하는 업무

① 엑스선 장치의 제조·사용 또는 엑스선이 발생하는 장치의 검사 업무

② 선형가속기, 사이크로트론(cyclotron) 및 신크로트론(synchrotron) 등 하전입자를 가속하는 장치(이하 "입자가속장치"라 한다)의 제조·사용 또는 방사선이 발생하는 장치의 검사 업무

③ 엑스선관과 케노트론(kenotron)의 가스 제거 또는 엑스선이 발생하는 장비의 검사 업무

④ 방사성 물질이 장치되어 있는 기기의 취급 업무

⑤ 방사성 물질 취급과 방사성 물질에 오염된 물질의 취급 업무

⑥ 원자로를 이용한 발전 업무

⑦ 갱내에서의 핵원료물질의 채굴 업무

⑧ 그 밖에 방사선 노출이 우려되는 기기 등의 취급 업무

(3) 결정적 영향에 의한 건강장해

① 피부(피부 발적, 괴사 등)

② 골수와 림프계(림프구 감소증, 과립구 감소증, 혈소판 감소증, 적혈구 감소증 등)

③ 소화기계(장 상피 괴사에 의한 궤양 등)

④ 생식기계(정자수 감소, 불임 등)

⑤ 눈(수정체 혼탁 등)

⑥ 호흡기(폐렴, 폐섬유증 등)

플러스 학습 **전리방사선**

1. 방사선 물질
   (1) 방사선 관리구역 지정 시 게시사항
      ① 방사선량 측정용구의 착용에 관한 주의사항
      ② 방사선 업무상 주의사항
      ③ 방사선 피폭(被曝) 등 사고 발생 시의 응급조치에 관한 사항
      ④ 그 밖에 방사선 건강장해 방지에 필요한 사항
   (2) 방사선물질 취급작업실의 구조
      ① 기체나 액체가 침투하거나 부식되기 어려운 재질로 할 것
      ② 표면이 편평하게 다듬어져 있을 것
      ③ 돌기가 없고 파이지 않거나 틈이 작은 구조로 할 것

2. 전리방사선 노출 근로자 건강관리지침
   (1) 용어
      ① 선량한도
         외부에 피폭하는 방사선량과 내부에 피폭하는 방사선량을 합한 피복방사선량의 상한
         값을 말한다.
      ② 유효수준한도
         방사선에 연속 피폭될 경우, 합리적인 근거에 의해서도 피폭이 용인되지 않는 선량을
         말한다.
      ③ 등가선량
         인체의 피폭선량을 나타낼 때, 흡수선량에 해당하는 방사선의 방사선 가중치를 곱한
         양. 즉 조직 또는 장기에 흡수되는 방사선의 종류와 에너지에 따라 다르게 나타나는
         생물학적 영향을 동일한 선량값으로 나타내기 위하여 방사선 가중치를 고려하여 보
         정한 흡수선량을 말한다.
      ④ 전리방사선
         전자파 또는 입자선 중 원자에서 전자를 떼어내어 주위의 물질을 이온화 시킬 수 있는
         능력을 가진 것으로서 알파선, 중양자선, 양자선, 베타선 그 밖의 중하전 입자선, 중성자
         선, 감마선, 엑스선 등의 에너지를 가진 입자나 파동을 말한다.
      ⑤ 방사성 물질
         원자핵 분열 생성물 등 방사선을 방출하는 방사능을 가지는 물질을 말한다.
      ⑥ 방사성동위원소
         방사선을 방출하는 동위원소와 그 화합물을 말한다.
      ⑦ 방사선발생장치
         하전칩자를 가속시켜 방사선을 발생시키는 장치를 말한다.
      ⑧ 방사선관리구역
         방사선에 노출될 우려가 있는 업무를 행하는 장소를 말한다.

(2) 전리방사선의 종류와 방사선 발생장치

전리방사선의 종류 (산업안전보건기준에 관한 규칙 제573조)	방사선발생장치 (원자력안전법 시행령 제8조)
㉠ 알파선, 중양자선, 양자선, 베타선 그 박의 중하전 입자선 ㉡ 중성자선 ㉢ 감마선 및 엑스선 ㉣ 5만 전자볼트 이상(엑스선발생장치의 경우 5천 전자볼트 이상)의 에너지를 가진 전자선 * ㉠, ㉡은 입자선 방사성 물질 **㉢, ㉣은 전자파	"방사선발생장치"라 함은 하전입자를 가 속시켜 방사선을 발생시키는 장치 ㉠ 엑스선발생장치 ㉡ 사이크로트론 ㉢ 신크로트론 ㉣ 신크로사이크로트론 ㉤ 선형가속장치 ㉥ 베타트론 ㉦ 반·데 그라프형 가속장치 ㉧ 콕크로프트·왈톤형 가속장치 ㉨ 변압기형 가속장치 ㉩ 마이크로트론 ㉪ 방사광가속기 ㉫ 가속이온주입기 ㉬ 그 밖에 위원회가 정하여 고시하는 것

(3) 전리방사선의 체내 작용기전
  ① 노출 경로
   ㉠ 외부노출은 외부에 있는 방사선원(감마선과 중성자선)에 의하며 눈과 피부에 영향
     을 미친다.
   ㉡ 내부노출은 흡입, 섭취되거나 피부를 통해 흡수된 방사성 물질(알파선)에 의하며
     내부 조직에 영향을 줄 수 있다.
  ② 체내 작용기전
   ㉠ 직접 작용
     전리방사선에 의하여 세포의 생명과 기능에 결정적 역할을 하는 DNA분자의 손상
     이 일어난다. 이렇게 방사선이 원자 물리적 작용에 의해 DNA를 공격하고 손상시
     키는 것을 직접작용이라고 한다.
   ㉡ 간접작용
     전리방사선에 의해 생성된 라디칼(free radical) 등 화학적 부산물이 DNA를 공격
     하여 손상을 입히는 경우를 간접작용이라고 한다.

(4) 전리방사선에 의한 건강영향

① 전리방사선 노출에 의해 세포의 사멸이 일어나고 그로 인한 건강영향이 나타나는 데에는 일정 수준의 노출량을 넘어서야 하는데, 이 수준을 역치라고 부른다. 단기간에 일정한 역치를 초과하는 노출이 있을 때 거의 필연적으로 건강영향이 나타나는 것을 결정적 영향이라고 부른다.

② 전리방사선 노출에 의해 발생한 돌연변이 세포가 암세포로 발전하는 과정은 확률적인 우연성을 따르게 되는데 이를 확률적 영향이라고 한다. 확률적 영향은 그 발생확률이 노출선량에 비례하며 결정적 영향의 경우와는 달리 역치가 없는 것으로 간주된다. 즉, 작은 선량에서도 그 선량에 비례하는 만큼의 발생위험(확률)이 뒤따른다고 본다.

③ 결정적 영향
  ㉠ 피부
    피부 발적, 괴사 등
  ㉡ 골수와 림프계
    림프구 감소증, 과립구 감소증, 혈소판 감소증, 적혈구 감소증 등
  ㉢ 소화기계
    장 상피 괴사에 의한 궤양 등
  ㉣ 생식기계
    정자 수 감소, 불임 등
  ㉤ 눈
    수정체 혼탁 등
  ㉥ 호흡기
    폐렴, 폐섬유증 등

④ 확률적 영향
  ㉠ 암 발생
    백혈병 등 암 발생 위험이 증가
  ㉡ 태아의 성장 발달
    지능저하와 기형발생 위험 증가

(5) 전리방사선 노출 근로자의 건강관리

① 전리방사선 노출 근로자에 대하여 배치전 및 주기적 건강진단을 실시하여 관찰하고자 하는 주요 소견은 눈, 피부, 조혈기 장해와 관련된 증상, 징후 및 검사소견이다.

② 원자력안전법에 의한 "방사선작업종사자 건강진단"과 진단용 방사선발생장치의 안전관리 규칙에 의한 "방사선 관계종사자 건강진단"을 받은 경우 전리방사선에 대한 특수건강진단을 받은 것으로 갈음한다.

③ 전리방사선 노출 근로자의 건강진단주기, 건강진단항목, 산업의학적 평가 및 수시건강진단을 위한 참고사항은 '근로자 건강진단 실무지침'을 참조한다.

(6) 응급조치

① 접촉

눈이나 피부에 노출될 경우 노출이 일어난 장소에서 응급조치가 시행될 수 있도록 방사성동위원소 취급 작업장 내에 눈 및 피부 세척을 위한 시설이 갖추어져 있어야 한다. 고농도의 방사성 물질에 노출되었을 경우 응급조치는 다음과 같이 시행한다.

㉠ 눈 접촉

다량의 소독수나 생리식염수로 세척하며, 내측 안각으로부터 머리 옆 관자높이 방향으로 실시한다.

㉡ 피부 접촉

ⓐ 광범위하게 오염된 경우 의복을 탈의하고 샤워를 실시한다.

ⓑ 미지근한 물과 비누로 솔을 이용하여 안부터 바깥쪽으로 부드럽게 닦는다.

② 흡입

㉠ 다량의 방사성 물질을 흡입할 경우 오염이 되지 않은 물로 코와 입을 세척하고 즉시 신선한 공기가 있는 지역으로 이동시켜야 한다.

㉡ 기침유발 등 자연배출을 촉진하며, 즉시 의사의 치료를 받도록 한다.

③ 섭취

구토제, 하제 복용 등 위장관 배출을 촉진시킨다.

④ 응급조치 시행자의 보호

응급조치를 시행하는 자는 보호의·보호장갑·호흡용보호구 등 보호구를 착용해야 한다.

⑤ 응급조치 후 방사성폐기물의 처리

㉠ 응급조치 후 오염된 의복, 세척용수 등은 노출 선량 추정을 위해 모아 두어야 한다.

㉡ 오염된 폐기물은 방사성폐기물 전문 처리사업자를 통해 처리해야 한다.

(7) 전리방사선 노출기준

노출기준은 다음 〈표〉와 같다. 노출선량이 연간 50mSv를 넘지 아니하여야 하며, 임의 연속된 5년 동안 누적 노출선량이 100mSv를 넘지 아니하여야 한다.

‖ 선량한도 ‖

구분		방사선작업종사자	수시출입자 및 운반종사자	일반인
유효선량 한도		연간 50mSv를 넘지 아니하는 범위에서 5년간 100mSv	연간 12mSv	연간 1mSv
등가선량 한도	수정체	연간 150mSv	연간 15mSv	연간 15mSv
	손·발 및 피부	연간 500mSv	연간 50mSv	연간 50mSv

2023년 산업보건지도사

산업위생공학

❚ 2023년 6월 17일 시행

※ 다음 단답형 5문제를 모두 답하시오. (각 5점)

01 산업안전보건기준에 관한 규칙의 밀폐공간에 관한 내용이다. (㉠)~(㉤)에 들어갈 숫자를 각각 쓰시오.

> "적정공기"란 산소농도의 범위가 (㉠)% 이상 (㉡)% 미만, 탄산가스의 농도가 (㉢)% 미만, 일산화탄소의 농도가 (㉣)ppm 미만, 황화수소의 농도가 (㉤)ppm 미만인 수준의 공기를 말한다.

해설 ㉠ 18
　　　 ㉡ 23.5
　　　 ㉢ 1.5
　　　 ㉣ 30
　　　 ㉤ 10

🌱**플러스 학습**　**밀폐공간 관련 산업안전보건기준에 관한 규칙**

1. 용어의 정의
   ① 밀폐공간
      산소결핍, 유해가스로 인한 질식·화재·폭발 등의 위험이 있는 장소를 말한다.
   ② 유해가스
      탄산가스·일산화탄소·황화수소 등의 기체로서 인체에 유해한 영향을 미치는 물질을 말한다.
   ③ 적정공기
      산소농도의 범위가 18% 이상 23.5% 미만, 탄산가스의 농도가 1.5% 미만, 일산화탄소의 농도가 30ppm 미만, 황화수소의 농도가 10ppm 미만인 수준의 공기를 말한다.
   ④ 산소결핍
      공기 중의 산소농도가 18% 미만인 상태를 말한다.
   ⑤ 산소결핍증
      산소가 결핍된 공기를 들이마심으로써 생기는 증상을 말한다.

2. 사업주가 밀폐공간에서 근로자에게 작업을 하도록 하는 경우 밀폐공간 작업 프로그램 수립·시행시 포함 내용
① 사업장 내 밀폐공간의 위치 파악 및 관리 방안
② 밀폐공간 내 질식·중독 등을 일으킬 수 있는 유해·위험 요인의 파악 및 관리 방안
③ ②에 따라 밀폐공간 작업 시 사전 확인이 필요한 사항에 대한 확인 절차
④ 안전보건교육 및 훈련
⑤ 그 밖에 밀폐공간 작업 근로자의 건강장해 예방에 관한 사항

3. 사업주는 근로자가 밀폐공간에서 작업을 시작하기 전 근로자가 안전한 상태에서 작업하도록 하여야 한다. 이 경우 사업주가 확인하여야 하는 사항(사업주가 밀폐공간에서의 작업이 종료될 때까지 작업장 출입구에 게시하여야 하는 내용)
① 작업 일시, 기간, 장소 및 내용 등 작업 정보
② 관리감독자, 근로자, 감시인 등 작업자 정보
③ 산소 및 유해가스 농도의 측정결과 및 후속조치 사항
④ 작업 중 불활성가스 또는 유해가스의 누출·유입·발생 가능성 검토 및 후속조치 사항
⑤ 작업 시 착용하여야 할 보호구의 종류
⑥ 비상연락체계

02 단체급식시설 환기에 관한 기술지침(KOSHA GUIDE)에서 조리기구별 후드의 성능에 관한 내용이다. (㉠)~(㉢)에 들어갈 숫자를 각각 쓰시오.

> 조리기구별 후드 면풍속은 부침기와 가스렌지의 경우 (㉠)m/s 이상, 오븐과 밥솥의 경우 (㉡)m/s 이상, 필터를 설치할 경우 필터 면풍속은 (㉢)m/s 이하이여야 한다.

해설 ㉠ 0.7
　　 ㉡ 0.5
　　 ㉢ 1.5

플러스 학습 **단체급식시설 환기에 관한 기술지침**

1. 후드 성능
   후드의 형식과 후드 면풍속은 조리기구별 조리흄 발생을 고려하여 0.5~0.7m/sec 이상으로 한다.

┃ 조리기구별 개구면 풍속 ┃

구분	부침기, 가스렌지, 튀김솥, 세척기 입출구	오븐, 밥솥, 국솥, 기타 가스 처리 등
후드 면풍속	0.7m/s 이상	0.5m/s 이상
	필터를 설치할 경우 필터 면풍속은 1.5m/s 이하	

(조리흄 : 고온의 조리기구에서 발생되는 유증기와 유증기에 포함된 유해물질과 미세입자 등을 통칭하여 조리흄이라 한다.)

2. 덕트
   ① 덕트 설치 방법
   　㉠ 덕트는 후드 폭 1.8m 간격으로 1개 이상 설치하여 후드 끝 부분에서 환기 효율이 저하되지 않도록 한다.
   　㉡ 후드에 연결된 덕트는 유량 조절이 가능하도록 댐퍼를 설치한다.
   　㉢ 덕트 재질은 녹이 슬지 않도록 스테인리스 스틸 재질로 설치하고, 덕트내 유증기가 응축될 우려가 있는 경우에는 응축액 배출 밸브를 설치하여야 한다.
   　㉣ 장방향 덕트에서 발생되는 진동 소음을 최소화하기 위해 덕트 종횡비(가로 길이와 세로 높이의 비)는 1.5 이하로 설치한다.
   　㉤ 배풍기와 연결된 덕트는 진동 전달을 방지하기 위한 캔버스 등 진동 방지시설을 설치해야 한다.

② 덕트 반송속도

　㉠ 덕트내 분진이 퇴적하지 않도록 덕트 반송속도를 결정하지만, 조리흄은 퇴적될 우려가 낮아 과도한 반송속도에 의한 소음이 발생하지 않도록 적절하게 관리하여야 한다.

　㉡ 후드 하부에서 작업하는 조리실 후드 특성을 고려하여 후드와 연결된 덕트의 반송속도는 5m/s 전후로 설계하고, 주 덕트도 10m/s 이하로 설계한다.

3. 전체 환기 배기구 위치 및 성능

① 전체 환기를 위한 배기구는 조리실에서 가장 높은 위치에 설치하여 효과적인 열배기가 가능하도록 해야 한다.

② 전체 환기 성능은 조리실 바닥면적 1m² 당 약 0.2m³/min 이상의 풍량을 확보한다.

03 NIOSH 7400 방법(A rule)에 따라 공기 중 석면 농도를 Walton−Beckett grati-cule을 이용하여 분석한 위상차 현미경의 시야(field) 그림이다. 시야에 나타난 섬유상 물질은 몇 개인지 쓰시오.

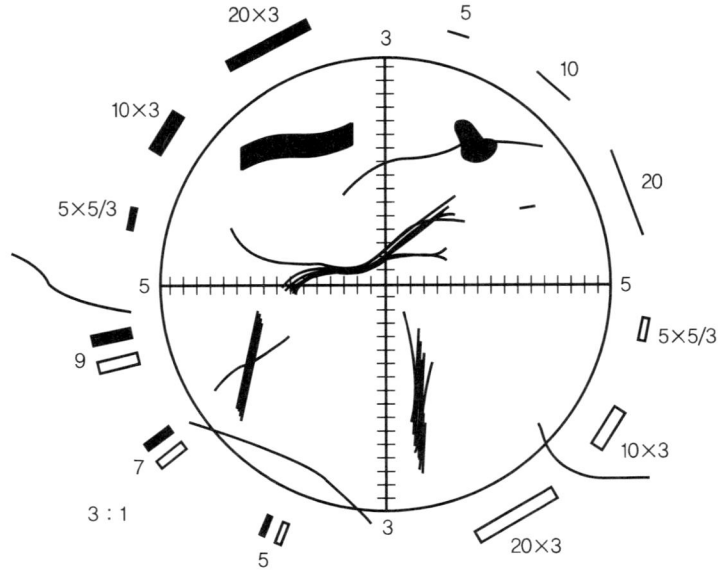

해설 $6\frac{1}{2}$ 개

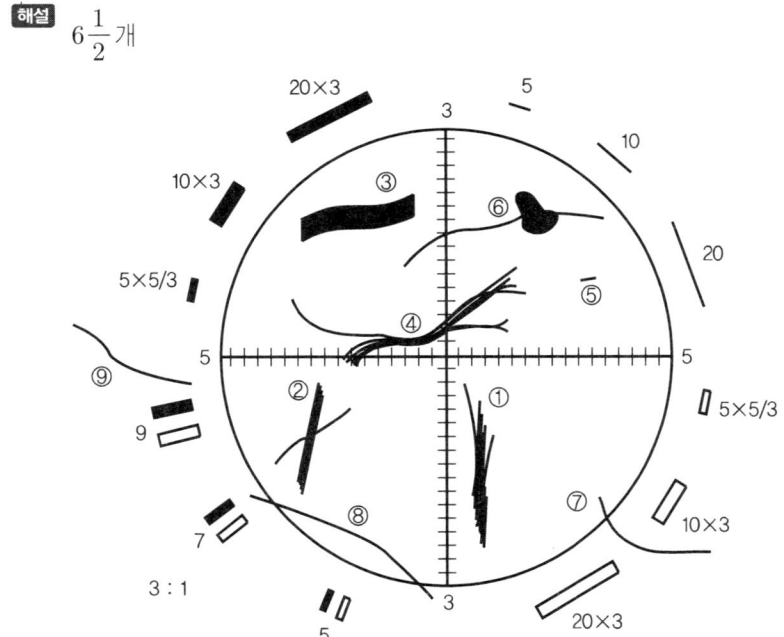

번호	섬유 수(개)	설명
①	1	가는 석면섬유가 여러 개 뭉쳐 있는 것으로 보인다. 섬유 끝이 갈라져 보이더라도 같은 뭉치(bundle)에서 나온 것으로 보이면 한 개로 계수한다. 석면섬유이든 아니든 길이 대 너비 기준(3:1)을 만족하면 계수한다.
②	2	길이가 5μm보다 크고 길이 대 너비의 비가 3:1 이상이므로 계수규정을 만족한다. 두 섬유가 교차되어 있으나 같은 뭉치에서 나오지 않은 것처럼 보이므로 각각 계수하여 두 개가 된다.
③	1	직경이 3μm 이상이나 길이 대 너비의 비가 3:1 이상이므로 한 개로 계수한다. A규정에서는 직경에 관한 제한이 없다.
④	1	매우 긴 섬유가 교차되어 있으나 같은 뭉치에서 나온 것처럼 보이므로 한 개로 계수한다.
⑤	0	5μm 이하이면 계수하지 않는다.
⑥	1	섬유에 먼지가 묻어 있어도 계수한다. 만일 먼지에서 나온 두 섬유가 다른 섬유라고 판단되고 각각이 5μm 이상이고 길이 대 너비의 비가 3:1 이상이면 각각 계수한다.
⑦	1/2	월톤-베켓 그래티큘을 한 번 통과하고 있으므로 1/2개로 계수한다.
⑧	0	월톤-베켓 그래티큘을 두 번 이상 통과하면 계수하지 않는다.
⑨	0	월톤-베켓 그래티큘의 바깥쪽에 위치하므로 계수하지 않는다.

플러스 학습 석면분석

1. 석면 채취 및 분석
   ① 공기 중 석면시료는 셀룰로오스에스테르 여과지를 이용하여 카세트 맨위 부분을 제거한 'open face' 시료채취를 하여 아세톤 및 트리아세틴으로 전처리한 다음 월톤-베켓 눈금자(Walton-beckett graticule)가 있는 위상차현미경으로 분석한다.
   ② 전자현미경으로 분석하면 정확히 석면의 종류를 알 수 있다.
   ③ 고형시료는 편광현미경, 전자현미경, X선 회절법으로 분석할 수 있다.
   ④ 월톤-베켓 눈금자는 원형으로 되어 있는데 그 직경이 100μm이므로 면적, 즉 1시야의 면적은 0.00785mm²이다.

2. 석면(섬유)계수 규칙
   ① A규칙(A rule)
      ㉠ 길이가 5μm보다 크고 길이 대 너비의 비(aspect ratio)가 3:1 이상인 섬유만 계수한다.
      ㉡ 섬유가 계수면적(graticule area) 내에 있으면 한 개로 섬유의 한쪽 끝만 있으면 1/2개로 계수한다.

ⓒ 계수면적 내에 있지 않고 밖에 있거나 또는 계수면적을 통과하는 섬유는 세지 않는다.

ⓔ 100개의 섬유가 계수되도록 충분한 시야 수를 관찰한다. 최소한 20개 이상의 시야 수를 관찰하고 섬유 수에 관계없이 100개 시야에서 중단한다.

ⓜ 섬유다발뭉치는 각 섬유의 양끝이 뚜렷이 보이지 않으면 한 개로 계수한다.

② B규칙(B rule)

㉠ 섬유의 끝(end)만을 계수하며 각 섬유는 길이가 $5\mu m$ 이상이고 직경이 $3\mu m$ 보다 작아야 한다.

ⓛ 길이 대 너비의 비가 5 : 1 이상인 섬유만 계수한다.

ⓒ 계수면적 내에 있는 각 섬유의 끝을 한 개로 계수한다.

ⓔ 섬유덩어리는 끝의 구분이 가능할 때 최대한 10개의 끝으로 계수할 수 있다.

ⓜ 200개의 끝이 될 때까지 시야 수를 관찰한다. 최소한 20개의 시야를 관찰한다. 100 시야에서 멈춘다.

ⓗ 섬유가 다른 입자에 붙어 있을 때 다른 입자의 크기에 관계없이 구별이 가능한 끝을 계수한다.

ⓢ 전체 끝의 수를 2로 나눈 값이 섬유 수에 해당한다.

③ 석면 계수시 주의사항

㉠ 시료의 한쪽 끝에서 차례로 조금씩 이동하면서 전체가 포함되도록 측정한다. 섬유의 직경이 매우 작아서 희미하게 보이는 경우가 있으므로 조심해서 계수한다.

ⓛ 첫 계수 면적을 선정할 때에는 렌즈로부터 잠깐 눈을 돌린 후 대물대를 이동시켜 선정한다.

ⓒ 섬유덩어리가 계수면적의 1/6을 차지하면 그 계수면적은 버리고 다른 것을 선정한다. 버린 계수면적은 총계수면적에 포함시키지 않는다.

ⓔ 계수면적을 옮길 때 계속해서 미세조정손잡이로 초점을 맞추면서 희미하여 잘 안 보이는 미세한 섬유를 측정한다. 작은 직경의 섬유는 매우 희미하게 보이나 전체 석면계수에 큰 영향을 미친다.

3. 공기 중 석면농도 계산

$$C(\text{개}/\text{cc}) = \frac{E \cdot A_c}{V \cdot 10^3}$$

여기서, E : 단위면적당 섬유밀도, 개/mm^2

$$E(\text{개}/\text{mm}^2) = \frac{F/n_f - B/n_b}{A_f}$$

여기서, F : 시료의 계수 섬유개수

n_f : 시료의 계수 시야개수

B : 공시료의 평균 계수 섬유개수

n_b : 공시료의 계수 시야개수

A_f : 그래티큘 1시야 면적, 0.00785mm^2

A_c : 여과지의 유효면적, mm^2(예를 들어 25mm 여과지인 경우 385mm^2)

V : 공기채취량, L

4. 석면분석방법과 적용범위

① 공기 중 석면(섬유)계수 분석기술

ㄱ 위상차현미경법(PCM) : 세계적으로 보편적 사용

ㄴ 투과전자현미경법(TEM) : 미국 EPA에서 사용

ㄷ 주사전자현미경법(SEM)

② 고형시료(건축자재 등) 중 석면함유율 분석기술

ㄱ 편광현미경법(PLM) : 세계적으로 보편적 사용

ㄴ 투과전자현미경법(TEM) : 세계적으로 보편적 사용

ㄷ 주사전자현미경법(SEM)

ㄹ 엑스선회절분석법(XRD)

ㅁ 열분석법(TG－DTA)

5. 공기 중 석면분석방법 및 적용범위

분석법	적용범위
위상차현미경법(PCM)	모든 섬유상 입자의 계수 － 형태 확인(섬유상 입자 중 석면과 비석면, 석면의 종류를 구분할 수 없음)
주사전자현미경법(SEM)	일부 섬유상 입자 구분 － 형태, 원소 조성 확인
투과전자현미경법(TEM)	모든 섬유상 입자 구분 － 형태, 원소 조성, 결정 구조 확인

04 반도체 제조공정의 세부 공정에 관한 설명이다. 다음 사항을 쓰시오.

> 웨이퍼 상에 화학적 또는 물리적 방법으로 전도성 또는 절연성 박막(분자 또는 원자 단위의 물질로 $1\mu m$ 이하의 매우 얇은 막)을 형성시키는 공정으로 박막(thin film) 공정이라고도 한다.

(1) 공정의 명칭
(2) 해당 공정에서 정비작업(PM) 수행 시 산업보건 측면에서 근로자의 노출위험사항(1가지)과 그에 따른 대처방안(3가지)

해설 (1) 증착공정(Deposition)

(2) ① 근로자의 노출위험사항(유해요인 노출특성)

증착장비 부품교체, 세척 등을 위한 PM(정비작업) 작업 시 반응챔버를 열 때 장비 내에 잔류하고 있는 반응가스, 부산물 등에 작업자가 노출될 수 있다.

② 대처방안

㉠ 작업절차 준수 및 국소배기장치를 이용 유해가스의 노출을 최소화

㉡ PM 작업 중 유해물질에 노출되는 것을 실시간으로 확인할 수 있도록 모니터링 강화

㉢ 유해물질 특성에 적합한 보호구 착용

플러스 학습 **반도체 제조공정**

1. 개요

반도체는 웨이퍼 제조, 회로설계 및 마스크 제작, 웨이퍼 가공, 칩조립 공정을 거쳐 제조된다.

2. 공정설명

(1) 웨이퍼 제조

실리콘(Si)을 고순도로 정제하여 기둥모양의 잉곳(Ingot)을 만든 후, 얇게 잘라서 원판모양으로 만드는 공정을 말한다.

(2) 회로설계

회로설계 프로그램을 이용하여 전자회로를 설계하는 공정을 말한다.

(3) 마스크 제작

설계된 전자회로를 전자빔 등의 설비를 이용하여 유리판에 옮기는 공정으로, 여기에서 제작된 마스크는 포토공정에서 웨이퍼에 회로를 형성할 때 사용하게 된다.

(4) 웨이퍼 가공

웨이퍼 표면에 여러 종류의 막을 형성하거나 마스크를 사용하여 전자회로를 그려 넣고 특정 부분을 선택적으로 깎아내는 작업을 되풀이하는 웨이퍼에 전자회로를 구성하기 위한 일련의 공정으로 확산, 포토, 식각, 증착, 이온주입, 연마 등의 세부공정으로 구성된다.

(5) 칩조립

가공된 웨이퍼를 낱개의 칩(chip)으로 잘라 리드프레임 등에 부착하고, 금선연결, 몰드, 인쇄, 테스트 등을 통해 제품을 생산하는 공정을 말한다.

3. 웨이퍼 가공라인

(1) 확산공정(Diffusion)

① 공정 개요

㉠ 고온(800~1,200℃)의 전기로(확산로)에서 웨이퍼에 불순물(dopant)을 확산시켜 반도체층 일부분의 전도형태를 변화시키는 공정으로 무기산, 아르신(삼수소화비소), 실란 등이 사용된다.

㉡ 웨이퍼 표면에 산화막을 형성하는 산화와 반도체 결정의 복원 및 불순물의 활성화를 위한 열처리 과정 등이 진행된다.

② 유해요인 노출특성

㉠ 확산공정에서 취급하는 물질 및 반응부산물 등이 근로자에게 노출가능한 유해인자이다.

㉡ PM(유지보수) 작업 시 장비 내의 잔류물질을 충분히 배기하지 않은 상태에서 장비챔버를 열게 되면 챔버 내의 잔류가스가 외부로 확산되면서 근로자에게 노출될 수 있다.

㉢ PM 작업 등을 위해 세척조 내부에서 작업을 하는 경우 세척조 내에 잔류하고 있는 물질(암모니아수, 불산, 황산 등)에 노출될 수 있다.

③ 작업환경관리(대책방안)

㉠ 확산로의 부품 교체, 세척 등을 위한 PM 작업 시 장비 내의 잔류물질을 배기

㉡ 확산 챔버를 열 때 및 작업하는 동안 국소배기장치 사용

㉢ 수동으로 세척작업을 수행하는 경우 작업특성에 따라 적정한 개인보호장비를 착용하고 작업

㉣ 세척조 내부에서 PM 작업을 실시하는 경우 장비 내의 잔류물질을 완전히 배출하고, 물로 세척조를 충분히 씻어준 이후에 작업을 실시

㉤ 만일 화학물질에 노출된 경우 다량의 물로 누출 부위를 씻어주는 증 즉시 응급조치를 시행

(2) 포토공정(Photolithography)

① 공정 개요

㉠ 반도체 웨이퍼에 감광 성질을 가지고 있는 포토레지스트(PR)를 도포한 후 마스크 패턴을 올려놓고 UV(자외선) 등의 빛을 쬐어 회로패턴을 형성하는 공정으로 사이클로헥사논, 이소프로필알코올 등 유기용제와 감광성 수지 등이 사용된다.

㉡ 포토레지스트는 수지, 용매, 감광성 물질 등으로 구성되어 있다.

② 유해요인 노출특성

㉠ 포토공정에서는 유기용제가 함유된 포토레지스트를 비롯하여 현상액, 희석제 등 많은 유기화합물이 사용되고 있으며 이들 물질을 웨이퍼에 고르게 도포하기 위해 웨이퍼를 회전시키면서 도포한다. 따라서 도포과정에서 휘발성 유기화합물이 발생될 수 있다.

㉡ 포토레지스트를 도포한 후 웨이퍼와의 결합을 강화하고 과량의 용제를 제거하기 위한 bake(가열) 단계가 있는 데 이때에도 휘발성 유기화합물이 발생될 수 있다.

ⓒ 현재까지 많이 알려진 감광성 물질인 DNQ(디아조나프토퀴논)의 경우 방향족 구조를 가지고 있고, 수지 성분으로 많이 사용되고 있는 노볼락 수지의 경우도 페놀(크레졸) – 포름알데히드 중합체로 역시 방향족 구조를 가지고 있다.

③ 작업환경관리(대책방안)

ㄱ 밀착향상제, 포토레지스트, 현상액 도포 작업과정에서 유기용제 등 휘발성 성분 발생. 따라서 해당 설비를 밀폐하거나 커버를 한 후 국소배기장치를 설치

ㄴ 노광장비는 밀폐형 시스템을 사용하거나 노광장비에 환기설비를 설치하여 유해물질이 장비 외부로 발생되지 않도록 관리

ㄷ 용액 보충, PM 작업 등을 수행하는 경우에는 호흡용 보호구를 비롯하여 보호장갑, 보호앞치마, 보안경 등을 착용하고 작업

(3) 식각공정(Etch)

① 공정 개요

ㄱ 웨이퍼에 형성된 회로패턴을 완성하기 위해 산·알칼리 용액 등을 이용한 습식방법 또는 반응성 가스를 이용한 건식방법으로 불필요한 부분을 선택적으로 제거해주는 공정으로 무기산, 과산화수소, 할로겐화합물 등이 사용된다.

ㄴ 습식식각은 산 및 염기성 물질을 이용하여 식각하는 방식이고, 건식식각은 반응성 가스 등을 이온화하여 식각될 표면과의 충돌 및 반응 등을 통해 식각하는 방식이다.

② 유해요인 노출특성

ㄱ 수동으로 습식식각 작업을 수행하는 경우에는 식각조에 웨이퍼를 투입하거나 회수하는 과정에서 암모니아수, 불산, 황산 등에 노출될 수 있고, 자동으로 세척작업을 하는 경우에도 밀폐구조가 아닌 경우는 문틈 등을 통해 증기 등에 노출될 수 있다.

ㄴ PM 작업을 위해 식각조 내부에서 작업을 할 경우 식각조 내에 잔류하고 있는 물질(암모니아수, 불산, 황산 등)에 노출될 수 있다.

ㄷ 부품교체, 세척 등을 위한 PM 작업 시 반응 챔버를 열 때 장비 내에 잔류하고 있는 반응가스, 부산물 등에 노출될 수 있다.

③ 작업환경관리(대책방안)

ㄱ 수동으로 습식식각 작업을 수행할 경우에는 작업 특성에 따라 적정한 개인보호장비(호흡용 보호구, 보안경, 보호의, 보호장갑, 보호앞치마 등)를 착용하고 작업

ㄴ 식각조 내부에서 PM 작업을 실시하는 경우에는 장비 내의 잔류물질을 완전히 배출(드레인)하고, 물로 식각조를 충분히 씻어준 이후에 작업을 실시

ㄷ 배관이나 연결부위에 대한 점검 시에는 누출사고로 인한 급성중독을 예방하기 위해 개인보호장비를 잘 갖춘 후 작업을 수행

ㄹ PM 작업 전 장비 내의 잔류물질을 배기하고, 장비를 열 때 및 작업하는 동안에는 국소배기장치를 사용하여야 잔류물질의 노출을 예방

ㅁ 건식식각 공정은 많은 유해가스가 사용되고 있으므로 PM 작업자는 유해가스에 적합한 호흡용 보호구를 착용하고 작업

ㅂ 배관이나 연결부위에 대한 점검 시에는 가스누출로 인한 급성중독을 예방하기 위해 개인보호구를 잘 착용한 후 작업을 수행

(4) 증착공정(Deposition)

① 공정 개요

㉠ 반도체 기판상에 화학적 또는 물리적 방법으로 전도성 또는 절연성 박막을 형성시키는 공정으로 화학적 기상증착(Chemical Vapor Deposition, CVD)과 물리적 기상증착(Physical Vapor Deposition, PVD)으로 크게 나누어 볼 수 있다.

㉡ CVD는 화학반응을 통해 박막을 형성하는 공정이고, PVD는 기판상에 금속을 물리적으로 증착시키는 공정이다.

㉢ 디보란, 암모니아, 실란, 삼불화염소 등이 사용된다.

② 유해요인 노출특성

증착장비 부품교체, 세척 등을 위한 PM 작업 시 반응챔버를 열 때 장비 내에 잔류하고 있는 반응가스, 부산물 등에 작업자가 노출될 수 있다.

③ 작업환경관리

㉠ 밀착향상제, 포토레지스트, 현상액 도포 작업과정에서 유기용제 등 휘발성 성분 발생. 따라서 해당 설비를 밀폐하거나 커버를 한 후 국소배기장치를 설치

㉡ 노광장비는 밀폐형 시스템을 사용하거나 노광장비에 환기설비를 설치하여 유해물질이 장비 외부로 발생되지 않도록 관리

㉢ 용액 보충, PM 작업 등을 수행하는 경우에는 호흡용 보호구를 비롯하여 보호장갑, 보호앞치마, 보안경 등을 착용하고 작업

㉣ 협력업체 근로자 건강보호를 위해 작업시 노출가능한 화학물질, 유해위험성, 올바른 작업방법, 화학물질 노출시 대처요령 등에 대해 교육 실시

(5) 이온주입공정(Ion Implantation)

① 공정 개요

반도체에 전도성을 부여하기 위해 비소, 인, 붕소 이온 등의 불순물(dopant)을 주입하는 공정으로 아르신(삼수소화비소), 포스핀, 삼불화붕소 등이 사용되며 이온주입과정에서 전리방사선이 발생된다.

② 유해요인 노출특성

㉠ 아르신이 이온주입장비 내에서 에너지를 받아 이온화과정을 거치면 아르신 이온을 비롯하여 비소 이온, 중성의 비소 등 다양한 형태의 물질이 발생될 수 있다.

㉡ 부품교체, 세척 등을 위해 이온소스부위 등을 해체하는 과정에서 장비 내에 잔류하고 있는 아르신, 포스핀, 비소 및 그 화합물에 노출될 수 있다.

㉢ 장비 내에 잔류물질을 충분히 배기하지 않고 PM 작업을 수행하는 경우 작업자들이 고농도의 아르신과 비소에 노출되는 경우가 있다.

㉣ 이온주입장비는 입자를 가속시켜 웨이퍼에 불순물을 주입하는 과정에서 전리방사선이 발생될 수 있다.

㉤ 인터록을 해제한 상태에서 이온주입장비 내부로 들어갈 경우에는 전리방사선에 노출될 수 있다.

③ 작업환경관리

㉠ PM 작업 시 장비 내에 잔류물질을 배기하고, 이온소스 등을 교환하기 위해 장비를 열 때 및 작업하는 동안 국소배기장치를 사용

㉡ PM 작업자에게 실시간 모니터링이 가능한 직독식 장비를 제공하여 유해물질에 노출되는 경우 신속히 대처

㉢ 이온주입공정은 발암물질인 비소 및 그 무기화합물에 노출될 수 있는 공정이므로 작업환경측정과 특수건강진단을 철저히 수행

㉣ 장비 내에서 부산물로 발생되며 PM 작업 시 작업자에게 노출될 수 있으므로 작업환경측정대상 유해인자로 관리

㉤ 이온주입장비에는 방사선 경고표시와 방사선안전관리에 관한 사항을 근로자가 잘 볼 수 있는 곳에 게시하도록 해야 하며, 이온주입공정 근로자 및 별도 허가받은 근로자 외에는 이온주입장비를 조작하지 않도록 해야 함

㉥ 방사선에 노출되거나 노출될 가능성이 있는 근로자에게는 선량계를 착용하도록 하여 개인노출선량을 측정

(6) 연마공정(Chemical Mechanical Polishing : CMP)

① 공정 개요

웨이퍼 가공과정에서 생성된 웨이퍼 표면의 산화막 등을 화학적 또는 물리적 방법으로 연마하여 평탄하게 하는 공정으로 불산, 염산, 질산, 암모니아수, 수산화칼륨 등이 사용된다.

② 유해요인 노출특성

㉠ 웨이퍼를 평탄화시켜 주기 위해 연마하는 과정에서 사용물질의 비산으로 연마액과 불산, 염산, 질산 등의 무기산에 노출될 수 있다.

㉡ 부품교체, 세척 등을 위한 PM 작업 시 장비 내에 잔류하고 있는 연마액, 무기산 등에 접촉될 수 있다.

③ 작업환경관리

㉠ 웨이퍼 평탄과정에서 연마액 등의 비산을 방지하기 위해 연마장비의 밀폐 및 국소배기가 필요하며, 문을 개방하고 작업을 하지 않도록 관리 필요

㉡ PM 작업 시 장비 내에 잔류물질을 배출하고, 장비 내에서 작업을 하는 경우에는 개인보호장비를 착용하고 작업

㉢ 유해물질 특성에 적합한 보호구 착용

㉣ PM 작업을 협력업체 근로자가 수행할 경우에는 당해 근로자에 대해서도 작업 시 노출 가능한 화학물질, 유해위험성, 올바른 작업방법, 화학물질 노출 시의 대처요령 등에 대해 교육을 실시

05 미국산업위생학회(AIHA)에서 제시하고 있는 직업적 노출평가 및 관리의 전략도이다. 다음 사항을 쓰시오.

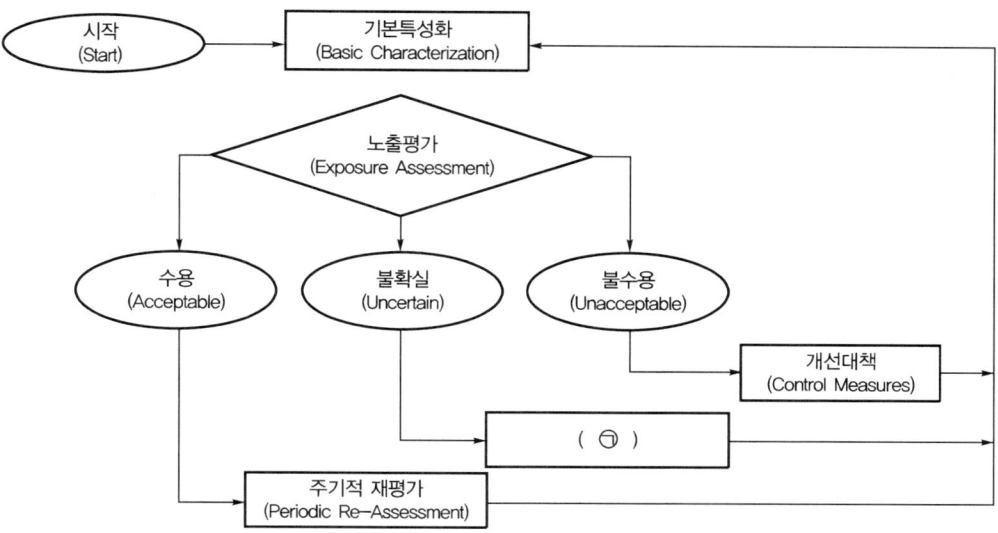

(1) (㉠)에 들어갈 용어
(2) (㉠) 용어에 관한 설명

해설 (1) 추가정보수집(More Information)
(2) 수집된 노출자료 및 건강영향자료의 불확실성을 감안하여 추가정보의 우선순위를 결정, 추가정보를 수집하여 불확실한 노출양상에 대한 판단을 높은 신뢰도로 해결하는 단계를 말한다.

플러스 학습 **직업적 노출평가 및 관리전략도**

1. 시작(Start)
   노출평가의 전반적인 전략을 수립하는 단계
2. 기본특성화
   작업장, 노동력, 환경인자에 대한 내용을 이해하기 위하여 자료를 수집하여 해당 작업장의 기본특성을 파악하는 단계
3. 노출평가
   기본특성에 관한 유용한 정보를 고려하여 노출평가를 실시하는 단계
4. 수용
   실시한 노출평가를 수용하는 단계
5. 불확실
   수집된 노출자료 및 건강영향자료의 불확실성을 감안하여 추가정보의 우선순위를 결정, 추가정보를 수집하여 불확실한 노출양상에 대한 판단을 높은 신뢰도로 해결하는 단계를 말한다.
6. 불수용
   노출을 수용할 수 없는 경우는 해당 유해인자의 위해도(risk) 우선순위에 입각하여 작업환경개선 및 관리를 실시하는 단계
7. 주기적 재평가
   노출에 대하여 포괄적인 재평가를 주기적으로 실시

※ 다음 논술형 2문제를 모두 답하시오. (각 25점)

06 티타늄산화물을 생산하는 사업장에서 근무하고 있는 작업자 1명을 대상으로 공기 중 분진 시료 4개를 채취한 자료이다. 다음 물음에 답하시오. [단, (1)의 유량은 소수점 셋째 자리까지, (2)~(6) 농도는 소수점 둘째 자리까지 구하시오.]

> ○ 개인용 시료채취기의 유량 보정을 위한 비누거품미터기(뷰렛, 750mL)의 비누거품 통과 시간
> ① 시료채취 전(3회 측정, 초) : 15.2, 15.9, 15.8
> ② 시료채취 후(3회 측정, 초) : 16.5, 16.1, 17.4
> ○ 시료별 채취시간 및 시료 채취 전 후 여과지무게 칭량 자료
>
> | 시료번호 | 시료채취시간 | 여과지무게(mg) | | 비고 |
> | --- | --- | --- | --- | --- |
> | | | 시료채취 전 | 시료채취 후 | |
> | 1 | 07:47~09:24 | 14.479 | 17.081 | 여과지 교체 |
> | 2 | 09:27~11:24 | 15.176 | 19.944 | 여과지 교체 |
> | 3 | 12:04~13:58 | 14.887 | 20.101 | 여과지 교체 |
> | 4 | 14:02~16:15 | 15.033 | 17.386 | |
> | 공시료(blank) | | 15.120 | 15.330 | |

(1) 개인용 시료채취기의 유량(LPM)

(2) 시료번호 1의 농도(mg/m^3)

(3) 시료번호 2의 농도(mg/m^3)

(4) 시료번호 3의 농도(mg/m^3)

(5) 시료번호 4의 농도(mg/m^3)

(6) 시간가중평균농도(mg/m^3)

해설 (1) 개인용 시료채취기의 유량(LPM)

① 시료채취 전 평균유량(LPM)

$$= \frac{\text{비누거품이 통과한 용량(L)}}{\text{비누거품이 통과한 시간(min)}}$$

$$= \frac{750\text{mL} \times \text{L}/1{,}000\text{mL}}{\left(\frac{15.5 + 15.9 + 15.8}{3}\right)\text{sec} \times \text{min}/60\text{sec}}$$

$$= 2.860\text{L/min(LPM)}$$

② 시료채취 후 평균유량(LPM)

$$= \frac{\text{비누거품이 통과한 용량(L)}}{\text{비누거품이 통과한 시간(min)}}$$

$$= \frac{750\text{mL} \times \text{L}/1{,}000\text{mL}}{\left(\dfrac{16.5 + 16.1 + 17.4}{3}\right)\sec \times \min/60\sec}$$

$$= 2.700\text{L}/\min(\text{LPM})$$

③ 시료채취유량(LPM) $= \left(\dfrac{2.860 + 2.700}{2}\right)\text{L}/\min$

$$= 2.780\text{L}/\min(\text{LPM})$$

(2) 시료번호 1의 농도

$$\text{농도(mg/m}^3) = \frac{(\text{채취 후 여과지무게} - \text{채취 전 여과지무게}) - \text{공시료}}{\text{pump유량} \times \text{시료채취시간}}$$

$$= \frac{(17.081 - 14.479)\text{mg} - (15.330 - 15.120)\text{mg}}{2.780\text{L}/\min \times 97\min \times \text{m}^3/1{,}000\text{L}} = 8.87\text{mg/m}^3$$

(3) 시료번호 2의 농도

$$\text{농도(mg/m}^3) = \frac{(19.944 - 15.176)\text{mg} - (15.330 - 15.120)\text{mg}}{2.780\text{L}/\min \times 117\min \times \text{m}^3/1{,}000\text{L}} = 14.01\text{mg/m}^3$$

(4) 시료번호 3의 농도

$$\text{농도(mg/m}^3) = \frac{(20.101 - 14.887)\text{mg} - (15.330 - 15.120)\text{mg}}{2.780\text{L}/\min \times 114\min \times \text{m}^3/1{,}000\text{L}} = 15.79\text{mg/m}^3$$

(5) 시료번호 4의 농도

$$\text{농도(mg/m}^3) = \frac{(17.386 - 15.033)\text{mg} - (15.330 - 15.120)\text{mg}}{2.780\text{L}/\min \times 133\min \times \text{m}^3/1{,}000\text{L}} = 5.80\text{mg/m}^3$$

(6) 시간가중평균농도(TWA)

TWA(mg/m^3)

$$= \frac{\begin{array}{c}(93\min \times 8.87\text{mg/m}^3) + (117\min \times 14.01\text{mg/m}^3) \\ + (114\min \times 15.79\text{mg/m}^3) + (133\min \times 5.80\text{mg/m}^3) + (23\min \times 0\text{mg/m}^3)\end{array}}{480\min}$$

$$= 10.49\text{mg/m}^3$$

07 산업안전보건법 시행규칙에서 근로자 휴게시설 설치·관리기준 내용 중 크기 조건에 관하여 설명하시오. (단, 사업장 전용면적의 총 합이 300m² 이상인 경우)

해설 근로자 휴게시설 설치·관리기준 중 크기 조건
(1) 휴게시설의 최소 바닥면적은 6제곱미터(m²)로 한다. 다만, 둘 이상의 사업장의 근로자가 공동으로 같은 휴게시설(공동휴게시설)을 사용하게 하는 경우 공동휴게시설의 바닥면적은 6m²에 사업장의 개수를 곱한 면적 이상으로 한다.
(2) 휴게시설의 바닥에서 천장까지의 높이는 2.1m 이상으로 한다.
(3) (1)의 내용에도 불구하고 근로자의 휴식주기, 이용자 성별, 동시 사용인원 등을 고려하여 최소면적을 근로자대표와 협의하여 6m²가 넘는 면적으로 정한 경우에는 근로자대표와 협의한 면적을 최소 바닥면적으로 한다.
(4) (1)의 내용에도 불구하고 근로자의 휴식주기, 이용자 성별, 동시 사용인원 등을 고려하여 공동휴게시설의 바닥면적을 근로자대표와 협의하여 정한 경우에는 근로자대표와 협의한 면적을 공동휴게시설의 최소 바닥면적으로 한다.

플러스 학습 **세부적인 휴게시설 설치·관리기준(산업안전보건법 시행규칙)**

1. 휴게시설 설치대상
(1) 상시근로자(관계수급인의 근로자 포함) 20명 이상을 사용하는 사업장(건설업은 해당 공사의 총공사금액이 20억원 이상인 사업장)
(2) 상시근로자 10명 이상으로 한국표준직업분류상의 7개 직종 근로자를 2명 이상 사용하는 사업장의 사업주
(7개 직종 : 전화상담원, 돌봄서비스종사원, 텔레마케터, 배달원, 청소원 및 환경미화원, 아파트경비원, 건물경비원)

2. 휴게시설 설치·관리기준
(1) 크기
① 휴게시설의 최소 바닥면적은 6m²로 한다. 다만, 둘 이상의 사업장의 근로자가 공동으로 같은 휴게시설(공동휴게시설)을 사용하게 하는 경우 공동휴게시설의 바닥면적은 6m²에 사업장의 개수를 곱한 면적 이상으로 한다.
② 휴게시설의 바닥에서 천장까지의 높이는 2.1m 이상으로 한다.
③ ① 본문에도 불구하고 근로자의 휴식주기, 이용자 성별, 동시 사용인원 등을 고려하여 최소면적을 근로자대표와 협의하여 6m²가 넘는 면적으로 정한 경우에는 근로자대표와 협의한 면적을 최소 바닥면적으로 한다.
④ ① 단서에도 불구하고 근로자의 휴식주기, 이용자 성별, 동시 사용인원 등을 고려하여 공동휴게시설의 바닥면적을 근로자대표와 협의하여 정한 경우에는 근로자대표와 협의한 면적을 공동휴게시설의 최소 바닥면적으로 한다.

(2) 위치 : 다음의 요건을 모두 갖춰야 한다.
① 근로자가 이용하기 편리하고 가까운 곳에 있어야 한다. 이 경우 공동휴게시설은 각 사업장에서 휴게시설까지의 왕복 이동에 걸리는 시간이 휴식시간의 20%를 넘지 않는 곳에 있어야 한다.
② 다음의 모든 장소에서 떨어진 곳에 있어야 한다.
㉠ 화재·폭발 등의 위험이 있는 장소
㉡ 유해물질을 취급하는 장소
㉢ 인체에 해로운 분진 등을 발산하거나 소음에 노출되어 휴식을 취하기 어려운 장소
(3) 온도
적정한 온도(18℃~28℃)를 유지할 수 있는 냉난방 기능이 갖춰져 있어야 한다.
(4) 습도
적정한 습도(50%~55%, 다만, 일시적으로 대기 중 상대습도가 현저히 높거나 낮아 적정한 습도를 유지하기 어렵다고 고용노동부장관이 인정하는 경우는 제외한다)를 유지할 수 있는 습도 조절 기능이 갖춰져 있어야 한다.
(5) 조명
적정한 밝기(100lux~200lux)를 유지할 수 있는 조명 조절 기능이 갖춰져 있어야 한다.
(6) 창문 등을 통하여 환기가 가능해야 한다.
(7) 의자 등 휴식에 필요한 비품이 갖춰져 있어야 한다.
(8) 마실 수 있는 물이나 식수 설비가 갖춰져 있어야 한다.
(9) 휴게시설임을 알 수 있는 표지가 휴게시설 외부에 부착돼 있어야 한다.
(10) 휴게시설의 청소, 관리 등을 하는 담당자가 지정돼 있어야 한다. 이 경우 공동휴게시설은 사업장마다 각각 담당자가 지정돼 있어야 한다.
(11) 물품 보관 등 휴게시설 목적 외의 용도로 사용하지 않도록 한다.
[비고]
다음에 해당하는 경우에는 다음의 구분에 따라 (1)부터 (6)까지의 규정에 따른 휴게시설 설치·관리기준의 일부를 적용하지 않는다.
1) 사업장 전용면적의 총 합이 300m^2 미만인 경우 : (1) 및 (2)의 기준
2) 작업장소가 일정하지 않거나 전기가 공급되지 않는 등 작업특성상 실내에 휴게시설을 갖추기 곤란한 경우로서 그늘막 등 간이 휴게시설을 설치한 경우 : (3)부터 (6)까지의 규정에 따른 기준
3) 건조 중인 선박 등에 휴게시설을 설치하는 경우 : (4)의 기준

3. 휴게시설 미설치시 과태료
(1) 사업장의 휴게시설을 갖추지 않은 경우 : 1,500만원 이하의 과태료
(2) 크기, 위치, 온도, 조명 등의 설치·관리기준을 준수하지 않은 경우 : 1,000만원 이하의 과태료

근로자 휴게시설 설치·관리에 관한 기술치침

1. 용어의 정의
   ① 휴게시설 : 근로자들이 휴식시간 내에 신체적 피로와 정신적 스트레스를 해소할 수 있도록 마련한 공간을 의미한다.
   ② 휴식시간 : 근로기준법 제54조에서 규정하고 있는 휴게시간을 의미하는 것으로 근로시간이 4시간인 경우에는 30분 이상, 8시간인 경우에는 1시간 이상의 휴게시간이 근로시간 도중에 제공된다.
   ③ 도급인 : 물건의 제조·건설·수리 또는 서비스의 제공 등의 업무를 도급하는 사업주를 말한다. 단, 건설공사 발주자는 제외한다.
   ④ 수급인 : 도급인으로부터 물건의 제조·건설·수리 또는 서비스의 제공 등의 업무를 도급받은 사업주를 말한다.
   ⑤ 관계수급인 : 도급이 여러 단계에 걸쳐 체결된 경우 각 단계별로 도급받은 사업주 전부를 말한다.
   ⑥ 공동휴게시설 : 휴게시설의 설치의무가 있는 사업장의 사업주가 다른 사업주와 공동으로 각 사업장의 근로자가 이용할 수 있도록 설치·운영하는 경우를 의미한다. 산업단지 또는 지식산업센터 내 다수 입주기업이나 대형유통센터(아울렛, 마트, 백화점, 면세점 등) 내 다수 입점업체가 공동으로 설치하는 경우를 말한다.
   ⑦ 동시 사용인원 : 동일한 휴게시간 내에 휴게시설을 이용하는 근로자 수의 최대 합을 의미한다.

2. 휴게시설 설치대상
   ① 대상 사업장
      ㉠ 휴게시설은 일하는 사람들의 신체적 피로와 정신적 스트레스를 해소하기 위한 시설이므로 사업의 종류와 규모에 관계없이 모든 사업장에 설치해야 한다.
      ㉡ 휴게시설을 설치하지 않아서 과태료가 부과되는 경우는 다음과 같다.
         • 상시근로자(관계수급인 근로자 포함) 20명 이상인 사용하는 사업장
         • 건설업은 해당 공사의 총공사금액이 20억원 이상인 사업장
         • 상시근로자 수(관계수급인 근로자 포함) 10명 이상으로 한국표준직업분류 상의 7개 직종(전화상담원, 돌봄서비스종사원, 텔레마케터, 배달원, 청소원 및 환경미화원, 아파트경비원, 건물경비원) 근로자를 2명 이상 사용하는 사업장의 사업주
   ② 휴게시설 설치 주체
      ㉠ 근로자를 고용하고 있는 사업주는 근로자(관계수급인의 근로자 포함)가 휴식시간에 이용할 수 있는 휴게시설을 설치할 의무가 있다. 단, 근로계약을 체결하지 않는 특수형태근로 종사자는 제외한다.
      ㉡ 도급계약이 체결된 경우, 사업주인 도급인과 수급인, 관계수급인 모두 휴게시설을 설치해야 하며 설치·관리기준을 준수해야 한다.

③ 도급을 주는 경우 휴게시설 설치 및 운영방법
　㉠ 도급인의 사업장 내에서 작업을 하는 경우
　　• 도급인은 수급인 또는 관계수급인 근로자를 포함하여 근로자들이 이용할 수 있는
　　　휴게시설을 설치하고, 수급인 또는 관계수급인 근로자가 휴게시설을 자유롭게 이용
　　　할 수 있도록 해야 한다. 도급인이 수급인 또는 관계수급인 근로자가 휴게시설을
　　　이용하는 것을 제한하는 경우 과태료 부과대상이 된다.
　　• 수급인 또는 관계수급인이 소속 근로자가 이용할 수 있는 휴게시설을 별도로 설치
　　　하는 경우 도급인은 설치에 필요한 장소를 제공하거나 시설을 이용할 수 있도록 협
　　　조해야 한다. 도급인이 이를 위반할 경우 과태료 부과대상이 된다.
　㉡ 도급인의 사업장 밖에서 작업을 하는 경우
　　• 도급인의 사업장 밖이라도 그 시설 또는 장소가 도급인의 지배·관리 하에 있는 경
　　　우에는 '도급인의 사업장 내'에서 작업을 하는 경우와 동일하게 휴게시설을 설치하
　　　고 관리해야 한다.
　　• 다만, 도급인의 사업장 내 또는 도급인이 지배·관리하는 장소가 아닌 곳에서 도급
　　　받은 업무를 수행하는 경우에는 수급인 또는 관계수급인이 휴게시설을 설치해야
　　　한다.
④ 파견근로자 및 공무원의 휴게시설
　㉠ 파견근로자를 사용하는 경우 파견근로자를 사용하는 사업주가 휴게시설을 설치해야
　　한다. 파견근로자를 사용하는 사업주는 자신이 고용한 근로자뿐 아니라 파견근로자
　　도 포함해 근로자들이 이용할 수 있는 휴게시설을 설치해야 한다.
　㉡ 도급인은 수급인 또는 관계수급인이 사용하는 파견근로자까지 휴게시설을 이용할 수
　　있도록 운영해야 한다.
　㉢ 공무원의 경우에도 임금을 목적으로 근로를 제공하는 사람이므로 일반 근로자와 동
　　일하게 산업안전보건법상의 휴게시설 관련 규정을 적용하여 휴게시설을 설치하고 관
　　리해야 한다.

3. 휴게시설 설치기준
　① 크기
　　㉠ 최소 바닥면적과 천장까지의 높이
　　　• 휴게시설의 바닥면적은 최소 6m² 이상이어야 하며, 공동휴게시설의 경우 최소 바
　　　　닥면적은 6m²에 사업장의 개수를 곱한 면적으로 한다.
　　　• 휴게시설의 바닥면으로부터 천장까지의 높이는 모든 지점에서 2.1m 이상이어야
　　　　한다.
　　　• 최소면적을 충족하지 못하는 경우 휴게시설 설치기준 위반이 되며, 다수 설치하는
　　　　경우 모든 휴게시설은 최소면적 이상이어야 한다.
　　　• 그늘막 등 간이로 휴게시설을 설치하여 벽이나 기둥이 없는 경우에는 지붕 끝부분
　　　　으로부터 1m 안쪽 선으로 둘러싸인, 하늘에서 아래로 내려다 보았을 때 보이는 면
　　　　적을 바닥면적으로 하여 최소면적을 판단한다.
　　㉡ 근로자대표와 협의한 최소면적
　　　• 사업장별 휴게시설의 최소면적은 교대근무 및 휴식형태, 휴식주기, 동시 사용인원
　　　　등 사업장 특성을 고려하여 근로자대표와 협의하여 정한다.

- 휴게시설의 크기를 근로자대표와 협의하여 정한 경우에는 그 면적을 사업장 휴게시설의 최소 바닥면적으로 한다. 이 경우에도 최소 바닥면적은 $6m^2$ 이상이어야 한다.
- 공동휴게시설은 우선 각 사업장별로 근로자대표와 협의하여 다른 사업장과 공동으로 휴게시설을 설치하기로 정한 후, 공동휴게시설의 설치 대상이 되는 각 사업장별 사업주와 근로자대표가 협의하여 공동휴게시설의 크기, 위치 등을 정한다. 이 경우에도 최소 바닥면적은 $6m^2$ 이상이어야 한다.

ⓒ 휴게시설 동시 사용인원 산출 시 고려해야 할 사항
- 교대 근무를 할 경우 1일 근무조 중 1개조의 인원을 제외하고 휴게시설 사용인원을 산출할 수 있으며, 휴식주기가 다른 경우에도 휴게시설 사용인원에서 제외할 수 있다.
- 사무실이나 이와 유사한 업무공간에서 일하는 사무직의 경우 휴게시간 동안 업무 관련자의 방문, 전화통화 같은 업무에서 일체의 방해를 받지 않는다면 휴게시설 사용인원에서 제외할 수 있다.
- 상시 외근을 하는 근로자나 고객서비스 기사와 같이 주로 사업장 밖에서 활동하는 경우 휴게시설 사용인원에서 제외할 수 있다.
- 휴게시설은 가급적 남성용과 여성용을 구분해서 설치하는 것을 권하지만, 개방형 휴게시설 등을 설치하는 경우에는 반드시 성별로 구분해 설치하는 것을 강제하지는 않으며, 공간제약 등으로 별도의 휴게시설을 설치하기 어려운 경우에는 남·녀 간 이용에 불편함이 없도록 칸막이 설치 등을 통해 공간을 분리한다.

② 위치
ⓐ 거리
- 휴게시설은 근로자들이 휴게시간에 이용이 편리하도록 작업장소와 가까운 곳에 설치해야 한다.
- 사업장의 휴게시간을 감안해 노사가 협의하여 작업장소에서 걸어서 또는 자전거 등 이동수단을 이용하여 휴게시설에 도착하는데 소요되는 시간이 길지 않은, 충분히 가까운 장소에 위치해야 한다.
- 공동휴게시설은 각 사업장에서 휴게시설까지의 왕복 이동에 걸리는 시간(이동수단 이용 포함)이 휴식시간(휴게시간)의 20%를 넘지 않는 곳에 위치해야 한다. 다만, 휴게시간의 20%를 넘더라도 휴게시간을 추가로 부여하는 경우에는 그 추가 휴게시간을 고려하여 과태료 부과 여부를 판단할 수 있다.
- 공간제약 등으로 사업장 내에 휴게시설 설치가 어려운 경우, 휴게시간이 충분히 보장되는 범위 내에서 노사협의를 통해 해당 사업장과 가까운 곳에 휴게시설을 설치할 수 있다. 휴게시설을 이용하는데 왕복하여 소요되는 시간을 감안하여 휴게시간을 추가 부여하는 경우에도 사업장 외부에 휴게시설 설치가 가능하다.
- 업무 특성에 따라 위생시설(세면·목욕·세탁·탈의시설)을 설치할 필요가 있는 경우 휴게시설은 가급적 위생시설과 인접한 곳에 설치한다.

ⓛ 안전한 장소
- 휴게시설은 화재·폭발 등의 위험이 있는 장소, 유해물질을 취급하는 장소, 인체에 해로운 분진 등을 발산하는 장소, 소음에 노출되어 휴식을 취하기 어려운 장소에서 떨어진 안전한 곳에 위치해야 한다.
- 건강장해 위험에 노출되지 않도록 격벽 등으로 차단한 경우에는 유해, 위험장소에서 떨어진 곳으로 볼 수 있다.

③ 온도, 습도, 조명, 환기, 소음
　㉠ 적정한 온도(18℃~28℃)를 유지할 수 있는 냉난방 기능이 갖춰져 있어야 한다. 휴게실 바닥이 좌식인 경우 난방시설을 설치한다.
　㉡ 적정한 습도(50%~55%)를 유지할 수 있는 습도조절 기능이 갖춰져 있어야 한다. 다만, 일시적으로 대기 중 상대습도가 현저히 높거나 낮아 근로자의 휴게시간 동안 적정한 습도를 유지하기 어렵다고 고용노동부장관이 인정하는 경우(장마기간, 건조특보 발효 기간 등)는 제외한다.
　㉢ 조명은 심리적, 정서적으로 안정감을 줄 수 있어야 하고, 자연 채광이 될 수 있도록 하며, 적정한 밝기(100~200Lux)를 유지할 수 있는 조명조절 기능이 갖춰져 있어야 한다. 간접등이나 커튼을 설치하여 조도를 조절할 수 있다.
　㉣ 온도, 습도, 조명은 항상 그 기준을 유지할 필요는 없으며, 기준을 유지할 수 있는 기능을 갖추는 것이 필요하다. 예를 들어, 조명을 상시 100~200Lux 수준으로 유지할 필요는 없고, 해당 수준을 맞출 수 있는 온·오프 기능을 갖추면 된다.
　㉤ 창문 또는 환풍기, 공조시스템 등을 통해 환기를 시켜 쾌적한 공기 질을 확보할 수 있고, 실외로부터 자동차 매연, 그 밖의 오염물질이 실내로 들어올 우려가 있는 경우, 통풍구·창문·출입문 등의 공기유입구를 재배치하는 등의 적절한 조치를 해야 한다.
　㉥ 휴식에 방해가 되지 않도록 소음을 관리한다.

4. 휴게시설 설치·관리기준 적용이 제외되는 경우
① 하나의 사업장에서 사용하는 전체 건축물(공장동·사무동·복지동 등)의 연면적 및 대지 등을 포함한 모든 면적의 합이 300m² 미만인 경우 휴게시설의 크기 및 위치 기준을 적용하지 않는다. 다만, 지식산업센터(아파트형공장)와 같이 다수의 사업장이 하나의 건축물에 입주하여 해당 건축물을 나누어 사용하는 경우에는 복도, 공용 화장실 등 공용면적을 제외한 전용면적의 합을 기준으로 삼는다.
② 긴급 도로보수작업, 맨홀작업, 가로수 정비, 전기통신작업 등 한 곳에 머무르지 않고 이동하면서 작업을 하거나, 전기가 공급되지 않는 등 실내에 휴게시설을 설치하는 것이 곤란해 그늘막·천막·몽골텐트 등으로 휴게시설을 간이로 설치할 경우에는 온도, 습도, 조명, 환기기준을 제외하여 휴게시설을 설치할 수 있다.
③ 선박 블록 하부 등 작업 위치가 높거나 깊어 작업장소 바깥에 있는 휴게시설을 이용하기 어렵고 작업 근로자도 작업 위치에서 휴식을 취하는 것을 선호하는 경우, 해당 휴게시설은 고정형으로 설치하기 어려운 점을 감안하여 습도 등의 기준은 제외하고 설치할 수 있다.

휴게시설 주요 체크리스트

○ 다음의 항목에 대해 '예' 또는 '아니오'를 체크하십시오. '예' 대답은 추가 작업이 필요하지 않습니다. '아니오' 대답은 조사 또는 시정조치가 필요합니다.

구분		점검항목	예	아니오
크기		– 최소 바닥면적은 $6m^2$ 이상 – 공동휴게시설의 경우 최소 바닥면적은 $6m^2$×사업장 개수		
		바닥면적에서 천장까지 높이 2.1m 이상		
		교대근무, 휴식형태, 휴식주기, 동시 사용인원 등을 고려하여 근로자대표와 협의한 경우 협의 면적을 최소 면적으로 함		
위치		휴식시간에 이용하기 편리하고, 작업장소와 가까운 곳에 위치		
		사업장에서 휴게시설까지 왕복 이동시간이 휴식시간의 20% 넘지 않는 곳에 위치		
		화재·폭발 등의 위험이 있는 장소, 유해물질을 취급하는 장소, 인체에 해로운 분진 등을 발산하거나 소음에 노출되어 휴식을 취하기 어려운 장소에서 떨어진 안전한 곳에 위치		
환경	온도	적정 온도 유지(18~28℃)		
	습도	적정 습도 유지(50~55%)		
	조명	적정 밝기 유지(100~200Lux)		
	환기	창문 등을 통한 환기 실시, 환기설비 활용하여 쾌적한 공기질 확보		
	소음	휴식에 방해되지 않는 정도의 소음		
	마감재	화재 발생에 대비하여 내화성이 있는 재료 사용		
		쉽게 더럽혀지지 않으며, 청소하기 쉬운 재료 사용		
비품		의자 등 휴식에 필요한 비품 구비		
		마실 수 있는 물이나 식수 설비 구비		
		기자재, 청소도구, 수납공간은 별도로 확보		
표지부착		휴게시설을 알아볼 수 있는 표지를 외부에 부착		
관리		관리담당자 지정		
		휴게시설 관리 규정 마련		
		예산 배정		
		휴게시설 목적 외의 용도로 사용 금지		
이용문화		눈치를 보지 않고, 자유롭게 휴게시설을 이용할 수 있는 문화 조성		
		업무강도가 높거나 근무시간 중 휴식이 필요한 근로자 우선 이용		
		불편사항 개선		
		휴게시설 주요 체크리스트 활용		

※ 다음 논술형 2문제 중 1문제를 선택하여 답하시오. (각 25점)

08 안전보건경영체계(OHSMS)를 구축하기 위한 표준인 ISO 45001에 관하여 다음 사항을 쓰시오.

(1) 목적 3가지

(2) 특징 5가지

(3) 구성요소 10가지

해설 (1) 목적

① 사업장의 잠재위험성이 감소함

② 근로자의 건강증진 및 쾌적한 작업장 환경개선의 촉진을 도모

③ 사업장에 있어서 안전보건수준 향상

(2) 특징(ISO 45001 안전보건경영시스템 인증효과)

① 사업장 자율 안전보건관리시스템의 조속한 구축 및 지속적 개선에 따른 내·외부고객의 신뢰성 제고를 통하여 손실감소 효과 극대화에 기여함

② 안전보건 리스크를 정량적으로 평가하여 안전보건 관련 사고에 대한 예방대책 마련, 즉 업무의 표준화로 권한과 책임소재의 명확함에 따른 안전보건 관련 사고예방을 가능하게 함

③ 안전보건과 관련된 법적 요건 및 요구사항을 고려한 체계적인 프로세스 수립(위험성 평가기법 도입으로 구체적인 위험관리가 가능함)

④ 재해율 및 작업손실률 감소를 통한 생산성 향상 및 작업장 작업환경 개선에 따른 불량률 감소함

⑤ 근로자를 포함한 모든 계층이 안전보건과 관련된 문제해결에 적극적으로 참여하도록 보장하여 안정적이고 지속적인 안전보건관리가 가능함

⑥ 안전보건관리 기업 이미지 제공을 통한 고객, 협력업체, 투자자 및 지역 공동사회에 인지도 향상

(3) 구성요소

① 적용범위

조직의 규모나 형태, 성격에 상관없이 모든 조직에 적용할 수 있으며, 전과정의 관점에서 조직이 관리할 수 있거나 영향을 미칠 수 있다고 정한 조직의 활동, 제품 및 서비스의 환경측면에 적용할 수 있다.

② 인용표준(인용규격)

③ 용어와 정의

조직 및 리더십 관련 용어(경영시스템, 환경경영시스템, 환경경영방침, 조직, 최고경영자, 이해관계자), 기획 관련 용어(환경, 환경측면, 환경여건, 환경영향, 목표, 환경목표, 오염예방, 요구사항, 준수의무사항, 리스크, 리스크와 기회), 지원 및 운용 관련 용어(역량, 문서화된 정보, 전과정, 외주처리하다, 프로세스), 성과평가 및 개선 관련 용어(심사, 적합, 부적합, 시정조치, 지속적 개선, 효과성, 지표, 모니터링, 측정, 성과, 환경성과)

④ 조직의 상황

조직과 조직의 상황의 이해, 근로자 및 기타 이해관계자의 수요 및 기대의 이해, 안전보건경영체계의 적용범위 결정, 안전보건경영체계 프로세스

⑤ 리더십과 근로자의 참여

리더십과 의지표명, 방침, 조직의 역할·사전 사후 책임 및 권한, 참가·협의 및 대표

⑥ 기획(계획)

리스크 및 기회에의 대응조치, 안전보건 목표 및 달성계획

⑦ 지원

자원, 역량, 인식, 의사소통(정보 및 커뮤니케이션), 문서화된 정보

⑧ 운영(운용)

운영 기획(계획) 및 관리, 비상사태 대비 및 대응

⑨ 성과평가

모니터링 측정·분석 및 평가, 내부검사, 경영검토

⑩ 개선

일반사항, 부적합 및 시정조치, 지속적 개선

플러스 학습

1. ISO 인증

국제표준화기구(ISO)에서 정한 표준에 따른 기업의 경영체계 또는 제품품질을 인증하는 것을 말한다. 즉, 국제규격인증으로 고객에게 제공되는 제품/서비스가 규정된 요구사항을 만족하고 지속적으로 적합하게 유지되고 있음을 제3차 인증기관에서 객관적으로 평가하여 인증해주는 제도를 말한다.

2. 안전보건경영시스템(ISO 45001) : 해외인증

사업장에서 발생할 수 있는 각종 위험을 사전예측 및 예방하여 궁극적으로 기업의 이윤창출에 기여하고 조직의 안전보건을 체계적으로 관리하기 위한 요구사항을 규정한 국제표준. 즉 최고경영자가 경영방침에 안전보건정책을 선언하고, 이에 대한 실행계획을 수립하여 이를 실행 및 운영, 점검 및 시정조치하여 그 결과를 최고경영자가 검토하는 등 수립-운영-시정조치-검토 순환과정을 통하여 지속적인 개선이 이루어지도록 하는 체계적인 안전보건활동을 의미한다.

3. 안전보건경영시스템(KOSHA-MS) : 안전보건공단 인증

① 안전보건공단에서 진행하는 안전보건경영시스템은 개정 전에는 KOSHA 18001이었으며 2019년 5월 KOSHA-MS로 개정되었다.

② 안전보건경영시스템(KOSHA-MS) 인증업무 처리규칙상 정의

사업주가 자율적으로 해당 사업장의 산업재해 예방하기 위하여 안전보건관리체제를 구축하고 정기적으로 위험성평가를 실시하여 잠재 유해·위험 요인을 지속적으로 개선하는 등 산업재해예방을 위한 조치 사항을 체계적으로 관리하는 제반 활동을 말한다.

③ 안전보건경영시스템(KOSHA – MS) 인증기준상 정의

최고경영자가 경영방침에 안전보건정책을 선언하고 이에 대한 실행계획을 수립(Plan)하여 이를 실행 및 운영(Do), 점검 및 시정조치(Check)하며 그 결과를 최고경영자가 검토하고 개선(Action)하는 등 P – D – C – A 순환과정을 통하여 지속적인 개선이 이루어지도록 하는 체계적인 안전보건활동을 말한다.

④ 인증심사항목

㉠ 안전보건경영체제분야 : 27개 항목

㉡ 안전보건활동수준분야 : 14개 항목

㉢ 안전보건경영관계자 면담분야 : 6개 항목

⑤ 안전보건경영시스템 인증기준 적용범위

인증기준은 안전보건경영시스템을 구축하여 유해위험요인에 노출된 근로자와 그 밖의 이해관계자에 대한 위험을 제거하거나 최소화하여 사업장의 안전보건수준을 지속적으로 개선하고자 하는 사업장에 적용된다.

⑥ 인증심사기준

㉠ 기준 A형 : 상시근로자 50인 이상 사업장에 적용

㉡ 기준 B형 : 상시근로자 20인 이상 50인 미만 사업장에 적용

㉢ 기준 C형 : 상시근로자 20인 미만 소규모 사업장 적용

⑦ 인증취득효과

㉠ 국제적 통용수준 안전·보건 경영시스템 구축

㉡ 안전보건에 대한 경영자 의지를 확고히 천명하여 사업장 자율안전보건 추진

㉢ 근로자 참여를 통한 원활한 의사소통으로 안정적이고 지속적인 안전관리 실현

㉣ 과학적 위험성평가 기업 도입으로 체계적인 위험관리체계 구축

㉤ 재해와 작업손실의 감소로 재해보상 감소, 근로자 복지개선에 기여

09 산업환기설비에 관한 기술지침(KOSHA GUIDE)에서 제시하는 국소배기장치 검사 체크리스트 중 덕트 점검 항목을 5가지만 제시하시오. (단, 안전검사 대상물질을 취급하는 국소배기장치는 제외한다.)

해설 덕트 점검항목(산업환기설비에 관한 기술지침)
① 덕트 반송속도(설계값, 측정값)
② 덕트 재질의 작성성
③ 댐퍼 설치 위치 적정성
④ 주름관 덕트 적정성
⑤ 분진청소구 위치 적정성
⑥ 접속부 등에 공기 유출입이 없을 것

플러스 학습 **산업환기설비에 관한 기술지침상 국소배기장치 검사 체크리스트**

1. 후드 효율 평가결과

후드번호	1-A				
후드정보	설치공정/장비명	연결송풍기	취급물질	물질성상	
				□ 입자상	□ 가스상
후드사진				특이사항	
후드현황	후드제원		개구면적(m²)	댐퍼	개도율
	정방형	원형			
				□유 □무	%

후드 흡입성능 평가				
① 제어 유속 및 배기유량 평가			② 후드 흡입성능 평가 (가시화테스트 결과 사진 첨부)	
구분	설계값	측정값		
제어거리(m)				
제어유속(m/s)				
배기유량(m^3/min)				
후드정압(mmAq)				
판정	□ 양호	□ 불량	□ 양호	□ 불량
최종 후드 흡입성능 판정			□ 양호 □ 불량	
□ 기타 점검사항				

2. 덕트 점검결과

덕트점검항목									확인 결과
덕트 관리 번호	덕트반송속도 (m/s)		덕트 재질의 적정성	댐퍼 설치 위치 적정성	주름관 덕트 적정성	분진 청소구 위치 적정성	접속부 등에 공기 유출입이 없을 것	기타점 검/사진	
	설계값	측정값							

3. 송풍기 점검결과

사업부명		관리번호	
설치장소		공기정화장치 여부	□유 □무

송풍기 사진						

측정결과	구분	배풍량 (m³/min)	정압 (mmAq)	회전수 (rpm)	댐퍼개방 (%)	인버터 (Hz)
	정격사양					
	측정결과					
	효율(%)					

점검결과				
점검 항목	표면상태	송풍기 케이싱, 임펠러, 모터 파손, 부식 등	□양호	□불량
	벨트	파손, 탈락, 심한 처짐 및 풀리의 손상 등	□양호	□불량
	회전방향	규정 회전방향과 일치 여부	□양호	□불량
	캔버스	연결부 공기 유입 또는 누출, 과도한 수축 및 팽창, 파손, 부식 등	□양호	□불량
	안전덮개	안전덮개 설치 여부 및 부식, 마모, 파손, 변형 등	□양호	□불량
	전동기	이상소음 및 이상발열, 절연저항값 적정 여부 등	□양호	□불량
	배전반 등	적합한 구조, 적합한 설치, 조작 상태 등	□양호	□불량
	배선	피복 상태, 단자체결 상태, 절연저항 등	□양호	□불량
	접지	접지 상태 등	□양호	□불량
	최종 배기구	직접 외기로 향하는지 여부, 빗물 유입방지 조치 등	□양호	□불량
기타 특이사항				
종합평가				

4. 공기정화기 점검결과

사업부명			관리번호	
설치장소			형식	
공기정화장치 사진				
공기정화기 압력손실	구분	설계차압 (mmAq)	측정차압 (mmAq)	측정치/설계치 (%)
	차압			
점검결과				
점검 항목	형식	제거하고자 하는 오염물질의 종류, 특성을 고려한 적합한 형식 및 구조 설치	□양호 □불량	
	표면상태	내외부 파손, 변형, 부식 및 이상음 발생 등	□양호 □불량	
	접속부	볼트, 너트, 패킹 등 이완 및 파손, 공기 유입 또는 누출 등	□양호 □불량	
	성능	여과재의 막힘 및 파손, 정상 작동상태 등	□양호 □불량	
	차압 측정용 마노미터	마노미터 설치 및 정상 작동 여부	□양호 □불량	
	굴뚝	굴뚝은 재유입되지 않는 위치와 구조로 설치되었는가?	□양호 □불량	
종합평가				

2024년 산업보건지도사

2024년 6월 8일 시행

※ 다음 단답형 5문제를 모두 답하시오. (각 5점)

01 산업환기설비에 관한 기술지침(KOSHA GUIDE W-01-2019)에 따른 후드에 관한 설명으로 (㉠)~(㉤)에 들어갈 용어를 각각 쓰시오.

○ 후드는 발생원을 가능한 한 포위하는 형태인 포위식 형식의 구조로 하고, 발생원을 포위할 수 없을 때는 발생원과 가장 가까운 위치에 (㉠) 후드를 설치하여야 한다. 다만, 유해물질이 일정한 방향성을 가지고 발생될 때는 (㉡) 후드를 설치하여야 한다.

○ 유해물질별 후드의 형식과 제어풍속은 작업장 내의 유해물질 농도가 노출기준 미만이 되도록 하기 위해 일정 기준 이상의 제어풍속이 되어야 한다. 제어풍속을 조절하기 위하여 각 후드마다 (㉢)(을)를 설치하여야 한다. 다만 압력평형방법에 의해 설치된 국소배기장치에는 가능한 한 사용하지 않는 것이 원칙이다.

○ 후드의 재질선정 시 후드는 내마모성 또는 내부식성 등의 재료 또는 도포한 재질을 사용하고, 변형 등이 발생하지 않는 충분한 강도를 지닌 재질로 하여야 한다. 후드의 입구쪽에 강한 기류음이 발생하는 경우 (㉣)(을)를 부착하여야 한다.

○ 후드의 흡인기류에 대한 방해기류가 있다고 판단될 때에는 작업에 영향을 주지 않는 범위 내에서 (㉤)(을)를 설치하는 등 필요한 조치를 하여야 한다.

해설 ㉠ : 외부식
㉡ : 레시버식
㉢ : 댐퍼
㉣ : 흡음재
㉤ : 기류 조정판

플러스 학습 **산업환기설비에 관한 기술지침상 국소배기장치**

1. 후드
   ① 후드의 형식 등
      ㉠ 후드는 유해물질을 충분히 제어할 수 있는 구조와 크기로 하여야 하며, 후드의 형식
         및 종류는 다음 표와 같다.

∥ 후드의 형식 및 종류 ∥

형식	종류	비고
포위식 (Enclosing type)	유해물질의 발생원을 전부 또는 부분적으로 포위하는 후드	포위형(Enclosing type), 장갑부 착상자형(Glove box hood), 드래프트 챔버형(Draft chamber hood), 건축부스형 등
외부식 (Exterior type)	유해물질의 발생원을 포위하지 않고 발생원 가까운 위치에 설치하는 후드	슬로트형(Slot hood), 그리드형(Grid hood), 푸쉬-풀형(Push-pull hood) 등
레시버식 (Receiver type)	유해물질이 발생원에서 상승기류, 관성기류 등 일정 방향의 흐름을 가지고 발생할 때 설치하는 후드	그라인더카바형(Grinder cover hood), 캐노피형(Canopy hood)

      ㉡ 후드는 발생원을 가능한 한 포위하는 형태인 포위식 형식의 구조로 하고, 발생원을 포위
         할 수 없을 때는 발생원과 가장 가까운 위치에 외부식 후드를 설치하여야 한다. 다만,
         유해물질이 일정한 방향성을 가지고 발생될 때는 레시버식 후드를 설치하여야 한다.
      ㉢ 상부면이 개방된 개방조에서 유해물질이 발생하는 경우에 설치하는 후드의 제어거리
         에 따른 형식과 설치위치는 다음 표를 참조하여야 한다.

∥ 개방조에 설치하는 후드의 구조와 설치위치 ∥

제어거리(m)	후드의 구조 및 설치위치	비고
0.5 미만	측면에 1개의 슬로트후드 설치	제어거리 : 후드의 개구면에서 가장 먼 거리에 있는 개방조의 가장자리까지의 거리
0.5~0.9	양측면에 각 1개의 슬로트후드 설치	
0.9~1.2	양측면에 각 1개 또는 가운데에 중앙선을 따라 1개의 슬로트후드를 설치하거나 푸쉬-풀형 후드 설치	
1.2 이상	푸쉬-풀형 후드 설치	

      ㉣ 슬로트후드의 외형단면적이 연결덕트의 단면적보다 현저히 큰 경우에는 후드와 덕트
         사이에 충만실(Plenum chamber)을 설치하여야 하며, 이때 충만실의 깊이는 연결덕트
         지름의 0.75배 이상으로 하거나 충만실의 기류속도를 슬로트 개구면 속도의 0.5배
         이내로 하여야 한다.

ⓜ 후드의 흡입방향은 가급적 비산 또는 확산된 유해물질이 작업자의 호흡영역을 통과하지 않도록 하여야 한다.

ⓗ 후드 뒷면에서 주덕트 접속부까지의 가지덕트 길이는 가능한 한 가지덕트 지름의 3배이상 되도록 하여야 한다. 다만, 가지덕트가 장방형 덕트인 경우에는 원형 덕트의 상당지름을 이용하여야 한다.

ⓢ 후드의 형태와 크기 등 구조는 후드에서의 유입손실이 최소화되도록 하여야 한다.

ⓞ 후드가 설비에 직접 연결된 경우 후드의 성능 평가를 위한 정압 측정구를 후드와 덕트의 접합부분(hood throat)에서 주덕트 방향으로 1~3직경 정도에 설치한다.

② 제어풍속

㉠ 유해물질별 후드의 형식과 제어풍속은 작업장 내의 유해물질 농도가 노출기준 미만이 되도록 하기 위해 〈별표 2〉에서 정하는 기준 이상의 제어풍속이 되어야 한다.

㉡ 제어풍속을 조절하기 위하여 각 후드마다 댐퍼를 설치하여야 한다. 다만, 압력평형 방법에 의해 설치된 국소배기장치에는 가능한 한 사용하지 않는 것이 원칙이다.

③ 배풍량 계산

㉠ 각 후드에서의 배풍량은 〈별표 2〉에서 정하는 제어풍속 이상을 유지하여야 하며 그 계산방법은 〈별표 3〉과 같다.

㉡ 배풍량 계산 시 정상조건은 21℃, 1기압을 기준으로 하여야 한다.

④ 후드의 재질선정

㉠ 후드는 내마모성 또는 내부식성 등의 재료 또는 도포한 재질을 사용하고, 변형 등이 발생하지 않는 충분한 강도를 지닌 재질로 하여야 한다.

㉡ 후드의 입구측에 강한 기류음이 발생하는 경우 흡음재를 부착하여야 한다.

⑤ 방해기류 영향 억제

후드의 흡인기류에 대한 방해기류가 있다고 판단될 때에는 작업에 영향을 주지 않는 범위 내에서 기류 조정판을 설치하는 등 필요한 조치를 하여야 한다.

⑥ 신선한 공기 공급

㉠ 국소배기장치를 설치할 때에는 배기량과 같은 양의 신선한 공기가 작업장 내부로 공급될 수 있도록 공기유입부 또는 급기시설을 설치하여야 한다.

㉡ 신선한 공기의 공급방향은 유해물질이 없는 가장 깨끗한 지역에서 유해물질이 발생하는 지역으로 향하도록 하여야 하며, 가능한 한 근로자의 뒤쪽에 급기구가 설치되어 신선한 공기가 근로자를 거쳐서 후드방향으로 흐르도록 하여야 한다.

㉢ 신선한 공기의 기류속도는 근로자 위치에서 가능한 한 0.5m/sec를 초과하지 않도록 하고, 작업공정이나 후드의 근처에서 후드의 성능에 지장을 초래하는 방해기류를 일으키지 않도록 하여야 한다.

2. 덕트

① 재질의 선정 등

㉠ 덕트는 내마모성, 내부식성 등의 재료 또는 도포한 재질을 사용하고, 변형 등이 발생하지 않는 충분한 강도를 지닌 재질로 하여야 한다.

       ⓛ 덕트는 가능한 한 원형관을 사용하고, 다음의 사항에 적합하도록 하여야 한다.

          ⓐ 덕트의 굴곡과 접속은 공기흐름의 저항이 최소화될 수 있도록 할 것

          ⓑ 덕트 내부는 가능한 한 매끄러워야 하며, 마찰손실을 최소화 할 것

          ⓒ 마모성, 부식성 유해물질을 반송하는 덕트는 충분한 강도를 지닐 것

② 덕트의 접속 등

       ㉠ 덕트의 접속 등은 다음의 사항에 적합하도록 설치하여야 한다.

          ⓐ 접속부의 내면은 돌기물이 없도록 할 것

          ⓑ 곡관(Elbow)은 5개 이상의 새우등 곡관으로 연결하거나, 곡관의 중심선 곡률 반경
            이 덕트 지름의 2.5배 내외가 되도록 할 것

          ⓒ 주덕트와 가지덕트의 접속은 30° 이내가 되도록 할 것

          ⓓ 확대 또는 축소되는 덕트의 관은 경사각을 15° 이하로 하거나, 확대 또는 축소 전
            후의 덕트 지름 차이가 5배 이상 되도록 할 것

          ⓔ 접속부는 덕트 소용돌이(Vortex)기류가 발생하지 않는 구조로 할 것

          ⓕ 가지덕트가 2개 이상인 경우 주덕트와의 접속은 각각 적절한 방향과 간격을 두고
            접속하여 저항이 최소화되는 구조로 하고, 2개 이상의 가지덕트를 확대관 또는
            축소관의 동일한 부위에 접속하지 않도록 할 것

       ㉡ 덕트 내부에는 분진, 흄, 미스트 등이 퇴적할 수 있으므로 청소가 가능한 부위에 청소
       구를 설치하여야 한다.

       ㉢ 미스트나 수증기 등 응축이 일어날 수 있는 유해물질이 통과하는 덕트에는 덕트에 응축된
       미스트나 응축수 등을 제거하기 위한 드레인밸브(Drain valve)를 설치하여야 한다.

       ㉣ 덕트에는 덕트 내 반송속도를 측정할 수 있는 측정구를 적절한 위치에 설치하여야 하
       며, 측정구의 위치는 균일한 기류상태에서 측정하기 위해서, 엘보, 후드, 가지덕트 접
       속부 등 기류변동이 있는 지점으로부터 최소한 덕트 지름의 7.5배 이상 떨어진 하류
       측에 설치하여야 한다.

       ㉤ 덕트의 진동이 심한 경우, 진동전달을 감소시키기 위하여 지지대 등을 설치하여야 한다.

       ㉥ 플렌지를 이용한 덕트 연결 시에는 가스킷을 사용하여 공기의 누설을 방지하고, 볼트
       체결부에는 방진고무를 삽입하여야 한다.

       ㉦ 덕트 길이가 1m 이상인 경우, 견고한 구조로 지지대 등을 설치하여 휨 등에 의한 구
       조변화나 파손 등이 발생하지 않도록 하여야 한다.

       ㉧ 작업장 천장 등의 설치공간 부족으로 덕트 형태가 변형될 때에는 그에 따르는 압력손
       실이 크지 않도록 설치하여야 한다.

       ㉨ 주름관 덕트(Flexible duct)는 가능한 한 사용하지 않는 것이 원칙이나, 필요에 의하여
       사용한 경우에는 접힘이나 꼬임에 의해 과도한 압력손실이 발생하지 않도록 최소한
       의 길이로 설치하여야 한다.

③ 반송속도 결정

   덕트에서의 반송속도는 국소배기장치의 성능향상 및 덕트 내 퇴적을 방지하기 위하여 유
   해물질의 발생형태에 따라 다음 표에서 정하는 기준에 따라야 한다.

‖ 유해물질의 덕트 내 반송속도 ‖

유해물질 발생형태	유해물질종류	반송속도(m/s)
증기·가스·연기	모든 증기, 가스 및 연기	5.0~10.0
흄	아연흄, 산화알루미늄 흄, 용접흄 등	10.0~12.5
미세하고 가벼운 분진	미세한 면분진, 미세한 목분진, 종이분진 등	12.5~15.0
건조한 분진이나 분말	고무분진, 면분진, 가죽분진, 동물털 분진 등	15.0~20.0
일반 산업분진	그라인더 분진, 일반적인 금속분말분진, 모직물분진, 실리카분진, 주물분진, 석면분진 등	17.5~20.0
무거운 분진	젖은 톱밥분진, 입자가 혼입된 금속분진, 샌드블라스트분진, 주절보링분진, 납분진	20.0~22.5
무겁고 습한 분진	습한 시멘트분진, 작은 칩이 혼입된 납분진, 석면덩어리 등	22.5 이상

④ 압력평형의 유지
  ㉠ 덕트 내의 공기흐름은 압력손실이 가능한 한 최소가 되도록 설계되어야 한다.
  ㉡ 설계 시에는 후드, 충만실, 직선덕트, 확대 또는 축소관, 곡관, 공기정화장치 및 배기구 등의 압력손실과 합류관의 접속각도 등에 의한 압력손실이 포함되도록 하여야 한다.
  ㉢ 주덕트와 가지덕트의 연결점에서 각각의 압력손실의 차가 10% 이내가 되도록 압력평형이 유지되도록 하여야 한다.

⑤ 추가 설치 시 조치
  ㉠ 기설치된 국소배기장치에 후드를 추가로 설치하고자 하는 경우에는 추가로 인한 국소배기장치의 전반적인 성능을 검토하여 모든 후드에서 제어풍속을 만족할 수 있을 때에만 후드를 추가하여 설치할 수 있다.
  ㉡ 성능을 검토하는 경우에는 배기풍량, 후드의 제어풍속, 압력손실, 덕트의 반송속도 및 압력평형, 배풍기의 동력과 회전속도, 전기정격용량 등을 고려하여야 한다.

⑥ 화재폭발 등
  ㉠ 화재·폭발의 우려가 있는 유해물질을 이송하는 덕트의 경우, 작업장 내부로 화재·폭발의 전파방지를 위한 방화댐퍼를 설치하는 등 기타 안전상 필요한 조치를 하여야 한다.
  ㉡ 국소배기장치 가동중지 시 덕트를 통하여 외부공기가 유입되어 작업장으로 역류될 우려가 있는 경우에는 덕트에 기류의 역류 방지를 위한 역류방지댐퍼를 설치하여야 한다.

3. 공기정화장치
  ① 구조 등
    ㉠ 공기정화장치는 다음에 적합한 구조로 하여야 한다.
      ⓐ 마모, 부식과 온도에 충분히 견딜 수 있는 재질로 선정할 것
      ⓑ 공기정화장치에서 정화되어 배출되는 배기 중 유해물질의 농도는 다른 법령에서 정하는 바에 따른다.

ⓒ 압력손실이 가능한 한 작은 구조로 설계할 것

ⓓ 화재·폭발의 우려가 있는 유해물질을 정화하는 경우에는 방산구를 설치하는 등 필요한 조치를 하여야 하며, 이 경우 방산구를 통해 배출된 유해물질에 의한 근로자의 노출이나 2차 재해의 우려가 없도록 할 것

ⓛ 공기정화장치는 접근과 청소 및 정기적인 유지보수가 용이한 구조이어야 한다.

ⓒ 공기정화장치 막힘에 의한 유량 감소를 예방하기 위해 공기정화장치는 차압계를 설치하여 상시 차압을 측정하여야 한다.

② 공기정화장치의 선정

㉠ 공기정화장치는 유해물질의 종류, 발생량, 입자의 크기, 형태, 밀도, 온도 등을 고려하여 선정하여야 한다.

㉡ 공기정화장치는 다음 표의 구분에 따른 공기정화방식 또는 이와 동등이상 성능을 가진 공기정화장치를 설치하여야 한다.

유해물질의 발생형태별 공기정화방식

유해물질 발생형태		유해물질종류	비고
분진	분진지름 (μm) 5 미만	여과방식, 전기제진방식	분진지름 : 중량법으로 측정한 입경분포에서 최대빈도를 나타내는 입자지름
	5~20	습식정화방식, 여과방식, 전기제진방식	
	20 이상	습식정화방식, 여과방식, 관성방식, 원심력방식 등	
흄		여과방식, 습식정화방식, 관성방식 등	
미스트·증기·가스		습식정화방식, 흡수방식, 흡착방식, 촉매산화방식, 전기제진방식 등	

③ 성능유지

㉠ 공기정화장치를 거친 유해가스의 농도는 환경부의 환경관련법령에서 정하는 배출허용기준을 만족하도록 하여야 한다. 다만, 배기구를 옥내에 설치하고자 하는 경우에는 공기정화장치를 거친 유해가스에 포함된 유해물질로 인하여 작업장의 작업환경농도가 고용노동부장관이 정하는 유해물질의 노출기준을 초과하지 않도록 하여야 한다.

㉡ 작업장 내부에 설치하는 공기정화장치는 작업장 내부로 유입 및 확산을 방지하기 위하여 덮개를 설치하고, 배기구를 옥외의 안전한 위치에 설치하여야 한다.

4. 배풍기

① 배풍기의 형식 및 구조 등

㉠ 배풍기는 국소배기장치 설계 시에 계산된 압력과 배기량을 만족시킬 수 있는 크기로 규격을 선정하여야 한다.

㉡ 설치되는 국소배기 시설에 많은 압력이 소요될 경우 압력에 강한 후향날개형 배풍기를 사용하고, 많은 유량이 필요한 경우 전향날개형 배풍기를, 분진이 많이 발생되는 작업이나 용접작업에는 날개에 분진이 퇴적되지 않는 평판형 배풍기를 사용하여야 한다.

ⓒ 배풍기의 날개나 구성물은 내마모성, 내산성, 내부식성 재질을 사용하여 임펠러와 케이싱의 마모, 부식이나, 분진의 퇴적에 의한 성능저하 또는 소음·진동이 발생하지 않도록 하여야 한다.

ⓔ 화재 및 폭발의 우려가 있는 유해물질을 이송하는 배풍기는 방폭구조로 하여야 한다.

ⓜ 전동기는 부하에 다소간 변동이 있어도 안정된 성능을 유지하고 가능한 한 소음·진동이 발생하지 않는 것을 사용하여야 하며, 과부하시의 과전류보호장치, 벨트구동부분의 방호장치 등 기타 기계·기구 및 전기로 인한 위험예방에 필요한 안전상의 조치를 하여야 한다.

② 소요 축동력 산정

배풍기의 소요 축동력은 배풍량, 후드 및 덕트의 압력손실, 전동기의 효율, 안전계수 등을 고려하여 작업장 내에서 발생하는 유해물질을 효율적으로 제거할 수 있는 성능으로 산정하여야 한다.

③ 설치위치

㉠ 배풍기는 가능한 한 옥외에 설치하도록 하여야 한다.

㉡ 배풍기 전후에 진동전달을 방지하기 위하여 캔버스(Canvas)를 설치하는 경우 캔버스의 파손 등이 발생하지 않도록 조치하여야 한다.

㉢ 배풍기의 전기제어반을 옥외에 설치하는 경우에는 옥내작업장의 작업영역 내에 국소배기장치를 가동할 수 있는 스위치를 별도로 부착하여야 한다.

㉣ 옥내작업장에 설치하는 배풍기는 발생하는 소음 및 진동에 대한 밀폐시설, 흡음시설, 방진시설 설치 등 소음·진동 예방조치를 하여야 한다.

㉤ 배풍기에서 발생한 강한 기류음이 덕트를 거쳐 작업장 내부 또는 외부로 전파되는 경우, 소음감소를 위하여 소음감소장치를 설치하는 등 필요한 조치를 하여야 한다.

㉥ 배풍기의 설치 시 기초대는 견고하게 하고 평형상태를 유지하도록 하되, 바닥으로의 진동의 전달을 방지하기 위하여 방진스프링이나 방진고무를 설치하여야 한다.

㉦ 배풍기는 구조물 지지대, 난간 등과 접속하지 않아야 한다.

㉧ 강우, 응축수 등에 의하여 배풍기의 케이싱과 임펠러의 부식을 방지하기 위하여 배풍기 내부에 고인 물을 제거할 수 있도록 배수밸브(Drain valve)를 설치하여야 한다.

㉨ 배풍기의 흡입부분 또는 토출부분에 댐퍼를 사용한 경우에는 반드시 댐퍼고정장치를 설치하여 작업자가 배풍기의 배풍량을 임의로 조절할 수 없는 구조로 하여야 한다.

5. 배기구의 설치

① 옥외에 설치하는 배기구는 지붕으로부터 1.5m 이상 높게 설치하고, 배출된 공기가 주변지역에 영향을 미치지 않도록 상부 방향으로 10m/s 이상 속도로 배출하는 등 배출된 유해물질이 당해 작업장으로 재유입되거나 인근의 다른 작업장으로 확산되어 영향을 미치지 않는 구조로 하여야 한다.

② 배기구는 다음 그림의 최종 배기구 종류를 참조하여 내부식성, 내마모성이 있는 재질로 설치하고, 배기구의 하단에 배수밸브를 설치하여야 한다.

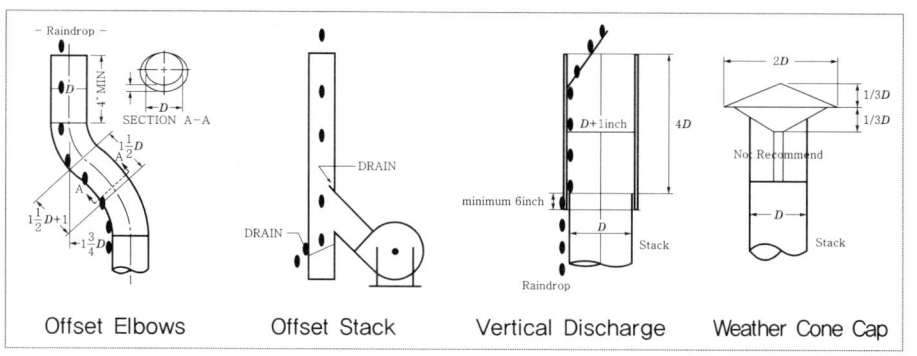

┃ 최종 배기구의 종류 ┃

[별표 1] 유해물질발생에 따른 전체환기 필요환기량

구분	필요환기량 계산식
희석	$Q = \dfrac{24.1 \times S \times G \times K \times 10^6}{M \times TLV}$
화재·폭발방지	$Q = \dfrac{24.1 \times S \times G \times S_f \times 100}{M \times LEL \times B}$
수증기 제거	$Q = \dfrac{W}{1.2 \times \triangle G}$
열배출	$Q = \dfrac{H_s}{C_p \times \triangle t}$

여기서, Q : 필요환기량(m^3/h)

S : 유해물질의 비중

G : 유해물질의 시간당 사용량(L/h)

$K=$ 안전계수(혼합계수)로써

    $K=1$: 작업장 내 공기혼합이 원활한 경우

    $K=2$: 작업장 내 공기혼합이 보통인 경우

    $K=3$: 작업장 내 공기혼합이 불완전인 경우

M : 유해물질의 분자량(g)

TLV : 유해물질의 노출기준(ppm)

LEL : 폭발하한치(%)

B : 온도에 따른 상수(121℃ 이하 : 1, 121℃ 초과 : 0.7)

W : 수증기 부하량(kg/h)

$\triangle G$: 작업장 내 공기와 급기의 절대습도차(kg/kg)

H_s : 발열량(kcal/h)

C_p : 공기의 비열(kcal/h · ℃)

$\triangle t$: 외부공기와 작업장 내 온도차(℃)

S_f : 안전계수(연속공정 : 4, 회분식 공정 : 10~12)

[별표 2] 유해물질별 후드형식과 제어풍속

1. 분진

가. 국소배기장치[연삭기, 드럼 샌더(drum sander) 등의 회전체를 가지는 기계에 관련되어 분진작업을 하는 장소에 설치하는 것은 제외]의 제어풍속

분진작업장소	제어풍속(m/sec)			
	포위식 후드의 경우	외부식 후드의 경우		
		측방 흡인형	하방 흡인형	상방 흡인형
암석 등 탄소원료 또는 알루미늄박을 체로 거르는 장소	0.7	–	–	–
주물모래를 재생하는 장소	0.7	–	–	–
주형을 부수고 모래를 터는 장소	0.7	1.3	1.3	–
그 밖의 분진작업장소	0.7	1.0	1.0	1.2

[비고]

1. 제어풍속이란 국소배기장치의 모든 후드를 개방한 경우의 제어풍속으로서 다음의 위치에서 측정한다.

   가. 포위식 후드에서는 후드 개구면

   나. 외부식 후드에서는 해당 후드에 의하여 분진을 빨아들이려는 범위에서 그 후드 개구면으로부터 가장 먼 거리의 작업위치

나. 국소배기장치 중 연삭기, 드럼 샌더 등의 회전체를 가지는 기계에 관련되어 분진작업을 하는 장소에 설치된 국소배기장치 후드의 설치방법에 따른 제어풍속

후드의 설치방법	제어풍속(m/sec)
회전체를 가지는 기계 전체를 포위하는 방법	0.5
회전체의 회전으로 발생하는 분진의 흩날림 방향을 후드의 개구면으로 덮는 방법	5.0
회전체만을 포위하는 방법	5.0

[비고]

제어풍속이란 국소배기장치의 모든 후드를 개방한 경우의 제어풍속으로서, 회전체를 정지한 상태에서 후드의 개구면에서의 최소풍속을 말한다.

2. 관리대상 유해물질

물질의 상태	후드 형식	제어풍속(m/sec)
가스상태	포위식 포위형	0.4
	외부식 측방흡인형	0.5
	외부식 하방흡인형	0.5
	외부식 상방흡인형	1.0
입자상태	포위식 포위형	0.7
	외부식 측방흡인형	1.0
	외부식 하방흡인형	1.0
	외부식 상방흡인형	1.2

[비고]
1. "가스상태"란 관리대상 유해물질이 후드로 빨아들여질 때의 상태가 가스 또는 증기인 경우를 말한다.
2. "입자상태"란 관리대상 유해물질이 후드로 빨아들여질 때의 상태가 흄, 분진 또는 미스트인 경우를 말한다.
3. "제어풍속"이란 국소배기장치의 모든 후드를 개방한 경우의 제어풍속으로서 다음에 따른 위치에서의 풍속을 말한다.
   가. 포위식 후드에서는 후드 개구면에서의 풍속
   나. 외부식 후드에서는 해당 후드에 의하여 관리대상 유해물질을 빨아들이려는 범위 내에서 해당 후드 개구면으로부터 가장 먼 거리의 작업위치에서의 풍속

3. 허가대상 유해물질

물질의 상태	제어풍속(m/sec)
가스상태	0.5
입자상태	1.0

[비고]
1. 이 표에서 제어풍속이란 국소배기장치의 모든 후드를 개방한 경우의 제어풍속을 말한다.
2. 이 표에서 제어풍속은 후드의 형식에 따라 다음에서 정한 위치에서의 풍속을 말한다.
   가. 포위식 또는 부스식 후드에서는 후드의 개구면에서의 풍속
   나. 외부식 또는 리시버식 후드에서는 유해물질의 가스 · 증기 또는 분진이 빨려들어가는 범위에서 해당 개구면으로부터 가장 먼 작업위치에서의 풍속

[별표 3] 후드의 형태별 배풍량 계산식

후드 형태	명칭	개구면의 세로/가로 비율(W/L)	배풍량(m³/min)
	외부식 슬로트형	0.2 이하	$Q = 60 \times 3.7 L V X$
	외부식 플렌지부착 슬로트형	0.2 이하	$Q = 60 \times 2.6 L V X$
$A = WL$(sq.ft.)	외부식 장방형	0.2 이상 또는 원형	$Q = 60 \times V(10X^2 + A)$
	외부식 플렌지부착 장방형	0.2 이상 또는 원형	$Q = 60 \times 0.75 V(10X^2 + A)$
	포위식 부스형		$Q = 60 \times VA = 60 VWH$
	레시버식 캐노피형		$Q = 60 \times 1.4 PVD$ P : 작업대의 주변길이(m) D : 작업대와 후드 간의 거리 (m)
	외부식다단 슬로트형	0.2 이상	$Q = 60 \times V(10X^2 + A)$
	외부식 플렌지부착 다단 슬로트형	0.2 이상	$Q = 60 \times 0.75 V(10X^2 + A)$

주) Q : 배풍량(m³/min), L : 슬로트길이(m), W : 슬로트폭(m), V : 제어풍속(m/s)
A : 후드 단면적(m²), X : 제어거리(m), H : 높이(m)

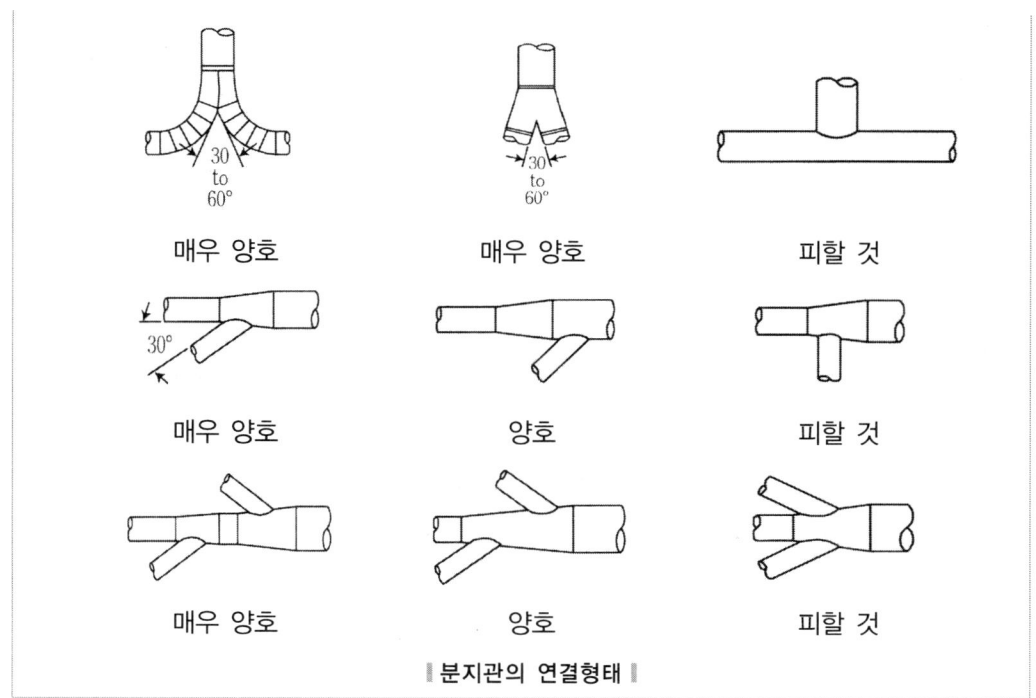

매우 양호	매우 양호	피할 것
매우 양호	양호	피할 것
매우 양호	양호	피할 것

| 분지관의 연결형태 |

02 할로겐화탄화수소를 작업환경측정·분석 기술지침(KOSHA GUIDE A-191-2023)에 따라 수동식시료채취기로 채취할 때, 시료채취율에 영향을 미칠 수 있는 경우 5가지를 쓰시오.

해설 ① 0.01m/sec 이하의 기류
② 물질 상호 간의 간섭
③ 높은 습도
④ 역확산
⑤ 방향족탄화수소, 케톤화합물 등의 휘발성 유기화합물

플러스 학습 **수동식시료채취기를 이용한 할로겐화탄화수소에 대한 작업환경측정·분석 기술지침**

분석원리 및 적용성
① 작업환경 중 분석대상 물질을 수동식시료채취기로 이황화탄소에 메탄올 등의 극성용매가 혼합된 탈착용매(예 99/1(v/v) CS_2/Methanol)로 탈착시킨 후 일정량을 가스크로마토그래프(GC)에 주입하여 정량한다.
② 할로겐화탄화수소, 방향족탄화수소, 에스테르화합물 등의 물질의 동시 분석은 분석장비, 컬럼 등의 조건에 따라 분해능이 다를 수 있음으로 분석조건을 최적화하여 분석하도록 한다.

시료채취 개요	분석 개요

• 시료채취매체 : 수동식시료채취기
  – 형태 : 방사형(Radial style), 배지형(Axial style)
  – 흡착제 : 활성탄(Activated charcoal)
• 운반 : 일반적인 방법
• 시료의 안정성 : 4℃에서 21일간 안정함
• 공시료 : 시료 세트당 2~10개 또는 시료 수의 10% 이상
	• 분석기술 : 가스크로마토그래피, 불꽃이온화검출기
	• 분석대상물질 : 할로겐화탄화수소(표 1 참조)
	• 탈착용매 : 99/1(v/v) CS_2/Methanol 등
	• 전처리 : 1mL 혹은 2mL 탈착용매, 30분간 방치
	• 컬럼 : Capillary, fused silica, 30m×0.25mm ID ; 1.40μm film 100% dimethyl polysiloxane 또는 동등 이상의 컬럼

방해작용	**적용 가능성**
• 0.01m/sec 이하의 기류, 물질 상호 간의 간섭, 높은 습도, 역확산 등에 의해 시료채취율에 영향을 미칠 수 있음 • 방향족탄화수소, 케톤화합물 등의 휘발성 유기화합물은 시료채취율에 영향을 미칠 수 있음	• 이 방법은 할로겐화탄화수소 13종의 시간가중평균노출기준(TWA), 단시간노출기준(STEL) 및 최고노출기준(C) 측정을 위한 것임 • 분석물질 간의 상호 작용은 시료채취율에 영향을 줄 수 있음 • 보관안정성 평가는 1, 3, 7, 14, 21일 동안 상온보관과 냉장(4℃)보관 방법으로 평가한 결과, 21일 후에도 허용 가능한 회수율을 보임

시약	기구
• 분석대상물질(시약 등급) • 이황화탄소(Carbon disulfide, CS₂) • 메탄올(Methanol, MeOH) 등 • 질소(N₂) 또는 헬륨(He) 가스(순도 99.9% 이상) • 수소(H₂) 가스(순도 99.9% 이상) • 여과된 공기	• 시료채취매체 : 수동식시료채취기 • 가스크로마토그래프, 불꽃이온화검출기 • 컬럼 : Capillary, fused silica, 30m×0.25mm ID ; 1.40μm film 100% dimethyl polysiloxane 또는 동등 이상의 컬럼 • 바이알, PTFE캡 • 마이크로 실린지 • 용량플라스크 • 피펫

특별 안전보건 예방조치 : 이황화탄소는 독성이 강하고 인화성이 강한 물질이며(인화점 : -30℃), 염화비닐, 트리클로로에틸렌, 디클로로메탄, 클로로벤젠, 브로모포름, 사염화탄소, 1,2-디클로로프로판, 에피클로로히드린, 퍼클로로에틸렌은 발암성 물질로 특별한 주의를 기울여야 한다. 실험자는 보호구 및 보호 장비를 착용하고 흄후드에서 실험해야 한다.

Ⅰ. 시료채취

① 수동식시료채취기를 일정시간 동안 시료채취대상자의 호흡기 위치에 부착한다.
② 시료채취가 끝나면 수동식시료채취기를 비닐팩에 밀봉하고 플라스틱 용기에 넣어 운반한다.
   ※ 참고 : 만약 보관기간이 7일 이상이면 시료를 냉장 보관한다.

Ⅱ. 시료 전처리

③ 수동식시료채취기에서 흡착제를 분리하여 바이알에 넣는다.
④ 흡착제가 들어있는 바이알에 탈착용매(99.9% CS₂/1% Methanol) 1mL 또는 2mL를 넣고, 즉시 뚜껑을 닫는다.
   ※ 탈착용매는 측정대상에 따라 변경될 수 있으며 제조사에서 권고하는 용매를 사용한다.
⑤ 가끔 흔들면서 30분 정도 방치한다.
   ※ 시료전처리 방법은 제조사에 따라 상이할 수 있음으로 제조사의 방법을 참조하도록 한다.

Ⅲ. 분석

【검량선 작성 및 정도관리】
⑥ 시료농도가 포함될 수 있는 적절한 범위에서 최소한 5개(공시료 제외)의 표준물질로 검량선을 작성한다.
⑦ 시료 및 공시료를 함께 분석한다.
⑧ 다음 과정을 통해 탈착효율을 구한다. 각 시료군 배치(batch)당 최소한 한 번씩은 행하여야 한다. 이 때 3개 농도수준에서 각각 3개씩과 공시료 3개를 준비한다.

Ⅲ. 분석

〈탈착효율 시험〉

    a. 수동식시료채취기의 흡착제를 바이알에 넣는다.

    b. 분석물질의 원액 또는 희석액을 마이크로 실린지를 이용하여 바이알 안에 든 흡착제에 정확히 주입한다.

    c. 바이알을 마개로 막아 밀봉하고, 하루 동안 상온에 놓아둔다.

    d. 탈착시켜 검량선 표준용액과 같이 분석한다.

    e. 다음 식에 의해 탈착효율을 구한다.

> 탈착효율(Desorption Efficiency, DE)＝검출량/주입량

【분석과정】

⑨ 가스크로마토그래프 제조회사가 권고하는 대로 기기를 작동시키고 조건을 설정한다.

    ※ 분석기기, 컬럼 등에 따라 적정한 분석조건을 설정하며, 아래의 조건은 참고사항임

주입량		$1\mu L$
운반가스		질소 또는 헬륨, 1.0mL/min
온도	도입부(Injector)	220℃
	컬럼(Column)	40℃(5min) → 10℃/min, 200℃(5min)
	검출부(Detector)	230℃

⑩ 시료를 정량적으로 정확히 주입한다. 시료주입방법은 flush injection technique과 자동주입기를 이용하는 방법이 있다.

⑪ 시료의 피크면적이 가장 높은 농도의 표준용액 피크면적보다 크다면 시료를 탈착용액으로 희석하거나 시료의 피크면적보다 높은 피크면적을 가지는 표준용액을 만들어 재분석한다.

Ⅳ. 계산

⑫ 다음 식에 의하여 분석물질의 농도를 구한다.

$$C = \frac{(W-B) \times 10^6}{T \times DE \times K}$$

여기서, C : 분석물질의 농도(mg/m^3)

      W : 시료의 양(mg)

      B : 공시료의 양(mg)

      T : 시료채취시간(분)

      DE : 탈착효율

      K : 분석물질의 시료채취효율(uptake rate, $\text{cm}^3\text{/min}$)

03 A기관은 작업환경측정에 관한 정도관리에 참여하여 망간(Mn)의 분석결과를 0.067mg으로 제출하였고, 이에 대한 평가결과로 기준값 0.078mg과 Z−score−3.0을 통보받았을 때 분석결과와 기준값을 포함하여 Z−score−3.0의 의미를 쓰시오.

해설 Z−score−3.0의 의미는 측정치(0.067mg)는 기준값(0.078mg)보다 표준편차의 3배만큼 낮다는 의미이다.

플러스 학습

1. Z−score 정의
   Z−score란 각 데이터 값이 평균으로부터 얼마나 떨어져 있는지를 나타내는 표준편차 숫자로서 Z−점수가 0이면 정확히 평균값에 해당되며 측정값의 정규분포 변수를 의미한다.

2. 관련 식

$$Z = \frac{대상기관의\ 측정값 - 기준값}{측정값의\ 분산정도(목표표준편차)} = \frac{x - \mu}{\sigma}$$

   대상기관의 측정값과 기준값의 차이를 목표표준편차로 나눈 값

3. 특징
   ① 양의 Z점수는 측정값이 평균보다 높음을 의미
   ② 음의 Z점수는 측정값이 평균보다 낮음을 의미
   ③ Z점수가 3 이상이거나 −3 이하이면 해당 측정값은 흔하지 않음을 의미

04 특수건강진단과 관련하여 벤젠에 대한 생물학적 노출지표의 노출기준값 및 검사 방법으로 (㉠)~(㉤)에 들어갈 용어를 각각 쓰시오.

유해물질명		시료채취		지표 물질명	권장분석법 (기기 및 검출기명)	검사값	표시단위	비고
		종류	시기			노출기준		
벤젠	1ppm 기준	소변	당일	(㉠)	(㉣)	500	μg/g crea	피부
		혈액	당일	(㉡)	HS GC-MSD	5	μg/L	
	10ppm 기준	소변	당일	(㉢)	(㉤)	50	mg/g crea	

해설 ㉠ : t,t-뮤콘산(trans,trans-muconic acid)

㉡ : 벤젠

㉢ : S-페닐머캅토산

㉣ : HPLC-UVD

㉤ : GC-MSD 또는 HPLC-MS

플러스 학습 **벤젠의 생물학적 노출지표물질 분석에 관한 기술지침**

1. 용어의 정의
   ① 생물학적 노출평가

   혈액, 소변 등 생체시료 중 유해물질 자체 또는 유해물질의 대사산물이나 생화학적 변화 산물 분석값을 이용한, 유해물질 노출에 의한 체내 흡수정도나 건강영향 가능성 등의 평가를 의미한다.

   ② 생물학적 노출지표물질

   생물학적 노출평가를 실시함에 있어 생체 흡수정도를 반영하는 물질로 유해물질 자체나 그 대사산물, 생화학적 변화물 등을 말한다.

   ③ 생물학적 노출기준값

   일주일에 40시간 작업하는 근로자가 고용노동부고시에서 제시하는 작업환경 노출기준 정도의 수준에 노출될 때 혈액 및 소변 중에서 검출되는 생물학적 노출지표물질의 값이다.

   ④ 정밀도(Precision)

   일정한 물질에 대하여 반복측정·분석을 했을 때 나타나는 자료분석치의 변동의 크기를 나타낸다. 이 경우 같은 조건에서 측정했을 때 일어나는 우연오차(Random error)에 의한 분산(Dispersion)의 정도를 측정값의 변이계수(Coefficient of variation)로 표시한다.

   ⑤ 정확도(Accuracy)

   분석치가 참값에 접근한 정도를 의미한다. 다만, 인증표준물질이 있는 경우는 상대오차로 표시하고, 인증표준물질이 없는 경우는 시료에 첨가한 값으로부터 구한 평균회수율로 표시한다.

⑥ 검출한계(Limit of detection : LOD)

공시료 신호값(Blank signal, background signal)과 통계적으로 유의하게 다른 신호값(Signal)을 나타낼 수 있는 최소의 농도를 의미한다. 이 경우 가장 널리 사용하는 공시료 신호값과의 차이가 공시료 신호값 표준편차의 3배인 경우로 한다.

2. 분석개요

소변 중 뮤콘산, S-페닐머캅토산, 전혈 중 벤젠을 분석하며, 분석장비는 고성능 액체크로마토그래프-자외선검출기(High performance liquid chromatograph-ultraviolet detector, HPLC-UVD), 고성능 액체크로마토그래프-질량분석기(High performance liquid chromatograph-mass spectrometer, HPLC-MS), 헤드스페이스 기체크로마토그래프-불꽃이온화검출기(Headspace gas chromatograph-flame ionization detector, HSGC-FID), 기체크로마토그래프-질량분석검출기(Gas chromatograph-mass selective detector, GC-MSD)를 사용한다.

3. 분석방법

① 소변 중 t,t-뮤콘산(trans,trans-muconic acid)

㉠ 분석원리

벤젠은 체내로 흡수된 후 벤젠 노출량의 1.9%가 t,t-뮤콘산으로 대사되어 소변에서 검출된다. 소변 중 t,t-뮤콘산은 0.25ppm까지의 벤젠 노출을 반영하는 노출 지표로, 자외선 검출기 파장 259nm에서 가장 흡수 강도가 크므로 이 파장에서 t,t-뮤콘산을 검출한다. 소변 시료중의 t,t-뮤콘산을 고상추출(Solid phase extraction) 카트리지로 분리하고 농축하여 HPLC-UVD로 분석한다.

㉡ 시료채취

• 시료채취 시기
  - 소변 시료는 당일 작업종료 2시간 전부터 작업종료 사이에 채취한다.
• 시료채취 요령
  - 채취용기는 밀봉이 가능한 용기를 사용하고, 시료는 10mL 이상 채취한다.
  - 채취한 시료 용기를 밀봉하고 채취 후 5일 이전에 분석하며 4℃(2~8℃)에서 보관한다. 단, 분석까지 보관 기간이 5일 이상 걸리면 시료를 냉동보관용 저온바이알에 옮겨 영하 20℃ 이하에서 보관한다.

② 소변 중 S-페닐머캅토산

㉠ 분석원리

벤젠 노출량의 0.05% 정도가 S-페닐머캅토산으로 대사되어 소변으로 배설된다. S-페닐머캅토산은 t,t-뮤콘산보다 더 민감하고 특이적인 벤젠 노출 지표이다. 소변 중의 S-페닐머캅토산을 고성능 액체크로마토그래프로 분리하고 질량분석기를 사용하여 검출하거나, S-페닐머캅토산을 유기용제로 추출한 후 휘발성 유도체를 만들어 기체크로마토그래프-질량분석검출기로 분석한다.

㉡ 시료의 채취

• 시료채취 시기
  - 소변 시료는 당일 작업종료 2시간 전부터 작업종료 사이에 채취한다.

- 시료채취 요령
  - 채취용기는 밀봉이 가능한 용기를 사용하고, 시료는 10mL 이상 채취한다.
  - 채취한 시료 용기를 밀봉하고 채취 후 5일 이전에 분석하며 4℃(2~8℃)에서 보관한다. 단, 분석까지 보관 기간이 5일 이상 걸리면 시료를 냉동보관용 저온바이알에 옮겨 영하 20℃ 이하에서 보관한다.

③ 혈액 중 벤젠
   ⊙ 분석원리

   벤젠은 체내로 흡수된 후 빠르게 지방 조직으로 이동하여, 혈액에 남아있는 벤젠은 노출 후 10~15분, 40~60분, 16~20시간이 지나면서 반씩 감소한다. 혈액 중의 벤젠은 벤젠 노출을 반영하는 민감한 지표로, 헤드스페이스 기체크로마토그래피법을 이용해 분석한다. 밀폐된 바이알에 시료를 넣고 적당한 온도를 유지하여 액체상과 기체상(헤드스페이스)에 존재하는 벤젠이 상평형(Phase equilibrium)을 이루게 한 후, 헤드스페이스 기체 일정량(보통 1mL)을 기체크로마토그래프에 주입하여 분석한다.

   ⓛ 시료의 채취
   - 시료채취 시기
     - 혈액 시료는 당일 작업종료 2시간 전부터 작업종료 사이에 채취한다.
   - 시료채취 요령
     - 근로자의 정맥혈을 ethylenediaminetetraacetic acid(EDTA) 또는 헤파린 처리된 튜브와 일회용 주사기 또는 진공채혈관을 이용하여 채취한다. 채취 용기는 유리 용기를 사용하고, 시료는 용기의 90% 이상 채취한다.
     - 채취한 시료는 바로 4℃(2~8℃)에서 냉장 보관하고, 채취 후 5일 이내에 분석한다.

05 산업재해보상보험법 시행령에 따른 업무상 호흡기계 질병에 대한 구체적인 인정 기준과 관련하여 (㉠)~(㉤)에 들어갈 질병명을 각각 쓰시오.

> ○ 목재 분진, 곡물 분진, 밀가루, 짐승털의 먼지, 항생물질, 크롬 또는 그 화합물, 톨루엔 디이소시아네이트(Toluene Diisocyanate), 메틸렌 디페닐 디이소시아네이트(Methylene Diphenyl Diisocyanate), 핵산메틸렌 디이소시아네이트(Hexamethylene Diisocyanate) 등 디이소시아네이트, 반응성 염료, 니켈, 코발트, 포름알데히드, 알루미늄, 산무수물(acid anhydride) 등에 노출되어 발생한 (㉠) 또는 작업환경으로 인하여 악화된 (㉠)
> ○ 목재 분진, 짐승털의 먼지, 항생물질 등에 노출되어 발생한 (㉡)
> ○ 아연·구리 등의 금속분진(fume)에 노출되어 발생한 (㉢)
> ○ 장기간·고농도의 석탄·암석 분진, 카드뮴분진 등에 노출되어 발생한 (㉣)
> ○ 망간 또는 그 화합물, 크롬 또는 그 화합물, 카드뮴 또는 그 화합물 등에 노출되어 발생한 (㉤)

해설 ㉠ : 천식
　　 ㉡ : 알레르기성 비염
　　 ㉢ : 금속열
　　 ㉣ : 만성폐쇄성폐질환
　　 ㉤ : 폐렴

🌱 플러스 학습　**업무상 질병에 대한 구체적인 인정 기준**

1. 뇌혈관 질병 또는 심장 질병
   ① 다음 어느 하나에 해당하는 원인으로 뇌실질내출혈(腦實質內出血), 지주막하출혈(蜘蛛膜下出血), 뇌경색, 심근경색증, 해리성 대동맥자루(대동맥 혈관벽의 중막이 내층과 외층으로 찢어져 혹을 형성하는 질병)가 발병한 경우에는 업무상 질병으로 본다. 다만, 자연발생적으로 악화되어 발병한 경우에는 업무상 질병으로 보지 않는다.
   　㉠ 업무와 관련한 돌발적이고 예측 곤란한 정도의 긴장·흥분·공포·놀람 등과 급격한 업무 환경의 변화로 뚜렷한 생리적 변화가 생긴 경우
   　㉡ 업무의 양·시간·강도·책임 및 업무 환경의 변화 등으로 발병 전 단기간 동안 업무상 부담이 증가하여 뇌혈관 또는 심장혈관의 정상적인 기능에 뚜렷한 영향을 줄 수 있는 육체적·정신적인 과로를 유발한 경우
   　㉢ 업무의 양·시간·강도·책임 및 업무 환경의 변화 등에 따른 만성적인 과중한 업무로 뇌혈관 또는 심장혈관의 정상적인 기능에 뚜렷한 영향을 줄 수 있는 육체적·정신적인 부담을 유발한 경우

② ①에 규정되지 않은 뇌혈관 질병 또는 심장 질병의 경우에도 그 질병의 유발 또는 악화가 업무와 상당한 인과관계가 있음이 시간적·의학적으로 명백하면 업무상 질병으로 본다.

③ ① 및 ②에 따른 업무상 질병 인정 여부 결정에 필요한 사항은 고용노동부장관이 정하여 고시한다.

2. 근골격계 질병

① 업무에 종사한 기간과 시간, 업무의 양과 강도, 업무수행 자세와 속도, 업무수행 장소의 구조 등이 근골격계에 부담을 주는 업무(이하 "신체부담업무")로서 다음 어느 하나에 해당하는 업무에 종사한 경력이 있는 근로자의 팔·다리 또는 허리 부분에 근골격계 질병이 발생하거나 악화된 경우에는 업무상 질병으로 본다. 다만, 업무와 관련이 없는 다른 원인으로 발병한 경우에는 업무상 질병으로 보지 않는다.

㉠ 반복 동작이 많은 업무

㉡ 무리한 힘을 가해야 하는 업무

㉢ 부적절한 자세를 유지하는 업무

㉣ 진동 작업

㉤ 그 밖에 특정 신체 부위에 부담되는 상태에서 하는 업무

② 신체부담업무로 인하여 기존 질병이 악화되었음이 의학적으로 인정되면 업무상 질병으로 본다.

③ 신체부담업무로 인하여 연령 증가에 따른 자연경과적 변화가 더욱 빠르게 진행된 것이 의학적으로 인정되면 업무상 질병으로 본다.

④ 신체부담업무의 수행 과정에서 발생한 일시적인 급격한 힘의 작용으로 근골격계 질병이 발병하면 업무상 질병으로 본다.

⑤ 신체부위별 근골격계 질병의 범위, 신체부담업무의 기준, 그 밖에 근골격계 질병의 업무상 질병 인정 여부 결정에 필요한 사항은 고용노동부장관이 정하여 고시한다.

3. 호흡기계 질병

① 석면에 노출되어 발생한 석면폐증

② 목재 분진, 곡물 분진, 밀가루, 짐승털의 먼지, 항생물질, 크롬 또는 그 화합물, 톨루엔 디이소시아네이트(Toluene Diisocyanate), 메틸렌 디페닐 디이소시아네이트(Methylene Diphenyl Diisocyanate), 핵산메틸렌 디이소시아네이트(Hexamethylene Diisocyanate) 등 디이소시아네이트, 반응성 염료, 니켈, 코발트, 포름알데히드, 알루미늄, 산무수물(acid anhydride) 등에 노출되어 발생한 천식 또는 작업환경으로 인하여 악화된 천식

③ 디이소시아네이트, 염소, 염화수소, 염산 등에 노출되어 발생한 반응성 기도과민증후군

④ 디이소시아네이트, 에폭시수지, 산무수물 등에 노출되어 발생한 과민성 폐렴

⑤ 목재 분진, 짐승털의 먼지, 항생물질 등에 노출되어 발생한 알레르기성 비염

⑥ 아연·구리 등의 금속분진(fume)에 노출되어 발생한 금속열

⑦ 장기간·고농도의 석탄·암석 분진, 카드뮴분진 등에 노출되어 발생한 만성폐쇄성폐질환

⑧ 망간 또는 그 화합물, 크롬 또는 그 화합물, 카드뮴 또는 그 화합물 등에 노출되어 발생한 폐렴

⑨ 크롬 또는 그 화합물에 2년 이상 노출되어 발생한 코사이벽 궤양·천공

⑩ 불소수지·아크릴수지 등 합성수지의 열분해 생성물 또는 아황산가스 등에 노출되어 발생한 기도점막 염증 등 호흡기 질병

⑪ 톨루엔·크실렌·스티렌·시클로헥산·노말헥산·트리클로로에틸렌 등 유기용제에 노출되어 발생한 비염. 다만, 그 물질에 노출되는 업무에 종사하지 않게 된 후 3개월이 지나지 않은 경우만 해당한다.

4. 신경정신계 질병

① 톨루엔·크실렌·스티렌·시클로헥산·노말헥산·트리클로로에틸렌 등 유기용제에 노출되어 발생한 중추신경계장해. 다만, 외상성 뇌손상, 뇌전증, 알코올중독, 약물중독, 동맥경화증 등 다른 원인으로 발생한 질병은 제외한다.

② 다음 어느 하나에 해당하는 말초신경병증

㉠ 톨루엔·크실렌·스티렌·시클로헥산·노말헥산·트리클로로에틸렌 및 메틸 n-부틸 케톤 등 유기용제, 아크릴아미드, 비소 등에 노출되어 발생한 말초신경병증. 다만, 당뇨병, 알코올중독, 척추손상, 신경포착 등 다른 원인으로 발생한 질병은 제외한다.

㉡ 트리클로로에틸렌에 노출되어 발생한 세갈래신경마비. 다만, 그 물질에 노출되는 업무에 종사하지 않게 된 후 3개월이 지나지 않은 경우만 해당하며, 바이러스 감염, 종양 등 다른 원인으로 발생한 질병은 제외한다.

㉢ 카드뮴 또는 그 화합물에 2년 이상 노출되어 발생한 후각신경마비

③ 납 또는 그 화합물(유기납은 제외)에 노출되어 발생한 중추신경계장해, 말초신경병증 또는 폄근마비

④ 수은 또는 그 화합물에 노출되어 발생한 중추신경계장해 또는 말초신경병증. 다만, 전신마비, 알코올중독 등 다른 원인으로 발생한 질병은 제외한다.

⑤ 망간 또는 그 화합물에 2개월 이상 노출되어 발생한 파킨슨증, 근육긴장이상(dystonia) 또는 망간정신병. 다만, 뇌혈관장해, 뇌염 또는 그 후유증, 다발성 경화증, 윌슨병, 척수·소뇌 변성증, 뇌매독으로 인한 말초신경염 등 다른 원인으로 발생한 질병은 제외한다.

⑥ 업무와 관련하여 정신적 충격을 유발할 수 있는 사건에 의해 발생한 외상후스트레스장애

⑦ 업무와 관련하여 고객 등으로부터 폭력 또는 폭언 등 정신적 충격을 유발할 수 있는 사건 또는 이와 직접 관련된 스트레스로 인하여 발생한 적응장애 또는 우울병 에피소드

5. 림프조혈기계 질병

① 벤젠에 노출되어 발생한 다음 어느 하나에 해당하는 질병

㉠ 빈혈, 백혈구감소증, 혈소판감소증, 범혈구감소증. 다만, 소화기 질병, 철결핍성 빈혈 등 영양부족, 만성소모성 질병 등 다른 원인으로 발생한 질병은 제외한다.

㉡ 0.5피피엠(ppm) 이상 농도의 벤젠에 노출된 후 6개월 이상 경과하여 발생한 골수형성이상증후군, 무형성(無形成) 빈혈, 골수증식성 질환(골수섬유증, 진성적혈구증다증 등)

② 납 또는 그 화합물(유기납은 제외)에 노출되어 발생한 빈혈. 다만, 철결핍성 빈혈 등 다른 원인으로 발생한 질병은 제외한다.

6. 피부 질병
① 검댕, 광물유, 옻, 시멘트, 타르, 크롬 또는 그 화합물, 벤젠, 디이소시아네이트, 톨루엔·크실렌·스티렌·시클로헥산·노말헥산·트리클로로에틸렌 등 유기용제, 유리섬유·대마 등 피부에 기계적 자극을 주는 물질, 자극성·알레르겐·광독성·광알레르겐 성분을 포함하는 물질, 자외선 등에 노출되어 발생한 접촉피부염. 다만, 그 물질 또는 자외선에 노출되는 업무에 종사하지 않게 된 후 3개월이 지나지 않은 경우만 해당한다.
② 페놀류·하이드로퀴논류 물질, 타르에 노출되어 발생한 백반증
③ 트리클로로에틸렌에 노출되어 발생한 다형홍반(多形紅斑), 스티븐스존슨 증후군. 다만, 그 물질에 노출되는 업무에 종사하지 않게 된 후 3개월이 지나지 않은 경우만 해당하며 약물, 감염, 후천성면역결핍증, 악성 종양 등 다른 원인으로 발생한 질병은 제외한다.
④ 염화수소·염산·불화수소·불산 등의 산 또는 염기에 노출되어 발생한 화학적 화상
⑤ 타르에 노출되어 발생한 염소여드름, 국소 모세혈관 확장증 또는 사마귀
⑥ 덥고 뜨거운 장소에서 하는 업무 또는 고열물체를 취급하는 업무로 발생한 땀띠 또는 화상
⑦ 춥고 차가운 장소에서 하는 업무 또는 저온물체를 취급하는 업무로 발생한 동창(凍瘡) 또는 동상
⑧ 햇빛에 노출되는 옥외작업으로 발생한 일광화상, 만성 광선피부염 또는 광선각화증(光線角化症)
⑨ 전리방사선(물질을 통과할 때 이온화를 일으키는 방사선)에 노출되어 발생한 피부궤양 또는 방사선피부염
⑩ 작업 중 피부손상에 따른 세균감염으로 발생한 연조직염
⑪ 세균·바이러스·곰팡이·기생충 등을 직접 취급하거나, 이에 오염된 물질을 취급하는 업무로 발생한 감염성 피부 질병

7. 눈 또는 귀 질병
① 자외선에 노출되어 발생한 피질 백내장 또는 각막변성
② 적외선에 노출되어 발생한 망막화상 또는 백내장
③ 레이저광선에 노출되어 발생한 망막박리·출혈·천공 등 기계적 손상 또는 망막화상 등 열 손상
④ 마이크로파에 노출되어 발생한 백내장
⑤ 타르에 노출되어 발생한 각막위축증 또는 각막궤양
⑥ 크롬 또는 그 화합물에 노출되어 발생한 결막염 또는 결막궤양
⑦ 톨루엔·크실렌·스티렌·시클로헥산·노말헥산·트리클로로에틸렌 등 유기용제에 노출되어 발생한 각막염 또는 결막염 등 점막자극성 질병. 다만, 그 물질에 노출되는 업무에 종사하지 않게 된 후 3개월이 지나지 않은 경우만 해당한다.
⑧ 디이소시아네이트에 노출되어 발생한 각막염 또는 결막염
⑨ 불소수지·아크릴수지 등 합성수지의 열분해 생성물 또는 아황산가스 등에 노출되어 발생한 각막염 또는 결막염 등 점막자극성 질병

⑩ 소음성 난청

85데시벨[dB(A)] 이상의 연속음에 3년 이상 노출되어 한 귀의 청력손실이 40데시벨 이상으로, 다음 요건 모두를 충족하는 감각신경성 난청. 다만, 내이염, 약물중독, 열성 질병, 메니에르증후군, 매독, 머리 외상, 돌발성 난청, 유전성 난청, 가족성 난청, 노인성 난청 또는 재해성 폭발음 등 다른 원인으로 발생한 난청은 제외한다.

㉠ 고막 또는 중이에 뚜렷한 손상이나 다른 원인에 의한 변화가 없을 것

㉡ 순음청력검사결과 기도청력역치(氣導請力閾値)와 골도청력역치(骨導請力閾値) 사이에 뚜렷한 차이가 없어야 하며, 청력장해가 저음역보다 고음역에서 클 것. 이 경우 난청의 측정방법은 다음과 같다.

ⓐ 24시간 이상 소음작업을 중단한 후 ISO 기준으로 보정된 순음청력계기를 사용하여 청력검사를 하여야 하며, 500헤르츠(Hz)(a)·1,000헤르츠(b)·2,000헤르츠(c) 및 4,000헤르츠(d)의 주파수음에 대한 기도청력역치를 측정하여 6분법[(a+2b+2c+d)/6]으로 판정한다. 이 경우 난청에 대한 검사항목 및 검사를 담당할 의료기관의 인력·시설 기준은 공단이 정한다.

ⓑ 순음청력검사는 의사의 판단에 따라 48시간 이상 간격으로 3회 이상(음향외상성 난청의 경우에는 요양이 끝난 후 30일 간격으로 3회 이상) 실시하여 해당 검사에 의미 있는 차이가 없는 경우에는 그 중 최소가청역치를 청력장해로 인정하되, 순음청력검사의 결과가 다음의 요건을 모두 충족하지 않는 경우에는 1개월 후 재검사를 한다. 다만, 다음의 요건을 충족하지 못하는 경우라도 청성뇌간반응검사(소리자극을 들려주고 그에 대한 청각계로부터의 전기반응을 두피에 위치한 전극을 통해 기록하는 검사), 어음청력검사(일상적인 의사소통 과정에서 흔히 사용되는 어음을 사용하여 언어의 청취능력과 이해의 정도를 파악하는 검사) 또는 임피던스청력검사[외이도(外耳道)를 밀폐한 상태에서 외이도 내의 압력을 변화시키면서 특정 주파수와 강도의 음향을 줄 때 고막에서 반사되는 음향 에너지를 측정하여 중이강(中耳腔)의 상태를 간접적으로 평가하는 검사] 등의 결과를 종합적으로 고려하여 순음청력검사의 최소가청역치를 신뢰할 수 있다는 의학적 소견이 있으면 재검사를 생략할 수 있다.

• 기도청력역치와 골도청력역치의 차이가 각 주파수마다 10데시벨 이내일 것
• 반복검사 간 청력역치의 최대치와 최소치의 차이가 각 주파수마다 10데시벨 이내일 것
• 순응청력도상 어음역(語音域) 500헤르츠, 1,000헤르츠, 2,000헤르츠에서의 주파수 간 역치 변동이 20데시벨 이내이면 순음청력역치의 3분법 평균치와 어음청취역치의 차이가 10데시벨 이내일 것

8. 간 질병

① 트리클로로에틸렌, 디메틸포름아미드 등에 노출되어 발생한 독성 간염. 다만, 그 물질에 노출되는 업무에 종사하지 않게 된 후 3개월이 지나지 않은 경우만 해당하며, 약물, 알코올, 과체중, 당뇨병 등 다른 원인으로 발생하거나 다른 질병이 원인이 되어 발생한 간 질병은 제외한다.

② 염화비닐에 노출되어 발생한 간경변

③ 업무상 사고나 유해물질로 인한 업무상 질병의 후유증 또는 치료가 원인이 되어 기존의 간 질병이 자연적 경과 속도 이상으로 악화된 것이 의학적으로 인정되는 경우

9. 감염성 질병

① 보건의료 및 집단수용시설 종사자에게 발생한 다음의 어느 하나에 해당하는 질병

   ㉠ B형 간염, C형 간염, 매독, 후천성면역결핍증 등 혈액전파성 질병

   ㉡ 결핵, 풍진, 홍역, 인플루엔자 등 공기전파성 질병

   ㉢ A형 간염 등 그 밖의 감염성 질병

② 습한 곳에서의 업무로 발생한 랩토스피라증

③ 옥외작업으로 발생한 쯔쯔가무시증 또는 신증후군 출혈열

④ 동물 또는 그 사체, 짐승의 털·가죽, 그 밖의 동물성 물체, 넝마, 고물 등을 취급하여 발생한 탄저, 단독(erysipelas) 또는 브루셀라증

⑤ 말라리아가 유행하는 지역에서 야외활동이 많은 직업 종사자 또는 업무수행자에게 발생한 말라리아

⑥ 오염된 냉각수 등으로 발생한 레지오넬라증

⑦ 실험실 근무자 등 병원체를 직접 취급하거나, 이에 오염된 물질을 취급하는 업무로 발생한 감염성 질병

10. 직업성 암

① 석면에 노출되어 발생한 폐암, 후두암으로 다음의 어느 하나에 해당하며 10년 이상 노출되어 발생한 경우

   ㉠ 가슴막반(흉막반) 또는 미만성 가슴막비후와 동반된 경우

   ㉡ 조직검사 결과 석면소체 또는 석면섬유가 충분히 발견된 경우

② 석면폐증과 동반된 폐암, 후두암, 악성중피종

③ 직업적으로 석면에 노출된 후 10년 이상 경과하여 발생한 악성중피종

④ 석면에 10년 이상 노출되어 발생한 난소암

⑤ 니켈 화합물에 노출되어 발생한 폐암 또는 코안·코곁굴[부비동(副鼻洞)]암

⑥ 콜타르 찌꺼기(coal tar pitch, 10년 이상 노출된 경우에 해당), 라돈-222 또는 그 붕괴물질(지하 등 환기가 잘 되지 않는 장소에서 노출된 경우에 해당), 카드뮴 또는 그 화합물, 베릴륨 또는 그 화학물, 6가 크롬 또는 그 화합물 및 결정형 유리규산에 노출되어 발생한 폐암

⑦ 검댕에 노출되어 발생한 폐암 또는 피부암

⑧ 콜타르(10년 이상 노출된 경우에 해당), 정제되지 않은 광물유에 노출되어 발생한 피부암

⑨ 비소 또는 그 무기화합물에 노출되어 발생한 폐암, 방광암 또는 피부암

⑩ 스프레이나 이와 유사한 형태의 도장 업무에 종사하여 발생한 폐암 또는 방광암

⑪ 벤지딘, 베타나프틸아민에 노출되어 발생한 방광암

⑫ 목재 분진에 노출되어 발생한 비인두암 또는 코안·코곁굴암

⑬ 0.5피피엠 이상 농도의 벤젠에 노출된 후 6개월 이상 경과하여 발생한 급성·만성 골수성 백혈병, 급성·만성 림프구성 백혈병

⑭ 0.5피피엠 이상 농도의 벤젠에 노출된 후 10년 이상 경과하여 발생한 다발성골수종, 비호지킨림프종. 다만, 노출기간이 10년 미만이라도 누적노출량이 10피피엠·년 이상이거나 과거에 노출되었던 기록이 불분명하여 현재의 노출농도를 기준으로 10년 이상 누적노출량이 0.5피피엠·년 이상이면 업무상 질병으로 본다.

⑮ 포름알데히드에 노출되어 발생한 백혈병 도는 비인두암

⑯ 1,3–부타디엔에 노출되어 발생한 백혈병

⑰ 산화에틸렌에 노출되어 발생한 림프구성 백혈병

⑱ 염화비닐에 노출되어 발생한 간혈관육종(4년 이상 노출된 경우에 해당) 또는 간세포암

⑲ 보건의료업에 종사하거나 혈액을 취급하는 업무를 수행하는 과정에서 B형 또는 C형 간염바이러스에 노출되어 발생한 간암

⑳ 엑스(X)선 또는 감마(γ)선 등의 전리방사선에 노출되어 발생한 침샘암, 식도암, 위암, 대장암, 폐암, 뼈암, 피부의 기저세포암, 유방암, 신장암, 방광암, 뇌 및 중추신경계암, 갑상선암, 급성 림프구성 백혈병 및 급성·만성 골수성 백혈병

11. 급성 중독 등 화학적 요인에 의한 질병

① 급성 중독

㉠ 일시적으로 다량의 염화비닐·유기주석·메틸브로마이드·일산화탄소에 노출되어 발생한 중추신경계장해 등의 급성 중독 증상 또는 소견

㉡ 납 또는 그 화합물(유기납은 제외)에 노출되어 발생한 납 창백, 복부 산통, 관절통 등의 급성 중독 증상 또는 소견

㉢ 일시적으로 다량의 수은 또는 그 화합물(유기수은은 제외)에 노출되어 발생한 한기, 고열, 치조농루, 설사, 단백뇨 등 급성 중독 증상 또는 소견

㉣ 일시적으로 다량의 크롬 또는 그 화합물에 노출되어 발생한 세뇨관 기능 손상, 급성 세뇨관 괴사, 급성 신부전 등 급성 중독 증상 또는 소견

㉤ 일시적으로 다량의 벤젠에 노출되어 발생한 두통, 현기증, 구역, 구토, 흉부 압박감, 흥분상태, 경련, 급성 기질성 뇌증후군, 혼수상태 등 급성 중독 증상 또는 소견

㉥ 일시적으로 다량의 톨루엔·크실렌·스티렌·시클로헥산·노말헥산·트리클로로에틸렌 등 유기용제에 노출되어 발생한 의식장해, 경련, 급성 기질성 뇌증후군, 부정맥 등 급성 중독 증상 또는 소견

㉦ 이산화질소에 노출되어 발생한 점막자극 증상, 메트헤모글로빈혈증, 청색증, 두근거림, 호흡곤란 등의 급성 중독 증상 또는 소견

㉧ 황화수소에 노출되어 발생한 의식소실, 무호흡, 폐부종, 후각신경마비 등 급성 중독 증상 또는 소견

㉨ 시안화수소 또는 그 화합물에 노출되어 발생한 점막자극 증상, 호흡곤란, 두통, 구역, 구토 등 급성 중독 증상 또는 소견

㉩ 불화수소·불산에 노출되어 발생한 점막자극 증상, 화학적 화상, 청색증, 호흡곤란, 폐수종, 부정맥 등 급성 중독 증상 또는 소견

ⓖ 인 또는 그 화합물에 노출되어 발생한 피부궤양, 점막자극 증상, 경련, 폐부종, 중추 신경계장해, 자율신경계장해 등 급성 중독 증상 또는 소견

ⓔ 일시적으로 다량의 카드뮴 또는 그 화합물에 노출되어 발생한 급성 위장관계 질병

② 염화비닐에 노출되어 발생한 말단뼈 용해(acro-osteolysis), 레이노 현상 또는 피부경화증

③ 납 또는 그 화합물(유기납은 제외한)에 노출되어 발생한 만성 신부전 또는 혈중 납농도가 혈액 100밀리리터(ml) 중 40마이크로그램(μg) 이상 검출되면서 나타나는 납중독의 증상 또는 소견. 다만, 혈중 납농도가 40마이크로그램 미만으로 나타나는 경우에는 이와 관련 된 검사(소변 중 납농도, ZPP, δ-ALA 등) 결과를 참고한다.

④ 수은 또는 그 화합물(유기수은은 제외한)에 노출되어 발생한 궤양성 구내염, 과다한 타액분 비, 잇몸염, 잇몸고름집 등 구강 질병이나 사구체신장염 등 신장 손상 또는 수정체 전낭 (前囊)의 적회색 침착

⑤ 크롬 또는 그 화합물에 노출되어 발생한 구강점막 질병 또는 치아뿌리(치근)막염

⑥ 카드뮴 또는 그 화합물에 2년 이상 노출되어 발생한 세뇨관성 신장질병 또는 뼈연화증

⑦ 톨루엔·크실렌·스티렌·시클로헥산·노말헥산·트리클로로에틸렌 등 유기용제에 노 출되어 발생한 급성 세뇨관괴사, 만성 신부전 또는 전신경화증(systemic sclerosis, 트리 클로로에틸렌을 제외한 유기용제에 노출된 경우에 해당). 다만, 고혈압, 당뇨병 등 다른 원인으로 발생한 질병은 제외한다.

⑧ 이황화탄소에 노출되어 발생한 다음 어느 하나에 해당하는 증상 또는 소견

ⓖ 10피피엠 내외의 이황화탄소에 노출되는 업무에 2년 이상 종사한 경우

ⓐ 망막의 미세혈관류, 다발성 뇌경색증, 신장 조직검사상 모세관 사이에 발생한 사 구체경화증 중 어느 하나가 있는 경우. 다만, 당뇨병, 고혈압, 혈관장해 등 다른 원인으로 인한 질병은 제외한다.

ⓑ 미세혈관류를 제외한 망막병변, 다발성 말초신경병증, 시신경염, 관상동맥성 심장 질병, 중추신경계장해, 정신장해 중 두 가지 이상이 있는 경우. 다만, 당뇨병, 고혈 압, 혈관장해 등 다른 원인으로 인한 질병은 제외한다.

ⓒ ⓑ의 소견 중 어느 하나와 신장장해, 간장장해, 조혈기계장해, 생식기계장해, 감각 신경성 난청, 고혈압 중 하나 이상의 증상 또는 소견이 있는 경우

ⓛ 20피피엠 이상의 이황화탄소에 2주 이상 노출되어 갑작스럽게 발생한 의식장해, 급 성 기질성 뇌증후군, 정신분열증, 양극성 장애(조울증) 등 정신장해

ⓒ 다량 또는 고농도 이황화탄소에 노출되어 나타나는 의식장해 등 급성 중독 소견

12. 물리적 요인에 의한 질병

① 고기압 또는 저기압에 노출되어 발생한 다음 어느 하나에 해당되는 증상 또는 소견

ⓖ 폐, 중이(中耳), 부비강(副鼻腔) 또는 치아 등에 발생한 압착증

ⓛ 물안경, 안전모 등과 같은 잠수기기로 인한 압착증

ⓒ 질소마취 현상, 중추신경계 산소 독성으로 발생한 건강장해

ⓔ 피부, 근골격계, 호흡기, 중추신경계 또는 속귀 등에 발생한 감압병(잠수병)

    ⑩ 뇌동맥 또는 관상동맥에 발생한 공기색전증(기포가 동맥이나 정맥을 따라 순환하다
       가 혈관을 막는 것)

    ⓑ 공기가슴증, 혈액공기가슴증, 가슴세로칸(종격동), 심장막 또는 피하기종

    ⓢ 등이나 복부의 통증 또는 극심한 피로감

  ② 높은 압력에 노출되는 업무 환경에 2개월 이상 종사하고 있거나 그 업무에 종사하지 않
    게 된 후 5년 전후에 나타나는 무혈성 뼈 괴사의 만성장해. 다만, 만성 알코올중독, 매독,
    당뇨병, 간경변, 간염, 류머티스 관절염, 고지혈증, 혈소판감소증, 통풍, 레이노 현상, 결절
    성 다발성 동맥염, 알캅톤뇨증(알캅톤을 소변으로 배출시키는 대사장애 질환) 등 다른 원
    인으로 발생한 질병은 제외한다.

  ③ 공기 중 산소농도가 부족한 장소에서 발생한 산소결핍증

  ④ 진동에 노출되는 부위에 발생하는 레이노 현상, 말초순환장해, 말초신경장해, 운동기능
    장해

  ⑤ 전리방사선에 노출되어 발생한 급성 방사선증, 백내장 등 방사선 눈질병, 방사선 폐렴,
    무형성 빈혈 등 조혈기 질병, 뼈 괴사 등

  ⑥ 덥고 뜨거운 장소에서 하는 업무로 발생한 일사병 또는 열사병

  ⑦ 춥고 차가운 장소에서 하는 업무로 발생한 저체온증

13. 1.부터 12.까지에서 규정된 발병요건을 충족하지 못하였거나, 1.부터 12.까지에서 규정된
    질병이 아니더라도 근로자의 질병과 업무와의 상당인과관계(相當因果關係)가 인정되는 경
    우에는 해당 질병을 업무상 질병으로 본다.

※ 다음 논술형 2문제를 모두 답하시오. (각 25점)

06 작업장에서의 소음측정 및 평가방법(KOSHA GUIDE W-23-2016)에 따라 소음이 노출되는 사업장에 작업조건 및 기기설정이 아래와 같을 때 측정 시간 및 미측정 시간을 활용하여 다음 물음의 측정결과를 설명하시오.

> ○ 작업조건으로 근무시간은 9시부터 18시, 점심시간은 12시부터 13시까지인 사업장에서 최고 노출근로자를 대상으로 누적소음노출량측정기를 이용하여 오전 9시부터 점심시간 1시간을 포함하여 총 7시간 10분을 측정하였고 측정하지 않은 1시간 50분 동안 동일 소음수준이 발생
> ○ 기기설정은 청감보정회로는 A특성, 지시침 동작은 느린(Slow), Criteria 90dB, Exchange rate 5dB, Threshold 80dB

(1) Lavg 82.5dB(A)

(2) TWA 81.7dB(A)

(3) Dose 31%

(4) Est Dose 35%

(5) 점심시간(1시간)을 제외한 실제 노출소음수준의 계산식

─────────────────────────────────────

해설 (1) Lavg dB(A) 82.5
7시간 10분 동안 80dB 이상의 평균 노출 소음수준을 말하며, 산출근거는 아래 계산식
※ 미측정 1시간 50분 동안 동일 소음수준이 발생하는 조건
Lavg 82.5dB(A) = 90 + 16.61 × log(31/12.5 × 7.17)

(2) TWA dB(A) 81.7
미측정 1시간 50분 동안 소음수준이 0이라고 계산한 8시간 평균 소음수준을 말하며, 산출근거는 아래 계산식
※ 현 사업장은 측정하지 않은 1시간 50분의 소음수준이 동일하다고 가정했으므로 적용 불가
TWA 81.7dB(A) = 90 + 16.61 × log(31/12.5 × 8)

(3) Dose % 31
측정시간 7시간 10분 동안의 평균 소음수준에 대한 누적노출량

(4) Est Dose % 35
미측정시간 1시간 50분 동안에도 동일하게 유지된다는 가정에서 역치(threshold)값이 80dB(A) 이상의 8시간 누적 노출량

(5) 점심시간(1시간)을 제외한 실제 노출소음수준의 계산식
측정하지 않은 시간 동안 소음수준이 동일하므로 홍길동 근로자의 8시간 TWA는 등가소음레벨(Lavg)인 82.5dB(A)이다. 그러나, 점심시간이 포함된 값으로서 점심시간(1시간)을 제외하여 아래의 계산식에 따라 실제 노출소음수준은 83.4dB(A)임
Lavg 83.4dB(A) = 90 + 16.61 × log(31/12.5 × 6.16)

플러스 학습 **작업장에서의 소음측정 및 평가방법**

1. 용어

(1) 소음작업

　　1일 8시간 작업을 기준으로 85데시벨 이상의 소음이 발생하는 작업을 말한다.

(2) 지시소음계

　　소음계의 일종으로서, 마이크로폰으로 수용한 소음을 증폭(增幅)하여 계기에 직접 폰 또는 데시벨 눈금으로 지시하는 소음계를 말한다.

(3) 누적소음 노출량 측정기

　　작업자가 여러 작업장소를 이동하면서 작업하는 경우, 근로자에게 직접 부착하여 작업시간(8시간) 동안 작업자가 노출되는 소음 노출량을 측정하는 기계를 말한다.

2. 소음측정의 기본개념

(1) 소음은 데시벨(dB)로 측정된다. dB(A)는 40Phon의 등감곡선과 비슷하게 주파수에 따른 반응을 보정하여 측정한 값이며, dB(C)는 100Phon의 등감곡선과 비슷하게 주파수에 따른 반응을 보정하여 측정한 값으로 A특성은 귀의 응답특성과 가깝다.

(2) 사람 귀의 작동 원리에 따라 소음 수준이 3dB씩 올라갈 때마다 소음은 2배 증가한다. 따라서 수치상 적게 변화했을지 몰라도 실제 소음변화는 상당할 수 있다.

(3) 소음 노출의 위험성을 식별 및 평가하기 위해서는 소음측정을 시행하여야 한다. 이는 신중히 계획하여 전문가들이 적합한 시간 간격을 두고 시행하여야 한다.

(4) 소음 측정은 건물 보수나 새로운 기계 또는 기술(작업 공정)의 도입으로 인하여 음향 환경에 변경사항이 발생할 때마다 시행하여야 한다.

(5) 사용할 측정장비는 적합하고 신뢰할 수 있어야 하며, 소음계는 사용할 때마다 매번 교정해야 한다.

(6) 측정자는 필요한 전문지식 및 경험을 갖추어야 한다.

3. 소음기기 및 사용기준

(1) 소음기기의 종류

① 지시소음계

　　㉠ 소음계는 사업장에서 쉽게 소음노출 정도를 파악하는데 사용된다.

　　㉡ 소음계는 마이크로폰, 증폭기, 주파수 반응회로, 지시계로 구성되어 있다.

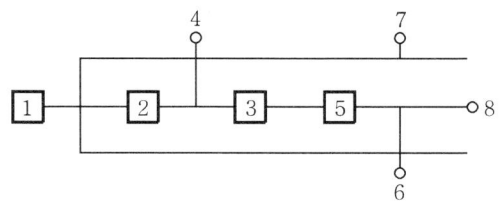

‖ **소음계의 구성도** ‖

1. 마이크로폰
2. 레벨렌지 변환기
3. 증폭기
4. 교정장치
5. 청감보정회로
6. 동특성 조절기
7. 출력단자(간이소음계 제외)
8. 지시계기

ⓒ 마이크로폰은 음압변동을 전기적 신호로 변환시키며, 기기의 본체와 분리가 가능
하여야 한다.

ⓔ 증폭기에서 전기적 신호를 증폭하면 주파수 반응회로장치에서 A, B, C의 특성에
따른 청감 보정을 한다.

ⓜ 그 다음 다시 증폭기에서 각각의 전기적 신호를 증폭하여 정류기에서 전기신호를
직류로 변화시켜 지시계에서 수치로 나타낸다.

ⓗ 소음계를 사용하는 경우는 다음과 같다.
- 누적소음노출량 측정을 하기 전에 작업장소의 예비조사를 위해
- 누적소음노출량 측정계를 사용할 수 없을 때
- 소음개선을 위해 소음원을 평가할 때
- 소음감소대책의 효과를 측정할 때
- 청력보호구의 감쇄 효과를 평가할 때

② 적분형 소음계(누적소음노출량 측정기)

㉠ 작업장소를 이동하면서 일하는 근로자에게 부착해 소음 노출량을 측정한다.

㉡ 측정위치는 작업자의 청각영역에서 측정한다. 청각영역이란 귀를 중심으로 반경
30cm 반구로 정의하며, 만약 양쪽 귀의 소음수준이 다를 땐 높은 쪽에서 측정한다.

㉢ 등가소음레벨(Leq)을 측정한다. 등가소음레벨이란 소음레벨이 시간과 더불어 변
화할 때 측정시간 내에 발생된 변동소음의 총에너지를 연속된 정상소음의 에너지
로 등가하여 얻어진 소음레벨을 의미한다.

$$\text{Leq } T = 10\log\left[\frac{1}{t_2 - t_1}\int_1^2 \frac{P_A{}^2(t)}{P_0{}^2}dt\right]$$

여기서, T : 실측시간 $t_2 - t_1$
$P_A(t)$: A 특성음압
P_0 : 기준음압

㉣ 적분소음계가 없어 보통소음계로 측정한 경우에는 다음 식에 의해 Leq 값을 구할
수 있다.

$$\text{Leq[dB(A)]} = 16.61\log\frac{n_1\times 10^{\frac{LA_1}{16.61}} + n_2\times 10^{\frac{LA_2}{16.61}} + \cdots + n_N\times 10^{\frac{LA_N}{16.61}}}{\text{각 소음레벨측정치의 발생시간 합}}$$

여기서, LA : 각 소음레벨의 측정치[dB(A)]
n : 각 소음레벨측정치의 발생시간(분)

㉤ 평가방법은 6시간 이상 연속 등가 소음도를 측정하거나 1시간 간격으로 6회 이상
측정해 시간가중 평균하여 노출기준과 비교한다.

(2) 소음기 교정 및 관리

① 보정은 소음을 정확하게 측정하기 위해 측정 전과 측정 후에 실시한다.

② 보관은 충격, 진동을 주지 않고 고온, 다습한 장소에서의 보관은 피하도록 한다. 쓰레기, 먼지가 마이크의 진동판에 붙어 감도에 영향을 주므로 사용하지 않을 때는 케이스에 보관한다.

4. 소음수준의 평가
  (1) 지시소음계에 의한 평가
    ① 1일 작업시간 동안 1시간 간격으로 6회 이상 소음수준을 측정한 경우에는 이를 평균하여 8시간 작업 시의 평균 소음수준을 나타낸다.
    ② 소음 발생 특성이 연속음으로서 측정치 변동이 없다고 판단하여 1시간 동안 등간격으로 3회 이상 측정한 경우에는 이를 평균하여 8시간 작업 시의 평균 소음수준을 나타낸다.
    ③ 소음 발생시간이 6시간 이내인 경우나 소음원에서 발생하는 시간이 간헐적인 경우에는 발생시간 동안 연속 측정하거나 등간격으로 4회 이상 측정한 경우에는 이를 평균하여 그 기간의 평균 소음수준으로 한다.
    ④ 방향음에 대한 영향을 배제하기 위하여 측정 시 실내소음도는 실내에 고르게 분포하는 4개 이상의 측정점을 선정하여 동시에 측정하되, 마이크로폰 높이는 바닥으로부터 1.2~1.5미터, 벽면 등(높이가 0.5미터 이상인 가구 등이 있는 경우에는 그 면으로부터)으로부터는 0.5미터, 마이크로폰 사이는 0.7미터 이상 이격하여 측정한다.
  (2) 누적소음노출량 측정기에 의한 평가
    ① 누적소음노출량 측정기(Noise Dosimeter)는 ANSI S1-25-1978 규격에 적합한 것을 사용하며 작업자의 이동성이 크거나 소음의 강도가 불규칙적으로 변동하는 소음의 측정에 이용한다.
    ② 1일 작업시간 동안 6시간 이상 연속 측정하거나 소음발생시간이 6시간 이내인 경우나 발생시간이 간헐적인 경우에는 발생시간동안 연속 측정한다.
    ③ 측정결과는 작업시간 동안 노출되는 소음의 총량을 Dose(%)로 나타내는 것도 있고 노출기준을 초과했는가를 비교할 수 있도록 dB(A)로 표시하는 것도 있다.
    ④ 측정위치는 마이크로폰을 작업자의 청각영역 내의 옷깃에 부착시키며 마이크로폰을 보호구나 의복 등으로 차단시키지 않도록 한다.
    ⑤ 부착 시 작업자에게 소음기를 때어낼 시간과 장소를 알려주며 임의로 떼거나 조작해서는 안 된다는 것을 사전에 충분히 주지시킨다.
    ⑥ 소음계의 청감보정회로는 A특성으로 한다.
    ⑦ 소음계의 지시침의 동작은 느린(Slow) 상태로 한다.
    ⑧ 역치(Threshold)는 누적소음노출량 측정기가 측정치를 적분하기 시작하는 A특성 소음치의 하한치를 의미한다.
      ㉠ 역치(Threshold)가 80dB란 의미는 80dB 이상의 소음수준만을 누적하여 측정한다는 의미가 된다.
      ㉡ 작업자가 80dB 미만의 장소에서만 작업을 하였다면 그때의 소음수준은 측정되지 않는다. 국내와 미국 OSHA에서는 80dB이고, ISO에서는 75dB를 정하고 있다.

⑨ 교환율(Exchange Rate)은 소음수준이 어느 정도 증가할 때마다 노출 시간을 절반으로 감소시킬 것인가를 의미한다.

- 등가에너지 법칙에 의해 음압이 2배가 되면 3dB이 증가하지만 인체에 미치는 영향은 5dB 증가 시 2배가 된다는 조사 결과를 반영해 국내와 미국 OSHA에서는 5dB이고, ISO, 미국 NIOSH, EPA에서는 3dB를 정하고 있다.

⑩ 소음이 불규칙적으로 변동하는 소음 등을 누적소음노출량 측정기로 측정하여 노출량으로 산출되었을 경우에는 시간가중평균(TWA) 소음수준으로 환산한다. 다만, 누적소음노출량 측정기에 의한 노출량 산출치가 주어진 값보다 작거나 크면 시간가중평균 소음은 다음의 식에 따라 산출한 값을 기준으로 평가한다.

$$\text{TWA} = 16.61 \log\left(\frac{D}{12.5 \times T}\right) + 90$$

여기서, D : 누적소음폭로량(%)

T : 측정시간

⑪ 노출기준은 8시간 시간가중치를 의미하므로 90dB를 설정한다.

⑫ 누적소음 노출량 평가는 8시간 동안 측정치가 폭로량으로 산출되었을 경우에는 표를 이용하여 8시간 시간가중평균치로 환산하여 노출기준과 비교하며 표에 없는 경우에는 다음 식을 이용하여 계산한다[부록 1].

$$\text{TWA} = 16.61 \log\left(\frac{D}{100}\right) + 90$$

여기서, D : 누적소음폭로량(%)

T : 측정시간

⑬ 음압수준이 전체 작업교대 시간동안 일정하다면, 소음노출량(D)은 다음 공식으로 산출한다.

$$D(\%) = \frac{C}{T}$$

여기서, C : 하루 작업시간(시간)

T : 측정된 음압수준에 상응하는 허용노출시간(시간)

⑭ 전체 작업시간 동안 서로 다른 소음수준에서 노출될 때 총 소음노출량(D)은 다음 식으로 계산한다.

$$D = \left[\frac{C_1}{T_1} + \frac{C_2}{T_2} + \cdots + \frac{C_n}{T_n}\right] \times 100$$

총 노출량 100%는 8시간 시간가중평균(TWA)이 90dB에 상응

(3) 평가 단계

소음측정 및 평가를 모식도로 나타내면 다음과 같다.

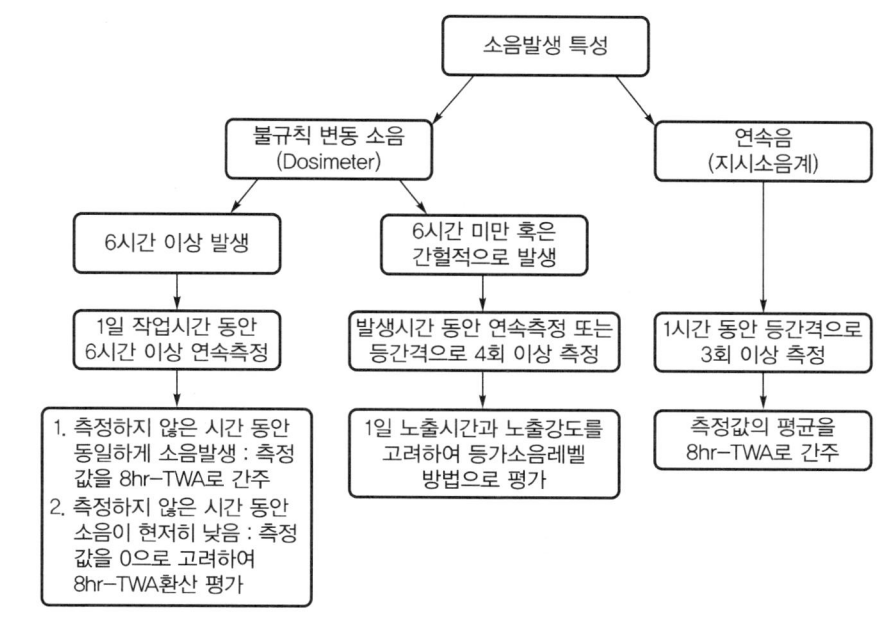

∥ 소음 측정 및 평가 모식도 ∥

[부록 1] 소음의 노출기준(충격소음 제외)

1일 노출시간(hr)	소음강도 dB(A)
8	90
4	95
2	100
1	105
1/2	110
1/4	115

※ 115dB(A)를 초과하는 소음수준에 노출되어서는 안 됨

07 도금공정에서 노출되는 6가 크롬 화합물을 작업환경측정ㆍ분석 기술지침(KOSHA GUIDE A-173-2019)에 따라 시료를 채취하여 분석하고자 할 때 다음 물음에 답하시오.

(1) 직경 및 공극을 포함한 시료채취 매체

(2) 시료의 운반방법

(3) 분석방법, 분석기기 및 검출기명

(4) 전처리에 필요한 추출 용액 2가지

(5) 분석 시 방해물질로 작용하는 물질 3가지 및 조치방법

해설 (1) 직경 및 공극을 포함한 시료채취 매체
PVC 여과지(직경 37mm, 공극 5μm)

(2) 시료의 운반방법
① 시료채취기의 마개를 완전히 밀봉하여 운반한다.
② 도금공정에서 채취된 시료는 시료채취 후 즉시 여과지를 꺼내 바이알에 넣고 추출용액 (2% 수산화나트륨, 3% 탄산나트륨) 5mL를 첨가하여 여과지를 완전히 적신 후 마개로 밀봉하고 냉장보관하여 운반한다.

(3) 분석방법, 분석기기 및 검출기명
① 분석기기 : 이온크로마토그래프(IC)
② 검출기명 : 전도도검출기(CD) 또는 분광검출기(UV)

(4) 전처리에 필요한 추출용액 2가지
① 2% 수산화나트륨
② 3% 탄산나트륨

(5) 분석 시 방해물질로 작용하는 물질 3가지 및 조치방법
① 방해물질 : 철, 구리, 니켈, 바나듐
② 조치방법 : 알칼리 추출방법을 사용함으로써 최소화시킴

플러스 학습 | 6가 크롬에 대한 작업환경측정 · 분석 기술지침

분석원리 및 적용성

작업환경 중 대상물질을 여과지에 채취하여 추출용액으로 추출한 후 일정량을 이온크로마토그래프(Ion Chromatograph, IC), 전도도검출기(Conductivity Detector, CD) 또는 분광검출기(UV Detector)에 주입하여 정량한다.

시료채취 개요	분석 개요
• 시료채취매체 : PVC여과지(37mm, 공극 5μm) • 유량 : 1~4L/min • 공기량 　– 최대 : 1,000L 　– 최소 : 100L • 운반 : 시료채취기의 마개를 완전히 밀봉하여 운반하고 도금공정에서 채취된 시료는 시료채취 후 즉시 여과지를 꺼내 바이알에 넣고 추출용액(2% 수산화나트륨/3% 탄산나트륨) 5mL를 첨가하여 여과지를 완전히 적신 후 마개로 밀봉하고 냉장보관하여 운반 • 시료의 안정성 : 냉장보관하고 2주 이내 분석, 스테인리스강 용접공정의 시료는 채취 후 8일 이내 분석 • 공시료 : 시료 세트 당 2~10개 또는 시료 수의 10% 이상	• 분석기술 : 이온크로마토그래피법, 전도도검출기 또는 분광검출기 • 분석대상물질 : CrO_4^{2-}–Diphenylcarbazide (DPC) complex • 전처리 : 2% 수산화나트륨/3% 탄산나트륨 • 컬럼 : Pre-컬럼, 음이온교환 컬럼(anion-exchange column), 음이온 서프레서(anion suppressor) • 시료주입량 : 50~100μL • 검출한계 : 3.5μg/sample
방해작용 및 조치	정확도 및 정밀도
• 작업장 공기 중에 철, 구리, 니켈, 또는 바나듐은 분석과정에서 방해물질로 작용할 수 있다. 이러한 방해물질의 영향은 알칼리 추출방법을 사용함으로써 최소화시킬 수 있다.	• 연구범위(range studied) : – • 편향(bias) : – • 총 정밀도(overall precision) : – • 정확도(accuracy) : – • 시료채취분석오차 : 0.130

시약	기구

• 황산(sulfuric acid, 98% w/w)
• 수산화암모늄(ammonium hydroxide, 28%)
• 황산암모늄(ammonium sulfate monohydrate, 시약등급)
• 탄산나트륨(sodium carbonate, anhydrous)
• 수산화나트륨(sodium hydroxide, 시약등급)
• 메탄올(methanol, HPLC 등급)
• 1,5-디페닐카바자이드(1,5-diphenylcarbazide, 시약등급)
• 1,000μg/mL 또는 동등 이상의 6가 크롬 표준 용액
• 추출용액(2% 수산화나트륨/3% 탄산나트륨) : 1L 용량플라스크에 20g의 수산화나트륨 (NaOH)과 30g의 탄산나트륨(Na$_2$CO$_3$)을 넣고 증류수로 표시선까지 맞춘다.
• 용리액(eluent)
  – 전도도검출기(7mM 탄산나트륨/0.5mM 수산화나트륨) : 4L 용량플라스크에 탄산나트륨 2.97g을 증류수로 녹인 후 0.1M 수산화나트륨(8g/L) 20mL를 넣은 후 증류수로 표시선까지 맞춘다.
  – 분광검출기(250mM 황산염/200mM 수산화암모늄) : 1L 용량플라스크에 황산암모늄 33g을 증류수로 녹인 후 수산화암모늄 6.5mL를 넣은 후 증류수로 표시선까지 맞춘다.
• 발색시약 용액 : 2mM 1,5-디페닐카바자이드/10% 메탄올/1N 황산
  – 1,5-디페닐카바자이드(1,5-diphenylcarbazide) 0.5g을 100mL 용량플라스크에 넣어 메탄올로 녹인 후 표시선까지 맞춘다.
  – 1L 용량플라스크에 증류수를 넣고 황산 (H$_2$SO$_4$) 28mL를 첨가하고 위 용액을 넣은 후 증류수로 표시선까지 맞춘다.
	• 시료채취매체 : PVC여과지(37mm, 공극 5μm), 폴리스티렌 카세트홀더
	• 개인시료채취펌프, 유량 1~5L/min
	• 이온크로마토그래피, Pre-컬럼, 음이온교환 컬럼(anion-exchange column), 음이온 서프레서(anion suppressor)
	• 바이알, PTFE캡
	• 핀셋
	• 보호장갑
	• PTFE 실린지 필터
	• 비커
	• 시계접시 : 1 : 1 HNO$_3$: H$_2$O로 세척하여 사용
	• 용량플라스크
	• 오븐(핫플레이트 혹은 초음파수조 가능)

특별 안전보건 예방조치 : 크롬화합물은 사람에게 발암성이 확인된 물질이다. 모든 시료는 반드시 후드 안에서 작업하도록 하여야 한다. 고농도의 산과 염기는 유독하며 부식성이 있으므로 고농도의 물질을 취급 시에는 보호장비를 반드시 착용하여야 한다. 수산화암모늄은 호흡기계에 자극을 주며, 메탄올은 가연성이며 유독하다.

Ⅰ. 시료채취

① 각 개인 시료채취펌프를 하나의 대표적인 시료채취매체로 보정한다.

② 1~4L/min의 유량으로 총 100~1,000L의 공기를 채취한다.

③ 채취된 시료는 시료채취기의 마개를 완전히 밀봉한 후 운반한다.

> ※ 6가 크롬 도금공정에서 채취된 시료는 시료채취 후 즉시 여과지를 꺼내 바이알에 넣고 추출용액(2% 수산화나트륨/3% 탄산나트륨) 5mL를 첨가하여 여과지를 완전히 적신 후 마개로 밀봉하여 냉장보관 한다.

> ※ 스테인리스강(stainless steel) 용접공정에서 채취된 시료의 경우는 시료채취 후 8일 이내에 분석한다.

Ⅱ. 시료 전처리

④ 시료채취기로부터 여과지를 핀셋을 이용해 꺼낸 후 50mL 비커에 넣고, 추출용액을 5mL 첨가한다. 바이알에 추출용액으로 담구어 운반 보관한 시료는 여과지와 용액을 50mL 비커에 넣은 후 추출용매로 바이알을 2~3번 헹구어 비커에 담는다.

> ※ 시료에 Cr(Ⅲ)이 존재한다면 비커에 담긴 시료용액에 질소가스를 5분 정도 불어 (버블링) 넣어준다.

> ※ 수용성 6가 크롬화합물만 존재한다면 추출용매 대신 증류수를 사용할 수 있다.

⑤ 비커에 유리덮개를 덮고 약 100~135℃ 정도의 가열판 위에서 45분 정도 가끔 흔들어 주면서 가열시킨다. 이때 용액이 끓어오르지 않도록 주의한다.

> ※ 시료용액을 너무 오랫동안 가열하여 완전히 증발시키거나 건조시키면 안 된다. 여과지의 색깔이 갈색으로 변할 정도로 가열하면 Cr(Ⅵ)이 PVC 여과지와 반응하여 손실될 수 있으므로 주의한다.

> ※ 페인트 스프레이 공정에서 채취한 6가 크롬화합물 경우 90분 이상 가열이 필요할 수도 있다.

⑥ 용액을 식힌 후 10~25mL의 용량플라스크에 옮긴다. 이때 비커를 증류수로 2~3번 헹구어 시료손실이 없도록 한다.

Ⅲ. 분석

【검량선 작성 및 정도관리】

⑦ 시료농도범위가 포함될 수 있도록 최소 5개 이상의 농도수준을 표준용액으로 하여 검량선을 작성한다. 이때 표준용액의 농도 범위는 현장시료 농도범위를 포함하는 것이어야 한다.

⑧ 표준용액의 조제는 25mL 용량플라스크에 추출용액 5mL를 넣고 일정량의 6가 크롬 표준용액을 첨가한 후 증류수로 최종 부피가 25mL가 되게 하는 방식으로 조제토록 한다.

⑨ 작업장에서 채취된 현장시료, 회수율 시험시료, 현장 공시료 및 공시료를 분석한다.

⑩ 분석된 회수율 검증시료를 통해 아래와 같이 회수율을 구한다.

$$회수율(RE, \ recovery) = 검출량/첨가량$$

【분석과정】

⑪ 이온크로마토그래피에서 제조회사가 권고하는 대로 기기를 작동시키고 기타 조건을 설정한다.

⑫ 시료를 정량적으로 정확히 주입한다. 시료 주입법은 자동주입기를 이용하는 방법이 있다.

※ 분석기기, 컬럼 등에 따라 적절한 분석조건을 설정하며, 아래 조건은 참고사항임

※ 만약 시료 피크가 검량선을 벗어난다면 희석하여 재분석한다.

㉠ 전도도검출기 사용

컬럼	Dionex HPIC-AG5 guard, HPIC-AS5 separator, anion suppressor
시료주입량	50μL
전도도 설정	1 us full scale
용리액	7.0mM Na_2CO_3/0.5mM NaOH, Na_2CO_3
유량	2mL/분

㉡ 분광검출기 사용

컬럼	IonPac NGI guard, IonPac AS7 separator, anion suppressor
시료주입량	$50\sim100\mu$L
유량	1.5mL/분
용리액	250mM $(NH_4)_2SO_4$+100mM NH_4OH
발색용액	2mM 1,5-diphenylcarbazide/10% MeOH/1N H_2SO
발색용액 유량	0.5mL/분
파장	540nm

Ⅳ. 계산

⑬ 다음 식에 의하여 해당물질의 농도를 구한다.

$$C=\frac{C_s V_s - C_b V_b}{V \times RE}$$

여기서, C : 분석물질의 최종 농도(mg/m^3)

C_s : 시료의 농도(μg/mL)

C_b : 공시료의 농도(μg/mL)

V_s : 시료에서 희석한 최종용량(mL)

V_b : 공시료에서 희석한 최종용량(mL)

V : 공기채취량(L)

RE : 회수율

※ 다음 논술형 2문제 중 1문제를 선택하여 답하시오. (각 25점)

08 송풍기의 소요동력 및 성능곡선과 관련하여 다음 물음에 답하시오.

(1) 공기동력(Air horse power, H_a)의 정의 및 송풍기 전압과 송풍량과의 관계 설명

(2) 축동력(Brake horse power, H_b)의 정의 및 공기동력과의 관계 설명

(3) 전동기동력(Motor horse power, H_m)의 정의 및 축동력과의 관계 설명

(4) 송풍기 정압곡선의 자유송출점(Free Delivery No Pressure, FDNP)과 폐쇄점 (Shut off or No Delivery, SND)에 대한 각각의 의미

(5) 시스템 요구곡선(System requirement curve)과 송풍기의 동작점(Point of operation)에 대한 각각의 의미

해설 (1) 공기동력의 정의 및 송풍기 전압과 송풍량과의 관계 설명

① 공기동력의 정의

공기에 전달되는 동력, 즉 Fan에서 공기에 최종 전달되는 에너지를 말하며 단위는 kW 또는 HP이다.

② 송풍기 전압과 송풍량과의 관계 설명

공기동력＝송풍기 전압×송풍량

(2) 축동력의 정의 및 공기동력과의 관계 설명

① 축동력의 정의

Fan 축에 전달되는 동력, 즉 Fan에서 공기에 에너지를 주기 위해서 Motor에서 Fan으로 축을 통해서 공급하는 에너지를 말한다.

② 공기동력과의 관계 설명

$$축동력 = \frac{정압공기동력}{정압효율} = \frac{전압동기동력}{전압효율}$$

$$효율 = \frac{공기동력}{축동력}$$

(3) 전동기동력의 정의 및 축동력과의 관계 설명

① 전동기동력의 정의

Motor에서 소비되는 동력(전력)을 말하며, Fan을 구동시키는 전동기동력은 구동방식에 따라 기계적 손실을 일으키기 때문에 일반적으로 축동력보다 커야 한다.

② 축동력과의 관계 설명

전동기동력＝축동력×여유율(일반적 : 1.0～1.25)

(4) 송풍기 정압곡선의 자유송출점과 폐쇄점에 대한 각각의 의미
　① 송풍기 정압곡선

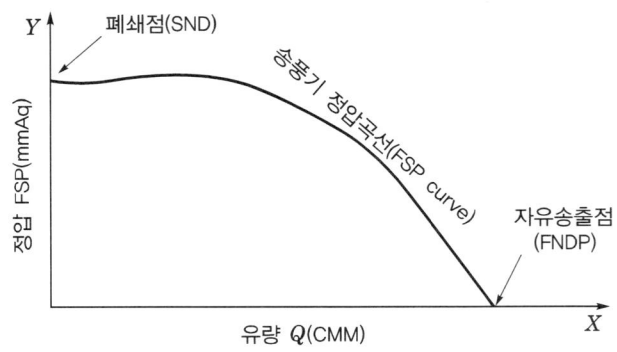

　② 자유송출점의 의미

　　그래프상에서 정압곡선이 X축과 만나는 점을 자유송출점(FNDP)이라 하며, 이 점에서
　　는 송풍기 전·후의 압력손실을 완전히 없앤 경우로 댐퍼를 완전히 개방시켜 송풍량이
　　최대가 된다.

　③ 폐쇄점의 의미

　　정압곡선이 Y축과 만나는 점을 폐쇄점(SND)이라 하며, 송풍기의 출·입구를 완전히
　　밀폐시켜 공기흐름이 전혀 없을 때의 송풍기 정압을 말한다.

(5) 시스템 요구곡선과 송풍기의 동작점에 대한 각각의 의미
　① 시스템 요구곡선

　　시스템 요구곡선이란 송풍기에 연결된 환기시스템의 송풍량에 따른 압력손실요구량을
　　말한다. 즉, 어떤 풍량을 Duct나 장치 내에 이송시키기 위해 필요한 정압은 Duct의 저항
　　(길이, 내면 조도, 곡관, 합류관 등에 의해 결정되는 저항) 또는 장치 자체 저항과 내부를
　　흐르는 유체(기체)의 속도에 의해 결정되는 데 P(정압)과 Q(유량)의 관계가 $P \propto Q^2$
　　인 2차 곡선이 되며 이 곡선을 시스템 요구곡선(저항곡선)이라 한다.

　② 동작점

　　송풍기의 운전점이라고도 하며, 어떤 시스템에 송풍기가 사용되는 경우 이 송풍기는 시
　　스템 요구곡선과 송풍기의 특성곡선의 교차점에 상당하는 풍량과 풍압에서 운전되는
　　데 이 교차점을 동작점이라 한다. 동작점은 시스템저항과 송풍기의 유체를 보내는 데
　　필요한 힘이 정확하게 밸런스를 이루는 점을 의미한다.

09 전리(電離)방사선과 관련하여 다음 사항을 서술하시오.

(1) α입자, β입자, γ선 및 X선에 대한 각각의 정의

(2) 흡수선량(Absorbed dose), 등가선량(Equivalent dose) 및 유효선량(Effective dose)에 대한 각각의 SI 단위 및 정의

(3) 산업안전보건기준에 관한 규칙에 따라 방사선투과검사를 위하여 방사성동위원소 또는 방사선발생장치를 이동사용하는 작업에 근로자를 종사하도록 하는 경우 지급하고 착용하도록 하여야 하는 장비 2가지

(4) 산업안전보건기준에 관한 규칙에서 근로자가 방사선업무를 하는 경우 건강장해를 예방하기 위하여 방사선 관리구역을 지정하고 게시하여야 할 사항 4가지

(5) 산업안전보건기준에 관한 규칙에 따라 방사성물질을 내장하고 있는 기기에 대하여 근로자가 보기 쉬운 장소에 게시하여야 할 내용 4가지

해설 (1) α입자, β입자, γ선 및 X선에 대한 각각의 정의

① α입자

양성자와 중성자가 각각 2개씩 구성되어 있는 헬륨핵 질량과 하전량이 큰 전리상태로 존재하는 입자형태의 방사선을 말하며, 투과력은 약하나 전리작용은 강하다.

② β입자

방사선 원자핵에서 방출되는 높은 에너지와 높은 속도를 가진 양전자를 베타입자라고 하며, 원자핵에서 방출되는 전자의 흐름으로 α입자보다 가볍고 속도는 약 10배 정도 빠르므로 충돌 시 튕겨져서 방향을 바꾼다.

③ γ선

원자핵 전환 또는 원자핵 붕괴에 따라 방출하는 자연발생적인 전자파로서 투과력이 커 인체를 통과할 수 있어 외부조사가 문제시 되고 있다.

④ X선

X선은 전자를 가속화시키는 장치, X선 발생장치에서 생성되는 빛과 같은 인공적인 전자파로서 일반적인 전자파보다 에너지가 훨씬 강하며 투과력도 강하다.

(2) 흡수선량, 등가선량 및 유효선량에 대한 각각의 SI단위 및 정의

① 흡수선량

흡수선량은 전리방사선에 노출된 물질의 단위질량(1kg)당 흡수된 방사선 에너지량(J)을 말한다. 즉, 방사선이 물질과 상호작용한 결과 그 물질의 단위질량에 흡수된 에너지를 말한다(SI단위 : Gy).

② 등가선량

생체조직 또는 장기의 평균흡수선량에 당해 방사선의 방사선 가중치를 곱한 값을 말한다(SI단위 : Sv).

등가선량＝흡수선량×방사선 가중치

③ 유효선량

인체의 모든 조직과 장기의 등가선량에 조직가중치를 반영한 값을 말한다(SI단위 : Sv).

전신유효량＝조직가중치×조직 T에서의 등가선량

(3) 산업안전보건기준에 관한 규칙에 따라 방사선투과검사를 위하여 방사성동위원소 또는 방사선발생장치를 이동사용하는 작업에 근로자를 종사하도록 하는 경우 지급하고 착용하도록 하여야 하는 장비 2가지

① 개인선량계

② 방사선 경보기

(4) 산업안전보건기준에 관한 규칙에서 근로자가 방사선업무를 하는 경우 건강장해를 예방하기 위하여 방사선 관리구역을 지정하고 게시하여야 할 사항 4가지

① 방사선량 측정용구의 착용에 관한 주의사항

② 방사선 업무상 주의사항

③ 방사선 피폭 등 사고 발생 시의 응급조치에 관한 사항

④ 그 밖에 방사선 건강장해 방지에 필요한 사항

(5) 산업안전보건기준에 관한 규칙에 따라 방사성물질을 내장하고 있는 기기에 대하여 근로자가 보기 쉬운 장소에 게시하여야 할 내용 4가지

① 기기의 종류

② 내장하고 있는 방사성물질에 함유된 방사성동위원소의 종류와 양(단위 : 베크렐)

③ 해당 방사성물질을 내장한 연월일

④ 소유자의 성명 또는 명칭

🌱 플러스 학습　**산업안전보건기준에 관한 규칙**

1. 방사성물질 취급 작업실의 구조
   ① 기체나 액체가 침투하거나 부식되기 어려운 재질로 할 것
   ② 표면이 편평하게 다듬어져 있을 것
   ③ 돌기가 없고 파이지 않거나 틈이 작은 구조로 할 것

2. 입자가속장치 게시사항
   ① 장치의 종류
   ② 방사선의 종류와 에너지

3. 보호구 지급
   ① 사업주는 근로자가 분말 또는 액체 상태의 방사성물질에 오염된 지역에서 작업을 하는 경우에 개인전용의 적절한 호흡용 보호구를 지급하고 착용하도록 하여야 한다.
   ② 사업주는 방사성물질을 취급하는 때에 방사성물질이 흩날림으로써 근로자의 신체가 오염될 우려가 있는 경우에 보호복, 보호장갑, 신발덮개, 보호모 등의 보호구를 지급하고 착용하도록 하여야 한다.

※ 다음 단답형 5문제를 모두 답하시오. (각 5점)

01 다음은 작업환경측정 및 정도관리 등에 관한 고시에 따른 고열의 측정방법이다. (㉠)~(㉢)에 들어갈 내용을 각각 쓰시오.

> ○ 측정은 단위작업 장소에서 측정대상이 되는 근로자의 (㉠)에서 측정한다.
> ○ 측정기의 위치는 바닥 면으로부터 (㉡)의 위치에서 측정한다.
> ○ 측정기를 설치한 후 충분히 (㉢) 시킨 상태에서 1일 작업시간 중 (㉣)에 노출되는 1시간을 (㉤)으로 연속하여 측정한다.

해설 ㉠ 주 작업
㉡ 50센티미터 이상, 150센티미터 이하
㉢ 안정화
㉣ 가장 높은 고열
㉤ 10분 간격

플러스 학습 **고열작업환경 관리지침**

1. 고열작업장소
   (1) 용광로·평로·전로 또는 전기로에 의하여 광물 또는 금속을 제련하거나 정련하는 장소
   (2) 용선로 등으로 광물·금속 또는 유리를 용해하는 장소
   (3) 가열로 등으로 광물·금속 또는 유리를 가열하는 장소
   (4) 도자기 또는 기와 등을 소성하는 장소
   (5) 광물을 배소 또는 소결하는 장소
   (6) 가열된 금속을 운반·압연 또는 가공하는 장소
   (7) 녹인 금속을 운반 또는 주입하는 장소
   (8) 녹인 유리로 유리제품을 성형하는 장소
   (9) 고무에 황을 넣어 열처리하는 장소
   (10) 열원을 사용하여 물건 등을 건조시키는 장소
   (11) 갱내에서 고열이 발생하는 장소
   (12) 가열된 로를 수리하는 장소
   (13) 그밖에 법에 따라 고용노동부장관이 인정하는 장소, 또는 고열작업으로 인해 근로자의 건강에 이상이 초래될 우려가 있는 장소

2. 습구흑구온도지수(Wet-Bulb Globe Temperature : WBGT)

근로자가 고열환경에 종사함으로써 받는 열스트레스 또는 위해를 평가하기 위한 도구(단위 : ℃)로써 기온, 기습 및 복사열을 종합적으로 고려한 지표를 말한다.

3. 고열의 위해성 평가 시 고려사항

(1) 고열작업의 종류 및 발생원

(2) 고열작업의 성질(특성 및 강도 등)

(3) 온열특성(기온, 기습, 기류, 복사열 등)

(4) 근로자의 작업 활동 및 착용한 의복 형태

(5) 고열 관련 상해 및 질병발생 실태

(6) 산업환기설비 등의 설치와 적절성

(7) 근로자의 열순응 정도

(8) 기타 고열환경 개선에 필요한 사항

4. 고열 측정주기

사업주는 고열작업에 근로자를 종사하도록 하는 때에는 법 규정에 따라 6개월에 1회 이상 정기적으로 습구흑구온도지수를 측정한다. 다만, 근로자가 열경련·열탈진 등의 증상을 호소하거나 고열작업으로 인해 건강장해가 우려되는 경우에는 필요에 따라 수시로 측정을 실시할 수 있다.

5. 고열 측정방법 및 시간

(1) 고열을 측정하는 경우에는 측정기 제조자가 지정한 방법과 시간을 준수하며, 열원마다 측정하되 작업장소에서 열원에 가장 가까운 위치에 있는 근로자 또는 근로자의 주 작업 행동 범위에서 일정한 높이에 고정하여 측정한다.

(2) 측정기기를 설치한 후 일정시간 안정화시킨 후 측정을 실시하고, 고열작업에 대해 측정하고자 할 경우에는 1일 작업시간 중 최대로 높은 고열에 노출되고 있는 1시간을 10분 간격으로 연속하여 측정한다.

6. 고열 작업 시 건강상태 정도를 고려해야 하는 근로자.

(1) 비만자

(2) 심장혈관계에 이상이 있는 자

(3) 피부질환을 앓고 있거나 감수성이 높은 자

(4) 발열성 질환을 앓고 있거나 회복기에 있는 자

(5) 45세 이상의 고령자

7. 기록보존

고열작업에 대해 평가 및 관리를 행한 때에는 그 결과를 기록하고 5년간 보존한다.

02 수주압력계(Manometer with water)를 사용하여 덕트 내 공기의 압력을 측정하는 그림이다. 다음 물음에 답하시오.

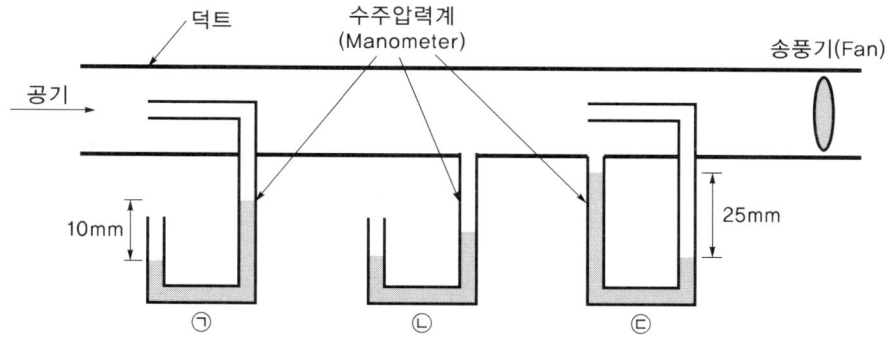

(1) (㉠)~(㉢)에서 측정하는 압력의 명칭을 각각 쓰시오.
(2) 각 수주압력계 값을 고려하여 덕트 내 공기의 속도(m/sec)를 계산하시오. (단, 계산 값은 소수점 셋째 자리까지 구하시오.)

해설 (1) ㉠ 동압(속도압), ㉡ 정압, ㉢ 전압

　　　(2) 덕트 내 공기의 속도는 동압과 관련

$$V(\text{m/sec}) = 4.043\sqrt{VP}$$
$$= 4.043\sqrt{25}$$
$$= 20.215\,\text{m/sec}$$

플러스 학습

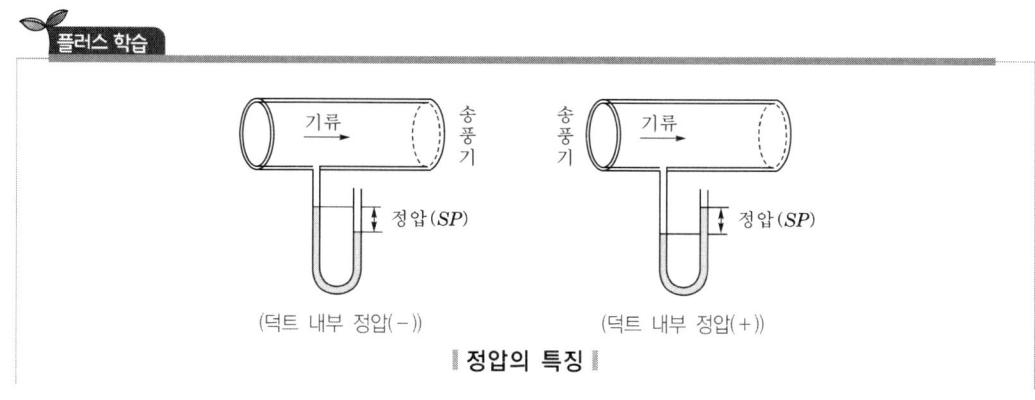

┃ 정압의 특징 ┃

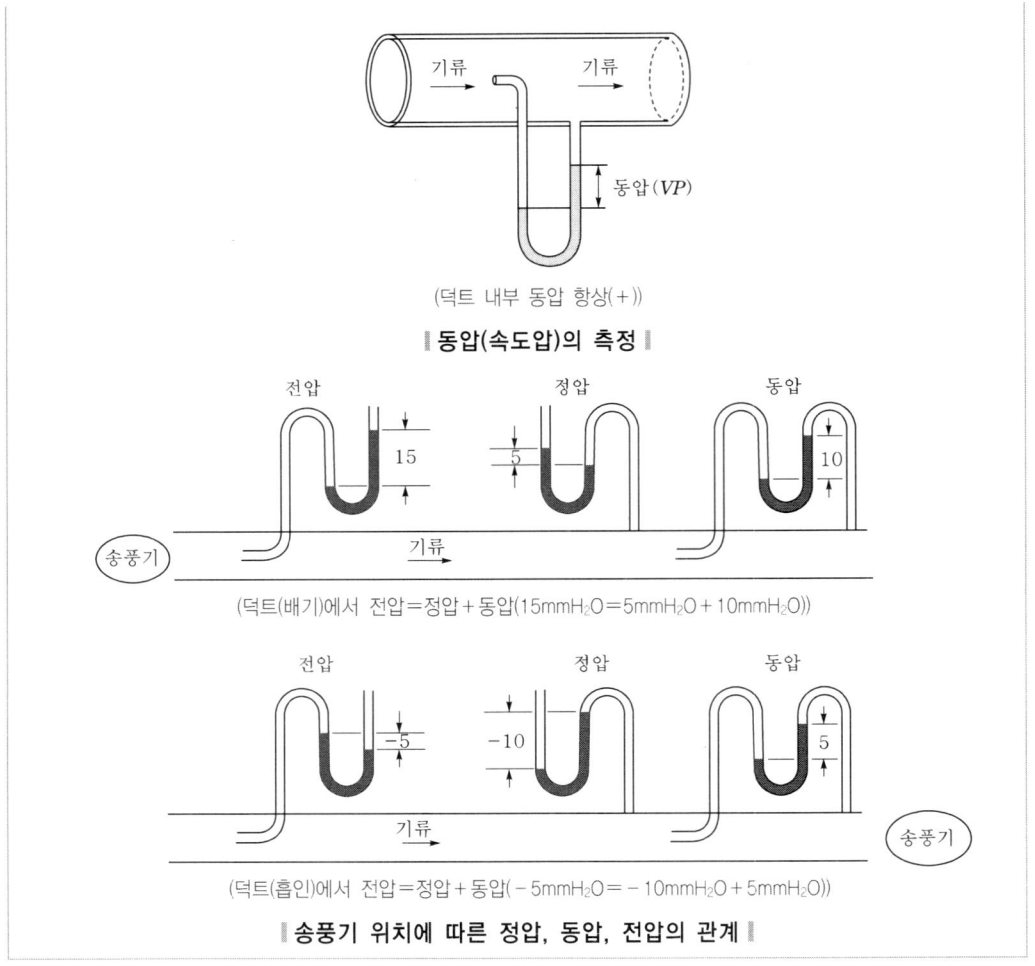

(덕트 내부 동압 항상(+))

‖ **동압(속도압)의 측정** ‖

(덕트(배기)에서 전압＝정압＋동압(15mmH₂O＝5mmH₂O＋10mmH₂O))

(덕트(흡인)에서 전압＝정압＋동압(－5mmH₂O＝－10mmH₂O＋5mmH₂O))

‖ **송풍기 위치에 따른 정압, 동압, 전압의 관계** ‖

03 근로자건강진단 실무지침상 유기화합물의 흡수 및 대사에 관한 내용이다. (㉠)~ (㉤)에 들어갈 용어를 각각 쓰시오.

> ○ 톨루엔은 산화대사를 거쳐 안식향산이 되며, 글리신과 결합하여 (㉠)(으)로 변환되어 소변으로 배설된다. 일부는 (㉡) 혹은 벤조일 글루크로나이드 등의 형태로 소변 중으로 배설된다.
> ○ 크실렌은 주로 호흡기를 통해 흡수되어 체내에서 (㉢)(으)로 대사되어 배설된다. 반감기는 대략 3시간 정도이다.
> ○ 메탄올은 주로 간에서 대사되며, 대사과정은 메틸알코올 → (㉣) → 개미산 → 이산화탄소 과정을 통해 대사가 된다. 메탄올은 포름산으로 소변을 통해 배설된다.
> ○ 트리클로로에틸렌은 호흡기, 피부, 섭취 등을 통해 광범위하게 흡수된다. 흡수된 트리클로로에틸렌은 (㉤)(와)과 삼염화에탄올로 대사되어 소변으로 배설된다.

해설 ㉠ 마뇨산

㉡ 오르토－크레졸

㉢ o－, m－, p－methylbenzoic acid → o－, m－, p－methylhippuric acid

㉣ 포름알데히드

㉤ 삼염화초산

플러스 학습

1. 톨루엔
   (1) 물리·화학적 성질

CAS No	108－88－3	분자식 및 구조식	$C_6H_5CH_3$
모양 및 냄새	무색 투명한 휘발성 액체, 방향족의 달콤한 냄새(냄새 역치 : 2.5ppm)		
분자량	92.14(1ppm＝3.77mg/m^3)	비 중	0.8667(20℃)
녹는점	－95.0℃	끓는점	110.6℃
증기밀도	3.3(공기＝1)	증기압	22mmHg(2℃), 59.3mmHg(40℃)
인화점	4.4℃(밀폐상태)	폭발한계	공기 중 1.27%~70%(vol %)
용해도	물에 잘 안 녹는다(0.515g/100mL, 20℃). 유기용제에는 잘 섞인다.		
기타	인화성이 매우 큰 액체		

〈출처 : the Merk index〉

(2) 흡수 및 대사

① 흡수

주로 호흡기를 통해 흡수되며 약 20% 정도는 변화되지 않은 채로 호기 중으로 배출된다. 액체 상태나 가스 상태의 경우에는 피부로도 흡수된다. 사고 또는 고의적 이유로 경구 흡수도 가능한데, 625mg/kg의 톨루엔을 경구 섭취한 뒤 사망한 사례가 보고된 바 있다.

② 대사

나머지 80%는 microsomal mixed function oxidase system에 의해 benzoyl alcohol로 되고 alcohol dehydrogenase 및 aldehyde dehydrogenase system에 의해 산화대사를 거쳐서 안식향산이 되며 글리신과 결합하여 마뇨산(hippuric acid)으로 변환된다.

③ 배설

변환된 마뇨산은 소변 중으로 배설되며, 일부는 오르토 – 크레졸(o – cresol) 혹은 벤조일 글루크로나이드(benzoyl glucuronide) 등의 형태로 소변 중으로 배설된다. 이 때문에 톨루엔의 소변 중 대사산물 중 마뇨산이 주 노출지표로 사용되어 왔으나 최근에는 오르토 – 크레졸(o – cresol)이 새로운 노출지표로 사용되기도 한다.

(3) 노출기준 및 생물학적 노출지표

① 고용노동부

㉠ TLV : TWA(50ppm), STEL(150ppm)

㉡ 생물학적 노출지표 : 소변 중 o – 크레졸 0.8mg/g crea

② ACGIH

㉠ TLV : TWA(20ppm), STEL(–)

㉡ 생물학적 노출지표

ⓐ 근무주의 마지막 교대 직전의 정맥혈의 톨루엔의 농도 0.02mg/L

ⓑ 작업 종료 직후 채취한 소변 중 톨루엔 0.03mg/L

ⓒ 작업 종료 직후 채취한 소변 중 오르토 – 크레졸(가수분해 후) 0.3mg/g crea

2. 크실렌

(1) 물리·화학적 성질

CAS No	1330 – 20 – 7(mixed), 95 – 47 – 6(ortho), 108 – 38 – 3(meta), 106 – 42 – 3(para)	분자식 및 구조식	$C_6H_4(CH_3)_2$ ortho meta para
모양 및 냄새	무색 투명한 인화성 액체로서 방향족의 달콤한 냄새 (냄새 역치 : 0.07–40ppm)		
분자량	106.2(1ppm = 4.34mg/m³)	비 중	0.8802(o), 0.8642(m), 0.8611(p)

녹는점	−25.18℃(o), −47.87℃(m), 13.26℃(p)	끓는점	144.41℃(o), 139.12℃(m), 138.35℃(p)
증기밀도	3.7	증기압	6.8mmHg(o), 8.3mmHg(m), 8.9mmHg(p)
인화점	17℃(o), 25℃(m, p) 밀폐상태	폭발한계	1.0%~7.0%
용해도	물에 녹지 않음. 에탄올, 디메틸에테르 등 유기용제에는 잘 녹는다.		
기타	상온에서 폭발할 수 있으며 강한 산화제와 접촉하면 불이 나고 폭발한다. 연소할 때는 일신화단소와 같은 유독가스가 방출된다.		

〈출처 : the Merk index〉

※ 상업적으로 사용되고 있는 크실렌은 오르토(ortho−), 메타(meta−), 파라(para−) 등 3가지 이성체들(isomers)의 혼합물이다. 이 중 메타크실렌이 주류를 이루고 있고 ethylbenzene도 6~15% 정도 포함되어 있다.

(2) 흡수 및 대사

① 흡수

주로 호흡기를 통하여 흡수되지만, 피부를 통해서도 흡수

② 대사, 배설 및 반감기

체내에서 o−, m−, p−methylbenzoic acid → o−, m−, p−methylhippuric acid로 대사되어 배설된다. 생물학적 반감기는 대략 3시간 정도이다.

(3) 노출기준 및 생물학적 노출지표

① 고용노동부

㉠ TLV : TWA(100ppm), STEL(150ppm)

㉡ 생물학적 노출지표 : 소변 중 메틸마뇨산 1.5g/g crea

② ACGIH

㉠ TLV : TWA(20ppm), STEL(150ppm)

㉡ 생물학적 노출지표 : 작업 종료 후 채취 소변 중 메틸마뇨산 1.5g/g creatinine

3. 메탄올

(1) 물리·화학적 성질

CAS No	67−56−1	분자식 및 구조식	CH_3OH $H-\overset{\displaystyle H}{\underset{\displaystyle H}{C}}-OH$
모양 및 냄새	투명한 무채색의 인화성 액체, 코를 찌르는 듯한 특징적인 알코올 냄새		
분자량	32.0(1ppm=1.31mg/m³)	비 중	0.807(20℃, 물=1)
녹는점	−97.8℃	끓는점	65℃(760mmHg)

증기밀도	1.11(공기＝1.0)	증기압	77.5mmHg(25℃)
인화점	12℃(밀폐상태)	폭발한계	폭발 하한값 : 6.0%, 폭발 상한값 : 36.5%
용해도	물, 에탄올, 에테르, 벤젠, 케톤 등에 잘 녹음		
기타	탈 때 푸른색 불꽃 발생, 연소 시에는 일산화탄소와 포름알데히드 같은 유독가스와 증기가 발생한다. 플라스틱류, 고무류 및 피복류를 상하게 하며 고온에서 금속 알루미늄과 반응한다.		

〈출처 : the Merk index, ACGIH, HSDB〉

(2) 흡수 및 대사

① 흡수

섭취나 흡입, 또는 피부로 빠르게 흡수되며 신체의 수분에 분포하게 된다.

② 대사

메탄올은 간에서 주로 대사되며 대사 과정은 메틸알코올 → 포름알데히드 → 개미산(formic acid) → 이산화탄소의 과정을 통해 대사가 된다. 인간의 경우 주로 alcohol dehydrogenase system을 통해 대사가 된다.

③ 배설

메탄올은 포름산으로 소변을 통해 배설된다.

(3) 노출기준 및 생물학적 노출기준

① 고용노동부

㉠ TLV : TWA(200ppm), STEL(250ppm)

㉡ 생물학적 노출지표 : 소변 중 메탄올 15mg/L

② ACGIH

㉠ TLV : TWA(200ppm), STEL(250ppm)

㉡ 생물학적 노출지표 : 작업 종료 후 채취 소변 중 메탄올 15mg/L

4. 트리클로로에틸렌

(1) 물리·화학적 성질

CAS No	79-01-6	분자식 및 구조식	CCl_2CHCl
모양 및 냄새	무색의 불연성, 비부식성 액체로서 클로로포름과 비슷한 달콤한 냄새가 난다.		
분자량	131.39	비 중	1.4559(25℃)
녹는점	−84.8℃	끓는점	86.9℃(760mmHg)
증기밀도	4.53(공기＝1)	증기압	58mmHg(20℃)
인화점	90℃(밀폐상태)	폭발한계	폭발 하한값 : 8.0%(25℃) 폭발 상한값 : 10.5%(25℃)

전환계수	1ppm＝5.38mg/m^3 : 1mg/m^3＝0.19ppm(25℃, 760mmHg)
용해도	물에는 안 녹는다. 지방에는 잘 녹는다.
기타	산소, 열, 자외선에 의해 분해되어 염화수소, 포스겐이 발생된다.

〈출처 : Merck index, ACGIH, HSDB〉

(2) 흡수 및 대사

① 흡수

TCE는 호흡기를 통한 흡수, 피부 흡수 및 섭취 등을 통해 광범위하게 흡수된다. 호흡기를 통한 흡수가 주된 경로이며 피부 흡수는 일반적인 작업조건에서는 무시할 정도이다. 경구노출은 사고를 제외하고는 매우 드물게 일어난다. 흡수된 TCE는 간, 뇌, 체지방 등 지방조직에 주로 분포한다.

② 대사

흡수된 트리클로로에틸렌(TCE)은 첫째 간에서 cytochrome P450이 관여하여 삼염화초산(trichloroacetic acid)과 삼염화에탄올(trichloroethanol)로 대사되어 소변으로 배설되며 이 과정은 저 농도 노출에서는 대사율이 농도에 비례하는 first order를 따르고 고농도 노출에서는 대사율이 농도와 무관한 zero order를 따른다. TCE가 삼염화초산으로 대사되기 위해서는 ADH가 필요하기 때문에 TCE에 노출되면 알코올에 대한 내성(intolerance)이 생기며 이러한 기전이 탈지작업자의 홍조(degreaser's flush)와 관련이 있는 것으로 생각하고 있다. 두 번째는 glutathione과 포합되어 S-(1,2-dichlorovinyl)glutathione(DCVG) 등을 형성한다.

③ 배설

대부분 소변으로 배설되며, 그 외에는 호기를 통해 제거된다.

④ 반감기

직업적으로 TCE에 노출된 사람에서 소변으로 배설되는 대사산물의 반감기는 약 41시간이었다. 그 외 몇몇 연구에서 삼염화에탄올(trichloroethanol)의 반감기는 약 10시간 또는 10~15시간으로, 삼염화초산(trichloroacetic acid)의 반감기는 약 52시간(범위 : 35~70시간) 또는 70~100시간으로 보고되었다.

(3) 노출기준 및 생물학적 노출지표

① 고용노동부

㉠ TLV : TWA(10ppm), STEL(25ppm)

㉡ 생물학적 노출지표 : 소변 중 총삼염화물 300mg/g crea, 소변 중 삼염화초산 15mg/L

② ACGIH

㉠ TLV : TWA(10ppm), STEL(25ppm)

㉡ 생물학적 노출지표

ⓐ 근무주(workweek) 마지막 날 채취한 소변의 trichloroacetic acid : 15mg/L

ⓑ 근무주 마지막 날 작업교대 후 채취한 혈중 free trichloroethanol : 0.5mg/L

04 작업환경측정 및 정도관리 등에 관한 고시에 따라 사업장 위탁측정기관 또는 사업장 자체측정기관에서 원자흡광광도계－불꽃원자화장치(AAS－flame)로 분석하는 유해인자 중 분석수탁기관에 위탁할 수 없는 물질을 5가지만 쓰시오.

해설 구리, 납, 니켈, 크롬, 망간, 산화마그네슘, 산화아연, 산화철, 수산화나트륨, 카드뮴 중 5가지를 답안에 작성

플러스 학습 **측정시료의 분석의뢰(작업환경측정 및 정도관리 등에 관한 고시)**

① 사업장 위탁측정기관 또는 사업장 자체측정기관은 다음의 경우에 해당 측정시료를 분석할 수 있는 분석장비 등을 갖춘 다른 사업장 위탁측정기관이나 작업환경전문연구기관(이하 "분석수탁기관") 등에 시료의 분석을 위탁할 수 있다.

　㉠ 가스크로마토그래피－불꽃이온화검출기(GC－FID)로 분석하기 어려운 유해인자를 측정한 경우

　㉡ 원자흡광광도계－불꽃원자화장치(AAS－flame)로 분석하기 어렵거나 분석빈도가 낮은 유해인자를 측정한 경우(구리, 납, 니켈, 크롬, 망간, 산화마그네슘, 산화아연, 산화철, 수산화나트륨, 카드뮴의 유해인자는 제외함)

　㉢ 분석장비나 이온크로마토그래피를 이용하여 분석하는 것이 더 신뢰할만하다고 인정되는 유해인자를 측정한 경우

② 작업환경측정자는 측정시료의 분석을 분석수탁기관에 의뢰할 수 있다.

③ 측정시료의 분석을 의뢰하는 자(이하 "시료분석 의뢰자")는 다음의 구분에 따라 정기정도관리에서 적합판정을 받은 기관에 시료 분석을 의뢰하여야 한다.

　㉠ ①㉠의 경우 : 가장 최근에 시행된 정기정도관리(기본분야) 중 유기화합물 항목에 적합판정을 받은 분석수탁기관

　㉡ ①㉡의 경우 : 가장 최근에 시행된 정기정도관리(기본분야) 중 금속류 항목에 적합판정을 받은 분석수탁기관

　㉢ ①㉢의 경우 : 가장 최근에 시행된 정기정도관리(자율분야) 중 해당 분석장비를 이용하는 항목에서 적합관정을 받은 분석수탁기관

　㉣ ②의 경우 : ㉠부터 ㉢까지를 준용

05 미국산업위생학회(AIHA)에서는 그림과 같이 노출평가 과정을 제시하고 있다. 기본특성화(basic characterization)를 수행할 때 (㉠)~(㉢)에 들어갈 용어를 각각 쓰시오.

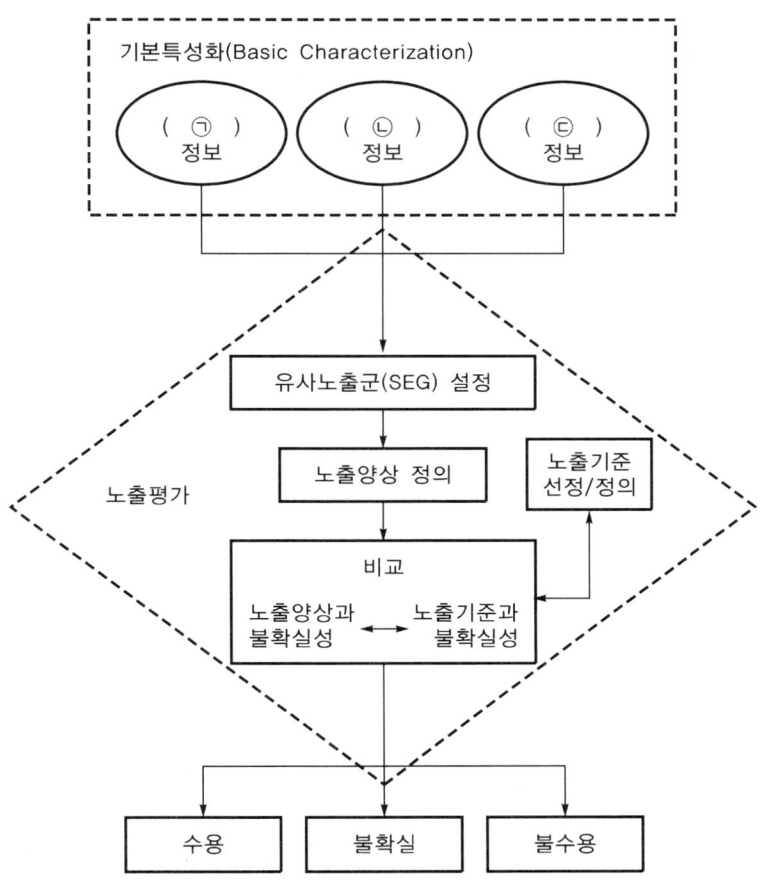

해설 ㉠ 작업장
㉡ 노동력
㉢ 환경인자

플러스 학습 **미국산업위생학회(AIHA) 노출평가**

1. 노출평가 과정

```
                    Start
                      │
        ┌─────────────┼─────────────────┐
        │      Basic Characterization ◄──┼───┐
        │             │                 │   │
        │      Exposure Assessment      │   │
        │             │                 │   │
   ┌────┴────┬────────┴────────┬────────┴┐  │
   │         │                 │         │  │
Acceptable   Uncertain    Unacceptable   │  │
 Exposure                  Exposure      │  │
   │         │                 │         │  │
   │     More Info          Control ─────┼──┘
   │         │                            
 Reassess ◄──┘
```

출처 : Bullock and Ignacio, eds, A Strategy for Assessing and Managing Occupational Exposure, Third Exdition, AIHA Press, 2006

2. 과정별 주요 내용

(1) 시작단계

　　노출평가의 전반적인 전략 수립

(2) 기본 특성 파악

　　작업장, 노동력, 환경인자의 기본 특성을 파악

(3) 노출평가 실시

　　기본 특성 정보를 고려하여 노출평가 실시

(4) 추가정보 우선순위 결정

　　수집된 노출자료 및 건강영향 자료의 불확실성을 감안하여 실시

(5) 추가정보수집

　　수집된 추가정보를 활용하여 불확실한 노출양상에 대한 판단을 높은 신뢰도로 해결

(6) 노출을 수용할 수 없는 경우

　　해당 유해인자의 위해도(risk) 우선순위에 입각하여 작업환경개선 및 관리를 실시

(7) 노출에 대한 주기적 재평가 실시

　　노출에 대하여 포괄적인 재평가를 주기적으로 실시

(8) 평가결과에 대한 유해성 또는 위해성 주지(Hazard or risk communication)와 자료의 유지 및 연계를 위한 문서화(documentation) 작업

※ 다음 논술형 2문제를 모두 답하시오. (각 25점)

06 산업안전보건법 시행규칙에 따라 물질안전보건자료대상물질을 사업장에서 취급하는 사업주는 물질안전보건자료대상물질을 담은 용기에 경고표시를 하는 경우 경고표지를 붙이거나 인쇄하는 등 유해·위험정보가 명확히 나타나게 해야 하며, 취급 근로자에게는 물질안전보건자료에 관한 교육을 실시해야 한다. 이와 관련하여 다음 물음에 답하시오.

(1) 경고표지에 포함되어야 하는 사항 6가지를 쓰고 각각에 관하여 설명하시오.

(2) 물질안전보건자료에 관한 교육내용에 관하여 설명하시오.

해설 (1) 경고표지의 포함 사항

경고표지 요소	정의
명칭	해당 물질안전보건자료대상물질의 명칭
그림문자	화학물질의 분류에 따라 유해·위험의 내용을 나타내는 그림
신호어	유해·위험의 심각성 정도에 따라 표시하는 "위험" 또는 "경고" 문구
유해·위험 문구	화학물질의 분류에 따라 유해·위험을 알리는 문구
예방조치 문구	화학물질에 노출되거나 부적절한 저장·취급 등으로 발생하는 유해·위험을 방지하기 위하여 알리는 주요 유의사항
공급자 정보	물질안전보건자료대상물질의 제조자 또는 공급자의 이름 및 전화번호 등

(2) 물질안전보건자에 관한 교육내용

사업주가 물질안전보건자료에 관한 교육을 할 때에는 교육하고자 하는 대상화학물질의 물질안전보건자료를 교육자료로 활용하여 다음의 내용을 교육한다.

① 작업장 내 물질안전보건자료 대상물질의 종류(화학물질의 명칭 또는 제품명)

물질안전보건자료 대상물질의 MSDS에서 제1항 "화학제품과 회사에 관한 정보"의 "가. 제품명"을 참조하여 교육

② 물리적 위험성 및 건강 유해성 및 환경에 미치는 영향

물질안전보건자료 대상물질의 MSDS에서 제2항 "유해성·위험성 분류"를 참조하여 교육

③ 취급상의 주의사항

물질안전보건자료 대상물질의 MSDS에서 제7항 "취급 및 저장방법"을 참조하여 교육

④ 적절한 보호구

물질안전보건자료 대상물질의 MSDS에서 제8항 "노출방지 및 개인보호구"의 "다. 개인보호구"를 참조하여 교육

⑤ 응급조치 요령 및 사고 시 대처방법

물질안전보건자료 대상물질의 MSDS에서 제4항~제6항 "응급조치 요령, 폭발화재 시 대처방법 및 누출사고 시 대처방법"을 참조하여 교육

플러스 학습

1. 산업안전보건법 시행규칙상 물질안전보건자료 관련 내용
   (1) 물질안전보건자료를 게시하거나 갖추어 두는 방법(제167조)
     ① 물질안전보건자료 대상물질을 취급하는 사업주는 다음의 어느 하나에 해당하는 장소 또는 전산장비에 항상 물질안전보건자료를 게시하거나 갖추어 두어야 한다. 다만, 장비에 게시하거나 갖추어 두는 경우에는 고용노동부장관이 정하는 조치를 해야 한다.
       ㉠ 물질안전보건자료 대상물질을 취급하는 작업공정이 있는 장소
       ㉡ 작업장 내 근로자가 가장 보기 쉬운 장소
       ㉢ 근로자가 작업 중 쉽게 접근할 수 있는 장소에 설치된 전산장비
     ② 건설공사, 안전보건규칙에 따른 임시 작업 또는 단시간 작업에 대해서는 물질안전보건자료 대상물질의 관리 요령으로 대신 게시하거나 갖추어 둘 수 있다. 다만, 근로자가 물질안전보건자료의 게시를 요청하는 경우에는 게시해야 한다.

   (2) 물질안전보건자료 대상물질의 관리 요령 게시(제168조)
     ① 작업공정별 관리 요령에 포함되어야 할 사항은 다음과 같다.
       ㉠ 제품명
       ㉡ 건강 및 환경에 대한 유해성, 물리적 위험성
       ㉢ 안전 및 보건상의 취급주의 사항
       ㉣ 적절한 보호구
       ㉤ 응급조치 요령 및 사고 시 대처방법
     ② 작업공정별 관리 요령을 작성할 때에는 물질안전보건자료에 적힌 내용을 참고해야 한다.
     ③ 작업공정별 관리 요령은 유해성·위험성이 유사한 물질안전보건자료 대상물질의 그룹별로 작성하여 게시할 수 있다.

   (3) 물질안전보건자료에 관한 교육의 시기·내용·방법 등(제169조)
     ① 사업주는 다음의 어느 하나에 해당하는 경우에는 작업장에서 취급하는 물질안전보건자료 대상물질의 물질안전보건자료에서 안전보건교육 교육대상별 교육내용에 해당되는 내용을 근로자에게 교육해야 한다. 이 경우 교육받은 근로자에 대해서는 해당 교육 시간만큼 안전·보건교육을 실시한 것으로 본다.
       ㉠ 물질안전보건자료 대상물질을 제조·사용·운반 또는 저장하는 작업에 근로자를 배치하게 된 경우
       ㉡ 새로운 물질안전보건자료 대상물질이 도입된 경우
       ㉢ 유해성·위험성 정보가 변경된 경우
     ② 사업주는 교육을 하는 경우에 유해성·위험성이 유사한 물질안전보건자료 대상물질을 그룹별로 분류하여 교육할 수 있다.
     ③ 사업주는 교육을 실시하였을 때에는 교육시간 및 내용 등을 기록하여 보존해야 한다.

(4) 경고표시 방법 및 기재항목(제170조)

① 물질안전보건자료 대상물질을 양도하거나 제공하는 자 또는 이를 사업장에서 취급하는 사업주가 경고표시를 하는 경우에는 물질안전보건자료 대상물질 단위로 경고표지를 작성하여 물질안전보건자료 대상물질을 담은 용기 및 포장에 붙이거나 인쇄하는 등 유해·위험정보가 명확히 나타나도록 해야 한다. 다만, 다음의 어느 하나에 해당하는 표시를 한 경우에는 경고표시를 한 것으로 본다.

   ㉠ 「고압가스 안전관리법」에 따른 용기 등의 표시

   ㉡ 「위험물 선박운송 및 저장규칙」에 따른 표시(해양수산부장관이 고시하는 수입물품에 대한 표시는 최초의 사용사업장으로 반입되기 전까지만 해당)

   ㉢ 「위험물안전관리법」에 따른 위험물의 운반용기에 관한 표시

   ㉣ 「항공안전법 시행규칙」에 따라 국토교통부장관이 고시하는 포장물의 표기(수입물용에 대한 표기는 최초의 사용사업장으로 반입되기 전까지만 해당)

   ㉤ 「화학물질관리법」에 따른 유해화학물질에 관한 표시

② ① 외의 부분 본문에 따른 경고표지에는 다음의 사항이 모두 포함되어야 한다.

   ㉠ 명칭 : 제품명

   ㉡ 그림문자 : 화학물질의 분류에 따라 유해·위험의 내용을 나타내는 그림

   ㉢ 신호어 : 유해·위험의 심각성 정도에 따라 표시하는 "위험" 또는 "경고" 문구

   ㉣ 유해·위험 문구 : 화학물질의 분류에 따라 유해·위험을 알리는 문구

   ㉤ 예방조치 문구 : 화학물질에 노출되거나 부적절한 저장·취급 등으로 발생하는 유해·위험을 방지하기 위하여 알리는 주요 유의사항

   ㉥ 공급자 정보 : 물질안전보건자료 대상물질의 제조자 또는 공급자의 이름 및 전화번호 등

③ 경고표지의 규격, 그림문자, 신호어, 유해·위험 문구, 예방조치 문구, 그 밖의 경고표시의 방법 등에 관하여 필요한 사항은 고용노동부장관이 정하여 고시한다.

2. 물질안전보건자료 교육 실시에 관한 지침상 주요 내용

(1) 용어 정의

① 물질안전보건자료

화학물질에 관한 구성성분의 명칭 및 함유량, 안전·보건상의 취급주의사항, 건강 및 환경에 대한 유해성 및 물리적 위험성 등의 화학물질 정보를 담은 자료를 말한다.

② 경고표지

물질안전보건자료 대상물질을 담은 용기 및 포장에 인쇄 또는 부착된 해당 물질의 명칭, 그림문자, 신호어, 유해·위험 문구 및 예방조치 문구 등의 정보를 말한다.

(2) 교육 실시 시기

① 새로운 물질안전보건자료 대상물질을 취급시키고자 하는 경우

② 신규 채용하여 물질안전보건자료 대상물질 취급 작업에 종사시키고자 하는 경우

③ 작업전환하여 물질안전보건자료 대상물질에 노출될 수 있는 작업에 종사시키고자 하는 경우

④ 물질안전보건자료 대상물질을 운반 또는 저장시키고자 하는 경우

⑤ 물질안전보건자료 대상물질을 사용하는 작업내용이나 방법이 바뀔 경우

⑥ 물질안전보건자료 대상물질의 유해성·위험성 정보가 변경된 경우

⑦ 장기적으로 사용하거나 노출되어 정기적으로 교육이 필요한 경우

⑧ 근로자들이 중요한 사항들을 기억하지 못한다고 판단될 경우

⑨ 기타 물질안전보건자료 대상물질로 인한 사고발생의 우려가 있다고 판단되는 경우

(3) 교육내용

사업주가 물질안전보건자료에 관한 교육을 할 때에는 교육하고자 하는 대상화학물질의 물질안전보건자료를 교육자료로 활용하여 다음의 내용을 교육한다.

① 작업장 내 물질안전보건자료 대상물질의 종류(화학물질의 명칭 또는 제품명)

물질안전보건자료 대상물질의 MSDS에서 제1항 "화학제품과 회사에 관한 정보"의 "가. 제품명"을 참조하여 교육

② 물리적 위험성 및 건강 유해성 및 환경에 미치는 영향

물질안전보건자료 대상물질의 MSDS에서 제2항 "유해성·위험성 분류"를 참조하여 교육

③ 취급상의 주의사항

물질안전보건자료 대상물질의 MSDS에서 제7항 "취급 및 저장방법"을 참조하여 교육

④ 적절한 보호구

물질안전보건자료 대상물질의 MSDS에서 제8항 "노출방지 및 개인보호구"의 "다. 개인보호구"를 참조하여 교육

⑤ 응급조치 요령 및 사고 시 대처방법

물질안전보건자료 대상물질의 MSDS에서 제4항~제6항 "응급조치 요령, 폭발화재 시 대처방법 및 누출사고 시 대처방법"을 참조하여 교육

⑥ MSDS 및 경고표지를 이해하는 방법

‖ 경고표지의 내용 ‖

경고표지 요소	정의
명칭	해당 물질안전보건자료 대상물질의 명칭
그림문자	화학물질의 분류에 따라 유해·위험의 내용을 나타내는 그림
신호어	유해·위험의 심각성 정도에 따라 표시하는 "위험" 또는 "경고" 문구
유해·위험 문구	화학물질의 분류에 따라 유해·위험을 알리는 문구
예방조치 문구	화학물질에 노출되거나 부적절한 저장·취급 등으로 발생하는 유해·위험을 방지하기 위하여 알리는 주요 유의사항
공급자 정보	물질안전보건자료 대상물질의 제조자 또는 공급자의 이름 및 전화번호 등

⑦ 전산장비로 물질안전보건자료를 게시·비치하는 경우 MSDS 프로그램 작동 방법 제품명 입력 및 MSDS 확인 방법

⑧ 국내·외 직업병 및 화학사고 사례

물질안전보건자료 대상물질로 인하여 국내·외에서 발생한 직업병 또는 화학사고(화재·폭발·누출사고) 사례 교육

(4) 교육 시 고려사항

① 근로자에 대한 교육은 잠재위험이 상존하는 현장에서 필요에 따라 수시로 함이 효과적이다. 또한, 물질안전보건자료에 관한 인지와 행동변화를 유도하기 위하여 주기적이며 지속적인 교육을 시행하도록 한다.

② 물질안전보건자료에 관한 교육은 지식의 요소를 포함하고 있지만, 근로자가 어떤 것을 아는 것보다는 행하는 것에 목적을 두고 실시해야 한다.

③ 교육전용시설 등을 이용한 집체교육에서는 너무 많은 사람이 한 번에 교육을 받지 않도록 배치한다.

④ 물질안전보건자료에 관한 교육을 할 때에는 일반적인 사항 보다는 해당 작업장에서 취급하는 화학물질의 특정 유해성·위험성에 초점을 맞추는 것이 필요하다.

⑤ 물질안전보건자료를 교육할 때에는 해당 작업공정별 관리요령을 포함하도록 한다. 즉, 근로자들이 수행하는 업무와 사용되는 도구, 재료, 장비들을 모두 포함해서 작업공정과 절차를 설명하면서 교육을 실시하도록 한다.

⑥ 교육대상자가 제한되어 있는 경우에는 안전보건관리자를 활용한 일대일 교육 등을 실시한다.

⑦ 교육시간을 확보하기 어려울 경우에는 품질관리와 생산관리를 위해 부서별 회의를 시행할 때에 물질안전보건자료에 관한 내용도 회의 때에 다룰 수 있도록 하는 것이 바람직하다.

⑧ 신규채용자에 대한 물질안전보건자료에 관한 교육은 사업장의 현장에서 OJT 교육을 통해서 직접 업무지도를 할 때에 포함하여 실시하도록 한다.

⑨ 외국인 근로자가 취업해 있는 경우에는 안전보건공단에서 제작한 외국인근로자를 위한 교육자료를 적극적으로 활용하는 것이 필요하다.

⑩ 비정규직 근로자가 함께 업무를 수행하고 있는 경우에는 물질안전보건자료에 관한 교육을 실시할 때에 제외되지 않도록 한다.

⑪ 고령 근로자가 물질안전보건자료에 관한 교육 대상으로 포함될 때에는 고령근로자를 위하여 교육자료의 글씨 크기를 크게 하고 이해력을 도모하기 위해 그림 등을 적절하게 삽입하여 교육자료를 만드는 것이 필요하다.

⑫ 사업장에서 자체적으로 교육하기 어려울 경우에는 안전보건공단 지역본부 및 지사 등 지역사회의 관련 단체에서 무료 교육을 시행해 주는 곳을 활용하도록 한다.

⑬ 관리감독자의 경우 외부에서 개최되는 각종 교육활동에 적극적으로 참여할 수 있도록 지원한다.

⑭ 사업주는 물질안전보건자료에 대한 교육을 하는 경우에는 유해성·위험성이 유사한 물질안전보건자료 대상물질을 그룹별로 분류하여 교육할 수 있다.

⑮ 사업주는 물질안전보건자료에 관한 교육을 실시할 때에 근로자와 관리감독자를 분리하여 실시할 수 있다.

⑸ 기록보관

① 사업주는 물질안전보건자료에 대한 교육을 실시하였을 때에는 교육시간 및 내용 등을 기록하여 보관하여야 한다.

② 서류보존 기간은 법에 명시하고 있지 않으므로 물질안전보건자료 대상물질이 사용되는 동안 교육결과를 보관하여야 한다.

물질안전보건자료 교육일지					결 재			

작성일자 : 20 년 월 일   작성자   (인)

사업장 안전보건교육 (산안법 제114조)		정기교육		채용시( )	작업내용 변경시	특별교육	
		월 1시간	월 2시간	8시간	2시간	16시간	
교육 인원	구분	계	남	여	교육 미참석 사유		
	교육대상자 수						
	교육실시자 수						
교육 내용	1. 작업장 내 물질안전보건자료 대상물질의 종류(화학물질의 명칭 또는 제품명) 2. 유해성 및 위험성 3. 물질안전보건자료 대상물질의 누출 또는 취급근로자에 대한 노출을 알아내기 위한 방법 4. 취급상 주의사항 5. 착용해야 할 보호구 6. 응급조치요령 및 사고시 대처방법			7. 물질안전보건자료와 경고표지를 읽고 이해하는 방법 8. 전산장비로 MSDS의 정보 전달을 하는 경우에는 그 장비를 이용하는 방법 9. 작업환경측정 및 특수건강진단의 주기·방법 등 10. 국내·외 직업병 사례 11. 기타 보다 자세한 정보를 얻을 수 있는 방법			
교육 실시자 및 장소		성명	직명		교육장소		비고

07 2010년 IARC(국제암연구소)에서는 조리 작업과 관련한 발암성에 대해 보고한 바 있다. 다음 물음에 답하시오.

(1) 산업보건 분야에서 흄(fume)의 정의와 발생 과정을 설명하시오.

(2) IARC 보고서에서 기술하고 있는 조리흄("cooking fumes" 혹은 "cooking oil fumes")의 정의 및 특징을 설명하시오.

(3) 조리 작업과 관련하여 IARC에서 발암성이 있다고 제시하고 있는 것을 쓰시오.

(4) 물음 (3)과 관련하여 발암성의 분류 등급을 쓰고 그 내용을 설명하시오.

(5) 조리 종사자의 폐암 발생이 증가한다고 보고한 조리 방법 3가지를 쓰시오.

해설 (1) 흄(fume)의 정의와 발생 과정
① 산업보건분야 흄(fume)의 정의
고체가 고열에 의해 기화된 후 공기 중 냉각되어 생성되는 마이크로미터 단위 이하 크기의 고체입자(미립자 물질)
② 흄의 발생과정(생성기전)
㉠ 금속의 증기화
㉡ 증기물의 산화
㉢ 산화물의 응축(고체 미립자)

(2) 조리흄(cooking fumes 혹은 cooking oil fumes)의 정의 및 특징
① 조리흄의 정의
고온의 기름으로 볶거나 튀겨 조리하는 동안 가시적인 배출물(IARC 정의)
② 조리흄의 특징
㉠ 조리흄은 고체가 기체로 변했다가 다시 고체가 된 흄은 아니며 일반적으로 기름을 사용한 조리과정에서 발생하는 배출물을 말한다.
㉡ 고온의 조리 중 생성되는 산업보건학적 유해인자에 적용되고 있다.
㉢ IARC는 고온의 튀김요리에서 발생하는 배출물질을 2A군으로 분류한다.
㉣ 튀김과 볶음 등 식용유를 고온으로 가열하게 되면 증기, 초미세먼지, 에어로졸 기름 방울, 연소산물, 유기성 가스상 유해물질 등이 생성된다.

(3) 조리 작업 관련 발암성 물질(IARC)
다환 방향족 탄화수소(PAHs), 포름알데히드, 아세트알데히드, 아크릴아마이드, 아크롤레인 등

(4) 포름알데히드 발암성 등급
① ACGIH : A1(상기도와 눈에 염증을 일으키고 상기도에 암을 유발)
② IARC : Group 1(인체에 대한 발암성이 충분함)
③ 우리나라 : 1A(사람에게 충분한 발암성 증거가 있는 물질)

(5) 폐암 발생 증가 조리방법
① 볶음(pan-frying)
② 튀김(shallow)
③ 부침(frying)

※ 다음 논술형 2문제 중 1문제를 선택하여 답하시오. (각 25점)

08 석면을 제거하는 사업장의 작업자를 대상으로 공기 중 석면 시료를 채취 및 분석한 자료이다. 다음 물음에 답하시오. (단, 계산 값은 소수점 둘째 자리까지 구하시오.)

○ 여과지 : 직경 25mm MCE 여과지(유효직경 22.2mm)
○ 시료채취 시간 : 2시간 15분
○ 개인용 시료채취기의 유량보정 : 비누거품미터기(뷰렛의 용량 650mL)의 비누 거품 통과 시간
  - 채취 전(3회 측정, 초) : 18.77, 18.75, 19.01
  - 채취 후(3회 측정, 초) : 19.42, 19.55, 19.99
○ 위상차현미경(PCM)을 이용한 섬유상 물질 계수 결과
  - 공시료(blank) 분석 : 0.03개/시야
  - 시료(sample) 분석 : 270개/75시야
  (단, Walton-Beckett graticule 한 시야의 직경은 $100\mu m$)

---

(1) 석면의 노출기준(TWA, 개/cm^3)을 쓰시오.

(2) 개인용 시료채취기의 유량(LPM)을 계산하시오.

(3) 시료채취 공기량(cm^3)을 계산하시오.

(4) 공시료 보정 후 여과지에 채취된 석면의 개수를 계산하시오.

(5) 공기 중 석면의 농도(개/cm^3)를 계산하시오.

해설 (1) 석면의 노출기준(TWA) : 0.1개/cm^3 이하

(2) • 시료 채취 전 유량

$$평균시간 = \frac{18.77 + 18.75 + 19.01}{3} = 18.84sec$$

$$0.65L : 18.84sec = x[L/min] : 60sec/min$$

$$x = \frac{0.65L \times 60sec/min}{18.84sec} = 2.07L/min(LPM)$$

• 시료 채취 후 유량

$$평균시간 = \frac{19.42 + 19.55 + 19.99}{3} = 19.65sec$$

$$0.65L : 19.65sec = x[L/min] : 60sec/min$$

$$x = \frac{0.65L \times 60sec/min}{19.65sec} = 1.98L/min(LPM)$$

$$\therefore 시료채취기 유량(LPM) = \frac{2.07L/min + 1.98L/min}{2} = 2.03L/min$$

(3) 시료채취 공기량(cm^3) = pump유량 × 시료채취시간

$\qquad$ = 2.03L/min × 135min

$\qquad$ = 274.05L × 1,000mL/L × cm^3/mL

$\qquad$ = 274,050cm^3

(4) 1시야당 실제 석면개수 = $\dfrac{270개}{75시야}$ − $\dfrac{0.03개}{시야}$ = 3.57개/시야

$\quad$ 여과지의 유효면적 = $\left(\dfrac{3.14 \times 22.2^2}{4} \right)$ = 386.88mm^2

$\quad$ 1시야의 면적 0.00785mm^2(그래티큘의 직경 100μm)

$\quad$ 석면개수 = $\dfrac{3.57개}{0.00785mm^2}$ × 386.88mm^2 = 175,944.15개

(5) 석면농도$(개/cm^3)$ = $\dfrac{175,944.15개}{274,050cm^3}$ = 0.64개/cm^3

플러스 학습

(1) 다음 식에 의하여 섬유밀도를 계산한다.

$$E = \dfrac{\left(\dfrac{F}{n_f} \right) + \left(\dfrac{B}{n_b} \right)}{A_f}$$

여기서, E : 단위면적당 섬유밀도(개/mm^2)

$\qquad$ F : 시료의 계수 섬유수(개)

$\qquad$ n_f : 시료의 계수 시야수(시료에서 관찰한 총 시야수)

$\qquad$ B : 공시료의 평균 계수 섬유수(개)

$\qquad$ n_b : 공시료의 계수 시야수(공시료에서 관찰한 총 시야수)

$\qquad$ A_f : 석면계수자 시야면적, 0.00785mm^2(그래티큘의 직경이 100μm일 때)

(2) 위에서 계산한 섬유밀도를 이용하여 다음과 같이 농도를 계산한다.

$$C = \dfrac{E \times A_c}{V \times 1,000}$$

여기서, C : 개/cm^3

$\qquad$ E : 단위면적당 섬유 밀도(개/mm^2)

$\qquad$ A_c : 여과지의 유효시료채취면적(실측하여 사용함)

$\qquad\qquad$ 시료채취 여과지 표면에 실제로 시료가 채취되는 면적인 유효시료채취면적
$\qquad\qquad$ (effective collection area)을 측정·계산한다.

$$A_c = \frac{\pi D^2}{4}[\text{mm}^2]$$

D : 시료가 채취되는 여과지 면의 지름(mm)

V : 시료의 공기 채취량(L)

(3) 예상 문제

노출기준이 0.1개/cm^{3}인 개인시료를 평가하기 위해 지름이 25mm인 여과지(유효여과면적, $A_c ≒ 385\text{mm}^2$)를 사용하여 2L/min의 유량으로 시료를 채취하고자 한다. 이때 최소시료채취시간(t)을 계산하시오. (단, 채취되어야 하는 섬유 수는 100시야당 20개, Walton – Beckett 그래티큘의 시야당 계수면적은 0.00785mm^{2}를 적용한다.)

[풀이]

$$\text{채취섬유개수} = \left(\frac{20\text{개}/100\text{시야}}{0.00785\text{mm}^2/\text{시야}} = 25.5\text{개}/\text{mm}^2\right) \times 385\text{mm}^2 = 9,817.5\text{개}$$

$$\text{최소시료채취시간} = \frac{9,817.5\text{개}}{2\text{L/min} \times 0.1\text{개}/\text{cm}^3 \times 1,000\text{cm}^3/\text{L}} = 49.09\text{min}$$

09 국소배기시스템 중 공기정화장치에 관한 다음 물음에 답하시오.

(1) 입자상 물질을 처리하기 위한 공기정화장치의 종류 3가지만 쓰고, 각각의 처리방식의 원리에 관하여 설명하시오.

(2) 가스상 물질을 처리하기 위한 공기정화장치의 종류 2가지만 쓰고, 각각의 처리방식의 원리에 관하여 설명하시오.

해설 (1) 입자상 물질 처리 공기정화장치

① 원심력집진장치(cyclone)

입자를 함유하는 가스에 선회운동을 시켰을 때 입자에 작용하는 원심력을 이용하여 배출가스 흐름으로부터 입자를 분리·포집하는 것으로 즉, cyclone 입구로 함진가스가 유입되면 원통부에서 원운동을 하면서 원추부 하부로 내려가 크고 무거운 입자는 원심력에 의해 원통부와 원추부의 내면에 충돌한 후 낙하하여 분진퇴적함으로 집진된다. 배출가스는 원추부의 반경이 짧아지면서 회전속도가 더욱 빨라지게 되고 원추부 하부에서 방향을 바꾸어 상승한 후 출구로 배출된다.

② 여과집진장치(Bag filter)

㉠ 원리

함진가스를 여과재(filter media)에 통과시켜 입자를 분리·포집하는 장치로서 $1\,\mu m$ 이상의 분진의 포집은 99%가 관성충돌과 직접 차단에 의하여 이루어지고 $0.1\,\mu m$ 이하의 분진은 확산과 정전기력에 의하여 포집하는 집진장치이다.

㉡ 입자 제거 메커니즘

ⓐ 관성충돌(Intertial Impaction)

• 분진의 입경이 커서 충분한 관성력이 있을 때 유선과 같이 발산하지 않고 그대로 직진한 후 분진은 여과포에 충돌하여 부착된다.

• 처리가스 중 분진의 입경과 처리가스의 속도가 상대적으로 커 입자에 충분한 관성력이 작용할 때 입자를 포집하는 기구(mechanism)이다.

• 유속이 빠를수록, 필터섬유가 조밀할수록 이 원리에 의한 포집비율이 커진다.

ⓑ 직접차단(간섭 : Direct Interception)

• 분진입자는 처리가스의 유선을 따라 이동하다가, 처리가스의 유선과 같이 발산하다가 여과포에 부딪쳐 부착된다.

• 분진입자의 입경이 비교적 작아 그 질량이 무시할 정도이고, 처리가스의 유속이 느려 입자에 작용하는 관성력이 상대적으로 작을 때 입자를 포집하는 기구이다.

• 입자 크기와 필터 기공의 비율이 상대적으로 클 때 중요한 기전이다.

ⓒ 확산(diffusion)

• $0.1\,\mu m$ 이하인 아주 작은 입자는 유선을 따라 운동하지 않고 브라운 운동(Brown motion)을 하므로 처리가스의 유선을 따라 움직이지 않고 확산에 의해 불규칙적으로 움직이다가 여과포에 부착된다.

- 분진입자의 직경이 0.1μm 이하의 아주 작은 경우 배출가스 중 입자를 포집하는 기구이다.
  ⓓ 정전기력(정전기 침강 : Electrostatic Settling)
  - 분진입자와 여과포 또는 분진입자 사이의 정전기적인 인력에 의해 여과포에 입자를 포집하는 기구이다.
  - 정전기적인 인력이 너무 강할 경우 탈진이 잘 되지 않는 문제도 있다.
  ⓔ 중력침강(Gravitional Settling)
    분진입자가 아주 클 경우 분진입자에 작용하는 중력에 의해 자유침강하여 여재에 부착 제거되거나 분진 퇴적함에 퇴적되어 직접 제거되는 기구이다.

③ 전기집진장치(Electrostatic Precipitator)

특고압 직류전원을 사용하여 집진극을 (+), 방전극을 (−)로 불평등 전계를 형성하고 이 전계에서의 코로나(corona)방전을 이용 함진가스 중의 입자에 전하를 부여, 대전입자를 쿨롱력(coulomb)으로 집진극에 분리포집하는 장치이다. 즉 대전입자의 하전에 의한 쿨롱력, 전계강도에 의한 힘, 입자간의 흡인력, 전기풍에 의한 힘에 의하여 집진이 이루어진다.

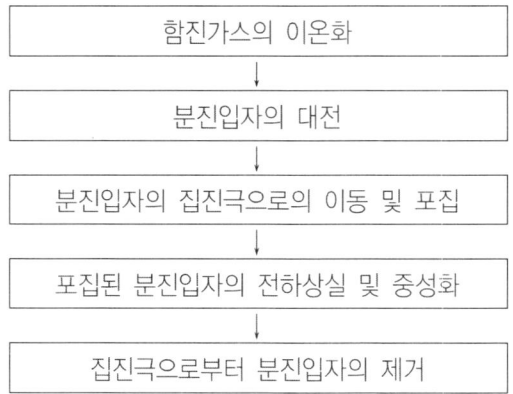

(2) 가스상 물질 처리 공기정화장치

① 흡수법(충전탑 : Packed Tower)

탑 내에 충전물을 넣어 배기가스와 흡수액적의 접촉표면적을 크게 하여 유해가스를 흡수하는 방식으로 충전물의 표면을 흡수액으로 도포하여 흡수액의 엷은 층을 형성시킨 후 유해가스와 흡수액을 접촉시켜 흡수시킨다. 즉 기 – 액 접촉면적을 크게 하기 위하여 충전물을 사용하며 흡수제와 충전물의 접촉에 의해 충전물에 용매의 얇은 막이 생기며, 유해가스는 상향류로 상부로 올라가 탑 내에서 기 – 액이 접촉하여 유해가스가 제거된다.

② 흡착법(활성탄 흡착탑 : Activated Carbon Tower)

흡착은 다공성 고체 표면에 유해가스나 증기분자가 부착되는 성질을 이용하여 흡착하는 원리이며, 특히 회수가치가 있는 불연성 희박농도가스의 처리 및 기체상 유해물질이 비연소성이거나 연소가 어려운 경우에 적용한다. 흡착장치로는 고정상·이동상·유동상 흡착장치 등이 있다. 흡착제의 비표면적과 흡착될 물질(흡착질)에 대한 친화력이 클수록 흡착효과가 증가하며 물리적 흡착(가역적)과 화학적 흡착(비가역적)으로 분류된다.

PART 2

부 록

부록의 내용은 산업보건지도사 대비 학습내용 중 산업안전보건 관련 법, 고용노동부 고시, 관련 지침의 중요사항만을 정리한 것입니다.

법 관련 내용, 고시, 지침 등은 산업보건지도사 시험에 출제비중이 높으므로 꼭 학습하여야 합니다.

반드시 정독하여 시험에 대비하시기 바랍니다.

유해인자 허용기준 이하 유지 대상 유해인자
(산업안전보건법 시행령 제84조 : 별표 26)

- 6가크롬 화합물
- 니켈 화합물(불용성 무기화합물로 한정)
- 디메틸포름아미드
- 1,2-디클로로프로판
- 메탄올
- 베릴륨 및 그 화합물
- 1,3-부타디엔
- 브롬화 메틸
- 석면(제조·사용하는 경우만 해당)
- 스티렌
- 아닐린
- 암모니아
- 염화비닐
- 일산화탄소
- 코발트 및 그 무기화합물
- 톨루엔
- 톨루엔-2,6-디이소시아네이트
- 트리클로로에틸렌
- n-헥산

- 납 및 그 무기화합물
- 니켈카르보닐
- 디클로로메탄
- 망간 및 그 무기화합물
- 메틸렌 비스(페닐 이소시아네이트)
- 벤젠
- 2-브로모프로판
- 산화에틸렌
- 수은 및 그 무기화합물
- 시클로헥사논
- 아크릴로니트릴
- 염소
- 이황화탄소
- 카드뮴 및 그 화합물
- 콜타르피치 휘발물
- 톨루엔-2,4-디이소시아네이트
- 트리클로로메탄
- 포름알데히드
- 황산

특수건강진단기관의 인력 · 시설 및 장비 기준
(산업안전보건법 시행령 제97조 제1항 : 별표 30)

1. 인력기준

① 「의료법」에 따른 직업환경의학과 전문의(2015년 12월 31일 당시 특수건강진단기관에서 특수건강진단 업무에 8년 이상 계속하여 종사하고 있는 의사를 포함) 1명 이상. 다만, 1년 동안 특수건강진단 실시 대상 근로자가 1만명을 넘는 경우에는 1만명마다 직업환경의학과 전문의를 1명씩 추가한다.

② 「의료법」에 따른 간호사 2명 이상

③ 「의료기사 등에 관한 법률」에 따른 임상병리사 1명 이상

④ 「의료기사 등에 관한 법률」에 따른 방사선사 1명 이상

⑤ 「고등교육법」에 따른 전문대학 또는 이와 같은 수준 이상의 학교에서 화학, 화공학, 약학 또는 산업보건학을 전공한 사람(법령에 따라 이와 같은 수준 이상의 학력이 있다고 인정되는 사람을 포함) 또는 산업위생관리산업기사 이상의 자격을 취득한 사람 1명 이상

2. 시설기준

① 진료실
② 방음실(청력검사용)
③ 임상병리검사실
④ 엑스선촬영실

3. 장비기준

① 시력검사기
② 청력검사기(오디오 체커는 제외)
③ 현미경
④ 항온수조
⑤ 엑스선촬영기
⑥ 자동 혈구계수기
⑦ 폐기능검사기
⑧ 냉장고
⑨ 간염검사용 기기
⑩ 저울(최소 측정단위가 0.01mg 이하)

⑪ 백혈구 백분율 계산기(자동혈구계수기로 계산이 가능한 경우는 제외)

⑫ 원심분리기(원심력을 이용해 혼합액을 분리하는 기계)

⑬ 자외선-가시광선 분광 광도계(같은 기기보다 성능이 우수한 기기 보유 시에는 제외)

⑭ 자동 혈액화학(생화학)분석기 또는 간기능검사 · 혈액화학검사 · 신장기능검사에 필요한 기기

⑮ 원자흡광광도계(시료 속의 금속원자가 흡수하는 빛의 양을 측정하는 장치) 또는 그 이상의 성능을 가진 기기

⑯ 가스크로마토그래프(기체 상태의 혼합물을 분리하여 분석하는 장치) 또는 그 이상의 성능을 가지는 기기. 다만, 사업장 부속의료기관으로서 특수건강진단기관으로 지정을 받으려고 하거나 지정을 받은 경우에는 그 사업장의 유해인자 유무에 따라 거목 또는 너목의 기기 모두를 갖추지 않을 수 있다.

지도사의 업무 영역별 업무 범위
(산업안전보건법 시행령 제102조 제2항 : 별표 31)

1. 산업보건지도사 (산업위생 분야)

① 유해위험방지계획서, 안전보건개선계획서, 물질안전보건자료 작성 지도
② 작업환경측정 결과에 대한 공학적 개선대책 기술 지도
③ 작업장 환기시설의 설계 및 시공에 필요한 기술 지도
④ 보건진단결과에 따른 작업환경 개선에 필요한 직업환경의학적 지도
⑤ 석면 해체·제거 작업 기술 지도
⑥ 갱내, 터널 또는 밀폐공간의 환기·배기시설의 안전성 평가 및 기술 지도
⑦ 그 밖에 산업보건에 관한 교육 또는 기술 지도

2. 산업보건지도사 (직업환경의학 분야)

① 유해위험방지계획서, 안전보건개선계획서 작성 지도
② 건강진단 결과에 따른 근로자 건강관리 지도
③ 직업병 예방을 위한 작업관리, 건강관리에 필요한 지도
④ 보건진단 결과에 따른 개선에 필요한 기술 지도
⑤ 그 밖에 직업환경의학, 건강관리에 관한 교육 또는 기술 지도

유해인자의 유해성 · 위험성 분류기준
(산업안전보건법 시행규칙 제141조 : 별표 18)

1. 화학물질의 분류기준

(1) 물리적 위험성 분류기준

① 폭발성 물질

자체의 화학반응에 따라 주위환경에 손상을 줄 수 있는 정도의 온도·압력 및 속도를 가진 가스를 발생시키는 고체·액체 또는 혼합물

② 인화성 가스

20℃, 표준압력(101.3kPa)에서 공기와 혼합하여 인화되는 범위에 있는 가스와 54℃ 이하 공기 중에서 자연발화하는 가스를 말한다.(혼합물을 포함)

③ 인화성 액체

표준압력(101.3kPa)에서 인화점이 93℃ 이하인 액체

④ 인화성 고체

쉽게 연소되거나 마찰에 의하여 화재를 일으키거나 촉진할 수 있는 물질

⑤ 에어로졸

재충전이 불가능한 금속·유리 또는 플라스틱 용기에 압축가스·액화가스 또는 용해가스를 충전하고 내용물을 가스에 현탁시킨 고체나 액상입자로, 액상 또는 가스상에서 폼·페이스트·분말상으로 배출되는 분사장치를 갖춘 것

⑥ 물반응성 물질

물과 상호작용을 하여 자연발화되거나 인화성 가스를 발생시키는 고체·액체 또는 혼합물

⑦ 산화성 가스

일반적으로 산소를 공급함으로써 공기보다 다른 물질의 연소를 더 잘 일으키거나 촉진하는 가스

⑧ 산화성 액체

그 자체로는 연소하지 않더라도, 일반적으로 산소를 발생시켜 다른 물질을 연소시키거나 연소를 촉진하는 액체

⑨ 산화성 고체

그 자체로는 연소하지 않더라도 일반적으로 산소를 발생시켜 다른 물질을 연소시키거나 연소를 촉진하는 고체

⑩ 고압가스

20℃, 200킬로파스칼(kPa) 이상의 압력 하에서 용기에 충전되어 있는 가스 또는 냉동액화가스 형태로 용기에 충전되어 있는 가스(압축가스, 액화가스, 냉동액화가스, 용해가스로 구분)

⑪ 자기반응성 물질

열적(熱的)인 면에서 불안정하여 산소가 공급되지 않아도 강렬하게 발열·분해하기 쉬운 액체·고체 또는 혼합물

⑫ 자연발화성 액체

적은 양으로도 공기와 접촉하여 5분 안에 발화할 수 있는 액체

⑬ 자연발화성 고체

적은 양으로도 공기와 접촉하여 5분 안에 발화할 수 있는 고체

⑭ 자기발열성 물질

주위의 에너지 공급 없이 공기와 반응하여 스스로 발열하는 물질(자기발화성 물질은 제외)

⑮ 유기과산화물

2가의 −O−O−구조를 가지고 1개 또는 2개의 수소 원자가 유기라디칼에 의하여 치환된 과산화수소의 유도체를 포함한 액체 또는 고체 유기물질

⑯ 금속 부식성 물질

화학적인 작용으로 금속에 손상 또는 부식을 일으키는 물질

(2) 건강 및 환경 유해성 분류기준

① 급성 독성 물질

입 또는 피부를 통하여 1회 투여 또는 24시간 이내에 여러 차례로 나누어 투여하거나 호흡기를 통하여 4시간 동안 흡입하는 경우 유해한 영향을 일으키는 물질

② 피부 부식성 또는 자극성 물질

접촉 시 피부조직을 파괴하거나 자극을 일으키는 물질(피부 부식성 물질 및 피부 자극성 물질로 구분)

③ 심한 눈 손상성 또는 자극성 물질

접촉 시 눈 조직의 손상 또는 시력의 저하 등을 일으키는 물질(눈 손상성 물질 및 눈 자극성 물질로 구분)

④ 호흡기 과민성 물질

호흡기를 통하여 흡입되는 경우 기도에 과민반응을 일으키는 물질

⑤ 피부 과민성 물질

피부에 접촉되는 경우 피부 알레르기 반응을 일으키는 물질

⑥ 발암성 물질

암을 일으키거나 그 발생을 증가시키는 물질

⑦ 생식세포 변이원성 물질

자손에게 유전될 수 있는 사람의 생식세포에 돌연변이를 일으킬 수 있는 물질

⑧ 생식독성 물질

생식기능, 생식능력 또는 태아의 발생·발육에 유해한 영향을 주는 물질

⑨ 특정 표적장기 독성 물질 (1회 노출)

1회 노출로 특정 표적장기 또는 전신에 독성을 일으키는 물질

⑩ 특정 표적장기 독성 물질 (반복 노출)

반복적인 노출로 특정 표적장기 또는 전신에 독성을 일으키는 물질

⑪ 흡인 유해성 물질

액체 또는 고체 화학물질이 입이나 코를 통하여 직접적으로 또는 구토로 인하여 간접적으로, 기관 및 더 깊은 호흡기관으로 유입되어 화학적 폐렴, 다양한 폐 손상이나 사망과 같은 심각한 급성 영향을 일으키는 물질

⑫ 수생 환경 유해성 물질

단기간 또는 장기간의 노출로 수생생물에 유해한 영향을 일으키는 물질

⑬ 오존층 유해성 물질

「오존층 보호를 위한 특정물질의 제조규제 등에 관한 법률」에 따른 특정물질

2. 물리적 인자의 분류기준

① 소음

소음성난청을 유발할 수 있는 85데시벨(A) 이상의 시끄러운 소리

② 진동

착암기, 손망치 등의 공구를 사용함으로써 발생되는 백랍병·레이노 현상·말초순환장애 등의 국소 진동 및 차량 등을 이용함으로써 발생되는 관절통·디스크·소화장애 등의 전신 진동

③ 방사선

직접·간접으로 공기 또는 세포를 전리하는 능력을 가진 알파선·베타선·감마선·엑스선·중성자선 등의 전자선

④ 이상기압

게이지 압력이 제곱센티미터당 1킬로그램 초과 또는 미만인 기압

⑤ 이상기온

고열·한랭·다습으로 인하여 열사병·동상·피부질환 등을 일으킬 수 있는 기온

3. 생물학적 인자의 분류기준

① 혈액매개 감염인자

인간면역결핍바이러스, B형·C형간염바이러스, 매독바이러스 등 혈액을 매개로 다른 사람에게 전염되어 질병을 유발하는 인자

② 공기매개 감염인자

결핵·수두·홍역 등 공기 또는 비말감염 등을 매개로 호흡기를 통하여 전염되는 인자

③ 곤충 및 동물매개 감염인자

쯔쯔가무시증, 렙토스피라증, 유행성출혈열 등 동물의 배설물 등에 의하여 전염되는 인자 및 탄저병, 브루셀라병 등 가축 또는 야생동물로부터 사람에게 감염되는 인자

유해인자별 노출 농도의 허용기준
[산업안전보건법 시행규칙 제145조 제1항 : 별표 19]

유해인자		허용기준			
		시간가중평균값(TWA)		단시간 노출값(STEL)	
		ppm	mg/m³	ppm	mg/m³
1. 6가크롬 화합물 (Chromium VI compounds)	불용성		0.01		
	수용성		0.05		
2. 납 및 그 무기화합물 (Lead and its inorganic compounds)			0.05		
3. 니켈 화합물(불용성 무기화합물로 한정) (Nickel and its insoluble inorganic compounds)			0.2		
4. 니켈카르보닐(Nickel carbonyl)		0.001			
5. 디메틸포름아미드(Dimethylformamide)		10			
6. 디클로로메탄(Dichloromethane)		50			
7. 1,2-디클로로프로판(1,2-Dichloro propane)		10		110	
8. 망간 및 그 무기화합물 (Manganese and its inorganic compounds)			1		
9. 메탄올(Methanol)		200		250	
10. 메틸렌 비스(페닐 이소시아네이트) [Methylene bis(phenyl isocya nate) 등]		0.005			
11. 베릴륨 및 그 화합물(Beryllium and its compounds)			0.002		0.01
12. 벤젠(Benzene)		0.5		2.5	
13. 1,3-부타디엔(1,3-Butadiene)		2		10	
14. 2-브로모프로판(2-Bromopropane)		1			
15. 브롬화 메틸(Methyl bromide)		1			
16. 산화에틸렌(Ethylene oxide)		1			
17. 석면(제조·사용하는 경우만 해당) (Asbestos)			0.1개/cm³		
18. 수은 및 그 무기화합물 (Mercury and its inorganic compounds)			0.025		
19. 스티렌(Styrene)		20		40	
20. 시클로헥사논(Cyclohexanone)		25		50	

유해인자	허용기준			
	시간가중평균값(TWA)		단시간 노출값(STEL)	
	ppm	mg/m³	ppm	mg/m³
21. 아닐린(Aniline)	2			
22. 아크릴로니트릴(Acrylonitrile)	2			
23. 암모니아(Ammonia)	25		35	
24. 염소(Chlorine)	0.5		1	
25. 염화비닐(Vinyl chloride)	1			
26. 이황화탄소(Carbon disulfide)	1			
27. 일산화탄소(Carbon monoxide)	30		200	
28. 카드뮴 및 그 화합물(Cadmium and its compounds)		0.01 (호흡성 분진인 경우 0.002)		
29. 코발트 및 그 무기화합물 (Cobalt and its inorganic compounds)		0.02		
30. 콜타르피치 휘발물(Coal tar pitch volatiles)		0.2		
31. 톨루엔(Toluene)	50		150	
32. 톨루엔-2,4-디이소시아네이트 (Toluene-2,4-diisocyanate)	0.005		0.02	
33. 톨루엔-2,6-디이소시아네이트 (Toluene-2,6-diisocyanate)	0.005		0.02	
34. 트리클로로메탄(Trichloromethane)	10			
35. 트리클로로에틸렌(Trichloroethylene)	10		25	
36. 포름알데히드(Formaldehyde)	0.3			
37. n-헥산(n-Hexane)	50			
38. 황산(Sulfuric acid)		0.2		0.6

※ 비고

1. "시간가중평균값(TWA, Time-Weighted Average)"이란 1일 8시간 작업을 기준으로 한 평균노출농도로서 산출공식은 다음과 같다.

$$\text{TWA환산값} = \frac{C_1 \cdot T_1 + C_1 \cdot T_1 + \cdots + C_n \cdot T_n}{8}$$

주) C : 유해인자의 측정농도(단위 : ppm, mg/m³ 또는 개/cm³)

T : 유해인자의 발생시간(단위 : 시간)

2. "단시간 노출값(STEL, Short-Term Exposure Limit)"이란 15분 간의 시간가중평균값으로서 노출 농도가 시간가중평균값을 초과하고 단시간 노출값 이하인 경우에는 ① 1회 노출 지속시간이 15분 미만이어야 하고, ② 이러한 상태가 1일 4회 이하로 발생해야 하며, ③ 각 회의 간격은 60분 이상이어야 한다.

3. "등"이란 해당 화학물질에 이성질체 등 동일 속성을 가지는 2개 이상의 화합물이 존재할 수 있는 경우를 말한다.

작업환경측정 대상 유해인자
(산업안전보건법 시행규칙 제186조 제1항 : 별표 21)

1. 화학적 인자

(1) 유기화합물 (114종)

① 글루타르알데히드
② 니트로글리세린
③ 니트로메탄
④ 니트로벤젠
⑤ p-니트로아닐린
⑥ p-니트로클로로벤젠
⑦ 디니트로톨루엔
⑧ N,N-디메틸아닐린
⑨ 디메틸아민
⑩ N,N-디메틸아세트아미드
⑪ 디메틸포름아미드
⑫ 디에탄올아민
⑬ 디에틸 에테르
⑭ 에틸렌트리아민
⑮ 2-디에틸아미노에탄올
⑯ 디에틸아민
⑰ 1,4-디옥산
⑱ 디이소부틸케톤
⑲ 1,1-디클로로-1-플루오로에탄
⑳ 디클로로메탄
㉑ o-디클로로벤젠
㉒ 1,2-디클로로에탄
㉓ 1,2-디클로로에틸렌
㉔ 1,2-디클로로프로판
㉕ 디클로로플루오로메탄
㉖ p-디히드록시벤젠
㉗ 메탄올
㉘ 2-메톡시에탄올
㉙ 2-메톡시에틸 아세테이트
㉚ 메틸 n-부틸 케톤
㉛ 메틸 n-아밀 케톤
㉜ 메틸 아민
㉝ 메틸 아세테이트
㉞ 메틸 에틸 케톤
㉟ 메틸 이소부틸 케톤
㊱ 메틸 클로라이드
㊲ 메틸 클로로포름
㊳ 메틸렌 비스(페닐 이소시아네이트)
㊴ o-메틸시클로헥사논
㊵ 메틸시클로헥사놀
㊶ 무수 말레산
㊷ 무수 프탈산
㊸ 벤젠
㊹ 1,3-부타디엔
㊺ n-부탄올
㊻ 2-부탄올
㊼ 2-부톡시에탄올
㊽ 2-부톡시에틸 아세테이트
㊾ n-부틸 아세테이트
㊿ 1-브로모프로판
51 2-브로모프로판
52 브롬화 메틸
53 비닐 아세테이트
54 사염화탄소

(55) 스토다드 솔벤트
(56) 스티렌
(57) 시클로헥사논
(58) 시클로헥사놀
(59) 시클로헥산
(60) 시클로헥센
(61) 아닐린 및 그 동족체
(62) 아세토니트릴
(63) 아세톤
(64) 아세트알데히드
(65) 아크릴로니트릴
(66) 아크릴아미드
(67) 알릴 글리시딜 에테르
(68) 에탄올아민
(69) 2-에톡시에탄올
(70) 2-에톡시에틸 아세테이트
(71) 에틸 벤젠
(72) 에틸 아세테이트
(73) 에틸 아크릴레이트
(74) 에틸렌 글리콜
(75) 에틸렌 글리콜 디니트레이트
(76) 에틸렌 클로로히드린
(77) 에틸렌이민
(78) 에틸아민
(79) 2,3-에폭시-1-프로판올
(80) 1,2-에폭시프로판
(81) 에피클로로히드린
(82) 요오드화 메틸
(83) 이소부틸 아세테이트
(84) 이소부틸 알코올
(85) 이소아밀 아세테이트
(86) 이소아밀 알코올
(87) 이소프로필 아세테이트
(88) 이소프로필 알코올
(89) 이황화탄소
(90) 크레졸
(91) 크실렌
(92) 클로로벤젠
(93) 1,1,2,2-테트라클로로에탄
(94) 테트라히드로푸란
(95) 톨루엔
(96) 톨루엔-2,4-디이소시아네이트
(97) 톨루엔-2,6-디이소시아네이트
(98) 트리에틸아민
(99) 트리클로로메탄
(100) 1,1,2-트리클로로에탄
(101) 트리클로로에틸렌
(102) 1,2,3-트리클로로프로판
(103) 퍼클로로에틸렌
(104) 페놀
(105) 펜타클로로페놀
(106) 포름알데히드
(107) 프로필렌이민
(108) n-프로필 아세테이트
(109) 피리딘
(110) 헥사메틸렌 디이소시아네이트
(111) n-헥산
(112) n-헵탄
(113) 황산 디메틸
(114) 히드라진
(115) ①부터 (114)까지의 물질을 용량비율 1퍼센트 이상 함유한 혼합물

(2) 금속류 (24종)

① 구리(분진, 미스트, 흄)
② 납 및 그 무기화합물
③ 니켈 및 그 무기화합물, 니켈 카르보닐
④ 망간 및 그 무기화합물
⑤ 바륨 및 그 가용성 화합물
⑥ 백금 및 그 가용성 염
⑦ 산화마그네슘
⑧ 산화아연(분진, 흄)

⑨ 산화철(분진, 흄)   ⑩ 셀레늄 및 그 화합물
⑪ 수은 및 그 화합물   ⑫ 안티몬 및 그 화합물
⑬ 알루미늄 및 그 화합물   ⑭ 오산화바나듐(분진, 흄)
⑮ 요오드 및 요오드화물   ⑯ 인듐 및 그 화합물
⑰ 은 및 그 가용성 화합물   ⑱ 이산화티타늄
⑲ 주석 및 그 화합물(수소화 주석은 제외)   ⑳ 지르코늄 및 그 화합물
㉑ 카드뮴 및 그 화합물   ㉒ 코발트 및 그 무기화합물
㉓ 크롬 및 그 무기화합물   ㉔ 텅스텐 및 그 화합물
㉕ ①부터 ㉔까지의 규정에 따른 물질을 중량비율 1퍼센트 이상 함유한 혼합물

(3) 산 및 알칼리류 (17종)

① 개미산   ② 과산화수소
③ 무수 초산   ④ 불화수소
⑤ 브롬화수소   ⑥ 수산화 나트륨
⑦ 수산화 칼륨   ⑧ 시안화 나트륨
⑨ 시안화 칼륨   ⑩ 시안화 칼슘
⑪ 아크릴산   ⑫ 염화수소
⑬ 인산   ⑭ 질산
⑮ 초산   ⑯ 트리클로로아세트산
⑰ 황산
⑱ ①부터 ⑰까지의 물질을 중량비율 1퍼센트 이상 함유한 혼합물

(4) 가스 상태 물질류 (15종)

① 불소   ② 브롬
③ 산화에틸렌   ④ 삼수소화 비소
⑤ 시안화 수소   ⑥ 암모니아
⑦ 염소   ⑧ 오존
⑨ 이산화질소   ⑩ 이산화황
⑪ 일산화질소   ⑫ 일산화탄소
⑬ 포스겐   ⑭ 포스핀
⑮ 황화수소
⑯ ①부터 ⑮까지의 물질을 용량비율 1퍼센트 이상 함유한 혼합물

(5) 허가 대상 유해물질 (12종)

① α-나프틸아민 및 그 염   ② 디아니시딘 및 그 염
③ 디클로로벤지딘 및 그 염   ④ 베릴륨 및 그 화합물
⑤ 벤조트리클로라이드   ⑥ 비소 및 그 무기화합물
⑦ 염화비닐   ⑧ 콜타르피치 휘발물

⑨ 크롬광 가공[열을 가하여 소성(변형된 형태 유지) 처리하는 경우만 해당]

⑩ 크롬산 아연　　　　　　　　　　　　⑪ o-톨리딘 및 그 염

⑫ 황화니켈류

⑬ ①부터 ④까지 및 ⑥부터 ⑫까지의 어느 하나에 해당하는 물질을 중량비율 1퍼센트 이상 함유한 혼합물

⑭ ⑤의 물질을 중량비율 0.5퍼센트 이상 함유한 혼합물

(6) 금속가공유 [Metal working fluids(MWFs), 1종]

2. 물리적 인자 (2종)

① 8시간 시간가중평균 80dB 이상의 소음
② 안전보건규칙에 따른 고열

3. 분진 (7종)

(1) 광물성 분진(Mineral dust)
　① 규산
　　㉠ 석영　　　　　　　㉡ 크리스토발라이트　　　㉢ 트리디마이트
　② 규산염
　　㉠ 소우프스톤　　　　㉡ 운모　　　　　　　　　㉢ 포틀랜드 시멘트
　　㉣ 활석(석면 불포함)　㉤ 흑연
　③ 그 밖의 광물성 분진

(2) 곡물 분진

(3) 면 분진

(4) 목재 분진

(5) 석면 분진

(6) 용접 흄

(7) 유리섬유

4. 그 밖에 고용노동부장관이 정하여 고시하는 인체에 해로운 유해인자

※ 비고 : "등"이란 해당 화학물질에 이성질체 등 동일 속성을 가지는 2개 이상의 화합물이 존재할 수 있는 경우를 말한다.

휴게시설 설치 · 관리기준
(산업안전보건법 시행규칙 제194조의2 : 별표 21의2)

1. 크기

① 휴게시설의 최소 바닥면적은 6제곱미터로 한다. 다만, 둘 이상의 사업장의 근로자가 공동으로 같은 휴게시설(공동휴게시설)을 사용하게 하는 경우 공동휴게시설의 바닥면적은 6제곱미터에 사업장의 개수를 곱한 면적 이상으로 한다.

② 휴게시설의 바닥에서 천장까지의 높이는 2.1미터 이상으로 한다.

③ ① 본문에도 불구하고 근로자의 휴식 주기, 이용자 성별, 동시 사용인원 등을 고려하여 최소면적을 근로자대표와 협의하여 6제곱미터가 넘는 면적으로 정한 경우에는 근로자대표와 협의한 면적을 최소 바닥면적으로 한다.

④ ① 단서에도 불구하고 근로자의 휴식 주기, 이용자 성별, 동시 사용인원 등을 고려하여 공동휴게시설의 바닥면적을 근로자대표와 협의하여 정한 경우에는 근로자대표와 협의한 면적을 공동휴게시설의 최소 바닥면적으로 한다.

2. 위치

다음의 요건을 모두 갖춰야 한다.

① 근로자가 이용하기 편리하고 가까운 곳에 있어야 한다. 이 경우 공동휴게시설은 각 사업장에서 휴게시설까지의 왕복 이동에 걸리는 시간이 휴식시간의 20퍼센트를 넘지 않는 곳에 있어야 한다.

② 다음의 모든 장소에서 떨어진 곳에 있어야 한다.

   ㉠ 화재·폭발 등의 위험이 있는 장소

   ㉡ 유해물질을 취급하는 장소

   ㉢ 인체에 해로운 분진 등을 발산하거나 소음에 노출되어 휴식을 취하기 어려운 장소

3. 온도

적정한 온도(18℃~28℃)를 유지할 수 있는 냉난방 기능이 갖춰져 있어야 한다.

4. 습도

적정한 습도(50%~55%. 다만, 일시적으로 대기 중 상대습도가 현저히 높거나 낮아 적정한 습도를 유지하기 어렵다고 고용노동부장관이 인정하는 경우는 제외)를 유지할 수 있는 습도 조절 기능이 갖춰져 있어야 한다.

5. 조명

적정한 밝기(100럭스~200럭스)를 유지할 수 있는 조명 조절 기능이 갖춰져 있어야 한다.

6. 창문 등을 통하여 환기가 가능해야 한다.

7. 의자 등 휴식에 필요한 비품이 갖춰져 있어야 한다.

8. 마실 수 있는 물이나 식수 설비가 갖춰져 있어야 한다.

9. 휴게시설임을 알 수 있는 표지가 휴게시설 외부에 부착돼 있어야 한다.

10. 휴게시설의 청소·관리 등을 하는 담당자가 지정돼 있어야 한다. 이 경우 공동휴게시설은 사업장마다 각각 담당자가 지정돼 있어야 한다.

11. 물품 보관 등 휴게시설 목적 외의 용도로 사용하지 않도록 한다.

※ 비고

다음에 해당하는 경우에는 다음의 구분에 따라 1부터 6까지의 규정에 따른 휴게시설 설치·관리기준의 일부를 적용하지 않는다.

가. 사업장 전용면적의 총 합이 300제곱미터 미만인 경우 : 1 및 2의 기준

나. 작업장소가 일정하지 않거나 전기가 공급되지 않는 등 작업특성상 실내에 휴게시설을 갖추기 곤란한 경우로서 그늘막 등 간이 휴게시설을 설치한 경우 : 3부터 6까지의 규정에 따른 기준

다. 건조 중인 선박 등에 휴게시설을 설치하는 경우 : 4의 기준

특수건강진단 대상 유해인자
(산업안전보건법 시행규칙 제201조 : 별표 22)

1. 화학적 인자

(1) 유기화합물 (109종)

① 가솔린	② 글루타르알데히드
③ β-나프틸아민	④ 니트로글리세린
⑤ 니트로메탄	⑥ 니트로벤젠
⑦ p-니트로아닐린	⑧ p-니트로클로로벤젠
⑨ 디니트로톨루엔	⑩ N,N-디메틸아닐린
⑪ p-디메틸아미노아조벤젠	⑫ N,N-디메틸아세트아미드
⑬ 디메틸포름아미드	⑭ 디에틸 에테르
⑮ 디에틸렌트리아민	⑯ 1,4-디옥산
⑰ 디이소부틸케톤	⑱ 디클로로메탄
⑲ o-디클로로벤젠	⑳ 1,2-디클로로에탄
㉑ 1,2-디클로로에틸렌	㉒ 1,2-디클로로프로판
㉓ 디클로로플루오로메탄	㉔ p-디히드록시벤젠
㉕ 마젠타	㉖ 메탄올
㉗ 2-메톡시에탄올	㉘ 2-메톡시에틸 아세테이트
㉙ 메틸 n-부틸 케톤	㉚ 메틸 n-아밀 케톤
㉛ 메틸 에틸 케톤	㉜ 메틸 이소부틸 케톤
㉝ 메틸 클로라이드	㉞ 메틸 클로로포름
㉟ 메틸렌 비스(페닐 이소시아네이트)	㊱ 4,4'-메틸렌 비스(2-클로로아닐린)
㊲ o-메틸시클로헥사논	㊳ 메틸시클로헥사놀
㊴ 무수 말레산	㊵ 무수 프탈산
㊶ 벤젠	㊷ 벤지딘 및 그 염
㊸ 1,3-부타디엔	㊹ n-부탄올
㊺ 2-부탄올	㊻ 2-부톡시에탄올
㊼ 2-부톡시에틸 아세테이트	㊽ 1-브로모프로판
㊾ 2-브로모프로판	㊿ 브롬화 메틸
51 비스(클로로메틸) 에테르	52 사염화탄소
53 스토다드 솔벤트	54 스티렌
55 시클로헥사논	56 시클로헥사놀

57 시클로헥산 58 시클로헥센
59 아닐린 및 그 동족체 60 아세토니트릴
61 아세톤 62 아세트알데히드
63 아우라민 64 아크릴로니트릴
65 아크릴아미드 66 2-에톡시에탄올
67 2-에톡시에틸 아세테이트 68 에틸 벤젠
69 에틸 아크릴레이트 70 에틸렌 글리콜
71 에틸렌 글리콜 디니트레이트 72 에틸렌 클로로히드린
73 에틸렌이민 74 2,3-에폭시-1-프로판올
75 에피클로로히드린 76 염소화비페닐
77 요오드화 메틸 78 이소부틸 알코올
79 이소아밀 아세테이트 80 이소아밀 알코올
81 이소프로필 알코올 82 이황화탄소
83 콜타르 84 크레졸
85 크실렌 86 클로로메틸 메틸 에테르
87 클로로벤젠 88 테레빈유
89 1,1,2,2-테트라클로로에탄 90 테트라히드로푸란
91 톨루엔 92 톨루엔-2,4-디이소시아네이트
93 톨루엔-2,6-디이소시아네이트 94 트리클로로메탄
95 1,1,2-트리클로로에탄 96 트리클로로에틸렌
97 1,2,3-트리클로로프로판 98 퍼클로로에틸렌
99 페놀 100 펜타클로로페놀
101 포름알데히드 102 β-프로피오락톤
103 o-프탈로디니트릴 104 피리딘
105 헥사메틸렌 디이소시아네이트 106 n-헥산
107 n-헵탄 108 황산 디메틸
109 히드라진
110 1부터 109까지의 물질을 용량비율 1퍼센트 이상 함유한 혼합물

(2) 금속류 (20종)

① 구리 (분진, 미스트, 흄) ② 납 및 그 무기화합물
③ 니켈 및 그 무기화합물, 니켈 카르보닐 ④ 망간 및 그 무기화합물
⑤ 사알킬납 ⑥ 산화아연 (분진, 흄)
⑦ 산화철 (분진, 흄) ⑧ 삼산화비소
⑨ 수은 및 그 화합물 ⑩ 안티몬 및 그 화합물
⑪ 알루미늄 및 그 화합물 ⑫ 오산화바나듐 (분진, 흄)
⑬ 요오드 및 요오드화물 ⑭ 인듐 및 그 화합물

⑮ 주석 및 그 화합물　　　　　　　⑯ 지르코늄 및 그 화합물

⑰ 카드뮴 및 그 화합물　　　　　　⑱ 코발트 (분진, 홈)

⑲ 크롬 및 그 화합물　　　　　　　⑳ 텅스텐 및 그 화합물

㉑ ①부터 ⑳까지의 물질을 중량비율 1퍼센트 이상 함유한 혼합물

(3) 산 및 알카리류 (8종)

① 무수 초산　　　　　　　　　　② 불화수소

③ 시안화 나트륨　　　　　　　　④ 시안화 칼륨

⑤ 염화수소　　　　　　　　　　⑥ 질산

⑦ 트리클로로아세트산　　　　　⑧ 황산

⑨ ①부터 ⑧까지의 물질을 중량비율 1퍼센트 이상 함유한 혼합물

(4) 가스 상태 물질류 (14종)

① 불소　　　　　　　　　　　　② 브롬

③ 산화에틸렌　　　　　　　　　④ 삼수소화 비소

⑤ 시안화 수소　　　　　　　　　⑥ 염소

⑦ 오존　　　　　　　　　　　　⑧ 이산화질소

⑨ 이산화황　　　　　　　　　　⑩ 일산화질소

⑪ 일산화탄소　　　　　　　　　⑫ 포스겐

⑬ 포스핀　　　　　　　　　　　⑭ 황화수소

⑮ ①부터 ⑭까지의 규정에 따른 물질을 용량비율 1퍼센트 이상 함유한 혼합물

(5) 허가 대상 유해물질 (12종)

① α-나프틸아민 및 그 염　　　　② 디아니시딘 및 그 염

③ 디클로로벤지딘 및 그 염　　　④ 베릴륨 및 그 화합물

⑤ 벤조트리클로라이드　　　　　⑥ 비소 및 그 무기화합물

⑦ 염화비닐

⑧ 콜타르피치 휘발물 (코크스 제조 또는 취급업무)

⑨ 크롬광 가공 [열을 가하여 소성(변형된 형태 유지) 처리하는 경우만 해당]

⑩ 크롬산 아연

⑪ o-톨리딘 및 그 염

⑫ 황화니켈류

⑬ ①부터 ④까지 및 ⑥부터 ⑪까지의 물질을 중량비율 1퍼센트 이상 함유한 혼합물

⑭ ⑤의 물질을 중량비율 0.5퍼센트 이상 함유한 혼합물

(6) 금속가공유 (Metal working fluids)

미네랄 오일 미스트 (광물성 오일, Oil mist, mineral)

2. 분진 (7종)

① 곡물 분진　　　② 광물성 분진　　　③ 면 분진

④ 목재 분진　　　⑤ 용접 흄　　　　　⑥ 유리 섬유

⑦ 석면 분진

3. 물리적 인자 (8종)

① 소음작업, 강렬한 소음작업 및 충격소음작업에서 발생하는 소음

② 진동작업에서 발생하는 진동

③ 방사선

④ 고기압

⑤ 저기압

⑥ 유해광선

　　㉠ 자외선　　　　　㉡ 적외선　　　　　㉢ 마이크로파 및 라디오파

4. 야간작업 (2종)

① 6개월간 밤 12시부터 오전 5시까지의 시간을 포함하여 계속되는 8시간 작업을 월 평균 4회 이상 수행하는 경우

② 6개월간 오후 10시부터 다음날 오전 6시 사이의 시간 중 작업을 월 평균 60시간 이상 수행하는 경우

※ 비고 : "등"이란 해당 화학물질에 이성질체 등 동일 속성을 가지는 2개 이상의 화합물이 존재할 수 있는 경우를 말한다.

특수건강진단의 시기 및 주기
(산업안전보건법 시행규칙 제202조 제1항 : 별표 23)

구분	대상 유해인자	시기 (배치 후 첫 번째 특수 건강진단)	주기
1	N,N-디메틸아세트아미드 디메틸포름아미드	1개월 이내	6개월
2	벤젠	2개월 이내	6개월
3	1,1,2,2-테트라클로로에탄 사염화탄소 아크릴로니트릴 염화비닐	3개월 이내	6개월
4	석면, 면 분진	12개월 이내	12개월
5	광물성 분진 목재 분진 소음 및 충격소음	12개월 이내	24개월
6	1부터 5까지의 대상 유해인자를 제외한 모든 대상 유해인자	6개월 이내	12개월

특수건강진단 · 배치전건강진단 · 수시건강진단의 검사항목
(산업안전보건법 시행규칙 제206조 : 별표 24)

1. 유해인자별 특수건강진단 · 배치전건강진단 · 수시건강진단의 검사항목

(1) 화학적 인자

① 유기화합물 (109종)

번호	유해인자	제1차 검사항목	제2차 검사항목
1	가솔린 (Gasoline)	(1) 직업력 및 노출력 조사 (2) 주요 표적기관과 관련된 병력조사 (3) 임상검사 및 진찰 　① 간담도계 : AST(SGOT), 　　ALT(SGPT), γ-GTP 　② 비뇨기계 : 요검사 10종 　③ 신경계 : 신경계 증상 문진, 신경증 　　상에 유의하여 진찰	임상검사 및 진찰 ① 간담도계 : AST(SGOT), ALT(SGPT), γ-GTP, 총단백, 알부민, 총빌리루빈, 직접빌리루빈, 알카리포스파타아제, 알파피토단백, B형간염 표면항원, B형간염 표면항체, C형간염 항체, A형간염 항체, 초음파검사 ② 비뇨기계 : 단백뇨정량, 혈청 크레아티닌, 요소질소 ③ 신경계 : 신경행동검사, 임상심리검사, 신경학적 검사
2	글루타르알데히드 (Glutaraldehyde)	(1) 직업력 및 노출력 조사 (2) 주요 표적기관과 관련된 병력조사 (3) 임상검사 및 진찰 　① 호흡기계 : 청진, 폐활량검사 　② 눈, 피부, 비강(鼻腔), 인두(咽頭) : 　　점막자극증상 문진	임상검사 및 진찰 ① 호흡기계 : 흉부방사선(측면), 흉부방사선(후전면), 작업 중 최대날숨유량 연속 측정, 비특이 기도과민검사 ② 눈, 피부, 비강, 인두 : 세극 등현미경검사, 비강 및 인두검사, 면역글로불린 정량(IgE), 피부첩포시험(皮膚貼布試驗), 피부단자시험, KOH검사
3	β-나프틸아민 (β-Naphthyl amine)	(1) 직업력 및 노출력 조사 (2) 주요 표적기관과 관련된 병력조사 (3) 임상검사 및 진찰 　① 비뇨기계 : 요검사 10종, 소변세포병리검사(아침 첫 소변 채취) 　② 눈, 피부 : 관련 증상 문진	임상검사 및 진찰 ① 비뇨기계 : 단백뇨정량, 혈청 크레아티닌, 요소질소, 비뇨기과 진료 ② 눈, 피부 : 면역글로불린 정량(IgE), 피부첩포시험, 피부단자시험, KOH검사

번호	유해인자	제1차 검사항목	제2차 검사항목
4	니트로글리세린 (Nitroglycerin)	(1) 직업력 및 노출력 조사 (2) 주요 표적기관과 관련된 병력조사 (3) 임상검사 및 진찰 　① 조혈기계 : 혈색소량, 혈구용적치, 적혈구 수, 백혈구 수, 혈소판 수, 백혈구 백분율 　② 심혈관계 : 흉부방사선 검사, 심전도 검사, 총콜레스테롤, HDL콜레스테롤, 트리글리세라이드	
5	니트로메탄 (Nitromethane)	(1) 직업력 및 노출력 조사 (2) 주요 표적기관과 관련된 병력조사 (3) 임상검사 및 진찰 　간담도계 : AST(SGOT), ALT(SGPT), γ-GTP	임상검사 및 진찰 간담도계 : AST(SGOT), ALT(SGPT), γ-GTP, 총단백, 알부민, 총빌리루빈, 직접빌리루빈, 알칼리포스파타아제, 알파피토단백, B형간염 표면항원, B형간염 표면항체, C형간염 항체, A형간염 항체, 초음파검사
6	니트로벤젠 (Nitrobenzene)	(1) 직업력 및 노출력 조사 (2) 주요 표적기관과 관련된 병력조사 (3) 임상검사 및 진찰 　① 조혈기계 : 혈색소량, 혈구용적치, 적혈구 수, 백혈구 수, 혈소판 수, 백혈구 백분율, 망상적혈구 수 　② 간담도계 : AST(SGOT), ALT(SGPT), γ-GTP 　③ 눈, 피부 : 점막자극증상 문진	임상검사 및 진찰 ① 조혈기계 : 혈액도말검사 ② 간담도계 : AST(SGOT), ALT(SGPT), γ-GTP, 총단백, 알부민, 총빌리루빈, 직접빌리루빈, 알칼리포스파타아제, 알파피토단백, B형간염 표면항원, B형간염 표면항체, C형간염 항체, A형간염 항체, 초음파검사 ③ 눈, 피부 : 세극등현미경검사, 면역글로불린 정량(IgE), 피부첩포시험, 피부단자시험, KOH검사
7	p-니트로아닐린 (p-Nitroaniline)	(1) 직업력 및 노출력 조사 (2) 주요 표적기관과 관련된 병력조사 (3) 임상검사 및 진찰 　① 조혈기계 : 혈색소량, 혈구용적치 　② 간담도계 : AST(SGOT), ALT(SGPT), γ-GTP (4) 생물학적 노출지표 검사 : 혈중 메트헤모글로빈(작업 중 또는 작업 종료 시)	임상검사 및 진찰 간담도계 : AST(SGOT), ALT(SGPT), γ-GTP, 총단백, 알부민, 총빌리루빈, 직접빌리루빈, 알칼리포스파타아제, 알파피토단백, B형간염 표면항원, B형간염 표면항체, C형간염 항체, A형간염 항체, 초음파검사
8	p-니트로클로로벤젠 (p-Nitrochlorobenzene)	(1) 직업력 및 노출력 조사 (2) 주요 표적기관과 관련된 병력조사 (3) 임상검사 및 진찰 　① 조혈기계 : 혈색소량, 혈구용적치 　② 간담도계 : AST(SGOT), ALT(SGPT), γ-GTP 　③ 비뇨기계 : 요검사 10종 (4) 생물학적 노출지표 검사 : 혈중 메트헤모글로빈(작업 중 또는 작업종료 시)	임상검사 및 진찰 ① 간담도계 : AST(SGOT), ALT(SGPT), γ-GTP, 총단백, 알부민, 총빌리루빈, 직접빌리루빈, 알칼리포스파타아제, 알파피토단백, B형간염 표면항원, B형간염 표면항체, C형간염 항체, A형간염 항체, 초음파검사 ② 비뇨기계 : 단백뇨정량, 혈청 크레아티닌, 요소질소

번호	유해인자	제1차 검사항목	제2차 검사항목
9	디니트로톨루엔 (Dinitrotoluene)	(1) 직업력 및 노출력 조사 (2) 주요 표적기관과 관련된 병력조사 (3) 임상검사 및 진찰 　① 조혈기계 : 혈색소량, 혈구용적치 　② 간담도계 : AST(SGOT), ALT(SGPT), 　　γ-GTP 　③ 생식계 : 생식계 증상 문진 (4) 생물학적 노출지표 검사 : 혈중 메트헤 모글로빈(작업 중 또는 작업 종료 시)	임상검사 및 진찰 ① 간담도계 : AST(SGOT), ALT(SGPT), γ -GTP, 총단백, 알부민, 총빌리루빈, 직 접빌리루빈, 알칼리포스파타아제, 알파 피토단백, B형간염 표면항원, B형간염 표 면항체, C형간염 항체, A형간염 항체, 초 음파검사 ② 생식계 : 에스트로겐(여), 황체형성호르 몬, 난포자극호르몬, 테스토스테론(남)
10	N,N-디메틸아닐린 (N,N-Dimethylaniline)	(1) 직업력 및 노출력 조사 (2) 주요 표적기관과 관련된 병력조사 (3) 임상검사 및 진찰 　① 조혈기계 : 혈색소량, 혈구용적치 　② 간담도계 : AST(SGOT), 　　ALT(SGPT), γ-GTP (4) 생물학적 노출지표 검사 : 혈중 메트헤 모글로빈(작업 중 또는 작업종료 시)	임상검사 및 진찰 간담도계 : AST(SGOT), ALT(SGPT), γ- GTP, 총단백, 알부민, 총빌리루빈, 직접빌리 루빈, 알칼리포스파타아제, 알파피토단백, B 형간염 표면항원, B형간염 표면항체, C형간 염 항체, A형간염 항체, 초음파검사
11	p-디메틸아미노아조벤젠 (p-Dimethylaminoazo benzene)	(1) 직업력 및 노출력 조사 (2) 주요 표적기관과 관련된 병력조사 (3) 임상검사 및 진찰 　① 간담도계 : AST(SGOT), 　　ALT(SGPT), γ-GTP 　② 비뇨기계 : 요검사 10종 　③ 피부·비강·인두 : 점막자극증상 　　문진	(1) 임상검사 및 진찰 　① 간담도계 : AST(SGOT), ALT(SGPT), 　　γ-GTP, 총단백, 알부민, 총빌리루 　　빈, 직접빌리루빈, 알칼리포스파타 　　아제, 알파피토단백, B형간염 표면 　　항원, B형간염 표면항체, C형간염 항 　　체, A형간염 항체, 초음파검사 　② 비뇨기계 : 단백뇨정량, 혈청 크레 　　아티닌, 요소질소 　③ 피부·비강·인두 : 면역글로불린 　　정량(IgE), 피부첩포시험, 피부단 　　자시험, KOH검사 (2) 생물학적 노출지표 검사 : 혈중 메트헤 모글로빈
12	N,N-디메틸아세트아미드 (N,N-Dimethylacetamide)	(1) 직업력 및 노출력 조사 (2) 주요 표적기관과 관련된 병력조사 (3) 임상검사 및 진찰 　① 간담도계 : AST(SGOT), ALT(SGPT), 　　γ-GTP 　② 신경계 : 신경계 증상 문진, 신경증 　　상에 유의하여 진찰 (4) 생물학적 노출지표 검사 : 소변 중 N- 메틸아세트아미드(작업 종료 시)	임상검사 및 진찰 ① 간담도계 : AST(SGOT), ALT(SGPT), 　γ-GTP, 총단백, 알부민, 총빌리루빈, 　직접빌리루빈, 알칼리포스파타아제, 알 　파피토단백, B형간염 표면항원, B형간 　염 표면항체, C형간염 항체, A형간염 　항체, 초음파검사 ② 신경계 : 신경행동검사, 임상심리검사, 　신경학적 검사

번호	유해인자	제1차 검사항목	제2차 검사항목
13	디메틸포름아미드 (Dimethylformamide)	(1) 직업력 및 노출력 조사 (2) 주요 표적기관과 관련된 병력조사 (3) 임상검사 및 진찰 ① 간담도계 : AST(SGOT), ALT(SGPT), γ-GTP ② 눈, 피부, 비강, 인두 : 점막자극증상 문진 (4) 생물학적 노출지표 검사 : 소변 중 N-메틸포름아미드(NMF)(작업 종료 시 채취)	임상검사 및 진찰 ① 간담도계 : AST(SGOT), ALT(SGPT), γ-GTP, 총단백, 알부민, 총빌리루빈, 직접빌리루빈, 알칼리포스파타아제, 알파피토단백, B형간염 표면항원, B형간염 표면항체, C형간염 항체, A형간염 항체, 초음파검사 ② 눈, 피부, 비강, 인두 : 세극등현미경검사, 비강 및 인두검사, 면역글로불린 정량(IgE), 피부첩포시험, 피부단자시험, KOH검사
14	디에틸에테르 (Diethylether)	(1) 직업력 및 노출력 조사 (2) 주요 표적기관과 관련된 병력조사 (3) 임상검사 및 진찰 신경계 : 신경계 증상 문진, 신경증상에 유의하여 진찰	임상검사 및 진찰 신경계 : 신경행동검사, 임상심리검사, 신경학적 검사
15	디에틸렌트리아민 (Diethylenetriamine)	(1) 직업력 및 노출력 조사 (2) 주요 표적기관과 관련된 병력조사 (3) 임상검사 및 진찰 ① 호흡기계 : 청진, 폐활량검사 ② 눈, 피부 : 점막자극증상 문진	임상검사 및 진찰 ① 호흡기계 : 흉부방사선(측면), 흉부방사선(후전면), 작업 중 최대날숨유량 연속측정, 비특이 기도과민검사 ② 눈, 피부 : 세극등현미경검사, 면역글로불린 정량(IgE), 피부첩포시험, 피부단자시험, KOH검사
16	1,4-디옥산 (1,4-Dioxane)	(1) 직업력 및 노출력 조사 (2) 주요 표적기관과 관련된 병력조사 (3) 임상검사 및 진찰 ① 간담도계 : AST(SGOT), ALT(SGPT), γ-GTP ② 비뇨기계 : 요검사 10종 ③ 눈, 피부, 비강, 인두 : 점막자극증상 문진	임상검사 및 진찰 ① 간담도계 : AST(SGOT), ALT(SGPT), γ-GTP, 총단백, 알부민, 총빌리루빈, 직접빌리루빈, 알칼리포스파타아제, 알파피토단백, B형간염 표면항원, B형간염 표면항체, C형간염 항체, A형간염 항체, 초음파검사 ② 비뇨기계 : 단백뇨정량, 혈청 크레아티닌, 요소질소 ③ 눈, 피부, 비강, 인두 : 세극등현미경검사, KOH검사, 피부단자시험, 비강 및 인두검사
17	디이소부틸케톤 (Diisobutylketone)	(1) 직업력 및 노출력 조사 (2) 주요 표적기관과 관련된 병력조사 (3) 임상검사 및 진찰 신경계 : 신경계 증상 문진, 신경증상에 유의하여 진찰	임상검사 및 진찰 신경계 : 신경행동검사, 임상심리검사, 신경학적 검사
18	디클로로메탄 (Dichloromethane)	(1) 직업력 및 노출력 조사 (2) 주요 표적기관과 관련된 병력조사 (3) 임상검사 및 진찰 ① 심혈관계 : 흉부방사선 검사, 심전도 검사, 총콜레스테롤, HDL콜레스테롤, 트리글리세라이드 ② 신경계 : 신경계 증상 문진, 신경증상에 유의하여 진찰	(1) 임상검사 및 진찰 신경계 : 신경행동검사, 임상심리검사, 신경학적 검사 (2) 생물학적 노출지표 검사 : 혈중 카복시헤모글로빈 측정(작업 종료 시 채혈)

번호	유해인자	제1차 검사항목	제2차 검사항목
19	*o*-디클로로벤젠 (o-Dichlorobenzene)	(1) 직업력 및 노출력 조사 (2) 주요 표적기관과 관련된 병력조사 (3) 임상검사 및 진찰 　① 간담도계 : AST(SGOT), ALT(SGPT), γ-GTP 　② 비뇨기계 : 요검사 10종 　③ 눈, 피부, 비강, 인두 : 점막자극증상 문진	임상검사 및 진찰 ① 간담도계 : AST(SGOT), ALT(SGPT), γ-GTP, 총단백, 알부민, 총빌리루빈, 직접빌리루빈, 알칼리포스파타아제, 알파피토단백, B형간염 표면항원, B형간염 표면항체, C형간염 항체, A형간염 항체, 초음파검사 ② 비뇨기계 : 단백뇨정량, 혈청 크레아티닌, 요소질소 ③ 눈, 피부, 비강, 인두 : 세극등현미경검사, 비강 및 인두검사, 면역글로불린정량(IgE), 피부첩포시험, 피부단자시험, KOH검사
20	1,2-디클로로에탄 (1,2-Dichloroethane)	(1) 직업력 및 노출력 조사 (2) 주요 표적기관과 관련된 병력조사 (3) 임상검사 및 진찰 　① 간담도계 : AST(SGOT), ALT(SGPT), γ-GTP 　② 비뇨기계 : 요검사 10종 　③ 신경계 : 신경계 증상 문진, 신경증상에 유의하여 진찰 　④ 눈, 피부, 비강, 인두 : 점막자극증상 문진	임상검사 및 진찰 ① 간담도계 : AST(SGOT), ALT(SGPT), γ-GTP, 총단백, 알부민, 총빌리루빈, 직접빌리루빈, 알칼리포스파타아제, 알파피토단백, B형간염 표면항원, B형간염 표면항체, C형간염 항체, A형간염 항체, 초음파검사 ② 비뇨기계 : 단백뇨정량, 혈청 크레아티닌, 요소질소 ③ 신경계 : 신경행동검사, 임상심리검사, 신경학적 검사 ④ 눈, 피부, 비강, 인두 : 세극등현미경검사, KOH검사, 피부단자시험, 비강 및 인두검사
21	1,2-디클로로에틸렌 (1,2-Dichloroethylene)	(1) 직업력 및 노출력 조사 (2) 주요 표적기관과 관련된 병력조사 (3) 임상검사 및 진찰 　신경계 : 신경계 증상 문진, 신경증상에 유의하여 진찰	임상검사 및 진찰 신경계 : 신경행동검사, 임상심리검사, 신경학적 검사
22	1,2-디클로로프로판 (1,2-Dichloropropane)	(1) 직업력 및 노출력 조사 (2) 주요 표적기관과 관련된 과거병력조사 (3) 임상검사 및 진찰 : 　① 간담도계 : AST(SGOT), ALT(SGPT), γ-GTP 　② 비뇨기계 : 요검사 10종 　③ 조혈기계 : 혈색소량, 혈구용적치, 적혈구 수, 백혈구 수, 혈소판 수, 백혈구 백분율 　④ 신경계 : 신경계 증상 문진, 신경증상에 유의하여 진찰 (4) 생물학적 노출지표검사 : 소변 중 1,2-디클로로프로판(작업 종료 시)	임상검사 및 진찰 ① 간담도계 : AST(SGOT), ALT(SGPT), γ-GTP, 총단백, 알부민, 총빌리루빈, 직접빌리루빈, 알카리포스파타아제, B형간염 표면항원, B형간염 표면항체, C형간염 항체, A형간염 항체, CA19-9, 간담도계 초음파검사 ② 비뇨기계 : 단백뇨정량, 혈청 크레아티닌, 요소질소 ③ 조혈기계 : 혈액도말검사, 망상적혈구수 ④ 신경계 : 신경행동검사, 임상심리검사, 신경학적 검사

번호	유해인자	제1차 검사항목	제2차 검사항목
23	디클로로플루오로메탄 (Dichlorofluoro methane)	(1) 직업력 및 노출력 조사 (2) 주요 표적기관과 관련된 병력조사 (3) 임상검사 및 진찰 　심혈관계 : 흉부방사선 검사, 심전도 　검사, 총콜레스테롤, HDL콜레스테롤, 　트리글리세라이드	
24	p-디히드록시벤젠 (p-dihydroxybenzene)	(1) 직업력 및 노출력 조사 (2) 주요 표적기관과 관련된 병력조사 (3) 임상검사 및 진찰 　① 신경계 : 신경계 증상 문진, 신경증 　　상에 유의하여 진찰 　② 눈, 피부, 비강, 인두 : 점막자극증 　　상 문진	임상검사 및 진찰 ① 신경계 : 신경행동검사, 임상심리검사, 　신경학적 검사 ② 눈, 피부, 비강, 인두 : 세극등현미경검 　사, KOH검사, 피부단자시험, 비강 및 　인두검사, 면역글로불린 정량(IgE), 피 　부첩포시험
25	마젠타 (Magenta)	(1) 직업력 및 노출력 조사 (2) 주요 표적기관과 관련된 병력조사 (3) 임상검사 및 진찰 　비뇨기계 : 요검사 10종, 소변세포병리 　검사(아침 첫 소변 채취)	임상검사 및 진찰 비뇨기계 : 단백뇨정량, 혈청 크레아티닌, 요소질소, 비뇨기과 진료
26	메탄올 (Methanol)	(1) 직업력 및 노출력 조사 (2) 주요 표적기관과 관련된 병력조사 (3) 임상검사 및 진찰 　① 신경계 : 신경계 증상 문진, 신경증 　　상에 유의하여 진찰 　② 눈, 피부, 비강, 인두 : 점막자극증 　　상 문진	(1) 임상검사 및 진찰 　① 신경계 : 신경행동검사, 임상심리검 　　사, 신경학적 검사 　② 눈, 피부, 비강, 인두 : 세극등현미 　　경검사, KOH검사, 피부단자시험, 　　비강 및 인두검사, 정밀안저검사, 　　정밀안압측정, 시신경정밀검사, 안 　　과 진찰 (2) 생물학적 노출지표 검사 : 혈중 또는 　소변 중 메탄올(작업 종료 시 채취)
27	2-메톡시에탄올 (2-Methoxyethanol)	(1) 직업력 및 노출력 조사 (2) 주요 표적기관과 관련된 병력조사 (3) 임상검사 및 진찰 　① 조혈기계 : 혈색소량, 혈구용적치, 　　적혈구 수, 백혈구 수, 혈소판 수, 　　백혈구 백분율, 망상적혈구 수 　② 신경계 : 신경계 증상 문진, 신경증 　　상에 유의하여 진찰 　③ 생식계 : 생식계 증상 문진	임상검사 및 진찰 ① 조혈기계 : 혈액도말검사, 유산탈수소 　효소, 총빌리루빈, 직접빌리루빈 ② 신경계 : 신경행동검사, 임상심리검사, 　신경학적 검사 ③ 생식계 : 에스트로겐(여), 황체형성호르 　몬, 난포자극호르몬, 테스토스테론(남)
28	2-메톡시에틸아세테이트 (2-Methoxyethylacetate)	(1) 직업력 및 노출력 조사 (2) 주요 표적기관과 관련된 병력조사 (3) 임상검사 및 진찰 　① 조혈기계 : 혈색소량, 혈구용적치, 　　적혈구 수, 백혈구 수, 혈소판 수, 　　백혈구 백분율, 망상적혈구 수 　② 생식계 : 생식계 증상 문진	임상검사 및 진찰 ① 조혈기계 : 혈액도말검사 ② 생식계 : 에스트로겐(여), 황체형성호르 　몬, 난포자극호르몬, 테스토스테론(남)

번호	유해인자	제1차 검사항목	제2차 검사항목
29	메틸 n-부틸 케톤 (Methyl n-butyl ketone)	(1) 직업력 및 노출력 조사 (2) 주요 표적기관과 관련된 병력조사 (3) 임상검사 및 진찰 신경계 : 신경계 증상 문진, 신경증상에 유의하여 진찰	(1) 임상검사 및 진찰 신경계 : 근전도 검사, 신경전도 검사, 신경학적 검사 (2) 생물학적 노출지표 검사 : 소변 중 2, 5-헥산디온(작업 종료 시 채취)
30	메틸 n-아밀 케톤 (Methyl n-amyl ketone)	(1) 직업력 및 노출력 조사 (2) 주요 표적기관과 관련된 병력조사 (3) 임상검사 및 진찰 ① 신경계 : 신경계 증상 문진, 신경증상에 유의하여 진찰 ② 피부 : 관련 증상 문진	임상검사 및 진찰 ① 신경계 : 신경행동검사, 임상심리검사, 신경학적 검사 ② 피부 : 면역글로불린 정량(IgE), 피부첩포시험, 피부단자시험, KOH검사
31	메틸 에틸 케톤 (Methyl ethyl ketone)	(1) 직업력 및 노출력 조사 (2) 주요 표적기관과 관련된 병력조사 (3) 임상검사 및 진찰 ① 신경계 : 신경계 증상 문진, 신경증상에 유의하여 진찰 ② 호흡기계 : 청진, 흉부방사선(후전면)	(1) 임상검사 및 진찰 ① 신경계 : 근전도 검사, 신경전도 검사, 신경행동검사, 임상심리검사, 신경학적 검사 ② 호흡기계 : 흉부방사선(측면), 폐활량검사 (2) 생물학적 노출지표 검사 : 소변 중 메틸에틸케톤(작업 종료 시 채취)
32	메틸 이소부틸 케톤 (Methyl isobutyl ketone)	(1) 직업력 및 노출력 조사 (2) 주요 표적기관과 관련된 병력조사 (3) 임상검사 및 진찰 ① 간담도계 : AST(SGOT), ALT(SGPT), γ-GTP ② 호흡기계 : 청진, 흉부방사선(후전면) ③ 신경계 : 신경계 증상 문진, 신경증상에 유의하여 진찰 ④ 피부 : 관련 증상 문진	(1) 임상검사 및 진찰 ① 간담도계 : AST(SGOT), ALT(SGPT), γ-GTP, 총단백, 알부민, 총빌리루빈, 직접빌리루빈, 알칼리포스파타아제, 알파피토단백, B형간염 표면항원, B형간염 표면항체, C형간염 항체, A형간염 항체, 초음파검사 ② 호흡기계 : 흉부방사선(측면), 폐활량검사 ③ 신경계 : 신경행동검사, 임상심리검사, 신경학적 검사 ④ 피부 : 면역글로불린 정량(IgE), 피부첩포시험, 피부단자시험, KOH검사 (2) 생물학적 노출지표 검사 : 소변 중 메틸이소부틸케톤(작업 종료 시 채취)
33	메틸 클로라이드 (Methyl chloride)	(1) 직업력 및 노출력 조사 (2) 주요 표적기관과 관련된 병력조사 (3) 임상검사 및 진찰 ① 간담도계 : AST(SGOT), ALT(SGPT), γ-GTP ② 신경계 : 신경계 증상 문진, 신경증상에 유의하여 진찰 ③ 생식계 : 생식계 증상 문진	임상검사 및 진찰 ① 간담도계 : AST(SGOT), ALT(SGPT), γ-GTP, 총단백, 알부민, 총빌리루빈, 직접빌리루빈, 알칼리포스파타아제, 알파피토단백, B형간염 표면항원, B형간염 표면항체, C형간염 항체, A형간염 항체, 초음파검사 ② 신경계 : 신경행동검사, 임상심리검사, 신경학적 검사 ③ 생식계 : 에스트로겐(여), 황체형성호르몬, 난포자극호르몬, 테스토스테론(남)

번호	유해인자	제1차 검사항목	제2차 검사항목
34	메틸 클로로포름 (Methyl chloroform)	(1) 직업력 및 노출력 조사 (2) 주요 표적기관과 관련된 병력조사 (3) 임상검사 및 진찰 　① 간담도계 : AST(SGOT), ALT(SGPT), γ-GTP 　② 심혈관계 : 흉부방사선 검사, 심전도 검사, 총콜레스테롤, HDL콜레스테롤, 트리글리세라이드 　③ 신경 : 신경계 증상 문진, 신경증상에 유의하여 진찰 (4) 생물학적 노출지표 검사 : 소변 중 총삼염화에탄올 또는 삼염화초산(주말작업 종료 시 채취)	임상검사 및 진찰 ① 간담도계 : AST(SGOT), ALT(SGPT), γ-GTP, 총단백, 알부민, 총빌리루빈, 직접빌리루빈, 알칼리포스파타아제, 알파피토단백, B형간염 표면항원, B형간염 표면항체, C형간염 항체, A형간염 항체, 초음파검사 ② 신경계 : 신경행동검사, 임상심리검사, 신경학적 검사
35	메틸렌 비스 (페닐 이소시아네이트) (Methylene bis (phenyl isocyanate)	(1) 직업력 및 노출력 조사 (2) 주요 표적기관과 관련된 병력조사 (3) 임상검사 및 진찰 　호흡기계 : 청진, 폐활량검사	임상검사 및 진찰 호흡기계 : 흉부방사선(측면), 흉부방사선(후전면), 작업 중 최대날숨유량 연속측정, 비특이 기도과민검사
36	4,4'-메틸렌 비스 (2-클로로아닐린) [4,4'-Methylene bis (2-chloroaniline)]	(1) 직업력 및 노출력 조사 (2) 주요 표적기관과 관련된 병력조사 (3) 임상검사 및 진찰 　① 간담도계 : AST(SGOT), ALT(SGPT), γ-GTP 　② 호흡기계 : 청진, 흉부방사선(후전면) 　③ 비뇨기계 : 요검사 10종	임상검사 및 진찰 ① 간담도계 : AST(SGOT), ALT(SGPT), γ-GTP, 총단백, 알부민, 총빌리루빈, 직접빌리루빈, 알칼리포스파타아제, 알파피토단백, B형간염 표면항원, B형간염 표면항체, C형간염 항체, A형간염 항체, 초음파검사 ② 호흡기계 : 흉부방사선(측면) ③ 비뇨기계 : 단백뇨정량, 혈청 크레아티닌, 요소질소
37	o -메틸 시클로헥사논 (o-Methylcyclohexanone)	(1) 직업력 및 노출력 조사 (2) 주요 표적기관과 관련된 병력조사 (3) 임상검사 및 진찰 　① 간담도계 : AST(SGOT), ALT(SGPT), γ-GTP 　② 신경계 : 신경계 증상 문진, 신경증상에 유의하여 진찰	임상검사 및 진찰 ① 간담도계 : AST(SGOT), ALT(SGPT), γ-GTP, 총단백, 알부민, 총빌리루빈, 직접빌리루빈, 알칼리포스파타아제, 알파피토단백, B형간염 표면항원, B형간염 표면항체, C형간염 항체, A형간염 항체, 초음파검사 ② 신경계 : 신경행동검사, 임상심리검사, 신경학적 검사
38	메틸 시클로헥사놀 (Methylcyclohexanol)	(1) 직업력 및 노출력 조사 (2) 주요 표적기관과 관련된 병력조사 (3) 임상검사 및 진찰 　① 간담도계 : AST(SGOT), ALT(SGPT), γ-GTP 　② 신경계 : 신경계 증상 문진, 신경증상에 유의하여 진찰	임상검사 및 진찰 ① 간담도계 : AST(SGOT), ALT(SGPT), γ-GTP, 총단백, 알부민, 총빌리루빈, 직접빌리루빈, 알칼리포스파타아제, 알파피토단백, B형간염 표면항원, B형간염 표면항체, C형간염 항체, A형간염 항체, 초음파검사 ② 신경계 : 신경행동검사, 임상심리검사, 신경학적 검사

번호	유해인자	제1차 검사항목	제2차 검사항목
39	무수 말레산 (Maleic anhydride)	(1) 직업력 및 노출력 조사 (2) 주요 표적기관과 관련된 병력조사 (3) 임상검사 및 진찰 　① 호흡기계 : 청진, 폐활량검사 　② 눈, 피부, 비강, 인두 : 관련 증상 문진	임상검사 및 진찰 ① 호흡기계 : 흉부방사선(측면), 흉부방사선(후전면), 작업 중 최대날숨유량 연속측정, 비특이 기도과민검사 ② 눈, 피부, 비강, 인두 : 세극등현미경검사, 비강 및 인두검사, 면역글로불린 정량(IgE), 피부첩포시험, 피부단자시험, KOH검사
40	무수 프탈산 (Phthalic anhydride)	(1) 직업력 및 노출력 조사 (2) 주요 표적기관과 관련된 병력조사 (3) 임상검사 및 진찰 　① 호흡기계 : 청진, 폐활량검사 　② 눈. 피부, 비강, 인두 : 점막자극증상 문진	임상검사 및 진찰 ① 호흡기계 : 흉부방사선(측면), 흉부방사선(후전면), 작업 중 최대날숨유량 연속측정, 비특이 기도과민검사 ② 눈, 피부, 비강, 인두 : 세극등현미경검사, 비강 및 인두검사, 면역글로불린 정량(IgE), 피부첩포시험, 피부단자시험, KOH검사
41	벤젠 (Benzene)	(1) 직업력 및 노출력 조사 (2) 주요 표적기관과 관련된 병력조사 (3) 임상검사 및 진찰 　① 조혈기계 : 혈색소량, 혈구용적치, 적혈구 수, 백혈구 수, 혈소판 수, 백혈구 백분율 　② 신경계 : 신경계 증상 문진, 신경증상에 유의하여 진찰 　③ 눈, 피부, 비강, 인두 : 점막자극증상 문진	(1) 임상검사 및 진찰 　① 조혈기계 : 혈액도말검사, 망상적혈구 수 　② 신경계 : 신경행동검사, 임상심리검사, 신경학적 검사 　③ 눈, 피부, 비강, 인두 : 세극등현미경검사, KOH검사, 피부단자시험, 비강 및 인두검사 (2) 생물학적 노출지표 검사 : 혈중 벤젠·소변 중 페놀·소변 중 뮤콘산 중 택 1 (작업 종료 시 채취)
42	벤지딘과 그 염 (Benzidine and its salts)	(1) 직업력 및 노출력 조사 (2) 주요 표적기관과 관련된 병력조사 (3) 임상검사 및 진찰 　① 간담도계 : AST(SGOT), ALT(SGPT), γ-GTP 　② 비뇨기계 : 요검사 10종, 소변세포병리검사(아침 첫 소변 채취) 　③ 피부 : 관련 증상 문진	임상검사 및 진찰 ① 간담도계 : AST(SGOT), ALT(SGPT), γ-GTP, 총단백, 알부민, 총빌리루빈, 직접빌리루빈, 알칼리포스파타아제, 알파피토단백, B형간염 표면항원, B형간염 표면항체, C형간염 항체, A형간염 항체, 초음파검사 ② 비뇨기계 : 단백뇨정량, 혈청 크레아티닌, 요소질소, 비뇨기과 진료 ③ 피부 : 면역글로불린 정량(IgE), 피부첩포시험, 피부단자시험, KOH검사
43	1,3-부타디엔 (1,3-Butadiene)	(1) 직업력 및 노출력 조사 (2) 주요 표적기관과 관련된 병력조사 (3) 임상검사 및 진찰 　① 신경계 : 신경계 증상 문진, 신경증상에 유의하여 진찰 　② 생식계 : 생식계 증상 문진	임상검사 및 진찰 ① 신경계 : 신경행동검사, 임상심리검사, 신경학적 검사 ② 생식계 : 에스트로겐(여), 황체형성호르몬, 난포자극호르몬, 테스토스테론(남)

번호	유해인자	제1차 검사항목	제2차 검사항목
44	n-부탄올 (n-Butanol)	(1) 직업력 및 노출력 조사 (2) 주요 표적기관과 관련된 병력조사 (3) 임상검사 및 진찰 　① 신경계 : 신경계 증상 문진, 신경증 　　상에 유의하여 진찰 　② 눈, 피부, 비강, 인두 : 점막자극증 　　상 문진	임상검사 및 진찰 ① 신경계 : 신경행동검사, 임상심리검사, 　신경학적 검사 ② 눈, 피부, 비강, 인두 : 세극등현미경검 　사, KOH검사, 피부단자시험, 비강 및 　인두검사
45	2-부탄올 (2-Butanol)	(1) 직업력 및 노출력 조사 (2) 주요 표적기관과 관련된 병력조사 (3) 임상검사 및 진찰 　① 신경계 : 신경계 증상 문진, 신경증 　　상에 유의하여 진찰 　② 눈, 피부, 비강, 인두 : 점막자극증 　　상 문진	임상검사 및 진찰 ① 신경계 : 신경행동검사, 임상심리검사, 　신경학적 검사 ② 눈, 피부, 비강, 인두 : 세극등현미경검 　사, KOH검사, 피부단자시험, 비강 및 　인두검사
46	2-부톡시에탄올 (2-Butoxyethanol)	(1) 직업력 및 노출력 조사 (2) 주요 표적기관과 관련된 병력조사 (3) 임상검사 및 진찰 　① 조혈기계 : 혈색소량, 혈구용적치, 　　적혈구 수, 백혈구 수, 혈소판 수, 　　백혈구 백분율, 망상적혈구 수 　② 간담도계 : AST(SGOT), ALT(SGPT), 　　γ-GTP 　③ 신경계 : 신경계 증상 문진, 신경증 　　상에 유의하여 진찰 　④ 눈, 피부, 비강, 인두 : 점막자극증 　　상 문진	임상검사 및 진찰 ① 조혈기계 : 혈액도말검사, 유산탈수소 　효소, 총빌리루빈, 직접빌리루빈 ② 간담도계 : AST(SGOT), ALT(SGPT), 　γ-GTP, 총단백, 알부민, 총빌리루빈, 　직접빌리루빈, 알칼리포스파타아제, 알 　파피토단백, B형간염 표면항원, B형간 　염 표면항체, C형간염 항체, A형간염 　항체, 초음파검사 ③ 신경계 : 신경행동검사, 임상심리검사, 　신경학적 검사 ④ 눈, 피부, 비강, 인두 : 세극등현미경검 　사, KOH검사, 피부단자시험, 비강 및 　인두검사
47	2-부톡시에틸 아세테이트 (2-Butoxyethyl acetate)	(1) 직업력 및 노출력 조사 (2) 주요 표적기관과 관련된 병력조사 (3) 임상검사 및 진찰 　① 조혈기계 : 혈색소량, 혈구용적치, 　　적혈구 수, 백혈구 수, 혈소판 수, 　　백혈구 백분율, 망상적혈구 수 　② 간담도계 : AST(SGOT), ALT(SGPT), 　　γ-GTP 　③ 신경계 : 신경계 증상 문진, 신경증 　　상에 유의하여 진찰	임상검사 및 진찰 ① 조혈기계 : 혈액도말검사, 유산탈수소 　효소, 총빌리루빈, 직접빌리루빈 ② 간담도계 : AST(SGOT), ALT(SGPT), 　γ-GTP, 총단백, 알부민, 총빌리루빈, 　직접빌리루빈, 알칼리포스파타아제, 알 　파피토단백, B형간염 표면항원, B형간 　염 표면항체, C형간염 항체, A형간염 　항체, 초음파검사 ③ 신경계 : 신경행동검사, 임상심리검사, 　신경학적 검사

번호	유해인자	제1차 검사항목	제2차 검사항목
48	1-브로모프로판 (1-Bromopropane)	(1) 직업력 및 노출력 조사 (2) 주요 표적기관과 관련된 병력조사 (3) 임상검사 및 진찰 　① 신경계 : 신경계 증상 문진, 신경증상에 유의하여 진찰 　② 조혈기계 : 혈색소량, 혈구용적치, 적혈구 수, 백혈구 수, 혈소판 수, 백혈구 백분율, 망상적혈구 수 　③ 생식계 : 생식계 증상 문진	임상검사 및 진찰 ① 신경계 : 신경행동검사, 임상심리검사, 신경학적 검사 ② 조혈기계 : 혈액도말검사 ③ 생식계 : 에스트로젠(여), 황체형성호르몬, 난포자극호르몬, 테스토스테론(남)
49	2-브로모프로판 (2-Bromopropane)	(1) 직업력 및 노출력 조사 (2) 주요 표적기관과 관련된 병력조사 (3) 임상검사 및 진찰 　① 조혈기계 : 혈색소량, 혈구용적치, 적혈구 수, 백혈구 수, 혈소판 수, 백혈구 백분율, 망상적혈구 수 　② 생식계 : 생식계 증상 문진	임상검사 및 진찰 ① 조혈기계 : 혈액도말검사 ② 생식계 : 에스트로젠(여), 황체형성호르몬, 난포자극호르몬, 테스토스테론(남)
50	브롬화메틸 (Methyl bromide)	(1) 직업력 및 노출력 조사 (2) 주요 표적기관과 관련된 병력조사 (3) 임상검사 및 진찰 　① 호흡기계 : 청진, 흉부방사선(후전면) 　② 신경계 : 신경계 증상 문진, 신경증상에 유의하여 진찰 　③ 눈, 피부, 비강, 인두 : 점막자극증상 문진	임상검사 및 진찰 ① 호흡기계 : 흉부방사선(측면), 폐활량검사 ② 신경계 : 근전도 검사, 신경전도 검사, 신경행동검사, 임상심리검사, 신경학적 검사 ③ 눈, 피부, 비강, 인두 : 세극등현미경검사, KOH검사, 피부단자시험, 비강 및 인두검사
51	비스(클로로메틸)에테르 [bis(Chloromethyl) ether]	(1) 직업력 및 노출력 조사 (2) 주요 표적기관과 관련된 병력조사 (3) 임상검사 및 진찰 　① 호흡기계 : 청진, 흉부방사선(후전면) 　② 눈, 피부, 비강, 인두 : 점막자극증상 문진	임상검사 및 진찰 ① 호흡기계 : 흉부방사선(측면), 흉부 전산화 단층촬영, 객담세포검사 ② 눈, 피부, 비강, 인두 : 세극등현미경검사, KOH검사, 피부단자시험, 비강 및 인두검사
52	사염화탄소 (Carbon tetrachloride)	(1) 직업력 및 노출력 조사 (2) 주요 표적기관과 관련된 병력조사 (3) 임상검사 및 진찰 　① 간담도계 : AST(SGOT), ALT(SGPT), γ-GTP 　② 비뇨기계 : 요검사 10종 　③ 신경계 : 신경계 증상 문진, 신경증상에 유의하여 진찰 　④ 눈, 피부 : 점막자극증상 문진	임상검사 및 진찰 ① 간담도계 : AST(SGOT), ALT(SGPT), γ-GTP, 총단백, 알부민, 총빌리루빈, 직접빌리루빈, 알칼리포스파타아제, 알파피토단백, B형간염 표면항원, B형간염 표면항체, C형간염 항체, A형간염 항체, 초음파검사 ② 비뇨기계 : 단백뇨정량, 혈청 크레아티닌, 요소질소 ③ 신경계 : 신경행동검사, 임상심리검사, 신경학적 검사 ④ 눈, 피부 : 세극등현미경검사, KOH검사, 피부단자시험

번호	유해인자	제1차 검사항목	제2차 검사항목
53	스토다드 솔벤트 (Stoddard solvent)	(1) 직업력 및 노출력 조사 (2) 주요 표적기관과 관련된 병력조사 (3) 임상검사 및 진찰 　① 비뇨기계 : 요검사 10종 　② 신경계 : 신경계 증상 문진, 신경증상에 유의하여 진찰 　③ 눈, 피부, 비강, 인두 : 점막자극증상 문진	임상검사 및 진찰 ① 비뇨기계 : 단백뇨정량, 혈청 크레아티닌, 요소질소 ② 신경계 : 신경행동검사, 임상심리검사, 신경학적 검사 ③ 눈, 피부, 비강, 인두 : 세극등현미경검사, KOH검사, 피부단자시험, 비강 및 인두검사
54	스티렌 (Styrene)	(1) 직업력 및 노출력 조사 (2) 주요 표적기관과 관련된 병력조사 (3) 임상검사 및 진찰 　① 간담도계 : AST(SGOT), ALT(SGPT), γ-GTP 　② 호흡기계 : 청진, 흉부방사선(후전면) 　③ 신경계 : 신경계 증상 문진, 신경증상에 유의하여 진찰 　④ 생식계 : 생식계 증상 문진	임상검사 및 진찰 ① 간담도계 : AST(SGOT), ALT(SGPT), γ-GTP, 총단백, 알부민, 총빌리루빈, 직접빌리루빈, 알칼리포스파타아제, 알파피토단백, B형간염 표면항원, B형간염 표면항체, C형간염 항체, A형간염 항체, 초음파검사 ② 호흡기계 : 흉부방사선(측면), 폐활량검사 ③ 신경계 : 근전도 검사, 신경전도 검사, 신경행동검사, 임상심리검사, 신경학적 검사 ④ 생식계 : 에스트로겐(여), 황체형성호르몬, 난포자극호르몬, 테스토스테론(남)
55	시클로헥사논 (Cyclohexanone)	(1) 직업력 및 노출력 조사 (2) 주요 표적기관과 관련된 병력조사 (3) 임상검사 및 진찰 　① 간담도계 : AST(SGOT), ALT(SGPT), γ-GTP 　② 신경계 : 신경계 증상 문진, 신경증상에 유의하여 진찰 　③ 눈, 피부, 비강, 인두 : 점막자극증상 문진	임상검사 및 진찰 ① 간담도계 : AST(SGOT), ALT(SGPT), γ-GTP, 총단백, 알부민, 총빌리루빈, 직접빌리루빈, 알칼리포스파타아제, 알파피토단백, B형간염 표면항원, B형간염 표면항체, C형간염 항체, A형간염 항체, 초음파검사 ② 신경계 : 신경행동검사, 임상심리검사, 신경학적 검사 ③ 눈, 피부, 비강, 인두 : 세극등현미경검사, KOH검사, 피부단자시험, 비강 및 인두검사
56	시클로헥사놀 (Cyclohexanol)	(1) 직업력 및 노출력 조사 (2) 주요 표적기관과 관련된 병력조사 (3) 임상검사 및 진찰 　눈, 피부, 비강, 인두 : 점막자극증상 문진	임상검사 및 진찰 눈, 피부, 비강, 인두 : 세극등현미경검사, KOH검사, 피부단자시험, 비강 및 인두검사
57	시클로헥산 (Cyclohexane)	(1) 직업력 및 노출력 조사 (2) 주요 표적기관과 관련된 병력조사 (3) 임상검사 및 진찰 　신경계 : 신경계 증상 문진, 신경증상에 유의하여 진찰	임상검사 및 진찰 신경계 : 신경행동검사, 임상심리검사, 신경학적 검사

번호	유해인자	제1차 검사항목	제2차 검사항목
58	시클로헥센 (Cyclohexene)	(1) 직업력 및 노출력 조사 (2) 주요 표적기관과 관련된 병력조사 (3) 임상검사 및 진찰 　신경계 : 신경계 증상 문진, 신경증상 　에 유의하여 진찰	임상검사 및 진찰 신경계 : 신경행동검사, 임상심리검사, 신경학적 검사
59	아닐린 및 그 동족체 (Aniline and its homolo gues)	(1) 직업력 및 노출력 조사 (2) 주요 표적기관과 관련된 병력조사 (3) 임상검사 및 진찰 　① 조혈기계 : 혈색소량, 혈구용적치 　② 간담도계 : AST(SGOT), ALT(SGPT), 　　γ-GTP 　③ 비뇨기계 : 요검사 10종 (4) 생물학적 노출지표 검사 : 혈중 메트헤 모글로빈(작업 중 또는 작업 종료 시)	임상검사 및 진찰 ① 간담도계 : AST(SGOT), ALT(SGPT), γ-GTP, 총단백, 알부민, 총빌리루빈, 직접빌리루빈, 알칼리포스파타아제, 알 파피토단백, B형간염 표면항원, B형간 염 표면항체, C형간염 항체, A형간염 항체, 초음파검사 ② 비뇨기계 : 단백뇨정량, 혈청 크레아티 닌, 요소질소
60	아세토니트릴 (Acetonitrile)	(1) 직업력 및 노출력 조사 (2) 주요 표적기관과 관련된 병력조사 (3) 임상검사 및 진찰 　① 간담도계 : AST(SGOT), ALT(SGPT), 　　γ-GTP 　② 심혈관계 : 흉부방사선 검사, 심전 　　도 검사, 총콜레스테롤, HDL콜레 　　스테롤, 트리글리세라이드 　③ 신경계 : 신경계 증상 문진, 신경증 　　상에 유의하여 진찰	임상검사 및 진찰 ① 간담도계 : AST(SGOT), ALT(SGPT), γ-GTP, 총단백, 알부민, 총빌리루빈, 직접빌리루빈, 알칼리포스파타아제, 알 파피토단백, B형간염 표면항원, B형간 염 표면항체, C형간염 항체, A형간염 항체, 초음파검사 ② 신경계 : 신경행동검사, 임상심리검사, 신경학적 검사
61	아세톤 (Acetone)	(1) 직업력 및 노출력 조사 (2) 주요 표적기관과 관련된 병력조사 (3) 임상검사 및 진찰 　① 호흡기계 : 청진, 흉부방사선(후전면) 　② 신경계 : 신경계 증상 문진, 신경증 　　상에 유의하여 진찰	(1) 임상검사 및 진찰 ① 호흡기계 : 흉부방사선(측면), 폐활 량검사 ② 신경계 : 신경행동검사, 임상심리검 사, 신경학적 검사 (2) 생물학적 노출지표 검사 : 소변 중 아세 톤(작업 종료 시 채취)
62	아세트알데히드 (Acetaldehyde)	(1) 직업력 및 노출력 조사 (2) 주요 표적기관과 관련된 병력조사 (3) 임상검사 및 진찰 　① 신경계 : 신경계 증상 문진, 신경증 　　상에 유의하여 진찰 　② 눈, 피부, 비강, 인두 : 점막자극증 　　상 문진	임상검사 및 진찰 ① 신경계 : 신경행동검사, 임상심리검사, 신경학적 검사 ② 눈, 피부, 비강, 인두 : 세극등현미경검 사, KOH검사, 피부단자시험, 비강 및 인두검사
63	아우라민 (Auramine)	(1) 직업력 및 노출력 조사 (2) 주요 표적기관과 관련된 병력조사 (3) 임상검사 및 진찰 　비뇨기계 : 요검사 10종, 소변세포병리 검사(아침 첫 소변 채취)	임상검사 및 진찰 비뇨기계 : 단백뇨정량, 혈청 크레아티닌, 요소질소, 비뇨기과 진료

번호	유해인자	제1차 검사항목	제2차 검사항목
64	아크릴로니트릴 (Acrylonitrile)	(1) 직업력 및 노출력 조사 (2) 주요 표적기관과 관련된 병력조사 (3) 임상검사 및 진찰 　① 간담도계 : AST(SGOT), ALT(SGPT), 　　 γ-GTP 　② 신경계 : 신경계 증상 문진, 신경증 　　 상에 유의하여 진찰 　③ 눈, 피부 : 점막자극증상 문진	임상검사 및 진찰 ① 간담도계 : AST(SGOT), ALT(SGPT), 　γ-GTP, 총단백, 알부민, 총빌리루빈, 　직접빌리루빈, 알칼리포스파타아제, 알 　파피토단백, B형간염 표면항원, B형간 　염 표면항체, C형간염 항체, A형간염 　항체, 초음파검사 ② 신경계 : 신경행동검사, 임상심리검사, 　신경학적 검사 ③ 눈, 피부 : 세극등현미경검사, 면역글로 　불린 정량(IgE), 피부첩포시험, 피부단 　자시험, KOH검사
65	아크릴아미드 (Acrylamide)	(1) 직업력 및 노출력 조사 (2) 주요 표적기관과 관련된 병력조사 (3) 임상검사 및 진찰 　① 신경계 : 신경계 증상 문진, 신경증 　　 상에 유의하여 진찰 　② 눈, 피부 : 점막자극증상 문진	임상검사 및 진찰 ① 신경계 : 근전도 검사, 신경전도 검사, 　신경행동검사, 임상심리검사, 신경학적 　검사 ② 눈, 피부 : 세극등현미경검사, KOH검 　사, 피부단자시험
66	2-에톡시에탄올 (2-Ethoxyethanol)	(1) 직업력 및 노출력 조사 (2) 주요 표적기관과 관련된 병력조사 (3) 임상검사 및 진찰 　① 조혈기계 : 혈색소량, 혈구용적치, 　　 적혈구 수, 백혈구 수, 혈소판 수, 　　 백혈구 백분율 　② 간담도계 : AST(SGOT), 　　 ALT(SGPT), γ-GTP 　③ 생식계 : 생식계 증상 문진	(1) 임상검사 및 진찰 　① 조혈기계 : 망상적혈구 수, 혈액도 　　 말검사 　② 간담도계 : AST(SGOT), ALT(SGPT), 　　 γ-GTP, 총단백, 알부민, 총빌리루 　　 빈, 직접빌리루빈, 알칼리포스파타 　　 아제, 알파피토단백, B형간염 표면 　　 항원, B형간염 표면항체, C형간염 　　 항체, A형간염 항체, 초음파검사 　③ 생식계 : 에스트로겐(여), 황체형성 　　 호르몬, 난포자극호르몬, 테스토스 　　 테론(남) (2) 생물학적 노출지표 검사 : 소변 중 2- 　에톡시초산(주말작업 종료 시 채취)
67	2-에톡시에틸 아세테이트 (2-Ethoxyethyl acetate)	(1) 직업력 및 노출력 조사 (2) 주요 표적기관과 관련된 병력조사 (3) 임상검사 및 진찰 　① 조혈기계 : 혈색소량, 혈구용적치, 　　 적혈구 수, 백혈구 수, 혈소판 수, 백 　　 혈구 백분율, 망상적혈구 수 　② 생식계 : 생식계 증상 문진 　③ 눈, 피부, 비강, 인두 : 점막자극증 　　 상 문진	임상검사 및 진찰 ① 조혈기계 : 혈액도말검사 ② 생식계 : 에스트로겐(여), 황체형성호르 　몬, 난포자극호르몬, 테스토스테론(남) ③ 눈, 피부, 비강, 인두 : 세극등현미경검 　사, KOH검사, 피부단자시험, 비강 및 　인두검사
68	에틸벤젠 (Ethyl benzene)	(1) 직업력 및 노출력 조사 (2) 주요 표적기관과 관련된 병력조사 (3) 임상검사 및 진찰 　신경계 : 신경계 증상 문진, 신경증상 　에 유의하여 진찰	임상검사 및 진찰 신경계 : 신경행동검사, 임상심리검사, 신 경학적 검사

번호	유해인자	제1차 검사항목	제2차 검사항목
69	에틸아크릴레이트 (Ethyl acrylate)	(1) 직업력 및 노출력 조사 (2) 주요 표적기관과 관련된 병력조사 (3) 임상검사 및 진찰 　 눈, 피부·비강·인두 : 점막자극증상 문진	임상검사 및 진찰 눈, 피부, 비강, 인두 : 세극등현미경검사, KOH검사, 피부단자시험, 비강 및 인두검사
70	에틸렌 글리콜 (Ethylene glyco)	(1) 직업력 및 노출력 조사 (2) 주요 표적기관과 관련된 병력조사 (3) 임상검사 및 진찰 　 신경계 : 신경계 증상 문진, 신경증상 　 에 유의하여 진찰	임상검사 및 진찰 신경계 : 신경행동검사, 임상심리검사, 신 경학적 검사
71	에틸렌 글리콜 디니트레이트 (Ethylene glycol dinitrate)	(1) 직업력 및 노출력 조사 (2) 주요 표적기관과 관련된 병력조사 (3) 임상검사 및 진찰 　① 조혈기계 : 혈색소량, 혈구용적치 　② 간담도계 : AST(SGOT), ALT(SGPT), 　　 γ-GTP 　③ 심혈관계 : 흉부방사선 검사, 심전 　　 도 검사, 총콜레스테롤, HDL콜레 　　 스테롤, 트리글리세라이드 (4) 생물학적 노출지표 검사 : 혈중 메트헤 모글로빈(작업 중 또는 작업 종료 시)	임상검사 및 진찰 간담도계 : AST(SGOT), ALT(SGPT), γ- GTP, 총단백, 알부민, 총빌리루빈, 직접빌 리루빈, 알칼리포스파타아제, 알파피토단 백, B형간염 표면항원, B형간염 표면항체, C형간염 항체, A형간염 항체, 초음파검사
72	에틸렌 클로로히드린 (Ethylene chlorohydrin)	(1) 직업력 및 노출력 조사 (2) 주요 표적기관과 관련된 병력조사 (3) 임상검사 및 진찰 　① 간담도계 : AST(SGOT), ALT(SGPT), 　　 γ-GTP 　② 비뇨기계 : 요검사 10종 　③ 신경계 : 신경계 증상 문진, 신경증 　　 상에 유의하여 진찰 　④ 눈·비강·인두 : 점막자극증상 문진	임상검사 및 진찰 ① 간담도계 : AST(SGOT), ALT(SGPT), 　 γ-GTP, 총단백, 알부민, 총빌리루빈, 　 직접빌리루빈, 알칼리포스파타아제, 알 　 파피토단백, B형간염 표면항원, B형간 　 염 표면항체, C형간염 항체, A형간염 　 항체, 초음파검사 ② 비뇨기계 : 단백뇨정량, 혈청 크레아티 　 닌, 요소질소 ③ 신경계 : 신경행동검사, 임상심리검사, 　 신경학적 검사 ④ 눈·비강·인두 : 세극등현미경검사, 정 　 밀안저검사, 정밀안압측정, 안과 진찰, 　 비강 및 인두검사
73	에틸렌이민 (Ethyleneimine)	(1) 직업력 및 노출력 조사 (2) 주요 표적기관과 관련된 병력조사 (3) 임상검사 및 진찰 　① 간담도계 : AST(SGOT), ALT(SGPT), 　　 γ-GTP 　② 비뇨기계 : 요검사 10종 　③ 눈, 피부, 비강, 인두 : 점막자극증 　　 상 문진	임상검사 및 진찰 ① 간담도계 : AST(SGOT), ALT(SGPT), 　 γ-GTP, 총단백, 알부민, 총빌리루빈, 　 직접빌리루빈, 알칼리포스파타아제, 알 　 파피토단백, B형간염 표면항원, B형간 　 염 표면항체, C형간염 항체, A형간염 　 항체, 초음파검사 ② 비뇨기계 : 단백뇨정량, 혈청 크레아티 　 닌, 요소질소 ③ 눈, 피부, 비강, 인두 : 세극등현미경검 　 사, 비강 및 인두검사, 면역글로불린 　 정량(IgE), 피부첩포시험, 피부단자시 　 험, KOH검사

번호	유해인자	제1차 검사항목	제2차 검사항목
74	2,3-에폭시-1-프로판올 (2,3-Epoxy-1-propan ol)	(1) 직업력 및 노출력 조사 (2) 주요 표적기관과 관련된 병력조사 (3) 임상검사 및 진찰 　신경계 : 신경계 증상 문진, 신경증상 　에 유의하여 진찰	임상검사 및 진찰 신경계 : 신경행동검사, 임상심리검사, 신 경학적 검사
75	에피클로로히드린 (Epichlorohydrin)	(1) 직업력 및 노출력 조사 (2) 주요 표적기관과 관련된 병력조사 (3) 임상검사 및 진찰 　① 간담도계 : AST(SGOT), ALT(SGPT), 　　γ-GTP 　② 비뇨기계 : 요검사 10종 　③ 생식계 : 생식계 증상 문진 　④ 눈, 피부, 비강, 인두 : 점막자극증 　　상 문진	임상검사 및 진찰 ① 간담도계 : AST(SGOT), ALT(SGPT), 　γ-GTP, 총단백, 알부민, 총빌리루빈, 　직접빌리루빈, 알칼리포스파타아제, 알 　파피토단백, B형간염 표면항원, B형간 　염 표면항체, C형간염 항체, A형간염 　항체, 초음파검사 ② 비뇨기계 : 단백뇨정량, 혈청 크레아티 　닌, 요소질소 ③ 생식계 : 에스트로겐(여), 황체형성호르 　몬, 난포자극호르몬, 테스토스테론(남) ④ 눈, 피부, 비강, 인두 : 세극등현미경검 　사, 비강 및 인두검사, 면역글로불린 　정량(IgE), 피부첩포시험, 피부단자시 　험, KOH검사
76	염소화비페닐 (Polychlorobiphenyls)	(1) 직업력 및 노출력 조사 (2) 주요 표적기관과 관련된 병력조사 (3) 임상검사 및 진찰 　① 간담도계 : AST(SGOT), ALT(SGPT), 　　γ-GTP 　② 생식계 : 생식계 증상 문진 　③ 눈, 피부 : 점막자극증상 문진	임상검사 및 진찰 ① 간담도계 : AST(SGOT), ALT(SGPT), 　γ-GTP, 총단백, 알부민, 총빌리루빈, 　직접빌리루빈, 알칼리포스파타아제, 알 　파피토단백, B형간염 표면항원, B형간 　염 표면항체, C형간염 항체, A형간염 　항체, 초음파검사 ② 생식계 : 에스트로겐(여), 황체형성호르 　몬, 난포자극호르몬, 테스토스테론(남) ③ 눈, 피부 : 세극등현미경검사, KOH검 　사, 피부단자시험
77	요오드화 메틸 (Methyl iodide)	(1) 직업력 및 노출력 조사 (2) 주요 표적기관과 관련된 병력조사 (3) 임상검사 및 진찰 　① 신경계 : 신경계 증상 문진, 신경증 　　상에 유의하여 진찰 　② 눈, 피부, 비강, 인두 : 점막자극증 　　상 문진	임상검사 및 진찰 ① 신경계 : 근전도 검사, 신경전도 검사, 　신경행동검사, 임상심리검사, 신경학적 　검사 ② 눈, 피부, 비강, 인두 : 세극등현미경검 　사, KOH검사, 피부단자시험, 비강 및 　인두검사
78	이소부틸 알코올 (Isobutyl alcohol)	(1) 직업력 및 노출력 조사 (2) 주요 표적기관과 관련된 병력조사 (3) 임상검사 및 진찰 　① 신경계 : 신경계 증상 문진, 신경증 　　상에 유의하여 진찰 　② 눈, 피부, 비강, 인두 : 점막자극증 　　상 문진	임상검사 및 진찰 ① 신경계 : 신경행동검사, 임상심리검사, 　신경학적 검사 ② 눈, 피부, 비강, 인두 : 세극등현미경검 　사, KOH검사, 피부단자시험, 비강 및 　인두검사

번호	유해인자	제1차 검사항목	제2차 검사항목

79	이소아밀 아세테이트
	(Isoamyl acetate)
		(1) 직업력 및 노출력 조사
		(2) 주요 표적기관과 관련된 병력조사
		(3) 임상검사 및 진찰
		  ① 신경계 : 신경계 증상 문진, 신경증상에 유의하여 진찰
		  ② 눈, 피부, 비강, 인두 : 점막자극증상 문진
			임상검사 및 진찰
			① 신경계 : 신경행동검사, 임상심리검사, 신경학적 검사
			② 눈, 피부, 비강, 인두 : 세극등현미경검사, KOH검사, 피부단자시험, 비강 및 인두검사

80	이소아밀 알코올 (Isoamyl alcohol)	(1) 직업력 및 노출력 조사 (2) 주요 표적기관과 관련된 병력조사 (3) 임상검사 및 진찰 신경계 : 신경계 증상 문진, 신경증상에 유의하여 진찰	임상검사 및 진찰 신경계 : 신경행동검사, 임상심리검사, 신경학적 검사

81	이소프로필 알코올
	(Isopropyl alcohol)
		(1) 직업력 및 노출력 조사
		(2) 주요 표적기관과 관련된 병력조사
		(3) 임상검사 및 진찰
		  눈, 피부, 비강, 인두 : 점막자극증상 문진
			(1) 임상검사 및 진찰
			  눈, 피부, 비강, 인두 : 세극등현미경검사, KOH검사, 피부단자시험, 비강 및 인두검사
			(2) 생물학적 노출지표 검사 : 혈중 또는 소변 중 아세톤(작업 종료 시 채취)

82	이황화탄소
	(Carbon disulfide)
		(1) 직업력 및 노출력 조사
		(2) 주요 표적기관과 관련된 병력조사
		(3) 임상검사 및 진찰
		  ① 간담도계 : AST(SGOT), ALT(SGPT), γ-GTP
		  ② 심혈관계 : 흉부방사선 검사, 심전도 검사, 총콜레스테롤, HDL콜레스테롤, 트리글리세라이드
		  ③ 비뇨기계 : 요검사 10종
		  ④ 신경계 : 신경계 증상 문진, 신경증상에 유의하여 진찰
		  ⑤ 생식계 : 생식계 증상 문진
		  ⑥ 눈 : 관련 증상 문진, 진찰
		  ⑦ 귀 : 순음(純音) 청력검사(양측 기도), 정밀 진찰[이경검사(耳鏡檢査)]
			임상검사 및 진찰
			① 간담도계 : AST(SGOT), ALT(SGPT), γ-GTP, 총단백, 알부민, 총빌리루빈, 직접빌리루빈, 알칼리포스파타아제, 알파피토단백, B형간염 표면항원, B형간염 표면항체, C형간염 항체, A형간염 항체, 초음파검사
			② 비뇨기계 : 단백뇨정량, 혈청 크레아티닌, 요소질소
			③ 신경계 : 근전도 검사, 신경전도 검사, 신경행동검사, 임상심리검사, 신경학적 검사
			④ 생식계 : 에스트로겐(여), 황체형성호르몬, 난포자극호르몬, 테스토스테론(남)
			⑤ 눈 : 세극등현미경검사, 정밀안저검사, 정밀안압측정, 시신경정밀검사, 안과 진찰
			⑥ 귀 : 순음 청력검사[양측 기도 및 골도(骨導)], 중이검사(고막운동성검사)

83	콜타르
	(Coal tar)
		(1) 직업력 및 노출력 조사
		(2) 주요 표적기관과 관련된 병력조사
		(3) 임상검사 및 진찰
		  ① 호흡기계 : 청진, 흉부방사선(후전면)
		  ② 비뇨기계 : 요검사 10종, 소변세포병리검사(아침 첫 소변 채취)
		  ③ 피부·비강·인두 : 관련 증상 문진
			(1) 임상검사 및 진찰
			  ① 호흡기계 : 흉부방사선(측면), 흉부전산화 단층촬영, 객담세포검사
			  ② 비뇨기계 : 단백뇨정량, 혈청 크레아티닌, 요소질소, 비뇨기과 진료
			  ③ 피부·비강·인두 : 면역글로불린 정량(IgE), 피부첩포시험, 피부단자시험, KOH검사, 비강 및 인두검사
			(2) 생물학적 노출지표 검사 : 소변 중 1-하이드록시파이렌

번호	유해인자	제1차 검사항목	제2차 검사항목
84	크레졸 (Cresol)	(1) 직업력 및 노출력 조사 (2) 주요 표적기관과 관련된 병력조사 (3) 임상검사 및 진찰 　① 간담도계 : AST(SGOT), ALT(SGPT), 　　γ-GTP 　② 비뇨기계 : 요검사 10종 　③ 신경계 : 신경계 증상 문진, 신경증상에 유의하여 진찰 　④ 눈, 피부, 비강, 인두 : 점막자극증상 문진	임상검사 및 진찰 ① 간담도계 : AST(SGOT), ALT(SGPT), γ-GTP, 총단백, 알부민, 총빌리루빈, 직접빌리루빈, 알칼리포스파타아제, 알파피토단백, B형간염 표면항원, B형간염 표면항체, C형간염 항체, A형간염 항체, 초음파검사 ② 비뇨기계 : 단백뇨정량, 혈청 크레아티닌, 요소질소 ③ 신경계 : 신경행동검사, 임상심리검사, 신경학적 검사 ④ 눈, 피부, 비강, 인두 : 세극등현미경검사, KOH검사, 피부단자시험, 비강 및 인두검사
85	크실렌 (Xylene)	(1) 직업력 및 노출력 조사 (2) 주요 표적기관과 관련된 병력조사 (3) 임상검사 및 진찰 　① 간담도계 : AST(SGOT), ALT(SGPT), 　　γ-GTP 　② 신경계 : 신경계 증상 문진, 신경증상에 유의하여 진찰 　③ 눈, 피부, 비강, 인두 : 점막자극증상 문진 (4) 생물학적 노출지표 검사 : 소변 중 메틸마뇨산(작업 종료 시 채취)	임상검사 및 진찰 ① 간담도계 : AST(SGOT), ALT(SGPT), γ-GTP, 총단백, 알부민, 총빌리루빈, 직접빌리루빈, 알칼리포스파타아제, 알파피토단백, B형간염 표면항원, B형간염 표면항체, C형간염 항체, A형간염 항체, 초음파검사 ② 신경계 : 신경행동검사, 임상심리검사, 신경학적 검사 ③ 눈, 피부, 비강, 인두 : 세극등현미경검사, KOH검사, 피부단자시험, 비강 및 인두검사
86	클로로메틸 메틸 에테르 (Chloromethyl methyl ether)	(1) 직업력 및 노출력 조사 (2) 주요 표적기관과 관련된 병력조사 (3) 임상검사 및 진찰 　호흡기계 : 청진, 흉부방사선(후전면)	임상검사 및 진찰 호흡기계 : 흉부방사선(측면), 흉부 전산화단층촬영, 객담세포검사
87	클로로벤젠 (Chlorobenzene)	(1) 직업력 및 노출력 조사 (2) 주요 표적기관과 관련된 병력조사 (3) 임상검사 및 진찰 　① 간담도계 : AST(SGOT), ALT(SGPT), 　　γ-GTP 　② 신경계 : 신경계 증상 문진, 신경증상에 유의하여 진찰 　③ 눈, 피부, 비강, 인두 : 점막자극증상 문진	(1) 임상검사 및 진찰 　① 간담도계 : AST(SGOT), ALT(SGPT), γ-GTP, 총단백, 알부민, 총빌리루빈, 직접빌리루빈, 알칼리포스파타아제, 알파피토단백, B형간염 표면항원, B형간염 표면항체, C형간염 항체, A형간염 항체, 초음파검사 　② 신경계 : 신경행동검사, 임상심리검사, 신경학적 검사 　③ 눈, 피부, 비강, 인두 : 세극등현미경검사, KOH검사, 피부단자시험, 비강 및 인두검사 (2) 생물학적 노출지표 검사 : 소변 중 총 클로로카테콜(작업 종료 시 채취)

번호	유해인자	제1차 검사항목	제2차 검사항목
88	테레핀유 (Turpentine oil)	(1) 직업력 및 노출력 조사 (2) 주요 표적기관과 관련된 병력조사 (3) 임상검사 및 진찰 　① 신경계 : 신경계 증상 문진, 신경증상에 유의하여 진찰 　② 눈, 피부 : 관련 증상 문진	임상검사 및 진찰 ① 신경계 : 신경행동검사, 임상심리검사, 신경학적 검사 ② 눈, 피부 : 세극등현미경검사, 면역글로불린 정량(IgE), 피부첩포시험, 피부단자시험, KOH검사
89	1,1,2,2-테트라클로로에탄 (1,1,2,2-Tetrachloroet hane)	(1) 직업력 및 노출력 조사 (2) 주요 표적기관과 관련된 병력조사 (3) 임상검사 및 진찰 　① 간담도계 : AST(SGOT), ALT(SGPT), γ-GTP 　② 비뇨기계 : 요검사 10종 　③ 신경계 : 신경계 증상 문진, 신경증상에 유의하여 진찰 　④ 피부 : 점막자극증상 문진	임상검사 및 진찰 ① 간담도계 : AST(SGOT), ALT(SGPT), γ-GTP, 총단백, 알부민, 총빌리루빈, 직접빌리루빈, 알칼리포스파타아제, 알파피토단백, B형간염 표면항원, B형간염 표면항체, C형간염 항체, A형간염 항체, 초음파검사 ② 비뇨기계 : 단백뇨정량, 혈청 크레아티닌, 요소질소 ③ 신경계 : 신경행동검사, 임상심리검사, 신경학적 검사 ④ 피부 : KOH검사, 피부단자시험
90	테트라하이드로퓨란 (Tetrahydrofuran)	(1) 직업력 및 노출력 조사 (2) 주요 표적기관과 관련된 병력조사 (3) 임상검사 및 진찰 　신경계 : 신경계 증상 문진, 신경증상에 유의하여 진찰	임상검사 및 진찰 신경계 : 신경행동검사, 임상심리검사, 신경학적 검사
91	톨루엔 (Toluene)	(1) 직업력 및 노출력 조사 (2) 주요 표적기관과 관련된 병력조사 (3) 임상검사 및 진찰 　① 간담도계 : AST(SGOT), ALT(SGPT), γ-GTP 　② 비뇨기계 : 요검사 10종 　③ 신경계 : 신경계 증상 문진, 신경증상에 유의하여 진찰 　④ 눈, 피부, 비강, 인두 : 점막자극증상 문진, 진찰 (4) 생물학적 노출지표 검사 : 소변 중 o-크레졸(작업 종료 시 채취)	임상검사 및 진찰 ① 간담도계 : AST(SGOT), ALT(SGPT), γ-GTP, 총단백, 알부민, 총빌리루빈, 직접빌리루빈, 알칼리포스파타아제, 알파피토단백, B형간염 표면항원, B형간염 표면항체, C형간염 항체, A형간염 항체, 초음파검사 ② 비뇨기계 : 단백뇨정량, 혈청 크레아티닌, 요소질소 ③ 신경계 : 근전도 검사, 신경전도 검사, 신경행동검사, 임상심리검사, 신경학적 검사 ④ 눈, 피부, 비강, 인두 : 세극등현미경검사, KOH검사, 피부단자시험, 비강 및 인두검사
92	톨루엔-2,4-디이소시아네이트 (Toluene-2,4-diisocya nate)	(1) 직업력 및 노출력 조사 (2) 주요 표적기관과 관련된 병력조사 (3) 임상검사 및 진찰 　① 호흡기계 : 청진, 폐활량검사 　② 피부 : 관련 증상 문진	임상검사 및 진찰 ① 호흡기계 : 흉부방사선(후전면, 측면), 작업 중 최대날숨유량 연속측정, 비특이 기도과민검사 ② 피부 : 면역글로불린 정량(IgE), 피부첩포시험, 피부단자시험, KOH검사

번호	유해인자	제1차 검사항목	제2차 검사항목

93	톨루엔-2,6-디이소시아네이트
	(Toluene-2,6-diisocyanate)
		(1) 직업력 및 노출력 조사
		(2) 주요 표적기관과 관련된 병력조사
		(3) 임상검사 및 진찰
		  ① 호흡기계 : 청진, 폐활량검사
		  ② 피부 : 관련 증상 문진
			임상검사 및 진찰
			① 호흡기계 : 흉부방사선(후전면, 측면), 작업 중 최대날숨유량 연속측정, 비특이 기도과민검사
			② 피부 : 면역글로불린 정량(IgE), 피부첩포시험, 피부단자시험, KOH검사

94	트리클로로메탄
	(Trichloromethane)
		(1) 직업력 및 노출력 조사
		(2) 주요 표적기관과 관련된 병력조사
		(3) 임상검사 및 진찰
		  ① 간담도계 : AST(SGOT), ALT(SGPT), γ-GTP
		  ② 비뇨기계 : 요검사 10종
		  ③ 신경계 : 신경계 증상 문진, 신경증상에 유의하여 진찰
		  ④ 눈, 피부, 비강, 인두 : 점막자극증상 문진
			임상검사 및 진찰
			① 간담도계 : AST(SGOT), ALT(SGPT), γ-GTP, 총단백, 알부민, 총빌리루빈, 직접빌리루빈, 알칼리포스파타아제, 알파피토단백, B형간염 표면항원, B형간염 표면항체, C형간염 항체, A형간염 항체, 초음파검사
			② 비뇨기계 : 단백뇨정량, 혈청 크레아티닌, 요소질소
			③ 신경계 : 신경행동검사, 임상심리검사, 신경학적 검사
			④ 눈, 피부, 비강, 인두 : 세극등현미경검사, KOH검사, 피부단자시험, 비강 및 인두검사

95	1,1,2-트리클로로에탄
	(1,1,2-Trichloroethane)
		(1) 직업력 및 노출력 조사
		(2) 주요 표적기관과 관련된 병력조사
		(3) 임상검사 및 진찰
		  ① 간담도계 : AST(SGOT), ALT(SGPT), γ-GTP
		  ② 비뇨기계 : 요검사 10종
		  ③ 신경계 : 신경계 증상 문진, 신경증상에 유의하여 진찰
			임상검사 및 진찰
			① 간담도계 : AST(SGOT), ALT(SGPT), γ-GTP, 총단백, 알부민, 총빌리루빈, 직접빌리루빈, 알칼리포스파타아제, 알파피토단백, B형간염 표면항원, B형간염 표면항체, C형간염 항체, A형간염 항체, 초음파검사
			② 비뇨기계 : 단백뇨정량, 혈청 크레아티닌, 요소질소
			③ 신경계 : 신경행동검사, 임상심리검사, 신경학적 검사

96	트리클로로에틸렌
	(Trichloroethylene)
		(1) 직업력 및 노출력 조사
		(2) 주요 표적기관과 관련된 병력조사
		(3) 임상검사 및 진찰
		  ① 간담도계 : AST(SGOT), ALT(SGPT), γ-GTP
		  ② 심혈관계 : 흉부방사선 검사, 심전도 검사, 총콜레스테롤, HDL콜레스테롤, 트리글리세라이드
		  ③ 비뇨기계 : 요검사 10종
		  ④ 신경계 : 신경계 증상 문진, 신경증상에 유의하여 진찰
		  ⑤ 눈, 피부, 비강, 인두 : 점막자극증상 문진
		(4) 생물학적 노출지표 검사 : 소변 중 총삼염화물 또는 삼염화초산(주말작업 종료 시 채취)
			임상검사 및 진찰
			① 간담도계 : AST(SGOT), ALT(SGPT), γ-GTP, 총단백, 알부민, 총빌리루빈, 직접빌리루빈, 알칼리포스파타아제, 알파피토단백, B형간염 표면항원, B형간염 표면항체, C형간염 항체, A형간염 항체, 초음파검사
			② 비뇨기계 : 단백뇨정량, 혈청 크레아티닌, 요소질소
			③ 신경계 : 신경행동검사, 임상심리검사, 신경학적 검사
			④ 눈, 피부, 비강, 인두 : 세극등현미경검사, KOH검사, 피부단자시험, 비강 및 인두검사

번호	유해인자	제1차 검사항목	제2차 검사항목
97	1,2,3-트리클로로프로판 (1,2,3-Trichloropropane)	(1) 직업력 및 노출력 조사 (2) 주요 표적기관과 관련된 병력조사 (3) 임상검사 및 진찰 　① 간담도계 : AST(SGOT), ALT(SGPT), γ-GTP 　② 비뇨기계 : 요검사 10종 　③ 신경계 : 신경계 증상 문진, 신경증상에 유의하여 진찰	임상검사 및 진찰 ① 간담도계 : AST(SGOT), ALT(SGPT), γ-GTP, 총단백, 알부민, 총빌리루빈, 직접빌리루빈, 알칼리포스파타아제, 알파피토단백, B형간염 표면항원, B형간염 표면항체, C형간염 항체, A형간염 항체, 초음파검사 ② 비뇨기계 : 단백뇨정량, 혈청 크레아티닌, 요소질소 ③ 신경계 : 신경행동검사, 임상심리검사, 신경학적 검사
98	퍼클로로에틸렌 (Perchloroethylene)	(1) 직업력 및 노출력 조사 (2) 주요 표적기관과 관련된 병력조사 (3) 임상검사 및 진찰 　① 간담도계 : AST(SGOT), ALT(SGPT), γ-GTP 　② 비뇨기계 : 요검사 10종 　③ 신경계 : 신경계 증상 문진, 신경증상에 유의하여 진찰 　④ 눈, 피부, 비강, 인두 : 점막자극증상 문진, 진찰 (4) 생물학적 노출지표 검사 : 소변 중 총 삼염화물 또는 삼염화초산(주말작업 종료 시 채취)	임상검사 및 진찰 ① 간담도계 : AST(SGOT), ALT(SGPT), γ-GTP, 총단백, 알부민, 총빌리루빈, 직접빌리루빈, 알칼리포스파타아제, 알파피토단백, B형간염 표면항원, B형간염 표면항체, C형간염 항체, A형간염 항체, 초음파검사 ② 비뇨기계 : 단백뇨정량, 혈청 크레아티닌, 요소질소 ③ 신경계 : 근전도 검사, 신경전도 검사, 신경행동검사, 임상심리검사, 신경학적 검사 ④ 눈, 피부, 비강, 인두 : 세극등현미경검사, KOH검사, 피부단자시험, 비강 및 인두검사
99	페놀 (Phenol)	(1) 직업력 및 노출력 조사 (2) 주요 표적기관과 관련된 병력조사 (3) 임상검사 및 진찰 　① 간담도계 : AST(SGOT), ALT(SGPT), γ-GTP 　② 비뇨기계 : 요검사 10종 　③ 눈, 피부, 비강, 인두 : 점막자극증상 문진	(1) 임상검사 및 진찰 　① 간담도계 : AST(SGOT), ALT(SGPT), γ-GTP, 총단백, 알부민, 총빌리루빈, 직접빌리루빈, 알칼리포스파타아제, 알파피토단백, B형간염 표면항원, B형간염 표면항체, C형간염 항체, A형간염 항체, 초음파검사 　② 비뇨기계 : 단백뇨정량, 혈청 크레아티닌, 요소질소 　③ 눈, 피부, 비강, 인두 : 세극등현미경검사, KOH검사, 피부단자시험, 비강 및 인두검사 (2) 생물학적 노출지표 검사 : 소변 중 총 페놀(작업 종료 시)

번호	유해인자	제1차 검사항목	제2차 검사항목
100	펜타클로로페놀 (Pentachlorophenol)	(1) 직업력 및 노출력 조사 (2) 주요 표적기관과 관련된 병력조사 (3) 임상검사 및 진찰 　① 간담도계 : AST(SGOT), ALT(SGPT), 　　γ-GTP 　② 비뇨기계 : 요검사 10종 　③ 신경계 : 신경계 증상 문진, 신경증 　　상에 유의하여 진찰 　④ 눈, 피부, 비강, 인두 : 점막자극증 　　상 문진	(1) 임상검사 및 진찰 　① 간담도계 : AST(SGOT), ALT(SGPT), 　　γ-GTP, 총단백, 알부민, 총빌리루 　　빈, 직접빌리루빈, 알칼리포스파타 　　아제, 알파피토단백, B형간염 표면항 　　원, B형간염 표면항체, C형간염 항 　　체, A형간염 항체, 초음파검사 　② 비뇨기계 : 단백뇨정량, 혈청 크레 　　아티닌, 요소질소 　③ 신경계 : 신경행동검사, 임상심리검 　　사, 신경학적 검사 　④ 눈, 피부, 비강, 인두 : 세극등현미 　　경검사, KOH검사, 피부단자시험, 　　비강 및 인두검사 (2) 생물학적 노출지표 검사 : 소변 중 펜 　타클로로페놀(주말작업 종료 시), 혈중 　유리펜타클로로페놀(작업 종료 시)
101	포름알데히드 (Formaldehyde)	(1) 직업력 및 노출력 조사 (2) 주요 표적기관과 관련된 병력조사 (3) 임상검사 및 진찰 　① 호흡기계 : 청진, 흉부방사선(후전면) 　② 눈, 피부, 비강, 인두 : 점막자극증 　　상 문진	임상검사 및 진찰 ① 호흡기계 : 흉부방사선(측면), 폐활량검사 ② 눈, 피부, 비강, 인두 : 세극등현미경검 　사, 면역글로불린 정량(IgE), 피부첩포 　시험, 피부단자시험, KOH검사, 비강 　및 인두검사
102	β-프로피오락톤 (β-Propiolactone)	(1) 직업력 및 노출력 조사 (2) 주요 표적기관과 관련된 병력조사 (3) 임상검사 및 진찰 　눈, 피부 : 점막자극증상 문진	임상검사 및 진찰 눈, 피부 : 세극등현미경검사, KOH검사, 피부단자시험
103	o-프탈로디니트릴 (o-Phthalodinitrile)	(1) 직업력 및 노출력 조사 (2) 주요 표적기관과 관련된 병력조사 (3) 임상검사 및 진찰 　① 조혈기계 : 혈색소량, 혈구용적치, 　　적혈구 수, 백혈구 수, 혈소판 수, 　　백혈구 백분율, 망상적혈구 수 　② 신경계 : 신경계 증상 문진, 신경증 　　상에 유의하여 진찰	임상검사 및 진찰 ① 조혈기계 : 혈액도말검사 ② 신경계 : 신경행동검사, 임상심리검사, 　신경학적 검사
104	피리딘 (Pyridine)	(1) 직업력 및 노출력 조사 (2) 주요 표적기관과 관련된 병력조사 (3) 임상검사 및 진찰 　① 간담도계 : AST(SGOT), ALT(SGPT), 　　γ-GTP 　② 비뇨기계 : 요검사 10종 　③ 신경계 : 신경계 증상 문진, 신경증 　　상에 유의하여 진찰	임상검사 및 진찰 ① 간담도계 : AST(SGOT), ALT(SGPT), 　γ-GTP, 총단백, 알부민, 총빌리루빈, 　직접빌리루빈, 알카리포스파타아제, 알 　파피토단백, B형간염 표면항원, B형간 　염 표면항체, C형간염 항체, A형간염 　항체, 초음파검사 ② 비뇨기계 : 단백뇨정량, 혈청 크레아티 　닌, 요소질소 ③ 신경계 : 신경행동검사, 임상심리검사, 　신경학적 검사

번호	유해인자	제1차 검사항목	제2차 검사항목
105	헥사메틸렌 디이소시아네이트 (Hexamethylene diiso cyanate)	(1) 직업력 및 노출력 조사 (2) 주요 표적기관과 관련된 병력조사 (3) 임상검사 및 진찰 　호흡기계 : 청진, 폐활량검사	임상검사 및 진찰 호흡기계 : 흉부방사선(측면), 흉부방사선(후전면), 작업 중 최대날숨유량 연속측정, 비특이 기도과민검사
106	n-헥산 (n-Hexane)	(1) 직업력 및 노출력 조사 (2) 주요 표적기관과 관련된 병력조사 (3) 임상검사 및 진찰 　① 신경계 : 신경계 증상 문진, 신경증상에 유의하여 진찰 　② 눈, 피부, 비강, 인두 : 점막자극증상 문진 (4) 생물학적 노출지표 검사 : 소변 중 2,5-헥산디온(작업 종료 시 채취)	임상검사 및 진찰 ① 신경계 : 근전도 검사, 신경전도 검사, 신경행동검사, 임상심리검사, 신경학적 검사 ② 눈, 피부, 비강, 인두 : 세극등현미경검사, 정밀안저검사, 정밀안압측정, 안과진찰, KOH검사, 피부단자시험, 비강 및 인두검사
107	n-헵탄 (n-Heptane)	(1) 직업력 및 노출력 조사 (2) 주요 표적기관과 관련된 병력조사 (3) 임상검사 및 진찰 　신경계 : 신경계 증상 문진, 신경증상에 유의하여 진찰	임상검사 및 진찰 신경계 : 근전도 검사, 신경전도 검사, 신경행동검사, 임상심리검사, 신경학적 검사
108	황산디메틸 (Dimethyl sulfate)	(1) 직업력 및 노출력 조사 (2) 주요 표적기관과 관련된 병력조사 (3) 임상검사 및 진찰 　① 간담도계 : AST(SGOT), ALT(SGPT), γ-GTP 　② 비뇨기계 : 요검사 10종 　③ 신경계 : 신경계 증상 문진, 신경증상에 유의하여 진찰 　④ 눈, 피부, 비강, 인두 : 점막자극증상 문진	임상검사 및 진찰 ① 간담도계 : AST(SGOT), ALT(SGPT), γ-GTP, 총단백, 알부민, 총빌리루빈, 직접빌리루빈, 알칼리포스파타아제, 알파피토단백, B형간염 표면항원, B형간염 표면항체, C형간염 항체, A형간염 항체, 초음파검사 ② 비뇨기계 : 단백뇨정량, 혈청 크레아티닌, 요소질소 ③ 신경계 : 근전도 검사, 신경전도 검사, 신경행동검사, 임상심리검사, 신경학적 검사 ④ 눈, 피부, 비강, 인두 : 세극등현미경검사, KOH검사, 피부단자시험, 비강 및 인두검사
109	히드라진 (Hydrazine)	(1) 직업력 및 노출력 조사 (2) 주요 표적기관과 관련된 병력조사 (3) 임상검사 및 진찰 　① 간담도계 : AST(SGOT), ALT(SGPT), γ-GTP 　② 신경계 : 신경계 증상 문진, 신경증상에 유의하여 진찰 　③ 눈, 피부, 비강, 인두 : 점막자극증상 문진	임상검사 및 진찰 ① 간담도계 : AST(SGOT), ALT(SGPT), γ-GTP, 총단백, 알부민, 총빌리루빈, 직접빌리루빈, 알칼리포스파타아제, 알파피토단백, B형간염 표면항원, B형간염 표면항체, C형간염 항체, A형간염 항체, 초음파검사 ② 신경계 : 신경행동검사, 임상심리검사, 신경학적 검사 ③ 눈, 피부, 비강, 인두 : 세극등현미경검사, 비강 및 인두검사, 면역글로불린정량(IgE), 피부첩포시험, 피부단자시험, KOH검사

※ 검사항목 중 "생물학적 노출지표 검사"는 해당 작업에 처음 배치되는 근로자에 대해서는 실시하지 않는다.

② 금속류 (20종)

번호	유해인자	제1차 검사항목	제2차 검사항목
1	구리(Copper) (분진, 흄, 미스트)	(1) 직업력 및 노출력 조사 (2) 주요 표적기관과 관련된 병력조사 (3) 임상검사 및 진찰 　① 간담도계 : AST(SGOT), ALT(SGPT), γ-GTP 　② 눈, 피부, 비강, 인두 : 점막자극증상 문진	임상검사 및 진찰 ① 간담도계 : AST(SGOT), ALT(SGPT), γ-GTP, 총단백, 알부민, 총빌리루빈, 직접빌리루빈, 알칼리포스파타아제, 알파피토단백, B형간염 표면항원, B형간염 표면항체, C형간염 항체, A형간염 항체, 초음파검사 ② 눈, 피부, 비강, 인두 : 세극등현미경검사, KOH검사, 피부단자시험, 비강 및 인두검사
2	납 및 그 무기화합물 (Lead and its inorganic compounds)	(1) 직업력 및 노출력 조사 (2) 주요 표적기관과 관련된 병력조사 (3) 임상검사 및 진찰 　① 조혈기계 : 혈색소량, 혈구용적치, 적혈구 수, 백혈구 수, 혈소판 수, 백혈구 백분율 　② 비뇨기계 : 요검사 10종, 혈압측정 　③ 신경계 및 위장관계 : 관련 증상 문진, 진찰 (4) 생물학적 노출지표 검사 : 혈중 납	(1) 임상검사 및 진찰 ① 조혈기계 : 혈액도말검사, 철, 총철결합능력, 혈청페리틴 ② 비뇨기계 : 단백뇨정량, 혈청 크레아티닌, 요소질소, 베타 2 마이크로글로불린 ③ 신경계 : 근전도검사, 신경전도검사, 신경행동검사, 임상심리검사, 신경학적 검사 (2) 생물학적 노출지표 검사 ① 혈중 징크프로토포피린 ② 소변 중 델타아미노레뷸린산 ③ 소변 중 납
3	니켈 및 그 무기화합물, 니켈 카르보닐 (Nickel and its inorganic compounds, Nickel carbonyl)	(1) 직업력 및 노출력 조사 (2) 주요 표적기관과 관련된 병력조사 (3) 임상검사 및 진찰 　① 호흡기계 : 청진, 흉부방사선(후전면), 폐활량검사 　② 피부, 비강, 인두 : 관련 증상 문진	(1) 임상검사 및 진찰 ① 호흡기계 : 흉부방사선(측면), 작업 중 최대날숨유량 연속측정, 비특이 기도과민검사, 흉부 전산화 단층촬영, 객담세포검사 ② 피부, 비강, 인두 : 면역글로불린 정량(IgE), 피부첩포시험, 피부단자시험, KOH검사, 비강 및 인두검사 (2) 생물학적 노출지표 검사 : 소변 중 니켈
4	망간 및 그 무기화합물 (Manganese and its inorganic compounds)	(1) 직업력 및 노출력 조사 (2) 주요 표적기관과 관련된 병력조사 (3) 임상검사 및 진찰 　① 호흡기계 : 청진, 흉부방사선(후전면) 　② 신경계 : 신경계 증상 문진, 신경증상에 유의하여 진찰	임상검사 및 진찰 ① 호흡기계 : 흉부방사선(측면), 폐활량검사 ② 신경계 : 신경행동검사, 임상심리검사, 신경학적 검사

번호	유해인자	제1차 검사항목	제2차 검사항목

5	사알킬납
	(Tetraalkyl lead)
		(1) 직업력 및 노출력 조사
		(2) 주요 표적기관과 관련된 병력조사
		(3) 임상검사 및 진찰
		  ① 비뇨기계 : 요검사 10종, 혈압 측정
		  ② 신경계 : 신경계 증상 문진, 신경증상에 유의하여 진찰
		(4) 생물학적 노출지표 검사 : 혈중 납
			(1) 임상검사 및 진찰
			  ① 비뇨기계 : 단백뇨정량, 혈청 크레아티닌, 요소질소, 베타 2 마이크로글로불린
			  ② 신경계 : 신경행동검사, 임상심리검사, 신경학적 검사
			(2) 생물학적 노출지표 검사
			  ① 혈중 징크프로토포피린
			  ② 소변 중 델타아미노레불린산
			  ③ 소변 중 납

6	산화아연 (Zinc oxide) (분진, 흄)	(1) 직업력 및 노출력 조사 (2) 주요 표적기관과 관련된 병력조사 (3) 임상검사 및 진찰 호흡기계 : 금속열 증상 문진, 청진, 흉부방사선(후전면)	임상검사 및 진찰 호흡기계 : 흉부방사선(측면)
7	산화철(Iron oxide) (분진, 흄)	(1) 직업력 및 노출력 조사 (2) 주요 표적기관과 관련된 병력조사 (3) 임상검사 및 진찰 호흡기계 : 청진, 흉부방사선(후전면), 폐활량검사	임상검사 및 진찰 호흡기계 : 흉부방사선(측면), 결핵도말검사

8	삼산화비소
	(Arsenic trioxide)
		(1) 직업력 및 노출력 조사
		(2) 주요 표적기관과 관련된 병력조사
		(3) 임상검사 및 진찰
		  ① 조혈기계 : 혈색소량, 혈구용적치, 적혈구 수, 백혈구 수, 혈소판 수, 백혈구 백분율, 망상적혈구 수
		  ② 간담도계 : AST(SGOT), ALT(SGPT), γ-GTP
		  ③ 호흡기계 : 청진
		  ④ 비뇨기계 : 요검사 10종
		  ⑤ 눈, 피부, 비강, 인두 : 점막자극증상 문진
			(1) 임상검사 및 진찰
			  ① 조혈기계 : 혈액도말검사, 총철결합능력, 혈청페리틴, 유산탈수소효소, 총빌리루빈, 직접빌리루빈
			  ② 간담도계 : AST(SGOT), ALT(SGPT), γ-GTP, 총단백, 알부민, 총빌리루빈, 직접빌리루빈, 알칼리포스파타아제, 알파피토단백, B형간염 표면항원, B형간염 표면항체, C형간염 항체, A형간염 항체, 초음파검사
			  ③ 호흡기계 : 흉부방사선(후전면), 폐활량검사, 흉부 전산화 단층촬영
			  ④ 비뇨기계 : 단백뇨정량, 혈청 크레아티닌, 요소질소
			  ⑤ 눈, 피부, 비강, 인두 : 세극등현미경검사, 비강 및 인두검사, 면역글로불린 정량(IgE), 피부첩포시험, 피부단자시험, KOH검사
			(2) 생물학적 노출지표 검사 : 소변 중 또는 혈중 비소

번호	유해인자	제1차 검사항목	제2차 검사항목

9	수은 및 그 화합물
	(Mercury and its compounds)
		(1) 직업력 및 노출력 조사
		(2) 주요 표적기관과 관련된 병력조사
		(3) 임상검사 및 진찰
		  ① 비뇨기계 : 요검사 10종, 혈압 측정
		  ② 신경계 : 신경계 증상 문진, 신경증상에 유의하여 진찰
		  ③ 눈, 피부, 비강, 인두 : 점막자극증상 문진
		(4) 생물학적 노출지표 검사 : 소변 중 수은
			(1) 임상검사 및 진찰
			  ① 비뇨기계 : 단백뇨정량, 혈청 크레아티닌, 요소질소, 베타 2 마이크로글로불린
			  ② 신경계 : 신경행동검사, 임상심리검사, 신경학적 검사
			  ③ 눈, 피부, 비강, 인두 : 세극등현미경검사, KOH검사, 피부단자시험, 비강 및 인두검사
			(2) 생물학적 노출지표 검사 : 혈중 수은

10	안티몬및 그 화합물
	(Antimony and its compounds)
		(1) 직업력 및 노출력 조사
		(2) 주요 표적기관과 관련된 병력조사
		(3) 임상검사 및 진찰
		  ① 심혈관계 : 흉부방사선 검사, 심전도 검사, 총콜레스테롤, HDL콜레스테롤, 트리글리세라이드
		  ② 호흡기계 : 청진, 흉부방사선(후전면), 폐활량검사
		  ③ 눈, 피부, 비강, 인두 : 점막자극증상 문진
			(1) 임상검사 및 진찰
			  ① 호흡기계 : 흉부방사선(측면), 결핵도말검사
			  ② 눈, 피부, 비강, 인두 : 세극등현미경검사, KOH검사, 피부단자시험, 비강 및 인두검사
			(2) 생물학적 노출지표 검사 : 소변 중 안티몬

11	알루미늄 및 그 화합물 (Aluminum and its compounds)	(1) 직업력 및 노출력 조사 (2) 주요 표적기관과 관련된 병력조사 (3) 임상검사 및 진찰 호흡기계 : 청진, 흉부방사선(후전면), 폐활량검사	임상검사 및 진찰 호흡기계 : 흉부방사선(측면), 작업 중 최대날숨유량 연속측정, 비특이 기도과민검사

12	오산화바나듐
	(Vanadium pentoxide)
	(분진, 흄)
		(1) 직업력 및 노출력 조사
		(2) 주요 표적기관과 관련된 병력조사
		(3) 임상검사 및 진찰
		  ① 호흡기계 : 청진, 흉부방사선(후전면)
		  ② 눈, 피부, 비강, 인두 : 점막자극증상 문진
			(1) 임상검사 및 진찰
			  ① 호흡기계 : 흉부방사선(측면), 폐활량검사
			  ② 눈, 피부, 비강, 인두 : 세극등현미경검사, 비강 및 인두검사, 면역글로불린 정량(IgE), 피부첩포시험, 피부단자시험, KOH검사
			(2) 생물학적 노출지표 검사 : 소변 중 바나듐

13	요오드 및 요오드화물
	(Iodine and iodides)
		(1) 직업력 및 노출력 조사
		(2) 주요 표적기관과 관련된 병력조사
		(3) 임상검사 및 진찰
		  ① 호흡기계 : 청진
		  ② 신경계 : 신경계 증상 문진, 신경증상에 유의하여 진찰
		  ③ 눈, 피부, 비강, 인두 : 점막자극증상 문진
			임상검사 및 진찰
			① 호흡기계 : 흉부방사선(후전면), 폐활량검사
			② 신경계 : 신경행동검사, 임상심리검사, 신경학적 검사
			③ 눈, 피부, 비강, 인두 : 세극등현미경검사, KOH검사, 피부단자시험, 비강 및 인두검사

번호	유해인자		제1차 검사항목	제2차 검사항목
14	인듐 및 그 화합물 (Indium and its compounds)		(1) 직업력 및 노출력 조사 (2) 주요 표적기관과 관련된 병력조사 (3) 임상검사 및 진찰 　호흡기계 : 청진, 흉부방사선(후전면, 측면), (4) 생물학적 노출 지표검사 : 혈청 중 인듐	임상검사 및 진찰 호흡기계 : 폐활량검사, 흉부 고해상도 전산화 단층촬영
15	주석 및 그 화합물 및 그 화합물 (Tin and its compounds)	주석과 그 무기 화합물	(1) 직업력 및 노출력 조사 (2) 주요 표적기관과 관련된 병력조사 (3) 임상검사 및 진찰 　① 호흡기계 : 청진, 흉부방사선(후전면), 폐활량검사 　② 눈, 피부, 비강, 인두 : 점막자극증상 문진	임상검사 및 진찰 ① 호흡기계 : 흉부방사선(측면), 결핵도말검사 ② 눈, 피부, 비강, 인두 : 세극등현미경검사, KOH검사, 피부단자시험, 비강 및 인두검사
		유기주석	(1) 직업력 및 노출력 조사 (2) 주요 표적기관과 관련된 병력조사 (3) 임상검사 및 진찰 　① 신경계 : 신경계 증상 문진, 신경증상에 유의하여 진찰 　② 눈 : 관련 증상 문진	임상검사 및 진찰 ① 신경계 : 신경행동검사, 임상심리검사, 신경학적 검사 ② 눈 : 세극등현미경검사, 정밀안저검사, 정밀안압측정, 안과 진찰
16	지르코늄 및 그 화합물 (Zirconium and its compounds)		(1) 직업력 및 노출력 조사 (2) 주요 표적기관과 관련된 병력조사 (3) 임상검사 및 진찰 　① 호흡기계 : 청진, 흉부방사선(후전면) 　② 피부, 비강, 인두 : 관련 증상 문진	임상검사 및 진찰 ① 호흡기계 : 흉부방사선(측면), 폐활량검사 ② 피부, 비강, 인두 : KOH검사, 피부단자시험, 비강 및 인두검사
17	카드뮴 및 그 화합물 (Cadmium and its compounds)		(1) 직업력 및 노출력 조사 (2) 주요 표적기관과 관련된 병력조사 (3) 임상검사 및 진찰 　① 비뇨기계 : 요검사 10종, 혈압 측정, 전립선 증상 문진 　② 호흡기계 : 청진, 흉부방사선(후전면), 폐활량검사 (4) 생물학적 노출지표 검사 : 혈중 카드뮴	(1) 임상검사 및 진찰 　① 비뇨기계 : 단백뇨정량, 혈청 크레아티닌, 요소질소, 전립선특이항원(남), 베타 2 마이크로글로불린 　② 호흡기계 : 흉부방사선(측면), 흉부 전산화 단층촬영, 객담세포검사 (2) 생물학적 노출지표 검사 : 소변 중 카드뮴
18	코발트 (Cobalt) (분진 및 흄만 해당)		(1) 직업력 및 노출력 조사 (2) 주요 표적기관과 관련된 병력조사 (3) 임상검사 및 진찰 　① 호흡기계 : 청진, 흉부방사선(후전면), 폐활량검사 　② 피부, 비강, 인두 : 관련 증상 문진	임상검사 및 진찰 ① 호흡기계 : 흉부방사선(측면), 작업 중 최대날숨유량 연속측정, 비특이 기도과민검사, 결핵도말검사 ② 피부・비강・인두 : 면역글로불린 정량(IgE), 피부첩포시험, 피부단자시험, KOH검사, 비강 및 인두검사

번호	유해인자	제1차 검사항목	제2차 검사항목
19	크롬 및 그 화합물 (Chromium and its compounds)	(1) 직업력 및 노출력 조사 (2) 주요 표적기관과 관련된 병력조사 (3) 임상검사 및 진찰 　① 호흡기계 : 청진, 흉부방사선(후전면), 폐활량검사 　② 눈, 피부, 비강, 인두 : 관련 증상 문진	(1) 임상검사 및 진찰 　① 호흡기계(천식, 폐암) : 흉부방사선(측면), 작업 중 최대날숨유량연속 측정, 비특이 기도과민검사, 흉부 전산화 단층촬영, 객담세포검사 　② 눈, 피부, 비강, 인두 : 세극등현미경검사, 면역글로불린 정량(IgE), 피부첩포시험, 피부단자시험, KOH검사, 비강 및 인두검사 (2) 생물학적 노출지표 검사 : 소변 중 또는 혈중 크롬
20	텅스텐 및 그 화합물 (Tungsten and its compounds)	(1) 직업력 및 노출력 조사 (2) 주요 표적기관과 관련된 병력조사 (3) 임상검사 및 진찰 　호흡기계 : 청진, 흉부방사선(후전면), 폐활량검사	임상검사 및 진찰 호흡기계 : 흉부방사선(측면), 결핵도말검사

※ 검사항목 중 "생물학적 노출지표 검사"는 해당 작업에 처음 배치되는 근로자에 대해서는 실시하지 않는다.

③ 산 및 알칼리류 (8종)

번호	유해인자	제1차 검사항목	제2차 검사항목
1	무수초산 (Acetic anhydride)	(1) 직업력 및 노출력 조사 (2) 주요 표적기관과 관련된 병력조사 (3) 임상검사 및 진찰 　눈, 피부, 비강, 인두 : 점막자극증상 문진	임상검사 및 진찰 눈, 피부, 비강, 인두 : 세극등현미경검사, KOH검사, 피부단자시험, 비강 및 인두검사
2	불화수소 (Hydrogen fluoride)	(1) 직업력 및 노출력 조사 (2) 주요 표적기관과 관련된 병력조사 (3) 임상검사 및 진찰 　① 눈, 피부, 비강, 인두 : 점막자극상 문진 　② 악구강계 : 치과의사에 의한 치아부식증 검사	(1) 임상검사 및 진찰 　눈, 피부, 비강, 인두 : 세극등현미경검사, KOH검사, 피부단자시험, 비강 및 인두검사 (2) 생물학적 노출지표 검사 : 소변 중 불화물(작업 전후를 측정하여 그 차이를 비교)
3	시안화 나트륨 (Sodium cyanide)	(1) 직업력 및 노출력 조사 (2) 주요 표적기관과 관련된 병력조사 (3) 임상검사 및 진찰 　① 심혈관계 : 흉부방사선 검사, 심전도 검사, 총콜레스테롤, HDL콜레스테롤, 트리글리세라이드 　② 신경계 : 신경계 증상 문진, 신경증상에 유의하여 진찰 　③ 눈, 피부, 비강, 인두 : 점막자극증상 문진	임상검사 및 진찰 ① 신경계 : 신경행동검사, 임상심리검사, 신경학적 검사 ② 눈, 피부, 비강, 인두 : 세극등현미경검사, KOH검사, 피부단자시험, 비강 및 인두검사

번호	유해인자	제1차 검사항목	제2차 검사항목
4	시안화칼륨 (Potassium cyanide)	(1) 직업력 및 노출력 조사 (2) 주요 표적기관과 관련된 병력조사 (3) 임상검사 및 진찰 　① 심혈관계 : 흉부방사선 검사, 심전도검사, 총콜레스테롤, HDL콜레스테롤, 트리글리세라이드 　② 신경계 : 신경계 증상 문진, 신경증상에 유의하여 진찰 　③ 눈, 피부, 비강, 인두 : 점막자극증상 문진	임상검사 및 진찰 ① 신경계 : 신경행동검사, 임상심리검사, 신경학적 검사 ② 눈, 피부, 비강, 인두 : 세극등현미경검사, KOH검사, 피부단자시험, 비강 및 인두검사
5	염화수소 (Hydrogen chloride)	(1) 직업력 및 노출력 조사 (2) 주요 표적기관과 관련된 병력조사 (3) 임상검사 및 진찰 　① 호흡기계 : 청진, 흉부방사선(후전면) 　② 눈, 피부, 비강, 인두 : 점막자극증상 문진 　③ 악구강계 : 치과의사에 의한 치아부식증 검사	임상검사 및 진찰 ① 호흡기계 : 흉부방사선(측면), 폐활량검사 ② 눈, 피부, 비강, 인두 : 세극등현미경검사, KOH검사, 피부단자시험, 비강 및 인두검사
6	질산 (Nitric acid)	(1) 직업력 및 노출력 조사 (2) 주요 표적기관과 관련된 병력조사 (3) 임상검사 및 진찰 　① 호흡기계 : 청진, 흉부방사선(후전면) 　② 눈, 피부, 비강, 인두 : 점막자극증상 문진 　③ 악구강계 : 치과의사에 의한 치아부식증 검사	임상검사 및 진찰 ① 호흡기계 : 흉부방사선(측면), 폐활량검사 ② 눈, 피부, 비강, 인두 : 세극등현미경검사, KOH검사, 피부단자시험, 비강 및 인두검사
7	트리클로로아세트산 (Trichloroacetic acid)	(1) 직업력 및 노출력 조사 (2) 주요 표적기관과 관련된 병력조사 (3) 임상검사 및 진찰 　눈, 피부, 비강, 인두 : 점막자극증상 문진	임상검사 및 진찰 눈, 피부, 비강, 인두 : 세극등현미경검사, KOH검사, 피부단자시험, 비강 및 인두검사
8	황산 (Sulfuric acid)	(1) 직업력 및 노출력 조사 (2) 주요 표적기관과 관련된 병력조사 (3) 임상검사 및 진찰 　① 호흡기계 : 청진, 흉부방사선(후전면) 　② 눈, 피부, 비강, 인두・후두 : 점막자극증상 문진 　③ 악구강계 : 치과의사에 의한 치아부식증 검사	임상검사 및 진찰 ① 호흡기계 : 흉부방사선(측면), 폐활량검사 ② 눈, 피부, 비강, 인두 : 세극등현미경검사, KOH검사, 피부단자시험, 비강 및 인두검사, 후두경검사

※ 검사항목 중 "생물학적 노출지표 검사"는 해당 작업에 처음 배치되는 근로자에 대해서는 실시하지 않는다.

④ 가스 상태 물질류 (14종)

번호	유해인자	제1차 검사항목	제2차 검사항목
1	불소 (Fluorine)	(1) 직업력 및 노출력 조사 (2) 주요 표적기관과 관련된 병력조사 (3) 임상검사 및 진찰 　① 간담도계 : AST(SGOT), ALT(SGPT), γ-GTP 　② 호흡기계 : 청진, 흉부방사선(후전면) 　③ 눈, 피부, 비강, 인두 : 점막자극증상 문진	임상검사 및 진찰 ① 간담도계 : AST(SGOT), ALT(SGPT), γ-GTP, 총단백, 알부민, 총빌리루빈, 직접빌리루빈, 알카리포스파타아제, 유산탈수소효소, 알파피토단백, B형간염 표면항원, B형간염 표면항체, C형간염 항체, A형간염 항체, 초음파검사 ② 호흡기계 : 흉부방사선(측면), 폐활량검사 ③ 눈, 피부, 비강, 인두 : 세극등현미경검사, KOH검사, 피부단자시험, 비강 및 인두검사
2	브롬 (Bromine)	(1) 직업력 및 노출력 조사 (2) 주요 표적기관과 관련된 병력조사 (3) 임상검사 및 진찰 　① 호흡기계 : 청진 　② 신경계 : 신경계 증상 문진, 신경증상에 유의하여 진찰	(1) 임상검사 및 진찰 　① 호흡기계 : 흉부방사선(후전면), 폐활량검사 　② 신경계 : 신경행동검사, 임상심리검사, 신경학적 검사 (2) 생물학적 노출지표 검사 : 혈중 브롬이온 검사
3	산화에틸렌 (Ethylene oxide)	(1) 직업력 및 노출력 조사 (2) 주요 표적기관과 관련된 병력조사 (3) 임상검사 및 진찰 　① 조혈기계 : 혈색소량, 혈구용적치, 적혈구 수, 백혈구 수, 혈소판 수, 백혈구 백분율, 망상적혈구 수 　② 간담도계 : AST(SGOT), ALT(SGPT), γ-GTP 　③ 호흡기계 : 청진 　④ 신경계 : 신경계 증상 문진, 신경증상에 유의하여 진찰 　⑤ 생식계 : 생식계 증상 문진 　⑥ 눈, 피부, 비강, 인두 : 점막자극증상 문진	임상검사 및 진찰 ① 조혈기계 : 혈액도말검사 ② 간담도계 : AST(SGOT), ALT(SGPT), γ-GTP, 총단백, 알부민, 총빌리루빈, 직접빌리루빈, 알카리포스파타아제, 알파피토단백, B형간염 표면항원, B형간염 표면항체, C형간염 항체, A형간염 항체, 초음파검사 ③ 호흡기계 : 흉부방사선(후전면), 폐활량검사 ④ 신경계 : 신경행동검사, 임상심리검사, 신경학적 검사 ⑤ 생식계 : 에스트로겐(여), 황체형성호르몬, 난포자극호르몬, 테스토스테론(남) ⑥ 눈, 피부, 비강, 인두 : 세극등현미경검사, 비강 및 인두검사, 면역글로불린 정량(IgE), 피부첩포시험, 피부단자시험, KOH검사

번호	유해인자	제1차 검사항목	제2차 검사항목
4	삼수소화비소 (Arsine)	(1) 직업력 및 노출력 조사 (2) 주요 표적기관과 관련된 병력조사 (3) 임상검사 및 진찰 ① 조혈기계 : 혈색소량, 혈구용적치, 적혈구 수, 백혈구 수, 혈소판 수, 백혈구 백분율, 망상적혈구 수 ② 간담도계 : AST(SGOT), ALT(SGPT), γ-GTP ③ 호흡기계 : 청진 ④ 비뇨기계 : 요검사 10종 ⑤ 눈, 피부, 비강, 인두 : 점막자극증상 문진	(1) 임상검사 및 진찰 ① 조혈기계 : 혈액도말검사, 유산탈수소효소, 총빌리루빈, 직접빌리루빈 ② 간담도계 : AST(SGOT), ALT(SGPT), γ-GTP, 총단백, 알부민, 총빌리루빈, 직접빌리루빈, 알카리포스파타아제, 알파피토단백, B형간염 표면항원, B형간염 표면항체, C형간염 항체, A형간염 항체, 초음파검사 ③ 호흡기계 : 흉부방사선(후전면), 폐활량검사, 흉부 전산화 단층촬영 ④ 비뇨기계 : 단백뇨정량, 혈청 크레아티닌, 요소질소 ⑤ 눈, 피부, 비강, 인두 : 세극등현미경검사, KOH검사, 피부단자시험, 비강 및 인두검사 (2) 생물학적 노출지표 검사 : 소변 중 비소 (주말작업 종료 시)
5	시안화수소 (Hydrogen cyanide)	(1) 직업력 및 노출력 조사 (2) 주요 표적기관과 관련된 병력조사 (3) 임상검사 및 진찰 ① 심혈관계 : 흉부방사선 검사, 심전도검사, 총콜레스테롤, HDL콜레스테롤, 트리글리세라이드 ② 신경계 : 신경계 증상 문진, 신경증상에 유의하여 진찰	임상검사 및 진찰 신경계 : 신경행동검사, 임상심리검사, 신경학적 검사
6	염소(Chlorine)	(1) 직업력 및 노출력 조사 (2) 주요 표적기관과 관련된 병력조사 (3) 임상검사 및 진찰 ① 호흡기계 : 청진, 흉부방사선(후전면) ② 눈, 피부, 비강, 인두 : 점막자극증상 문진 ③ 악구강계 : 치과의사에 의한 치아부식증 검사	임상검사 및 진찰 ① 호흡기계 : 흉부방사선(측면), 폐활량검사 ② 눈, 피부, 비강, 인두 : 세극등현미경검사, KOH검사, 피부단자시험, 비강 및 인두검사
7	오존(Ozone)	(1) 직업력 및 노출력 조사 (2) 과거병력조사 : 주요 표적기관과 관련된 질병력조사 (3) 임상검사 및 진찰 호흡기계 : 청진, 흉부방사선(후전면)	임상검사 및 진찰 호흡기계 : 흉부방사선(측면), 폐활량검사
8	이산화질소 (nitrogen dioxide)	(1) 직업력 및 노출력 조사 (2) 주요 표적기관과 관련된 병력조사 (3) 임상검사 및 진찰 ① 심혈관 : 흉부방사선 검사, 심전도검사, 총콜레스테롤, HDL콜레스테롤, 트리글리세라이드 ② 호흡기계 : 청진, 흉부방사선(후전면)	임상검사 및 진찰 호흡기계 : 흉부방사선(측면), 폐활량검사

번호	유해인자	제1차 검사항목	제2차 검사항목
9	이산화황 (Sulfur dioxide)	(1) 직업력 및 노출력 조사 (2) 주요 표적기관과 관련된 병력조사 (3) 임상검사 및 진찰 　호흡기계 : 청진, 흉부방사선(후전면)	임상검사 및 진찰 ① 호흡기계 : 흉부방사선(측면), 폐활량검사 ② 악구강계 : 치과의사에 의한 치아부식증 　검사
10	일산화질소 (Nitric oxide)	(1) 직업력 및 노출력 조사 (2) 주요 표적기관과 관련된 병력조사 (3) 임상검사 및 진찰 　호흡기계 : 청진, 흉부방사선(후전면)	임상검사 및 진찰 호흡기계 : 흉부방사선(측면), 폐활량검사
11	일산화탄소 (Carbon monoxide)	(1) 직업력 및 노출력 조사 (2) 주요 표적기관과 관련된 병력조사 (3) 임상검사 및 진찰 　① 심혈관계 : 흉부방사선 검사, 심전도 　　검사, 총콜레스테롤, HDL콜레스테 　　롤, 트리글리세라이드 　② 신경계 : 신경계 증상 문진, 신경증 　　상에 유의하여 진찰 (4) 생물학적 노출지표 검사 : 혈중 카복시 　헤모글로빈(작업 종료 후 10~15분 이내 　에 채취) 또는 호기 중 일산화탄소 농도 　(작업 종료 후 10~15분 이내, 마지막 호 　기 채취)	임상검사 및 진찰 신경계 : 신경행동검사, 임상심리검사, 신경 학적 검사
12	포스겐 (Phosgene)	(1) 직업력 및 노출력 조사 (2) 주요 표적기관과 관련된 병력조사 (3) 임상검사 및 진찰 　호흡기계 : 청진, 흉부방사선(후전면)	임상검사 및 진찰 호흡기계 : 흉부방사선(측면), 폐활량검사
13	포스핀 (Phosphine)	(1) 직업력 및 노출력 조사 (2) 주요 표적기관과 관련된 병력조사 (3) 임상검사 및 진찰 　호흡기계 : 청진, 흉부방사선(후전면)	임상검사 및 진찰 호흡기계 : 흉부방사선(측면), 폐활량검사
14	황화수소 (Hydrogen sulfide)	(1) 직업력 및 노출력 조사 (2) 주요 표적기관과 관련된 병력조사 (3) 임상검사 및 진찰 　① 호흡기계 : 청진, 흉부방사선(후전면) 　② 신경계 : 신경계 증상 문진, 신경증 　　상에 유의하여 진찰	임상검사 및 진찰 ① 호흡기계 : 흉부방사선(측면), 폐활량검사 ② 신경계 : 신경행동검사, 임상심리검사, 신 　경학적 검사 ③ 악구강계 : 치과의사에 의한 치아부식증 　검사

※ 검사항목 중 "생물학적 노출지표 검사"는 해당 작업에 처음 배치되는 근로자에 대해서는 실시하지 않는다.

⑤ 허가 대상 유해물질 (12종)

번호	유해인자	제1차 검사항목	제2차 검사항목
1	α-나프틸아민및 그 염 (α-naphthyl amine and its salts)	(1) 직업력 및 노출력 조사 (2) 주요 표적기관과 관련된 병력조사 (3) 임상검사 및 진찰 　① 비뇨기계 : 요검사 10종, 소변세포 병리검사(아침 첫 소변 채취) 　② 피부 : 관련 증상 문진	임상검사 및 진찰 ① 비뇨기계 : 단백뇨정량, 혈청 크레아티닌, 요소질소, 비뇨기과 진료 ② 피부 : 면역글로불린 정량(IgE), 피부첩포시험, 피부단자시험, KOH검사
2	디아니시딘 및 그 염 (Dianisidine and its salts)	(1) 직업력 및 노출력 조사 (2) 주요 표적기관과 관련된 병력조사 (3) 임상검사 및 진찰 　① 간담도계 : AST(SGOT), ALT(SGPT), γ-GTP 　② 비뇨기계 : 요검사 10종, 소변세포 병리검사(아침 첫 소변 채취)	임상검사 및 진찰 ① 간담도계 : AST(SGOT), ALT(SGPT), γ-GTP, 총단백, 알부민, 총빌리루빈, 직접빌리루빈, 알카리포스파타아제, 알파피토단백, B형간염 표면항원, B형간염 표면항체, C형간염 항체, A형간염 항체, 초음파검사 ② 비뇨기계 : 단백뇨정량, 혈청 크레아티닌, 요소질소, 비뇨기과 진료
3	디클로로벤지딘 및 그 염 (Dichlorobenzidine and its salts)	(1) 직업력 및 노출력 조사 (2) 주요 표적기관과 관련된 병력조사 (3) 임상검사 및 진찰 　① 간담도계 : AST(SGOT), ALT(SGPT), γ-GTP 　② 비뇨기계 : 요검사 10종, 소변세포 병리검사(아침 첫 소변 채취) 　③ 피부 : 관련 증상 문진	임상검사 및 진찰 ① 간담도계 : AST(SGOT), ALT(SGPT), γ-GTP, 총단백, 알부민, 총빌리루빈, 직접빌리루빈, 알카리포스파타아제, 알파피토단백, B형간염 표면항원, B형간염 표면항체, C형간염 항체, A형간염 항체, 초음파검사 ② 비뇨기계 : 단백뇨정량, 혈청 크레아티닌, 요소질소, 비뇨기과 진료 ③ 피부 : 면역글로불린 정량(IgE), 피부첩포시험, 피부단자시험, KOH검사
4	베릴륨 및 그 화합물 (Beryllium and its compounds)	(1) 직업력 및 노출력 조사 (2) 주요 표적기관과 관련된 병력조사 (3) 임상검사 및 진찰 　① 호흡기계 : 청진, 흉부방사선(후전면), 폐활량검사 　② 눈, 피부, 비강, 인두 : 점막자극증상 문진	임상검사 및 진찰 ① 호흡기계 : 흉부방사선(측면), 결핵도말검사, 흉부 전산화 단층촬영, 객담세포검사 ② 눈, 피부, 비강, 인두 : 세극등현미경검사, 비강 및 인두검사, 면역글로불린 정량(IgE), 피부첩포시험, 피부단자시험, KOH검사
5	벤조트리클로라이드 (Benzotrichloride)	(1) 직업력 및 노출력 조사 (2) 주요 표적기관과 관련된 병력조사 (3) 임상검사 및 진찰 　① 호흡기계 : 청진, 흉부방사선(후전면) 　② 신경계 : 신경계 증상 문진, 신경증상에 유의하여 진찰	임상검사 및 진찰 ① 호흡기계 : 흉부방사선(측면), 흉부 전산화 단층촬영, 객담세포검사 ② 신경계 : 신경행동검사, 임상심리검사, 신경학적 검사

번호	유해인자	제1차 검사항목	제2차 검사항목
6	비소 및 그 무기화합물 (Arsenic and its inorganic compounds)	(1) 직업력 및 노출력 조사 (2) 주요 표적기관과 관련된 병력조사 (3) 임상검사 및 진찰 ① 조혈기계 : 혈색소량, 혈구용적치, 적혈구 수, 백혈구 수, 혈소판 수, 백혈구 백분율, 망상적혈구 수 ② 간담도계 : AST(SGOT), ALT(SGPT), γ-GTP ③ 호흡기계 : 청진, 흉부방사선(후전면) ④ 비뇨기계 : 요검사 10종 ⑤ 눈, 피부, 비강, 인두 : 점막자극증상 문진	(1) 임상검사 및 진찰 ① 조혈기계 : 혈액도말검사, 유산탈수소효소, 총빌리루빈, 직접빌리루빈 ② 간담도계 : AST(SGOT), ALT(SGPT), γ-GTP, 총단백, 알부민, 총빌리루빈, 직접빌리루빈, 알카리포스파타아제, 알파피토단백, B형간염 표면항원, B형간염 표면항체, C형간염 항체, A형간염 항체, 초음파검사 ③ 호흡기계 : 흉부방사선(후전면), 폐활량검사, 흉부 전산화 단층촬영, 객담세포검사 ④ 비뇨기계 : 단백뇨정량, 혈청 크레아티닌, 요소질소 ⑤ 눈, 피부, 비강, 인두 : 세극등현미경검사, 비강 및 인두검사, 면역글로불린 정량(IgE), 피부첩포시험, 피부단자시험, KOH검사 (2) 생물학적 노출지표 검사 : 소변 중 비소(주말 작업 종료 시)
7	염화비닐 (Vinyl chloride)	(1) 직업력 및 노출력 조사 (2) 주요 표적기관과 관련된 병력조사 (3) 임상검사 및 진찰 ① 간담도계 : AST(SGOT), ALT(SGPT), γ-GTP ② 신경계 : 신경계 증상 문진, 신경증상에 유의하여 진찰, 레이노현상 진찰 ③ 눈, 피부, 비강, 인두 : 점막자극증상 문진	임상검사 및 진찰 ① 간담도계 : AST(SGOT), ALT(SGPT), γ-GTP, 총단백, 알부민, 총빌리루빈, 직접빌리루빈, 알카리포스파타아제, 알파피토단백, B형간염 표면항원, B형간염 표면항체, C형간염 항체, A형간염 항체, 초음파검사 ② 신경계 : 신경행동검사, 임상심리검사, 신경학적 검사 ③ 눈, 피부, 비강, 인두 : 세극등현미경검사, KOH검사, 피부단자시험, 비강 및 인두검사
8	콜타르피치 휘발물 (코크스 제조 또는 취급업무) (Coal tar pitch volatiles)	(1) 직업력 및 노출력 조사 (2) 주요 표적기관과 관련된 병력조사 (3) 임상검사 및 진찰 ① 호흡기계 : 청진, 흉부방사선(후전면) ② 비뇨기계 : 요검사 10종, 소변세포병리검사(아침 첫 소변 채취) ③ 눈, 피부, 비강, 인두 : 점막자극증상 문진	(1) 임상검사 및 진찰 ① 호흡기계 : 흉부방사선(측면), 흉부 전산화 단층촬영, 객담세포검사 ② 비뇨기계 : 단백뇨정량, 혈청 크레아티닌, 요소질소, 비뇨기과 진료 ③ 눈, 피부, 비강, 인두 : 세극등현미경검사, 비강 및 인두검사, 면역글로불린 정량(IgE), 피부첩포시험, 피부단자시험, KOH검사 (2) 생물학적 노출지표 검사 : 소변 중 방향족 탄화수소의 대사산물(1-하이드록시파이렌 또는 1-하이드록시파이렌 글루크로나이드)(작업 종료 후 채취)

번호	유해인자	제1차 검사항목	제2차 검사항목
9	크롬광 가공[열을 가하여 소성(변형된 형태 유지) 처리하는 경우만 해당] (Chromite ore processing)	(1) 직업력 및 노출력 조사 (2) 주요 표적기관과 관련된 병력조사 (3) 임상검사 및 진찰 　① 간담도계 : AST(SGOT), ALT(SGPT), γ-GTP 　② 호흡기계 : 청진, 흉부방사선(후전면), 　③ 눈, 피부, 비강, 인두 : 점막자극증상 문진	임상검사 및 진찰 ① 간담도계 : AST(SGOT), ALT(SGPT), γ-GTP, 총단백, 알부민, 총빌리루빈, 직접빌리루빈, 알카리포스파타아제, 알파피토단백, B형간염 표면항원, B형간염 표면항체, C형간염 항체, A형간염 항체, 초음파검사 ② 호흡기계 : 흉부방사선(측면), 흉부 전산화 단층촬영, 객담세포검사 ③ 눈, 피부, 비강, 인두 : 세극등현미경검사, 비강 및 인두검사, 면역글로불린 정량(IgE), 피부첩포시험, 피부단자시험, KOH검사
10	크롬산아연 (Zinc chromates)	(1) 직업력 및 노출력 조사 (2) 주요 표적기관과 관련된 병력조사 (3) 임상검사 및 진찰 　① 간담도계 : AST(SGOT), ALT(SGPT), γ-GTP 　② 호흡기계 : 청진, 흉부방사선(후전면) 　③ 눈, 피부, 비강, 인두 : 점막자극증상 문진	임상검사 및 진찰 ① 간담도계 : AST(SGOT), ALT(SGPT), γ-GTP, 총단백, 알부민, 총빌리루빈, 직접빌리루빈, 알카리포스파타아제, 알파피토단백, B형간염 표면항원, B형간염 표면항체, C형간염 항체, A형간염 항체, 초음파검사 ② 호흡기계 : 흉부방사선(측면), 흉부 전산화 단층촬영, 객담세포검사 ③ 눈, 피부, 비강, 인두 : 세극등현미경검사, 비강 및 인두검사, 면역글로불린 정량(IgE), 피부첩포시험, 피부단자시험, KOH검사
11	o-톨리딘 및 그 염 (o-Tolidine and its salts)	(1) 직업력 및 노출력 조사 (2) 주요 표적기관과 관련된 병력조사 (3) 임상검사 및 진찰 　① 간담도계 : AST(SGOT), ALT(SGPT), γ-GTP 　② 비뇨기계 : 요검사 10종, 소변세포병리검사(아침 첫 소변 채취)	임상검사 및 진찰 ① 간담도계 : AST(SGOT), ALT(SGPT), γ-GTP, 총단백, 알부민, 총빌리루빈, 직접빌리루빈, 알카리포스파타아제, 알파피토단백, B형간염 표면항원, B형간염 표면항체, C형간염 항체, A형간염 항체, 초음파검사 ② 비뇨기계 : 단백뇨정량, 혈청 크레아티닌, 요소질소, 비뇨기과 진료
12	황화니켈류 (Nickel sulfides)	(1) 직업력 및 노출력 조사 (2) 주요 표적기관과 관련된 병력조사 (3) 임상검사 및 진찰 　① 호흡기계 : 청진, 흉부방사선(후전면), 폐활량검사 　② 피부, 비강, 인두 : 관련 증상 문진	(1) 임상검사 및 진찰 ① 호흡기계 : 흉부방사선(측면), 작업 중 최대날숨유량 연속측정, 비특이 기도과민검사, 흉부 전산화 단층촬영, 객담세포검사 ② 피부, 비강, 인두 : 면역글로불린 정량(IgE), 피부첩포시험, 피부단자시험, KOH검사, 비강 및 인두검사 (2) 생물학적 노출지표 검사 : 소변 중 니켈

※ 휘발성 콜타르피치의 검사항목 중 "생물학적 노출지표 검사"는 해당 작업에 처음 배치되는 근로자에 대해서는 실시하지 않는다.

⑥ 금속가공유 : 미네랄 오일미스트 (광물성 오일)

번호	유해인자	제1차 검사항목	제2차 검사항목

1	금속가공유 : 미네랄 오일미스트 (광물성 오일, Oil mist, mineral)	(1) 직업력 및 노출력 조사
		(2) 과거병력조사 : 주요 표적기관과 관련된 질병력조사
		(3) 임상검사 및 진찰
		  ① 호흡기계 : 청진, 폐활량검사
		  ② 눈, 피부, 비강, 인두 : 점막자극증상 문진
			임상검사 및 진찰
			① 호흡기계 : 흉부방사선(후전면, 측면), 작업 중 최대날숨유량 연속측정, 비특이 기도과민검사
			② 눈, 피부, 비강, 인두 : 세극등현미경검사, 비강 및 인두검사, 면역글로불린 정량(IgE), 피부첩포시험, 피부단자시험, KOH검사

(2) 분진 (7종)

번호	유해인자	제1차 검사항목	제2차 검사항목
1	곡물 분진 (Grain dusts)	(1) 직업력 및 노출력 조사 (2) 주요 표적기관과 관련된 병력조사 (3) 임상검사 및 진찰 호흡기계 : 청진, 폐활량검사	임상검사 및 진찰 호흡기계 : 흉부방사선(후전면, 측면), 작업 중 최대날숨유량 연속측정, 비특이 기도과민검사

2	광물성 분진 (Mineral dusts)	(1) 직업력 및 노출력 조사
		(2) 주요 표적기관과 관련된 병력조사
		(3) 임상검사 및 진찰
		  ① 호흡기계 : 청진, 흉부방사선(후전면), 폐활량검사
		  ② 눈, 피부, 비강, 인두 : 점막자극증상 문진
			임상검사 및 진찰
			① 호흡기계 : 흉부방사선(측면), 결핵도말검사, 흉부 전산화 단층촬영, 객담세포검사
			② 눈, 피부, 비강, 인두 : 세극등현미경검사, KOH검사, 피부단자시험, 비강 및 인두검사

3	면 분진 (Cotton dusts)	(1) 직업력 및 노출력 조사 (2) 주요 표적기관과 관련된 병력조사 (3) 임상검사 및 진찰 호흡기계 : 청진, 폐활량검사	임상검사 및 진찰 호흡기계 : 흉부방사선(측면), 흉부방사선(후전면), 작업 중 최대날숨유량 연속측정, 비특이 기도과민검사

4	목재 분진 (Wood dusts)	(1) 직업력 및 노출력 조사
		(2) 과거병력조사 : 주요 표적기관과 관련된 질병력조사
		(3) 임상검사 및 진찰
		  ① 호흡기계 : 청진, 흉부방사선(후전면), 폐활량검사
		  ② 눈, 피부, 비강, 인두 : 점막자극증상 문진
			임상검사 및 진찰
			① 호흡기계 : 흉부방사선(측면), 작업 중 최대날숨유량 연속측정, 비특이 기도과민검사, 결핵도말검사
			② 눈, 피부, 비강, 인두 : 세극등현미경검사, 비강 및 인두검사, 면역글로불린 정량(IgE), 피부첩포시험, 피부단자시험, KOH검사

5	용접 흄 (Welding fume)	(1) 직업력 및 노출력 조사
		(2) 주요 표적기관과 관련된 병력조사
		(3) 임상검사 및 진찰
		  ① 호흡기계 : 청진, 흉부방사선(후전면), 폐활량검사
		  ② 신경계 : 신경계 증상 문진, 신경증상에 유의하여 진찰
		  ③ 피부 : 관련 증상 문진
			임상검사 및 진찰
			① 호흡기계 : 흉부방사선(측면), 작업 중 최대날숨유량 연속측정, 비특이 기도과민검사, 결핵도말검사
			② 신경계 : 신경행동검사, 임상심리검사, 신경학적 검사
			③ 피부 : 면역글로불린 정량(IgE), 피부첩포시험, 피부단자시험, KOH검사

번호	유해인자	제1차 검사항목	제2차 검사항목
6	유리 섬유 (Glass fiber dusts)	(1) 직업력 및 노출력 조사 (2) 주요 표적기관과 관련된 병력조사 (3) 임상검사 및 진찰 　① 호흡기계 : 청진, 흉부방사선(후전면), 폐활량검사 　② 눈, 피부, 비강, 인두 : 점막자극증상 문진	임상검사 및 진찰 ① 호흡기계 : 흉부방사선(측면), 폐활량검사, 결핵도말검사 ② 눈, 피부, 비강, 인두 : 세극등현미경검사, KOH검사, 피부단자시험, 비강 및 인두검사
7	석면분진 (Asbestos dusts)	(1) 직업력 및 노출력 조사 (2) 주요 표적기관과 관련된 병력조사 (3) 임상검사 및 진찰 　호흡기계 : 청진, 흉부방사선(후전면), 폐활량검사	임상검사 및 진찰 호흡기계 : 흉부방사선(측면), 결핵도말검사, 흉부 전산화 단층촬영, 객담세포검사

(3) 물리적 인자 (8종)

번호	유해인자	제1차 검사항목	제2차 검사항목
1	소음작업, 강렬한 소음작업 및 충격소음작업에서 발생하는 소음	(1) 직업력 및 노출력 조사 (2) 주요 표적기관과 관련된 병력조사 (3) 임상검사 및 진찰 　이비인후 : 순음 청력검사(양측 기도), 정밀 진찰(이경검사)	임상검사 및 진찰 이비인후 : 순음 청력검사(양측 기도 및 골도), 중이검사(고막운동성검사)
2	진동작업에서 발생하는 진동	(1) 직업력 및 노출력 조사 (2) 주요 표적기관과 관련된 병력조사 (3) 임상검사 및 진찰 　① 신경계 : 신경계 증상 문진, 신경증상에 유의하여 진찰, 사지의 말초순환기능(손톱압박)·신경기능[통각, 진동각]·운동기능[악력] 등에 유의하여 진찰 　② 심혈관계 : 관련 증상 문진	임상검사 및 진찰 ① 신경계 : 근전도검사, 신경전도검사, 신경행동검사, 임상심리검사, 신경학적 검사, 냉각부하검사, 운동기능검사 ② 심혈관계 : 심전도검사, 정밀안저검사
3	방사선	(1) 직업력 및 노출력 조사 (2) 주요 표적기관과 관련된 병력조사 (3) 임상검사 및 진찰 　① 조혈기계 : 혈색소량, 혈구용적치, 적혈구 수, 백혈구 수, 혈소판 수, 백혈구 백분율 　② 눈, 피부, 신경계, 조혈기계 : 관련 증상 문진	임상검사 및 진찰 ① 조혈기계 : 혈액도말검사, 망상적혈구 수 ② 눈 : 세극등현미경검사
4	고기압	(1) 직업력 및 노출력 조사 (2) 주요 표적기관과 관련된 병력조사 (3) 임상검사 및 진찰 　① 이비인후 : 순음 청력검사(양측 기도), 정밀 진찰(이경검사) 　② 눈, 이비인후, 피부, 호흡기계, 근골격계, 심혈관계, 치과 : 관련 증상 문진	임상검사 및 진찰 ① 이비인후 : 순음 청력검사(양측 기도 및 골도), 중이검사(고막운동성검사) ② 호흡기계 : 폐활량검사 ③ 근골격계 : 골 및 관절 방사선검사 ④ 심혈관계 : 심전도검사 ⑤ 치과 : 치과의사에 의한 치은염 검사, 치주염 검사

번호	유해인자	제1차 검사항목	제2차 검사항목
5	저기압	(1) 직업력 및 노출력 조사 (2) 주요 표적기관과 관련된 병력조사 (3) 임상검사 및 진찰 　① 눈, 심혈관계, 호흡기계 : 관련 증상 문진 　② 이비인후 : 순음 청력검사(양측 기도), 정밀 진찰(이경검사)	임상검사 및 진찰 ① 눈 : 정밀안저검사 ② 호흡기계 : 흉부 방사선검사, 폐활량검사 ③ 심혈관계 : 심전도검사 ④ 이비인후 : 순음 청력검사(양측 기도 및 골도), 중이검사(고막운동성검사)
6	자외선	(1) 직업력 및 노출력 조사 (2) 주요 표적기관과 관련된 병력조사 (3) 임상검사 및 진찰 　① 피부 : 관련 증상 문진 　② 눈 : 관련 증상 문진	임상검사 및 진찰 ① 피부 : 면역글로불린 정량(IgE), 피부첩포시험, 피부단자시험, KOH검사 ② 눈 : 세극등현미경검사, 정밀안저검사, 정밀안압측정, 안과 진찰
7	적외선	(1) 직업력 및 노출력 조사 (2) 주요 표적기관과 관련된 병력조사 (3) 임상검사 및 진찰 　① 피부 : 관련 증상 문진 　② 눈 : 관련 증상 문진	임상검사 및 진찰 ① 피부 : 면역글로불린 정량(IgE), 피부첩포시험, 피부단자시험, KOH검사 ② 눈 : 세극등현미경검사, 정밀안저검사, 정밀안압측정, 안과 진찰
8	마이크로파 및 라디오파	(1) 직업력 및 노출력 조사 (2) 주요 표적기관과 관련된 병력조사 (3) 임상검사 및 진찰 　① 신경계 : 신경계 증상 문진, 신경증상에 유의하여 진찰 　② 생식계 : 생식계 증상 문진 　③ 눈 : 관련 증상 문진	임상검사 및 진찰 ① 신경계 : 신경행동검사, 임상심리검사, 신경학적 검사 ② 생식계 : 에스트로겐(여), 황체형성호르몬, 난포자극호르몬, 테스토스테론(남) ③ 눈 : 세극등현미경검사, 정밀안저검사, 정밀안압측정, 안과 진찰

(4) 야간작업

유해인자	제1차 검사항목	제2차 검사항목
야간작업	(1) 직업력 및 노출력 조사 (2) 주요 표적기관과 관련된 병력조사 (3) 임상검사 및 진찰 　① 신경계 : 불면증 증상 문진 　② 심혈관계 : 복부둘레, 혈압, 공복혈당, 총콜레스테롤, 트리글리세라이드, HDL 콜레스테롤 　③ 위장관계 : 관련 증상 문진 　④ 내분비계 : 관련 증상 문진	임상검사 및 진찰 ① 신경계 : 심층면담 및 문진 ② 심혈관계 : 혈압, 공복혈당, 당화혈색소, 총콜레스테롤, 트리글리세라이드, HDL콜레스테롤, LDL콜레스테롤, 24시간 심전도, 24시간 혈압 ③ 위장관계 : 위내시경 ④ 내분비계 : 유방촬영, 유방초음파

2. 직업성 천식 및 직업성 피부염이 의심되는 근로자에 대한 수시건강진단의 검사항목

번호	유해인자	제1차 검사항목	제2차 검사항목
1	천식 유발물질	(1) 직업력 및 노출력 조사 (2) 주요 표적기관과 관련된 병력조사 (3) 임상검사 및 진찰 　　호흡기계 : 천식에 유의하여 진찰	임상검사 및 진찰 호흡기계 : 작업 중 최대날숨유량 연속측정, 폐활량검사, 흉부 방사선(후전면, 측면), 비특이 기도과민검사
2	피부장해 유발물질	(1) 직업력 및 노출력 조사 (2) 주요 표적기관과 관련된 병력조사 (3) 임상검사 및 진찰 　　피부 : 피부 병변의 종류, 발병 모양, 분포 상태, 피부묘기증, 니콜스키 증후 등에 유의하여 진찰	임상검사 및 진찰 피부 : 피부첩포시험

전리방사선 노출 근로자 건강관리지침

1. 용어의 정의

(1) 선량한도

외부에 피폭하는 방사선량과 내부에 피폭하는 방사선량을 합한 피폭방사선량의 상한 값을 말한다.

(2) 유효수준한도

방사선에 연속 피폭될 경우, 합리적인 근거에 의해서도 피폭이 용인되지 않는 선량을 말한다.

(3) 등가선량

인체의 피폭선량을 나타낼 때, 흡수선량에 해당하는 방사선의 방사선 가중치를 곱한 양. 즉 조직 또는 장기에 흡수되는 방사선의 종류와 에너지에 따라 다르게 나타나는 생물학적 영향을 동일한 선량 값으로 나타내기 위하여 방사선 가중치를 고려하여 보정한 흡수선량을 말한다.

(4) 전리방사선

전자파 또는 입자선 중 원자에서 전자를 떼어내어 주위의 물질을 이온화 시킬 수 있는 능력을 가진 것으로서 알파선, 중양자선, 양자선, 베타선 그 밖의 중하전 입자선, 중성자선, 감마선, 엑스선 등의 에너지를 가진 입자나 파동을 말한다.

(5) 방사성물질

원자핵 분열 생성물 등 방사선을 방출하는 방사능을 가지는 물질을 말한다.

(6) 방사성동위원소

방사선을 방출하는 동위원소와 그 화합물을 말한다.

(7) 방사선발생장치

하전입자를 가속시켜 방사선을 발생시키는 장치를 말한다.

(8) 방사선관리구역

방사선에 노출될 우려가 있는 업무를 행하는 장소를 말한다.

2. 전리방사선의 종류와 방사선발생장치

전리방사선의 종류 (산업안전보건기준에 관한 규칙 제573조)	방사선발생장치 (원자력안전법 시행령 제8조)
1. 알파선, 중양자선, 양자선, 베타선 그 밖의 중하전 입자선 2. 중성자선 3. 감마선 및 엑스선 4. 5만 전자볼트 이상(엑스선발생장치의 경우 5천 전자볼트 이상)의 에너지를 가진 전자선 * 1항, 2항은 입자선 방사성물질 **3항, 4항은 전자파	방사선발생장치라 함은 하전입자를 가속시켜 방사선을 발생시키는 장치 1. 엑스선발생장치 2. 사이크로트론 3. 신크로트론 4. 신크로사이크로트론 5. 선형가속장치 6. 베타트론 7. 반·데 그라프형 가속장치 8. 콕크로프트·왈톤형 가속장치 9. 변압기형 가속장치 10. 마이크로트론 11. 방사광가속기 12. 가속이온주입기 13. 그 밖에 위원회가 정하여 고시하는 것

3. 전리방사선 노출 위험이 높은 업종 또는 작업

구분	업종 또는 작업
산업체	• 비행기 조종사 및 승무원 • 전자현미경 제조 • 가스 누출 경보기 제조 • 형광투시경(fluoroscope) 작업 • 식품 등 살균 작업 • 원유 파이프라인 계측 및 용접 • 토륨-알루미늄, 토륨-마그네슘 합금 제조 • 방사성 핵종 함유 광석을 이용한 제조 • 음극선관 제조 • 화재 경보기 제조 • 고전압 진공튜브 제조 • 방사선을 이용한 검사, 계측 • 원자력 반응기 운전 • 레이더, 텔레비전, X-선 튜브 제조 • 지하 금속광산 작업 • 비파괴 검사
의료기관	• 방사선 기사 및 보조원 • 치료용 방사성동위원소 노출 근로자 • 동물병원 엑스선 노출 근로자 • 영상의학과 의사 • 치과 엑스선 노출 근로자
연구기관	• 라듐 연구실 종사자 • 전자현미경 검사 • 기타 연구용 방사성 동위원소 및 방사선 발생장치 • 화학자, 생물학자
교육기관	• 전자현미경 검사 • 기타 연구용 방사성 동위원소 및 방사선 발생장치
공공기관	• 세관 수하물 투시 검사 • 공항의 투시 검사 • 우편물 투시 검사 • 가스, 상수도 업무 관련 • 검역 업무 관련
군사기관	• 군대 내에서 사용하는 각종 방사성 동위원소 및 방사선 발생장치 관련자

4. 전리방사선의 체내 작용기전

(1) 노출 경로

① 외부노출은 외부에 있는 방사선원(감마선과 중성자선)에 의하며 눈과 피부에 영향을 미친다.

② 내부노출은 흡입, 섭취되거나 피부를 통해 흡수된 방사성물질(알파선)에 의하며 내부 조직에 영향을 줄 수 있다.

(2) 체내 작용기전

① 직접 작용

전리방사선에 의하여 세포의 생명과 기능에 결정적 역할을 하는 DNA분자의 손상이 일어난다. 이렇게 방사선이 원자 물리적 작용에 의해 DNA를 공격하고 손상시키는 것을 직접작용이라고 한다.

② 간접작용

전리방사선에 의해 생성된 라디칼(free radical) 등 화학적 부산물이 DNA를 공격하여 손상을 입히는 경우를 간접작용이라고 한다.

5. 전리방사선에 의한 건강영향

(1) 전리방사선 노출에 의해 세포의 사멸이 일어나고 그로 인한 건강 영향이 나타나는 데에는 일정 수준의 노출량을 넘어서야 하는데, 이 수준을 역치라고 부른다. 단기간에 일정한 역치를 초과하는 노출이 있을 때 거의 필연적으로 건강 영향이 나타나는 것을 결정적 영향이라고 부른다.

(2) 전리방사선 노출에 의해 발생한 돌연변이 세포가 암세포로 발전하는 과정은 확률적인 우연성을 따르게 되는데 이를 확률적 영향이라고 한다. 확률적 영향은 그 발생확률이 노출선량에 비례하며 결정적 영향의 경우와는 달리 역치가 없는 것으로 간주된다. 즉, 작은 선량에서도 그 선량에 비례하는 만큼의 발생위험(확률)이 뒤따른다고 본다.

(3) 결정적 영향

① 피부

피부 발적, 괴사 등

② 골수와 림프계

림프구 감소증, 과립구 감소증, 혈소판 감소증, 적혈구 감소증 등

③ 소화기계

장 상피 괴사에 의한 궤양 등

④ 생식기계

정자 수 감소, 불임 등

⑤ 눈

수정체 혼탁 등

⑥ 호흡기

폐렴, 폐섬유증 등

(4) 확률적 영향

  ① 암 발생

    백혈병 등 암 발생 위험이 증가

  ② 태아의 성장 발달

    지능저하와 기형발생 위험 증가

6. 전리방사선 노출 근로자의 건강관리

(1) 전리방사선 노출 근로자에 대하여 배치 전 및 주기적 건강진단을 실시하여 관찰하고자 하는 주요 소견은 눈, 피부, 조혈기 장해와 관련된 증상, 징후 및 검사소견이다.

(2) 원자력안전법에 의한 "방사선작업종사자 건강진단"과 진단용 방사선발생장치의 안전관리 규칙에 의한 "방사선 관계종사자 건강진단"을 받은 경우 전리방사선에 대한 특수건강진단을 받은 것으로 갈음한다.

(3) 전리방사선 노출 근로자의 건강진단주기, 건강진단항목, 산업의학적 평가 및 수시건강진단을 위한 참고사항은 '근로자 건강진단 실무지침'을 참조한다.

7. 응급조치

(1) 접촉

  눈이나 피부에 노출된 경우 노출이 일어난 장소에서 응급조치가 시행될 수 있도록 방사성동위원소 취급 작업장 내에 눈 및 피부 세척을 위한 시설이 갖추어져 있어야 한다. 고농도의 방사성물질에 노출되었을 경우 응급조치는 다음과 같이 시행한다.

  ① 눈 접촉

    다량의 소독수나 생리식염수로 세척하며, 내측 안각으로부터 머리 옆 관자놀이 방향으로 실시한다.

  ② 피부 접촉

    ㉠ 광범위하게 오염된 경우 의복을 탈의하고 샤워를 실시한다.

    ㉡ 미지근한 물과 비누로 솔을 이용하여 안부터 바깥쪽으로 부드럽게 닦는다.

(2) 흡입

  ① 다량의 방사성물질을 흡입할 경우 오염이 되지 않은 물로 코와 입을 세척하고 즉시 신선한 공기가 있는 지역으로 이동시켜야 한다.

  ② 기침유발 등 자연배출을 촉진하며, 즉시 의사의 치료를 받도록 한다.

(3) 섭취

  구토제, 하제 복용 등 위장관 배출을 촉진시킨다.

(4) 응급조치 시행자의 보호

  응급조치를 시행하는 자는 보호의·보호장갑·호흡용 보호구 등 보호구를 착용해야 한다.

(5) 응급조치 후 방사성폐기물의 처리

　① 응급조치 후 오염된 의복, 세척용수 등은 노출 선량 추정을 위해 모아 두어야 한다.

　② 오염된 폐기물은 방사성폐기물 전문 처리사업자를 통해 처리해야 한다.

8. 전리방사선 노출 근로자의 건강장해 예방 조치

(1) 노출기준

　노출기준은 〈표〉와 같다. 노출선량이 연간 50mSV를 넘지 아니하여야 하며, 임의 연속된 5년 동안 누적 노출선량이 100mSv를 넘지 아니하여야 한다.

┃표 선량한도┃

구분		방사선작업종사자	수시출입자 및 운반종사자	일반인
유효선량 한도		연간 50mSv를 넘지 아니하는 범위에서 5년간 100mSv	연간 12mSv	연간 1mSv
등가선량 한도	수정체	연간 150mSv	연간 15mSv	연간 15mSv
	손·발 및 피부	연간 500mSv	연간 50mSv	연간 50mSv

(2) 보호구 – 호흡용 보호구 및 기타 보호구

　① 분말 또는 액체상태의 방사성물질에 오염된 지역 내에 근로자를 종사하도록 하는 때에는 적절한 개인 전용의 호흡용 보호구를 지급하고 착용하도록 하여야 한다.

　② 방사성물질의 흩날림 등으로 근로자의 신체가 오염될 우려가 있는 때에는 보호의·보호장갑·신발덮개·보호모 등의 보호구를 지급하고 착용하도록 하여야 한다.

　　대피 시에는 공기여과식 호흡보호구(유기가스용 정화통 및 전면형) 또는 공기호흡기(대피용)를 착용한다.

　③ 호흡용 보호구는 한국산업안전보건공단의 검정("안" 마크)을 받은 것을 사용하여야 한다.

(3) 명칭 등의 게시 및 유해성 등의 주지

　① 사업주는 방사선 발생장치 또는 기기에 대하여 다음의 구분에 따른 내용을 근로자가 보기 쉬운 장소에 게시하여야 한다.

　　㉠ 입자 가속장치

　　　ⓐ 장치의 종류

　　　ⓑ 방사선의 종류 및 에너지

　　㉡ 방사성물질을 내장하고 있는 기기

　　　ⓐ 기기의 종류

　　　ⓑ 내장하고 있는 방사성물질에 함유된 방사성 동위원소의 종류 및 양(단위 : 베크렐)

　　　ⓒ 당해 방사성물질을 내장한 연월일

　　　ⓓ 소유자의 성명 또는 명칭

② 사업주는 전리방사선 노출 업무에 근로자를 종사하도록 하는 때에는 건강장해를 예방하기 위하여 방사선 관리구역을 지정하고 다음의 사항을 게시하여야 한다.

　㉠ 방사선량 측정용구의 착용에 관한 주의사항

　㉡ 방사선 업무상의 주의사항

　㉢ 방사선 피폭 등 사고발생 시의 응급조치에 관한 사항

　㉣ 그 밖에 방사선 건강장해 방지에 필요한 사항

③ 사업주는 방사선업무를 수행하는 데 필요한 관계근로자 외의 자가 관리구역에 출입하는 것을 금지시켜야 한다.

④ 사업주는 방사선업무에 근로자를 종사하도록 하는 때에는 전리방사선이 인체에 미치는 영향, 안전한 작업방법, 건강관리요령 등에 관한 내용을 근로자에게 널리 알려야 한다.

(4) 위생관리

① 청소

사업주는 전리방사선을 취급하는 실내작업장, 휴게실 또는 식당 등에 대해서는 전리방사선으로 인한 오염을 제거하기 위하여 청소를 실시하여야 한다.

② 흡연 등의 금지

사업주는 방사성물질 취급 작업실 그 밖에 방사성물질을 들여 마시거나 섭취할 우려가 있는 작업장에 대하여는 근로자가 담배를 피우거나 음식물을 먹지 아니하도록 경고표시 등을 게시하여야 한다.

③ 세척시설 등

사업주는 전리방사선을 취급하는 작업에 근로자를 종사하도록 하는 때에는 세면・목욕・세탁 및 건조를 위한 시설을 설치하고 필요한 용품 및 용구를 비치하여야 한다.

작업환경측정분석에 대한 일반 기술지침(안)

1. 용어의 정의

(1) 예비조사

사업장에 대한 본 작업환경측정을 하기 전에 측정결과의 신뢰성 확보를 목적으로 작업공정, 작업자, 작업방법, 사용 화학물질 및 기계기구, 노출실태 등을 파악하기 위해 작업환경측정 전문가가 행하는 일련의 서류상 및 현장 사전 조사(Workthrough survey)를 말한다.

(2) 유사노출군 (Similar Exposure Group, SEG)

동일 공정에서 작업하는 사유 등으로 인해 통계적으로 유사한 유해인자 노출수준을 가질 것으로 예상되는 근로자의 집단을 말한다.

(3) 현장 공시료 (Field blank)

특정 유해인자에 대한 작업환경측정에서 시료채취 매체 자체, 시료채취 과정, 채취된 시료의 운반 등에서 발생할 수 있는 오염을 확인할 목적으로 수거되는 동일한 깨끗한 시료채취 매체를 말한다.

(4) 회수율 (Recovery rate)

채취한 금속류 등의 분석 값을 보정하는데 필요한 것으로, 시료채취 매체와 동일한 재질의 매체에 첨가된 양과 분석량의 비로 표현된 것을 말한다.

(5) 탈착효율 (Desorption efficiency)

채취한 유기화합물 등의 분석값을 보정하는데 필요한 것으로, 시료채취 매체와 동일한 재질의 매체에 첨가된 양과 분석량의 비로 표현된 것을 말한다.

(6) 검출한계 (Limit of Detection)

주어진 분석절차에 따라 합리적인 확실성을 가지고 검출할 수 있는 가장 적은 농도나 양을 의미한다.

(7) 정량한계 (Limit of Quantification)

주어진 신뢰수준에서 정량할 수 있는 분석대상물질의 가장 최소의 양으로 단지 검출이 아니라 정밀도를 가지고 정량할 수 있는 가장 낮은 농도를 말한다. 일반적으로 검출한계의 3배 수준을 의미한다.

2. 예비조사 및 측정계획 수립

(1) 예비조사

① 예비조사는 작업환경측정 및 정도관리 등에 관한 고시에 따라 본 작업환경측정(본 측정) 전에 실시한다.

② 예비조사 시에는 본 측정에 필요한 제반 조건과 여건의 파악을 위하여 다음의 사항을 수행한다.
  ㉠ 본 측정에 필요한 물질안전보건자료 등 서류의 확보와 검토
  ㉡ 사업주 혹은 안전보건 관계자와의 면담
  ㉢ 작업공정에 대한 현장 관찰
  ㉣ 필요 시 현장 관리자 혹은 근로자와의 면담

③ 예비조사 시에는 측정계획서 작성을 위해 다음 내용을 파악한다.
  ㉠ 제품별 생산공정 흐름도 및 구획 배치도
  ㉡ 공정별 원료, 생산제품, 중간생성물, 부산물, 사용 기계기구, 작업내용, 작업 및 교대시간, 작업 및 운전조건, 종사 근로자 수 및 배치현황
  ㉢ 근로자가 노출 가능한 물리적 및 화학적 유해인자와 인자별 발생 주기
  ㉣ 측정의 시작, 종료, 점심, 휴식시간을 고려한 본 측정의 시료채취 예상시간
  ㉤ 단위작업장소(공정)별 채취 예정 시료의 수 및 대상 근로자
  ㉥ 측정에 소요되는 장비, 소모품 및 인력
  ㉦ 본 측정에 필요한 기타 사항

(2) 측정계획 수립

① 예비조사 후에는 본 측정계획을 수립하고 다만 예비조사가 필요 없는 경우는 전 작업환경측정결과보고서를 참고하여 측정계획을 수립한다.

② 측정계획에는 다음 내용이 포함되도록 한다.
  ㉠ 업체명, 대표자, 업종, 생산품, 근로자 수 등 사업장 개요
  ㉡ 부서별 공정, 작업내용, 근로자 수 및 공정흐름도
  ㉢ 화학물질 사용실태(사용량 포함) 및 소음 등 물리적 인자의 발생실태
  ㉣ 유해인자별 노출 근로자 수 및 예상 시료 수
  ㉤ 공정의 배치도 및 예상 측정 위치
  ㉥ 작업 및 휴식 시간 등 측정분석 시 고려되어야 할 여타 사항

③ 측정계획서는 해당 사업장에 대한 작업환경측정결과보고서와 함께 보존한다.

3. 시료채취 및 분석방법 선정

(1) 시료채취 및 분석방법

유해인자에 대한 시료채취와 분석방법은 작업환경측정기관(측정기관)의 실정을 고려하여 다음 중 하나로 한다. 다만, 측정 결과에 대한 정확성과 정밀성을 담보할 수 있는 것으로 인정되는 경우 측정기관이 자체적으로 개발한 방법을 적용할 수 있다. 측정대상 화학물질의 경우 작업환경측정 대상 유해인자의 측정분석방법 일람표를 참조하되 해당기준이 수시로 최신화되는 것에 유의한다.

① 한국산업안전보건공단 안전보건기술지침(KOSHA-GUIDE) 중 시료채취 및 분석지침(A)
   - http : //www.kosha.or.kr/kosha/data/guidanceA.do
② 한국산업표준(Korean Industrial Standards)의 기술기준
   - https : //standard.go.kr/KSCI/portalindex.do
③ 국제표준화기구(International Organization For Standardization)의 규격
   - https : //www.iso.org/home.html
④ 미국국립산업안전보건연구원(NIOSH)의 NIOSH Manual of Analytical Methods
   - https : //www.cdc.gov/niosh/nmam/default.html
⑤ 미국산업안전보건청(OSHA)의 Sampling and Analytical Methods
   - https : //www.osha.gov/dts/sltc/methods/toc.html
⑥ 영국보건안전연구소(HSE)의 Methods for the Determination of Hazardous Substances (MDHS) Guidance
   - https : //www.hse.gov.uk/pubns/mdhs
⑦ 미국재료시험협회(ASTM International)의 Standard Test Methods
   - https : //www.astm.org/Standards/D1415.htm
⑧ 기타 국제적으로 권위 있는 기관의 공기 중 유해물질 측정분석방법

(2) 시료채취 장비 및 매체의 선정
① 본 측정에 필요한 측정장비와 시료채취매체는 (1)에서 선정한 시료채취분석방법에서 지정한 것을 사용한다. 다만, 동등한 성능 이상을 발휘하는 것으로 인정될 수 있는 경우 여타 장비와 매체를 사용할 수 있다.
② 소음의 측정을 위해서는 누적 소음노출량 측정기 혹은 적분형 소음계를 사용한다.
③ 고열은 습구흑구온도지수(WBGT)를 측정할 수 있는 기기 또는 이와 동등 이상의 성능을 가진 기기를 사용한다.
④ 입자상 물질의 측정
   ㉠ 공기 중 석면은 지름 25mm 셀룰로오스막여과지(Mixed cellulose membrane filter, MCE)를 장착한 연장통(extension cowl)이 달린 카세트를 사용하여 시료를 채취하고 위상차현미경을 이용하여 분석한다. 섬유상 먼지의 정성 분석이 필요한 경우 전자현미경법을 적용할 수 있다.
   ㉡ 석영(Quartz) 등의 결정체 산화규소 성분을 함유하지 않은 광물성 분진은 37mm PVC 여과지(Polyvinyl Chloride filter, PVC)를 장착한 카세트를 사용하여 시료를 채취하고 전자저울을 이용한 중량분석법으로 무게를 산출한다.
   ㉢ 석영, 크리스토바라이트(Cristobalite), 트리디마이트(Tridymite) 등 결정체 산화규소 성분을 함유한 광물성 분진은 37mm PVC 여과지를 장착한 카세트를 사용하여 시료를 채취하고 적외선 분광 분석기(Fourier transform infrared spectroscopy, FTIR)을 이용하여 분석한다. 이 경우 호흡성 분진의 채취 시에는 사이클론 등 분립장치를 장착하되 해당 장치의 제조사가 제시한 채취유량을 준수한다.

  ⓔ 용접흄은 37mm PVC 여과지나 MCE 여과지를 장착한 카세트에 포집하여 전자저울을 이용한 중량분석법을 이용한다. 호흡성 용접흄의 채취 시에는 사이클론 등 분립장치를 장착하되 해당 장치의 제조사가 제시한 채취유량을 준수한다.

  ⓜ 소우프스톤, 운모, 포틀랜드 시멘트, 활석, 흑연 등 결정체 산화규소 성분 1% 미만 함유한 광물성 분진은 37mm PVC 여과지를 장착한 카세트에 포집하여 전자저울을 이용한 중량분석법을 이용한다. 이 경우 호흡성 분진의 채취 시에는 사이클론 등 분립장치를 장착하되 해당 장치의 제조사가 제시한 채취유량을 준수한다.

  ⓗ 곡물 분진, 유리섬유 분진은 37mm PVC 여과지를 장착한 카세트에 포집하여 전자저울을 이용한 중량분석법을 이용한다. 이 경우 호흡성 분진의 채취 시에는 사이클론 등 분립장치를 장착하되 해당 장치의 제조사가 제시한 채취유량을 준수한다.

  ⓢ 목재 분진과 같은 흡입성 분진을 측정하려는 경우 PVC 여과지가 장착된 IOM sampler(Institute of Occupational Medicine) 또는 직경분립충돌기 등 동등 이상의 채취가 가능한 장비를 이용하여 시료를 채취하고 전자저울을 이용한 중량분석법으로 정량한다.

  ⓞ 입자상 물질 중 미스트를 측정하려는 경우 시료채취분석방법에서 지정한 채취매체와 분석법을 적용한다. 이때 해당 미스트가 시료채취 중 가스상 물질로 손실될 우려가 있는 경우 복합매체를 적용한다.

 ⑤ 가스상 물질의 측정

  ㉠ 가스 및 증기와 같은 가스상 물질을 측정하려는 경우 시료채취분석방법에서 지정한 채취매체와 분석법을 적용한다.

  ㉡ (1)에서 정한 방법을 적용하는 경우 가급적 두 가지 이상의 방법을 혼용하여 적용하지 않는다.

  ㉢ 작업장소에서 측정대상 유해인자가 입자상 물질과 가스상 물질로 혼재하는 경우 (1)에서 정한 방법에 따라 여과지와 흡착제가 복합된 매체 등을 적용하여 시료를 채취하고 분석한다.

 ⑥ 검지관 측정법은 오차가 25%에 이를 수 있으므로 예비조사 등 특별한 경우를 제외하고는 가급적 동 방법을 이용하여 작업환경측정을 실시하지 않는다.

 ⑦ (1)에서 정한 방법이 수동 시료채취법(passive sampling)을 적용하고 있는 경우 이를 작업환경측정에 적용할 수 있다.

(3) 작업장 조건에 대한 고려

입자상 및 가스상 물질을 측정하는 경우에는 다음과 같은 작업장 내 조건을 고려하여 시료를 채취한다.

 ① 온도

  온도가 지나치게 높은 경우 활성탄관 등 흡착제에 대한 화학물질의 흡착능력이 저하되어 채취유량 과도에 따른 파과 등이 발생하거나 화학물질이 상호반응(가수분해 등)에 의해 손실될 수 있으므로 유의한다.

 ② 습도

  ㉠ 공기 중 수분은 극성매체에 쉽게 흡착되어 파과를 일으키기 쉬우므로 주의하여야 한다.

  ㉡ 수분이 흡수된 일부 여과지(MCE 여과지 등)는 안정된 무게측정에 영향을 줄 수 있으므로 건조기를 이용하여 수분 제거를 한 후 꺼내어 무게를 재는 중량분석실에 최소한 1시간 이상 놓아두어 중량분석실의 온·습도와 필터의 온·습도 조건을 평형화 한 후 무게를 칭량한다.

ⓒ 과도한 수분이 흡착된 측정매체(실리카겔 등)와 여과지는 시료채취용 펌프에 과도한 부담을 줄 수 있으므로 유량조절과 가동 중 멈춤에 유의한다.

ⓔ 저습도는 일부 여과지(PVC 여과지, MCE 여과지 등)에 정전기를 발생시켜 여과지 표면에의 불균일한 침착과 분진의 되 튐을 야기하므로 주의한다.

③ 농도

과도한 공기 중 유해인자의 농도는 측정매체에 파과가 발생하거나 여과지에 대한 압력손실을 증가시킬 수 있으므로 유의한다.

④ 기류

기류가 강한 경우 입자상 물질 채취 시에는 시료의 정확한 포집을 위하여 시료채취매체가 하방향으로 향하도록 주의해야 한다.

4. 작업환경 시료의 채취

(1) 단위작업장소의 선정

작업환경측정의 기본이 되는 단위작업장소는 사업장의 단위 공정을 중심으로 한다. 다만 공정이나 작업의 특성상 해당 공정 노출 근로자에 대한 농도의 변이가 심하여 모든 근로자를 유사 노출군에 포함하기 어려운 경우 동 공정을 몇 개의 단위작업 장소로 구획하여 측정할 수 있다.

(2) 측정방법의 선정

단위작업장소 근로자에 대한 작업환경측정은 개인시료채취를 원칙으로 한다. 다만 다음에서 지역시료채취를 적용할 수 있다. 지역시료채취를 한 경우에는 작업환경 측정결과 보고서에 반드시 그 사유를 기재 하도록 한다.

① 해당 유해인자에 대하여 지역시료채취 방법만 있는 경우

② 시료채취기의 장착이 근로자의 안전을 심각하게 해칠 수 있는 경우

③ 근로자의 움직임 등 작업의 특성상 시료채취기의 장착이 매우 곤란한 경우

④ 한 근로자가 다수의 시료채취기를 과도하게 장착하여 작업에 심히 방해되거나 측정결과의 정확성과 정밀성을 훼손할 우려가 있는 경우

⑤ 기타 개인시료채취가 심히 곤란하거나 측정결과에 심각하게 영향을 주는 경우

(3) 시료채취시간

① 8시간 시간가중평균노출기준(Time-Weighted Average, TWA)에 따른 노출평가를 수행하고자 하는 경우 각 교대작업 시간당 6시간 이상 연속 혹은 분리 측정한다. 다만, 유해물질의 발생시간 및 간헐성과 작업의 불규칙성 등을 고려하여 유해물질 발생시간 동안만 측정할 수 있다.

② 단시간노출기준(Short Term Exposure Limit, STEL)에 따른 노출평가를 수행하고자 하는 경우 15분간 측정한다.

③ 최고노출기준(Ceiling, C)에 따른 노출평가를 수행하고자 하는 경우 평가에 필요한 최소한의 시간으로 한다. 다만, 최소한의 시간을 특정할 수 없는 경우 15분으로 할 수 있다.

(4) 단위작업장소별 채취 시료 수

① 각 단위작업장소별 근로자 수에 따른 최소 시료 수는 다음 표에 따른다. 다만 작업 근로자 수가 1인인 경우는 시료 수 1개를 채취한다.

‖ 단위작업장소별 근로자 수에 따른 최소 시료 수 ‖

근로자 수	시료 수	근로자 수	시료 수
10명 이하	2	56~60	12
11~15	3	61~65	13
16~20	4	66~70	14
21~25	5	71~75	15
26~30	6	76~80	16
31~35	7	81~85	17
36~40	8	86~90	18
41~45	9	91~95	19
46~50	10	96 이상	20
51~55	11		

② 단위작업장소별 지역 시료채취방법으로 측정을 하는 경우 단위작업장소 내에서 2개 이상의 지점에 대하여 동시에 측정하여야 한다. 다만, 단위작업장소의 넓이가 50평방미터 이상인 경우에는 매 30평방미터마다 1개 지점 이상을 추가로 측정하여야 한다.

(5) 채취유량과 공기량

시료채취유량과 공기량은 측정분석방법에서 정한 기준을 준수한다. 이 경우 기존의 작업환경측정결과와 전문가적 판단에 따라 단위작업장소에서 예상되는 근로자의 노출 농도가 낮은 경우 권고 유량과 공기량을 조정할 수 있다. 다만 분석 결과 활성탄관 등 측정매체의 예비층(뒷층)에서 검출된 유해물질의 총량이 본 층(앞층)에서 검출될 양의 10%를 초과하면 파과가 발생한 것으로 간주하여 해당 단위작업장소의 해당 유해물질에 대하여 재측정을 한다.

(6) 측정장비의 보정 및 공시료

① 측정장비의 보정

  ㉠ 시료채취에 사용되는 개인시료채취기 등 보정이 필요한 장비는 측정을 실시 전과 후에 보정장치를 이용하여 보정한다. 다만 누적 소음노출량 측정기의 경우는 최소 1주일을 단위로 일괄적으로 보정을 할 수 있다.

  ㉡ 모든 보정장치는 기관의 장비 지침에 따라 1년 또는 2년에 1회 이상 국가/국제인증기관으로부터 검정을 실시한다.

  ㉢ 국가/국제인증기관으로부터 검정을 한 보정장치에 대한 성적서 등 관련 서류는 3년간 보존한다.

② 공시료

  ㉠ 적업환경측정 시에는 시료 세트에 따라 최소 10% 이상의 공시료를 분석한다. 다만 분석방법이 실험방법의 정확성이나 정밀성 등의 사유로 공시료를 10% 이상 요구하는 경우 해당 공시료의 수를 따른다.

    ⓛ 공시료는 측정에 사용된 채취매체와 동일한 생산번호를 가진 것을 이용한다.

    ⓒ 가스상 물질에 대한 공시료는 각 단위작업장소에 대한 측정이 종료된 뒤 현장에서 채취매체의 양 끝단을 절단한 후 시료와 동일하게 지정된 마개를 막아 채취된 시료와 함께 운반하여 분석 실험실로 이관한다.

    ⓔ 여과지가 장착된 카세트를 사용한 입자상 물질 측정에 대한 공시료는 측정이 종료된 뒤 양 끝단의 마개를 잠시 열었다 닫아준 후 시료와 함께 운반하여 분석 실험실로 이관한다.

(7) 채취 시료의 운반, 보관 및 인계

① 채취된 시료는 단위작업장소별로 시료채취 표에 기록한 것과 동일한 시료 번호를 명기하고 플라스틱 백(지퍼 백) 등을 이용하여 외부포장을 한 후 분석실험실로 운반한다.

② 여과지가 장착된 카세트를 이용하여 입자상 물질을 채취한 경우에는 해당 물질의 손실과 흐트러짐을 방지하기 위해 채취된 여과지 면이 위로 향하도록 하고 흔들림이 없는 방법으로 실험실로 운반한다.

③ 채취된 시료를 당일에 분석할 수 없는 경우 가스상 물질을 포집한 측정매체는 보관방법에 알맞은 조건을 선택하여 보관한다.

④ 입자상 물질을 포집한 여과지가 장착된 카세트에 대하여 중량분석을 하고자 하는 경우 데시케이터 또는 항온항습기 내에 보존한다.

⑤ 채취된 시료를 분석실험실(분석실)에 전달하는 경우에는 측정자와 분석자의 서명이 있는 시료 인수인계서를 작성하여 보관한다.

5. 실험실 분석

(1) 분석장비의 선정

① 작업환경측정시료(측정시료)에 대한 분석장비는 시료채취분석방법에서 지정한 것을 사용한다.

② 중량분석의 경우 10^{-5}g 이하 칭량이 가능한 전자저울을 사용한다.

③ 선정한 분석장비와 비교하여 동등 이상의 정확성과 정밀성의 확보가 가능한 경우 다른 장비를 사용할 수 있다. 이 경우 선정된 장비가 동등 이상의 성능을 발휘될 수 있음은 해당 작업환경측정기관이 입증한다.

(2) 측정시료의 실험실 인수 및 보관

① 측정시료를 인수하는 경우 실험실의 담당자는 시료 인수인계서에 서명을 한다. 필요한 경우 실험실 책임자 혹은 대표이사의 날인을 받는다.

② 실험실이 인수한 측정시료는 중량분석을 할 시료의 경우 데시케이터 또는 항온항습기 내에 보관한다. 이 경우 해당 데시케이터는 수분 제거에 필요한 성능을 발휘할 수 있는 흡습제를 내장하고 있어야 한다.

③ 중량분석을 실시할 측정시료는 무게를 재기 전에 데시케이터 또는 항온항습기 내에 48시간 이상 보관한다. 고습도 환경에서 채취된 경우 데시케이터 또는 항온항습기 내 보존기간을 충분히 늘려준다.

④ 가스상 물질을 포집한 측정시료는 분석 직전까지는 시료채취분석방법에서 요구하는 보관수단에 따라 보관한다.

⑤ 입자상 물질을 채취한 측정시료를 중량분석 이외의 방법으로 분석하고자 하는 경우 시료채취분석 방법에서 다른 수단에 의한 보관을 요구하는 경우 그에 따른다.

⑥ 모든 측정시료는 해당 시료채취가 종료된 날로부터 2주 이내에 분석한다. 다만 시료채취분석방법 에서 특별히 시료가 불안정하여 일정한 분석기간을 요구하는 경우는 반드시 준수한다.

(3) 회수율 및 탈착효율의 실험

① 금속류에 대한 회수율 실험

⊙ 회수율 실험을 위한 첨가량은 측정대상물질의 작업장 예상 농도 일정 범위(0.01~2배)에서 결 정한다. 작업장의 농도를 포함하도록 예상되는 농도(mg/m^3)와 공기채취량(L)에 따라 첨가량을 계산한다. 만일 작업장의 예상 농도 산출이 어려운 경우 첨가량은 노출 기준과 권고하는 공기 채취량을 기준으로 계산한다.

⊙ 수준별로 최소한 3개 이상의 반복 첨가 시료를 다음의 방법으로 조제하여 분석한 후 회수율을 구하도록 한다.

ⓐ 3단 카세트에 실험용 여과지를 장착시킨 후 상단 카세트를 제거한 상태에서 계산된 첨가량 에 해당하는 분석대상물질의 원액(또는 희석용액)을 마이크로실린지를 이용하여 주입한다.

ⓑ 하룻밤 동안 상온에서 놓아둔다.

ⓒ 시료를 전처리한 후 분석하여 분석량/첨가량으로서 회수율을 구한다.

ⓒ 분석방법의 회수율은 최소한 75% 이상이 되어야 한다.

ⓔ 회수율 간의 변이가 심하면 그 원인을 찾아 교정하고 다시 실험을 해야 한다.

② 유기화합물류 등에 대한 탈착효율 실험

⊙ 탈착효율 검증용 시료분석은 매 시료분석 시 행한다.

⊙ 3개 농도 수준(저, 중, 고농도)에서 각각 3개씩의 흡착관과 공시료로 사용할 흡착관 3개를 준비 한다.

ⓒ 미량주사기를 이용하여 탈착효율 검증용 용액(stock solution)의 일정량(계산된 농도)을 취해 흡착관의 앞 층에 직접 주입한다. 탈착효율 검증용 저장용액은 3개의 농도 수준이 포함될 수 있도록 시약의 원액을 혼합한 것을 말한다.

ⓓ 탈착효율 검증용 저장용액을 주입한 흡착관은 즉시 마개를 막고 하룻밤 정도 실온에 놓아둔다.

ⓜ 시료를 전처리한 후 분석하여 분석량/첨가량으로서 탈착효율을 구한다.

ⓗ 분석방법의 탈착효율은 최소한 75% 이상이 되어야 한다.

ⓢ 탈착효율 간의 변이가 심하면 그 원인을 찾아 교정하고 다시 실험을 해야 한다.

(4) 검량선의 작성

① 금속류에 대한 검량선의 작성

⊙ 측정 대상물질의 표준용액을 조제할 원액(시약)의 농도를 파악한다.

⊙ 표준용액의 농도 범위는 채취된 시료의 예상 농도(노출기준 0.01배 이상)에서 한다.

ⓒ 표준용액 조제 방법은 표준원액을 단계적으로 희석하는 희석식과 표준원액에서 일정량씩 취해 희석용액에 직접 주입하는 배치식 중 선택하여 조제한다.

ⓔ 표준용액은 최소한 5개 수준 이상으로 한다.

ⓜ 원액의 순도, 제조 일자, 유효기간 등은 조제 전에 반드시 확인한다.

ⓗ 표준용액, 탈착효율 또는 회수율에 사용되는 시약은 같은 로트(Lot)번호를 가진 것을 사용한다.

ⓢ 분석기기(ICP, AAS)의 감도 등을 고려하여 5개의 농도 수준을 표준용액으로 하여 검량선을 작성한다. 이때 표준용액의 농도 범위는 분석시료 농도 범위를 포함하는 것이어야 한다.

ⓞ 가열 판을 이용한 전처리 시료의 표준용액 제조는 최종 희석용액을 사용하며, 마이크로웨이브 회화기, 핫 블럭 등을 이용한 시료의 표준용액 제조 시의 산 농도는 시료 속의 산농도와 동일하게 한다.

ⓩ 회수율 검증시료의 분석값을 다음 식에 적용하여 회수율을 구한다.

$$회수율(RE,\ Recovery\ Efficiency) = 검출량/첨가량$$

② 유기화합물류 등에 대한 검량선의 작성

㉠ 검출한계에서 정량한계의 10배 농도 범위까지 최소 5개 이상의 농도 수준을 표준용액으로 하여 검량선을 작성한다. 또는 표준용액의 농도 범위는 현장시료 농도 범위를 포함해야 한다.

㉡ 탈착효율 검증용 시료의 분석값을 다음 식에 적용하여 탈착효율을 구한다.

$$탈착효율(DE,\ Desorption\ Efficiency) = 검출량/주입량$$

(5) 검출한계 및 정량한계의 결정

① 측정시료에 대한 검출한계의 산정은 실험실 분석에서 적용한 검량선의 식($y = ax + b$)에서 기울기와 절편을 적용하여 다음 식에 따라 산출한다. 다만 필요한 경우 분석기기의 바탕선에 대한 노이즈를 적용하는 방법 등 화학분석 분야에서 널리 적용하는 방법에 따라 산출할 수 있다.

$$검출한계 = 3 \times \frac{S}{a}$$

여기서, S : 검량선의 표준오차
a : 검량선의 기울기

② 측정시료에 대한 정량한계의 산정은 실험실 분석에서 적용한 검량선의 식($y = ax + b$)에서 기울기와 절편을 적용하여 다음 식에 따라 산출한다. 다만 필요한 경우 분석기기의 바탕선에 대한 노이즈를 적용하는 방법 등 화학분석 분야에서 널리 적용하는 방법에 따라 산출할 수 있다.

$$검출한계 = 10 \times \frac{S}{a}$$

여기서, S : 검량선의 표준오차
a : 검량선의 기울기

(6) 시료의 전처리

① 금속류의 전처리(가열 판 이용 시)

㉠ 회화용액은 진한 질산이나 염산, 과염소산 등을 혼합하여 사용한다.

㉡ 시료채취기로부터 막 여과지를 핀셋 등을 이용하여 비커에 옮긴다.

㉢ 여과지가 들어간 비커에 제조한 회화용액 5mL를 넣고 유리 덮개로 덮은 후, 실온에서 30분 정도 놓아둔다.

㉣ 가열 판 위로 비이커를 옮긴 후 120℃에서 회화용액이 약 0.5mL 정도가 남을 때까지 가열시킨다.

㉤ 유리 덮개를 열고 회화용액 2mL를 다시 첨가하여 가열시킨다. 비커 내의 회화용액이 투명해질 때까지 이 과정을 반복한다.

㉥ 비커 내의 회화용액이 투명해지면 유리 덮개를 열고 비커와 접한 유리 덮개 내부를 초순수로 헹구어 잔여물이 비커에 들어가도록 한다. 유리 덮개는 제거하고 비커 내의 용액량이 거의 없어져 건조될 때까지 증발시킨다.

㉦ 희석용액 2~3mL를 비커에 가해 잔류물을 다시 용해한 다음 10mL 용량 플라스크에 옮긴 후 희석용액을 가해 최종용량이 20mL가 되게 한다.

㉧ 그 외 마이크로웨이브 회화기나 핫 블럭 등을 이용하여 시료채취 및 분석지침에서 권장하는 산을 선택하여 전처리 할 수 있다.

② 유기화합물 등의 일반적인 전처리

㉠ 흡착튜브 앞 층과 뒤 층을 각각 다른 바이엘에 담는다. 이때 유리섬유와 우레탄폼마개는 버린다.

㉡ 바이엘에 피펫으로 1.0mL의 선정된 탈착액을 넣고 즉시 마개로 막는다.

㉢ 가끔 흔들면서 30분 이상 방치한다.

㉣ 유기화합물의 탈착액 선정은 선택한 방법에 따라 적용하여 분석한다.

(7) 기기분석

① 실험실 종사자는 사용할 분석기기의 작동원리, 성능, 적용범위, 사용조건 및 제한점, 안전상의 유의사항 등을 충분히 숙지한 상태에서 분석에 임한다.

② 기기분석과 관련된 일반 사항은 작업환경측정분석방법과 해당 기기의 사용자 매뉴얼에 따른다.

③ 측정시료에 대한 기기분석은 시료에 대한 전처리나 탈착을 한 당일에 수행한다. 당일 분석이 곤란한 경우 처리된 시료를 냉장 등의 방법으로 저장할 수 있으나 오차 발생에 유의한다.

④ 기기분석 시 측정시료에 대한 검출량은 적용된 검량선의 농도 범위 내에 있도록 한다. 해당 범위를 벗어나는 경우 검량선의 재작성이나 시료에 대한 희석 등 적정한 방법을 적용한다. 다만 노출기준 대비 노출 수준이 낮은 경우에는 검량선의 제일 낮은 농도를 벗어나더라도 검량선을 적용할 수 있다.

6. 분석 결과에 따른 측정 결과값의 평가

(1) GC(가스크로마토그래피) 등 분석장비를 사용하여 분석한 결과가 검출한계 미만인 경우 보고서에서 검출농도는 "불검출"로 표기한다. 다만 기기분석에서 피크가 전혀 나타나지 않은 경우와 적은 피크에 따라 검출한계 미만으로 나타난 경우를 상호 구분하여 보고서에 기재하고자 하는 경우 각각 "불검출" 및 "검출한계 미만"으로 구분하여 표시할 수 있다.

(2) GC(가스크로마토그래피) 등 분석장비를 사용하여 분석한 결과가 검출한계 이상 정량한계 미만인 경우 보고서의 농도는 "정량한계 미만"으로 표기한다. 다만 현재 작업환경측정 결과보고서 전산 시스템에서는 검출한계 이상의 농도를 표기하여 보고할 수 있다.

(3) 검출한계 미만으로 결과가 나온 화학적 인자에 대해서는 계산된 검출한계값을 보고서에 제시한다.

(4) 화학물질의 경우 근로자의 노출시간이 8시간을 초과하는 경우 보정 노출기준은 다음 식에 따라 산출한다.

$$\text{보정노출기준}=8\text{시간 노출기준}\times\frac{8}{H}$$

여기서, $H(Hr)$: 노출시간/일

(5) 소음의 경우 근로자의 노출 시간이 8시간을 초과하는 경우 보정 노출기준은

$$\text{소음의 보정 노출기준}=16.61\,\text{Log}\left(\frac{100}{12.5\times H}\right)+90$$

여기서, $H(Hr)$: 노출시간/일

(6) GC(가스크로마토그래피) 등 분석장비를 사용하여 분석 시 산출된 크로마토그램 등 근거자료는 법에 따라 측정이 보고서가 완료된 날로부터 3년간 보관한다. 필요한 경우 보관기간을 늘릴 수 있다.

7. 작업환경측정 결과보고서의 작성 및 보관

(1) 작성된 보고서에는 측정담당자, 분석담당자, 측정(분석)책임자 및 대표이사가 서명을 한다. 이 경우 소음만을 측정한 경우 분석담당자나 분석책임자의 서명을 생략할 수 있다.

(2) 작성된 보고서에는 해당 보고서에 대한 보존기간을 명시하여 보존하되 동일한 사업장에 대해 수년에 걸친 다수의 보고서를 보존하는 경우 문구용 바인더를 이용하여 함께 철하여 별도의 보관함이나 책장에 보관한다.

(3) GC(가스크로마토그래피) 등 분석장비를 사용하여 분석 시 산출된 크로마토그램 등 근거자료는 해당 보고서와 함께 철하여 보관하거나 전자문서로 보관한다.

(4) 보고서에 심각한 오류가 발견되는 경우 그 사유와 수정된 내용을 기록하고 내부결재를 득하여 보관한다. 이 경우 해당 사업장에는 수정된 보고서를 재송부한다.

근골격계질환 예방에 관한 기술지원규정

1. 용어의 정의

① 근골격계부담작업

　작업량·작업속도·작업강도 및 작업구조 등에 따라 고용노동부장관이 정하여 고시하는 작업을 말한다.

[부록 1]

근골격계부담작업

1. 하루에 4시간 이상 집중적으로 자료입력 등을 위해 키보드 또는 마우스를 조작하는 작업
2. 하루에 총 2시간 이상 목, 어깨, 팔꿈치, 손목 또는 손을 사용하여 같은 동작을 반복하는 작업
3. 하루에 총 2시간 이상 머리 위에 손이 있거나, 팔꿈치가 어깨 위에 있거나, 팔꿈치를 몸통으로부터 들거나, 팔꿈치를 몸통 뒤쪽에 위치하도록 하는 상태에서 이루어지는 작업
4. 지지되지 않은 상태이거나 임의로 자세를 바꿀 수 없는 조건에서, 하루에 총 2시간 이상 목이나 허리를 구부리거나 트는 상태에서 이루어지는 작업
5. 하루에 총 2시간 이상 쪼그리고 앉거나 무릎을 굽힌 자세에서 이루어지는 작업
6. 하루에 총 2시간 이상 지지되지 않은 상태에서 1kg 이상의 물건을 한 손의 손가락으로 집어 옮기거나, 2kg 이상에 상응하는 힘을 가하여 한 손의 손가락으로 물건을 쥐는 작업
7. 하루에 총 2시간 이상 지지되지 않은 상태에서 4.5kg 이상의 물건을 한 손으로 들거나 동일한 힘으로 쥐는 작업
8. 하루에 10회 이상 25kg 이상의 물체를 드는 작업
9. 하루에 25회 이상 10kg 이상의 물체를 무릎 아래에서 들거나, 어깨 위에서 들거나, 팔을 뻗은 상태에서 드는 작업
10. 하루에 총 2시간 이상, 분당 2회 이상 4.5kg 이상의 물체를 드는 작업
11. 하루에 총 2시간 이상 시간당 10회 이상 손 또는 무릎을 사용하여 반복적으로 충격을 가하는 작업

---

② 단위 작업

　특정 작업이나 공정의 내용이 둘 이상의 세부작업(사이클타임, Cycle Time)으로 구분이 가능할 때의 그 세부작업 각각을 말한다.

③ 근골격계질환 유해요인

　근골격계부담작업을 포함하는 작업과 관련하여 근골격계질환을 유발시킬 수 있는 반복동작, 부적절한 자세, 과도한 힘, 접촉스트레스, 진동 등을 말하며, 간략히 "유해요인"이라 말한다.

④ 유해요인조사자

　근골격계부담작업 유해요인조사를 수행하는 자로서 보건관리자 또는 관련업무의 수행능력 등을 고려하여 사업주가 지정하는 자를 말한다.

⑤ 작업환경

작업시간, 작업방법, 작업자세 등 작업조건과 작업상태를 말한다.

⑥ 작업공간

사무, 공작, 기타 각종 작업을 행하기 위하여 주로 사용하는 작업대, 작업의자, 작업기기 및 공구 등이 놓인 장소로서 작업이 지속적으로 이루어지는 공간을 말하며, 작업공간에는 양쪽 팔이 수평 및 수직 방향으로 도달하는 직접적인 작업공간 뿐 아니라 통로, 기자재 운반에 필요한 간접적인 공간도 포함된다.

⑦ 작업표준

근골격계질환을 예방하기 위하여 올바른 작업수행 방법을 표준화한 것으로서 작업조건, 작업방법, 작업기기, 관리방법, 작업물체, 작업자세, 작업동작, 작업시간 등에 대한 기준을 말한다.

⑧ 관리감독자

사업장 내 단위 부서의 책임자를 말한다.

⑨ 보건담당자

보건관리자가 선임되어 있지 않은 사업장에서 대내외적으로 산업보건관련업무를 맡고 있는 자를 말한다.

⑩ 보건의료전문가

산업보건분야의 학식과 경험이 있는 의사, 간호사 등을 말한다.

⑪ 업무적합성평가

근로자가 해당 업무에 종사함으로써 건강에 나쁜 영향을 미치지 않으면서 그 업무 수행이 적합한 가를 평가하는 것을 말한다.

⑫ 근무상 조치

증상호소자의 업무를 경감시키거나 신체 부담 정도가 다른 업무로 전환시키는 것을 말한다.

⑬ 근무 중 치료

근무시간 중 따로 시간을 내어 스트레칭, 근력강화 또는 물리치료 등을 받는 것을 말한다.

⑭ 의학적 조치

관리감독자, 보건관리자가 사업장 내에서 실시가능한 수준의 조치 또는 근골격계질환의 예방·관리를 위한 의사의 조치 등을 말한다.

2. 근골격계부담작업 여부 판단

(1) 근골격계부담작업 평가 원칙

① 근골격계부담작업은 사업장 내 모든 작업(공정)을 대상으로 근골격계부담작업 체크리스트 양식을 사용하여 평가하여야 한다.

② 단위작업으로 구성된 작업이나 공정은 단위작업 각각에 대하여 근골격계부담작업 여부를 평가하여야 하며, 만약 근로자 한 명이 여러 개의 단위작업을 수행할 경우에는 그 전체를 하나의 작업으로 보고 부담작업 여부를 평가하여야 한다.

(2) 근골격계부담작업 보유 여부 결정

사업주는 안전보건규칙과 고용노동부고시에 따라 근골격계부담작업 보유여부를 결정한다.

3. 근골격계부담작업 유해요인조사

(1) 유해요인조사 목적

유해요인조사의 목적은 근골격계질환 발생을 예방하기 위해 안전보건규칙에 따라 근골격계질환 유해 요인을 제거하거나 감소하는 데 있다.

(2) 유해요인조사 시기

① 사업주는 근로가가 근골격계부담작업을 하는 경우에 3년마다 다음의 사항에 대한 유해요인조사(정 기조사)를 하여야 한다. 다만, 신설되는 사업장의 경우에는 신설일부터 1년 이내에 최초의 유해요 인조사를 하여야 한다. 다음 ㉠~㉢에 해당하는 항목 중 하나라도 빠져 있거나 적절한 방법이 아닌 경우에는 유해요인조사를 실시한 것으로 인정받을 수 없다.

㉠ 설비 · 작업공정 · 작업량 · 작업속도 등 작업장 상황

㉡ 작업시간 · 작업자세 · 작업방법 등 작업조건

㉢ 작업과 관련된 근골격계질환 징후(Signs)와 증상(Symptoms) 유무 등

② 사업주는 다음의 시기를 고려하여 유해요인조사를 실시해야 한다.

㉠ 최초조사 : 신설되는 사업장의 경우에는 신설일부터 1년 이내에 실시

㉡ 정기조사 : 매 3년마다 주기적으로 실시, 특별한 사유가 없으면 이전 유해요인조사를 완료한 날 부터 3년을 초과하여서는 아니된다.

㉢ 수시조사 : 다음의 경우, 1개월 이내에 수시조사를 실시해야 한다.

ⓐ 안전보건규칙에 따라 임시건강진단 등에서 근골격계질환자가 발생(근골격계부담작업이 아 닌 작업에서 발생한 경우를 포함)하였거나 근로자가 근골격계질환으로 산업재해보상보험법 시행령에 따라 업무상 질병으로 인정받은 경우

다만, 해당 근골격계질환에 대하여 최근 1년 이내에 유해요인 조사를 하고 그 결과를 반영 하여 작업환경 개선에 필요한 조치를 한 경우는 제외

ⓑ 근골격계부담작업에 해당하는 새로운 작업 · 설비를 도입한 경우

ⓒ 근골격계부담작업에 해당하는 업무의 양과 작업공정 등 작업환경을 변경한 경우

(3) 유해요인조사 방법

① 유해요인조사는 근골격계부담작업을 보유하거나 업무상 근골격계질환자 발생 · 인정된 경우, 근골 격계부담작업에 해당하는 새로운 작업 · 설비를 도입한 경우, 근골격계부담작업에 해당하는 업무 의 양과 작업공정 등 작업환경을 변경한 경우에 실시하며, 근로자와의 면담, 증상설문조사, 인간 공학적 측면을 고려한 조사 등 적절한 방법으로 한다.

② 유해요인조사는 유해요인조사표를 활용하여 조사개요, 작업장 상황조사, 작업조건 조사를 실시하 며, 작업조건 조사를 실시할 때 세부적인 분석 · 평가 등이 필요하다고 판단되는 경우 인간공학적 평가도구를 활용하여 조사대상 근골격계부담작업 또는 근로자의 근골격계질환 유해요인에 대해 분석 · 평가한다. 또한 근골격계질환 증상조사표를 활용하여 근로자의 직업력, 근무형태, 근골격계 질환의 징후 또는 증상 특징 등의 정보를 파악한다.

③ 유해요인조사를 실시할 때에는 근로자 대표 또는 근로자를 참여시켜 작업공정 및 설비의 특성, 작업형 태 등 필요한 정보를 파악하고, 현재의 작업장 상황 및 작업 조건에 대한 문제점 및 개선에 대한

의견 조사 등을 실시하여 보다 나은 유해요인조사 및 작업환경 개선 조치가 이루어질 수 있도록 한다.

④ 유해요인조사는 사업장내 근골격계부담작업 각각에 대하여 실시한다. 다만, 동일한 작업형태와 동일한 작업조건의 근골격계부담작업이 존재하는 경우에는 근골격계부담작업의 종류와 수에 대한 대표성, 조사실시 주기 또는 연도 등을 고려하여 단계적으로 일부 작업에 대해서 조사할 수 있다.

  ㉠ 한 단위작업 장소 내에서 10개 이하의 근골격계부담작업이 동일 작업으로 이루어지는 경우에는 작업강도가 가장 높은 2개 이상의 작업을 표본으로 선정한다.

  ㉡ 만일, 한 단위작업 장소 내에서 동일 근골격계부담작업의 수가 10개를 초과하는 경우에는 초과하는 5개의 작업당 1개의 작업을 표본으로 추가한다.

⑤ 협력업체 근로자 종사작업에 대한 유해요인조사 방법은 다음과 같다.

  ㉠ 동일한 장소에서 행하여지는 사업의 일부를 도급에 의하여 행하는 사업인 경우에는 소속 근로자를 사용하는 사업주(수급사업주)가 유해요인조사를 실시한다.

  ㉡ 다만, 유해요인조사에서 근골격계질환이 발생할 우려가 있어 도급사업주의 소유설비의 변경 등 작업환경개선 등의 조치가 필요한 경우 수급사업주는 이를 도급사업주에게 통지하고, 도급사업주는 수급사업주가 실시한 유해요인조사가 부적절하다는 반증이 없는 한 필요한 조치를 하여야 한다.

(4) 유해요인조사 내용

① 유해요인조사는 작업장 상황조사, 작업조건조사, 증상 설문조사로 구성된다.

  ㉠ 작업장 상황조사 항목은 다음 내용을 포함한다.
    ⓐ 작업공정
    ⓑ 작업설비
    ⓒ 작업량
    ⓓ 작업속도 및 최근 업무의 변화 등

  ㉡ 작업조건조사 항목은 다음 내용을 포함한다.
    ⓐ 반복동작
    ⓑ 부적절한 자세
    ⓒ 과도한 힘
    ⓓ 접촉스트레스
    ⓔ 진동
    ⓕ 작업시간
    ⓖ 작업방법
    ⓗ 기타 요인(극저온, 직무스트레스)

  ㉢ 증상 설문조사 항목은 다음 내용을 포함한다.
    ⓐ 증상과 징후
    ⓑ 직업력(근무력)
    ⓒ 근무형태(교대제 여부 등)
    ⓓ 취미활동
    ⓔ 과거질병력 등

(5) 유해요인조사자

① 사업주는 보건관리자에게 사업장 전체 유해요인조사 계획의 수립 및 실시 업무를 하도록 한다. 다만, 규모가 큰 사업장에서는 보건관리자 외에 부서별 유해요인조사자를 지정하여 조사를 실시하게 할 수 있다.

② 사업주는 보건관리자가 선임되어 있지 않은 경우에는 유해요인조사자를 지정하고, 사업장의 유해요인조사 계획을 수립하여 실시하도록 한다. 다만, 근골격계질환 예방·관리프로그램을 운영하는 사업장에서는 근골격계질환 예방·관리팀이 수행할 수 있다.

③ 사업주는 유해요인조사자에게 유해요인조사에 관련한 제반 사항에 대하여 교육을 실시하여야 한다. 다만, 근골격계질환 예방·관리프로그램을 운영하는 사업장은 근골격계질환 예방·관리팀이 유해요인조사를 포함한 교육을 이미 받았을 경우 이를 생략할 수 있다.

④ 사업주는 사업장 내부에서 유해요인조사자를 선정하기 곤란한 경우 유해요인조사의 일부 또는 전부를 관련 전문기관이나 전문가에게 의뢰할 수 있다.

4. 작업환경개선

(1) 근골격계질환 발생 위험이 높은 작업

유해요인조사 또는 근골격계질환 증상조사 결과를 바탕으로 근골격계질환 발생 위험이 높은 작업에 대해 작업환경개선을 실시하되, 다음의 사항에 따른다.
① 다수의 근로자가 유해요인에 노출되고 있거나 증상 및 불편을 호소하는 작업
② 비용편익 효과가 큰 작업

(2) 사업주의 조치

사업주는 유해요인조사 결과 근골격계질환이 발생할 우려가 있는 경우에 인간공학적 작업환경 개선, 보조설비 및 편의설비 설치, 작업방법 및 조건 개선 등의 필요한 조치를 하여야 한다.

(3) 전문기관의 지도·조언

사업주는 개선계획의 수립 및 그 타당성을 검토하기 위하여 외부의 전문기관이나 전문가로부터 지도·조언을 들을 수 있다.

(4) 작업환경개선 원리

① 공학적 개선 : 공학적 개선은 현장에서 직접적인 설비나 작업방법, 작업도구 등을 작업자가 편하고, 쉽고, 안전하게 사용할 수 있도록 유해·위험요인의 원인을 제거하거나 개선하기 위하여 다음의 재설계, 재배열, 수정, 교체(substitution) 등을 말한다.
• 공구/장비　　　　　• 작업장
• 부품/제품　　　　　• 포장
② 관리적 개선 : 관리적 개선은 작업절차 또는 작업노출을 수정·관리하는 것으로 다음을 말한다.
• 작업의 다양성 제공　　　　• 작업일정 및 작업속도 조절
• 작업순환　　　　　• 휴식시간 또는 회복시간 제공
• 작업자 적정배치　　　　• 체조시간 강화 등

③ 행동 개선 : 행동 개선은 작업자에게 영향을 미치는 요인에 초점을 둔 것으로 다음을 말한다.
- 태도
- 행동
- 지식
- 생활패턴
- 흡연/음주

(5) 작업유형에 따른 자세 선택

작업유형에 의해 결정된 최적의 작업 자세는 작업의 질을 높이고 생산성을 향상시키며 일에 대한 만족도를 높인다.

① 작업 시 빈번하게 이동해야 하는 경우 서서 하는 작업형태가 좋다.

② 제한된 공간에서의 작업 중 힘을 쓰는 작업은 서서 하는 작업형태가 좋다. 이 때, 발걸이 또는 발받침대를 함께 사용한다.

③ 제한된 공간에서의 가벼운 작업 중 빈번하게 일어나야 하는 경우에는 입/좌식(Sit-stand) 작업형태가 좋다.

④ 제한된 공간에서의 가벼운 작업 중 일어나기가 거의 없는 경우에는 앉아서 하는 작업형태가 좋다.

(6) 작업환경개선을 위한 인체측정

① 인체측정치를 이용한 설계 : 사업주는 인체측정치를 이용하여 작업장 레이아웃, 기계기구 및 설비 등을 공학적으로 개선할 때에는 다음의 원칙을 작업조건에 따라 선택적으로 적용한다.

　㉠ 조절 가능한 설계 : 작업에 사용하는 설비, 기구 등은 체격이 다른 여러 근로자들을 위하여 직접 크기를 조절할 수 있도록 조절식으로 설계하고, 조절범위는 여성의 5퍼센타일(최소치)에서 남성의 95퍼센타일(최대치)로 한다.

　㉡ 극단치를 이용한 설계

　　ⓐ 조절 가능한 설계를 적용하기 곤란한 경우에는 극단치를 이용하여 설계할 수 있다.

　　ⓑ 극단치를 이용한 설계는 최대치를 이용하거나 최소치를 이용한다.

　　ⓒ 최대치는 작업대와 의자 사이의 간격, 통로나 비상구 높이, 받침대의 안전 한계중량 등에 적용하고 대표치는 95퍼센타일을 이용한다.

　　ⓓ 최소치는 선반의 높이, 조정장치까지의 거리 등 뻗치는 동작이 있는 작업에 적용하고 대표치는 여성의 5퍼센타일을 이용한다.

　㉢ 평균치를 이용한 설계

　　ⓐ 극단치를 이용한 설계가 곤란한 경우에는 평균치를 이용하여 설계할 수 있다.

　　ⓑ 평균치를 이용한 설계는 식당 테이블이나 출근 버스의 손잡이 높이처럼 짧은 시간동안 근로자들이 공동으로 이용하는 설비 등에 적용하고 대표치는 남녀 혼합 50퍼센타일 범위를 이용한다.

② 인체측정 기준치 : 작업대 및 작업기기의 조절 가능 범위, 작업 형태와 방법 등을 설계 또는 선택할 때는 다음에서 정하는 인체측정 기준치를 이용하여 근로자의 신체조건과 운동성을 고려한다.

　㉠ 신장 : 신장이 큰 근로자를 기준으로 작업통로 및 고정식 작업대 높이 등을 설계함으로써 허리를 굽혀 작업하지 않게 한다.

　㉡ 머리 높이 : 신장이 큰 근로자를 대상으로 자연스러운 자세에서 시야가 좁아지지 않게 한다.

ⓒ 어깨 높이 : 작업 시 손은 허리에서 어깨 높이 사이에 위치하도록 하며, 어깨 높이보다 높지 않게 한다.

ⓔ 팔 길이 : 뻗치는 작업의 경우 팔 길이가 가장 짧은 사람을 기준으로 한다.

ⓜ 손 크기 : 손이 작은 근로자도 잡을 수 있도록 한다.

ⓗ 팔꿈치 높이 : 작업대(작업점) 및 의자의 높이를 결정할 때에는 팔꿈치 높이를 기준점으로 활용한다.

ⓢ 오금 높이 : 의자의 앉는 면의 높이는 오금의 높이에서 무릎 각도가 90도 전·후가 되도록 하고, 필요시 발걸이 또는 발 받침대를 활용한다.

ⓞ 엉덩이 너비 : 의자의 앉는 면의 너비 기준을 체격이 큰 근로자에게 맞춘다.

(7) 작업환경 개선 방법

사업주는 근골격계질환이 발생할 우려가 있는 작업에 대하여는 작업표준을 정하고 작업대, 의자, 작업공간 및 기기 배치, 수공구, 중량물의 취급, 작업자세 및 동작 등을 고려하여 개선한다.

① 작업표준 설정

ⓐ 새로운 기기 또는 설비 등을 도입하였을 경우에는 그때마다 작업표준을 재검토하여 작성한다.

ⓑ 작업시간, 작업량 등을 정할 때에는 작업내용, 취급중량, 자동화 등의 상황, 보조기구의 유무, 작업에 종사하는 근로자의 수, 성별, 체격, 연령, 경험 등을 고려한다.

ⓒ 컨베이어 작업 등과 같이 작업속도가 기계적으로 정해지는 경우에는 근로자의 신체적인 특성의 차이를 고려하여 적정한 작업속도가 되도록 한다.

ⓔ 야간작업을 하는 경우에는 낮시간에 하는 동일한 작업의 양보다 적은 수준이 되도록 조절한다.

ⓜ 반복적인 작업에 대하여는 다음과 같이 조정한다.

ⓐ 반복적인 작업을 연속적으로 수행하는 근로자에게는 해당 작업 이외의 작업을 중간에 넣거나 다른 근로자로 순환시키는 등 장시간의 연속작업이 수행되지 않도록 한다.

ⓑ 반복의 정도가 심한 경우에는 공정을 자동화하거나 다수의 근로자들이 교대하도록하여 한 근로자의 반복작업 시간을 가능한 한 줄이도록 한다.

ⓗ 올바른 작업방법은 근육피로도 및 근력부담을 줄이며 동시에 작업효율 및 품질을 향상시키며 작업방법 설계 시 다음을 고려한다.

ⓐ 동작을 천천히 하여 최대 근력을 얻도록 한다.

ⓑ 동작의 중간범위에서 최대한의 근력을 얻도록 한다.

ⓒ 가능하다면 중력방향으로 작업을 수행하도록 한다.

ⓓ 최대한 발휘할 수 있는 힘의 15% 이하로 유지한다.

ⓔ 힘을 요구하는 작업에는 큰 근육을 사용한다.

ⓕ 짧게, 자주, 간헐적인 작업/휴식 주기를 갖도록 한다.

ⓖ 대부분의 근로자들이 그 작업을 할 수 있도록 작업을 설계한다.

ⓗ 정확하고 세밀한 작업을 위해서는 적은 힘을 사용하도록 한다.

ⓘ 힘든 작업을 한 직후 정확하고 세밀한 작업을 하지 않도록 한다.

ⓙ 눈동자의 움직임을 최소화한다.

② 작업공간 및 기기 배치

　　㉠ 부자연스러운 작업자세 및 동작을 제거하기 위하여 작업장, 사무실, 통로 등의 작업공간을 충분히 확보하고 제품·부품 및 기기(이하 '물품') 등의 모양, 치수 등을 고려하여 배치한다.

　　㉡ 작업공간에 물품 등을 배치할 때에는 다음의 사항을 고려한다.

　　　　ⓐ 가장 빈번하게 사용되는 물품은 가장 사용하기 편리한 곳에 배치시킨다.

　　　　ⓑ 상대적으로 더 중요한 물품은 사용하기 편리한 지점에 위치시킨다.

　　　　ⓒ 연속해서 사용해야 하는 물품은 서로 옆에 놓거나 순서를 반영하여 위치시킨다.

　　㉢ 작업장의 작업기기는 근로자가 부자연스러운 자세로 작업해야 하지 않도록 배치한다.

　　㉣ 장시간 서서 작업하는 경우에는 작업동작의 위치에 맞추어 발 받침대를 제공한다.

③ 작업대

　　㉠ 작업대(작업점) 높이는 작업정면을 보면서 팔꿈치 각도가 90도를 이루는 자세로 작업할 수 있도록 조절하고 근로자와 작업면의 각도 등을 적절히 조절할 수 있도록 한다.

　　㉡ 작업대의 작업면은 팔꿈치 높이 또는 약간 아래에 있도록 하고 팔꿈치 이하 부위는 수평이거나 약간 아래로 기울게 한다. 또한 아주 정밀한 작업인 경우에는 팔꿈치 높이보다 높게 하고 팔걸이를 제공한다.

　　㉢ 작업영역은 정상작업영역 이내에서 이루어지도록 하고 부득이한 경우에는 최대작업영역에서 하되 그 작업이 최소화되도록 한다.

④ 의자

　　㉠ 장시간 앉아서 작업하는 경우에는 다음 조건에 적합한 의자를 제공한다.

　　　　ⓐ 의자의 높이는 눈과 손의 위치가 적절하고 무릎관절의 각도가 90도 전·후가 되도록 조절할 수 있어야 한다.

　　　　ⓑ 의자는 충분한 너비의 등받이가 있어야 하고 근로자의 체형에 따라 허리부위부터 어깨부위까지 편안하게 지지될 수 있어야 한다.

　　　　ⓒ 의자의 앉는 면은 근로자의 엉덩이가 앞으로 미끄러지지 않는 재질과 구조로 하고 의자의 깊이는 근로자의 등이 등받이에 닿을 수 있어야 한다.

　　　　ⓓ 가능한 한 팔걸이가 있는 것을 사용한다.

　　　　ⓔ 필요한 경우 발 받침대를 사용한다.

　　㉡ 장시간 서서 작업하는 경우에는 다음 조건에 적합한 입좌식 의자(Sit-stand)나 작업 중 잠시 앉아 휴식을 취할 수 있는 의자를 제공한다.

　　　　ⓐ 입좌식 의자의 높이는 편안하게 서 있을 때 엉덩이를 의자의 앉는 면에 걸칠 수 있도록 허벅지에서 엉덩이 전·후가 되도록 조절할 수 있어야 한다.

　　　　ⓑ 입좌식 의자의 앉는 면(좌면) 각도는 조절할 수 있어야 한다.

　　　　ⓒ 입좌식 의자는 몸을 기댈 때 뒤로 밀리거나 흔들리지 않고 지지할 수 있는 구조이어야 한다.

　　㉢ 작업면 아래에서 다리가 자유롭게 움직일 수 있도록 설계된 것을 제공한다.

⑤ 수공구

　　㉠ 수공구는 가능한 한 가벼운 것으로 사용한다.

　　㉡ 수공구는 잡을 때 손목이 비틀리지 않고 팔꿈치를 들지 않아도 되는 형태의 것을 사용한다.

ⓒ 수공구의 손잡이는 손바닥 전체에 압력이 분포되도록 너무 크거나 작지 않도록 하고 미끄러지지 않으며 충격을 흡수할 수 있는 재질[폼 슬리브(foam sleeve)]을 사용한다.

ⓔ 무리한 힘을 요구하는 공구는 동력을 사용하는 공구로 교체하거나 지그를 활용하되 소음 및 진동을 최소화하고 주기적으로 유지 보수한다.

ⓜ 진동공구는 진동의 크기가 작고, 진동의 인체전달이 작은 것을 선택하고 연속적인 사용시간을 제한한다.

⑥ 중량물의 취급

㉠ 5kg 이상의 중량물을 들어올리는 작업을 하는 때에는 다음의 조치를 한다.

ⓐ 주로 취급하는 물품에 대하여 근로자가 쉽게 알 수 있도록 물품의 중량과 무게중심에 대하여 작업장 주변에 안내표시를 한다.

ⓑ 취급하기 곤란한 물품에 대해서는 손잡이를 붙이거나 갈고리, 진공빨판 등 적절한 보조도구를 활용한다.

㉡ 인력으로 중량물을 취급하는 경우에는 작업점에 따라 적절한 작업영역에서 취급하도록 한다.

㉢ 운반구의 손잡이는 잡기에 불편하지 않도록 길이, 두께, 깊이 등을 고려하고 미끄러지지 않도록 마찰력이 높은 재질과 구조를 사용한다.

㉣ 적정중량을 초과하는 물건을 취급하는 경우에는 2인 이상이 함께 작업하도록 하고, 이 경우 가능한 한 각 근로자에게 중량이 균일하게 전달되도록 한다.

㉤ 중량물을 취급하는 작업장의 바닥은 요철부위가 없고 잘 미끄러지지 않으며 쉽게 움푹 들어가지 않도록 탄력성과 내충격성이 뛰어난 재료를 사용한다.

㉥ 가능한 한 중량물 취급 작업 전부 또는 일부를 자동화하거나 기계화하여 근로자의 허리부담을 경감시키도록 노력한다. 다만, 이것이 곤란한 경우에는 운반용 대차 등 적절한 보조기기를 사용하도록 하며 보조기기는 작업자가 사용하기에 불편하지 않도록 한다.

㉦ 근로자는 인력으로 중량물을 취급하는 경우에는 다음 작업방법에 따라 작업한다.

ⓐ 중량물에 몸의 중심을 가깝게 한다.

ⓑ 발을 어깨너비 정도로 벌리고 몸은 정확하게 균형을 유지한다.

ⓒ 무릎을 굽힌다.

ⓓ 가능하면 중량물을 양손으로 잡는다.

ⓔ 목과 등이 거의 일직선이 되도록 한다.

ⓕ 등을 반듯이 유지하면서 무릎의 힘으로 일어난다.

㉧ 이외 중량물 취급에 대한 개선방법은 중량물 취급 개선방법을 참조한다.

⑦ 작업자세 및 동작

㉠ 근로자가 허리부위에 부담을 주는 부적절한 자세를 취하지 않도록 작업장의 구조, 작업방법 개선 등 필요한 조치를 강구한다.

㉡ 근로자는 다음과 같은 작업자세를 취하도록 노력한다.

ⓐ 서 있거나 의자에 앉은 자세인 경우에는 허리의 부담을 줄이기 위하여 동일한 자세를 장시간 취하지 않도록 한다.

ⓑ 물건을 들어올리기, 당기기, 밀기 등 허리 부위에 부담을 주는 동작이나 자세를 가능한 한 피하도록 한다.

ⓒ 목 또는 허리 부위를 갑자기 비트는 동작이 발생하지 않도록 하고, 작업할 때의 시선은 동작에 맞추어 작업 정면을 향하도록 한다.

⑧ 기타 작업요인

㉠ 근골격계부담작업을 행하는 작업장의 온도, 습도, 환기를 적절하게 유지하고 작업장소, 통로, 계단, 기계류 등의 형상을 정확히 알 수 있도록 적절한 조도를 유지한다.

㉡ 날카롭고 단단한 면 또는 차가운 면을 가진 물체와 직접 접촉하지 않도록 하고 부득이 신체와 접촉하는 경우에는 장갑 또는 손목 지지대를 사용하도록 하여 직접적인 접촉을 피하도록 한다.

㉢ 근골격계부담작업에 대하여는 2시간 이상 연속작업이 이루어지지 않도록 적정한 휴식시간을 부여하되, 1회에 장시간 휴식보다는 가능한 한 짧더라도 자주 휴식을 취하도록 한다.

㉣ 휴식시간에 작업으로 인한 피로를 풀 수 있도록 안락하고 편안한 휴식장소를 제공한다.

(8) 작업환경개선계획 작성과 시행·평가

① 사업주는 유해요인조사 결과에 의한 개선의 우선순위에 따라 해당 근로자 또는 근로자 대표의 의견을 수렴하여 작업환경개선계획을 수립한다. 이 경우 '근골격계부담작업 유해요인조사'에 따른다.

② 작업환경개선계획은 공정명, 작업명, 문제점, 개선방안, 추진일정, 개선비용 등을 포함하여 작성한다.

③ 작업환경 개선안을 확정하고 현장에 적용할 때에는 다음의 고려사항을 검토한다.

㉠ 개선에 대한 아이디어를 갖고 있는가?

㉡ 개선안의 적용이 용이한가? 같은 효과를 내면서 비용이 적게 드는 대안은 없는가?

㉢ 개선에 필요한 요구조건이 수용가능한가? 기술적, 금전적, 시간적 제약은 없는가?

㉣ 생산성, 효율성, 품질의 개선 효과가 있는가?

㉤ 사용자의 정서에 긍정적으로 작용하는 받아들일 수 있는 대안인가?

㉥ 적용에 필요한 훈련 시간은 적당하고 가능한가?

㉦ 개선 후 과거에 인지되지 않았던 위험요소가 첨가되지는 않는가?

④ 사업주는 수립된 개선계획서가 일정대로 진행되지 않은 경우에 그 사유, 향후 추진방안, 추진일정 등을 해당 근로자에게 알린다.

⑤ 사업주는 개선이 완료되었을 경우에는 해당 근로자와 함께 개선의 효과를 평가하고 문제점이 있을 경우에는 이를 보완한다.

㉠ 유해요인 노출 특성의 변화

㉡ 근로자의 증상 및 질환 발생 특성의 변화(특정기간의 빈도, 질환의 발생률, 강도율, 증상호소율, 건강관리실 이용 횟수, 의료기관 이용 특성 등)

㉢ 근로자의 만족도

⑥ 작업관찰 및 유해요인조사 결과 등을 토대로 마련한 계획서에 대해 계획의 적절성, 개선효과의 산정, 변화의 용이성, 개선비용 및 복잡성을 검토하여 개선방안을 실행해야 한다.

⑦ 사업주는 문제가 되는 작업 중 개선이 불가능하거나 개선효과가 없어 유해요인이 계속 존재하는 경우에는 유해요인 노출시간 단축, 작업순환 등의 방법을 적용한다.

⑧ 사업주는 작업환경개선계획의 타당성을 검토하거나 작업환경개선계획 작성 및 시행 시 필요한 경우에는 전문가 또는 전문기관의 자문을 받을 수 있다.

5. 근골격계질환 예방을 위한 의학적 조치

근골격계질환은 누적적인 요인으로 인해 질환이 장기화되면 회복시간이 길어지고 만성적인 건강장해로 발전할 가능성이 매우 높아 초기에 증상자(유소견자)를 진단하고 관리하여 발병 위험성을 제거하거나 감소시키는 것이 무엇보다 중요하다. 근골격계질환에 대한 주요 징후 및 증상은 다음과 같다.

‖ 근골격계질환의 주요 징후 및 증상 ‖

신체부위	징후(signs)	증상(symptoms)
• 근육 • 신경 • 건 • 인대 • 관절 • 연골 • 척추디스크	• 기형 • 악력저하 • 행동반경 축소 • 기능손실	• 감각의 마비 • 따끔거림 • 통증 • 화끈거림 • 뻣뻣함 • 경련

징후(signs)는 근로자의 신체 및 운동기능의 변화로부터 나타나는 객관적인 근거를 말하며 증상(symptoms)은 근로자로부터 표현되는 주관적인 통증과 불편함을 말한다.

(1) 근골격계질환 증상 구분

근골격계질환 증상의 구분은 "NIOSH Symptom Survey"의 기준을 바탕으로 정상, 관리대상자, 통증호소자로 구분한다.

‖ 근골격계질환 증상 구분 ‖

증상 구분	기준
정상	관리대상자·통증호소자에 해당되지 않는 경우
관리대상자	• 통증기간 : 적어도 1주일 이상 지속되거나(OR) • 통증빈도 : 1달에 1번 이상 통증이 발생하고 • 통증강도 : "중간 정도"인 경우
통증호소자	• 통증기간 : 적어도 1주일 이상 지속되고(AND) • 통증빈도 : 1달에 1번 이상 통증이 발생하고 • 통증강도 : "심한 또는 매우 심한 정도"인 경우

(2) 증상호소자 관리

① 근골격계질환 증상과 징후호소자의 조기발견체계 구축

㉠ 사업주는 근골격계질환 증상의 조기 발견과 조치를 위하여 관련 증상과 징후가 있는 근로자가 이를 즉시 관리감독자에게 보고할 수 있도록 한다. 이를 위하여 사업주는 이러한 보고를 꺼리게 하거나 불이익을 당할 우려가 있는 기존의 관행이나 조치들을 제거한다.

㉡ 사업주는 근로자로부터 근골격계질환 증상과 징후의 보고를 받은 경우에는 작업 관련 여부를 판단하여 보고일로부터 7일 이내에 적절한 조치를 한다.

㉢ 사업주는 이를 위하여 보고를 접수하고 적절한 조치를 할 수 있는 체계를 갖추고 필요한 경우에는 관련 전문가를 위촉할 수 있다.

㉣ 사업주는 필요한 경우 근로자와의 면담과 조사를 통하여 근골격계질환이 있는 근로자를 조기에 찾아낸다.

(3) 증상과 징후보고에 따른 후속조치

① 사업주는 근골격계질환 증상과 징후를 보고한 근로자에 대하여는 신속한 조치를 취하고 필요한 경우에는 의학적 진단과 치료를 받도록 한다.

② 사업주는 다음과 같은 방법으로 해당업무를 개선한다.

㉠ 근골격계질환의 증상호소자 관리방법 확보

㉡ 해당업무의 근로자와 애로사항에 대하여 상담하고 유해요인이 있는지 확인

㉢ 유해요인을 제거하기 위하여 근로자의 조언 청취

(4) 증상호소자 관리의 위임

① 사업주는 근골격계질환의 증상호소자 관리를 위하여 필요한 경우에는 보건의료전문가에게 이를 위임할 수 있다.

② 사업주는 위임한 보건의료전문가에게 다음의 정보와 기회를 제공한다.

㉠ 근로자의 업무설명 및 그 업무에 존재하는 유해요인

㉡ 근로자의 능력에 적합한 업무와 업무제한

㉢ 사내 근골격계질환의 증상호소자 관리방법

㉣ 작업장 순회점검

㉤ 기타 근골격계질환 관리에 필요한 사업장내의 정보

③ 사업주는 보건의료전문가에게 근골격계질환자 관리에 대하여 다음과 같은 내용의 소견서를 제출하도록 한다.

㉠ 근로자의 업무에 존재하는 근골격계질환 유해요인과 관련된 근로자의 의학적 상태에 관한 견해

㉡ 임시 업무제한 및 사후관리에 대한 권고사항

㉢ 치료를 요하는 근골격계질환자에 대한 검사결과 및 의학적 상태를 근로자에게 통보한 내용

㉣ 근골격계질환을 악화시킬 수 있는 비업무적 활동에 대하여 근로자에게 통보한 내용

(5) 업무제한과 보호조치

① 사업주는 근골격계질환 증상호소자에 대한 조치가 완료될 때까지 그 작업을 제한하거나 근골격계에 부담이 적은 작업으로의 전환 등을 실시할 수 있다.

② 증상호소자는 사업주가 시행하는 근골격계부담작업 완화를 위한 작업제한, 작업전환을 정당한 사유 없이 거부하여서는 아니 된다.

(6) 무증상기의 의학적 조치

무증상기의 의학적 조치는 무증상 근로자의 근골격계질환 예방을 목적으로 한다.

① 실시자 및 실시시기 : 무증상기의 의학적 조치는 근골격계질환 전문교육을 받은 관리감독자가 실시하도록 한다. 작업방법훈련은 1년에 1회 정기적으로 실시하거나 공정변경 시 실시하고, 근력강화·스트레칭·증상확인은 매일 업무 개시 전 또는 업무 중에 실시한다.

② 실시내용

㉠ 배치 전 고려사항

ⓐ 근로자를 업무에 배치하기 전 연령, 체중, 신장, 작업력 및 작업제한 경력·과거 질병력, 당

해 작업자의 체력 및 유연성, 기능 등 작업자의 특성이 작업의 특성과 잘 부합되는지를 고려하여야 한다.

ⓑ 과거에 근골격계질환자 발생했던 작업, 국소적 부담이 집중되거나 숙련되기 힘든 작업, 대형공구를 조작하거나 중량물을 반복 조작하는 작업에는 전혀 경험이 없는 근로자는 배치하지 않는 것이 좋다.

ⓒ 배치 시 고려할 사항이 있었던 근로자와 작업 경험이 전혀 없었던 근로자에 대해서는 초기에 집중적으로 관리하여 근골격계질환을 조기발견 · 조기대응할 수 있도록 한다.

ⓛ 표준작업서 작성

ⓐ 올바른 작업 방법을 훈련하기 위해서는 표준작업서를 작성하여야 한다.

ⓑ 표준작업서에는 근골격계질환 예방의 관점에서 신체 부담이 작은 작업 수행 방법, 요령, 이유 등 올바른 작업요령을 포함한다.

ⓒ 올바른 작업 방법 훈련 : 신입사원 · 지원인력 · 부서 이동 기존 근로자 · 실습생 · 임시적 종업원 등 작업 미경험자에 대하여, 사전에 위험 및 부담이 적은 올바른 작업방법을 지도 · 훈련하여야 한다. 이 때 작업공구 등을 이용하여 실습을 병행하는 것이 바람직하다.

ⓔ 증상 체크 : 근골격계질환을 조기에 발견하기 위해 주기적으로 근로자의 증상을 체크하여야 한다. 증상을 체크하기 위한 도구로 증상체크표와 동작확인방법을 활용할 수 있다.

ⓐ 증상체크표는 신체의 각 부위별 건강상태를 근로자가 스스로 체크하고 관리감독자가 확인할 때 사용할 수 있다. 작업 미경험자, 기존 근로자라도 새로운 작업에 임하는 경우나 과거에 경험이 있는 작업이라도 6개월 이상 공백이 있는 경우는 중점관리 기간으로서 1개월 간 주기적으로 증상을 확인한다.

ⓑ 동작 확인방법은 작업 시작 전 5분간을 유효하게 활용하여 근골격계질환에 관해 설명하고, 손가락 구부렸다 펴기, 허리 굽혔다 펴기 등의 신체 동작을 하게 하여 확인하는 방법이다.

ⓜ 스트레칭

ⓐ 작업 전 스트레칭의 목적은 관절의 가동력과 조정력을 높이고, 돌발상황에서의 대응력을 향상시켜 부상방지에 도움이 되고자 하는 것이다. 작업 중 작업 후 스트레칭은 작업으로 뭉쳐진 근육을 풀어 피로회복에 아주 효과적이다.

ⓑ 스트레칭 방법은 각 공정에서 작업에 따라 결정하는 것이 바람직하다. 전신스트레칭을 하되, 각 작업에 적절한 스트레칭을 선택하여 조합한다.

ⓒ 스트레칭에 대한 게시물을 벽에 부착하거나 지갑에 넣을 수 있는 크기로 홍보물을 제작하여 퇴근 후에도 보고 따라 할 수 있도록 한다. 아침 업무 시작 직전 또는 점심 후 업무 시작 직전에 사내 방송을 이용하여 전 사원이 같이 실시하는 것도 좋다.

ⓗ 근력 강화

ⓐ 같은 자세로 고정적인 상태에서 장시간 반복적인 작업에 임하는 근로자들이 작업에 맞는 근력 강화 운동을 하면, 근골격계질환 예방에 도움이 된다.

ⓑ 근력 강화 운동 시에 유의할 점은 근육의 밸런스를 고려하면서 근육에 과부하를 가해 근력운동을 해야 한다는 것과 운동 후 적당한 회복시간을 주어야 한다는 것이다. 고혈압 등 뇌심혈관질환이 있는 경우는 의사와 상담을 받은 후 근력강화운동을 한다.

      ⊙ 체력 평가

         ⓐ 체력 평가는 1년에 1회 정기적으로 실시하고 그 결과를 본인에게 알려주어 건강에 대한 관심을 환기시킨다.

         ⓑ 체력 평가 항목은 서 있는 채로 윗몸 굽히기(유연성), 사이드 스텝(민첩성), 수직으로 뛰기(순발력), 상체 일으키기(근지구력), 발판 오르내리기 혹은 헬스 사이클(지구력) 등이 추천된다.

(7) 초기증상기의 의학적 조치

근골격계질환이 질병단계로 넘어 가기 전의 초기 증상자에 대한 근무상 조치를 포함한 의학적 조치는 중증화를 방지하는데 목적이 있다.

① 실시자 및 실시 시기 : 초기 증상기의 의학적 조치는 작업자가 증상을 호소한 지 3일까지는 증상호소자의 최초 접촉자인 관리감독자 또는 보건관리자가 실시할 수 있다.

② 실시내용

  ㉠ 근무상 조치

      ⓐ 초기 증상자가 증상호소를 한 지 3일까지는 현장에서 의학적 조치가 가능하므로 작업 내용을 잘 알면서 질병 방지에 대한 지식을 가진 관리감독자가 증상호소자의 업무를 경감시키거나, 신체 부담 정도가 다른 업무로 일시 전환시키는 등의 근무상 조치를 행한다.

      ⓑ 사업주는 근무상 조치가 제대로 실행될 수 있도록 평소 관리감독자에게 근골격계질환 예방교육을 시켜야 한다.

  ㉡ 증상 완화 요법

      ⓐ 증상 완화 요법은 사내 보건관리자가 증상호소자의 통증을 완화시키기 위해 보건관리실에서 실시한다.

      ⓑ 증상 완화 요법은 냉찜질과 소염 진통 습포제를 이용하여 실시한다. 냉찜질은 통증이 있는 초기에 하고 하루 2회, 15분 정도씩 얼음팩을 사용한다. 피부에 직접 얼음이 닿지 않도록 종이나 얇은 수건으로 싸서 사용하는 것이 좋다. 이 때 아픈 부위는 가슴 부위보다 높게 놓거나 움직이지 않도록 일시적으로 고정하는 것이 좋다.

  ㉢ 전문가에게 의뢰

      ⓐ 초기 증상이라 할지라도 증상이 심할 경우, 사내 보건관리자와 상담하거나 외부 전문의에게 의뢰한다. 또한, 초기 증상을 호소한 지 3일 내에 증상이 완화되지 않을 경우에도 외부 전문의에게 의뢰한다.

      ⓑ 증상이 심한 예로 다음과 같은 경우를 들 수 있다.

         • 아침에 잠에서 깼을 때나 작업 개시 전 손가락에 걸리는 느낌이 있는 경우

         • 팔을 위로 올릴 때 아픈 경우

         • 허리에서 다리로 뻗치는 저림 증상이 있는 경우

(8) 급성기의 의학적 조치

급성 근골격계질환 증상을 보이는 근로자에게 보다 전문적인 치료를 신속히 받을 수 있도록 조치함을 목적으로 있다.

① 실시자 및 실시 시기 : 관리감독자는 근로자의 근골격계 초기 증상이 완화되지 않고 증상을 호소한 지 3일을 초과한 경우에는 급성기의 의학적 조치를 전문의료기관에서 받을 수 있도록 한다.

② 실시내용

　　㉠ 근무 중 치료

　　　　ⓐ 제한적으로 작업을 수행할 수 있는 경우와 단순 통증만 있는 경우에는 근무 중 치료를 하면 빠른 건강 회복 및 업무복귀에 도움이 된다. 의뢰한 전문의료기관의 판단에 따라 근무 중 치료가 결정되면 필요 시 대체업무 또는 단축근무를 실시한다.

　　　　ⓑ 관리감독자 또는 보건관리자는 근무 중 치료를 받는 자에 대하여 작업제한 사항 등이 확실하게 실시되고 있는지 확인하고 기록으로 남긴다.

　　　　ⓒ 스트레칭과 근력강화는 근무 중 치료에서 매우 중요한 요소 중 하나이다. 아프다고 신체를 움직이지 않으면 신체는 위축되어 업무복귀는 물론 일상생활 복귀마저 늦어진다.

　　㉡ 휴업 치료 : 휴업 치료는 일반적으로 직장 밖의 의료기관에서 전문적으로 이루어진다.

(9) 복귀기의 의학적 조치

복귀기의 의학적 조치는 급성기가 지난 후 업무 복귀 준비를 시킬 목적으로 실시한다.

① 실시자 및 실시시기 : 복귀기의 의학적 조치는 관리감독자가 보건관리자 또는 외부 전문의 등과 협력하여 현장이나 사내 보건관리실에서 급성기를 경과한 직후부터 실시할 수 있다.

② 실시내용

　　㉠ 업무복귀 프로그램

　　　　ⓐ 업무복귀 프로그램을 실시하는 목적은 직장복귀 후 근골격계질환이 일시적인 재발을 반복하면서 질환이 만성화되는 것을 방지하기 위함이며, 의학적 치료가 종결되기 2주일(또는 한 달) 전에 사업장에서 지정한 전문 재활 기관 또는 자체 내의 의료시설에서 실시한다.

　　　　ⓑ 업무복귀 프로그램의 중요한 요소는 근력강화와 업무적응훈련이며, 프로그램의 내용과 기간은 근로자와 주치의의 의견을 들은 후 관리감독자 또는 보건관리자가 최종 결정한다.

　　㉡ 업무적합성 평가 : 근로자가 업무복귀 시 산업의학전문의에게 업무적합성 평가를 받도록 하고 그 결과에 따라 적정배치를 한다.

　　㉢ 복귀 후 조치

　　　　ⓐ 관리감독자 또는 보건관리자는 업무복귀 근로자에 대하여 주기적으로 보건상담을 실시하여 그 예후를 관찰하고 질환의 재발을 방지하기 위한 조치를 취한다.

　　　　ⓑ 필요한 경우 작업에 복귀한 첫 주에는 업무를 줄여주고, 기능 회복 정도에 따라 점차적으로 업무를 늘려 간다.

　　　　ⓒ 현장 작업 복귀 후 첫 1개월간은 잔업 및 특근을 금지한다.

　　　　ⓓ 복귀 후 작업 제한은 가급적 90일 이상 지속하지 않는 것이 좋다.

6. 근골격계질환 예방 · 관리 프로그램

(1) 근골격계질환 예방 · 관리 프로그램 수립 대상

① 안전보건규칙(제662조 근골격계질환 예방관리 프로그램 시행)에 의거하여 다음의 어느 하나에 해당하는 경우에 근골격계질환 예방관리 프로그램을 수립하여 시행하여야 한다.

　　　⑦ 근골격계질환으로 업무상 질병으로 인정받은 근로자가 연간 10명 이상 발생한 사업장 또는 5명 이상 발생한 사업장으로서 발생 비율이 그 사업장 근로자 수의 10퍼센트 이상인 경우

　　　ⓒ 근골격계질환 예방과 관련하여 노사 간 이견이 지속되는 사업장으로서 고용노동부장관이 필요하다고 인정하여 근골격계질환 예방관리 프로그램을 수립하여 시행할 것을 명령한 경우

　② 법적 의무 사업장 외에 근골격계질환 예방을 위한 종합적인 예방관리를 추진하고자 하는 사업장에서도 사업장 자율의 근골격계질환 예방관리 프로그램을 수립하여 시행할 수 있다.

　③ 안전보건규칙에 따른 근골격계질환 예방관리 프로그램을 수립하여 시행할 경우에는 경우에 노사협의를 거쳐야 한다.

　④ 사업주는 근골격계질환 예방관리 프로그램을 작성·시행할 경우에 인간공학·산업의학·산업위생·산업간호 등 분야별 전문가로부터 필요한 지도·조언을 받을 수 있다.

(2) 예방·관리 프로그램 기본방향

　① 예방·관리 프로그램은 다음에서 정하는 바와 같은 순서로 진행한다.

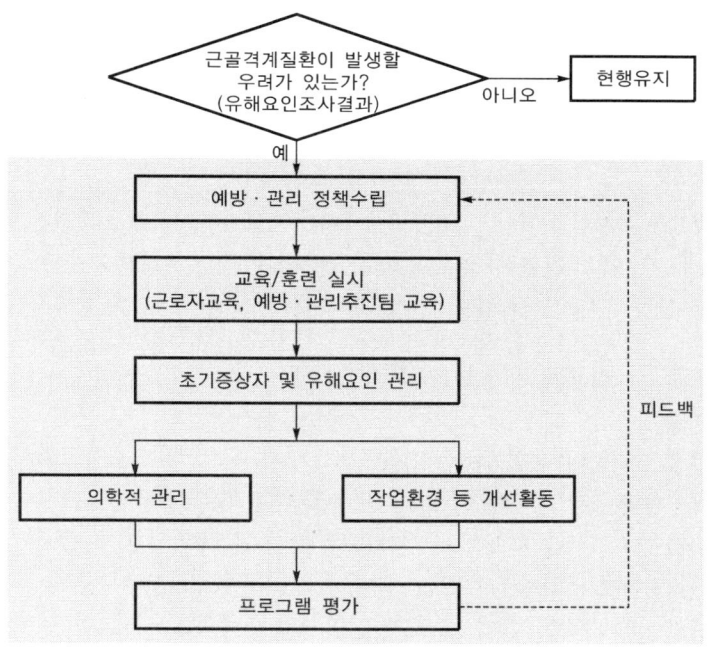

‖ 예방·관리 프로그램 흐름도 ‖

　② 사업주와 근로자는 근골격계질환이 단편적인 작업환경개선만으로는 예방하기 어렵고 전 직원의 지속적인 참여와 예방활동을 통하여 그 위험을 최소화할 수 있다는 것을 인식하고 이를 위한 추진체계를 구축한다.

　③ 사업주와 근로자는 근골격계질환 발병의 직접원인(부자연스런 작업자세, 반복성, 과도한 힘의 사용 등), 기초요인(체력, 숙련도 등) 및 촉진요인(업무량, 업무시간, 업무스트레스 등)을 제거하거나 관리하여 건강장해를 예방하거나 최소화한다.

④ 사업주와 근로자는 근골격계질환의 위험에 대한 초기관리가 늦어지게 되면 영구적인 장애를 초래할 가능성이 있을 뿐만 아니라 이에 대한 치료 등 관리비용이 더 커짐을 인식한다.

⑤ 사업주와 근로자는 근골격계질환의 조기발견과 조기치료 및 조속한 직장복귀를 위하여 가능한 한 사업장 내에서 재활프로그램 등의 의학적 관리를 받을 수 있도록 한다.

(3) 근골격계질환 예방·관리추진팀

① 사업주는 효율적이고 성공적인 근골격계질환의 예방·관리를 추진하기 위하여 사업장 특성에 맞게 근골격계질환 예방·관리추진팀을 구성하되 예방·관리팀에는 예산 등에 대한 결정권한이 있는 자가 반드시 참여하도록 한다.

② 예방·관리팀은 사업장의 업종, 규모 등 사업장의 특성에 따라 적정인력이 참여하도록 구성한다. 이 경우 다음에 예시된 예방·관리팀의 인력을 고려하여 구성할 수 있다.

‖ 사업장의 특성에 맞는 예방·관리팀의 구성(예시) ‖

중·소규모 사업장	대규모 사업장
• 근로자 대표 또는 명예산업안전감독관을 포함하여 그가 위임하는 자 • 관리자(예산결정권자) • 정비·보수담당자 • 보건·안전담당자 • 구매담당자 등	중·소규모 사업장 추진팀원 이외 다음의 인력을 추가함 • 기술자(생산, 설계, 보수기술자) • 노무담당자 등

③ 대규모 사업장은 부서별로 예방·관리팀을 구성할 수 있으며, 이 경우 관리자는 해당 부서의 예산 결정권자 또는 부서장으로 할 수 있다. 그리고 산업안전보건위원회가 구성된 사업장은 예방·관리팀의 업무를 산업안전보건위원회에 위임할 수 있다.

(4) 예방·관리 프로그램 실행을 위한 노·사의 역할

① 사업주의 역할
　㉠ 기본정책을 수립하여 근로자에게 알려야 한다.
　㉡ 근골격계질환의 증상·유해요인 보고 및 대응체계를 구축한다.
　㉢ 예방·관리 프로그램을 지속적으로 관리·운영을 지원한다.
　㉣ 예방·관리팀에게 예방·관리 프로그램의 운영 의무를 명시한다.
　㉤ 예방·관리팀에게 예방·관리 프로그램을 운영할 수 있도록 사내자원을 제공한다.
　㉥ 근로자에게 예방·관리 프로그램의 개발·수행·평가에 참여 기회를 부여한다.

② 근로자의 역할
　㉠ 작업과 관련된 근골격계질환의 증상 및 질병발생, 유해요인을 관리감독자에게 보고한다.
　㉡ 예방·관리 프로그램의 개발·평가에 적극적으로 참여·준수한다.
　㉢ 근로자는 예방·관리 프로그램의 시행에 적극적으로 참여한다.

③ 예방·관리팀의 역할
　㉠ 예방·관리 프로그램의 수립 및 수정에 관한 사항을 결정한다.
　㉡ 예방·관리 프로그램의 실행 및 운영에 관한 사항을 결정한다.
　㉢ 교육 및 훈련에 관한 사항을 결정하고 실행한다.

ⓔ 유해요인 평가 및 개선계획의 수립과 시행에 관한 사항을 결정하고 실행한다.

ⓜ 근골격계질환자에 대한 사후조치 및 근로자 건강보호에 관한 사항 등을 결정하고 실행한다.

④ 보건관리자의 역할 : 사업주는 보건관리자에게 예방·관리팀의 일원으로서 다음과 같은 업무를 수행하도록 한다.

 ㉠ 주기적으로 작업장을 순회하여 근골격계질환을 유발하는 작업공정 및 작업 유해요인을 파악한다.

 ㉡ 주기적인 근로자 면담 등을 통하여 근골격계질환 증상 호소자를 조기에 발견하는 일을 한다.

 ㉢ 7일 이상 지속되는 증상을 가진 근로자가 있을 경우 지속적인 관찰, 전문의 진단의뢰 등의 필요한 조치를 한다.

 ㉣ 근골격계질환자를 주기적으로 면담하여 가능한 한 조기에 작업장에 복귀할 수 있도록 도움을 준다.

 ㉤ 예방·관리 프로그램의 운영을 위한 정책 결정에 참여한다.

(5) 근골격계질환 예방·관리 교육

① 근로자 교육

 ㉠ 교육대상 및 내용 : 사업주는 모든 근로자 및 관리감독자를 대상으로 다음 사항에 대한 기본교육을 실시한다.

  ⓐ 근골격계부담작업에서의 유해요인

  ⓑ 작업도구와 장비 등 작업시설의 올바른 사용방법

  ⓒ 근골격계질환의 증상과 징후 식별방법 및 보고방법

  ⓓ 근골격계질환 발생시 대처요령

  ⓔ 기타 근골격계질환 예방에 필요한 사항

 ㉡ 교육방법 및 시기

  ⓐ 최초 교육은 예방·관리 프로그램이 도입된 후 6개월 이내에 실시하고 이후 매 3년마다 주기적으로 실시한다. 다만, 근골격계질환의 증상과 징후 식별방법 및 보고방법에 대한 교육은 매년 1회 이상 실시한다.

  ⓑ 근로자를 채용한 때와 이 프로그램의 적용대상 작업장에 처음으로 배치된 자중교육을 받지 아니한 자에 대하여는 작업배치 전에 교육을 실시한다.

  ⓒ 교육시간은 2시간 이상 실시하되 새로운 설비의 도입 및 작업방법에 변화가 있을 때에는 유해요인의 특성 및 건강장해를 중심으로 1시간 이상의 추가교육을 실시한다.

  ⓓ 교육은 근골격계질환 전문교육을 이수한 예방·관리팀의 팀원이 실시하며 필요 시 관계전문가에게 의뢰할 수 있다.

② 예방·관리팀

 ㉠ 교육대상 및 내용 ; 사업주는 예방·관리팀에 참여하는 자를 대상으로 다음 사항에 대한 전문교육을 실시한다.

  ⓐ 근골격계부담작업에서의 유해요인

  ⓑ 근골격계질환의 증상과 징후의 식별방법

  ⓒ 근골격계질환의 증상과 징후의 조기 보고의 중요성과 보고방법

ⓓ 예방·관리 프로그램의 수립 및 운영 방법

ⓔ 근골격계질환의 유해요인 평가 방법

ⓕ 유해요인 제거의 원칙과 감소에 관한 조치

ⓖ 예방·관리 프로그램 및 개선대책의 효과에 대한 평가 방법

ⓗ 해당 부서의 유해요인 개선대책

ⓘ 예방·관리 프로그램에서의 역할

ⓙ 기타 근골격계질환 예방·관리를 위하여 필요한 사항 등

ⓛ 교육방법

ⓐ 교육시간은 교육내용을 습득하여 근로자 교육을 실시할 수 있을 만큼 충분한 시간 동안 실시한다.

ⓑ 전문교육은 전문기관에서 실시하는 근골격계질환 예방관련 전문과정 교육으로 대체할 수 있다.

(6) 유해요인의 개선

유해요인의 개선은 해당 규정의 '4. 작업환경개선'을 참고하여 개선하도록 한다.

(7) 의학적 관리

의학적 관리는 해당 규정의 '5. 근골격계질환 예방을 위한 의학적 조치'를 참고하여 관리하도록 한다.

(8) 예방·관리 프로그램의 평가

① 사업주는 예방·관리 프로그램 평가를 매년 해당 부서 또는 사업장 전체를 대상으로 다음과 같은 평가지표를 활용하여 실시할 수 있다.

㉠ 특정 기간 동안에 보고된 사례 수를 기준으로 한 근골격계질환 증상자의 발생빈도

㉡ 새로운 발생 사례 수를 기준으로 한 발생률의 비교

㉢ 근로자가 근골격계질환으로 일하지 못한 날을 기준으로 한 근로손실일수의 비교

㉣ 작업개선 전후의 유해요인 노출 특성의 변화

㉤ 근로자의 만족도 변화

㉥ 제품 불량률 변화 등

② 사업주는 예방·관리 프로그램 평가결과 문제점이 발견될 경우에는 다음 연도 예방·관리 프로그램에 이를 보완하여 개선한다.

7. 문서의 기록·보존

(1) 사업주는 유해요인조사 관련 문서를 기록 또는 보존하되 다음을 포함하여야 한다.

① 유해요인조사 결과 (증상 설문조사 결과 포함)

② 의학적 조치 및 그 결과

③ 작업환경 개선계획 및 그 결과보고서

(2) 사업주는 상기 (1)의 ①과 ② 문서의 경우 5년 동안 보존하며, ③ 문서의 경우 해당 시설·설비가 작업장 내에 존재하는 동안 보존한다.

밀폐공간 작업 프로그램
수립 및 시행에 관한 기술지침

1. 용어의 정의

① 밀폐공간

환기가 불충분한 상태에서 산소결핍이나 질식, 유해가스로 인한 건강장해, 인화성 물질에 의한 화재·폭발 등의 위험이 있는 장소로서 안전보건규칙에서 정한 장소를 말한다([별표 1] 참조). 이 경우 밀폐공간작업 도중에 해당 유해·위험이 발생할 우려가 있는 장소를 포함한다.

[별표 1]

밀폐공간

1. 다음의 지층에 접하거나 통하는 우물·수직갱·터널·잠함·피트 또는 그 밖에 이와 유사한 것의 내부
   가. 상층에 물이 통과하지 않는 지층이 있는 역암층 중 함수 또는 용수가 없거나 적은 부분
   나. 제1철 염류 또는 제1망간 염류를 함유하는 지층
   다. 메탄·에탄 또는 부탄을 함유하는 지층
   라. 탄산수를 용출하고 있거나 용출할 우려가 있는 지층
2. 장기간 사용하지 않은 우물 등의 내부
3. 케이블·가스관 또는 지하에 부설되어 있는 매설물을 수용하기 위하여 지하에 부설한 암거·맨홀 또는 피트의 내부
4. 빗물·하천의 유수 또는 용수가 있거나 있었던 통·암거·맨홀 또는 피트의 내부
5. 바닷물이 있거나 있었던 열교환기·관·암거·맨홀·둑 또는 피트의 내부
6. 장기간 밀폐된 강재(鋼材)의 보일러·탱크·반응탑이나 그 밖에 그 내벽이 산화하기 쉬운 시설(그 내벽이 스테인리스강으로 된 것 또는 그 내벽의 산화를 방지하기 위하여 필요한 조치가 되어 있는 것은 제외)의 내부
7. 석탄·아탄·황화광·강재·원목·건성유(乾性油)·어유(魚油) 또는 그 밖의 공기 중의 산소를 흡수하는 물질이 들어 있는 탱크 또는 호퍼(hopper) 등의 저장시설이나 선창의 내부
8. 천장·바닥 또는 벽이 건성유를 함유하는 페인트로 도장되어 그 페인트가 건조되기 전에 밀폐된 지하실·창고 또는 탱크 등 통풍이 불충분한 시설의 내부
9. 곡물 또는 사료의 저장용 창고 또는 피트의 내부, 과일의 숙성용 창고 또는 피트의 내부, 종자의 발아용 창고 또는 피트의 내부, 버섯류의 재배를 위하여 사용하고 있는 사일로(silo), 그 밖에 곡물 또는 사료종자를 적재한 선창의 내부
10. 간장·주류·효모 그 밖에 발효하는 물품이 들어 있거나 들어 있었던 탱크·창고 또는 양조주의 내부
11. 분뇨, 오염된 흙, 썩은 물, 폐수, 오수, 그 밖에 부패하거나 분해되기 쉬운 물질이 들어있는 정화조·침전조·집수조·탱크·암거·맨홀·관 또는 피트의 내부
12. 드라이아이스를 사용하는 냉장고·냉동고·냉동화물자동차 또는 냉동컨테이너의 내부
13. 헬륨·아르곤·질소·프레온·탄산가스 또는 그 밖의 불활성기체가 들어 있거나 있었던 보일러·탱크 또는 반응탑 등 시설의 내부
14. 산소농도가 18퍼센트 미만 또는 23.5퍼센트 이상, 탄산가스농도가 1.5퍼센트 이상, 일산화탄소농도가 30피피엠 이상 또는 황화수소농도가 10피피엠 이상인 장소의 내부
15. 갈탄·목탄·연탄난로를 사용하는 콘크리트 양생장소(養生場所) 및 가설숙소 내부

16. 화학물질이 들어있던 반응기 및 탱크의 내부
17. 유해가스가 들어있던 배관이나 집진기의 내부
18. 근로자가 상주(常住)하지 않는 공간으로서 출입이 제한되어 있는 장소의 내부

② 밀폐공간작업

밀폐공간 내에 들어가 근로자가 필요한 업무를 수행하는 경우를 말하며, 밀폐공간에 근접하여 작업할 때 근로자가 질식이나 건강 장해를 입을 우려가 있는 경우 이를 포함한다.

③ 유해가스

밀폐공간에서 탄산가스·일산화탄소·황화수소 등의 기체로서 인체에 유해한 영향을 미치는 물질을 말한다.

④ 적정공기

산소농도의 범위가 18% 이상 23.5% 미만, 탄산가스의 농도가 1.5% 미만, 황화수소의 농도가 10ppm 미만, 일산화탄소의 농도가 30피피엠 미만인 수준의 공기를 말한다.

⑤ 산소결핍

공기 중의 산소농도가 18% 미만인 상태(공기 중 정상 산소 농도는 21%임)를 말한다.

⑥ 산소결핍증

산소가 결핍된 공기를 들여 마심으로써 생기는 인체의 증상을 말한다.

⑦ 질식

사람의 신체에 정상적으로 산소가 공급되지 않는 상태를 말한다.

⑧ 밀폐공간작업허가

해당 사업장의 보건안전환경부서장(부서가 없는 경우 보건관리자, 안전관리자 혹은 관리감독자 등 허가자)이 유해가스의 존재 및 유입가능성 여부, 내부구조형태상 위험 여부, 그 밖의 안전보건 상 위험요소 존재 여부를 확인한 후 해당 작업 근로자에게 밀폐공간작업허가서를 발급함으로써 밀폐공간작업이 이루어지도록 하는 것을 말한다.

⑨ 환기장치

동력을 이용한 환기팬 및 환기팬에 연결한 송풍관(덕트)으로 구성된 장치를 말한다.

⑩ 환기

동력을 이용하여 밀폐공간내 유해성이 증가하지 않도록 외부의 신선한 공기를 밀폐공간내로 불어넣거나 유해가스 등을 배출하는 방식(급기 또는 배기방식)을 말한다.

2. 밀폐공간 재해예방의 원칙과 출입의 금지

(1) 밀폐공간 재해예방 원칙

① 사업주는 사업장 내 밀폐공간 위치를 사전에 파악하여 해당 공간에는 출입금지표지를 입구 근처에 게시하고 해당 공간에 관계 근로자가 아닌 사람의 출입을 금지하여야 한다.

② 사업주는 밀폐공간 작업을 계획하는 경우 해당 공간에 근로자가 출입하지 않고 외부에서 작업할 방법이 가능한지를 검토한 후 기술적으로 적절한 방법이 없다고 판단되는 경우에만 밀폐공간 출입을 허가하여야 한다.

③ 사업주는 근로자에게 밀폐공간 작업을 하도록 하는 경우 밀폐공간작업 프로그램을 수립하여 시행하여야 한다.

④ 사업주는 자사 사업장 내 밀폐공간 작업을 협력업체나 사외 근로자로 하여금 수행토록 하는 경우 밀폐공간의 위치와 유해위험요인을 사전에 파악한 후 필요한 정보를 협력업체에 제공하고 해당 작업과 관련된 제반 감독업무를 수행하여야 한다.

   ㉠ 이 경우 협력업체 사업주는 밀폐공간 작업을 수행하는 근로자에게 해당 공간의 유해위험 요인 등 원청이 제공한 위험정보를 확인하고 작업시작 전에 안전한 작업방법 등을 포함하는 교육을 이수하도록 하고 필요한 감독을 하여야 한다.

   ㉡ 근로자는 원청 및 협력업체가 제공한 위험정보를 숙지하고 안전보건규칙에서 정하는 바에 따라 작업을 수행하여야 한다.

(2) 밀폐공간 파악 및 출입금지

① 사업주는 사업장 내에 밀폐공간이 존재하는지 여부를 사전에 파악하여 목록화한 후 해당 목록을 보존하여야 한다. 해당 목록에는 모든 밀폐공간의 번호, 종류, 위치, 수량, 형태 및 질식, 중독 유발 유해위험요인 파악결과 등이 포함되어야 하며 필요시 관련 사진이나 도면 등을 첨부한다.

② 사업주는 밀폐공간에 대하여 출입금지표지 부착하는 경우 안전보건규칙 서식에 따라야 한다([별표 2] 참조).

[별표 2]

밀폐공간 급기 가이드

구분	사각형(직사각형)	원통형	결합형
밀폐 공간 형태			
급기 방법			

체적 (m³)	H 높이 (m)		D 직경(m)	사각형체적 m³
	W 폭 (m)		H 높이 (m)	원통형체적 m³
	L 길이 (m)			
	체적(m³) = $H \times W \times L$ = ( )		체적(m³) = $\dfrac{3.14 \times D^2}{4}$ = ( )	체적(m³) = 사각형체적+원통형체적 = ( )

송풍기 용량 및 가동 방법		
송풍기 용량	설치 기준	• 환기팬 정압 : 최소 40mmAq 이상 • 송풍관(덕트) 길이 : 15m 이하 또는 환기팬 제조사 권장 기준 준수
	송풍기 용량	$Q(m^3/min) = [(밀폐공간 체적)m^3 \times 0.4*] / min$ * 시간당 공기 교환율(ACH) 20회 및 송풍기 효율 80% 기준 적용
급기시간	작업 전(前)	밀폐공간 출입 전 15분간 급기 실시
	작업 중(中)	작업자 출입 후 종료 시까지 계속 급기
제한점		불활성기체 누출유입 및 황화수소발생 등 밀폐공간 내부의 산소 및 유해가스 농도가 급격하게 변동될 가능성이 있는 장소는 급기와 함께 송기 마스크 착용 등의 대책이 필요함

③ 사업주는 필요한 경우 밀폐공간에 시건장치 등을 설치하여 관계 근로자 이외의 사람에 대한 출입을 통제하여야 한다. 밀폐공간에 출입하고자 하는 근로자는 관련 부서로부터 밀폐공간 작업허가서를 취득한 후 정해진 절차에 따라 출입 및 밀폐 공간 작업을 하여야 한다.

3. 밀폐공간 작업 프로그램

(1) 밀폐공간 작업 프로그램의 운영체계

① 밀폐공간 작업 프로그램을 수립·시행하기 위하여 사업장의 업종, 규모 등 사업장 특성에 따라 [그림 1]과 같이 프로그램 추진팀을 구성한다.

|[그림 1] 프로그램추진팀 구성도|

② 프로그램 추진팀의 인력은 보건관리자, 안전관리자, 보건관리담당자와 근로자대표 또는 명예 산업안전감독관(관리감독자), 예산관리자, 정비보수담당자, 구매담당자 등으로 구성하되, 사업장 규모와 특성에 따라 적정인력이 참여하도록 한다. 다만, 프로그램추진팀 구성이 어려운 소규모 사업장의 경우에는 사업주 또는 근로자대표 등이 프로그램 추진팀의 전반적인 임무를 수행한다.

③ 프로그램 총괄책임자는 밀폐공간 작업 프로그램 추진팀을 대표하고 팀원의 활동을 지휘·감독하며 프로그램의 수립·수정·운영·실행·평가에 관한 사항 결정한다. 다만 프로그램 추진팀 구성이 어려운 소규모 사업장의 경우 프로그램 총괄책임자는 프로그램관리자 및 프로그램 추진팀 임무를 겸임할 수 있다.

④ 프로그램 관리자는 실질적인 프로그램 운영실무 전반을 관리하며 밀폐공간 재해 예방 대책의 수립·시행에 관한 사항을 결정하고, 교육 및 훈련, 추진팀원의 활동지도업무 및 프로그램 평가·관리, 관련서류 기록·보존 등의 업무를 수행한다. 다만, 프로그램 추진팀 구성이 어려운 소규모 사업장의 경우 프로그램 관리자는 프로그램추진 팀 임무를 겸임할 수 있다.

⑤ 프로그램 추진팀은 프로그램 업무가 효율적으로 진행될 수 있도록 근로자(작업자)의 작업전 교육, 밀폐공간 작업시 사전출입허가제 운영하며 안전보건규칙 준수여부 지도·감독 등을 실시하고 이를 위한 재정적·관리적 지원업무를 수행한다.

⑥ 근로자는 회사에서 실시하는 질식재해예방을 위한 교육 참석, 안전장비 및 호흡용 보호구의 사용 등 밀폐공간 작업 프로그램에 적극적으로 참석한다.

(2) 밀폐공간 작업 프로그램의 수립

① 사업주는 근로자로 하여금 밀폐공간 작업을 수행하도록 하는 경우 사전에 충분한 시간을 두고 프로그램 총괄책임자로 하여금 밀폐공간 작업 프로그램을 수립하도록 하여야 한다. 이 경우 프로그램 수립에 따른 과정은 [그림 2] 흐름도를 참조한다.

② 사업주는 밀폐공간 작업 프로그램을 최소 2년에 1회 이상 평가 후 필요한 내용을 수정하여 보완하고 해당 프로그램은 기록하여 보존한다. .

③ 밀폐공간 작업 프로그램에는 다음 내용이 포함되어야 한다.

㉠ 밀폐공간의 위치, 형상, 크기 및 수량 등 목록 작성

㉡ 밀폐공간의 사진이나 도면(필요시)

㉢ 밀폐공간 작업의 당위성 및 필요성

㉣ 작업 중 작업특성 또는 주변 환경요인에 의해 질식, 중독, 화재, 폭발 등을 일으킬 수 있는 유해위험 요인(근로자가 상시 출입하지 않고 출입이 제한된 장소로서 해당공간에서 산소결핍, 가스누출 등 유해요인발생 가능성 포함)

㉤ 밀폐공간작업에 대한 허가 및 수행요령

㉥ 근로자에 대한 교육과 훈련의 방법

㉦ 산소 및 유해가스 농도의 측정과 후속조치 요령

㉧ 환기장비의 사용 및 환기요령

㉨ 작업 시 근로자가 작용하여야 할 보호구 및 안전장구류

㉩ 감시인의 배치와 상시 연락체계 구축방안

㉪ 밀폐공간 작업에 대한 감독과 모니터링 방안

㉫ 비상사태 발생 시의 조치 및 보고요령(재해자에 대한 응급처지 포함)

㉬ 프로그램의 평가 및 기록보존 방안

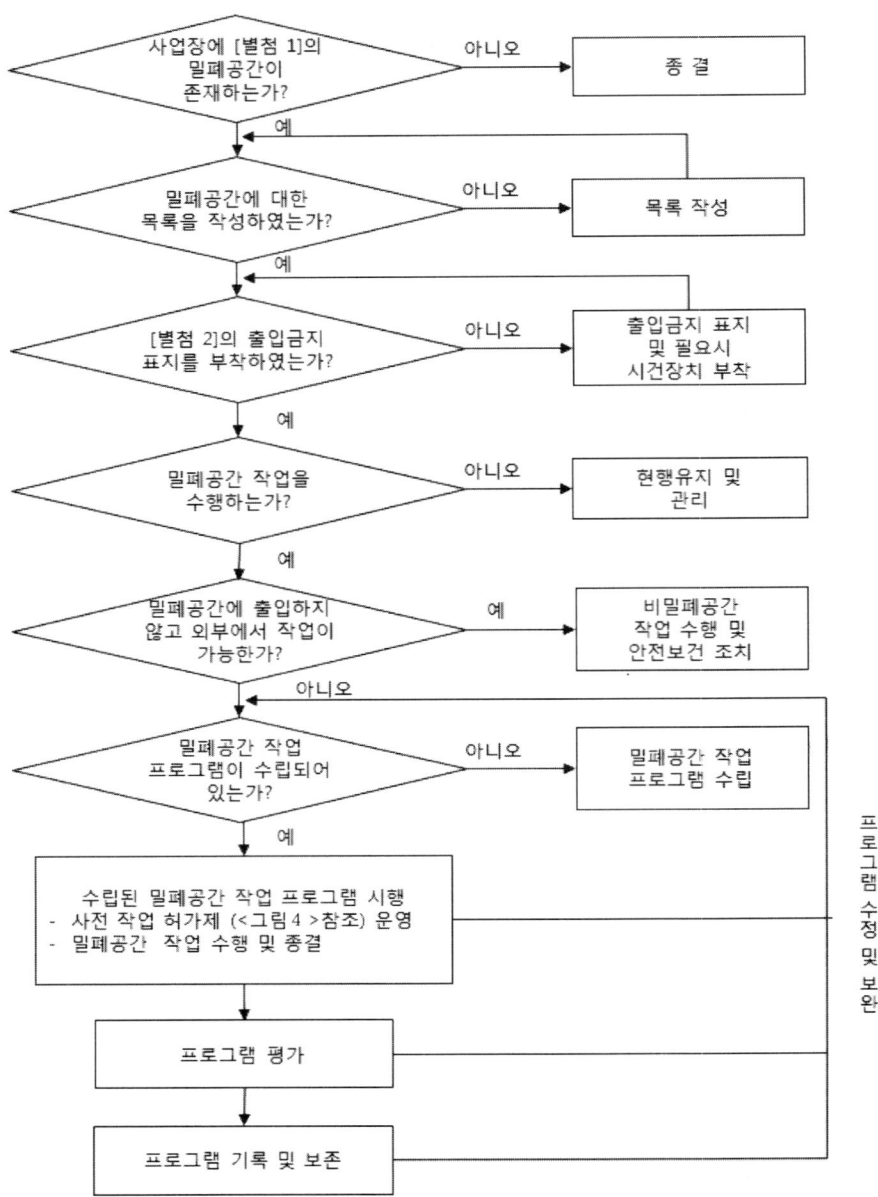

‖[그림 2] 밀폐공간 프로그램 수립 및 평가 흐름도‖

(3) 밀폐공간 작업 프로그램의 추진 절차

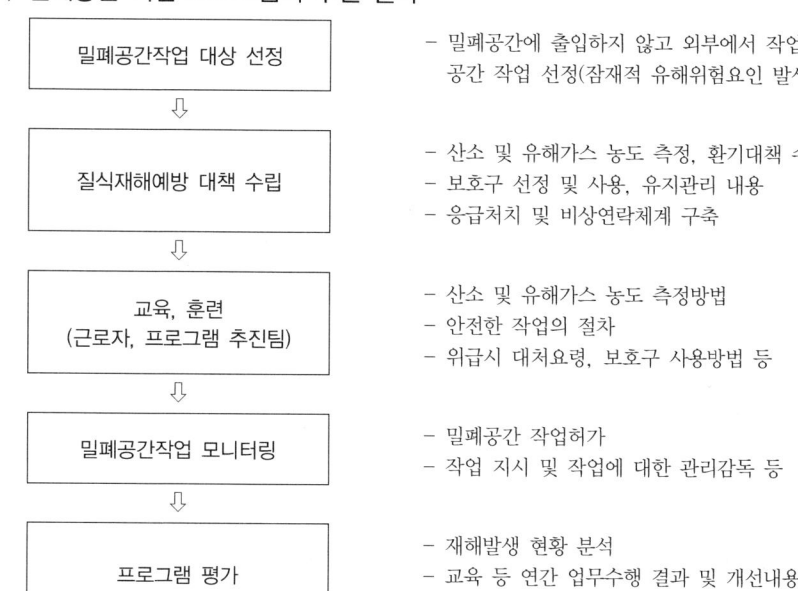

밀폐공간작업 대상 선정	– 밀폐공간에 출입하지 않고 외부에서 작업하는 방법이 불가능한 밀폐공간 작업 선정(잠재적 유해위험요인 발생가능성 있는 장소 포함)
질식재해예방 대책 수립	– 산소 및 유해가스 농도 측정, 환기대책 수립 – 보호구 선정 및 사용, 유지관리 내용 – 응급처치 및 비상연락체계 구축
교육, 훈련 (근로자, 프로그램 추진팀)	– 산소 및 유해가스 농도 측정방법 – 안전한 작업의 절차 – 위급시 대처요령, 보호구 사용방법 등
밀폐공간작업 모니터링	– 밀폐공간 작업허가 – 작업 지시 및 작업에 대한 관리감독 등
프로그램 평가	– 재해발생 현황 분석 – 교육 등 연간 업무수행 결과 및 개선내용 – 프로그램의 효율성 및 보완이 필요한 사항

[그림 3] 밀폐공간 작업 프로그램 추진 절차

(4) 밀폐공간 작업 프로그램의 평가

① 프로그램 수행결과의 적정성을 주기적으로 평가(최소 2년에 1회 이상)하고, 필요한 경우에는 적절한 조치를 하여야 한다.

② 프로그램의 평가에는 다음의 사항이 포함되어야 한다.

　㉠ 밀폐공간 허가절차의 적정성

　㉡ 유해가스 측정방법 및 결과의 적정성

　㉢ 환기대책수립의 적합성

　㉣ 공기호흡기 등 보호구의 선정, 사용 및 유지관리의 적정성

　㉤ 응급처치체계 적정여부

　㉥ 근로자에 대한 교육·훈련의 적정성 등

(5) 밀폐공간 작업 프로그램의 기록·보관 등

① 프로그램을 수립·시행한 경우에는 해당 프로그램을 문서로 작성하여 보관하여야 한다.

② ①에 따른 기록·보관 프로그램에는 다음의 사항이 포함되어야 한다.

　㉠ 밀폐공간 작업허가서

　㉡ 유해가스 측정결과

　㉢ 환기대책수립의 세부내용

　㉣ 보호구 지급·착용실태

　㉤ 밀폐공간작업 프로그램 평가자료 등

③ 프로그램을 수립·시행하는 경우에는 해당 프로그램의 수립, 프로그램 평가서의 작성 등 적절한 운영을 위하여 보건관리자 또는 관리감독자 등 관계자를 밀폐공간 작업 프로그램관리자로 지정하여야 한다.

4. 밀폐공간 작업 허가

(1) 밀폐공간 내에서 작업을 수행하려는 근로자나 작업 지휘자는 작업을 시작하기 전에 사업장의 허가자로부터 밀폐공간 작업허가서를 발급받은 후 해당 장소에서 출입하여 작업을 수행하여야 한다.

(2) 허가자는 다음 내용을 확인 후 근로자의 유해위험에 노출될 우려가 없거나 해당 유해위험에 충분히 대처할 수 있다고 판단된 경우에만 밀폐공간 작업허가서를 발급하여야 한다.
① 출입 일시 및 출입의 개시와 예상 종료시간
② 출입의 목적 및 작업의 내용
③ 작업장소 및 출입구의 위치(필요시 도면 첨부)
④ 관계자외 출입금지 표지의 부착 여부
⑤ 근로자, 감시인 및 관리감독자의 특별안전안전보건 교육이수 여부
⑥ 근로자, 감시인 및 관리감독자의 배치 방안
⑦ 출입근로자에 대한 명단과 출입 시 인원확인 방법
⑧ 출입 전 및 작업 중 산소 및 유해가스농도 측정결과 및 적정공기수준 유지를 위한 환기방법
⑨ 작업 중 불활성 기체 또는 유해가스의 누출, 발생가능성 검토 및 유입방지 조치
⑩ 사용할 기계기구 및 장비에 대한 안전조치
⑪ 작업공간에 대한 환기방안
⑫ 방폭형 장비의 필요성과 확보 방법(환기장치 포함)
⑬ 작업 시 착용해야 할 보호구 및 안전장구의 종류 및 사용법 교육 여부
⑭ 근로자, 감시인 및 관리감독자와의 상호 연락방안
⑮ 위급 시 조치 및 응급처치 요령
⑯ 비상사태 발생 시의 연락체계
⑰ 기타 근로자의 안전 및 건강보호를 위한 조치

(3) 발급받은 밀폐공간 작업허가서는 해당 밀폐공간작업이 종료될 때까지 해당 작업장의 출입구 근처의 근로자가 보기 쉬운 장소에 게시하여야 한다.

(4) 밀폐공간 작업에 종사한 근로자나 관리감독자는 밀폐공간 작업이 종료된 후 즉시 허가서를 허가자에게 반납한다.

5. 밀폐공간 작업

(1) 밀폐공간 작업의 절차

① 사업주는 근로자가 밀폐공간 작업을 수행하는 경우 근로자의 안전과 건강확보를 위해 [그림 4]의 작업절차를 준수하도록 하고, 작업책임자나 관리자로 하여금 필요한 감독을 수행하도록 조치하여야 한다. 동 철차는 사업장 및 밀폐공간 작업의 종류 등에 따라 적절히 조정하여 적용한다.

② 밀폐공간 작업이 동일 사업장의 여러 부서와 회사가 관련된 경우, 작업 시 사전 위험정보 제공, 작업의 시작시간, 작업 또는 작업장 간 연락방법, 재해발생 위험시 대피방법 등 유해위험의 체계적 관리를 위한 수단을 작업 전에 강구하여야 한다.

③ 사업주는 밀폐공간 작업 도중 근로자가 유해위험에 처할 가능성이 없는지를 밀폐공간 작업허가서와 다음의 체크리스트 등을 이용하여 재확인한 후 해당 공간에 출입하도록 하여야 한다.

‖〈표 1〉 밀폐공간 작업 전 체크리스트 ‖

확인사항	확인 (✓표)	비고
① 작업허가서에 기재된 내용을 충족하고 있는가?		
② 밀폐공간 출입자가 안전한 작업방법 등에 대한 사전교육을 받았는가?		
③ 감시인에게 각 단계의 안전을 확인하게 하며 작업수행 중 상주하도록 조치하였는가?		
④ 입구의 크기가 응급상황 시 쉽게 접근하고 빠져올 수 있는 충분한 크기인가?		
⑤ 밀폐공간 내 유해가스 존재 여부 대한 사전 측정을 실시하였는가?		
⑥ 화재·폭발의 우려가 있는 장소인가? 방폭형 구조장비는 준비되었는가?		
⑦ 보호구, 응급구조체계, 구조장비, 연락·통신장비, 경보설비 정상여부를 점검하였는가?		
⑧ 작업 중 유해가스의 계속발생으로 가스농도의 연속측정이 필요한 작업인가?		
⑨ 작업 전 환기 및 작업 중 지속적 환기가 필요한 작업인가?		

출입 사전조사	– 밀폐공간 여부 및 밀폐공간에 출입하지 않고 작업할 수 있는 가능성 확인 – 유해가스 존재 및 유입(발생)가능성 여부

⇩

장비준비/점검	– 산소농도, 유해가스농도 측정기 – 환기팬, 공기호흡기 또는 송기마스크 – 대피용 기구(사다리, 섬유로프) 등 안전장구 – 화기작업이 있을 경우 방폭전등, 소방장비 등

⇩

출입조건설정	– 출입자, 출입시간, 출입방법 등 결정 – 관계자외 출입금지표지판설치

⇩

출입 전 산소 및 유해가스 농도 측정	– 산소 및 유해가스(H_2S, CO_2, CO, CH_4 등) 농도 측정 – 측정지점수, 측정방법을 준수하여 실시

⇩

환기 실시	– 작업장소에 따라 적합한 환기방법, 환기량(초기 밀폐공간 체적 10배, 작업 중 시간당 교환 횟수 20회 이상) 적용

⇩

환기 후 산소 및 유해가스 농도 측정	– 산소 및 유해가스(H_2S, CO_2, CO, CH_4 등) 농도 측정 – 측정지점수, 측정방법을 준수하여 실시

⇩

밀폐공간 작업허가서 작성 및 허가자 결재	– 작업허가서 – 화기작업 허가는 밀폐공간작업 허가내용에 포함 – 프로그램 추진팀(장)에 결재

⇩

감시인 배치	– 밀폐공간 외부에 감시인 상주 및 연락체계 구축

⇩

통신수단 구비	– 무전기 등 근로자와 감시인의 연락용 장비 구비 – 비상 연락체제 구축 – 대피용 기구 등 구비 : 송기마스크 또는 공기호흡기, 사다리, 섬유로프 등

⇩

밀폐공간 작업허가서 작업공간 게시	– 밀폐공간 출입구 등 눈에 잘 보이는 곳에 게시(작업 종료 시까지) – 허가서의 훼손 방지조치

⇩

밀폐공간 출입	– 안전보호구 착용 후 사다리 등을 이용 – 출입인원 확인

⇩

감시모니터링 실시	– 밀폐공간 내 작업상황 주기적(최대 1~2시간 간격) 확인 – 작업자와 연락체제 구축

⇩

문제발생시 긴급조치 및 사후보고	– 재해자에 대한 응급처치 실시 – 관리감독자 등 추진팀에 연락 – 119 등 관계기관 통보 및 보고

[그림 4] 밀폐공간 작업의 절차

④ 밀폐공간 작업허가서는 매 작업마다 별도로 발행한다. 동일한 장소에서 동일한 작업을 작업일을 달리하여 여러 번 수행하는 경우 별도의 작업허가서를 발행하고 각각의 1회 작업시간은 8시간을 초과하지 않도록 한다.

(2) 밀폐공간 작업 방법

① 밀폐공간 작업자는 개인 휴대용 측정기구를 휴대하여 작업 중 산소 및 유해가스 농도를 수시로 측정한다.
② 밀폐공간 내에서 양수기 등의 내연기관 사용 또는 슬러지제거, 콘크리트 양생작업과 같이 작업을 하는 과정에서 유해가스가 계속 발생한 가능성이 있을 경우에는 산소농도 및 유해가스 농도를 연속 측정한다.
③ 밀폐공간에 산소결핍, 질식, 화재·폭발 등을 일으킬 수 있는 기체가 유입될 수 있는 배관 등에는 밸브나 콕을 잠그거나 차단판을 설치하고 잠금장치 및 임의개방을 금지하는 경고표지를 부착한다.
④ 화재·폭발의 위험성이 있는 장소에서는 방폭형 구조의 기계기구와 장비를 사용하여야 한다.
⑤ 밀폐공간 작업자는 휴대용 측정기구가 경보를 울리면 즉시 밀폐공간을 떠나고 감시인은 모든 출입자가 작업현장에서 떠나는 것을 확인하여야 한다.
⑥ 작업현장 상황이 구조활동을 요구할 정도로 심각할 때 출입자는 밀폐공간 외부에 배치된 감시인으로 하여금 즉시 비상구조 요청을 하도록 한다.
⑦ 밀폐공간 작업 관리감독자는 밀폐공간 작업수행 중에 주기적으로 작업의 진행사항과 근로자 안전 여부를 확인하여야 한다. 이 경우 확인 주기는 최대 1~2시간 간격으로 한다.
⑧ 밀폐공간 작업 중 재해자가 발생한 경우 구조를 위해서는 송기마스크 또는 공기호흡기 등 안전조치 없이 절대로 밀폐공간에 들어가지 않는다.

(3) 밀폐공간 작업근로자의 준수사항

① 작업근로자는 유해가스의 존재여부 확인 등 밀폐공간 작업 특별안전보건교육에서 습득한 제반 안전작업수칙을 준수하여야 한다.
② 작업 도중 휴대한 측정기가 정상적으로 작동하는 지 수시로 확인하고 정상 작동되지 않는 경우 즉시 감시인에게 알리고 작업장소를 벗어나야 한다.
③ 밀폐공간 작업 도중 유해가스의 발생이나 화재·폭발 등 유해위험 상황을 인지한 경우 동료 인근 근로자와 감시인에게 즉시 전파하고 작업장소를 벗어나야 한다.
④ 관리자나 감시인의 허가없이 작업장에 출입하지 않아야 한다. 계획된 작업이 필요에 따라 일시 중단되어 밀폐공간을 떠난 후 동일한 작업을 위해 재진입하는 경우에도 동일하다.
⑤ 밀폐공간 내 작업장에 적정공기수준의 환기가 이루어지고 있는 경우 해당 장치의 정상작동여부를 수시로 확인한다.
⑥ 밀폐공간 내에서는 내연기관(특히 휘발유를 사용하는 것)의 사용을 자제한다. 작업특성상 내연기관 사용이 불가피한 경우 사용시간을 최소화하고 일산화탄소 등 유해가스의 농도를 수시로 측정하여야 한다.
⑦ 지급된 보호구와 안전장구류를 기준에 따라 착용하여야 한다.

⑧ 공기호흡기를 착용하고 작업이나 구조활동을 하는 경우 공기부족을 알리는 경보가 울리면 즉시 해당 공간을 떠나야 한다.

6. 산소 및 유해가스 농도의 측정

(1) 측정자
① 관리감독자
② 안전관리자 또는 보건관리자
③ 안전관리전문기관 또는 보건관리전문기관
④ 건설재해예방전문지도기관
⑤ 작업환경측정기관

(2) 측정시기
① 당일의 작업을 개시하기 전
② 교대제로 작업을 하는 경우, 작업 당일 최초 교대 후 작업을 시작하기 전
③ 작업에 종사하는 전체 근로자가 작업을 하고 있던 장소를 떠난 후 다시 돌아와 작업을 시작하기 전
④ 근로자의 건강, 환기장치 등에 이상이 있을 때
⑤ 유해가스의 발생우려가 있는 경우에는 수시로 측정

(3) 측정지점
① 작업장소는 수직방향 및 수평방향으로 각각 3개소 이상
② 작업에 따라 근로자가 출입하는 장소로서 작업 시 근로자의 호흡위치를 중심으로 측정

(4) 측정방법
① 휴대용 유해가스농도측정기 또는 검지관을 이용
② 탱크 등 깊은 장소의 농도를 측정하는 경우에는 고무호스나 PVC로 된 채기관을 사용(채기관은 1m마다 작은 눈금으로, 5m마다 큰 눈금으로 표시를 하여 동시에 깊이를 측정함)
③ 유해가스를 측정하는 경우에는 면적 및 깊이를 고려하여 밀폐공간 내부를 골고루 측정(근로자가 밀폐공간 내부에 진입하여 측정하는 경우 반드시 송기마스크 또는 공기호흡기 등을 착용)
④ 긴 채기관을 이용하여 유해가스를 채취하는 경우에는 채기관의 내부용적 이상의 피검공기로 완전히 치환 후 측정

(5) 산소 및 유해가스의 판정기준
산소 및 유해가스의 수준은 다음의 기준을 참조하되 판정기준은 한 밀폐공간의 여러 위치에서 측정된 농도 중 최고치를 적용하여 판정하여야 한다.

‖ 〈표 2〉 산소 및 유해가스별 기준농도 ‖

측정가스	기준농도
산소(O_2)	18%~23.5%
탄산가스(CO_2)	1.5% 미만
황화수소(H_2S)	10ppm 미만
일산화탄소(CO)	30ppm 미만
가연성 가스, 증기 및 미스트	폭발하한의 10% 미만
공기와 혼합된 가연성 분진을 포함하는 공기	폭발하한 농도 미만
인화성 물질	가연하한의 25% 미만

(6) 측정을 위한 조건

정확한 산소 및 유해가스 농도측정을 위해서는 다음 사항을 준수한다.

① 밀폐공간을 보유한 사업주 또는 협력업체 사업주는 밀폐공간 내 유해가스 특성에 맞는 적절한 측정기를 선택하여 갖추어 두어야 한다.

② 측정기는 유지보수관리를 통하여 정확도, 정밀도를 유지하여야 한다.

③ 측정기의 사용 및 취급방법, 유지 및 보수방법을 충분히 습득하여야 한다.

④ 유해가스농도 측정기를 사용할 때에는 측정 전에 기준농도, 경보설정농도를 정확하게 교정하여야 한다.

(7) 농도측정 시 유의사항

산소 및 유해가스 농도 측정자는 다음 사항에 주의하여야 한다.

① 측정자는 측정방법을 충분하게 숙지

② 측정 시 측정자는 공기호흡기와 송기마스크 등 호흡용보호구를 필요시 착용

③ 긴급사태에 대비 측정자의 보조자를 배치하도록 하고, 보조자도 측정자와 같은 보호구를 착용하고 구명밧줄을 준비

④ 측정에 필요한 장비 등은 방폭형 구조로 된 것을 사용

7. 밀폐공간에서의 환기

산소결핍 또는 유해가스가 존재 가능한 밀폐공간에서 작업하는 경우 적정공기 상태가 유지되도록 하기 위해서 환기가 필수적이며 환기를 위한 방법은 다음과 같다.

(1) 환기 기준 및 절차

① 밀폐공간 작업 시작 전에는 밀폐공간 체적의 10배 이상 외부의 신선한 공기로 환기하고, 적정공기 상태를 확인한 후 출입하며, 작업을 하는 동안에는 적정한 공기가 유지되도록 계속하여 환기(시간당 공기교환횟수 20회 이상)해야 하며, [별표 2]에 의한 송풍기 용량을 갖춘 환기팬을 구비한다.

[별표 2]

밀폐공간 급기 가이드

구분	사각형(직사각형)	원통형	결합형
밀폐 공간 형태			
급기 방법			

체적 (m³)	H 높이 (m)		D 직경(m)		사각형체적	m³
	W 폭 (m)					
	L 길이 (m)		H 높이 (m)		원통형체적	m³
	체적(m³)$=H\times W\times L$ $=($ $)$		체적(m³)$=\dfrac{3.14\times D^2}{4}$ $=($ $)$		체적(m³)$=$ 사각형체적+원통형체적 $=($ $)$	

송풍기 용량 및 가동 방법

송풍기 용량	설치 기준	• 환기팬 정압 : 최소 40mmAq 이상 • 송풍관(덕트) 길이 : 15m 이하 또는 환기팬 제조사 권장 기준 준수
	송풍기 용량	Q(m³/min)=[(밀폐공간 체적)m³×0.4*] / min * 시간당 공기 교환율(ACH) 20회 및 송풍기 효율 80% 기준 적용
급기시간	작업 전(前)	밀폐공간 출입 전 15분간 급기 실시
	작업 중(中)	작업자 출입 후 종료 시까지 계속 급기
제한점		불활성기체 누출유입 및 황화수소발생 등 밀폐공간 내부의 산소 및 유해가스 농도가 급격하게 변동될 가능성이 있는 장소는 급기와 함께 송기 마스크 착용 등의 대책이 필요함

② 밀폐공간을 보유한 사업주 또는 협력업체 사업주는 환기팬을 보유하고, 밀폐공간 작업 시 적정공기상태 유지를 위한 환기를 다음과 같이 조치한다.

㉠ 밀폐공간 내 유해공기가 완전히 제거 전까지는 출입 금지 조치

㉡ 환기팬에 송풍관(덕트)을 연결하여 작업자 위치 주변에 위치한다.

㉢ 작업 전(前)에는 구비된 환기팬으로 15분 이상 급기한다.

㉣ 작업을 시작하기 전에 산소 및 유해가스농도를 측정하고 이상이 있는 경우 추가로 환기하거나 송기마스크 착용 등 작업자 보호조치를 한다.

㉤ 작업 중(中)에는 구비된 환기팬을 작업종료 시까지 계속 가동한다.

㉥ 밀폐공간 내 유해성 확인을 위해 주기적으로 산소 및 유해가스농도를 측정한다.

　　　　ⓢ 산소 및 유해가스농도 측정 시 이상이 있는 경우 즉시 대피한다.

　　　　ⓞ 밀폐공간작업 재개 시 밀폐공간 작업프로그램에 의한 재평가를 실시한다.

　　　　ⓩ 환기에 의한 적적공기상태 유지가 어려운 경우 송기마스크 착용 등 별도의 작업자 보호조치를 시행한다.

　　　　ⓒ 사업주는 상기내용을 문서화해야 한다.

(2) 환기장치 선정기준

① 환기팬의 정압은 40mmAq 이상, 송풍관(덕트) 길이는 환기팬 제조사에서 제시한 길이를 초과하지 않는다.

② 환기팬 제조사에서 제시한 송풍관(덕트) 길이가 없는 경우 덕트 길이는 15미터를 넘기지 않도록 한다

(3) 환기장치의 점검사항

① 이동식 송풍기

　　㉠ 전원코드의 단선, 접속부의 접촉불량 유무

　　㉡ 코드와 단자상과의 접속상태 불량유무

　　㉢ 코드의 끝에 "환기 중・정지" 등의 표시판 부착 유무

② 송풍관

　　㉠ 연소에 의한 구멍이나 파열유무

　　㉡ 링, 나선의 손상유무

　　㉢ 접속부의 확실한 고정여부

(4) 환기장치에 의한 환기량 계산

① [별표 2]를 참조하여 밀폐공간 작업공간의 체적을 계산하여, 분(min)당 체적의 40%에 해당하는 용량의 환기팬을 구비한다.

※ 체적의 40% 기준은 작업 중 시간당 공기 교환횟수 20회 기준에 환기팬 효율 약 80%를 적용하여 산정

② 작업 전에는 ①에 의거 구비된 환기팬을 15분간 급기하고, 작업 종료 시까지 환기팬을 계속 가동한다.

【환기량 계산 예시】

구분	작업시작 전	작업 중
환기방법	체적의 10배 급기	시간당 공기교환률 20회 (ACH 20회)
작업장 체적	$V(\text{m}^3)$=가로×세로×높이=5×6×20=600m^3	
환기시간 및 환기팬 유량	3,000m^3 공기 급기 (200m^3/min로 15분 급기시 3,000m^3/min)	Q=600m^3×20회/hr=12,000m^3/hr =12,000m^3/hr÷60min/hr=200m^3/min (즉, 작업장 체적의 1/3용량의 환기팬이 필요하나, 환기팬 효율을 고려하여 체적의 40% 용량인 (600m^3×0.4=240m^3/min) 선정

(5) 환기장치에 의한 환기 시 주의사항

① 사업주는 근로자가 밀폐공간에서 작업을 하는 경우에 작업을 시작하기 전과 작업 중에 해당 작업장을 적정공기 상태가 유지되도록 환기하여야 한다.

② 불활성기체의 누출 유입 및 황화수소 발생 등 밀폐공간 내부의 산소농도 및 유해가스 농도가 급격하게 변할 수 있는 장소에는 환기절차와 함께 공기호흡기 또는 송기마스크 착용 등 추가로 작업자 보호조치를 해야 한다.

③ 폭발위험지역 내에서는 방폭형 구조를 사용하되, 폭발이나 산화 등의 위험으로 인하여 환기를 실시할 수 없거나 작업의 성질상 환기가 매우 곤란하여 근로자에게 공기호흡기 또는 송기마스크를 지급하고 착용하도록 하는 경우 환기를 실시하지 아니할 수 있다

④ 작업 전 및 작업 중에는 유해가스의 농도가 기준농도를 넘어가지 않도록 외부의 공기를 밀폐공간 내로 불어넣는 급기방식으로 충분한 환기를 실시하되, 지하관로·배관내부 등 급기로 인해 오염된 공기가 주변으로 확산될 우려가 있거나 선박건조시 블록(BLOCK) 내부 작업 등 밀폐공간 체적이 넓거나 구조가 복잡한 경우에는 배기 또는 급·배기 방식을 적용할 수 있다.

⑤ 정전 등에 의하여 환기가 중단되는 등 응급상황 발생시 작업근로자는 즉시 밀폐공간 외부로 대피할 수 있어야 한다.

⑥ 밀폐공간의 환기 시에는 급기구와 배기구를 적절하게 배치하여 작업장 내 환기가 효과적으로 이루어지도록 하여야 한다.

⑦ 급기구는 작업근로자 가까이에서 작업근로자를 등지고 설치한다.

⑧ 송풍관(덕트)은 가급적 구부리는 부위가 적게 하고, 용접불꽃 등에 의한 구멍이 나지 않도록 난연재질을 사용한다.

8. 보호구

(1) 호흡용 보호구

① 밀폐공간 출입작업 시 다음 장소와 같이 환기할 수 없거나 환기가 불충분한 경우로서 단기간 작업이 가능한 경우에는 공기호흡기 또는 송기마스크를 반드시 착용하고 출입하여야 한다. 이 경우 방진마스크 또는 방독마스크 착용은 금지되어야 한다.

　㉠ 수도나 도수관 등으로 깊은 곳까지 환기가 되지 않는 경우

　㉡ 탱크와 화학설비 및 선박의 내부 등 구조적으로 충분히 환기시킬 수 없는 경우

　㉢ 재해 시의 구조 등과 같이 충분히 환기시킬 시간적인 여유가 없는 경우

② 공기호흡기

공기호흡기는 한정된 공기통의 용량 때문에 사용시간이 비교적 제한되어 있으므로 밀폐공간에서의 임시 혹은 단기간 작업이나 재해발생시 구조용으로 사용한다.

　㉠ 공기호흡기를 사용할 경우에는 사용 전에 다음사항을 점검하여야 한다.

　　ⓐ 봄베의 잔류압 검사

　　ⓑ 고압연결부의 검사

　　ⓒ 면체와 흡기관 및 호기밸브의 기밀검사

　　ⓓ 폐력밸브와 압력계 및 경보기의 동작검사

ⓛ 공기호흡기는 다음과 같은 방법으로 사용한다.

  ⓐ 먼저 봄베를 등에 지고 겨드랑이 끈을 당겨서 조정한 다음 가슴끈과 허리끈을 몸에 맞게 조정하여야 한다.

  ⓑ 마스크를 쓰게 되면 좌우 4개의 끈을 1조씩 동시에 당겨서 밀착시킨다.

  ⓒ 흡기관을 두 겹으로 강하게 잡고, 숨을 들이쉬어 기밀을 확인하여야 한다.

  ⓓ 압력계의 지시치가 $30kg/cm^2$ 이하로 내려가거나 경보기가 울리게 되면 곧바로 작업을 중지하고 유해가스가 없는 안전한 위치로 되돌아온다.

  ⓔ 안전한 위치로 되돌아오면 마스크를 벗고 공기탱크를 교환하여야 한다. 공기탱크의 교환 시에는 잔류압을 확인하여야 한다.

  ⓕ 봄베(압력용기)의 사용년한을 고려하여 주기적으로 검사를 받아야 한다.

③ 송기마스크

송기마스크는 활동범위에 제한을 받고 있지만, 가볍고 유효 사용시간이 길어짐으로 일정한 장소에서 장시간 밀폐공간 작업 시 주로 이용한다.

ⓖ 전동 송풍기식 호스마스크

  ⓐ 송풍기는 유해가스, 악취 및 먼지가 없는 장소에 설치하여야 한다.

  ⓑ 전동 송풍기는 장시간 운전하면 필터에 먼지가 끼므로 정기적으로 점검하여야 한다.

  ⓒ 전동 송풍기를 사용할 때에는 접속전원이 단절되지 않도록 코드 플러그에 반드시 "송기마스크 사용 중"이란 표시를 하여야 한다.

  ⓓ 전동 송풍기는 통상적으로 방폭구조가 아니므로 폭발하한을 초과할 우려가 있는 장소에서는 사용하지 않는다.

  ⓔ 정전 등으로 인하여 공기공급이 중단되는 경우에 대비하여야 한다.

ⓛ 에어라인 마스크

전동 송풍기식에 비하여 상당히 먼 곳까지 송기할 수 있으며, 송기호스가 가늘고 활동하기도 쉬우므로 유해가스가 발생하는 장소에서 주로 사용한다.

  ⓐ 공급되는 공기 중의 분진, 오일, 수분 등을 제거하기 위하여 에어라인에 여과장치를 설치하여야 한다.

  ⓑ 정전 등으로 인하여 공기공급이 중단되는 경우에 대비하여야 한다.

(2) 안전보호구

① 탱크나 맨홀과 같이 사다리를 사용하여 내부로 내려가야 하는 경우에는 안전대, 구조용삼각대나 그 밖의 구명밧줄 등을 사용하여 안전을 확보하여야 한다.

② 비상 시에 작업근로자를 피난시키거나 구출하기 위하여 안전대, 구조용삼각대, 사다리, 구명밧줄 등 필요한 용구를 준비하고 이것의 사용방법을 작업근로자가 자세히 알도록 하여야 한다.

9. 응급처치

응급처치 방법의 전반적인 내용은 KOSHA GUIDE H-57-20172021 "현장 응급처치의 원칙 및 관리지침"과 KOSHA GUIDE H-59-20172021 "현장 심폐소생술 시행지침"을 따른다.

10. 안전보건 교육 및 훈련의 실시

(1) 밀폐공간에서 작업하는 관리감독자, 근로자는 다음의 내용을 포함하는 안전보건 교육을 작업을 시작할 때마다 사전에 실시하여야 한다.
　① 작업하려는 밀폐공간 내 유해가스의 종류, 유해·위험성
　② 유해가스의 농도 측정에 관한 사항
　③ 송기마스크 또는 공기호흡기의 착용과 사용방법에 관한 사항
　④ 환기설비 가동 등 안전한 작업방법에 관한 사항
　⑤ 사고발생 시 응급조치 요령
　⑥ 구조용 장비 미착용 시 구조금지 등 비상시 구출에 관한 사항
　⑦ 그 밖의 안전보건상의 조치 등

(2) 밀폐공간작업에 대한 교육 시에는 최신의 교육자료를 준비하여 실습위주의 교육으로 관리감독자 및 근로자가 자세히 알 수 있도록 하여야 한다.

호흡보호구의 선정·사용 및 관리에 관한 지침

1. 적용범위

이 지침은 유해 작업장에서 일하는 근로자의 건강을 보호하기 위하여 호흡용 보호구를 지급·착용하여야 하는 경우에 적용한다. 다만 다음의 보호구에는 적용하지 아니한다.

(1) 수중호흡장치

(2) 항공기 산소장치

(3) 군용 방독마스크

(4) 의료용 흡입기와 구급소생기

2. 용어의 정의

(1) 호흡보호구

산소결핍공기의 흡입으로 인한 건강장해예방 또는 유해물질로 오염된 공기 등을 흡입함으로써 발생할 수 있는 건강장해를 예방하기 위한 보호구를 말한다.

(2) 방독마스크

흡입공기 중 가스·증기상 유해물질을 막아주기 위해 착용하는 호흡보호구를 말한다.

(3) 방진마스크

흡입공기 중 입자상(분진, 흄, 미스트 등) 유해물질을 막아주기 위해 착용하는 호흡보호구를 말한다.

(4) 송기식 마스크

작업장이 아닌 장소의 공기를 호스 등을 통하여 공급하여 흡입할 수 있도록 만들어진 호흡보호구를 말한다.

(5) 자급식 마스크

착용자의 몸에 지닌 압력공기실린더, 압력산소실린더 또는 산소발생장치가 작동되어 호흡용 공기가 공급되도록 만들어진 호흡보호구를 말한다.

(6) 밀착도 검사 (fit test)

착용자의 얼굴에 호흡보호구가 효과적으로 밀착되는지 확인하기 위한 검사를 말한다.

(7) 보호계수 (Protection Factor, PF)

호흡보호구 바깥쪽에서의 공기 중 오염물질 농도와 안쪽에서의 오염물질 농도비로 착용자 보호의 정도를 나타내는 척도를 말한다.

(8) 할당보호계수 (Assigned Protection Factor, APF)

잘 훈련된 착용자가 보호구를 착용했을 때 각 호흡보호구가 제공할 수 있는 보호계수의 기대치를 말한다.

(9) 밀폐공간

산업안전보건기준에 관한 규칙 제618조에서 정한 내용을 말한다.

(10) 즉시위험건강농도 (IDLH, Immediately Dangerous to Life or Health)

생명 또는 건강에 즉각적으로 위험을 초래하는 농도로서 그 이상의 농도에서 30분간 노출되면 사망 또는 회복 불가능한 건강장해를 일으킬 수 있는 농도를 말한다.

(11) 밀착형 호흡보호구

호흡보호구의 안면부가 얼굴이나 두부에 직접 닿는 호흡보호구를 말한다.

(12) 유해비

공기 중 오염물질 농도와 노출기준과의 비로 호흡보호구 착용장소의 오염정도를 나타내는 척도를 말한다.

3. 호흡보호구의 종류

(1) 기능 및 안면부 형태에 따른 호흡보호구분류

호흡보호구를 기능 및 안면부 형태별로 분류하면 〈표 1〉과 같다.

〈표 1〉 호흡보호구의 종류

분류	공기정화식		공기공급식	
종류	비전동식	전동식	송기식	자급식
안면부 등의 형태	전면형, 반면형	전면형, 반면형	전면형, 반면형, 페이스실드, 후드	전면형
보호구 명칭	방진마스크, 방독마스크, 겸용 방독마스크 (방진+방독)	전동기 부착 방진마스크, 방독마스크, 겸용 방독마스크 (방진+방독)	호스 마스크, 에어라인 마스크, 복합식 에어라인 마스크	공기호흡기 (개방식) 산소호흡기 (폐쇄식)

① 공기정화식은 오염공기가 호흡기로 흡입되기 전에 여과재 또는 정화통을 통과시켜 오염물질을 제거하는 방식으로서 다음과 같이 비전동식과 전동식으로 분류한다.

 ㉠ 비전동식은 별도의 전동기가 없이 오염공기가 여과재 또는 정화통을 통과한 뒤 정화된 공기가 안면부로 가도록 고안된 형태이다.

 ㉡ 전동식은 사용자의 몸에 전동기를 착용한 상태에서 전동기 작동에 의해 여과된 공기가 호흡호스를 통하여 안면부에 공급하는 형태이다.

② 공기공급식은 공기 공급관, 공기호스 또는 자급식 공기원(공기보관용기 등)을 가진 호흡보호구로서 신선한 호흡용 공기만을 공급하는 방식으로서 송기식과 자급식으로 분류한다.

 ㉠ 송기식은 공기 호스 등으로 호흡용 공기를 공급할 수 있도록 설계된 형태이다.

 ㉡ 자급식은 호흡보호구 사용자가 착용한 압력공기 보관용기를 통하여 공기가 공급되도록 한 형태이다.

③ 마스크의 안면부 형태별로 전면형, 반면형의 구분은 다음과 같다.

 ㉠ 전면형 마스크는 사용자의 눈, 코, 입 등 안면부 전체를 덮을 수 있는 마스크이다.

 ㉡ 반면형 마스크는 사용자의 코와 입을 덮을 수 있는 마스크이다.

(2) 오염물질에 따른 호흡보호구분류

① 입자상 오염물질 제거용 호흡보호구

분진, 흄, 미스트 등의 입자상 오염물질을 제거하기 위한 방진마스크는 〈표 2〉와 같이 구분한다.

〈표 2〉 제거대상 오염물질별 방진마스크 등급 분류

등급	제거대상 오염물질	비고
특급	베릴륨 등과 같이 독성이 강한 물질들*을 함유한 분진 등 * 산업안전보건법의 분진, 흄, 미스트 등의 입자상 제조 등 금지물질, 허가 대상 유해물질, 특별관리물질	노출수준에 따라 호흡보호구 종류 및 등급이 달라질 수 있음
1급	– 금속흄 등과 같이 열적으로 생기는 분진 등 – 기계적으로 생기는 분진 등 – 결정형 유리규산	
2급	– 기타 분진 등	

② 가스·증기상 오염물질 제거용 호흡보호구

 ㉠ 정화통이 개발되지 않은 일부 화학물질을 취급할 경우 송기마스크 등 양압의 공기공급식 호흡보호구를 착용하여야 한다. 이 때 정화통 미개발 물질여부는 전문가 또는 제조사에 문의하여 확인토록 한다.

 ㉡ 정화통이 개발된 물질은 상온에서 가스 또는 증기상태의 오염물질을 제거하기 위한 방독마스크로 〈표 3〉과 같이 구분한다.

‖〈표 3〉 정화통 종류 및 외부 측면의 표시 색 ‖

종류	표시 색
유기화합물용 정화통	갈색
할로겐용 정화통	회색
황화수소용 정화통	
시안화수소용 정화통	
아황산용 정화통	노랑색
암모니아용 정화통	녹색
복합용 및 겸용의 정화통	복합용의 경우 해당가스 모두 표시(2층 분리) 겸용의 경우 백색과 해당가스 모두 표시(2층 분리)

4. 호흡보호구 사용을 위한 필요조건

(1) 호흡보호구의 사용원칙

① 공기 중의 분진, 흄, 미스트, 증기 및 가스 등의 오염된 공기를 흡입함에 따라 발생할 수 있는 중독 또는 질식재해를 예방하기 위하여 가능한 공학적 대책(예를 들면 작업의 포위나 밀폐, 전체환기 및 국소배기, 저독성 물질로 대체)을 세우는 것을 우선하여야 한다.

② 공학적 대책의 적용이 곤란하거나 단시간 또는 일시적 작업을 행할 때에는 적절한 호흡보호구를 사용하여야 한다.

(2) 사업주의 역할

① 사업주는 근로자의 건강을 보호하기 위하여 필요한 경우에는 작업내용에 맞는 적절한 호흡보호구를 선택하여 지급하여야 한다.

② 사업주는 호흡보호구 착용 및 관리 매뉴얼을 수립·시행하여야 한다.

(3) 근로자의 역할

① 근로자는 사업주가 지급한 호흡보호구를 반드시 착용하여야 하고 호흡보호구 보관·세척·훼손 방지·분실 예방 등의 사업주의 조치에 따라야 한다.

② 근로자는 호흡보호구가 손상이 되지 않도록 취급하여야 한다.

③ 근로자는 호흡보호구의 기능에 이상을 발견한 때에는 부서 책임자 또는 사업주에게 알려야 한다.

5. 호흡보호구 선정을 위한 고려사항

(1) 작업 시 노출되는 유해인자 정보

호흡보호구 관리자는 근로자에게 노출되는 유해인자에 대해 필요한 정보를 얻기 위하여 산업위생이나 산업독성학에 관한 자료를 참조하고 관련 전문가에게 의견을 들어야 한다.

(2) 호흡보호구 선정 전 고려사항

① 호흡보호구를 선정하기에 앞서 다음과 같이 화학물질의 호흡과 관련한 유해성 및 조건을 알아야 한다.

  ㉠ 오염물질의 종류 및 농도와 같은 일반적인 조건 : 고용노동부고시 화학물질 및 물리적 인자의 노출기준에 따른 노출기준 제정 물질인지 여부를 가장 먼저 확인

  ㉡ 오염물질의 물리화학 및 독성 특성

  ㉢ 노출기준

  ㉣ 과거와 현재 노출농도, 최대로 노출이 예상되는 농도

  ㉤ 즉시위험건강농도(IDLH)

  ㉥ 작업장의 산소농도 혹은 예상 산소농도

  ㉦ 눈에 대한 자극 혹은 자극 가능성

② 공기 중 오염물질의 농도를 측정한다.

③ 호흡보호구의 일반적인 사용조건에는 호흡보호구를 착용함으로 인한 불편 정도는 물론이고 작업시간, 주기, 위치, 물리적인 조건 및 공정 등 작업의 실체가 포함되어야 한다. 근로자의 의학적 및 심리적 문제로 인하여 공기호흡기 같은 호흡보호구를 사용하지 못할 수도 있다.

④ 사업주는 정화통의 교환주기표를 작성하여 근로자가 볼 수 있도록 하여야 한다. 이 주기는 제조사의 도움이나 수명시험을 통하여 만들 수 있다. 착용자가 느끼는 오염물질의 냄새 특성과 관계없이 평가를 실시하고 극한의 온도와 습도에서 실시되어야 한다.

⑤ 정화통은 교환주기표에 따라 교환하여야 하며 냄새에 의존하지 않아야 한다. 하지만 착용자들이 냄새가 나거나 피부에 자극적인 증상을 느끼면 오염지역을 벗어나도록 훈련받아야 한다.

⑥ 작업장 유해물질의 농도는 매일 그리고 시시때때로 변한다. 그러므로 유해물질의 농도가 가장 높은 경우를 고려하여 호흡보호구를 선정해야 한다.

⑦ 밀착형 호흡보호구는 정성 또는 정량 밀착도 검사를 권고한다.

⑧ 밀착형 호흡보호구를 얼굴에 흉터나 기형이 있는 자가 착용하거나 안면부에 머리카락이나 수염이 있는 경우 공기의 누설이 발생할 수 있으므로 착용하지 않아야 한다.

⑨ 공기정화식 특히, 가스 또는 증기 유해물질 종류별 적정 정화통 및 교체주기를 준수하여야 한다. 예를 들어, 노출되는 유해물질에 부적합한 정화통을 사용하거나 파과 후까지 사용해서는 안 된다.

⑩ 한국산업안전보건공단 인증 호흡보호구를 사용하여야 한다.

(3) 호흡보호구의 할당보호계수

① 호흡보호구의 할당보호계수는 〈표 4〉와 같다. 할당보호계수는 오염물질을 제거할 수 있는 정화통이 개발된 경우에 적용하여야 하며 정화통이 개발되지 않은 물질에 대해서는 그 농도에 관계없이 송기마스크 등 양압의 공기공급식 마스크를 착용하여야 한다.

〈표 4〉 호흡보호구별 할당보호계수

호흡보호구분류	안면부 형태	할당보호계수(양압)	할당보호계수(음압)
비전동식	반면형	N/A*	10
	전면형	전면형	50
전동식	반면형	50	N/A*
	전면형	1,000	
	후드형	1,000	
송기식	반면형	50	N/A*
	전면형	1,000	
	후드형	1,000	
자급식	공기호흡기	10,000	N/A*

* N/A : 해당없음(Not Application)

② 할당보호계수의 활용

유해비를 산출하고 유해비보다 높은 할당보호계수의 호흡보호구를 산출한다.

> 【예시 1】톨루엔의 노출기준은 50ppm인데, 공기 중 오염물질의 농도를 측정한 결과 1,500ppm이다. 어떤 호흡보호구를 선정하여야 하는가?
> ① 유해비＝1,500ppm/50ppm＝30
> ② 할당보호계수가 유해비 30보다 큰 호흡보호구 선정
> ③ 호흡보호구 선정 : 가스·증기용 방독마스크로서 비전동식의 전면형, 가스·증기용 방독마스크로서 전동식 반면형/전면형/후드형 마스크, 모든 형태의 송기식, 자급식 호흡보호구
> ※ 비전동식 반면형 방독마스크는 선정 불가
>
> 【예시 2】TCE의 노출기준은 50ppm인데, 공기 중 오염물질의 농도를 측정한 결과는 100ppm이다. 어떤 호흡보호구를 선정하여야 하는가?
> ① 유해비＝100ppm/50ppm＝2
> ② 보호계수가 유해비 2보다 큰 호흡보호구 선정
> ③ 호흡보호구 선정 : 가스·증기용 모든 종류의 호흡보호구

6. 호흡보호구의 선정절차

(1) 호흡보호구 선정 일반 원칙

일반적인 호흡보호구 선정 흐름도는 [그림 1]과 같다.

① 산소결핍 작업장소, 밀폐공간, 정화통이 개발되지 않은 물질 취급 및 소방작업질식위험이 있는 밀폐공간이나 정화통이 개발되지 않은 물질을 취급하는 경우에는 공기호흡기, 송기마스크를 사용하고, 소방작업은 공기호흡기를 사용한다. 이들 작업에서 절대로 방독마스크를 사용하여서는 안 된다.

② 독성 오염물질이면 즉시위험건강농도(IDLH)에 해당되는지 여부를 구분한다.

　㉠ 즉시위험건강농도(IDLH) 이상인 경우 공기호흡기, 송기마스크를 사용한다.

　㉡ 즉시위험건강농도(IDLH) 미만인 경우 입자상 물질이 존재하면 방진마스크, 송기마스크를 사용하고, 가스·증기상 오염물질이 존재하면 방독마스크, 송기마스크를 사용한다. 입자상 및 가스·증기상 물질이 동시에 존재하면 방진방독 겸용마스크 또는 송기마스크를 사용한다.

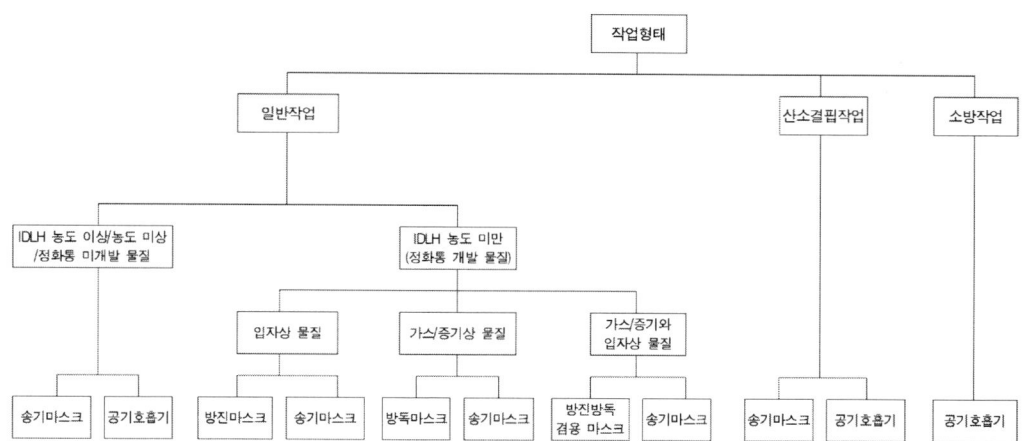

| [그림 1] 호흡보호구 선정 일반 원칙 |

(2) 노출기준 제정물질 호흡보호구 선정 절차

오염물질이 고용노동부고시에 따른 노출기준 제정 물질 또는 미 제정 물질인지를 구분하여, 노출기준 제정 물질인 경우에는 [그림 2], 미 제정물질인 경우에는 호흡보호구 선정표 1~5단계를 작성한다. 제 정물질과 미 제정물재의 선정표는 3단계만 다르고 1, 2, 4, 5단계는 동일하다.

① 1단계

사업장명, 평가일, 평가자, 작업부서 또는 공정, 단위작업장소, 작업위치, 작업내용, 작업시간, 작 업주기 등을 기록한다.

② 2단계

㉠ 호흡보호구를 착용하는 사유를 다음에서 선택하여 해당 항목에 체크한다.

ⓐ 상시 노출위험 : 모든 공학적 작업환경관리방법을 조치 후에도 오염물질의 흡입 위험이 있 다고 판단되는 경우

ⓑ 단시간 작업 : 현실적으로 작업환경관리가 어려우며 작업 시간이 한 시간 미만인 경우

ⓒ 비상대피 : 안전한 곳으로 대피하는 과정에서 호흡보호구가 필요한 경우

ⓓ 임시조치 : 작업환경관리 설비를 설치하는 동안 호흡보호구 착용이 필요한 경우

ⓔ 응급상황/구조 : 국소배기장치 등 작업환경관리 설비가 고장인 경우 또는 재해자를 구조하 는 경우

㉡ 작업장소가 밀폐공간인지, 산소결핍장소인지, 위험물 누출이 가능한 작업인지을 파악하여 밀 폐공간작업 항목을 체크한다. 밀폐공간의 예는 〈표 5〉와 같다.

ⓐ 밀폐공간 : 밀폐공간이면 '예'

ⓑ 산소결핍 위험 : 작업장의 산소농도가 18% 미만이거나 미만일 것 같으면 '예'

ⓒ 위험물질 방출 위험 : 갑작스럽게 유해물질 그리고/또는 질식제의 방출이 우려되면 '예'

㉢ 밀폐공간이 '예'인 경우 밀폐공간 작업 규정을 따른다. 다음의 경우에는 할당보호계수가 10,000 인 자급식 호흡보호구 사용한다.

ⓐ 산소결핍 위험 : '예'인 경우

ⓑ 위험물질 발생 위험 : '예'인 경우

┃ 〈표 5〉 밀폐공간의 예 및 유해인자 ┃

공정 또는 상황	유해인자
• 생물 공정 – 양조 공장 – 발효 공정 – 하수관 작업/장치	– 미생물에 의한 산소 소모와 이산화탄소 및 기타 가스 발생
• 화학반응 – 녹 발생 – 변색 – 산화 – 유리(遊離)/탈가스 반응	– 우연히 혹은 의도적인 화학반응에 의한 산소의 손실 혹은 다른 가스의 방출
• 유지관리 활동 – 탱크 세척 – 슬러지 제거 – 냉동/냉장 시설 수리	– 급작스런 고농도 유해물질의 방출 : 유기증기, 냉매가스, 트랩공정의 가스 방출로 산소결핍 초래. 고농도는 마취효과 초래
• 공정 – 공기배기(purging) 공정 – 불활성화 공정 – 유기용제 탈지작업	– 의도적인 고농도 가스/증기 생성으로 산소결핍으로 이어짐. 예들 들어, 불활성 가스, 아르곤, 질소, 일산화탄소, 유기 증기
• 작업공정 – 용접 – 스프레이 – 파이프 내 등	– 작업하는 과정에서 가스, 증기 혹은 입자상 물질이 만들어짐. 예를 들어, 용접흄, 일산화탄소, 이산화탄소, 쉴드가스, 크롬화합물, 유기 용제, 이소시안화합물, 냉매가스

③ 3단계

㉠ 노출되는 화학물질의 농도를 노출기준 및 즉시위험건강농도(IDLH)와 비교하여 입자상 물질은 〈표 6〉, 가스·증기상 물질은 〈표 7〉에 따라 농도별 추천 호흡보호구를 기재한다.

㉡ 〈표 4〉 또는 기타 자료를 이용하여 할당보호계수를 기재한다.

㉢ 할당보호계수 칼럼에 적혀 있는 값들 중에서 가장 높은 값을 '가장 높은 보호계수' 란에 기재한다.

㉣ 기본적으로 3단계에서 추천호흡보호구를 선택한다. 4단계 이후는 호흡보호구선택의 기타 참고 사항이다.

┃ 〈표 6〉 입자상 물질의 농도별 추천 호흡보호구 ┃

농도	입자상 물질		
	• 제조 등 금지물질 • 허가대상 유해물질 • 특별관리물질	• 금속흄 등 열적 생성분진 • 기계적으로 생기는 분진 • 결정형 유리규산	기타 분진 등
노출기준 미만	특급 방진마스크 이상*	1급 방진마스크 이상*	2급 방진마스크 이상*
노출기준 10배 이내	특급 방진마스크 이상*	특급 방진마스크 이상*	1급 방진마스크 이상*
노출기준 50배 이내	전면형 특급 방진마스크, 전동식 특급 방진마스크, 송기마스크 중 선택	전면형 특급 방진마스크, 전동식 특급 방진마스크, 송기마스크 중 선택	전면형 1급 방진마스크 이상*, 전동식 1급 방진마스크 이상*, 송기마스크 중 선택

농도	입자상 물질		
	• 제조 등 금지물질 • 허가대상 유해물질 • 특별관리물질	• 금속흄 등 열적 생성분진 • 기계적으로 생기는 분진 • 결정형 유리규산	기타 분진 등
노출기준 50배 초과	전동식 전면형/후드형 특급 방진마스크, 전면형/후드형 송기마스크 중 선택	전동식 전면형/후드형 특급 방진마스크, 전면형/후드형 송기마스크 중 선택	전동식 전면형/후드형 1급 방진마스크 이상*, 전면형/후드형 송기마스크 중 선택
IDLH 초과시**	송기마스크, 공기호흡기 중 선택		

‖ 〈표 7〉 가스·증기상 물질의 농도별 추천 호흡보호구 ‖

농도	가스/증기상 물질
노출기준 미만	방독마스크 이상
노출기준 10배 이내	방독마스크 이상
노출기준 50배 이내	전면형 방독마스크, 전동식 방독마스크, 송기마스크 중 선택
노출기준 50배 초과	전동식 전면형/후드형 방독마스크, 전면형/후드형 송기마스크 중 선택

* '이상'은 등급 또는 할당보호계수가 같거나 높은 호흡보호구를 의미

** IDLH 기준이 설정된 물질은 IDLH를 초과할 경우 반드시 송기마스크, 공기호흡기를 선택

④ 4단계

㉠ 작업 관련 인자

ⓐ 작업강도 : 작업강도가 높아져 호흡량이 증가하면 보호구 정화통 사용기간이 떨어지고, 땀을 많이 흘리면 호흡보호구가 미끄러져 차단율이 떨어진다. 작업강도는 다음과 같이 분류한다.

• 경작업 : 시간당 200kcal까지 열량이 소요되는 작업으로 앉아서 또는 서서 기계 조정을 하기 위하여 손 또는 팔을 가볍게 쓰는 일

• 중등작업 : 시간당 200~350kcal 열량이 소요되는 작업으로 물체를 들거나 밀면서 걸어다니는 일

• 중(重)작업 : 시간당 350~500kcal 열량이 소요되는 작업으로 곡괭이질 또는 삽질을 하는 일

ⓑ 착용시간 : 밀착형 호흡보호구는 장시간 사용시 사용자에게 불편함을 주기 때문에 전동식 호흡보호구를 고려해 볼 수 있다.

ⓒ 작업장 온도와 습도 : 과도한 온도와 습도는 착용자에게 고열장해, 발한 및 불편함을 초래할 수 있으므로 냉각 혹은 온열 장치가 구비된 전동식 호흡보호구를 고려한다.

ⓓ 전동공구 사용 : 공기를 공급하는 전동공구를 호흡보호구의 공기공급장치에 연결할 경우 보호계수가 감소됨을 고려한다.

ⓔ 선명한 시야 확보 필요 : 선명한 시야가 필요한 곳에서는 얼굴 전면을 가리는 전면형 호흡보호구는 바람직하지 못하며 충분한 빛을 공급하는 반면형 마스크가 바람직하다.

ⓕ 명확한 의사소통 필요 : 명확한 의사소통이 필요한 곳에서는 의사소통용 호흡보호구가 필요하다.

ⓖ 비좁고 복잡한 작업장 : 가볍고 제한성이 없는 호흡보호구를 사용한다.

ⓗ 폭발위험성이 있는 작업장 : 폭발 가능성이 있는 작업장에서는 재질이 정전기를 일으키지 않는 호흡보호구가 적합하다.

ⓘ 움직임이 많은 작업장 : 호스가 있는 호흡보호구는 피한다.

ⓛ 착용자 관련 인자

ⓐ 얼굴의 수염, 흉터 : 안면부가 닿는 부분에 수염이나 깊은 흉터가 있어 누설의 우려가 있으면 후드형 호흡보호구를 사용한다.

ⓑ 안경이나 콘택트렌즈 착용 : 필요한 경우 안경 다리를 집어넣을 수 있는 호흡보호구를 선정한다. 호흡보호구의 밀착성을 방해하면 콘택트렌즈를 권한다.

ⓒ 콘택트렌즈 사용자는 공기흐름에 쉽게 눈이 건조해진다.

ⓓ 눈, 머리, 청력 및 얼굴 보호 : 다른 타입의 개인보호장구의 작동에 영향을 주지 않는 호흡보호구를 권한다. 예를 들어, 한꺼번에 붙어있는 호흡보호구를 선택한다(예 전동식 헬멧 호흡보호구).

ⓔ 건강상태 : 폐쇄공포증, 심장질환, 난청, 천식 및 기타 호흡기질환을 고려하여 호흡보호구를 선정한다.

⑤ 5단계

밀착형 호흡보호구인 경우 밀착도 검사를 시행한 후에 작업장에서 사용할 것을 권한다.

㉠ 호흡보호구 제조사나 판매사의 자문을 통하여 호흡보호구 선정표를 작성한 다음 완성된 호흡보호구 선정표와 물질안전보건자료를 제조사 또는 공급사에게 송부한다.

㉡ 제조사 또는 공급사로부터 받은 권장 호흡보호구 자료를 근거로 적정한 호흡보호구를 선정한다.

〈 노출기준 제정물질 호흡보호구 선정표 〉

〈1단계〉

사업장명 :

평가일 :

평가자 :

작업내용 :

작업부서 또는 공정 :

단위작업장소(주요발생원) :

작업위치 :

작업시간 :

작업주기 : 회/일, 회/주, 회/월, 회/년

〈2단계〉

작업환경관리방법 :

호흡보호구 착용 사유

	해당여부
상시노출위험	
단시가 노출위험	
비상대피	
임시조치	
응급작업/구조	

밀폐공간작업	확실하지 않음	아니오	예
밀폐공간 ?			
산소결핍 위험 ?			
위험물질 발생 ?			

전문가 도움 ⬅ ⬇ ➡ 3 단계

밀폐공간 작업규정을 따를 것. 할당보호계수 =10,000인 자급식 호흡보호구 사용

〈3단계〉

유해인자 (오염물질)	추천 호흡보호구	할당보호계수
	가장 높은 할당보호계수	

〈4단계〉

작업관련 인자	해당여부
작업강도 : 경, 중등, 중(重)	
착용시간 : 1hr 이상 / 미만	
작업장 온도, 습도	
전동공구 사용	

	해당여부
선명한 시야 확보 필요	
명확한 의사소통 필요	
비좁고 복잡한 작업장	
폭발위험 작업장	
움직임이 많은 작업장	

착용자 성명 : _____

착용자 관련 인자	해당여부
헤드기어,터반 등	
수염	
얼굴 흉터, 잔주름	

	해당여부
안경이나 콘택트 렌즈 착용	
눈, 머리, 귀 또는 얼굴 보호	
건강상태 : 의학적 조언 필요	

이 자료를 호흡보호구 제조사/전문가에게 송부하여 검토를 받으시고, 착용자가 동의한 후 호흡보호구 지급

선정된 호흡보 호구

· 공기공급식

· 공기정화식: 여과재 종류 _____

〈5단계〉

밀착형 호흡보호구인 경우 밀착도 검사를 시행 후 작업장에서 사용

평가자 서명:

∥[그림 2] 노출기준 제정 물질에 대한 호흡보호구 선정표∥

7. 밀착도 검사(fit test) 및 밀착도 자가점검(user seal check)

(1) 밀착도 검사

착용자의 얼굴에 맞는 호흡보호구를 선정하고 오염물질의 누설 여부를 판단하기 위하여 밀착도 검사를 시행해야 한다.

① 밀착도 검사의 목적

㉠ 착용자의 얼굴에 밀착이 잘 되는 호흡보호구를 선정하기 위함이다.

㉡ 어떻게 착용하는 것이 밀착이 잘되는 지를 착용자에게 알려주기 위함이다.

② 밀착도 검사시기

㉠ 호흡보호구를 처음 선정할 때

㉡ 다른 제품의 호흡보호구를 착용하고자 할 때

㉢ 얼굴의 형상이 크게 변하였을 때

㉣ 검사주기는 1년에 1회 이상 실시

(2) 밀착도 검사자

밀착도 검사는 밀착도 검사방법 교육 이수자, 밀착도 검사를 수행하는 전문가 또는 업체가 실시토록 한다.

(3) 밀착도 검사의 종류

① 정성적 밀착도 검사 (QLFT)

사람의 오감 즉, 냄새, 맛, 자극 등을 이용하여 호흡보호구 내부로 오염물질의 침투 여부를 판단하는 방법이다.

㉠ 호흡보호구를 착용하고 있는 사람에게 외부에서 감미료(사카린 법)나 쓴 맛(Bitrex법)의 에어로졸, 자극성의 흄(irritant fume법), 바나나향의 증기(isoamyl acetate법) 증기를 뿜어준다.

㉡ 호흡보호구 착용자가 호흡보호구 내부에서 맛, 재채기, 냄새를 맡으면 밀착도가 불량하여 '불합격'으로 판정하고 그러하지 아니하면 밀착도가 양호하여 '합격'으로 판정한다.

② 정량적 밀착도 검사 (QNFT)

오염물질의 누설 정도를 양적으로 확인하기 위한 검사이다. 호흡보호구를 착용한 후 호흡보호구의 내부와 외부에서 공기 중 에어로졸의 농도를 비교하거나 착용자가 호흡할 때 생기는 압력의 차이를 이용하여 새어 들어오는 정도를 양적으로 비교하는 방법이다. 전면형 호흡보호구는 정량적 밀착도 검사를 실시토록 한다.

㉠ 에어로졸이나 압력을 측정할 수 있는 정량적 밀착도 검사 장비를 실험실에 설치하고 작동시킨다.

㉡ 호흡보호구를 착용하고 있는 사람을 실험실과 검사 장비에 노출시키고 호흡보호구 안과 밖의 에어로졸 농도나 압력의 차이를 측정한다.

㉢ 검사를 실시할 때에는 작업할 때를 가정하여 동작검사(exercise regime)를 실시한다.

(4) 밀착도 검사의 기록

밀착도 검사의 기록은 시험 기간 중에 연속적으로 아래와 같은 사항을 기록하여야 한다.

① 밀착도 검사의 형식

② 호흡보호구의 구조와 형식, 모델명

③ 피시험자 성명과 시험자 성명

④ 검사시기와 결과

(5) 밀착도 자가점검

착용자가 오염지역으로부터 적절히 보호되고 있다는 것을 확인하기 위하여 호흡보호구를 착용할 때마다 아래와 같이 밀착도 자가점검을 시행해야 한다.

① 음압 밀착도 자가점검

　㉠ 호흡보호구의 흡입구나 흡입관을 손바닥이나 테이프로 막는다.

　㉡ 정화통이나 방진필터가 부착되어 있으면 이 부분을 손이나 테이프로 막는다.

　㉢ 천천히 숨을 들어 마시고 10초 정도 정지한다. 이때 안면부가 약간 조여들거나 공기가 안면부 내로 들어오는 느낌이 없다면 밀착도는 좋은 상태이다.

② 양압 밀착도 자가점검

배기밸브가 있는 호흡보호구에 대하여 실시한다. 이 방법은 배기밸브가 없는 호흡보호구에 대해서는 시행하기 어렵다.

　㉠ 배기밸브를 손으로 막거나 마개를 부착하여 막는다.

　㉡ 착용자는 천천히 숨을 내쉰다.

　㉢ 안면부의 내부가 약간 양압이 되어 마스크 안면부와 안면과의 접촉면으로 공기가 새어나가는 느낌이 없다면 밀착도는 좋은 상태이다.

③ 음압 및 양압 밀착도 자가점검 때 주의사항

음압 또는 양압 밀착도 자가점검을 할 때 흡기구 또는 배기밸브를 확실하게 막지 않으면 밀착도 자가점검의 결과는 신뢰할 수 없으므로 밀착도 자가점검을 할 때에는 호흡보호구 착용자를 시험 전에 충분히 교육시킨다.

8. 호흡보호구 점검

(1) 호흡보호구의 착용자 및 관리자는 사용 전후에 호흡보호구가 적절하게 작동하고 있는가의 여부를 확인하기 위하여 점검한다.

(2) 세척과 소독 후 각 호흡보호구가 적정하게 작동되고 있는가, 부품의 교환과 수리를 필요로 하는가 또는 폐기해야 하는가를 결정하기 위하여 점검한다.

(3) 긴급용 또는 구출용으로 보관되어 있는 모든 호흡보호구의 부품 등은 최소한 월 1회 이상 점검하며, 점검항목은 접속부, 머리끈, 밸브, 연결관, 여과재, 정화통, 사용종료 시기, 재고 유효일자, 조절기 및 경보장치 등의 파손, 손상 및 훼손여부 등이다.

(4) 공기공급식 호흡보호구의 공기호스 또는 압력공기 공급관과 자급식 공기원(공기탱크)의 용기내부에 들어있는 호흡용 공기의 공기질을 6개월 1회 이상 평가하여 아래의 호흡용 공기의 기준치〈표 8〉을 넘을 시 필터교체 및 용기내부 검사 또는 용기 내부를 세척한다.

〈표 8〉 호흡용 공기의 기준치

항목	기준치
수분	$25mg/m^3$ 이하
오일미스트	$5mg/m^3$ 이하
이산화탄소	1,000ppm 이하
일산화탄소	10ppm 이하
산소	19.5~23.5%

(5) 호흡용 공기질 평가 및 확인은 반드시 산업위생관리산업기사 또는 소방안전관리자 이상의 자격을 갖춘 자가 하여야 한다.

호흡보호구(마스크) 착용 방법

1. 반면형 (직결식)

(1) 미리 머리끈을 넉넉하게 끼운 후 머리나 목에 걸고 면체를 왼손으로 잡는다.

(2) 면체를 턱부터 집어넣고 면체가 입과 코 위에 위치하도록 한다.

(3) 목 뒤로 끈을 걸고, 끈의 길이를 조절하여 면체가 얼굴에 완전히 밀착되도록 한다.

(4) 마스크를 착용할 때마다 흡입부를 손바닥으로 막은 다음 숨을 들이마시거나 숨을 내쉬어 밀착도 자가점검을 실시한다.

    ① 양압 밀착도 자가점검 : 배기밸브를 손으로 막고 공기를 불어내어 마스크 면체와 안면 사이로 공기가 새어나가는지 감각적으로 확인한다.

    ② 음압 밀착도 자가점검 : 흡입부를 손으로 막고 공기를 흡입하여 마스크 면체와 안면 사이로 공기가 새어들어 오는지 감각적으로 확인한다.

(1), (2)   (3)   (4)

2. 반면형 (안면부 여과식)

(1) 컵형

    ① 그림과 같이 밴드를 밑으로 늘어뜨리고 밀착부분이 얼굴부분에 오도록 가볍게 잡아 준다.

    ② 마스크가 코와 턱을 감싸도록 얼굴과 맞춰준다.

    ③ 한 손으로 마스크를 잡고 다른 손으로 마스크 위의 끈을 머리의 상단에 고정시킨다.

    ④ 마스크 아래 끈을 목 뒤에 고정시킨다.

    ⑤ 양손 손가락으로 클립부분을 눌러서 코와 밀착이 잘 되도록 조절한다.

    ⑥ 양손으로 마스크 전체를 감싸 안고 자가 밀착도 체크를 실시하여 조절한다.

(2) 접이형

  ① 마스크를 컵 모양으로 둥글게 펴 준다.

  ② 머리 끈을 바깥쪽으로 빼낸다.

  ③ 한 손으로 마스크를 잡고 다른 손으로 마스크 위의 끈을 머리의 상단에 고정시킨다.

  ④ 마스크 측면을 고정시키면서 틈새를 최대한 막아 준다.

  ⑤ 클립이 있다면 양손 손가락으로 클립부분을 눌러서 코와 밀착이 잘 되도록 조절한다.

  ⑥ 양손으로 마스크 전체를 감싸 안고 자가 밀착도 체크를 실시하여 조절한다.

3. 전면형 마스크

(1) 내측의 고무를 열고 렌즈 쪽이 아래로 향하게 한 다음 두 손으로 머리끈을 잡는다.

(2) 턱부터 집어넣고 마스크를 뒤집어쓴다.

(3), (4), (5), (6) 머리끈의 길이를 알맞게 조절한다. 이때 너무 심하게 당기면 얼굴이나 머리에 통증이 생겨 장시간 작업에 어려움이 있으며 너무 느슨하게 당기면 누설현상이 생긴다. 따라서 작업하기 간편하고 누설이 생기지 않도록 알맞게 조절해야 한다.

(7) 마스크를 착용할 때마다 자가 밀착도 체크를 실시한다.

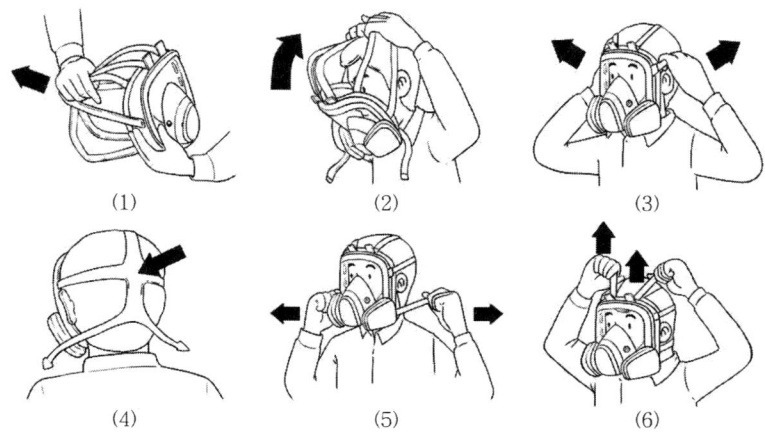

(1) (2) (3)

(4) (5) (6)

4. 후드형 마스크

(1) 봉투를 열어서 마스크를 꺼낸다.

(2) 안쪽의 고무를 열어서 그림처럼 머리부터 덮어쓴다.

(3) 마스크를 입에 대고 페트(고정띠)를 머리 위에 고정시킨다.

(4) 마스크와 얼굴과 밀착이 충분하지 않을 때에는 그림과 같이 머리끈의 양쪽을 잡아당겨 밀착정도를 최대한 높인다.

(5) 그림 (5)는 착용이 완료된 상태이다.

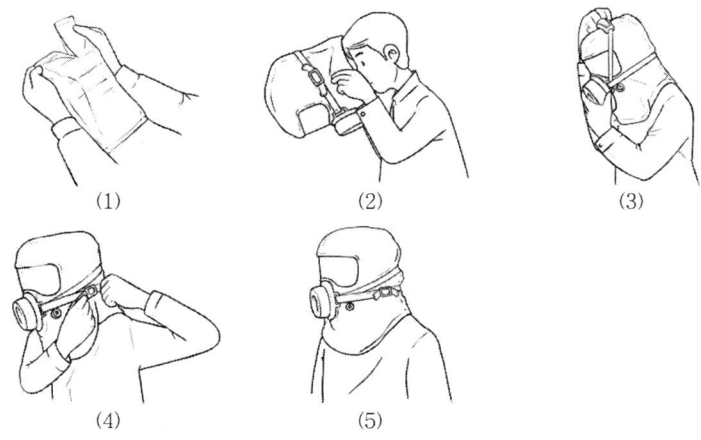

(1) (2) (3)

(4) (5)

5. 송기식 마스크

(1) 호스마스크

호스의 끝을 신선한 공기 중에 고정시키고 착용자가 자신의 폐력으로 공기를 흡입하는 '폐력 흡인형'과 전동 또는 수동의 송풍기를 신선한 공기에 고정시키고 송기하는 '송풍기형'이 있다.

① 호스를 정해진 연결부에 연결한다. 작업장 건물에 송기마스크 시설이 되어 있는 경우 송기관이 아닌 다른 가스관의 연결부에 송기마스크를 연결하면 매우 위험하므로 특별한 주의가 필요하다.

② 장착대를 몸에 착용하고 몸에 맞게 조절한다.

③ 유량조절장치가 있으면 호흡에 방해받지 않도록 조절한다.

④ 호스의 개방 전에 밀착도 자가점검을 통하여 착용상태를 확인한다.

(2) 에어라인 마스크

유량조절장치, 여과장치를 구비한 고압공기용기나 공기압축기 등으로부터 공기를 송기하는 '일정유량형'과 일정유량형과 같은 구조이나 공급밸브를 갖추고 착용자의 호흡량에 따라 송기하는 '디맨드형 및 압력디맨드형'이 있다.

착용방법은 호스마스크 착용방법과 동일하며 송기관이 아닌 다른 가스관의 연결부에 송기마스크를 연결하면 매우 위험하므로 특별한 주의가 필요하다.

① 전면형 마스크를 착용하듯이 한 손으로 안면부(면체)를 잡고 한 손으로 머리끈을 당겨서 얼굴과 두부에 끼워 넣는다. 턱 부위를 안면부에 끼워 넣을 때는 턱이 충분히 들어가도록 안면부를 잡은 손을 세게 잡아당긴다.

② 얼굴과 두부에 잘 맞도록 머리끈을 조절한다.

③ 압력조절기(Regulator)를 조절한다.

①   ②   ③

6. 공기호흡기

사용자의 몸에 지닌 압력공기실린더, 압력산소실린더, 또는 산소발생장치가 작동되어 호흡용 공기가 공급되도록 만들어진 호흡보호구를 말한다. 자급방법에 따라서 압축공기형, 압축산소형, 산소발생형 등이 있다.

(1) 바이패스(bypass) 밸브 잠금 상태와 양압조절기 핸들 잠금 상태를 확인한다.

(2) 공기호흡기를 어깨에 착용하고 몸에 맞도록 조절한다.

(3) 마스크 호스를 소켓에 연결한다.

(4) 양압조정기의 핸들을 '대기호흡' 위치에 맞춘다.

(5) 안면부를 턱부터 집어넣고 머리끈을 머리 위로하여 마스크를 착용한다.

(6) 양손으로 머리끈을 좌우로 당겨 적절하게 조인다.

(7) 용기(실린더)밸브를 천천히 열고 압력계 지침이 약 300kgf/cm^{2}인지 확인한다.

(8) 양압조절기 핸들을 OPEN하여 '대기호흡' 상태에서 '양압호흡'으로 바꾼다.

(9) 귀 앞부분의 안면부 머리끈에 손가락을 집어넣어 실린더에서 공기가 들어오는지 즉, 양압상태를 확인한다.

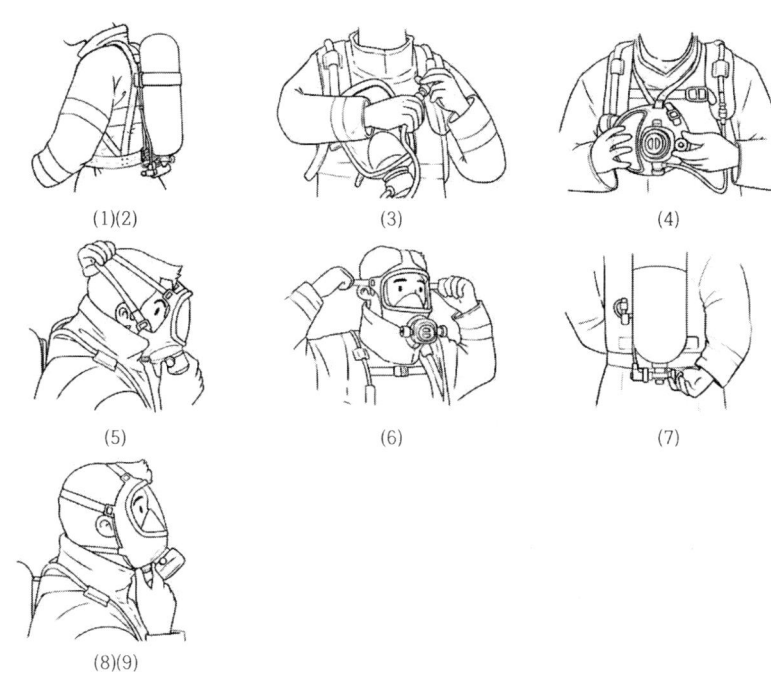

(1)(2)   (3)   (4)

(5)   (6)   (7)

(8)(9)

밀착도 검사 방법

1. 방진마스크

(1) 정성적 밀착도 검사 방법 – 사카린(Saccharin) 에어로졸법

① FT-10/FT-10S 또는 동일 형식의 키트를 이용한다.

② 밀착도 검사의 수행 전에 보호구 착용 근로자에 대한 민감도 검사(sensitivity test)를 실시한다.

   ㉠ 키트의 후드를 씌운 다음 묽은 사카린 용액을 분무기(nebulizer)에 넣고 10회에 걸쳐 후드 안으로 주입한다.

   ㉡ 근로자에게 맛을 느끼는지 확인한다. 맛을 느끼는 사람에 한하여 밀착도 검사를 실시한다.

③ 밀착도 검사를 위해 호흡보호구를 착용한 근로자에게 후드를 씌운다.

④ 진한 사카린 용액을 매 30초마다 후드 안으로 주입하여 후드 안을 에어로졸로만 시킨다.

⑤ 피검자에게 후드를 쓴 채로 동작검사 6종을 순서대로 실시하게 한다.

⑥ 동작검사를 실시하는 동안 피검자가 맛을 느끼면 밀착도 검사는 불합격으로 처리한다.

> **동작검사 6종(six exercise regime)**
> - 정상 호흡 : 선 자세에서 60초 동안 정상 호흡을 실시한다.
> - 깊은 호흡 : 선 자세에서 60초 동안 깊은 호흡을 실시한다.
> - 머리 움직임 : 선 자세에서 머리를 좌측 및 우측으로 약 70~80도 정도 돌린 상태에서 한쪽 방향에서 약 5~6초 동안 있으면서 2회씩 정상 호흡을 실시한다. 그 다음 상하방향으로 지면과 약 70~80도 정도로 숙이거나 젖혀서 한쪽 방향에 약 5~6초 동안 있으면서 정상 호흡을 실시한다. 머리 움직임 운동은 60초 동안 반복적으로 실시한다.
> - 읽기 : 선 자세에서 안면근육이 많이 움직일 수 있도록 크고 천천히 60초 동안 글을 읽는다.
> - 조깅 : 제자리에서 60초 동안 150~180회 정도의 조깅을 실시한다.
> - 정상 호흡 : 선 자세에서 60초 동안 정상 호흡을 실시한다.

(2) 정량적 밀착도 검사 방법 – PortaCount법

① 피검자는 측정 전 수염을 깎게 하고 흡연자에게는 측정 한 시간 전부터 금연을 시킨다.

② 밀착도 검사를 시행하기 전 현재 사용하고 있는 방진필터나 정화통을 떼어내고 특급 방진필터로 교체한다.

③ 마스크 안의 에어로졸을 측정하기 위하여 마스크에 탐침(probe)을 만들어 장착한다. 미국에서 제작된 마스크들은 밀착도 검사를 위해 각 브랜드별 아답터(adaptor)가 부착된 호흡보호구를 판매한다.

④ 측정 실험실의 에어로졸 농도가 낮으면(2,000particles/cc 미만) 밀착도 검사가 불가능하므로 에어로졸발생장치를 1시간 전부터 측정이 끝날 때까지 작동시켜 에어로졸의 농도를 안정화시킨다.

⑤ 피검자는 호흡보호구를 착용한 후 좌우 상하로 세차게 흔들어 보호구가 흔들리는지 확인한 다음 착용 후 대략 5분이 경과하여 밀착도 검사에 들어간다. 반드시 양압이나 음압의 밀착도 자가점검을 실시한다.

⑥ 측정장비를 켜고 공기 중 에어로졸 농도를 측정하여 밀착도 검사가 가능한지 확인한다.

⑦ 측정하는 동안 다음의 동작검사를 실시한다.

⑧ 반면형인 경우는 밀착계수(FF : Fit Factor) 100, 전면형인 경우는 FF 500 이상이 나오면 '합격', 그렇지 아니하면 '불합격'으로 판정한다.

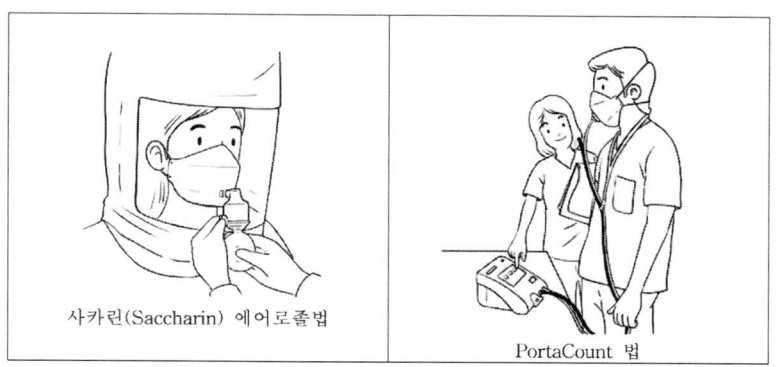

사카린(Saccharin) 에어로졸법   PortaCount 법

동작검사(exercise regime)

- 안면부 여과식
  - 허리 굽혔다 펴기 : 50초 동안 발가락에 손이 닿을 만큼 허리를 구부렸다 펴는 동작을 반복하고 가장 허리를 많이 굽혔을 때 2번 숨을 들이 쉰다.
  - 말하기 : 39초간 시험자가 들을 수 있게 최대한 크고 천천히 말한다. 미리 준비된 지문을 이용하거나 100부터 거꾸로 숫자를 세거나 또는 시나 노래를 부른다.
  - 머리를 좌우로 움직이기 : 선 자세에서 30초간 머리를 천천히 좌우로 움직인다. 머리를 최대한 왼쪽과 오른쪽으로 움직인 시점에서 숨을 2회 들이쉰다.*
  - 머리를 상하로 움직이기 : 선 자세에서 39초간 머리를 천천히 상하로 움직인다. 머리를 최대한 위와 아래로 움직인 시점에 숨을 2번 들이쉰다.*
- 직결식(반면형, 전면형)
  - 허리 굽혔다 펴기 : 50초 동안 발가락에 손이 닿을 만큼 허리를 구부렸다 펴는 동작을 반복하고 가장 허리를 많이 굽혔을 때 2번 숨을 들이 쉰다.
  - 제자리 뛰기 : 30초간 정해진 장소에서 제자리 뜀을 반복한다.
  - 머리를 좌우로 움직이기 : 선 자세에서 30초간 머리를 천천히 좌우로 움직인다. 머리를 최대한 왼쪽과 오른쪽으로 움직인 시점에서 숨을 2회 들이쉰다.*
  - 머리를 상하로 움직이기 : 선 자세에서 39초간 머리를 천천히 상하로 움직인다. 머리를 최대한 위와 아래로 움직인 시점에 숨을 2번 들이쉰다.*
* 이 동작을 하는 동안 다른 시점에서 추가적으로 호흡을 더 쉬는 것은 피험자의 자유에 맡긴다.

2. 방독마스크

(1) 정성적 밀착도 검사 방법 – Isoamyl acetate법

A. 민감도 검사

① 1L의 유리병에 800mL의 증류수를 넣고 1mL의 isoamyl acetate를 넣어 30분 동안 흔들어 표준용액으로 사용한다(이 용액은 1주일 동안 사용할 수 있다).

② 표준용액에서 0.5mL를 취하여 500mL의 증류수가 들어 있는 두 번째 유리병에 첨가하여 30분 동안 흔들어 민감도 검사에 사용한다(이 용액은 하루 동안만 사용 가능하다).

③ 세번째 유리병에는 blank test를 위하여 500mL의 증류수만 넣는다.

④ 두 번째와 세 번째 병을 각각 2초 동안 흔들어 피검자로 하여금 바나나 냄새를 맡는지 여부를 확인한다.

⑤ 바나나 냄새를 감지한 피검자를 대상으로 밀착도 검사를 실시한다.

※ 민감도 검사는 환기가 잘 이루어지는 방에서 실시하여야 하며, 밀착도 검사를 실시하는 방과 분리된 곳이어야 한다.

B. 정성적 밀착도 검사

① 폭 90cm(36인치), 길이 150cm(61인치)의 폴리에틸렌 백을 직경 60cm(24인치)의 격자에 뒤집어씌운 다음 208 L(55갤런) 용량의 챔버를 만든다.

② 챔버를 민감도 검사를 실시하지 않은 공간에 피검자의 머리에서부터 20cm(6인치)되는 높이에 거꾸로 설치한다.

③ 피검자는 마스크를 착용하고 밀착도 자가점검을 실시한 다음 좌우로 세차게 흔들어 흔들리는지를 확인하고 적어도 5분 동안 편안한지를 점검한 후 밀착도 검사를 실시한다. 만약 편안하지 않거나 흘러내리는 기분이 들 경우에는 다시 착용하고 반복하여 검사하도록 한다.

④ 피검자는 10×12cm(4×5인치)의 종이 타올을 반으로 접고 순수 원액 isoamyl acetate 0.5mL를 적신 다음 종이 타올을 갖고 챔버 안으로 들어가 챔버 위에 달린 후크에 매어 달도록 한다.

⑤ Isoamyl acetate의 농도가 안정된 상태를 유지하도록 2분을 기다린 후 동작검사 6종을 실시한다.

⑥ 위와 같이 실시할 경우 챔버 내의 isoamyl acetate 농도는 150ppm이다.

⑦ 바나나 냄새를 맡으면 밀착도 검사에 실패한 것으로 즉시 챔버를 나와 다른 방에서 다른 보호구를 착용하고 위의 사항을 반복한다. 냄새를 맡지 못하면 검사를 통과한 것으로 문제의 보호구를 착용해도 좋으며 측정자는 즉시 종이 타올을 제거하여 측정실의 오염을 방지한다.

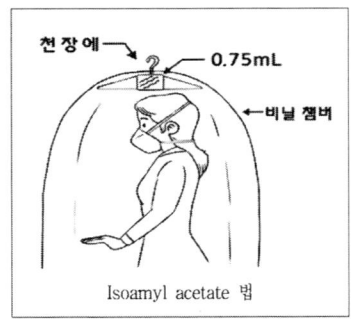

Isoamyl acetate 법

산업환기설비에 관한 기술지침

1. 용어의 정의

(1) 발생원

유해물질이 발생하여 작업환경오염의 원인이 되는 생산설비나 작업장소 등을 말한다.

(2) 유해물질

작업환경을 오염시키는 물질로서 가스, 증기 등 기체상 물질과 미스트, 흄, 분진 등 입자상 물질을 말한다.

(3) 산업환기설비

유해물질을 건강상 유해하지 않은 농도로 유지하고 유해물질에 의한 화재·폭발을 방지하거나 열 또는 수증기를 제거하기 위하여 설치하는 전체환기장치와 국소배기장치 등 일체의 환기설비를 말한다.

(4) 전체환기장치

자연적 또는 기계적인 방법에 의하여 작업장 내의 열수증기 및 유해물질을 희석, 환기시키는 장치 또는 설비를 말한다.

(5) 국소배기장치

발생원에서 발생되는 유해물질을 후드, 덕트, 공기정화장치, 배풍기 및 배기구를 설치하여 배출하거나 처리하는 장치를 말한다.

(6) 공기정화장치

후드 및 덕트를 통해 반송된 유해물질을 정화시키는 고정식 또는 이동식의 제진, 집진, 흡수, 흡착, 연소, 산화, 환원방식 등의 처리장치를 말한다.

(7) 후드

유해물질을 포집·제거하기 위해 해당 발생원의 가장 근접한 위치에 다양한 형태로 설치하는 구조물로서 국소배기장치의 개구부를 말한다.

(8) 제어풍속

후드 전면 또는 후드 개구면에서 유해물질이 함유된 공기를 당해 후드로 흡입시킴으로써 그 지점의 유해물질을 제어할 수 있는 공기속도를 말한다. 다만, 포위식 및 부스식 후드에서는 후드의 개구면에서 흡입되는 기류의 풍속을 말하며, 외부식 및 레시버식 후드에서는 후드의 개구면으로부터 가장 먼 거리의 유해물질 발생원 또는 작업위치에서 후드 쪽으로 흡인되는 기류의 속도를 말한다.

(9) 반송속도

덕트를 통하여 이동하는 유해물질이 덕트 내에서 퇴적이 일어나지 않는 상태로 이동시키기 위하여 필요한 최소 속도를 말한다.

2. 전체환기장치

(1) 개요

전체환기장치는 열, 수증기 및 독성이 낮은 가스·증기가 발생되고, 발생원이 이동성이며, 분산되어 있는 상태에서 다음과 같은 경우에 적용할 수 있다.

① 유해물질의 유해성이 낮거나 근로자와 발생원이 멀리 떨어져 노출량이 적어 건강상 장해의 우려가 낮으며, 작업의 특성상 국소배기장치의 설치가 경제적·기술적으로 매우 곤란하다고 인정될 경우

② 원격조작에 의하여 운전되는 생산공정의 작업장과 운전실을 분리 설치한 경우

③ 작업장에 근접하여 설치되는 기숙사, 사무실, 휴게실, 식당, 세면·목욕실이나 탈의실 등의 경우

④ 발생원에 근로자의 접근은 없으나 화재·폭발방지 등을 위한 조치가 필요할 경우

⑤ 화학물질을 저장하는 창고나 옥내장소에 근로자가 상시 출입하는 경우

(2) 설치 시 유의사항

전체환기장치를 설치할 때에는 다음에서 정하는 바에 따라야 한다.

① 배풍기만을 설치하여 열, 수증기 및 오염물질을 희석 환기하고자 하는 경우에는 희석공기의 원활한 환기를 위하여 배기구를 설치하여야 한다.

② 배풍기만을 설치하여 열, 수증기 및 유해물질을 희석 환기하고자 하는 경우에는 발생원 가까운 곳에 배풍기를 설치하고, 근로자의 후위에 적절한 형태 및 크기의 급기구나 급기시설을 설치하여야 하며, 배풍기의 작동 시에는 급기구를 개방하거나 급기시설을 가동하여야 한다.

③ 외부공기의 유입을 위하여 설치하는 배풍기나 급기구에는 필요시 외부로부터 열, 수증기 및 유해물질의 유입을 막기 위한 필터나 흡착설비 등을 설치하여야 한다.

④ 작업장 외부로 배출된 공기가 당해 작업장 또는 인접한 다른 작업장으로 재유입되지 않도록 필요한 조치를 하여야 한다.

(3) 필요환기량 산정

유해물질이 발생원으로부터 작업장 내에서 확산되어 이동하는 경우, 유해물질의 농도가 노출기준 미만으로 유지되도록 [별표 1]을 참조하여 적정한 필요환기량을 산정하여야 한다.

[별표 1]

유해물질발생에 따른 전체환기 필요환기량

구분	필요환기량 계산식	비고
희석	$Q = \dfrac{24.1 \times S \times G \times K \times 10^6}{M \times TLV}$	Q : 필요환기량(m^3/h) S : 유해물질의 비중 G : 유해물질의 시간당 사용량(L/h) K = 안전계수(혼합계수)로써
화재·폭발방지	$Q = \dfrac{24.1 \times S \times G \times sf \times 100}{M \times LEL \times B}$	$\quad K=1$: 작업장 내 공기혼합이 원활한 경우 $\quad K=2$: 작업장 내 공기혼합이 보통인 경우
수증기 제거	$Q = \dfrac{W}{1.2 \times \Delta G}$	$\quad K=3$: 작업장 내 공기혼합이 불완전인 경우 M : 유해물질의 분자량(g) TLV : 유해물질의 노출기준(ppm) LEL : 폭발하한치(%) B : 온도에 따른 상수(121℃ 이하 : 1, 121℃ 초과 : 0.7)
열배출	$Q = \dfrac{Hs}{Cp \times \Delta t}$	W : 수증기 부하량(kg/h) ΔG : 작업장 내 공기와 급기의 절대 습도차(kg/kg) Hs : 발열량(kcal/h) Cp : 공기의 비열(kcal/h·℃) Δt : 외부 공기와 작업장 내 온도차(℃) sf : 안전계수(연속공정 : 4, 회분식 공정 : 10~12)

3. 국소배기장치

(1) 개요

① 국소배기장치는 후드, 덕트, 공기정화장치, 배풍기 및 배기구의 순으로 설치하는 것을 원칙으로 한다. 다만, 배풍기의 케이싱이나 임펠러가 유해물질에 의하여 부식, 마모, 폭발 등이 발생하지 아니한다고 인정되는 경우에는 배풍기의 설치위치를 공기정화장치의 전단에 둘 수 있다.

② 국소배기장치는 유지보수가 용이한 구조로 하여야 한다.

(2) 후드

① 후드의 형식 등

㉠ 후드는 유해물질을 충분히 제어할 수 있는 구조와 크기로 하여야 하며, 후드의 형식 및 종류는 〈표 1〉과 같다.

‖ 〈표 1〉 후드의 형식 및 종류 ‖

형식	종류	비고
포위식 (Enclosing type)	유해물질의 발생원을 전부 또는 부분적으로 포위하는 후드	포위형(Enclosing type) 장갑부착상자형(Glove box hood) 드래프트 챔버형(Draft chamber hood) 건축부스형 등
외부식 (Exterior type)	유해물질의 발생원을 포위하지 않고 발생원 가까운 위치에 설치하는 후드	슬로트형(Slot hood) 그리드형(Grid hood) 푸쉬-풀형(Push-pull hood) 등
레시버식 (Receiver type)	유해물질이 발생원에서 상승기류, 관성기류 등 일정방향의 흐름을 가지고 발생할 때 설치하는 후드	그라인더카바형(Grinder cover hood) 캐노피형(Canopy hood)

㉡ 후드는 발생원을 가능한 한 포위하는 형태인 포위식 형식의 구조로 하고, 발생원을 포위할 수 없을 때는 발생원과 가장 가까운 위치에 외부식 후드를 설치하여야 한다. 다만, 유해물질이 일정한 방향성을 가지고 발생될 때는 레시버식 후드를 설치하여야 한다.

㉢ 상부면이 개방된 개방조에서 유해물질이 발생하는 경우에 설치하는 후드의 제어거리에 따른 형식과 설치위치는 다음 〈표 2〉를 참조하여야 한다.

‖ 〈표 2〉 개방조에 설치하는 후드의 구조와 설치위치 ‖

제어거리(m)	후드의 구조 및 설치위치	비고
0.5 미만	측면에 1개의 슬로트후드 설치	제어거리 : 후드의 개구면에서 가장 먼 거리에 있는 개방조의 가장자리까지의 거리
0.5~0.9	양측면에 각 1개의 슬로트후드 설치	
0.9~1.2	양측면에 각 1개 또는 가운데에 중앙선을 따라 1개의 슬로트후드를 설치하거나 푸쉬-풀형 후드 설치	
1.2 이상	푸쉬-풀형 후드 설치	

㉣ 슬로트후드의 외형단면적이 연결덕트의 단면적보다 현저히 큰 경우에는 후드와 덕트 사이에 충만실(Plenum chamber)을 설치하여야 하며, 이때 충만실의 깊이는 연결덕트 지름의 0.75배 이상으로 하거나 충만실의 기류속도를 슬로트 개구면 속도의 0.5배 이내로 하여야 한다.

㉤ 후드의 흡입방향은 가급적 비산 또는 확산된 유해물질이 작업자의 호흡영역을 통과하지 않도록 하여야 한다.

㉥ 후드 뒷면에서 주덕트 접속부까지의 가지덕트 길이는 가능한 한 가지덕트 지름의 3배 이상 되도록 하여야 한다. 다만, 가지덕트가 장방형 덕트인 경우에는 원형 덕트의 상당 지름을 이용하여야 한다.

㉦ 후드의 형태와 크기 등 구조는 후드에서의 유입손실이 최소화되도록 하여야 한다.

◎ 후드가 설비에 직접 연결된 경우 후드의 성능 평가를 위한 정압 측정구를 후드와 덕트의 접합 부분(hood throat)에서 주덕트 방향으로 1~3직경 정도에 설치한다.

② 제어풍속

㉠ 유해물질별 후드의 형식과 제어풍속은 작업장 내의 유해물질 농도가 노출기준 미만이 되도록 하기 위해 [별표 2]에서 정하는 기준 이상의 제어풍속이 되어야 한다.

㉡ 제어풍속을 조절하기 위하여 각 후드마다 댐퍼를 설치하여야 한다. 다만, 압력평형방법에 의해 설치된 국소배기장치에는 가능한 한 사용하지 않는 것이 원칙이다.

[별표 2]

유해물질별 후드형식과 제어풍속

1. 분진

   가. 국소배기장치[연삭기, 드럼 샌더(drum sander) 등의 회전체를 가지는 기계에 관련되어 분진작업을 하는 장소에 설치하는 것은 제외한다]의 제어풍속

분진 작업 장소	제어풍속(m/sec)			
	포위식 후드의 경우	외부식 후드의 경우		
		측방 흡인형	하방 흡인형	상방 흡입형
암석 등 탄소원료 또는 알루미늄박을 체로 거르는 장소	0.7	–	–	–
주물모래를 재생하는 장소	0.7	–	–	–
주형을 부수고 모래를 터는 장소	0.7	1.3	1.3	–
그 밖의 분진작업장소	0.7	1.0	1.0	1.2

[비고]
1. 제어풍속이란 국소배기장치의 모든 후드를 개방한 경우의 제어풍속으로서 다음의 위치에서 측정한다.
   가. 포위식 후드에서는 후드 개구면
   나. 외부식 후드에서는 해당 후드에 의하여 분진을 빨아들이려는 범위에서 그 후드 개구면으로부터 가장 먼 거리의 작업위치

   나. 국소배기장치 중 연삭기, 드럼 샌더 등의 회전체를 가지는 기계에 관련되어 분진작업을 하는 장소에 설치된 국소배기장치 후드의 설치방법에 따른 제어풍속

후드의 설치방법	제어풍속(m/sec)
회전체를 가지는 기계 전체를 포위하는 방법	0.5
회천체의 회전으로 발생하는 분진의 흩날림 방향을 후드의 개구면으로 덮는 방법	5.0
회전체만을 포위하는 방법	5.0

[비고]
제어풍속이란 국소배기장치의 모든 후드를 개방한 경우의 제어풍속으로서, 회전체를 정지한 상태에서 후드의 개구면에서의 최소 풍속을 말한다.

2. 관리대상 유해물질

물질의 상태	후드 형식	제어풍속(m/sec)
가스상태	포위식 포위형	0.4
	외부식 측방흡인형	0.5
	외부식 하방흡인형	0.5
	외부식 상방흡인형	1.0
입자상태	포위식 포위형	0.7
	외부식 측방흡인형	1.0
	외부식 하방흡인형	1.0
	외부식 상방흡인형	1.2

[비고]
1. "가스상태"란 관리대상 유해물질이 후드로 빨아들여질 때의 상태가 가스 또는 증기인 경우를 말한다.
2. "입자상태"란 관리대상 유해물질이 후드로 빨아들여질 때의 상태가 흄, 분진 또는 미스트인 경우를 말한다.
3. "제어풍속"이란 국소배기장치의 모든 후드를 개방한 경우의 제어풍속으로서 다음에 따른 위치에서의 풍속을 말한다.
   가. 포위식 후드에서는 후드 개구면에서의 풍속
   나. 외부식 후드에서는 해당 후드에 의하여 관리대상 유해물질을 빨아들이려는 범위 내에서 해당 후드 개구면으로부터 가장 먼 거리의 작업위치에서의 풍속

3. 허가대상 유해물질

물질의 상태	제어풍속(m/sec)
가스상태	0.5
입자상태	1.0

[비고]
1. 이 표에서 제어풍속이란 국소배기장치의 모든 후드를 개방한 경우의 제어풍속을 말한다.
2. 이 표에서 제어풍속은 후드의 형식에 따라 다음에서 정한 위치에서의 풍속을 말한다.
   가. 포위식 또는 부스식 후드에서는 후드의 개구면에서의 풍속
   나. 외부식 또는 리시버식 후드에서는 유해물질의 가스·증기 또는 분진이 빨려들어가는 범위에서 해당 개구면으로부터 가장 먼 작업위치에서의 풍속

③ 배풍량 계산

 ㉠ 각 후드에서의 배풍량은 〈별표 2〉에서 정하는 제어풍속 이상을 유지하여야 하며 그 계산방법
  은 [별표 3]와 같다.

 ㉡ 배풍량 계산시 정상조건은 21℃, 1기압을 기준으로 하여야 한다.

[별표 3]

후드의 형태별 배풍량 계산식

후드 형태	명칭	개구면의 세로/가로 비율(W/L)	배풍량(m³/min)
	외부식 슬로트형	0.2 이하	$Q = 60 \times 3.7LVX$
	외부식 플렌지부착 슬로트형	0.2 이하	$Q = 60 \times 2.6LVX$
 $A = WL$(sq.ft.)	외부식 장방형	0.2 이상 또는 원형	$Q = 60 \times V(10X^2 + A)$
	외부식 플렌지부착 장방형	0.2 이상 또는 원형	$Q = 60 \times 0.75\,V(10X^2 + A)$
	포위식 부스형		$Q = 60 \times VA$ $\quad = 60\,VWH$
	레시버식 캐노피형		$Q = 60 \times 1.4PVD$ P : 작업대의 주변길이(m) D : 작업대와 후드 간의 거리(m)

후드 형태	명칭	개구면의 세로/가로 비율(W/L)	배풍량(m3/min)
	외부식다단 슬로트형	0.2 이상	$Q = 60 \times V(10X^2 + A)$
	외부식 플렌지부착 다단 슬로트형	0.2 이상	$Q = 60 \times 0.75 V(10X^2 + A)$

주) Q : 배풍량(m³/min), L : 슬로트길이(m), W : 슬로트폭(m), V : 제어풍속(m/s), A : 후드 단면적(m²), X : 제어거리(m), H : 높이(m)

④ 후드의 재질선정

㉠ 후드는 내마모성 또는 내부식성 등의 재료 또는 도포한 재질을 사용하고, 변형 등이 발생하지 않는 충분한 강도를 지닌 재질로 하여야 한다.

㉡ 후드의 입구측에 강한 기류음이 발생하는 경우 흡음재를 부착하여야 한다.

⑤ 방해기류 영향 억제

후드의 흡인기류에 대한 방해기류가 있다고 판단될 때에는 작업에 영향을 주지 않는 범위 내에서 기류 조정판을 설치하는 등 필요한 조치를 하여야 한다.

⑥ 신선한 공기 공급

㉠ 국소배기장치를 설치할 때에는 배기량과 같은 양의 신선한 공기가 작업장 내부로 공급될 수 있도록 공기유입부 또는 급기시설을 설치하여야 한다.

㉡ 신선한 공기의 공급방향은 유해물질이 없는 가장 깨끗한 지역에서 유해물질이 발생하는 지역으로 향하도록 하여야 하며, 가능한 한 근로자의 뒤쪽에 급기구가 설치되어 신선한 공기가 근로자를 거쳐서 후드방향으로 흐르도록 하여야 한다.

㉢ 신선한 공기의 기류속도는 근로자 위치에서 가능한 한 0.5m/sec를 초과하지 않도록 하고, 작업공정이나 후드의 근처에서 후드의 성능에 지장을 초래하는 방해기류를 일으키지 않도록 하여야 한다.

(3) 덕트

① 재질의 선정 등

㉠ 덕트는 내마모성, 내부식성 등의 재료 또는 도포한 재질을 사용하고, 변형 등이 발생하지 않는 충분한 강도를 지닌 재질로 하여야 한다.

㉡ 덕트는 [그림 1]와 같이 가능한 한 원형관을 사용하고, 다음의 사항에 적합하도록 하여야 한다.

ⓐ 덕트의 굴곡과 접속은 공기흐름의 저항이 최소화될 수 있도록 할 것

ⓑ 덕트 내부는 가능한 한 매끄러워야 하며, 마찰손실을 최소화 할 것

ⓒ 마모성, 부식성 유해물질을 반송하는 덕트는 충분한 강도를 지닐 것

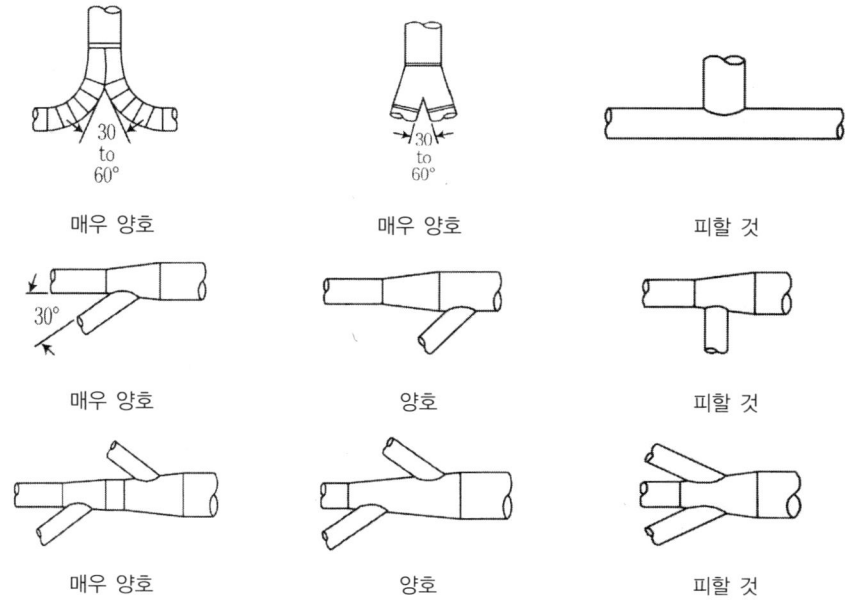

매우 양호	매우 양호	피할 것
매우 양호	양호	피할 것
매우 양호	양호	피할 것

‖ [그림 1] 분지관의 연결형태 ‖

② 덕트의 접속 등

  ㉠ 덕트의 접속 등은 다음의 사항에 적합하도록 설치하여야 한다.
    ⓐ 접속부의 내면은 돌기물이 없도록 할 것
    ⓑ 곡관(Elbow)은 5개 이상의 새우등 곡관으로 연결하거나, 곡관의 중심선 곡률 반경이 덕트 지름의 2.5배 내외가 되도록 할 것
    ⓒ 주덕트와 가지덕트의 접속은 30° 이내가 되도록 할 것
    ⓓ 확대 또는 축소되는 덕트의 관은 경사각을 15° 이하로 하거나, 확대 또는 축소 전후의 덕트 지름 차이가 5배 이상 되도록 할 것
    ⓔ 접속부는 덕트 소용돌이(Vortex)기류가 발생하지 않는 구조로 할 것
    ⓕ 가지덕트가 2개 이상인 경우 주덕트와의 접속은 각각 적절한 방향과 간격을 두고 접속하여 저항이 최소화되는 구조로 하고, 2개 이상의 가지덕트를 확대관 또는 축소관의 동일한부위에 접속하지 않도록 할 것
  ㉡ 덕트 내부에는 분진, 흄, 미스트 등이 퇴적할 수 있으므로 청소가 가능한 부위에 청소구를 설치하여야 한다.
  ㉢ 미스트나 수증기 등 응축이 일어날 수 있는 유해물질이 통과하는 덕트에는 덕트에 응축된 미스트나 응축수 등을 제거하기 위한 드레인밸브(Drain valve)를 설치하여야 한다.
  ㉣ 덕트에는 덕트 내 반송속도를 측정할 수 있는 측정구를 적절한 위치에 설치하여야 하며, 측정구의 위치는 균일한 기류상태에서 측정하기 위해서, 엘보, 후드, 가지덕트 접속부 등 기류변동이 있는 지점으로부터 최소한 덕트 지름의 7.5배 이상 떨어진 하류 측에 설치하여야 한다.
  ㉤ 덕트의 진동이 심한 경우, 진동전달을 감소시키기 위하여 지지대 등을 설치하여야 한다.

   ⓑ 플렌지를 이용한 덕트 연결 시에는 가스킷을 사용하여 공기의 누설을 방지하고, 볼트체결부에는 방진고무를 삽입하여야 한다.

   ⓐ 덕트 길이가 1m 이상인 경우, 견고한 구조로 지지대 등을 설치하여 휨 등에 의한 구조변화나 파손 등이 발생하지 않도록 하여야 한다.

   ⓞ 작업장 천정 등의 설치공간 부족으로 덕트형태가 변형될 때에는 그에 따르는 압력손실이 크지 않도록 설치하여야 한다.

   ⓩ 주름관 덕트(Flexible duct)는 가능한 한 사용하지 않는 것이 원칙이나, 필요에 의하여 사용한 경우에는 접힘이나 꼬임에 의해 과도한 압력손실이 발생하지 않도록 최소한의 길이로 설치하여야 한다.

③ 반송속도 결정

 덕트에서의 반송속도는 국소배기장치의 성능향상 및 덕트 내 퇴적을 방지하기 위하여 유해물질의 발생형태에 따라 〈표 3〉에서 정하는 기준에 따라야 한다.

‖ 〈표 3〉 유해물질의 덕트 내 반송속도 ‖

유해물질 발생형태	유해물질 종류	반송속도(m/s)
증기·가스·연기	모든 증기, 가스 및 연기	5.0~10.0
흄	아연흄, 산화알미늄 흄, 용접흄 등	10.0~12.5
미세하고 가벼운 분진	미세한 면분진, 미세한 목분진, 종이분진 등	12.5~15.0
건조한 분진이나 분말	고무분진, 면분진, 가죽분진, 동물털분진 등	15.0~20.0
일반 산업분진	그라인더분진, 일반적인 금속분말분진, 모직물분진, 실리카분진, 주물분진, 석면분진 등	17.5~20.0
무거운 분진	젖은 톱밥분진, 입자가 혼입된 금속분진, 샌드 블라스트분진, 주절 보링분진, 납분진	20.0~22.5
무겁고 습한 분진	습한 시멘트분진, 작은 칩이 혼입된 납분진, 석면덩어리 등	22.5 이상

④ 압력평형의 유지

   ㉠ 덕트 내의 공기흐름은 압력손실이 가능한 한 최소가 되도록 설계되어야 한다.

   ㉡ 설계 시에는 후드, 충만실, 직선덕트, 확대 또는 축소관, 곡관, 공기정화장치 및 배기구 등의 압력손실과 합류관의 접속각도 등에 의한 압력손실이 포함되도록 하여야 한다.

   ㉢ 주덕트와 가지덕트의 연결점에서 각각의 압력손실의 차가 10% 이내가 되도록 압력평형이 유지되도록 하여야 한다.

⑤ 추가 설치 시 조치

   ㉠ 기설치된 국소배기장치에 후드를 추가로 설치하고자 하는 경우에는 추가로 인한 국소배기장치의 전반적인 성능을 검토하여 모든 후드에서 제어풍속을 만족할 수 있을 때에만 후드를 추가하여 설치할 수 있다.

   ㉡ ①에 의하여 성능을 검토하는 경우에는 배기풍량, 후드의 제어풍속, 압력손실, 덕트의 반송속도 및 압력평형, 배풍기의 동력과 회전속도, 전기정격용량 등을 고려하여야 한다.

⑥ 화재폭발 등

　㉠ 화재·폭발의 우려가 있는 유해물질을 이송하는 덕트의 경우, 작업장 내부로 화재·폭발의 전파방지를 위한 방화댐퍼를 설치하는 등 기타 안전상 필요한 조치를 하여야 한다.

　㉡ 국소배기장치 가동중지 시 덕트를 통하여 외부공기가 유입되어 작업장으로 역류될 우려가 있는 경우에는 덕트에 기류의 역류 방지를 위한 역류방지댐퍼를 설치하여야 한다.

(4) 공기정화장치

① 구조 등

　㉠ 공기정화장치는 다음에 적합한 구조로 하여야 한다.

　　ⓐ 마모, 부식과 온도에 충분히 견딜 수 있는 재질로 선정할 것

　　ⓑ 공기정화장치에서 정화되어 배출되는 배기 중 유해물질의 농도는 다른 법령에서 정하는 바에 따른다.

　　ⓒ 압력손실이 가능한 한 작은 구조로 설계할 것

　　ⓓ 화재·폭발의 우려가 있는 유해물질을 정화하는 경우에는 방산구를 설치하는 등 필요한 조치를 하여야 하며, 이 경우 방산구를 통해 배출된 유해물질에 의한 근로자의 노출이나 2차 재해의 우려가 없도록 할 것

　㉡ 설치한 공기정화장치는 접근과 청소 및 정기적인 유지보수가 용이한 구조이어야 한다.

　㉢ 공기정화장치 막힘에 의한 유량 감소를 예방하기 위해 공기정화장치는 차압계를 설치하여 상시 차압을 측정하여야 한다.

② 공기정화장치의 선정

　㉠ 공기정화장치는 유해물질의 종류, 발생량, 입자의 크기, 형태, 밀도, 온도 등을 고려하여 선정하여야 한다.

　㉡ ①의 규정에 의한 공기정화장치는 〈표 4〉의 구분에 따른 공기정화방식 또는 이와 동등이상 성능을 가진 공기정화장치를 설치하여야 한다.

《표 4》 유해물질의 발생형태별 공기정화방식

유해물질 발생형태			유해물질 종류	비고
분진	분진 지름 (μm)	5 미만	여과방식, 전기제진방식	분진지름 : 중량법으로 측정한 입경분포에서 최대빈도를 나타내는 입자 지름
		5~20	습식정화방식, 여과방식, 전기제진방식	
		20 이상	습식정화방식, 여과방식, 관성방식, 원심력방식 등	
흄			여과방식, 습식정화방식, 관성방식 등	
미스트·증기·가스			습식정화방식, 흡수방식, 흡착방식, 촉매산화방식, 전기제진방식 등	

③ 성능유지

　㉠ 공기정화장치를 거친 유해가스의 농도는 환경부의 환경 관련 법령에서 정하는 배출허용기준을 만족하도록 하여야 한다. 다만, 배기구를 옥내에 설치하고자 하는 경우에는 공기정화장치를 거친 유해가스에 포함된 유해물질로 인하여 작업장의 작업환경농도가 고용노동부장관이 정하는 유해물질의 노출기준을 초과하지 않도록 하여야 한다.

ⓛ 작업장 내부에 설치하는 공기정화장치는 작업장 내부로 유입 및 확산을 방지하기 위하여 덮개를 설치하고, 배기구를 옥외의 안전한 위치에 설치하여야 한다.

(5) 배풍기

① 배풍기의 형식 및 구조 등

ㄱ 배풍기는 국소배기장치 설계 시에 계산된 압력과 배기량을 만족시킬 수 있는 크기로 규격을 선정하여야 한다.

ㄴ 설치되는 국소배기 시설에 많은 압력이 소요될 경우 압력에 강한 후향날개형 배풍기를 사용하고, 많은 유량이 필요한 경우 전향날개형 배풍기를, 분진이 많이 발생되는 작업이나 용접작업에는 날개에 분진이 퇴적되지 않는 평판형 배풍기를 사용하여야 한다.

ㄷ 배풍기의 날개나 구성물은 내마모성, 내산성, 내부식성 재질을 사용하여 임펠러와 케이싱의 마모, 부식이나, 분진의 퇴적에 의한 성능저하 또는 소음·진동이 발생하지 않도록 하여야 한다.

ㄹ 화재 및 폭발의 우려가 있는 유해물질을 이송하는 배풍기는 방폭구조로 하여야 한다.

ㅁ 전동기는 부하에 다소간 변동이 있어도 안정된 성능을 유지하고 가능한 한 소음·진동이 발생하지 않는 것을 사용하여야 하며, 과부하 시의 과전류보호장치, 벨트구동부분의 방호장치 등 기타 기계·기구 및 전기로 인한 위험예방에 필요한 안전상의 조치를 하여야 한다.

② 소요 축동력 산정

배풍기의 소요 축동력은 배풍량, 후드 및 덕트의 압력손실, 전동기의 효율, 안전계수 등을 고려하여 작업장 내에서 발생하는 유해물질을 효율적으로 제거할 수있는 성능으로 산정하여야 한다.

③ 설치위치

ㄱ 배풍기는 가능한 한 옥외에 설치하도록 하여야 한다.

ㄴ 배풍기 전후에 진동전달을 방지하기 위하여 캔버스(Canvas)를 설치하는 경우 캔버스의 파손 등이 발생하지 않도록 조치하여야 한다.

ㄷ 배풍기의 전기제어반을 옥외에 설치하는 경우에는 옥내작업장의 작업영역 내에 국소배기장치를 가동할 수 있는 스위치를 별도로 부착하여야 한다.

ㄹ 옥내작업장에 설치하는 배풍기는 발생하는 소음 및 진동에 대한 밀폐시설, 흡음시설, 방진시설 설치 등 소음·진동 예방조치를 하여야 한다.

ㅁ 배풍기에서 발생한 강한 기류음이 덕트를 거쳐 작업장 내부 또는 외부로 전파되는 경우, 소음 감소를 위하여 소음감소장치를 설치하는 등 필요한 조치를 하여야 한다.

ㅂ 배풍기의 설치 시 기초대는 견고하게 하고 평형상태를 유지하도록 하되, 바닥으로의 진동의 전달을 방지하기 위하여 방진스프링이나 방진고무를 설치하여야 한다.

ㅅ 배풍기는 구조물 지지대, 난간 등과 접속하지 않아야 한다.

ㅇ 강우, 응축수 등에 의하여 배풍기의 케이싱과 임펠러의 부식을 방지하기 위하여 배풍기 내부에 고인 물을 제거할 수 있도록 배수 밸브(Drain valve)를 설치하여야 한다.

ㅈ 배풍기의 흡입부분 또는 토출부분에 댐퍼를 사용한 경우에는 반드시 댐퍼고정장치를 설치하여 작업자가 배풍기의 배풍량을 임의로 조절할 수 없는 구조로 하여야 한다.

(6) 배기구의 설치

① 옥외에 설치하는 배기구는 지붕으로부터 1.5m 이상 높게 설치하고, 배출된 공기가 주변 지역에 영향을 미치지 않도록 상부 방향으로 10m/s 이상 속도로 배출하는 등 배출된 유해물질이 당해 작업장으로 재유입되거나 인근의 다른 작업장으로 확산되어 영향을 미치치 않는 구조로 하여야 한다.

② 배기구는 [그림 2]의 최종 배기구 종류를 참조하여 내부식성, 내마모성이 있는 재질로 설치하고, 배기구의 하단에 배수밸브를 설치하여야 한다.

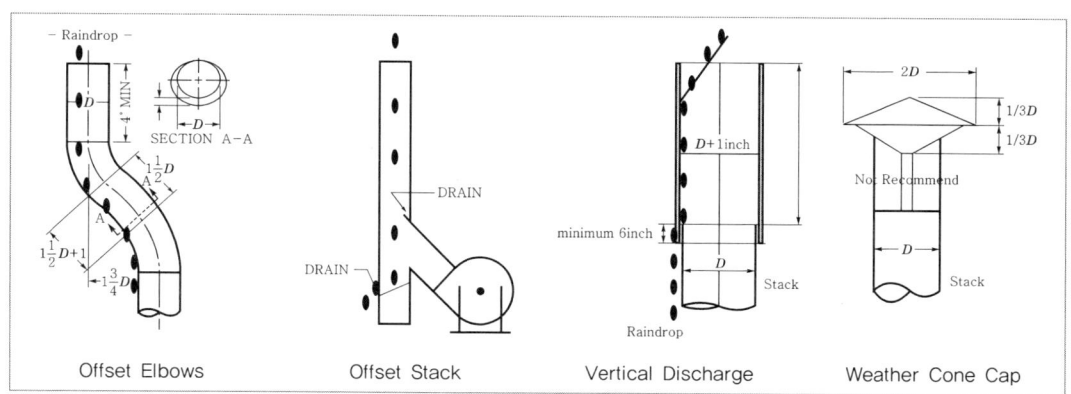

‖[그림 2] 최종 배기구의 종류‖

4. 산업환기설비의 유지관리

(1) 국소배기장치 검사시기

국소배기장치 등의 효율적인 유지관리를 위해 다음에서 정하는 바에 따라 검사를 실시하여야 한다.

① 신규로 설치된 국소배기장치 최초 사용 전
② 국소배기장치 개조 및 수리 후 사용 전
③ 법에 따른 안전검사 대상 국소배기장치
④ 최근 2년간 작업환경측정 결과 노출기준 50% 이상일 경우 해당 국소배기장치

(2) 국소배기장치 등의 가동

① 국소배기장치는 근로자의 건강, 화재 및 폭발, 가스 등의 유해·위험성을 고려하여 안전하게 가동되어야 한다.

② 국소배기장치는 작업 중 계속 가동하여야 하며, 작업시작 전과 종료 후 일정시간 가동하여야 한다. 다만, 작업이 미실시 되는 시간이라도 유해물질에 의한 작업환경이 지속적으로 오염될 우려가 있는 경우에는 국소배기장치를 계속 가동하여야 한다.

③ 공기정화장치의 가동은 제조 및 시공자의 지침서에 따라 조작하고, 가동 중 공기 정화장치의 성능 저하시에는 즉시 청소·보수·교체 기타 필요한 조치를 하여야 한다.

④ 배풍기와 전동기의 베어링 등 구동부에는 주기적으로 윤활유를 주유하고, 벨트가 파손되거나 느슨해진 경우에는 벨트 전부를 새것으로 교체하여야 한다.

⑤ 검사 결과 이상이 있는 경우, 반드시 수리나 부대품교체 등을 하여 성능이 항상 유지될 수 있도록 하여야 한다.

국소배기장치 구입 및 사용 시 안전보건 기술지침

1. 용어의 정의

(1) 국소배기장치 (Local exhaust ventilation)

작업장 내 발생한 유해물질이 근로자에게 노출되기 전에 포집·제거·배출하는 장치로서 후드, 덕트, 공기정화장치, 송풍기, 배기구로 구성된 것을 말한다.

(2) 후드 (Hood)

유해물질을 함유한 공기를 덕트에 흡인하기 위해 만들어진 흡입구를 말한다.

(3) 덕트 (Duct)

후드에서 흡인한 기류를 운반하기 위한 관을 말한다.

(4) 공기정화장치 (Air Cleaner)

후드에서 흡인한 공기 속에 포함된 유해물질을 제거하여 공기를 정화하는 장치를 말한다.

(5) 배풍기(혹은 송풍기) (Fan)

공기를 이송하기 위하여 에너지를 주는 장치를 말한다.

(6) 배기구 (Stack)

공기를 최종적으로 실외로 이송시키는 배출구를 말한다.

(7) 댐퍼 (Damper)

공기가 흐르는 통로에 저항체를 넣어 유량을 조절하는 장치를 말한다.

(8) 제어풍속 (Control velocity 또는 Capture velocity)

발생원에서 근로자를 향해 오는 유해물질을 잡아 횡단방해기류를 극복하고 후드 방향으로 흡인하는 데 필요한 기류의 속도를 말한다.

(9) 반송속도 (Transport velocity)

유해물질이 덕트 내에서 퇴적이 일어나지 않고 이동하기 위하여 필요한 최소 속도를 말한다.

(10) 양압 (Positive pressure)

작업장 내 압력이 외기보다 높은 상태를 말한다.

(11) 음압 (Negative pressure)

작업장 내 압력이 외기보다 낮은 상태를 말한다.

(12) 보충용 공기 (Make-up air)

배기로 인하여 부족해진 공기를 작업장에 공급하는 공기를 말한다.

(13) 플레넘(혹은 공기충만실) (Plenum)

공기의 흐름을 균일하게 유지시켜 주기 위해 후드나 덕트의 큰 공간을 말한다.

2. 국소배기장치 구입 전 고려사항

(1) 국소배기장치가 없어도 작업이 가능한지 다음의 사항을 점검한다.

① 유해물질이 발생하지 않도록 할 것
② 유해물질의 배출량을 줄일 것
③ 작업자에게 덜 해로운 물질을 사용할 것
④ 유해물질의 발생회수나 발생시간이 적은 공정으로 바꿀 것
⑤ 유해물질에 노출되는 작업자의 수를 줄일 것
⑥ 뚜껑을 닫는 등 간단한 노출방지 방법을 사용할 것

(2) 국소배기장치 설치 전 다음을 고려해야 한다.

① 일반적인 생각과는 달리 국소배기장치가 매우 정교하게 설계되어 설치되지 않으면 유해물질의 배출이 용이하지 않다.
② 한번 잘못 설치되면 무용지물이 되거나 재설치 시 엄청난 비용 부담이 발생한다.
③ 올바른 작동에 대한 명확한 확신이 없다면 전문가의 도움을 받아야 한다.
  한국산업안전보건공단의 국소배기장치 전문가의 도움을 받도록 한다.
④ 3개 이상의 업체에게 작업공정을 보여 주고 환기방법에 대한 설명을 듣는다.
⑤ 필요하면 각 업체가 설계 및 시공한 업체를 방문하여 시공 후 환기가 잘 되는지 확인한다.
⑥ 설계 및 시공은 비용이 많이 들더라도 경험이 풍부한 업체에 맡기고 A/S에 대한 확실한 보장을 받도록 한다.

3. 일반적인 국소배기장치 설치 원칙

① 국소배기장치는 반드시 후드 → 덕트 → 공기정화장치 → 송풍기 → 배기구의 순서대로 설치되어야 한다.
② 국소배기장치의 작동이 잘되기 위해서는 보충용 공기를 공급하여 작업장 안을 양압으로 유지시켜야 한다.
③ 공정에 지장을 받지 않는 한 후드는 유해물질 배출원에 가능한 한 가깝게 설치한다.
④ 처리조에서 공기보다 무거운 유해물질이 배출된다고 하더라도 후드의 위치는 바닥이 아닌 오염원의 상방 혹은 측방이어야 한다.
⑤ 덕트는 사각형관이 아닌 원형관이어야 한다.

4. 후드

(1) 포위식 후드

① 포위식 후드는 작업공정이 어떤 형태이든 가장 먼저 고려되어야 한다.

② 개구부에서 일정한 공기 흐름을 유지하기 위해 다음의 조치를 취한다.

　㉠ 후드의 뒤편의 깊이를 상대적으로 깊게 한다.

　㉡ 플레넘을 설치한다.

　㉢ 후드와 덕트의 연결부분(테이퍼)의 각도를 45°로 유지한다.

　㉣ 분리영역(Separation)을 만들지 않기 위해서는 개구부의 높이와 폭을 확장시킨다.

　㉤ 보조 공기를 공급하여 공기흐름을 일정하게 만든다. 하방 부스식 후드의 경우 공기 흐름이 너무 늦거나 빠르지 않게 조절해야 한다([그림 1] 참조).

　㉥ 고열공정의 후드는 측방보다는 상방으로 설치해야 한다.

　㉦ 실험실 후드의 경우 후드 안쪽에 차단판을 설치하여 공기의 흐름을 일정하게 유지시켜야 한다([그림 2] 참조).

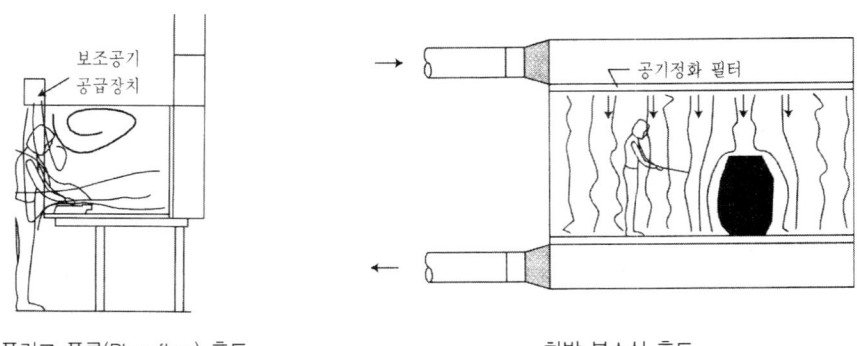

플러그 플루(Plug flow) 후드　　　　　　하방 부스식 후드

| [그림 1] 일정한 공기 흐름 |

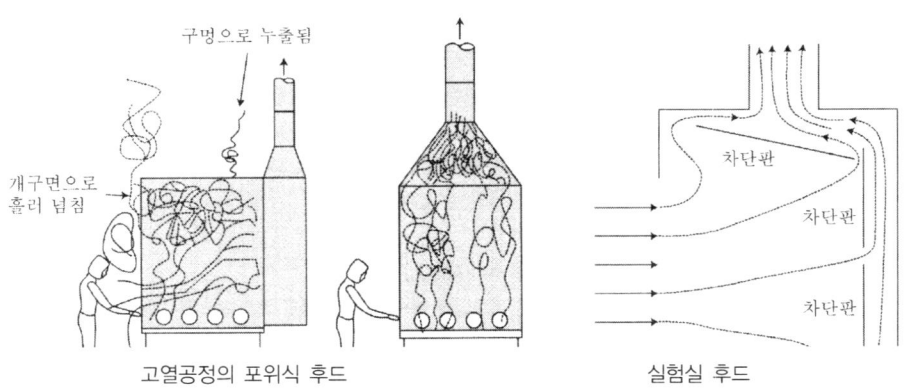

고열공정의 포위식 후드　　　　　　실험실 후드

| [그림 2] 고열공정과 실험실 후드 |

(2) 리시버식 후드

① 가열로(Furnace)에서 생기는 상승기류나 회전연마기(Grinder)에서 나오는 피연마물체를 잡는데 적합하다.

② 입자가 너무 작아 관성의 영향력을 받지 못하거나 충분한 속도를 내 주지 못하는 공정에는 적합하지 못하다.

(3) 외부식 후드

외부식 후드는 다음과 같이 분류할 수 있다([그림 3] 참조).

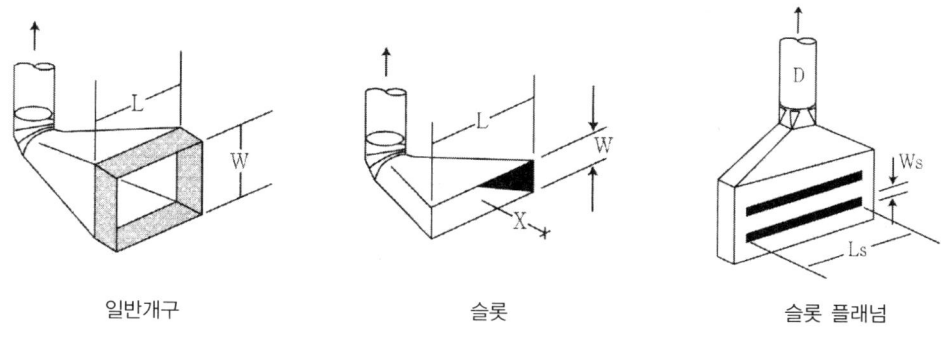

일반개구   슬롯   슬롯 플래넘

‖ **[그림 3] 외부식 후드의 형태** ‖

① 일반개구의 경우 반드시 플랜지(Flange)를 부착한다([그림 4] 참조).

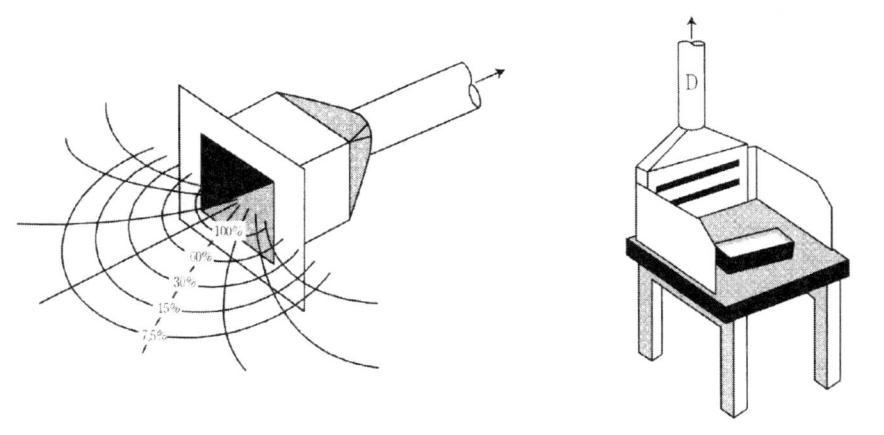

‖ **[그림 4] 플랜지부착 외부식 후드** ‖   ‖ **[그림 5] 차단판이 있는 슬롯 후드** ‖

② 차단판이 있는 슬롯 후드의 경우 횡단방해기류의 속도가 느리면 흡인 효과 우수하지만 이 속도가 너무 빠르면 공기흐름에 채널(Channel)이 생겨 차단판 위쪽으로 오염공기가 올라감으로 흡인효과가 감소한다([그림 5] 참조).

③ 유해물질 발생원과 개구부 사이에 물체가 없어야 한다.

④ 유해물질의 발생 속도가 너무 빠르거나 상승기류가 생기면 외부식 후드가 적합하지 않을 수 있다. 이럴 경우 기류의 방향에 따라 후드의 위치를 조절해야 한다.

⑤ 푸쉬-풀(Push-pull) 후드의 경우 중간에 물체가 놓여 있다면 푸쉬공기가 물체에 부딪혀 유해물질이 작업장으로 비산된다(그림 6] 참조).

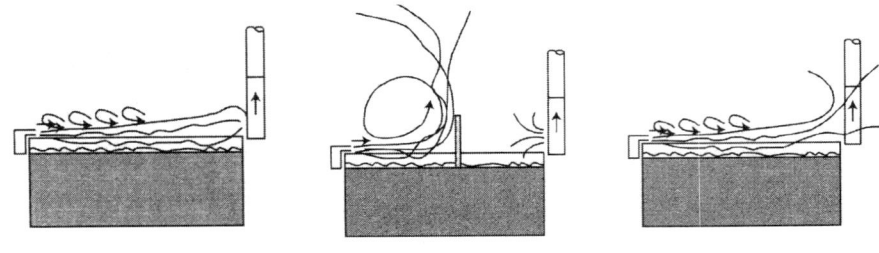

푸쉬와 풀 유량의 밸런스가 양호   중간에 물체가 있는 경우   푸쉬가 풀 유량보다 너무 많음

‖ [그림 6] 푸쉬-풀 후드의 공기 유량 밸런스 ‖

⑥ 푸쉬-풀 후드의 경우 풀(배기) 유량이 후드에 도착하는 푸쉬(급기) 유량의 1.5~2.0배가 적합하다.

⑦ 공기흐름을 일정하게 유지시켜 처리조에서 유해물질이 흘러넘치는 일류현상을 없애기 위해서는 반드시 슬롯 플레넘 후드를 설치한다. 비열원의 도금조, 담금조에 적합하다.

5. 덕트

(1) 덕트 내 반송속도는 〈표 1〉과 같다.

‖ 〈표 1〉 유해물질별 덕트 내 반송속도 ‖

유해물질의 특성	실제 사례	반송속도, m/sec
증기, 가스, 연기	모든 증기, 가스 및 연기	5~10
흄	용접흄	10~13
아주 작고 가벼운 분진	가벼운 면분진, 목분진, 암석가루	13~15
건조한 분진이나 분말	고무분진, 황마분진, 보통의 면분진, 이발분진, 비누가루, 면도분진	15~20
보통의 산업분진	톱밥가루, 마쇄가루, 가죽분진, 모직물류, 커피가루, 구두먼지, 화강암 분진, 락카분진, 파쇄블록가루, 흙가루, 석회가루	18~20
무거운 분진	금속가루, 주물가루, 모래분진, 무거운 톱밥, 가축똥 분진, 황동분진, 주철분진, 납분진	20~23
무겁고 습한 분진	습한 납분진, 습한 시멘트가루, 석면섬유, 끈적이는 가죽분진, 생석회 가루	23 이상

(2) 주관과 분지관의 연결방법은 [그림 7]을 따른다.

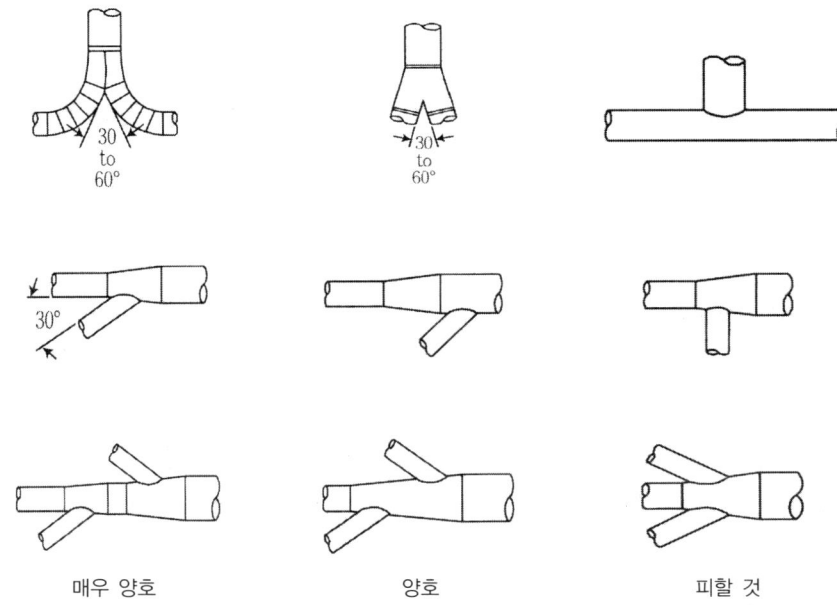

| 매우 양호 | 양호 | 피할 것 |

[그림 7] 주관 및 분지관의 연결방법

6. 공기정화장치

(1) 공기정화장치 구입에 가장 큰 영향을 주는 것은 유해물질의 농도와 입자크기이다.

(2) 대기오염에 대한 규제기준을 충족시키기 위해서는 유해물질의 제거효율을 알아야 한다.

(3) 공기와 유해물질의 물리적인 특성은 다음과 같다.

　① 유해물질의 종류와 물리적인 상태

　② 각 유해물질의 평균 배출량, 단시간의 최고 배출량

　③ 입자상 물질인 경우 입자분포, 모양, 밀도 그리고 집진장치에 영향을 줄 수 있는 기타 특성(예를 들어, 끈적거림 정도)

　④ 배출가스의 온도, 습도

(4) 초기설치비와 유지관리 시 소요되는 비용을 알아야 한다.

(5) 제거 유해물질의 최종 처분방법을 알아야 한다.

7. 송풍기

(1) 송풍기는 설계 시 계산된 압력(송풍기정압)과 배기량(송풍량)을 만족시킬 수 있는 크기의 송풍기를 구입한다.

(2) 유해물질의 이화학적 특성 및 공정의 특성에 따라 내마모성, 내산성, 내부식성 재질의 임펠러를 선택한다.

(3) 마모, 부식, 분진의 퇴적에 의한 성능저하가 발생하지 않아야 한다.

(4) 전동기는 부하에 다소간 변동이 있어도 안정된 성능을 유지해야 한다.

(5) 가능한 한 소음·진동이 적은 송풍기를 구입한다.

(6) 화재·폭발의 위험이 있는 유해물질을 이송해야 하는 경우에는 방폭구조로 된 송풍기를 구입한다.

(7) 원심형 송풍기의 특성과 용도는 〈표 2〉와 같다.

〈표 2〉 원심형 송풍기의 특성과 용도

종류	모양	특성	용도
전향날개형 (다익형, 시로코형)		• 길이가 짧고 깃폭이 넓은 여러 개의 날개(36~64매) • 낮은 효율(60%) • 과부하 걸리기 쉬움 • 회적속도가 낮으나 빠른 배출 속도 • 소음 발생 적음 • 가격이 저렴	• HVAC 시스템 • 낮은 정압에 적합 • 날개에 부착된 부착물 제거가 어려워 분진작업에 부적합
평판형 (방사형)		• 길이가 길고 폭이 좁은 가장 적은 수의 날개(6~12매) • 간단한 구조 • 회전차는 내마모성의 강한 재질 필요 • 고속회전이 가능 • 중간 정도의 최고 속도와 소음 발생 • 가격이 비쌈	• 높은 정압(500mmHg)에 적합 • 무겁고 고농도의 분진에 적합(시멘트, 톱밥, 연마 등) • 부착성이 강한 분진
후향날개형 (터보형)		• 길이와 폭은 방사형과 동일하며 중간 수의 날개(12~24매) • 효율이 좋고(85%) 안정적이 성능 • 과부하가 걸리지 않음 • 소음은 낮으나 가장 큰 구조	• 가장 광범위하게 사용 • 압력변동이 심한 경우 적합 • 비교적 깨끗한 공기에 적합
익형		• 깃 모양이 익형(airfoil)의 9~16개 날개 수 • 송풍량이 많아도 동력 증가하지 않음 • 기계효율이 가장 우수하며 소음도 가장 적음	• 비교적 깨끗한 공기의 환기장치나 HVAC 시스템에 적합 • 분진작업에 부적합

8. 보충용 공기의 공급

(1) 국소배기장치의 원활한 작동을 위해서 보충용 공기가 반드시 필요하다.

(2) 보충용 공기의 공급량은 배기량의 약 10% 정도가 넘어야 한다.

(3) 보충용 공기의 흐름이 깨끗한 지역의 공기가 유해물질이 존재하는 지역으로 흐르도록 유지해야 한다.

(4) 겨울철 공급용 공기의 온도는 18℃로 유지하는 것이 바람직하다.

(5) 여름철에는 외부공기를 보통 그대로 공급하지만 열부하가 심한 작업장에서는 냉각시켜서 공급해야 한다.

(6) 건물 밖의 보충용 공기 유입구는 배출된 유해물질의 재유입을 막을 수 있도록 위치시켜야 한다.

(7) 보충용 공기는 바닥에서부터 2.4~3.0m 높이로 유입되어야 한다.

9. 배기구 설치와 재유입 방지

(1) 아래로 내려 미는 공기 즉, 세류(洗流 : Downwash)를 없애기 위해서는 배기구의 속도가 바람 속도의 1.5배 이상이 되어야 한다.

(2) 배기구의 속도는 15m/sec가 적합하다.

(3) 빠른 배출속도가 낮은 배기구의 높이를 상쇄시킨다.

(4) 배기구의 속도가 13m/sec를 초과하면 빗방울의 배기구 유입을 막을 수 있다(빗방울의 속도는 10m/sec).

(5) 가능하면 배기구는 지붕에서 가장 높은 곳에 위치시킨다.

(6) 배기구는 빗물이 유입되지 않는 구조를 갖아야 한다. 가장 좋은 배기구의 모양은 실린더형이며 빗물 제거(Drain)가 필요하면 설치한다.

(7) 여러 개의 배기구 구조가 하나의 배기구 구조보다 공기의 확산이 잘 이루어져 유해물질의 재유입을 감소시킨다.

(8) 배출지점은 작업장의 공기 흡인지점(창문, 출입구, 침기 위치 등)에서 멀리있어야 한다.

(9) 높은 배기구가 능사가 아니며 적절한 공기청정장치의 설치가 유해물질의 재유입을 막아준다.

10. 국소배기장치의 점검

(1) 발연관(스모그테스터)을 이용한 개략적인 환기 상태의 확인
　① 발연관 양끝을 자르고 스퀴즈에 넣어 누르면 염화수소의 백색 흄이 분출된다.
　② 백색 흄이 공기흐름에 따라 이동하게 되므로 그 모습을 보고 후드나 작업장 내 공기의 흐름을 알 수 있다.

(2) 횡단측정법
　① 후드나 덕트에서의 공기흐름은 벽에 접한 부분의 속도는 느리고 중앙부분의 속도는 빠르다.
　② 후드나 덕트의 횡단면에 여러 개의 포인트를 정하고 속도나 속도압(동압)을 측정한 후 평균값을 산출하여 이것을 대푯값으로 사용한다.

(3) 공기 속도의 측정

① 제어풍속

    ㉠ 열선풍속계를 이용하여 후드에서 가장 멀리 떨어져 있는 오염원에서 발생한 유해물질이 후드로 흡인하는 속도를 측정해야 한다.

    ㉡ 오염 발생장소에서의 평균속도가 아니라 가장 낮은 속도를 측정해야 한다.

    ㉢ 열선풍속계는 풍향에 아주 민감하고 제어풍속은 매우 느리므로(0.3~2.0m/sec 정도) 횡단방해 기류를 제어풍속으로 오인하면 안 된다.

    ㉣ 발연관을 이용하여 측정지점에서의 풍향을 먼저 확인한 후에 풍속계의 센서가 풍향에 수직이 되도록 위치하여 측정해야 한다.

    ㉤ 후드별 제어풍속은 〈표 3〉을 따른다.

〈표 3〉 산업안전보건법의 국소배기장치 제어풍속

관리대상 유해물질에 대한 국소배기장치 (안전보건규칙 제429조 관련)

물질의 상태	후드형식	제어풍속(m/sec)
가스상태	포위식 포위식	0.4
	외부식 측방흡인형	0.5
	외부식 하방흡인형	0.5
	외부식 상방흡인형	1.0
입자상태	포위식 포위식	0.7
	외부식 측방흡인형	1.0
	외부식 하방흡인형	1.0
	외부식 상방흡인형	1.2

허가대상 유해물질, 금지 유해물질에 대한 국소배기장치 (안전보건규칙 제454조, 제500조)

물질의 상태	제어풍속(m/sec)
가스상태	0.5
입자상태	1.0

비고(제429조, 제454조, 제500조 모두 해당)

1. 이 표에서 제어풍속이란 국소배기장치의 모든 후드를 개방한 경우의 제어풍속을 말한다.
2. 이 표에서 제어풍속은 후드의 형식에 따라 다음에서 정한 위치에서의 풍속을 말한다.
    가) 포위식 또는 부스식 후드에서는 후드 개구면에서의 풍속
    나) 외부식 또는 리시버식 후드에서는 유해물질의 가스·증기 또는 분진이 빨려 들어가는 범위에서 해당 개구면으로부터 가장 먼 작업위치에서의 풍속

② 개구면 속도

    ㉠ 후드의 개구면 속도는 권장 값 혹은 약간 벗어나는 정도로 유지시켜야 한다.

    ㉡ 가장 정확한 방법은 후드와 연결된 덕트의 횡단공기유량을 측정하고 이것을 후드 개구면의 면적으로 나누어주는 것이다.

    ㉢ 대략적인 값을 측정하고자 할 때에는 후드에서 직접 속도를 측정할 수 있다.

③ 덕트 내 속도

  ㉠ 드릴을 이용하여 열선풍속계의 탐침이 들어갈 정도로 구멍을 뚫는다.

  ㉡ 측정지점은 곡관, 후드 및 분지관 합류점에서 뒤쪽으로 덕트 직경의 7배 이상이어야 한다.

  ㉢ 앞쪽 지점은 곡관, 후드 및 분지관 합류점에서 덕트 직경의 1배 이상 이어야 한다.

(4) 압력 측정

① 피토관 측정

  ㉠ 호스로 피토관의 압력 측정구와 마노메타를 연결한다.

  ㉡ 드릴을 이용하여 피토관이 들어갈 정도로 구멍을 뚫는다.

  ㉢ 피토관을 덕트와 수직이 되도록 덕트 내에 삽입하고 피토관 끝의 구멍이나 있는 부분을 공기 흐름 방향에 마주하도록 위치시킨다([그림 8] 참조).

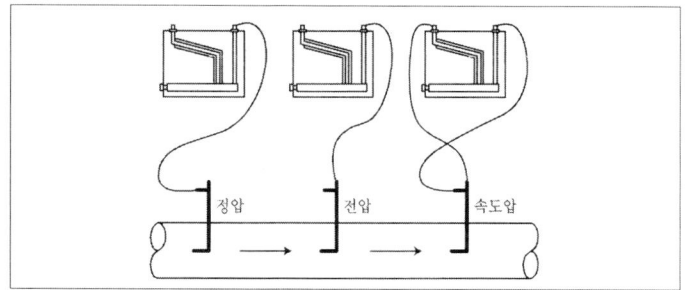

[그림 8] 피토관과 경사 마노메타를 이용한 덕트 내 압력 측정

  ㉣ 속도압은 낮은 속도에서는 잘 나타나지 않는 경우가 많기 때문에 전압과 정압을 측정하고 그 차이로 계산한다.

② 열선풍속계에 의한 정압 측정

  ㉠ 측정구의 직경은 1.5~3.0mm이면 충분하다.

  ㉡ 측정구 부위가 덕트의 안쪽으로 밀려들어가지 않도록 매끈하게 뚫어야 한다.

  ㉢ 제조사에 따라 양압과 음압을 측정하는 방식이 다르므로 주의해야 한다.

③ 후드 정압의 측정

  ㉠ 후드 정압을 정기적으로 측정하여 국소배기장치가 정상적으로 가동되고 있는지 확인해야 한다.

  ㉡ 측정구 위치는 후드와 덕트의 연결부(Takeoff)를 지난 지점에서부터 직경 2~4배 지점이 적당하다.

  ㉢ 과거보다 후드 정압이 떨어졌다면 원인은 다음 중 하나이다.

    ⓐ 측정구 뒤쪽 덕트가 막혔다

    ⓑ 측정구 앞쪽의 덕트가 새고 있다.

    ⓒ 측정구 뒤쪽의 연결부분이 막혔다.

    ⓓ 송풍기의 성능이 떨어졌다.

    ⓔ 공기정화장치가 막혔거나 유해물질이 과도하게 쌓여 있다.

  ㉣ 마노메타를 후드 정압 측정구에 설치해 놓고 작업자로 하여금 눈금의 변화가 생기면 곧바로 알리도록 교육시킨다.

11. 국소배기장치의 성능부족 원인과 대책

(1) 성능부족이란 제어풍속이 제대로 나오지 않아 유해물질이 충분히 배출되지 않는다는 의미이다.

(2) 흡인능력의 부족원인은 〈표 4〉와 같이 요약할 수 있다.

〈표 4〉 후드 흡인능력 부족의 주된 원인

후드흡인 능력부족	송풍기 능력 있음		• 규정된 회전수가 나오지 않음 • 댐퍼 조정 불량 • 덕트 등 장치 중간에서 누설
	송풍기 능력 부족	예측했던 송풍량은 충분	• 압력손실 과소평가 • 공기정화장치 등 압력손실기구의 과소평가 • 송풍기 작동점 잘못 설정
		예측했던 송풍량이 부족 — 설계상의 문제 혹은 사용상 문제	• 설계보다 후드 개구면적이 큼(포위식 후드) • 유인비 계산 잘못(푸쉬-풀 후드) • 너무 먼 곳에서 작업하고 있음(포착거리가 멈)(외부식 후드) • 후드 밖에서 작업하고 있음(포위식 후드)
		설계와 실제 작동의 차이	• 계산식의 오류 • 안전계수의 과소평가 • 흡인거리가 너무 멈(외부식 후드) • 횡단방해기류 과소평가(외부식 후드) • 수반기류 과소평가(리시버식 후드)

(3) 송풍기의 정격능력이 충분하면 환기장치 내 댐퍼를 잘못 조정하였거나 덕트 중간에서 새는 곳이 있거나 보충용 공기가 부족한 경우 등이다.

(4) 보충용 공기 공급장치가 없으면 출입문이나 창문을 열어둔다.

(5) 전동기의 회전수가 정상적이라면 벨트가 이완되었거나 전동기와 연결되는 전기배선이 반대로 연결되었는지 확인한다.

(6) 덕트 연결 부분이 떨어져 외부공기가 새어 들어올 수 있다.

(7) 공기정화장치 내 청소를 하지 않았거나 흡착제를 교체하지 않았으면 과도한 압력손실로 흡인능력을 떨어뜨린다. 이럴 경우를 대비하여 공기정화장치 내 차압계를 부착한다.

(8) 작업자의 등 뒤에서 선풍기를 사용하는 경우 과도한 양의 바람이 유해물질의 후드 안 흡인을 방해할 수 있다.

12. 국소배기장치 안전검사

(1) 국소배기장치 자체 검사제도가 없어지고 2012년부터 안전검사(노동부고시 제2010-15호)로 바뀌었다.

(2) 〈표 5〉와 같이 유해물질(49종)에 의한 건강장해를 예방하기 위하여 설치한 국소배기장치에 대해서는 반드시 안전검사를 실시하여야 한다(고용노동부고시 제2014-164호).

〈표 5〉 국소배기장치 안전검사대상 유해화학물질

다음의 어느 하나에 해당하는 유해물질(49종)에 따른 건강장해를 예방하기 위하여 설치한 국소배기장치에 한정하여 적용

① 디아니시딘과 그 염　　　　② 디클로로벤지딘과 그 염　　③ 베릴륨
④ 벤조트리클로리드　　　　　⑤ 비소 및 그 무기화합물　　　⑥ 석면
⑦ 알파-나프틸아민과 그 염　⑧ 염화비닐　　　　　　　　　⑨ 오로토-톨리딘과 그 염
⑩ 크롬광　　　　　　　　　　⑪ 크롬산 아연　　　　　　　　⑫ 황화니켈
⑬ 휘발성 콜타르피치　　　　　⑭ 2-브로모프로판　　　　　　⑮ 6가크롬 화합물
⑯ 납 및 그 무기화합물　　　　⑰ 노말헥산　　　　　　　　　⑱ 니켈(불용성 무기화합물)
⑲ 디메틸포름아미드　　　　　⑳ 벤젠　　　　　　　　　　　㉑ 이황화탄소
㉒ 카드뮴 및 그 화합물　　　　㉓ 톨루엔-2,4-디이소시아네이트　㉔ 트리클로로에틸렌
㉕ 포름알데히드　　　　　　　㉖ 메틸클로로포름(1,1,1-트리클로로에탄)　㉗ 곡물분진
㉘ 망간　　　　　　　　　　　㉙ 메틸렌디페닐디이소시아네이트(MDI)　㉚ 무수프탈산
㉛ 브롬화메틸　　　　　　　　㉜ 수은　　　　　　　　　　　㉝ 스티렌
㉞ 시클로헥사논　　　　　　　㉟ 아닐린　　　　　　　　　　㊱ 아세토니트릴
㊲ 아연(산화아연)　　　　　　㊳ 아크릴로니트릴　　　　　　㊴ 아크릴아미드
㊵ 알루미늄　　　　　　　　　㊶ 디클로로메탄(염화메틸렌)　㊷ 용접흄
㊸ 유리규산　　　　　　　　　㊹ 코발트　　　　　　　　　　㊺ 크롬
㊻ 탈크(활석)　　　　　　　　㊼ 톨루엔　　　　　　　　　　㊽ 황산알루미늄
㊾ 황화수소

다만, 최근 2년 동안 작업환경측정결과가 노출기준 50% 미만인 경우에는 적용 제외

청력보존프로그램의 수립 · 시행에 관한 기술지원규정

1. 용어의 정의

(1) 청력보존프로그램

소음성 난청을 예방하고 관리하기 위하여 소음노출 평가, 소음노출에 대한 공학적 대책, 청력보호구의 지급과 착용, 소음의 유해성 및 예방 관련 교육, 정기적 청력검사, 청력보존 프로그램 수립 및 시행 관련 기록·관리체계 등을 포함하여 수립한 종합적인 계획을 말한다.

(2) 소음작업

1일 8시간 작업을 기준으로 85dB(A) 이상의 소음이 발생하는 작업을 말한다.

(3) 연속음

소음발생 간격이 1초 미만을 유지하면서 계속적으로 발생되는 소음을 말하고, "충격소음"이라 함은 소음이 1초 이상의 간격을 유지하면서 최대음압수준이 120dB(A) 이상인 소음을 말한다.

(4) 청력보호구

청력을 보호하기 위하여 사용하는 귀마개와 귀덮개를 말한다.

(5) 청력검사

순음청력검사기로 주파수별 기도 및 골도 청력역치를 측정하는 것을 말한다.

(6) 기초 청력

청력평가의 표준역치변동에 적용되는 현재 근무하는 사업장의 소음작업장에 최초 배치된 시점의 기준 청력을 말한다.

(7) 표준역치변동

기초 청력역치에 대한 현재 청력역치의 변동량이다. 기초 청력검사와 비교하여 추적검사 기간에 어느 한쪽 귀에서 2, 3, 4kHz의 평균 청력역치가 10dB 이상 변화가 있는 경우를 말한다.

(8) 연령보정

작업에 기인한 소음성 난청의 발생시 연령에 의한 기여분을 제외하기 위한 방법으로서 연령보정표를 통해 연령 증가에 따른 청력상승의 변동량 수치를 적용하는 것을 말한다.

(9) 청력보존프로그램의 평가

시행중인 청력보존프로그램의 청력보존 효과를 점검표 작성, 정기적인 청력검사 등을 통해 평가하는 것을 말한다.

2. 정기적 청력검사

(1) 청력검사

① 청력보존프로그램을 시행하여야 하는 사업장에서 소음작업을 하는 근로자는 매년 청력검사를 한다.

② 청력검사 방법, 검사기의 보정과 검사실의 배경소음 기준은 근로자건강진단 실무지침을 따른다.

③ 청력보존프로그램을 시행하는 사업장의 소음작업에 처음 배치되는 근로자에 대해서는 배치 전에 기초청력검사를 시행하고, 이후 청력역치의 변동을 비교하기 위해 매년 정기적으로 청력검사를 실시한다. 정기적인 청력검사는 1차 검사항목으로 2, 3 및 4kHz의 기도청력검사를 시행하며, 1차 청력검사의 역치에 따라 2차 검사를 0.5, 1, 2, 3, 4 및 6kHz에서 실시한다. 근로자의 노출 정도, 병력 등을 고려하여 필요하다고 인정하면 1차 검사를 시행할 때 2차 검사도 시행할 수 있다

(2) 청력평가

① 절대적인 청력역치 기준의 평가는 근로자건강진단 실무지침을 따른다.

② 근로자의 연령을 고려한 상대적인 역치변동, 즉 연령보정 표준역치변동을 고려하여 평가할 수 있다.

　㉠ 연령보정은 [별표]를 참고하여 결정한다. 20세 미만 혹은 60세 이상의 근로자에 대해서는 각각 20세와 59세의 연령 보정표상의 연령보정치를 적용한다.

　㉡ 기초 청력보다 이후 정기적인 청력검사 결과가 좋을 때는 그 청력역치를 기준 청력으로 취한다.

　㉢ 기준 청력역치와 현재의 청력역치를 비교하여 표준역치변동량을 구한 다음, 연령 변화에 의한 청력손실량을 뺀 값이 연령보정을 고려한 표준역치변동값이다.

　㉣ 연령을 보정한 상태에서 2, 3 및 4kHz의 기도청력의 평균 표준역치변동이 10dB 이상인 소음작업자에 대해서는 소음성 난청을 예방하기 위한 적절한 건강관리를 한다.

(3) 청력평가 후 관리

① 청력보호구를 사용하고 있지 않는 소음성 난청 유소견자나 요관찰자에 대하여서는 적정한 청력보호구를 지급하고, 그 사용과 관리에 대하여 교육을 시킨 후 사용하게 한다.

② 이미 청력보호구를 사용하고 있는 소음성 난청 유소견자나 요관찰자에 대하여서는 청력보호구 착용 상태를 재점검하고, 필요한 경우 더 큰 차음력을 가지는 청력보호구를 제공한다.

③ 표준역치변동이 있는 근로자에 대해서는 청력보호구를 착용한 상태의 8시간 시간가중평균이 85dB(A) 이하가 되어야 한다.

④ 소음성 난청 유소견자의 업무적합성 평가와 사후관리는 KOSHA GUIDE「소음성 난청으로 진단된 근로자의 의학적 관리를 위한 기술지원규정」및「근로자건강진단 실시기준」(고용노동부고시)의 사후관리 조치의 규정에 따른다.

⑤ 추가 검사가 필요한 경우, 산업의학적인 청력평가나 이비인후과 검사를 실시한다.

⑥ 작업과 무관한 청각장애의 경우, 사업주는 당해 근로자에게 이비인후과 검사, 치료 및 재활 필요가 있음을 통보한다.

[별표]

한국 성인의 남·여 연령별 표준역치변동 적용을 위한 연령 보정표

주파수 연령 / 성별	1,000Hz		2,000Hz		3,000Hz		4,000Hz		6,000Hz	
	남(dB)	여(dB)	남(dB)	여(dB)	남(dB)	여(dB)	남(dB)	여(dB)	남(dB)	여(dB)
≤ 20세	6	3	4	1	4	0	2	−1	3	2
21세	6	3	4	2	5	0	3	−1	4	3
22세	6	3	4	2	5	0	3	0	5	3
23세	6	4	5	2	5	1	4	0	5	4
24세	7	4	5	3	6	1	4	1	6	4
25세	7	4	5	3	6	2	5	1	6	5
26세	7	5	5	3	6	2	5	2	7	6
27세	7	5	5	3	7	3	6	2	7	6
28세	7	5	6	4	7	3	6	3	8	7
29세	8	5	6	4	7	3	7	3	9	7
30세	8	6	6	4	7	4	7	3	9	8
31세	8	6	6	5	8	4	8	4	10	8
32세	8	6	6	5	8	5	8	4	10	9
33세	8	7	6	5	8	5	9	5	11	9
34세	8	7	7	6	9	5	9	5	12	10
35세	9	7	7	6	9	6	10	6	12	10
36세	9	8	7	6	9	6	10	6	13	11
37세	9	8	7	7	10	7	10	7	13	11
38세	9	8	7	7	10	7	11	7	13	12
39세	9	8	7	7	10	8	11	7	14	13
40세	9	9	8	8	11	8	12	8	15	13
41세	10	9	8	8	11	8	12	8	16	14
42세	10	9	8	8	11	9	13	9	16	14
43세	10	10	8	9	11	9	13	9	17	15
44세	10	10	8	9	12	10	14	10	17	15
45세	10	10	9	9	12	10	14	10	18	16
46세	10	11	9	10	12	11	15	11	18	16
47세	11	11	9	10	13	11	15	11	19	17
48세	11	11	9	10	13	11	16	12	20	17
49세	11	11	9	10	13	12	16	12	20	18
50세	11	12	9	11	14	12	17	12	21	18
51세	11	12	10	11	14	13	17	13	21	19
52세	11	12	10	12	14	13	18	13	22	20
53세	12	13	10	12	15	14	18	14	23	20
54세	12	13	10	12	15	14	19	14	23	21
55세	12	13	10	13	15	14	19	15	24	21
56세	12	14	11	13	16	15	20	15	24	22
57세	12	14	11	13	16	15	20	15	25	22
58세	12	14	11	13	16	16	21	16	25	23
≥ 59세	13	14	11	14	16	16	21	17	26	23

연령보정을 고려한 표준역치변동 적용방법

1. 적용 원칙

표준역치변동 여부를 결정하기 위해서는 가장 최근의 청력검사의 청력역치와 기초 청력 또는 가장 양호한 청력역치를 보이는 기준 청력에서 연령 보정을 한다.

2. 적용 방법

(1) 청력보존프로그램의 시행을 위한 청력평가 지침의 [별표]에서 근로자의 연령 보정치를 결정
  ① 가장 최근의 청력검사에서 청력역치를 취하여 해당 연령에서 1,000Hz부터 6,000Hz까지 연령 보정치를 찾아 기록
  ② 기초 청력 또는 가장 양호한 기준 청력을 취하여 해당 연령에서 1,000Hz부터 6,000Hz까지 연령 보정치를 찾아 기록

(2) ①에서 ②를 뺀다.

(3) (2)의 값이 연령에 의한 청력손실 부분이다.

(4) 연령의 변화에 따른 청력역치 변동량에 연령에 의한 청력손실 부분을 뺀 값이 연령을 고려한 표준역치변동값이다.

(5) 2,000, 3,000 및 4,000Hz에서 각각의 연령을 고려한 표준역치변동값의 평균값(3분법)이 10dB 이상을 초과했는지 최종적으로 평가한다.

3. 적용 사례

(1) 32세 남성의 우측 귀의 청력검사 결과, 기도 청력역치는 〈표 1〉과 같다.

‖〈표 1〉 32세 남성의 연령별 우측 귀의 청력검사 결과 예시 ‖

근로자의 연령	주파수별 청력역치(dBHL)				
	1,000Hz	2,000Hz	3,000Hz	4,000Hz	6,000Hz
26	10	5	5	10	5
27[주1)]	0	0	0	5	5
28	0	0	0	10	5
29	5	0	5	15	5
30	0	5	10	20	10
31	5	10	20	15	15
32[주2)]	5	10	10	25	20

주1) 가장 양호한 기준 청력 검사 결과
주2) 가장 최근 실시한 청력 검사 결과

(2) 32세에 실시한 것이 가장 최근의 청력검사 결과이며 27세에 실시한 청력검사가 가장 양호한 기준 청력이 된다.

(3) 27세와 32세에서의 연령 보정치는 〈표 2〉와 같다. 청력보존프로그램의 시행을 위한 청력평가 지침의 [별표] 참조

‖〈표 2〉 [별표]의 연령 보정표를 이용한 연령 보정 적용 결과 ‖

	청력역치 연령 보정값 (dBHL)				
	1,000Hz	2,000Hz	3,000Hz	4,000Hz	6,000Hz
32세	8	6	8	8	10
27세	7	5	7	6	7
차이	1	1	1	2	3

(4) 4,000Hz에서 연령에 의한 청력손실의 영향은 2dB이다. 그러므로 가장 최근의 청력검사에서 4,000Hz의 표준역치변동값은 25-5＝20dB이고, 여기에 연령보정을 고려하면 20-2＝18dB이다.

(5) 2,000Hz와 3,000Hz에서도 동일한 방법을 적용하면, 2,000Hz의 연령을 고려한 표준역치변동값은 9dB, 3,000Hz는 9dB이다.

(6) 연령을 고려한 평균 표준역치변동값은 (9+9+18)/3＝12dB로 10dB를 초과하여 유의한 표준역치변동이 나타났다고 판단된다. 따라서, 소음성 난청을 예방하기 위한 적절한 건강관리를 실시한다.

폐활량검사 및 판정에 관한 지침

1. 용어의 정의

① 폐활량계 (Spirometer)

폐의 환기능을 측정하는 기기를 말한다.

② 용적측정 폐활량계 (Volume-spirometer)

폐활량계 중에서 환기량을 직접 측정하는 기기를 말한다.

③ 유량측정 폐활량계 (Flow-spirometer)

폐활량계 중에서 환기량을 간접적으로 측정하는 기기를 말한다.

④ 강제폐활량 (Forced vital capacity, FVC)

공기를 최대한 많이 들이 마신 후 최대한 빠르고 세게 끝까지 불어 낸 날숨량을 말한다.

⑤ 1초간 강제날숨량 (Forced expiratory volume in one second, FEV_1)

강제폐활량 중에서 최초 1초간 불어낸 날숨량을 말한다.

⑥ 용적-시간곡선 (Volume-time curve)

강제폐활량을 측정할 때 종축에 용적을, 횡축에 시간을 표시하여 시간변화에 따른 용적변화를 나타낸 곡선을 말한다.

⑦ 유량-용적곡선 (Flow-volume curve)

강제폐활량을 측정할 때 종축에 유량을, 횡축에 용적을 표시하여 용적의 변화에 따른 유량의 변화를 나타낸 곡선을 말한다.

⑧ 최대날숨유량 (Peak expiratory flow, PEF)

강제폐활량을 측정할 때 가장 빠른 시점의 날숨유량을 말한다.

⑨ 정상 예측치

폐활량검사 대상자의 인종, 성별, 나이, 키가 비슷한 건강한 인구집단(폐질환이 없고 비흡연자이며 유해물질에 노출된 경험이 없는 집단)을 대상으로 폐활량검사를 실시하여 구한 값을 말하며, 폐활량검사 대상자의 정상 여부 판정은 검사 대상자의 검사값을 정상 예측치와 비교하여 정상과 이상으로 구분한다.

⑩ 정상의 아래 한계치 (Lower limit of normal, LLN)

일반 인구집단의 폐활량 검사값의 정규분포에서 하위 5백분위수(percentile) 수준을 말한다.

⑪ 1초율 (FEV_1/FVC)

강제폐활량 중 1초간 강제날숨량의 비율을 말한다.

⑫ 총폐활량 (Total lung capacity, TLC)

전체 폐환기량을 말한다.

2. 폐활량검사 판정을 할 때 고려할 점

폐활량검사 판정 전에 폐활량검사의 적합성과 재현성의 판정기준에 따라 적합성과 재현성을 확인한다.

(1) 이상판정

① 검사대상자의 FVC, FEV_1, 1초율이 정상의 아래 한계치 미만일 때 이상으로 판정한다.

② 폐활량검사의 FVC 또는 FEV_1이 정상 예측치보다 80% 미만이거나 1초율이 70% 미만일 때 이상으로 판정하며, 근로자건강진단 실무지침 제1권 특수건강진단 개요의 폐활량검사 기준을 참조하여 판정한다.

(2) 예측치 공식의 선택

① 폐활량검사 결과의 적절한 해석을 위해서는 수검자의 인종 또는 국적에 따라 적절한 예측식을 선택해야 한다.

② 검사자는 사용 중인 폐활량검사기에서 적용 가능한 예측식의 종류와 변경방법을 알고 있어야 한다.

③ 정확한 예측치의 계산을 위해서는 폐활량검사를 시작할 때 나이, 키, 몸무게, 성별, 인종을 정확히 입력해야 한다.

3. 환기기능 장애의 유형

(1) 폐쇄환기장애

① 강제폐활량검사에서 1초율이 정상의 아래 한계치 미만 또는 70% 미만인 경우로 한다.

② 강제폐활량이 감소하나 1초간 강제날숨량의 감소가 더 심하여 1초율이 정상보다 낮아지는데, 유량 -용적곡선에서 처음 부분에 유량의 감소가 관찰되는 경우 대부분은 대기도의 폐쇄를 의미하며, 중간부분의 감소는 세기관지의 폐쇄를 의미한다.

③ 강제호기 1초 이내에 문제가 발생하거나 수검자가 최선의 노력으로 호기하지 않은 경우 판단에 주의가 필요하다.

(2) 제한환기장애

① 강제폐활량이 정상의 아래 한계치 미만 또는 예측의 80% 미만인 경우로 한다.

② 제한환기장애의 정확한 진단을 위해서는 총폐활량의 측정이 필요하다.

③ 1초간 강제날숨량은 강제폐활량이 감소함에 따라 다소 감소할 수 있으나 1초율은 정상범위이거나 정상보다 증가할 수 있다.

④ 수검자가 최대한 흡기-호기 하지 않아 강제폐활량이 감소한 것과 구분이 필요하다.

(3) 혼합환기장애

① 폐쇄환기장애와 제한환기장애가 동시에 있는 경우로 강제폐활량과 1초율이 정상의 아래 한계치 미만이거나 강제폐활량이 예측의 80% 미만이고 1초율이 70% 미만인 경우로 한다.

② 정확한 제한성의 동반을 확인하기 위해서는 총폐활량의 측정이 필요하다.

③ 수검자가 최대한 흡기-호기 하지 않아 강제폐활량이 감소한 것과 구분이 필요하다.

④ 강제폐활량, 1초간 강제날숨량, 1초율이 모두 감소한다.

‖ 폐활량검사 결과와 환기장애 ‖

판정	강제폐활량	1초간 강제날숨량	1초율(%)
정상	정상	정상	정상
폐쇄환기장애	낮거나 정상	매우 낮음	낮음
제한환기장애	낮음	낮음	높거나 정상
혼합환기장애	낮음	낮음	낮음

화학물질 등의 분류
(화학물질의 분류 · 표시 및 물질안전보건자료에 관한 기준 : 별표 1)

1. 분류에 관한 일반 원칙

(1) 유해성 · 위험성 분류

다음과 같이 이용 가능한 유해성 · 위험성 평가자료를 통하여 화학물질의 물리적 위험성, 건강 및 환경유해성을 분류한다.

① 유해성 · 위험성 평가 시험자료를 이용하여 분류한다.

② 사람에서의 역학 또는 경험자료를 고려하여 분류한다.

③ 하나의 유해성 · 위험성을 평가하기 위해 여러 종류의 자료가 있는 경우에는 다음 사항을 고려하여 전문가적 판단에 근거하여 분류한다.

  ㉠ 사람 또는 동물에서의 자료가 2개 이상이면서 그 결과가 서로 다른 경우, 이들 자료의 질과 신뢰성을 평가하여 신뢰성이 우수한 사람에서의 자료를 우선 적용한다.

  ㉡ 노출경로, 작용기전 및 대사에 관한 연구결과, 사람에게 유해성을 일으키지 않을 것이 명확하다면 유해성 물질로 분류하지 않을 수 있다.

  ㉢ 양성 결과와 음성 결과가 모두 있는 경우 양쪽 모두를 조합하여 증거의 가중치에 따라 분류한다.

(2) 혼합물의 분류

① 건강 및 환경 유해성

  ㉠ 혼합물 전체로서 시험된 자료가 있는 경우에는 그 시험결과에 따라 단일물질의 분류기준을 적용한다. 다만, 발암성, 생식세포 변이원성 및 생식독성에 대한 시험결과는 용량 및 기간, 관찰 내용 및 분석방법 등이 유해성을 판단하기에 충분하여야 한다.

  ㉡ 혼합물 전체로서 시험된 자료는 없지만, 유사 혼합물의 분류자료 등을 통하여 혼합물 전체로서 판단할 수 있는 근거자료가 있는 경우에는 희석 · 뱃치(batch) · 농축 · 내삽 · 유사혼합물 또는 에어로졸 등의 가교 원리를 적용하여 분류한다.

    ⓐ 희석 : 혼합물의 함유 성분 중 가장 낮은 독성을 가지는 물질과 독성이 같거나 낮은 물질로 혼합물을 희석하는 경우, 새로 만들어진 혼합물은 희석시키기 전의 혼합물과 동일한 등급으로 분류할 수 있다. 이 경우 희석시키는 성분이 혼합물의 다른 성분의 독성에 영향을 주지 않는 경우에 한한다.

    ⓑ 뱃치(batch) : 동일한 뱃치에서 생산된 혼합물, 같은 생산업체에서 생산 관리되는 동종(다른 제조 뱃치) 생산품의 독성은 동등하다고 간주할 수 있다. 다만, 뱃치가 달라짐에 따라 독성의 변화가 있는 경우에는 새로운 분류를 적용하여야 한다.

    ⓒ 농축 : 혼합물이 "유해성 · 위험성 구분 1"에 해당되고, 혼합물의 구성성분 중 "유해성 · 위험

성 구분 1"의 성분이 증가하면, 새로운 혼합물은 추가시험 없이 "유해성·위험성 구분 1"로 분류한다.

　ⓓ 내삽 : 동일한 성분을 함유한 혼합물 A, B, C 3가지가 있는 경우로서 혼합물 A와 혼합물 B가 동일한 유해성·위험성 구분에 속하고, 혼합물 C가 혼합물 A 및 혼합물 B의 중간 정도에 해당하는 농도이면서 독성학적으로 같은 활성을 가지는 성분을 갖는다면 혼합물 C는 혼합물 A 및 혼합물 B와 동일한 유해성·위험성 구분으로 간주할 수 있다.

　ⓔ 유사혼합물 : 구성성분 A, B로 구성된 혼합물과 구성성분 B, C로 구성된 혼합물이 있는 경우로서 성분 B의 농도가 실질적으로 같고, 성분 A와 C는 독성이 동등하면서 B의 독성에 영향을 주지 않는다면 두 혼합물은 같은 유해·위험성 구분으로 분류할 수 있다.

　ⓕ 에어로졸 : 에어로졸화하기 위해 사용한 추진제가 에어로졸화 과정에서 혼합물의 독성에 영향을 주지 않는다면, 비에어로졸 상태로 실험한 경우 또는 경피독성 시험결과를 이용하여 유해성을 분류할 수 있다. 단, 에어로졸의 흡입독성은 별도로 고려하여야 한다.

ⓒ 혼합물 전체로서 유해성을 평가할 자료는 없지만, 구성성분의 유해성 평가자료가 있는 경우에는 유해성별 혼합물의 분류방법에 따른다.

[참고] 정의와 약어

1. 자기가속분해온도 (self-accelerating decomposition temperature, SADT)
   포장된 물질의 자기가속분해가 발생하는 최저온도를 말한다.

2. LD_{50} (lethal dose 50%, 반수치사용량)
   실험동물 집단에 물질을 투여했을 때 일정 시험기간 동안 실험동물 집단의 50%가 사망 반응을 나타내는 물질의 용량을 말한다.

3. LC_{50} (lethal concentration 50%, 반수치사농도)
   실험동물 집단에 물질을 흡입시켰을 때 일정 시험기간 동안 실험동물 집단의 50%가 사망 반응을 나타내는 물질의 공기 또는 물에서의 농도를 말한다.

4. EC_{50} (effective concentration 50%, 반수영향농도)
   일정 시험기간 동안 실험생물 집단의 50%에 해로운 반응을 일으키는 물질의 농도를 말한다.

5. EC_x (effective concentration x%)
   일정 시험기간 동안 실험생물 집단의 x%에 해로운 반응을 일으키는 물질의 농도를 말한다.

6. ErC_{50} (EC_{50} in terms of reduction of growth rate)
   실험생물의 성장률 감소에 대한 EC_{50}을 말한다.

7. $L(E)C_{50}$
   LC_{50} 또는 EC_{50}을 말한다.

8. NOEC (no observed effect concentration, 무영향관찰농도)
   만성독성 등에 대한 시험에서 통계적으로 유의미한 부작용이 나타나지 않는 시험 농도 중 가장 높은 시험 농도를 말한다.

9. BCF (bioconcentration factor, 생물농축계수)
   수중에 존재하는 어떤 물질이 수중생물의 체내에 축적되는 비율을 나타내는 값으로써, 수중생물의 체내 물질 농도를 물질의 수중 농도로 나눈 값을 말한다.

10. log Kow (log octanol-water partition coefficient, 옥탄올물분배계수)
    서로 혼합되지 않는 물과 옥탄올 사이에서 용질의 농도비를 나타낸 것으로서, 옥탄올에서 용질의 농도를 물에서 용질의 농도로 나눈 값의 log값을 말한다.

11. BOD5/COD (biochemical oxygen demand 5 / chemical oxygen demand)

　　5일간 생물학적 산소요구량(BOD5)을 화학적 산소요구량(COD)으로 나눈 값을 말한다.

　　※ 5일간 생물학적 산소요구량(BOD5) : 호기성 미생물이 5일간 수중에 존재하는 유기물을 분해하는 데 소모하는 산소량

　　※ 화학적 산소요구량(COD) : 수중 환원성 유기물을 산화제가 분해하는 데 소모되는 산소량

2. 건강 유해성

(1) 급성 독성 (acute toxicity)

① 정의

입 또는 피부를 통하여 1회 또는 24시간 이내에 수회로 나누어 투여되거나 호흡기를 통하여 4시간 동안 노출시 나타나는 유해한 영향을 말한다.

② 단일물질의 분류

급성 독성은 구분 1, 2, 3, 4로 분류하는 것을 원칙으로 한다.

구분	구분 기준
1	급성 독성 추정값(ATE)이 다음 어느 하나에 해당하는 물질 • 경구 : ATE ≤ 5(mg/kg 체중) • 경피 : ATE ≤ 50(mg/kg 체중) • 흡입 　– 가스 : ATE ≤ 100(ppmV) 　– 증기 : ATE ≤ 0.5(mg/L) 　– 분진 또는 미스트 : ATE ≤ 0.05(mg/L)
2	급성 독성 추정값(ATE)이 다음 어느 하나에 해당하는 물질 • 경구 : 5 < ATE ≤ 50(mg/kg 체중) • 경피 : 50 < ATE ≤ 200(mg/kg 체중) • 흡입 　– 가스 : 100 < ATE ≤ 500(ppmV) 　– 증기 : 0.5 < ATE ≤ 2.0(mg/L) 　– 분진 또는 미스트 : 0.05 < ATE ≤ 0.5(mg/L)
3	급성 독성 추정값(ATE)이 다음 어느 하나에 해당하는 물질 • 경구 : 50 < ATE ≤ 300(mg/kg 체중) • 경피 : 200 < ATE ≤ 1,000(mg/kg 체중) • 흡입 　– 가스 : 500 < ATE ≤ 2,500(ppmV) 　– 증기 : 2.0 < ATE ≤ 10(mg/L) 　– 분진 또는 미스트 : 0.5 < ATE ≤ 1.0(mg/L)
4	급성 독성 추정값(ATE)이 다음 어느 하나에 해당하는 물질 • 경구 : 300 < ATE ≤ 2,000(mg/kg 체중) • 경피 : 1,000 < ATE ≤ 2,000(mg/kg 체중) • 흡입 　– 가스 : 2,500 < ATE ≤ 20,000(ppmV) 　– 증기 : 10 < ATE ≤ 20(mg/L) 　– 분진 또는 미스트 : 1.0 < ATE ≤ 5(mg/L)

(2) 피부 부식성/피부 자극성 (skin corrosion/irritation)

① 정의

피부 부식성이란 피부에 비가역적인 손상이 생기는 것을 말한다. 여기서 비가역적인 손상이란 피부에 시험물질이 4시간 동안 노출됐을 때 표피에서 진피까지 눈으로 식별 가능한 괴사가 생기는 것을 말한다. 또한 피부 부식성 반응은 전형적으로 궤양, 출혈, 혈가피를 유발하며, 노출 14일 후 표백작용이 일어나 피부 전체에 탈모와 상처 자국이 생긴다.

피부 자극성이란 피부에 가역적인 손상이 생기는 것을 말한다. 여기서 가역적인 손상이란 피부에 시험물질이 4시간 동안 노출됐을 때 회복이 가능한 손상을 말한다.

② 단일물질의 분류

피부 부식성/자극성은 구분 1, 2를 원칙으로 하되, 필요에 따라 구분 1을 1A, 1B, 1C로 소구분하여 사용할 수 있다.

구분		구분 기준
1 (피부 부식성)		실험동물 3마리를 시험물질에 노출한 후 4시간 안에 적어도 1마리의 피부에 비가역적인 손상이 생기는 경우
	구분 1A	3분 이하로 노출한 후 1시간의 관찰 기간 내에 적어도 1마리가 피부 부식성 반응을 보이는 경우
	구분 1B	3분 초과 1시간 이하로 노출한 후 14일의 관찰 기간 내에 적어도 1마리가 피부 부식성 반응을 보이는 경우
	구분 1C	1시간 초과 4시간 이하로 노출한 후 14일의 관찰 기간 내에 적어도 1마리가 피부 부식성 반응을 보이는 경우
2 (피부 자극성)		다음 어느 하나에 해당하는 물질 • 홍반, 가피 또는 부종의 정도에 따라 매기는 피부 부식성 등급들(패치 제거 후 24, 48, 72시간마다 매기는 등급 또는 반응이 지연되는 경우 피부 반응 시작일부터 3일 연속으로 관찰하였을 때 매일 매기는 등급)의 평균값이 실험동물 3마리 중 적어도 2마리에서 2.3 이상 4.0 이하 • 14일의 관찰 기간 내에 실험동물 3마리 중 적어도 2마리에서 염증, 특히 (부분적)탈모증, 각화증, 비후(증식), 피부각질화 증상이 지속적으로 관찰되는 경우 • 실험동물 간 반응의 차이가 있어서 실험동물 1마리에는 시험물질의 노출과 관련된 아주 명확한 양성반응이 관찰됐지만, 위의 분류 구분에는 못 미치는 경우

※ 세부 시험방법 및 등급의 기준은 OECD Test Guideline 404를 따른다.

③ 혼합물의 분류

㉠ 혼합물 전체로서 시험된 자료가 있는 경우에는 그 시험결과에 따라 단일물질의 분류기준을 적용한다.

㉡ 혼합물 전체로서 시험된 자료는 없지만, 유사 혼합물에서의 분류자료 등을 통하여 혼합물 전체로서 판단할 수 있는 근거자료가 있는 경우에는 희석·뱃치(batch)·농축·내삽·유사혼합물 또는 에어로졸 등의 가교 원리를 적용하여 분류한다.

㉢ 혼합물 전체로서 유해성을 평가할 자료는 없지만, 구성성분의 유해성 평가자료가 있는 경우에는 다음과 같이 분류한다.

ⓐ 피부 부식성 또는 자극성 성분이 농도와 강도에 비례하여 혼합물 전체의 부식성 또는 자극성에 기여하는 경우, 다음 기준(가산 방식)에 따라 분류한다.

구분	구분 기준
1 (피부 부식성)	구분 1인 성분의 총 함량이 5% 이상인 혼합물
2 (피부 자극성)	다음 어느 하나에 해당하는 혼합물 • 구분 1인 성분의 총 함량이 1% 이상 5% 미만 • 구분 2인 성분의 총 함량이 10% 이상 • 구분 1인 성분의 총 함량에 가중치 10을 곱한 값과 구분 2인 성분의 총 함량의 합이 10% 이상

※ 구분 1의 소구분을 사용하여 1A, 1B 또는 1C로 혼합물의 부식성을 분류하기 위해서는 소구분 1A, 1B 또는 1C로 분류된 모든 성분들의 합이 각각 5% 이상이어야 한다. 소구분 1A로 분류된 성분들의 합이 5% 미만이지만 소구분 1A, 1B로 분류된 성분들의 합(1A+1B)이 5% 이상일 경우 이 혼합물은 소구분 1B로 분류되어야 한다. 이와 유사하게 구분 1A, 1B로 분류된 성분들의 합(1A+1B)이 5% 미만이지만 소구분 1A, 1B, 1C로 분류된 성분들의 합(1A+1B+1C)이 5% 이상이면 이 혼합물의 경우는 소구분 1C로 분류되어야 한다. 혼합물에서 적어도 한 가지 이상의 구성성분이 소구분 없이 구분 1로 분류되는 경우에는 그 혼합물의 구성성분 중 구분 1로 분류되는 모든 구성성분들의 합이 5% 이상이면 그 혼합물은 소구분 없이 구분 1로 분류되어야 한다.

ⓑ 강산이나 강염기, 기타 무기염류, 알데히드류, 페놀류, 계면활성제 또는 이와 유사한 특징을 갖는 물질 중 ⓐ의 가산 방식을 적용할 수 없는 성분을 함유한 경우, 다음 기준에 따라 분류한다.

구분	구분 기준
1 (피부 부식성)	다음 어느 하나에 해당하는 혼합물 • pH 2 이하인 성분의 함량이 1% 이상 • pH 11.5 이상인 성분의 함량이 1% 이상 • 기타 가산 방식이 적용되지 않는 다른 구분 1인 성분의 함량이 1% 이상
2 (피부 자극성)	산, 알칼리 등 가산 방식이 적용되지 않는 다른 피부 자극성(구분 2)인 성분의 함량이 3% 이상인 혼합물

(3) 심한 눈 손상성/눈 자극성 (serious eye damage/eye irritation)

① 정의

심한 눈 손상성이란 눈에 시험물질을 노출했을 때 눈 조직 손상 또는 시력 저하 등이 나타나 21일의 관찰 기간 내에 완전히 회복되지 않는 경우를 말한다.

눈 자극성이란 눈에 시험물질을 노출했을 때 눈에 변화가 발생하여 21일의 관찰 기간 내에 완전히 회복되는 경우를 말한다.

② 단일물질의 분류

심한 눈 손상성/눈 자극성은 구분 1, 2를 원칙으로 하되, 필요에 따라 구분 2를 구분 2A 또는 2B를 사용할 수 있다.

구분	구분 기준
1 (심한 눈 손상성)	다음 중 어느 하나에 해당하는 물질 • 실험동물 3마리 중 적어도 1마리의 각막, 홍채, 결막이 회복되지 않을 것이라 예상되는 경우 또는 일반적으로 21일의 관찰 기간 내에 완전히 회복되지 않는 경우 • 실험동물 3마리 중 적어도 2마리가 다음의 양성반응을 보이는 물질 　– 각막 불투명도 ≥ 3 그리고/또는 　– 홍채염 > 1.5 이때 실험동물에 시험물질을 노출한 후 24, 48, 72시간마다 증상의 정도에 따라 등급을 매기고 그 등급들의 평균값으로 판단한다.
2 (2A/2B) (눈 자극성)	**2A** 모든 실험동물은 21일의 관찰 기간 내에 완전히 회복되어야 하며, 실험동물 3마리 중 적어도 2마리가 다음의 양성반응을 보이는 물질 : • 각막 불투명도 ≥ 1, 그리고/또는 • 홍채염 > 1, 그리고/또는 • 결막 충혈 상태 ≥ 2, 그리고/또는 • 결막 부종 상태 ≥ 2 이때 실험동물에 시험물질을 노출한 후 24, 48, 72시간마다 증상의 정도에 따라 등급을 매기고 그 등급들의 평균값으로 판단한다. **2B** 구분 2A에서 열거된 양성반응이 7일의 관찰 기간 내에 완전히 회복한다면 경미한 눈 자극(구분 2B)으로 고려될 수 있다.

※ 세부 시험방법 및 등급의 기준은 OECD Test Guideline 405를 따른다.

③ 혼합물의 분류

　㉠ 혼합물 전체로서 시험된 자료가 있는 경우에는 그 시험결과에 따라 단일물질의 분류기준을 적용한다.

　㉡ 혼합물 전체로서 시험된 자료는 없지만, 유사 혼합물에서의 분류자료 등을 통하여 혼합물 전체로서 판단할 수 있는 근거자료가 있는 경우에는 희석·뱃치(batch)·농축·내삽·유사혼합물 또는 에어로졸 등의 가교 원리를 적용하여 분류한다.

　㉢ 혼합물 전체로서 유해성을 평가할 자료는 없지만, 구성성분의 유해성 평가자료가 있는 경우에는 다음과 같이 분류한다.

　　ⓐ 심한 눈 손상성 또는 눈 자극성 성분이 농도와 강도에 비례하여 혼합물 전체의 부식성 또는 자극성에 기여하는 경우, 다음 기준(가산 방식)에 따라 분류한다.

구분	구분 기준
1 (심한 눈 손상성)	다음 어느 하나에 해당하는 혼합물 • 심한 눈 손상(구분 1) 또는 피부 부식성(구분 1)인 성분의 총 함량이 3% 이상(주1)인 혼합물 • 다음의 합이 3% 이상인 혼합물 　– 피부 부식성(구분 1)인 성분의 총 함량(%)과 　– 심한 눈 손상(구분 1)인 성분의 총 함량(%)

구분	구분 기준

2
(2A/2B)
(눈 자극성)
	다음 어느 하나에 해당하는 혼합물
	• 심한 눈 손상(구분 1) 또는 피부 부식성(구분 1)인 성분의 총 함량이 1% 이상 3% 미만인 혼합물
	• 눈 자극성(구분 2)인 성분의 총합이 10% 이상(주2)인 혼합물
	• 다음의 합이 10% 이상인 혼합물
	  – 심한 눈 손상(구분 1)인 성분의 총 함량(%)에 가중치 10을 곱한 값과 눈 자극성(구분 2)인 성분의 총 함량(%)
	• 다음의 합이 1% 이상 3% 미만인 혼합물
	  – 심한 눈 손상(구분 1)인 성분의 총 함량(%)과 피부 부식성(구분 1)인 성분의 총 함량(%)
	• 다음의 합이 10% 이상인 혼합물
	  – 피부 부식성(구분 1)인 성분의 총 함량(%)과 심한 눈 손상(구분 1)인 성분의 총 함량(%)의 합에 가중치 10을 곱한 값(주1)과 눈 자극성(구분 2)인 성분의 총 함량(%)

• 주1 : 어떤 물질이 피부 부식성(구분 1)과 심한 눈 손상(구분 1) 분류에 해당하는 경우 그 물질의 농도는 계산 시 한번만 적용한다.
• 주2 : 혼합물의 모든 구성성분이 눈 자극성(구분 2B)로 분류될 때 혼합물은 눈 자극성(구분 2B)로 분류한다.

ⓑ 강산이나 강염기, 기타 무기염류, 알데히드류, 페놀류, 계면활성제 또는 이와 유사한 특징을 갖는 물질 중 ⓐ의 가산 방식을 적용할 수 없는 성분을 함유한 경우, 다음 기준에 따라 분류한다.

구분	구분 기준
1 (심한 눈 손상성)	다음 어느 하나에 해당하는 혼합물 • pH 2 이하인 성분의 함량이 1% 이상 • pH 11.5 이상인 성분의 함량이 1% 이상 • 기타 가산 방식이 적용되지 않는 다른 구분 1인 성분의 함량이 1% 이상
2 (눈 자극성)	산, 알칼리 등 가산 방식이 적용되지 않는 다른 구분 2인 성분의 함량이 3% 이상인 혼합물

(4) 호흡기 또는 피부 과민성 (respiratory or skin sensitization)

① 정의

호흡기 과민성이란 물질을 흡입한 후 발생하는 기도의 과민증을 말한다.

피부 과민성이란 물질과 피부의 접촉을 통한 알레르기성 반응을 말한다.

② 단일물질의 분류

호흡기 과민성 및 피부 과민성은 구분 1을 원칙으로 하되, 필요에 따라 구분 1A 또는 1B로 소구분하여 사용할 수 있다.

구분	구분 기준
호흡기 과민성1	다음 어느 하나에 해당하는 물질은 호흡기 과민성 물질로 분류된다. • 사람에게 특정 호흡기 과민성이 일어날 수 있다는 증거가 있는 경우 • 적절한 동물실험 결과 호흡기 과민성이 양성인 경우 **구분 1A** 사람에게 높은 빈도로 호흡기 과민성이 일어나는 물질 또는 동물실험 및 다른 실험에 따라 사람에게 높은 빈도로 호흡기 과민성이 일어날 가능성이 있는 물질반응의 강도도 고려될 수 있다. **구분 1B** 사람에게 중간 또는 낮은 빈도로 호흡기 과민성이 일어나는 물질 또는 동물 실험 및 다른 실험에 따라 사람에게 중간 또는 낮은 빈도로 호흡기 과민성이 일어날 가능성이 있는 물질반응의 강도도 고려될 수 있다.
피부 과민성1	다음 어느 하나에 해당하는 물질은 피부 과민성 물질로 분류된다. • 다수의 사람에게 피부 접촉을 통해 피부 과민성이 일어날 수 있다는 증거가 있는 경우 • 적절한 동물실험 결과 피부 과민성이 양성인 경우 **구분 1A** 사람에게 높은 빈도로 피부 과민성이 일어나는 물질 또는 동물에게 상당한 피부 과민성이 일어나 사람에게도 상당한 피부 과민성이 일어날 것으로 추정되는 물질반응의 강도도 고려될 수 있다. **구분 1B** 사람에게 중간 또는 낮은 빈도로 피부 과민성이 일어나는 물질 또는 동물에게 중간 또는 낮은 정도의 피부 과민성이 일어나 사람에게도 중간 또는 낮은 정도의 피부 과민성이 일어날 것으로 추정되는 물질반응의 강도도 고려될 수 있다.

③ 혼합물의 분류

㉠ 혼합물 전체로서 시험된 자료가 있는 경우에는 그 시험결과에 따라 단일물질의 분류기준을 적용한다.

㉡ 혼합물 전체로서 시험된 자료는 없지만, 유사 혼합물에서의 분류자료 등을 통하여 혼합물 전체로서 판단할 수 있는 근거자료가 있는 경우에는 희석·뱃치(batch)·농축·내삽·유사혼합물 또는 에어로졸 등의 가교 원리를 적용하여 분류한다.

㉢ 혼합물 전체로서 유해성을 평가할 자료는 없지만, 구성성분의 유해성 평가자료가 있는 경우에는 다음과 같이 분류한다.

구분	구분 기준
호흡기 과민성1	다음의 어느 하나에 해당하는 혼합물 • 호흡기 과민성(구분 1), 호흡기 과민성(구분 1B)인 성분의 함량이 0.2% 이상(기체)인 혼합물 • 호흡기 과민성(구분 1), 호흡기 과민성(구분 1B)인 성분의 함량이 1.0% 이상(액체 또는 고체)인 혼합물 • 호흡기 과민성(구분 1A) 성분의 함량이 0.1% 이상인 혼합물
피부 과민성1	다음의 어느 하나에 해당하는 혼합물 • 피부 과민성(구분 1), 피부 과민성(구분 1B)인 성분의 함량이 1.0% 이상인 혼합물 • 피부 과민성(구분 1A) 성분의 함량이 0.1% 이상인 혼합물

(5) 생식세포 변이원성 (germ cell mutagenicity)

① 정의

자손에게 유전될 수 있는 사람의 생식세포에서 돌연변이를 일으키는 성질을 말한다. 돌연변이란 생식세포 유전물질의 양 또는 구조에 영구적인 변화를 일으키는 것으로 형질의 유전학적인 변화와 DNA 수준에서의 변화 모두를 포함한다.

② 단일물질의 분류

생식세포 변이원성은 구분 1A, 1B, 2를 원칙으로 하되, 구분 1A와 1B의 소구분이 어려운 경우에만 구분 1, 2로 통합 적용할 수 있다.

구분	구분 기준
1A	사람에서의 역학조사 연구결과 사람의 생식세포에 유전성 돌연변이를 일으키는 것에 대해 양성의 증거가 있는 물질
1B	다음 어느 하나에 해당되어 사람의 생식세포에 유전성 돌연변이를 일으키는 것으로 간주되는 물질 • 포유류를 이용한 생체 내(in vivo) 유전성 생식세포 변이원성 시험에서 양성 • 포유류를 이용한 생체 내(in vivo) 체세포 변이원성 시험에서 양성이고, 생식세포에 돌연변이를 일으킬 수 있다는 증거가 있음 • 노출된 사람의 정자 세포에서 이수체 발생빈도의 증가와 같이 사람의 생식세포 변이원성 시험에서 양성
2	다음 어느 하나에 해당되어 생식세포에 유전성 돌연변이를 일으킬 가능성이 있는 물질 • 포유류를 이용한 생체 내(in vivo) 체세포 변이원성 시험에서 양성 • 기타 시험동물을 이용한 생체 내(in vivo) 체세포 유전독성 시험에서 양성이고, 시험관 내(in vitro) 변이원성 시험에서 추가로 입증된 경우 • 포유류 세포를 이용한 변이원성시험에서 양성이며, 알려진 생식세포 변이원성 물질과 화학적 구조 활성관계를 가지는 경우

주 : 생식세포 변이원성 구분 1의 분류기준은 구분 1A 또는 1B에 속하는 것으로 사람의 생식세포에 유전성 돌연변이를 일으키는 물질 또는 그러한 것으로 간주되는 물질이다.

③ 혼합물의 분류

구성성분의 생식세포 변이원성 자료가 있는 경우에는 우선적으로 한계 농도를 이용하여 다음과 같이 분류한다.

구분	구분 기준
1A	생식세포 변이원성(구분 1A)인 성분의 함량이 0.1% 이상인 혼합물
1B	생식세포 변이원성(구분 1B)인 성분의 함량이 0.1% 이상인 혼합물
2	생식세포 변이원성(구분 2)인 성분의 함량이 1.0% 이상인 혼합물

(6) 발암성 (carcinogenicity)

① 정의

암을 일으키거나 그 발생을 증가시키는 성질을 말한다.

② 단일물질의 분류

발암성의 구분은 구분 1A, 1B, 2를 원칙으로 하되, 구분 1A와 1B의 소구분이 어려운 경우에만 구분 1, 2로 통합 적용할 수 있다.

구분	구분 기준
1A	사람에게 충분한 발암성 증거가 있는 물질
1B	시험동물에서 발암성 증거가 충분히 있거나, 시험동물과 사람 모두에서 제한된 발암성 증거가 있는 물질
2	사람이나 동물에서 제한된 증거가 있지만, 구분 1로 분류하기에는 증거가 충분하지 않는 물질

주 : 발암성 구분 1의 분류기준은 구분 1A 또는 1B에 속하는 것으로 인적 경험에 의해 발암성이 있다고 인정되거나 동물시험을 통해 인체에 대해 발암성이 있다고 추정되는 물질을 말한다.

③ 혼합물의 분류

구성성분의 발암성 자료가 있는 경우에는 우선적으로 한계 농도를 이용하여 다음과 같이 분류한다.

구분	구분 기준
1A	발암성(구분 1A)인 성분의 함량이 0.1% 이상인 혼합물
1B	발암성(구분 1B)인 성분의 함량이 0.1% 이상인 혼합물
2	발암성(구분 2)인 성분의 함량이 1.0% 이상인 혼합물

(7) 생식독성 (reproductive toxicity)

① 정의

생식기능 및 생식능력에 대한 유해영향을 일으키거나 태아의 발생·발육에 유해한 영향을 주는 성질을 말한다. 생식기능 및 생식능력에 대한 유해영향이란 생식기능 및 생식능력에 대한 모든 영향 즉, 생식기관의 변화, 생식가능 시기의 변화, 생식체의 생성 및 이동, 생식주기, 성적 행동, 수태나 분만, 수태결과, 생식기능의 조기노화, 생식계에 영향을 받는 기타 기능들의 변화 등을 포함한다. 태아의 발생·발육에 유해한 영향은 출생 전 또는 출생 후에 태아의 정상적인 발생을 방해하는 모든 영향 즉, 수태 전 부모의 노출로부터 발생 중인 태아의 노출, 출생 후 성숙기까지의 노출에 의한 영향을 포함한다.

② 단일물질의 분류

생식독성의 구분은 구분 1A, 1B, 2, 수유독성을 원칙으로 하되, 구분 1A와 1B의 소구분이 어려운 경우에만 구분 1, 2, 수유독성으로 통합 적용할 수 있다.

구분	구분 기준
1A	사람에게 성적기능, 생식능력이나 발육에 악영향을 주는 것으로 판단할 정도의 사람에서의 증거가 있는 물질
1B	사람에게 성적기능, 생식능력이나 발육에 악영향을 주는 것으로 추정할 정도의 동물시험 증거가 있는 물질
2	사람에게 성적기능, 생식능력이나 발육에 악영향을 주는 것으로 의심할 정도의 사람 또는 동물시험 증거가 있는 물질

구분	구분 기준
수유독성	다음 어느 하나에 해당하는 물질 • 흡수, 대사, 분포 및 배설에 대한 연구에서, 해당 물질이 잠재적으로 유독한 수준으로 모유에 존재할 가능성을 보임 • 동물에 대한 1세대 또는 2세대 연구결과에서, 모유를 통해 전이되어 자손에게 유해영향을 주거나, 모유의 질에 유해영향을 준다는 명확한 증거가 있음 • 수유기간 동안 아기에게 유해성을 유발한다는 사람에 대한 증거가 있음

주 : 생식독성 구분 1의 분류기준은 구분 1A 또는 1B에 속하는 것으로 인적 경험에 의해 생식독성이 있다고 인정되거나 동물시험을 통해 인체에 대해 생식독성이 있다고 추정되는 물질을 말한다.

③ 혼합물의 분류

구성성분의 생식독성 자료가 있는 경우에는 우선적으로 한계 농도를 이용하여 다음과 같이 분류한다.

구분	구분 기준
1A	생식독성(구분 1A)인 성분의 함량이 0.3% 이상인 혼합물
1B	생식독성(구분 1B)인 성분의 함량이 0.3% 이상인 혼합물
2	생식독성(구분 2)인 성분의 함량이 3.0% 이상인 혼합물
수유독성	수유독성을 가지는 성분의 함량이 0.3% 이상인 혼합물

(8) 특정표적장기 독성 – 1회 노출 (specific target organ toxicity – single exposure)

① 정의

1회 노출에 의하여 급성독성, 피부 부식성/피부 자극성, 심한 눈 손상성/눈 자극성, 호흡기 과민성, 피부 과민성, 생식세포 변이원성, 발암성, 생식독성, 흡인 유해성 이외의 특이적이며, 비치사적으로 나타나는 특정표적장기의 독성을 말한다.

② 단일물질의 분류

구분	구분 기준
1	사람에 중대한 독성을 일으키는 물질 또는 실험동물을 이용한 시험의 증거에 기초하여 1회 노출에 의해 사람에게 중대한 독성을 일으킬 가능성이 있다고 판단되는 물질로, 다음 어느 하나에 해당하는 물질 • 사람에 대한 사례연구 또는 역학조사로부터 1회 노출에 의해 사람에게 중대한 독성을 일으킨다는 신뢰성 있고 질적으로 우수한 증거가 있는 경우 • 낮은 수준의 용량으로 1회 노출 동물시험에서 나타난 중대하거나 강한 독성소견을 근거로, 1회 노출에 의해 사람에게 중대한 독성을 일으킬 것으로 추정되는 경우
2	실험동물을 이용한 시험의 증거에 기초하여 1회 노출에 의해 사람의 건강에 유해를 일으킬 가능성이 있다고 판단되는 물질로, 보통 수준의 용량으로 1회 노출 동물시험에서 나타난 중대한 독성소견을 근거로 1회 노출에 의해 사람의 건강에 유해를 일으킬 가능성이 있다고 추정되는 물질
3	일시적으로 표적 장기에 영향을 주는 물질로, 노출 후 짧은 기간 동안 사람의 기능을 유해하게 변화시키고 구조 또는 기능에 중대한 변화를 남기지 않고 적당한 기간에 회복하는 영향으로 다음 어느 하나에 해당하는 물질 • 사람의 호흡계통 기도를 일시적으로 자극하는 것으로 알려지거나 동물실험결과 호흡기계를 자극한다고 밝혀진 경우(호흡기 자극) • 사람에게 마취작용을 일으키는 것으로 알려지거나 동물실험결과 마취작용을 일으킨다고 밝혀진 경우(마취영향)

③ 혼합물의 분류

㉠ 혼합물 전체로서 시험된 자료가 있는 경우에는 그 시험결과에 따라 단일물질의 분류기준을 적용한다.

㉡ 혼합물 전체로서 시험된 자료는 없지만, 유사 혼합물에서의 분류자료 등을 통하여 혼합물 전체로서 판단할 수 있는 근거 자료가 있는 경우에는 희석·뱃치(batch)·농축·내삽·유사혼합물 또는 에어로졸 등의 가교 원리를 적용하여 분류한다.

㉢ 혼합물 전체로서 유해성을 평가할 자료는 없지만, 구성성분의 유해성 평가자료가 있는 경우에는 다음과 같이 분류한다.

구분	구분 기준
1	구분 1인 성분의 함량이 10% 이상인 혼합물
2	다음 어느 하나에 해당하는 혼합물 • 구분 1인 성분의 함량이 1.0% 이상, 10% 미만인 경우 • 구분 2인 성분의 함량이 10% 이상인 경우
3	다음 어느 하나에 해당하는 혼합물 • 호흡기계 자극성을 나타내는 성분의 함량이 20% 이상인 경우 • 마취작용을 나타내는 성분의 함량이 20% 이상인 경우

주 : 구분 3 분류의 한계농도는 20%로 제안되어 있지만, 성분에 따라서는 이 한계농도가 높아지거나 낮아질 수 있다. 이 경우 전문가의 판단에 따라 분류할 수 있다.

(9) 특정표적장기 독성 – 반복 노출 (specific target organ toxicity – repeated exposure)

① 정의

반복 노출에 의하여 급성 독성, 피부 부식성/피부 자극성, 심한 눈 손상성/눈 자극성, 호흡기 과민성, 피부 과민성, 생식세포 변이원성, 발암성, 생식독성, 흡인 유해성 이외의 특이적이며 비치사적으로 나타나는 특정표적장기의 독성을 말한다.

② 단일물질의 분류

구분	구분 기준
1	사람에 중대한 독성을 일으키는 물질 또는 실험동물에서의 시험의 증거에 기초하여 반복 노출에 의해 사람에게 중대한 독성을 일으킬 가능성이 있다고 판단되는 물질로 다음 어느 하나에 해당하는 물질 • 사람에 대한 사례연구 또는 역학조사로부터 반복 노출에 의해 사람에게 중대한 독성을 일으킨다는 신뢰성이 있고 질적으로 우수한 증거가 있는 경우 • 낮은 수준의 용량으로 반복 노출 동물시험에서 나타난 중대하거나 강한 독성소견을 근거로, 반복 노출에 의해 사람에게 중대한 독성을 일으킬 것으로 추정되는 경우
2	실험동물을 이용한 시험의 증거에 기초하여 반복 노출에 의해 사람의 건강에 유해를 일으킬 가능성이 있다고 판단되는 물질로, 보통 수준의 용량으로 반복 노출 동물시험에서 나타난 중대한 독성소견을 근거로 반복 노출에 의해 사람의 건강에 유해를 일으킬 가능성이 있다고 추정되는 물질

③ 혼합물의 분류

    ㉠ 혼합물 전체로서 시험된 자료가 있는 경우에는 그 시험결과에 따라 단일물질의 분류기준을 적용한다.

    ㉡ 혼합물 전체로서 시험된 자료는 없지만, 유사 혼합물에서의 분류자료 등을 통하여 혼합물 전체로서 판단할 수 있는 근거자료가 있는 경우에는 희석·뱃치(batch)·농축·내삽·유사혼합물 또는 에어로졸 등의 가교 원리를 적용하여 분류한다.

    ㉢ 혼합물 전체로서 유해성을 평가할 자료는 없지만, 구성성분의 유해성 평가자료가 있는 경우에는 다음과 같이 분류한다.

구분	구분 기준	
1	구분 1인 성분의 함량이 10% 이상인 혼합물	
2	다음 어느 하나에 해당하는 혼합물 • 구분 1인 성분의 함량이 1.0% 이상, 10% 미만인 경우 • 구분 2인 성분의 함량이 10% 이상인 경우	

(10) 흡인 유해성 (aspiration harzard)

① 정의

    액체나 고체 화학물질이 직접적으로 구강이나 비강을 통하거나 간접적으로 구토에 의하여 기관 및 하부호흡기계로 들어가 나타나는 화학적 폐렴, 다양한 단계의 폐손상 또는 사망과 같은 심각한 급성 영향을 말한다.

② 단일물질의 분류

구분	구분 기준	
1	사람에 흡인 독성을 일으키는 것으로 알려지거나 흡인 독성을 일으킬 것으로 간주되는 물질로 다음 어느 하나에 해당하는 물질 • 사람에서 흡인 유해성을 일으킨다는 신뢰성 있는 결과가 발표된 경우 • 40℃에서 동점도가 $20.5mm^2/s$ 이하인 탄화수소	
2	사람에 흡인 독성 유해성을 일으킬 우려가 있는 물질로, 구분 1에 분류되지 않으면서, 40℃에서 동점도가 $14mm^2/s$ 이하인 물질로 기존의 동물실험결과와 표면장력, 수용해도, 끓는점 및 휘발성 등을 고려하여 흡인 유해성을 일으키는 것으로 추정되는 물질	

③ 혼합물의 분류

구분	구분 기준	
1	다음 어느 하나에 해당하는 혼합물 • 구분 1인 성분의 농도의 합이 10% 이상이고, 동점도가 40℃에서 $20.5mm^2/s$ 이하인 경우 • 혼합물이 두 층 이상으로 뚜렷이 분리되는 경우, 하나의 층에서 구분 1인 성분의 농도의 합이 10% 이상이고 동점도가 40℃에서 $20.5mm^2/s$ 이하인 경우	
2	다음 어느 하나에 해당하는 혼합물 • 구분 2인 성분의 농도의 합이 10% 이상이고 동점도가 40℃에서 $14m^2/s$ 이하인 경우 • 혼합물이 두 층 이상으로 뚜렷이 분리되는 경우, 하나의 층에서 구분 2인 성분의 농도의 합이 10% 이상이고 동점도가 40℃에서 $14mm^2/s$ 이하인 경우	

3. 환경 유해성

(1) 수생환경 유해성 (hazardous to the aquatic environment)

급성 수생환경 유해성이란 단기간의 노출에 의해 수생환경에 유해한 영향을 일으키는 유해성을 말하며, 만성 수생환경 유해성이란 수생생물의 생활주기에 상응하는 기간 동안 물질 또는 혼합물을 노출시켰을 때 수생생물에 나타나는 유해성을 말한다.

(2) 오존층 유해성 (hazardous to the ozone layer)

오존을 파괴하여 오존층을 고갈시키는 성질을 말하며, 오존 파괴 잠재성(ozone depleting potential)은 오존에 대한 교란 정도의 비 즉, 특정화합물의 트리클로로플루오르메탄(CFC-11)과 동등 방출량의 비이다.

물질안전보건자료(MSDS)의 작성항목 및 기재사항
(화학물질의 분류·표시 및 물질안전보건자료에 관한 기준 : 별표 4)

MSDS 번호 :

1. 화학제품과 회사에 관한 정보

　가. 제품명(경고표지 상에 사용되는 것과 동일한 명칭 또는 분류코드를 기재한다) :
　나. 제품의 권고 용도와 사용상의 제한 :
　다. 공급자 정보(제조자, 수입자, 유통업자 관계없이 해당 제품의 공급 및 물질안전보건자료 작성을 책임지는 회사의
　　　정보를 기재하되, 수입품의 경우 문의사항 발생 또는 긴급시 연락 가능한 국내 공급자 정보를 기재) :
　　　○ 회사명
　　　○ 주소
　　　○ 긴급전화번호

2. 유해성·위험성

　가. 유해성·위험성 분류
　나. 예방조치 문구를 포함한 경고 표지 항목
　　　○ 그림문자
　　　○ 신호어
　　　○ 유해·위험 문구
　　　○ 예방조치 문구
　다. 유해성·위험성 분류기준에 포함되지 않는 기타 유해성·위험성(예 분진폭발 위험성) :

3. 구성성분의 명칭 및 함유량

　　　　　　　화학물질명　　　　관용명 및 이명(異名)　　　CAS번호 또는 식별번호　　　함유량(%)
* 대체자료 기재 승인(부분승인) 시 승인번호 및 유효기간

4. 응급조치 요령

　가. 눈에 들어갔을 때 :
　나. 피부에 접촉했을 때 :
　다. 흡입했을 때 :
　라. 먹었을 때 :
　마. 기타 의사의 주의사항 :

5. 폭발·화재시 대처방법

　가. 적절한 (및 부적절한) 소화제 :
　나. 화학물질로부터 생기는 특정 유해성(예 연소 시 발생 유해물질) :
　다. 화재 진압 시 착용할 보호구 및 예방조치 :

6. 누출 사고 시 대처방법

　가. 인체를 보호하기 위해 필요한 조치 사항 및 보호구 :
　나. 환경을 보호하기 위해 필요한 조치사항 :
　다. 정화 또는 제거 방법 :

7. 취급 및 저장방법

　가. 안전취급요령 :
　나. 안전한 저장 방법(피해야 할 조건을 포함함) :

8. 노출방지 및 개인보호구

　가. 화학물질의 노출기준, 생물학적 노출기준 등 :
　나. 적절한 공학적 관리 :
　다. 개인 보호구
　　○ 호흡기 보호 :
　　○ 눈 보호 :
　　○ 손 보호 :
　　○ 신체 보호 :

9. 물리화학적 특성

　가. 외관(물리적 상태, 색 등) :
　나. 냄새 :
　다. 냄새 역치 :
　라. pH :
　마. 녹는점/어는점 :
　바. 초기 끓는점과 끓는점 범위 :
　사. 인화점 :
　아. 증발 속도
　자. 인화성(고체, 기체)
　차. 인화 또는 폭발 범위의 상한/하한
　카. 증기압 :
　타. 용해도 :
　파. 증기밀도 :
　하. 비중 :
　거. n 옥탄올/물 분배계수 :
　너. 자연발화 온도 :
　더. 분해 온도 :
　러. 점도 :
　머. 분자량

10. 안정성 및 반응성

　가. 화학적 안정성 및 유해 반응의 가능성 :
　나. 피해야 할 조건(정전기 방전, 충격, 진동 등) :
　다. 피해야 할 물질 :
　라. 분해시 생성되는 유해물질 :

11. 독성에 관한 정보

가. 가능성이 높은 노출 경로에 관한 정보
나. 건강 유해성 정보
  ○ 급성 독성(노출 가능한 모든 경로에 대해 기재) :
  ○ 피부 부식성 또는 자극성 :
  ○ 심한 눈 손상 또는 자극성 :
  ○ 호흡기 과민성 :
  ○ 피부 과민성 :
  ○ 발암성 :
  ○ 생식세포 변이원성 :
  ○ 생식독성 :
  ○ 특정 표적장기 독성 (1회 노출) :
  ○ 특정 표적장기 독성 (반복 노출) :
  ○ 흡인 유해성 :
※ 가.항 및 나.항을 합쳐서 노출 경로와 건강 유해성 정보를 함께 기재할 수 있음

12. 환경에 미치는 영향

가. 생태독성 :
나. 잔류성 및 분해성 :
다. 생물 농축성 :
라. 토양 이동성 :
마. 기타 유해 영향 :

13. 폐기시 주의사항

가. 폐기방법 :
나. 폐기시 주의사항(오염된 용기 및 포장의 폐기 방법을 포함함) :

14. 운송에 필요한 정보

가. 유엔 번호 :
나. 유엔 적정 선적명 :
다. 운송에서의 위험성 등급 :
라. 용기등급(해당하는 경우) :
마. 해양오염물질(해당 또는 비해당으로 표기) :
바. 사용자가 운송 또는 운송 수단에 관련해 알 필요가 있거나 필요한 특별한 안전대책 :

15. 법적 규제현황

가. 산업안전보건법에 의한 규제 :
나. 화학물질관리법에 의한 규제 :
다. 위험물안전관리법에 의한 규제 :
라. 폐기물관리법에 의한 규제 :
마. 기타 국내 및 외국법에 의한 규제 :

16. 그 밖의 참고사항

가. 자료의 출처 :
나. 최초 작성일자 :
다. 개정 횟수 및 최종 개정일자 :
라. 기타 :

화학물질의 노출기준
(화학물질 및 물리적 인자의 노출기준 : 별표 1)

일련 번호	유해물질의 명칭	노출기준				비고
		TWA		STEL		
		ppm	mg/m³	ppm	mg/m³	
1	가솔린	300	–	500	–	발암성 1B, (가솔린 증기의 직업적 노출에 한정함), 생식 세포 변이원성 1B
2	개미산	5	–	–	–	
3	게르마늄 테트라하이드라이드	0.2	–	–	–	
4	고형 파라핀 흄	–	2	–	–	
5	곡물분진	–	4	–	–	–
6	곡분분진	–	0.5	–	–	흡입성
7	과산화벤조일	–	5	–	–	
8	과산화수소	1	–	–	–	발암성 2
9	광물털 섬유	–	10	–	–	발암성 2, (알칼리 산화물 및 알칼리토금속 산화물의 중 량비가 18% 이상인 불특정 모양의 인공 유리규산 섬유에 한정함)
10	구리 (분진 및 미스트)	–	1		2	
11	구리 (흄)	–	0.1	–	–	
12	규산칼슘	–	10	–	–	
13	규조토	–	10	–	–	
14	글루타르알데히드		C 0.05	–	–	
15	글리세린미스트	–	10	–	–	
16	글리시돌					2,3-에폭시-1-프로판올 참조
17	글리콜 모노에틸에테르					2-에톡시에탄올 참조
18	금속가공유(혼합용매추출물)	–	0.8	–	–	–
19	나프탈렌	10	–	15	–	발암성 2, Skin
20	날레드					디메틸-1,2-디브로모-2,2-디클로로에틸 포스페이트 참조
21	납 및 그 무기화합물	–	0.05	–	–	발암성 1B, 생식독성 1A[납(금속)의 경우 발암성 2]
22	납석					–
23	내화성세라믹섬유	–	0.2개/cm³	–	–	호흡성, 발암성 1B (알칼리 산화물 및 알칼리토금속 산 화물의 중량비가 18% 이하인 불특정 모양의 인공 유리규 산 섬유에 한정함)
24	노난	200	–	–	–	
25	노말-니트로소디메틸아민					디메틸니트로소아민 참조
26	2-N-디부틸아미노에탄올	2	–	–	–	Skin
27	N-메틸 아닐린	0.5	–	–	–	Skin
28	노말-발레알데히드	50	–	–	–	
29	노말-부틸 글리시딜에테르	3	–	–	–	발암성 2, 생식세포 변이원성 2, Skin
30	노말-부틸 락테이트	5	–	–	–	

일련 번호	유해물질의 명칭	노출기준				비고
		TWA		STEL		
		ppm	mg/m³	ppm	mg/m³	
31	노말-부틸아크릴레이트	2	–	10	–	
32	노말-부틸알코올	20	–	–	–	
33	N-비닐-2-피롤리돈	0.05	–	–	–	발암성 2
34	N-에틸모르폴린	5	–	–	–	Skin
35	N-이소프로필아닐린	2	–	–	–	Skin
36	노말-초산 부틸	150	–	200	–	
37	노말-초산 아밀	50	–	100	–	
38	N-페닐-베타-나프틸 아민	–	–	–	–	발암성 2
39	노말-프로필 니트레이트	25	–	40	–	
40	노말-프로필 아세테이트					초산 프로필 참조
41	노말-프로필 알코올	200	–	250	–	Skin
42	노말-헥산	50	–	–	–	생식독성 2, Skin
43	니켈 (가용성화합물)	–	0.1	–	–	발암성 1A
44	니켈 (불용성 무기화합물)	–	0.2	–	–	발암성 1A
45	니켈 (금속)	–	1	–	–	발암성 2
46	니켈 카르보닐	0.001	–	–	–	발암성 1A, 생식독성 1B
47	니코틴	–	0.5	–	–	Skin
48	니트라피린					2-클로로-6-(트리클로로메틸) 피리딘 참조
49	니트로글리세린	0.05	–	–	–	Skin
50	니트로글리콜					에틸렌글리콜 디니트레이트 참조
51	4-니트로디페닐	–	–	–	–	발암성 1B, Skin
52	니트로메탄	20	–	–	–	발암성 2
53	니트로벤젠	1	–	–	–	발암성 2, 생식독성 IB, Skin
54	니트로에탄	100	–	–	–	
55	니트로톨루엔 (오쏘, 메타, 파라-이성체)	2	–	–	–	발암성 1B, 생식세포 변이원성 1B, 생식독성 2, Skin
56	니트로트리클로로메탄					클로로피크린 참조
57	1-니트로프로판	25	–	–	–	
58	2-니트로프로판	10	–	–	–	발암성 1B
59	대리석	–	10	–	–	–
60	데미톤	–	0.1	–	–	Skin
61	데카보란	0.05	–	0.15	–	Skin
62	2,4-디	–	10	–	–	발암성 2, 흡입성
63	디글리시딜에테르	0.1	–	–	–	
64	디니트로벤젠 (모든 이성체)	0.15	–	–	–	Skin
65	디니트로-오쏘-크레졸	–	0.2	–	–	생식세포 변이원성 2, Skin

일련 번호	유해물질의 명칭	노출기준				비고
		TWA		STEL		
		ppm	mg/m³	ppm	mg/m³	
66	3,5-디니트로-오쏘-톨루아미드	–	5	–	–	
67	디니트로톨루엔	–	0.2	–	–	발암성 1B, 생식세포 변이원성 2, 생식독성 2, Skin
68	디메톡시메탄	1,000	–	–	–	
69	디메틸니트로소아민	–	–	–	–	발암성 1B, Skin
70	디메틸-1,2-디브로모-2, 2-디클로로에틸포스페이트	–	3	–	–	Skin
71	디메틸벤젠 (모든 이성체)	크실렌 (모든 이성체) 참조				
72	디메틸아닐린	5	–	10	–	발암성 2, Skin
73	디메틸아미노벤젠 (혼합이성체 포함)	0.5	–	–	–	발암성 2, Skin, 흡입성 및 증기
74	디메틸아민	5	–	15	–	
75	N,N-디메틸아세트아미드	10	–	–	–	생식독성 1B, Skin
76	디메틸 카르바모일클로라이드	0.005	–	–	–	발암성 1B, Skin
77	디메틸포름아미드	10	–	–	–	생식독성 1B, Skin
78	디메틸프탈레이트	–	5	–	–	
79	2,6-디메틸-4-헵타논	디이소부틸케톤 참조				
80	1,1-디메틸하이드라진	0.01	–	–	–	발암성 1B, Skin
81	디보란	0.1	–	–	–	
82	디부틸 포스페이트	–	5	–	10	Skin, 흡입성 및 증기
83	디부틸 프탈레이트	–	5	–	–	생식독성 1B
84	1,2-디브로모에탄	–	–	–	–	발암성 1B, Skin
85	디비닐 벤젠	10	–	–	–	
86	디설피람	–	2	–	–	
87	디설포톤	–	0.05	–	–	Skin, 흡입성 및 증기
88	디시클로펜타디에닐 철	–	10	–	–	
89	디시클로펜타디엔	5	–	–	–	
90	디아니시딘	–	0.01	–	–	발암성 1B
91	1,2-디아미노에탄	10	–	–	–	Skin
92	디아세톤 알코올	50	–	–	–	
93	디아조메탄	0.2	–	–	–	발암성 1B
94	디아지논	–	0.01	–	–	발암성 1B, Skin, 흡입성 및 증기
95	디에탄올아민	–	2	–	–	발암성 2, Skin
96	디에틸렌 글리콜 모노부틸 에테르	10	–	–	–	
97	2-디에틸아미노에탄올	2	–	–	–	Skin
98	디에틸아민	5	–	15	–	Skin
99	디에틸 에테르	400	–	500	–	
100	디에틸 케톤	200	–	–	–	
101	디에틸렌 트리아민	1	–	–	–	Skin
102	디에틸프탈레이트	–	5	–	–	
103	디(2-에틸헥실)프탈레이트	–	5	–	10	발암성 2, 생식독성 1B

일련 번호	유해물질의 명칭	노출기준				비고
		TWA		STEL		
		ppm	mg/m³	ppm	mg/m³	
104	디엘드린	–	0.25	–	–	발암성 2, Skin,
105	디옥사티온	–	0.2	–	–	Skin
106	1,4-디옥산	20	–	–	–	발암성 2, Skin
107	디우론	–	10	–	–	발암성 2
108	디이소부틸케톤	25	–	–	–	
109	디이소프로필아민	5	–	–	–	Skin
110	2,6-디-삼차-부틸-파라-크레졸	–	2	–	–	흡입성 및 증기
111	디-이차-옥틸프탈레이트					디-(2-에틸헥실)프탈레이트 참조
112	디쿼트	–	0.5	–	–	Skin, 흡입성
113	디크로토포스	–	0.25	–	–	Skin
114	디클로로디페닐, 트리클로로에탄	–	1	–	–	발암성 2
115	1,1-디클로로-1-니트로에탄	2	–	–	–	
116	1,3-디클로로-5, 5-디메틸 하이단토인	–	0.2	–	0.4	
117	디클로로디플루오로메탄	1,000	–	–	–	
118	디클로로메탄	50	–	–	–	발암성 2
119	3,3-디클로로벤지딘	–	–	–	–	발암성 1B, Skin
120	디클로로아세트산	0.5	–	–	–	발암성 2, Skin
121	디클로로아세틸렌			C 0.1	–	발암성 2
122	1,1-디클로로에탄	100	–	–	–	
123	1,2-디클로로에탄					이염화 에틸렌 참조
124	1,1-디클로로에틸렌	5	–	20	–	발암성 2
125	1,2-디클로로에틸렌	200	–	–	–	
126	디클로로에틸에테르	5	–	10	–	발암성 2, Skin
127	디클로로 테트라플루오로에탄	1,000	–	–	–	
128	2,2-디클로로-1,1,1-트라이플루오로에탄	10	–	–	–	
129	1,2-디클로로프로판	10	–	110	–	발암성 1A
130	디클로로프로펜	1	–	–	–	발암성 2, Skin
131	2,2-디클로로프로피온산	–	6	–	–	흡입성
132	디클로로플루오로메탄	10	–	–	–	
133	1,1-디클로로-1-플루오로에탄	500	–	–	–	
134	디클로르보스	–	0.1	–	–	발암성 2, Skin, 흡입성 및 증기
135	디페닐					비페닐 참조
136	디페닐메탄, 디이소시아네이트					메틸렌비스페닐이소시아네이트 참조
137	디페닐아민	–	10	–	–	
138	디프로필렌, 글리콜메틸 에테르	100	–	150	–	Skin
139	디프로필 케톤	50	–	–	–	
140	디플루오로디브로모메탄	100	–	–	–	
141	디하이드록시벤젠	–	2	–	–	발암성 2, 생식세포 변이원성 2

일련 번호	유해물질의 명칭	노출기준				비고
		TWA		STEL		
		ppm	mg/m³	ppm	mg/m³	
142	러버 솔벤트	400	–	–	–	발암성 1B, 생식세포 변이원성 1B(벤젠 0.1% 이상인 경우에 한정함)
143	레조시놀	10	–	20	–	
144	로듐금속	–	0.1	–	–	
145	로듐, 불용성화합물	–	1	–	–	
146	로진 열분해산물	–	0.1	–	–	
147	로테논	–	5	–	–	
148	론넬	–	10	–	–	
149	루지	–	10	–	–	
150	리튬하이드라이드	–	0.025	–	–	
151	린데인	–	0.5	–	–	발암성 1A, 수유독성, Skin
152	말라티온	–	1	–	–	발암성 1B, Skin, 흡입성 및 증기
153	망간 및 무기 화합물	–	1	–	–	
154	망간 시클로펜타디에닐 트리카보닐	–	0.1	–	–	Skin
155	망간(흄)	–	1	–	3	
156	메빈포스	0.01	–	0.03	–	Skin
157	메타크릴 산	20	–	–	–	
158	메타-크실렌-알파, 알파-디아민	–	–	–	C 0.1	Skin
159	메타-톨루이딘	2	–	–	–	Skin
160	메타-프탈로디니트릴	–	5	–	–	흡입성 및 증기
161	메탄올					메틸 알코올 참조
162	메탄에티올	0.5	–	–	–	
163	메토밀	–	2.5	–	–	
164	2-메톡시에탄올	5	–	–	–	생식독성 1B, Skin
165	2-메톡시에틸아세테이트	5	–	–	–	생식독성 1B, skin
166	메톡시클로르	–	10	–	–	
167	4-메톡시페놀	–	5	–	–	
168	메트리뷰진	–	5	–	–	
169	메틸 노말-부틸케톤	5	–	–	–	생식독성 2, skin
170	메틸 노말-아밀케톤	50	–	–	–	
171	메틸 데메톤	–	0.5	–	–	Skin
172	4,4'-메틸렌디아닐린	0.1	–	–	–	발암성 1B, 생식세포 변이원성 2, Skin
173	1,1'-메틸렌비스 (4-이소시아네이토사이클로헥산)	0.005	–	–	–	
174	4,4'-메틸렌비스 (2-클로로아닐린)	0.01	–	–	–	발암성 1A, Skin
175	메틸렌비스페닐이소시아네이트	0.005	–	–	–	발암성 2
176	메틸메타크릴레이트	50	–	100	–	
177	메틸 멀캡탄					메탄에티올 참조

일련 번호	유해물질의 명칭	노출기준				비고
		TWA		STEL		
		ppm	mg/m³	ppm	mg/m³	
178	메틸삼차 부틸에테르	50	–	–	–	발암성 2
179	메틸 2-시아노아크릴레이트	2	–	4	–	
180	2-메틸시클로펜타디에닐 망간트리카르보닐	–	0.2	–	–	Skin
181	메틸시클로헥사놀	50	–	–	–	
182	메틸시클로헥산	400	–	–	–	
183	메틸실리케이트	1	–	–	–	
184	메틸 아민	5	–	15	–	
185	메틸 아밀알코올	25	–	40	–	Skin
186	메틸 아세틸렌	1,000	–	1,250	–	
187	메틸 아세틸렌 프로파디엔 혼합물	1,000	–	1,250	–	
188	메틸 아크릴레이트	2	–	–	–	Skin
189	메틸 아크릴로니트릴	1	–	–	–	Skin
190	메틸알					디메톡시메탄 참조
191	메틸 알코올	200	–	250	–	Skin
192	메틸 에틸 케톤	200	–	300	–	
193	메틸 에틸 케톤 퍼옥사이드	–	–	C 0.2	–	
194	메틸 이소부틸 케톤	50	–	75	–	발암성 2
195	메틸 이소시아네이트	0.02	–	–	–	생식독성 2, Skin
196	메틸 이소부틸 카르비놀					메틸 아밀 알코올 참조
197	메틸 이소아밀 케톤	50	–	–	–	
198	메틸 이소프로필 케톤	200	–	–	–	
199	메틸 클로라이드	50	–	100	–	발암성 2, Skin
200	메틸 클로로포름	350	–	450	–	
201	메틸 파라티온	–	0.2	–	–	Skin, 흡입성 및 증기
202	메틸 포메이트	100	–	150	–	
203	메틸 프로필 케톤	200	–	250	–	
204	메틸 하이드라진	0.01	–	–	–	발암성 2, Skin
205	5-메틸-3-헵타논					에틸 아밀 케톤 참조
206	면분진	–	0.2	–	–	–
207	모노크로토포스	–	0.05	–	–	생식세포 변이원성 2, Skin, 흡입성 및 증기
208	모노클로로벤젠					클로로벤젠 참조
209	모르폴린	20	–	30	–	Skin
210	목재분진 (적삼목)	–	0.5	–	–	흡입성, 발암성 1A
211	목재분진 (적삼목외 기타 모든 종)	–	1	–	–	흡입성, 발암성 1A
212	몰리브덴 (불용성화합물)	–	10	–	–	흡입성
213	몰리브덴 (불용성화합물)	–	5	–	–	호흡성
214	몰리브덴 (수용성화합물)	–	0.5	–	–	발암성 2, 호흡성
215	무수 말레산	–	0.4	–	–	

일련 번호	유해물질의 명칭	노출기준				비고
		TWA		STEL		
		ppm	mg/m³	ppm	mg/m³	
216	무수 초산	1	–	3	–	
217	무수 프탈산	1	–	–	–	Skin
218	바륨 및 그 가용성화합물	–	0.5	–	–	
219	백금 (가용성염)	–	0.002	–	–	
220	백금 (금속)	–	1	–	–	
221	배노밀	–	10	–	–	발암성 2, 생식세포 변이원성 1B, 생식독성 1B
222	베릴륨 및 그 화합물	–	0.002	–	0.01	발암성 1A, Skin
223	베타–나프틸아민	–	–	–	–	발암성 1A
224	베타–클로로프렌					2-클로로-1, 3-부타디엔 참조
225	베타–프로피오락톤	0.5	–	–	–	발암성 1B, Skin
226	벤젠	0.5	–	2.5	–	발암성 1A, 생식세포 변이원성 1B, Skin
227	1,2–벤젠디아민	–	0.1	–	–	
228	1,3–벤젠디아민	–	0.1	–	–	
229	벤조일클로라이드	–	–	C 0.5	–	발암성 1B
230	벤조트리클로라이드	–	–	C 0.1	–	발암성 1B, Skin
231	벤조 피렌	–	–	–	–	발암성 1A, 생식세포 변이원성 1B, 생식독성 1B
232	벤지딘	–	–	–	–	발암성 1A, Skin
233	2–부타논					메틸 에틸 케톤 참조
234	1,3–부타디엔	2	–	10	–	발암성 1A, 생식세포 변이원성 1B
235	부탄 (이성체)	800	–	–	–	발암성 1A, 생식세포 변이원성 1B (부타디엔 0.1% 이상인 경우에 한정함)
236	2–부톡시에탄올	20	–	–	–	발암성 2, Skin
237	부탄에티올	0.5	–	–	–	
238	부틸 멀캡탄					Butanethiol 참조
239	부틸아민			C 5	–	Skin
240	이차–부틸알코올	100	–	150	–	
241	삼차–부틸알코올	100	–	150	–	
242	불소	0.1	–	–	–	
243	불화수소	0.5	–	C 3	–	Skin
244	붕소산 사나트륨염 (무수물)	–	1	–	–	생식독성 1B, 흡입성
245	붕소산 사나트륨염 (오수화물)	–	1	–	–	생식독성 1B, 흡입성
246	붕소산 사나트륨염 (십수화물)	–	5	–	–	생식독성 1B, 흡입성
247	브로마실	–	10	–	–	발암성 2
248	브로모클로로메탄	200	–	250	–	
249	브로모포름	0.5	–	–	–	발암성 2, Skin
250	1–브로모프로판	25	–	–	–	발암성 2, 생식독성 1B
251	2–브로모프로판	1	–	–	–	생식독성 1A
252	브롬	0.1	–	0.3	–	
253	브롬화 메틸	1	–	–	–	생식세포 변이원성 2, Skin

일련 번호	유해물질의 명칭	노출기준				비고
		TWA		STEL		
		ppm	mg/m³	ppm	mg/m³	
254	브롬화 비닐	0.5	–	–	–	발암성 1B
255	브롬화 수소			C 2	–	
256	브롬화 에틸	5	–	–	–	발암성 2, Skin
257	브이엠 및 피 나프타	300	–	–	–	발암성 1B, 생식세포 변이원성 1B (벤젠 0.1% 이상인 경우에 한정함)
258	비닐 벤젠					스티렌 참조
259	비닐 시클로헥센디옥사이드	0.1	–	–	–	발암성 2, Skin
260	비닐 아세테이트	10	–	15	–	발암성 2
261	비닐 톨루엔	50	–	–	–	
262	비소 및 그 무기화합물	–	0.01	–	–	발암성 1A
263	비스-(클로로메틸)에테르	0.001	–	–	–	발암성 1A
264	비페닐	0.2	–	–	–	
265	사브롬화 아세틸렌	1	–	–	–	
266	사브롬화 탄소	0.1	–	0.3	–	
267	사산화 오스뮴	0.0002	–	0.0006		
268	사염화탄소	5	–	–	–	발암성 1B, Skin
269	산화규소 (결정체 석영)	–	0.05	–	–	발암성 1A, 호흡성
270	산화규소 (결정체 크리스토바라이트)	–	0.05	–	–	발암성 1A, 호흡성
271	산화규소 (결정체 트리디마이트)	–	0.05	–	–	발암성 1A, 호흡성
272	산화규소 (결정체 트리폴리)	–	0.1	–	–	발암성 1A, 호흡성
273	산화규소 (비결정체 규소, 용융된)	–	0.1	–	–	호흡성
274	산화규소 (비결정체 규조토)	–	10	–	–	
275	산화규소 (비결정체 침전된 규소)	–	10	–	–	
276	산화규소 (비결정체 실리카겔)	–	10	–	–	
277	산화마그네슘	–	10	–	–	
278	산화 메시틸	15	–	25	–	
279	산화 붕소		10	–	–	생식독성 1B
280	산화아연 분진	–	2	–	–	호흡성
281	산화아연	–	5	–	10	
282	산화 알루미늄					알파-알루미나 참조
283	산화 에틸렌	1	–	–	–	발암성 1A, 생식세포 변이원성 1B
284	산화주석 및 무기화합물	–	2	–	–	Skin
285	산화철	–	5	–	–	
286	산화철(흄)	–	5	–	–	
287	산화칼슘	–	2	–	–	
288	산화프로필렌					1, 2-에폭시프로판 참조
289	삼차부틸크롬산	–	–	–	C 0.1	발암성 1A, Skin
290	삼불화붕소	–	–	C 1		
291	삼불화염소	–	–	C 0.1	–	

일련번호	유해물질의 명칭	노출기준				비고
		TWA		STEL		
		ppm	mg/m³	ppm	mg/m³	
292	삼불화질소	10	–			
293	삼브롬화붕소	–	–	C 1	–	
294	삼산화 안티몬 (취급 및 사용물)	–	0.5	–	–	발암성 2
295	삼산화 안티몬 (생산)	–	–	–	–	발암성 1B
296	삼수소화 비소	0.005	–	–	–	
297	석고	–	10	–	–	흡입성
298	석면 (모든 형태)	–	0.1개/cm³	–	–	발암성 1A
299	석탄분진	–	1	–	–	호흡성
300	석회석	–	10	–	–	
301	설퍼릴 플루오라이드	5	–	10	–	
302	설퍼 모노클로라이드	–	–	C 1	–	
303	설퍼 테트라플루오라이드	–	–	C 0.1	–	
304	설퍼 펜타플루오라이드	–	–	C 0.01	–	
305	설포텝	–	0.2	–	–	Skin
306	설프로포스	–	1	–	–	Skin
307	세손	–	10	–	–	
308	세슘하이드록시드	–	2	–	–	
309	셀레늄 및 그 화합물	–	0.2	–	–	
310	셀루로우즈	–	10	–	–	
311	소디움 2,4-디클로로페녹 시에틸 설페이트					세손 참조
312	소디움 메타바이설파이트	–	5	–	–	
313	소디움 비설파이트	–	5	–	–	
314	소디움 아지이드	–	–	–	C 0.29	
315	소디움 풀루오로아세테이트	–	0.05	–	0.15	Skin
316	소석고	–	10	–	–	흡입성
317	소우프스톤	–	6	–	–	
318	소우프스톤	–	3	–	–	호흡성
319	수산화나트륨	–	–	–	C 2	
320	수산화 칼륨	–	–	–	C 2	
321	수산화 칼슘	–	5	–	–	
322	수산화테트라메틸암모늄	–	1	–	–	
323	수은 (아릴화합물)	–	0.1	–	–	Skin
324	수은 및 무기형태 (아릴 및 알킬 화합물 제외)	–	0.025	–	–	생식독성 1B, Skin
325	수은 (알킬화합물)	–	0.01	–	0.03	Skin
326	스토다드 용제	100	–	–	–	발암성 1B, 생식세포 변이원성 1B (벤젠 0.1% 이상인 경우에 한정함)
327	스트론티움크로메이트	–	0.0005	–	–	발암성 1A
328	스트리치닌	–	0.15	–	–	

일련 번호	유해물질의 명칭	노출기준				비고
		TWA		STEL		
		ppm	mg/m³	ppm	mg/m³	
329	스티렌	20	–	40	–	발암성 2, 생식독성 2, Skin
330	스티빈	0.1	–	–	–	
331	시스톡스					데미톤 참조
332	시아노겐	10	–	–	–	
333	시안아미드	–	2	–	–	
334	시안화 나트륨	–	3	–	5	Skin
335	시안화 비닐					아크릴로니트릴 참조
336	시안화 수소	–	–	C 4.7	–	Skin
337	시안화 칼륨					시안화합물 참조
338	시안화합물	–	5	–	–	Skin
339	시클로나이트	–	0.5	–	–	Skin
340	시클로펜타디엔	75	–	–	–	
341	시클로펜탄	600	–	–	–	
342	시클로헥사논	25	–	50	–	발암성 2, Skin
343	시클로헥사놀	50	–	–	–	Skin
344	시클로헥산	200	–	–	–	
345	시클로헥센	300	–	–	–	
346	시클로헥실아민	10	–	–	–	생식독성 2
347	시헥사틴	–	5	–	–	
348	실레인	5	–	–	–	
349	실리콘	–	10	–	–	
350	실리콘 카바이드	–	10	–	–	발암성 1B [섬유상(수염형태 결정 포함) 물질에 한정함]
351	실리콘 테트라하이드라이드					실레인 참조
352	아니시딘 (오쏘, 파라-이성체)	–	0.5	–	–	Skin
353	아닐린과 아닐린 동족체	2	–	–	–	발암성 2, 생식세포 변이원성 2, Skin
354	4-아미노디페닐	–	–	–	–	발암성 1A, Skin
355	2-아미노에탄올					에탄올 아민 참조
356	3-아미노-1,2,4-트리아졸 (또는 아미트롤)	–	0.2	–	–	발암성 2, 생식독성 2
357	2-아미노피리딘	0.5	–	–	–	
358	아세네이트 연	–	0.05	–	–	발암성 1A, 생식독성 1A
359	아세토니트릴	20	–	–	–	Skin
360	아세톤	500	–	750	–	
361	아세톤시아노히드린	–	–	C 4.7	–	
362	아세트알데히드	50	–	150	–	발암성 1B
363	아세틸살리실산	–	5	–	–	
364	아스팔트 흄 (벤젠 추출물)	–	0.5	–	–	발암성 2, 흡입성
365	아연 스테아린산	–	10	–	–	흡입성
366	아진포스 메틸	–	0.2	–	–	Skin, 흡입성 및 증기

일련번호	유해물질의 명칭	노출기준				비고
		TWA		STEL		
		ppm	mg/m³	ppm	mg/m³	
367	아크로레인	0.1	–	0.3	–	Skin
368	아크릴로니트릴	2	–	–	–	발암성 1B, Skin
369	아크릴 산	2	–	–	–	Skin
370	아크릴아미드	–	0.03	–	–	발암성 1B, 생식세포 변이원성 1B, 생식독성 2, Skin, 흡입성 및 증기
371	아트라진	–	5	–	–	발암성 2
372	아황화니켈	–	0.1	–	–	발암성 1A, 생식세포 변이원성 2, 흡입성
373	안티몬과 그 화합물	–	0.5	–	–	
374	알드린	–	0.25	–	–	발암성 2, Skin
375	알루미늄 (가용성 염)	–	2	–	–	
376	알루미늄 (금속분진)	–	10	–	–	
377	알루미늄 (알킬)	–	2	–	–	
378	알루미늄 (용접 흄)	–	5	–	–	
379	알루미늄 (피로파우더)	–	5	–	–	
380	알릴글리시딜에테르	1	–	–	–	발암성 2, 생식세포 변이원성 2, 생식독성 2, Skin
381	알릴 알코올	0.5	–	4	–	Skin
382	알릴프로필 디설파이드	0.5	–	–	–	
383	알파나프틸아민	–	0.006	–	–	발암성 2
384	알파-나프틸티오우레아	–	0.3	–	–	발암성 2, Skin
385	알파-메틸 스티렌	50	–	100	–	발암성 2
386	알파-알루미나	–	10	–	–	
387	알파-클로로아세토페논	0.05	–	–	–	
388	암모늄 설파메이트	–	10	–	–	
389	암모니아	25	–	35	–	
390	액화 석유가스	1,000	–	–	–	발암성 1A, 생식세포 변이원성 1B (부타디엔 0.1%이상인 경우에 한정함)
391	에머리	–	10	–	–	
392	에탄 에티올	0.5	–	–	–	
393	에탄올					에틸 알코올 참조
394	에탄올아민	3	–	6	–	
395	2-에톡시에탄올	5	–	–	–	생식독성 1B, Skin
396	2-에톡시에틸아세테이트	5	–	–	–	생식독성 1B, Skin
397	에티온	–	0.4	–	–	Skin
398	에틸렌 글리콜 디니트레이트	0.05	–	–	–	Skin
399	에틸렌글리콜모노부틸 에테르아세테이트	20	–	–	–	발암성 2
400	에틸렌 글리콜메틸에테르 아세테이트	5	–	–	–	생식독성 1B, Skin
401	에틸렌 글리콜 (증기 및 미스트)	–	–	–	C 100	
402	에틸렌디아민					1,2-디아미노에탄 참조

일련 번호	유해물질의 명칭	노출기준				비고
		TWA		STEL		
		ppm	mg/m³	ppm	mg/m³	
403	에틸렌이민	0.5	–	–	–	발암성 1B, 생식세포 변이원성 1B, Skin
404	에틸렌 클로로하이드린	–	–	C 1	–	Skin
405	에틸리덴 노보르닌	–	–	C 5	–	
406	에틸 멀캡탄					에탄에티올 참조
407	에틸 벤젠	100	–	125	–	발암성 2
408	에틸 부틸 케톤	50	–	–	–	
409	에틸 실리케이트	10	–	–	–	
410	에틸 아민	5	–	15	–	Skin
411	에틸 아밀 케톤	25	–	–	–	
412	에틸 아크릴레이트	5	–	–	–	발암성 2
413	에틸 알코올	1,000	–	–	–	발암성 1A (알코올 음주에 한정함)
414	에틸 에테르					디에틸 에테르 참조
415	1,2-에폭시프로판	2	–	–	–	발암성 1B, 생식세포 변이원성 1B
416	2,3-에폭시-1-프로판올	2	–	–	–	발암성 1B, 생식세포 변이원성 2, 생식독성 1B
417	에피클로로히드린	0.5	–	–	–	발암성 1B, Skin
418	엔도설판	–	0.1	–	–	Skin, 흡입성 및 증기
419	엔드린	–	0.1	–	–	Skin
420	염소	0.5	–	1	–	
421	염소화 비닐리덴					1,1-디클로로에틸렌 참조
422	염소화 산화디페닐	–	0.5	–	2	
423	염소화 캄펜	–	0.5	–	1	발암성 2, Skin
424	염화 메틸렌					디클로로메탄 참조
425	염화 벤질	1	–	–	–	발암성 1B
426	염화 비닐					클로로에틸렌 참조
427	염화 수소	1	–	2	–	
428	염화 시아노겐	–	–	C 0.3	–	
429	염화 아연 흄	–	1	–	2	
430	염화 알릴	1	–	2	–	발암성 2, 생식세포 변이원성 2, Skin
431	염화 암모늄 흄	–	10	–	20	
432	염화 에틸	1,000	–	–	–	발암성 2, Skin
433	염화 에틸리덴	10	–	–	–	발암성 1B
434	염화 티오닐	–	–	C 0.2	–	
435	오쏘-이차-부틸페놀	5	–	–	–	Skin
436	오쏘-디클로로벤젠	25	–	50	–	
437	오쏘-메틸시클로헥사논	50	–	75	–	Skin
438	오쏘-클로로벤질리덴 말로노니트릴	–	–	C 0.05	–	Skin
439	오쏘-클로로스티렌	50	–	75	–	
440	오쏘-클로로톨루엔	50	–	75	–	

일련번호	유해물질의 명칭	노출기준				비고
		TWA		STEL		
		ppm	mg/m³	ppm	mg/m³	
441	오쏘-톨루이딘	2	–	–	–	발암성 1A, Skin
442	오쏘-톨리딘	–	–	–	–	발암성 1B, Skin
443	오쏘-프탈로디니트릴	–	1	–	–	흡입성 및 증기
444	오불화 브롬	0.1	–	–	–	
445	오산화바나듐	–	0.05	–	–	발암성 2, 생식세포 변이원성 2, 생식독성 2, 흡입성
446	오카르보닐 철 (펜타카르보닐철)	0.1	–	0.2	–	
447	오존	0.08	–	0.2	–	
448	옥살산	–	1	–	2	
449	옥타클로로나프탈렌	–	0.1	–	0.3	Skin
450	옥탄	300	–	375	–	
451	와파린	–	0.1	–	–	생식독성 1A, Skin
452	요오드 및 요오드화물	0.01	–	0.1	–	흡입성 및 증기
453	요오드포름	0.6	–	–	–	
454	요오드화 메틸	2	–	–	–	발암성 2, Skin
455	용접 흄 및 분진	–	5	–	–	발암성 2
456	우라늄 (가용성 및 불용성 화합물)	–	0.2	–	0.6	발암성 1A
457	운모	–	3	–	–	호흡성
458	유리 섬유 분진	–	5	–	–	–
459	육불화 셀레늄	0.05	–	–	–	
460	육불화 텔레늄	0.02	–	–	–	
461	육불화 황	1,000	–	–	–	
462	은 (가용성 화합물)	–	0.01	–	–	
463	은 (금속, 분진 및 흄)	–	0.1	–	–	
464	이불화산소	–	–	C 0.05	–	
465	이브롬화 에틸렌	1,2-디브로모에탄 참조				
466	이산화염소	0.1	–	0.3	–	
467	이산화질소	3	–	5	–	
468	이산화탄소	5,000	–	30,000	–	
469	이산화티타늄	–	10	–	–	발암성 2
470	이산화 황	2	–	5	–	
471	이소부틸 알코올	50	–	–	–	
472	이소아밀 알코올	100	–	125	–	
473	이소옥틸 알코올	50	–	–	–	Skin
474	이소포론	–	–	C 5	–	발암성 2
475	이소포론 디이소시아네이트	0.005	–	–	–	Skin
476	이소프로폭시에탄올	25	–	–	–	Skin
477	이소프로필 글리시딜 에테르	50	–	75	–	
478	이소프로필아민	5	–	10	–	

일련 번호	유해물질의 명칭	노출기준				비고
		TWA		STEL		
		ppm	mg/m³	ppm	mg/m³	
479	이소프로필 알코올	200	–	400	–	
480	이소프로필 에테르	250	–	310	–	
481	이염화아세틸렌					1,2-디클로로에틸렌 참조
482	이염화 에틸렌	10	–	–	–	발암성 1B
483	이트리움 (금속 및 화합물)	–	1	–	–	
484	이피엔	–	0.1	–	–	Skin, 흡입성
485	이황화탄소	1	–	–	–	생식독성 2, Skin
486	인(황색)	–	0.1	–	–	
487	인덴	10	–	–	–	
488	인듐 및 그 화합물	–	0.01	–	–	호흡성
489	인산	–	1	–	3	
490	일산화질소	25	–	–	–	
491	일산화탄소	30	–	200	–	생식독성 1A
492	자당	–	10	–	–	
493	자철광	–	10	–	–	
494	전분	–	10	–	–	
495	주석 (금속)	–	2	–	–	
496	주석 (유기화합물)	–	0.1	–	–	Skin
497	지르코늄 및 그 화합물	–	5	–	10	
498	질산	2	–	4	–	
499	철바나듐 분진	–	1	–	3	
500	철염 (가용성)	–	1	–	–	
501	초산	10	–	15	–	
502	초산 이차-부틸	200	–	–	–	
503	초산 삼차-부틸	200	–	–	–	
504	초산 이차-아밀	50	–	100	–	
505	초산 이차-헥실	50	–	–	–	
506	초산 메틸	200	–	250	–	
507	초산 에틸	400	–	–	–	
508	초산 이소부틸	150	–	187	–	
509	초산 이소아밀	50	–	100	–	
510	초산 이소프로필	100	–	200	–	
511	초산 프로필	200	–	250	–	
512	카드뮴 및 그 화합물	–	0.01 (0.002)	–	–	발암성 1A, 생식세포 변이원성 2, 생식독성 2, 호흡성
513	카르보닐 클로라이드					포스겐 참조
514	카바릴	–	5	–	–	발암성 2, Skin
515	카보푸란	–	0.1	–	–	흡입성 및 증기
516	카보닐 플루오라이드	2	–	5	–	

일련번호	유해물질의 명칭	노출기준				비고
		TWA		STEL		
		ppm	mg/m³	ppm	mg/m³	
517	카본블랙	–	3.5	–	–	발암성 2, 흡입성
518	카올린	–	2	–	–	호흡성
519	카프로락탐 (분진)	–	1	–	3	흡입성
520	카프로락탐 (증기)	–	20	–	40	
521	카테콜	5	–	–	–	발암성 2, Skin
522	칼슘 시안아미드	–	0.5	–	–	
523	칼슘 크로메이트	–	0.001	–	–	
524	캄파 (인조)	2	–	3	–	
525	캡타폴	–	0.1	–	–	발암성 1B, Skin, 흡입성 및 증기
526	캡탄	–	5	–	–	발암성 2, 흡입성
527	케로젠	–	200	–	–	발암성 2, Skin
528	케텐	0.5	–	1.5	–	
529	코발트 및 그 무기화합물	–	0.02	–	–	발암성 2
530	코발트 하이드로카르보닐	–	0.1	–	–	
531	퀴논					파라-벤조퀴논 참조
532	큐멘	50	–	–	–	발암성 2, Skin
533	코발트 카르보닐	–	0.1	–	–	
534	크레졸 (모든 이성체)	–	22	–	–	Skin, 흡입성 및 증기
535	크로밀 클로라이드	0.025	–	–	–	발암성 1A, 생식세포 변이원성 1B
536	크로톤알데히드	2	–	–	–	발암성 2, 생식세포 변이원성 2, Skin
537	크롬광 가공 (크롬산)	–	0.05	–	–	발암성 1A
538	크롬 (금속)	–	0.5	–	–	
539	크롬(6가)화합물 (불용성무기화합물)	–	0.01	–	–	발암성 1A
540	크롬(6가)화합물 (수용성)	–	0.05	–	–	발암성 1A
541	크롬산 연	–	0.012	–	–	발암성 1A, 생식독성 1A
542	크롬산 연	–	0.05	–	–	발암성 1A, 생식독성 1A
543	크롬산 아연	–	0.01	–	–	발암성 1A
544	크롬(2가)화합물	–	0.5	–	–	
545	크롬(3가)화합물	–	0.5	–	–	
546	크루포메이트	–	5	–	20	
547	크리센	–	–	–	–	발암성 1B, 생식세포 변이원성 2
548	크실렌 (모든 이성체)	100	–	150	–	
549	크실리딘					디메틸아미노벤젠 참조
550	1-클로로-1-니트로프로판	2	–	–	–	
551	클로로디페닐 (42% 염소)	–	1	–	–	Skin
552	클로로디페닐 (54% 염소)	–	0.5	–	–	발암성 2, Skin
553	클로로디플루오로메탄	1,000	–	1,250	–	
554	클로로메틸 메틸에테르	–	–	–	–	발암성 1A

일련 번호	유해물질의 명칭	노출기준				비고
		TWA		STEL		
		ppm	mg/m³	ppm	mg/m³	
555	2-메틸-3(2H)-이소시아졸론과 5-클로로 -2-메틸-3(2H)-이소시아졸론의 혼합물	–	0.1	–	–	흡입성
556	클로로벤젠	10	–	20	–	발암성 2
557	2-클로로-1,3-부타디엔	10	–	–	–	발암성 1B, Skin
558	클로로브로모메탄					브로모클로로메탄 참조
559	클로로아세트알데히드	–	–	C 1	–	발암성 2
560	클로로아세틱액시드	–	2	–	4	흡입성 및 증기
561	클로로아세틸 클로라이드	0.05	–	–	–	Skin
562	2-클로로에탄올					에틸렌 클로로하이드린 참조
563	클로로에틸렌	1	–	–	–	발암성 1A
564	1-클로로-2,3-에폭시 프로판					에피클로로히드린 참조
565	2-클로로-6-(트리클로로메틸)피리딘	–	10	–	20	
566	클로로펜타플루오로에탄	1,000	–	–	–	
567	클로로포름					트리클로로메탄 참조
568	클로로피크린	0.1	–	0.3	–	
569	클로르단	–	0.5	–	–	발암성 2, Skin
570	클로르피리포스	–	0.1	–	–	Skin, 흡입성 및 증기
571	클로피돌	–	10	–	–	
572	탄산칼슘	–	10	–	–	
573	탄탈륨 (금속 및 산화흄)	–	5	–	–	
574	탈륨 (가용성화합물)	–	0.1	–	–	Skin
575	터페닐 (오쏘, 메타, 파라 이성체)	–	–	–	C 5	
576	테레빈유	20	–	–	–	
577	텅스텐 (가용성화합물)	–	1	–	3	호흡성
578	텅스텐 및 불용성화합물	–	5	–	10	호흡성
579	테트라니트로메탄	1	–	–	–	발암성 2
580	테트라메틸 숙시노니트릴	0.5	–	–	–	Skin
581	테트라메틸 연	–	0.075	–	–	발암성 2, Skin
582	테트라소디움 피로포스페이트	–	5	–	–	
583	테트라에틸 연	–	0.075	–	–	발암성 2 , Skin
584	테트라클로로나프탈렌	–	2	–	–	
585	1,1,1,2-테트라클로로-2,2-디플로로에탄	500	–	–	–	
586	1,1,2,2-테트라클로로-1,2-디플로로에탄	500	–	–	–	
587	테트라클로로메탄					사염화탄소 참조
588	1,1,2,2-테트라클로로에탄	1	–	–	–	발암성 2, Skin
589	테트라클로로에틸렌					퍼클로로에틸렌 참조
590	테트라하이드로퓨란	50	–	100	–	발암성 2, Skin
591	테트릴	–	1.5	–	–	

일련번호	유해물질의 명칭	노출기준				비고
		TWA		STEL		
		ppm	mg/m³	ppm	mg/m³	
592	텔레뉴과 그 화합물	–	0.1	–	–	
593	텔루르화 비스무스	–	10	–	–	
594	템포스	–	10	–	–	Skin
595	독사펜					염소화 캄펜 참조
596	톨루엔	50	–	150	–	생식독성 2
597	톨루엔-2,4-디이소시아네이트	0.005	–	0.02	–	발암성 2
598	톨루엔-2,6-디이소시아네이트	0.005	–	0.02	–	발암성 2
599	톨루올					톨루엔 참조
600	트리글리시딜이소시아누레이트	–	0.1	–	–	
601	2,4,6-트리니트로 톨루엔	–	0.1	–	–	Skin
602	2,4,6-트리니트로페놀					피크린산 참조
603	트리메틸 벤젠 (혼합 이성체)	25	–	–	–	
604	트리메틸아민	5	–	15	–	
605	트리메틸 포스파이트	2	–	–	–	
606	트리멜리틱 안하이드리드	–	0.0005	–	0.002	Skin, 흡입성 및 증기
607	트리부틸 포스페이트	–	2.5	–	–	발암성 2, 흡입성 및 증기
608	트리에틸아민	2	–	4	–	Skin
609	트리오르토크레실 포스페이트	–	0.1	–	–	Skin
610	트리클로로나프탈렌	–	5	–	–	Skin
611	트리클로로니트로메탄					클로로피크린 참조
612	트리클로로메탄	10	–	–	–	발암성 2, 생식독성 2
613	1,2,4-트리클로로벤젠	–	–	C 5	–	
614	트리클로로아세트산	1	–	–	–	발암성 2
615	1,1,1-트리클로로에탄					메틸 클로로포름 참조
616	1,1,2-트리클로로에탄	10	–	–	–	발암성 2, Skin
617	트리클로로에틸렌	10	–	25	–	발암성 1A, 생식세포 변이원성 2
618	1,1,2-트리클로로-1,2,2-트리플루오로에탄	1,000	–	1,250	–	
619	1,2,3-트리클로로프로판	10	–	–	–	발암성 1B, 생식독성 1B, Skin
620	트리클로로플루오로메탄					플루오로트리클로로메탄 참조
621	트리클로로헥실틴 하이드록사이드					시헥사틴 참조
622	트리클로로폰	–	0.3	–	–	흡입성
623	트리페닐 아민	–	5	–	–	
624	트리페닐 포스페이트	–	3	–	–	
625	트리플루오로 브로모메탄	1,000	–	–	–	
626	입자상다환식방향족 탄화수소 (벤젠에 가용성)	–	0.2	–	–	발암성 1A~2 (물질의 종류에 따라 발암성 등급 차이가 있음)
627	2,4,5-티	–	10	–	–	
628	티오글리콜산	1	–	–	–	Skin
629	티람	–	1	–	–	Skin

일련 번호	유해물질의 명칭	노출기준				비고
		TWA		STEL		
		ppm	mg/m³	ppm	mg/m³	
630	4,4'-티오비스 (6-삼차-부틸-메타-크레졸)	–	10	–	–	
631	티이디피					설포텝 참조
632	티이피피	–	0.01	–	–	Skin, 흡입성 및 증기
633	파라-니트로아닐린	–	3	–	–	Skin
634	파라-니트로클로로벤젠	0.1	–	–	–	발암성 2, 생식세포 변이원성 2, Skin
635	파라-디클로로벤젠	10	–	20	–	발암성 2
636	파라-벤조퀴논	0.1	–	–	–	
637	파라-삼차-부틸톨루엔	10	–	15	–	
638	파라치온	–	0.05	–	–	발암성 2, Skin, 흡입성 및 증기
639	파라쿼트	–	0.1	–	–	호흡성
640	파라-페닐렌디아민	–	0.1	–	–	Skin
641	파라-톨루이딘	2	–	–	–	발암성 2, Skin
642	퍼라이트	–	10	–	–	
643	퍼밤	–	10	–	–	흡입성
644	퍼클로로메틸 멀캡탄	0.1	–	–	–	
645	퍼클로로에틸렌	25	–	100	–	발암성 1B
646	퍼클로릴 플루오라이드	3	–	6	–	
647	페나미포스	–	0.1	–	–	Skin, 흡입성 및 증기
648	페노티아진	–	5	–	–	Skin
649	페놀	5	–	–	–	생식세포 변이원성 2, Skin
650	페닐 글리시딜 에테르	0.8	–	–	–	발암성 1B, 생식세포 변이원성 2, Skin
651	페닐 멀캡탄	0.1	–	–	–	Skin
652	페닐 에테르 (증기)	1	–	2	–	
653	페닐 에틸렌					스티렌 참조
654	페닐 포스핀	–	–	C 0.05	–	
655	페닐 하이드라진	5	–	10	–	발암성 1B, 생식세포 변이원성 2, Skin
656	펜설포티온	–	0.1	–	–	Skin, 흡입성 및 증기
657	페나실 클로라이드					알파-클로로아세토페논 참조
658	2-펜타논					메틸 프로필 케톤 참조
659	펜타보레인	0.005	–	0.015	–	
660	펜타에리트리톨	–	10	–	–	
661	펜타클로로나프탈렌	–	0.5	–	–	
662	펜타클로로페놀	–	0.5	–	–	발암성 1B, Skin, 흡입성 및 증기
663	펜탄 (모든 이성체)	600	–	750	–	
664	펜티온	–	0.2	–	–	생식세포 변이원성 2, Skin
665	포노포스	–	0.1	–	–	Skin, 흡입성 및 증기
666	포레이트	–	0.05	–	–	Skin, 흡입성 및 증기
667	포름산 에틸	100	–	–	–	

일련 번호	유해물질의 명칭	노출기준				비고
		TWA		STEL		
		ppm	mg/m³	ppm	mg/m³	
668	포름아미드	10	–	–	–	생식독성 1B, Skin
669	포름알데히드	0.3	–	–	–	발암성 1A, 생식세포 변이원성 2
670	포스겐	0.1	–	–	–	
671	포스드린					메빈포스 참조
672	포스포러스 옥시클로라이드	0.1	–	0.5	–	
673	포스포러스 트리클로라이드	0.2	–	0.5	–	
674	포스포러스 펜타설파이드	–	1	–	3	
675	포스포러스 펜타클로라이드	0.1	–	–	–	
676	포스핀	0.3	–	1	–	
677	포틀랜드 시멘트	–	10	–	–	
678	푸르푸랄	2	–	–	–	발암성 2, Skin
679	푸르푸릴 알코올	10	–	15	–	발암성 2, Skin
680	프로파르길 알코올	1	–	–	–	Skin
681	프로판 설톤	–	–	–	–	발암성 1B
682	프로폭서	–	0.5	–	–	발암성 2, 흡입성 및 증기
683	프로피온산	10	–	15	–	
684	프로펜					메틸 아세틸렌 참조
685	프로필렌 글리콜 디니트레이트	0.05	–	–	–	Skin
686	프로필렌 글리콜 모노메틸 에테르	100	–	150	–	
687	프로필렌 디클로라이드					1,2-디클로로프로판 참조
688	프로필렌 이민	2	–	–	–	발암성 1B, Skin
689	플루오로트리클로로메탄	–	–	C 1,000	–	
690	플루오라이드	–	2.5	–	–	
691	피레트럼	–	5	–	–	
692	피로카테콜					카테콜 참조
693	피리딘	2	–	–	–	발암성 2
694	피크린산	–	0.1	–	–	Skin
695	피클로람	–	10	–	–	
696	피페라진 디하이드로클로라이드	–	5	–	–	생식독성 2
697	핀돈	–	0.1	–	–	
698	하이드라진	0.05	–	–	–	발암성 1B, Skin
699	하이드로겐 셀레늄	0.05	–	–	–	
700	하이드로게네이티드 터페닐	0.5	–	–	–	
701	하이드로퀴논					디하이드록시 벤젠 참조
702	4-하이드록시-4-메틸-2-펜타논					디아세톤 알코올 참조
703	2-하이드록시 프로필 아크릴레이트	0.5	–	–	–	Skin
704	하프니움	–	0.5	–	–	
705	2-헥사논					메틸 노말 부틸케톤 참조

일련 번호	유해물질의 명칭	노출기준				비고
		TWA		STEL		
		ppm	mg/m³	ppm	mg/m³	
706	헥사메틸 포스포르아미드	–	–	–	–	발암성 1B, 생식세포 변이원성 1B, Skin
707	헥사메틸렌 디이소시아네이트	0.005	–	–	–	
708	헥사클로로나프탈렌	–	0.2	–	–	Skin
709	헥사클로로부타디엔	0.02	–	–	–	발암성 2, Skin
710	헥사클로로시클로펜타디엔	0.01	–	–	–	
711	헥사클로로에탄	1	–	–	–	발암성 2
712	헥사플루오로아세톤	0.1	–	–	–	Skin
713	헥산 (다른 이성체)	500	–	1,000	–	
714	헥손	50	–	75	–	발암성 2
715	헥실렌글리콜	–	–	C 25	–	
716	2-헵타논					메틸 노말 아밀케톤 참조
717	3-헵타논					에틸 부틸 케톤 참조
718	헵타클로르	–	0.05	–	–	발암성 2, Skin
719	헵탄	400	–	500	–	
720	활석 (석면 불포함)	–	2	–	–	호흡성
721	활석 (석면 포함)					석면 참조
722	활성탄	–	5	–	–	
723	황산	–	0.2	–	0.6	발암성 1A (강산 Mist에 한정함), 흉곽성
724	황산 디메틸	0.1	–	–	–	발암성 1B, 생식세포 변이원성 2, Skin
725	황산암모늄	–	10	–	20	
726	황화광	–	2	–	–	
727	황화니켈 (흄 및 분진)	–	1	–	–	발암성 1A, 생식세포 변이원성 2
728	황화수소	10	–	15	–	
729	휘발성 콜타르피치 (벤젠에 가용물)	–	0.2	–	–	발암성 1A, 생식독성 1B
730	흑연 (천연 및 합성, Graphite 섬유제외)	–	2	–	–	호흡성
731	기타 분진 (산화규소 결정체 1% 이하)	–	10	–	–	발암성 1A (산화규소 결정체 0.1% 이상에 한함)

주 : 1. Skin 표시 물질은 점막과 눈 그리고 경피로 흡수되어 전신 영향을 일으킬 수 있는 물질을 말함(피부자극성을 뜻하는 것이 아님)

2. 발암성 정보물질의 표기는 「화학물질의 분류·표시 및 물질안전보건자료에 관한 기준」에 따라 다음과 같이 표기함
   가. 1A : 사람에게 충분한 발암성 증거가 있는 물질
   나. 1B : 시험동물에서 발암성 증거가 충분히 있거나, 시험동물과 사람 모두에서 제한된 발암성 증거가 있는 물질
   다. 2 : 사람이나 동물에서 제한된 증거가 있지만, 구분 1로 분류하기에는 증거가 충분하지 않은 물질

3. 생식세포 변이원성 정보물질의 표기는 「화학물질의 분류·표시 및 물질안전보건자료에 관한 기준」에 따라 다음과 같이 표기함
   가. 1A : 사람에게서의 역학조사 연구결과 양성의 증거가 있는 물질
   나. 1B : 다음 어느 하나에 해당하는 물질
   ① 포유류를 이용한 생체 내(in vivo) 유전성 생식세포 변이원성 시험에서 양성
   ② 포유류를 이용한 생체 내(in vivo) 체세포 변이원성 시험에서 양성이고, 생식세포에 돌연변이를 일으킬 수 있다는 증거가 있음
   ③ 노출된 사람의 정자 세포에서 이수체 발생빈도의 증가와 같이 사람의 생식세포 변이원성 시험에서 양성

다. 2 : 다음 어느 하나에 해당되어 생식세포에 유전성 돌연변이를 일으킬 가능성이 있는 물질

　① 포유류를 이용한 생체 내(in vivo) 체세포 변이원성 시험에서 양성

　② 기타 시험동물을 이용한 생체 내(in vivo) 체세포 유전독성 시험에서 양성이고, 시험관 내(in vitro) 변이원성 시험에서 추가로 입증된 경우

　③ 포유류 세포를 이용한 변이원성시험에서 양성이며, 알려진 생식세포 변이원성 물질과 화학적 구조활성 관계를 가지는 경우

4. 생식독성 정보물질의 표기는 「화학물질의 분류·표시 및 물질안전보건자료에 관한 기준」에 따라 다음과 같이 표기함

　가. 1A : 사람에게 성적기능, 생식능력이나 발육에 악영향을 주는 것으로 판단할 정도의 사람에서의 증거가 있는 물질

　나. 1B : 사람에게 성적기능, 생식능력이나 발육에 악영향을 주는 것으로 추정할 정도의 동물시험 증거가 있는 물질

　다. 2 : 사람에게 성적기능, 생식능력이나 발육에 악영향을 주는 것으로 의심할 정도의 사람 또는 동물시험 증거가 있는 물질

　라. 수유독성 : 다음 어느 하나에 해당하는 물질

　　① 흡수, 대사, 분포 및 배설에 대한 연구에서, 해당 물질이 잠재적으로 유독한 수준으로 모유에 존재할 가능성을 보임

　　② 동물에 대한 1세대 또는 2세대 연구결과에서, 모유를 통해 전이되어 자손에게 유해영향을 주거나, 모유의 질에 유해영향을 준다는 명확한 증거가 있음

　　③ 수유기간 동안 아기에게 유해성을 유발한다는 사람에 대한 증거가 있음

5. 발암성, 생식세포 변이원성 및 생식독성 물질의 정의는 「산업안전보건법」 시행규칙 유해인자의 분류기준 발암성 물질, 생식세포 변이원성 물질, 생식독성 물질 참조

6. 화학물질이 IARC 등의 발암성 등급과 NTP의 R등급을 모두 갖는 경우에는 NTP의 R등급은 고려하지 아니함

7. 혼합용매추출은 에틸에테르, 톨루엔, 메탄올을 부피비 1 : 1 : 1로 혼합한 용매나 이외 동등 이상의 용매로 추출한 물질을 말함

8. 노출기준이 설정되지 않은 물질의 경우 이에 대한 노출이 가능한 한 낮은 수준이 되도록 관리하여야 함

화학물질 위해성평가의 구체적 방법 등에 관한 규정
(국립환경과학원고시)

1. 정의

(1) **위해성평가 (risk assessment)**

유해성이 있는 화학물질이 사람과 환경에 노출되는 경우 사람의 건강이나 환경에 미치는 결과를 예측하기 위해 체계적으로 검토하고 평가하는 것을 말한다.

(2) **유해성확인 (hazard identification)**

화학물질의 특성, 유해성 및 작용기(作用基) 등에 대한 연구자료를 바탕으로 화학물질이 사람의 건강이나 환경에 좋지 아니한 영향을 미치는 것을 규명하고 그 증거의 확실성을 검증하는 것을 말한다.

(3) **노출평가 (exposure assessment)**

환경 중에 화학물질의 정성 및 정량 분석자료를 근거로 화학물질이 인체 또는 기타 수용체 내부로 들어오는 노출 수준을 추정하는 것을 말한다.

(4) **노출경로 (exposure pathway)**

화학물질이 배출원으로부터 사람 또는 환경에 노출될 때까지의 이동 매개체와 그 경로를 말한다.

(5) **생체지표 (biomarker)**

화학물질의 노출과 관련하여 생체 내에서 측정된 화학물질을 말하거나, 화학물질의 대사체 또는 그 화학물질이 특정 분자나 세포와 작용하여 생성된 화학물질을 말한다.

(6) **내부용량 (internal dose)**

노출된 화학물질이 생체 내로 흡수된 노출량을 말한다.

(7) **노출량 – 반응 평가 (dose-response assessment)**

화학물질의 노출수준과 이에 따른 사람 및 환경에 미치는 영향과의 상관성을 규명하는 것을 말한다.

(8) **위해도 결정 (risk characterization)**

노출 평가와 노출량-반응평가 결과를 바탕으로 화학물질의 노출에 의한 정량적인 위해수준을 추정하고 그 불확실성을 제시하는 것을 말한다.

(9) 수용체 (receptor)

화학물질로 인해 영향을 받을 수 있는 생태계 내의 개체군 또는 해당 종(種)을 말한다.

(10) 생물농축 (bioconcentration)

생물의 조직 내 화학물질의 농도가 환경매체 내에서의 농도에 비해 상대적으로 증가하는 것을 말하며, 그 농도비로 표시한 것을 생물농축계수라 한다.

(11) 생물확장 (biomagnification)

화학물질이 생태계의 먹이 연쇄를 통해 그 물질의 농도가 포식자로 갈수록 증가하는 것을 말한다.

(12) 발암성 (carcinogenicity)

화학물질이 암을 유발하거나 암의 유발을 증가시키는 성질을 말한다.

(13) 역치(문턱) (threshold)

그 수준 이하에서 유해한 영향이 발생하지 않을 것으로 기대되는 용량을 말한다.

(14) 무영향관찰용량/농도 (No Observed Adverse Effect Level/No Observed Effect Concentration, NOAEL, 또는 NOEC)

만성독성 등 노출량-반응시험에서 노출집단과 적절한 무처리 집단간 악영향의 빈도나 심각성이 통계적으로 또는 생물학적으로 유의한 차이가 없는 노출량 또는 노출농도를 말한다. 다만, 이러한 노출량에서 어떤 영향이 일어날 수도 있으나 특정 악영향과 직접적으로 관련성이 없으면 악영향으로 간주되지 않는다.

(15) 최소영향관찰용량/농도 (Lowest Observed Adverse Effect Level/Lowest Observed Effect Concentration, LOAEL, 또는 LOEC)

노출량-반응시험에서 노출집단과 적절한 무처리 집단간 악영향의 빈도나 심각성이 통계적으로 또는 생물학적으로 유의성 있는 증가를 보이는 노출량 중 처음으로 관찰되기 시작하는 가장 최소의 노출량을 말한다.

(16) 기준용량 (Benchmark Dose, BMD)

독성영향이 대조집단에 비해 5% 또는 10%와 같은 특정 증가분이 발생했을 때 이에 해당되는 노출량을 추정한 값을 말하며, "기준용량 하한값"이란 노출량-반응 모형에서 추정된 기준용량의 신뢰구간의 하한 값을 말하며 BMDL(Benchmark Dose Lower bound)로 나타낸다.

(17) 노출한계 (Margin Of Exposure, MOE)

무영향관찰용량, 무영향관찰농도 또는 기준용량 하한 값을 노출수준으로 나눈 비율(값)을 말한다.

(18) 상대독성계수 (toxic equivalency factors)

화학물질 중 독성이 유사한 동종계(同種系) 화합물을 대상으로 이성체 중 가장 독성이 강한 물질의 독성을 기준으로 하여 각 이성체의 상대적인 독성값을 나타낸 계수를 말한다.

(19) 독성참고치 (Reference Dose, RfD)

식품 및 환경매체 등을 통하여 화학물질이 인체에 유입되었을 경우 유해한 영향이 나타나지 않는다고 판단되는 노출량을 말한다. 내용일일섭취량(TDI : Tolerable Daily Intake), 일일섭취허용량(ADI : Acceptable Daily Intake), 잠정주간섭취허용량(PTWI : Provisional Tolerable Weekly Intake) 또는 흡입독성참고치(RfC : Reference Concentration) 값도 충분한 검토를 거쳐 RfD와 동일한 개념으로 사용할 수 있다.

(20) 외삽 (extrapolation)

관찰할 수 없는 저농도 화학물질의 위해수준을 관찰 가능한 범위로부터 추정하는 것을 말한다.

(21) 불확실성 계수 (uncertainty factor) 또는 평가계수 (assessment factor)

화학물질의 독성에 대한 실험결과를 외삽하거나 민감한 대상까지 적용하기 위한 임의적 보정값을 말한다.

(22) 예측무영향농도 (Predicted No Effect Concentration, PNEC)

인간 이외의 생태계에 서식하는 생물에게 유해한 영향이 나타나지 않는다고 예측되는 환경 중 농도를 말한다.

(23) 예측환경농도 (Predicted Environment Concentration, PEC)

예측모형에 의해 추정된 환경 중 화학물질의 농도를 말한다.

(24) 우수실험실 운영규정

시험기관에서 행해지는 시험의 계획·실행·점검·기록·보고되는 체계적인 과정과 이와 관련된 전반적인 사항을 규정한 것으로 경제협력개발기구(OECD)에서 정한 "Good Laboratory Practice"(GLP)를 원칙으로 한다.

(25) 독성종말점 (endpoint)

화학물질 위해성과 관련된 특정한 독성을 정성 및 정량적으로 표현한 것을 말한다.

(26) 유해지수 (hazard quotient)

화학물질의 위해도를 표현하기 위해 인체 노출량을 RfD로 나누거나 PEC을 PNEC으로 나눈 수치를 말한다.

(27) 이차독성

오염된 먹이생물의 섭취를 통해서 포식자에게 나타나는 독성영향을 말한다.

(28) 종민감도분포

특정 화학물질에 대한 독성반응 및 스트레스에 대한 생물종간 민감도, 다양성을 나타내는 누적분포를 말한다.

(29) 초기위해성평가

화학물질 등 평가대상물질의 환경배출 및 노출 수준과 독성에 대한 기존자료를 이용해서 최악의 노출 시나리오를 가정했을 때 사람의 건강 또는 환경에 미치는 위해의 정도를 평가하는 일련의 과정을 말한다.

2. 위해성평가 대상물질 선정

(1) 위해성평가 대상물질은 화학물질 중에서 우선순위 사항에 대해 다음 사항을 고려하여 선정한다.

① 국내에 제조·수입되는 양이 많아서 다른 화학물질에 비해서 인체 및 환경에 노출될 우려가 높은 화학물질

② 발암성, 유전독성(변이원성), 생식독성, 내분비장애독성, 환경잔류성, 생물농축성 및 생물확장성으로 인해 사람과 환경에 중대한 문제를 일으킬 수 있는 화학물질

③ 용도상 규모가 큰 집단에 노출될 수 있거나, 환경에 직접 살포 또는 살포될 가능성이 있는 화학물질

④ 영유아 등과 같은 위해가 클 수 있는 민감 대상에게 노출되는 화학물질

⑤ 동물시험자료, 노출량-반응 평가 결과 등 위해성평가에 이용 가능한 자료가 충분한 물질

⑥ 기타 국제협약 규제대상물질 등 국제적으로 관심이 있는 화학물질

(2) 위해성평가 대상물질의 수는 등록·평가가 완료되는 화학물질의 종류와 특성, 예산, 물질별 평가소요 기간 등을 고려하여 정할 수 있다.

3. 위해성평가 절차

(1) 유해성확인

(2) 노출량-반응 평가/종민감도분포 평가

(3) 노출평가

(4) 위해도 결정

4. 유해성확인

(1) 화학물질의 사람 및 환경에 대한 유해성 확인을 위한 평가항목은 화학물질의 노출기준에 따르며, 그 이외의 유해성에 대한 정보가 있을 경우 해당 항목을 포함할 수 있다.

(2) 화학물질의 인체건강에 대한 유해성을 확인하는데 있어 역학연구 결과 등 타당한 인체자료가 있을 경우 동물시험 자료보다 우선적으로 검토한다. 이 경우 동물 유해성시험 자료와 시험관 내(in vitro) 유해성시험 연구자료는 인체 연구 결과의 불충분한 증거를 보완할 수 있는 자료로 이용한다.

(3) 화학물질의 환경에 대한 유해성확인을 위해 다음의 사항을 고려한다.

① 평가대상지역의 환경에 대한 기초적인 특성

② 화학물질에 가장 민감하게 반응하고 환경유해성의 지표로 나타낼 수 있는 수용체

③ 치사율, 생식영향의 반수영향 농도(EC_{50}) 및 NOEC 등과 같이 정성·정량적인 독성종말점

④ 화학물질의 생물농축 및 생물확장성에 대한 정보

(4) 기존의 동물시험자료를 이용하여 화학물질의 유해성을 확인할 경우 다음의 사항에 대한 결과를 제시한다.

① 화학물질의 노출이 사람과 환경에 유해한 영향을 주는지 여부

② 확인된 유해성이 나타날 수 있는 노출수준과 환경 조건

③ 유해성확인 항목 중 가장 유의하게 노출량–반응 관계가 보이는 뚜렷한 독성종말점

5. 노출량–반응평가/종민감도분포 평가

(1) 기존의 이용 가능한 노출량–반응 평가 자료가 충분할 경우에는 그 결과를 인용할 수 있다.

(2) 기존의 유효한 노출량–반응 정보가 없고 동물 유해성시험 자료나 역학 자료를 이용하여 새로이 노출량–반응 관계를 추정하고자 할 때에는 다음에 정한 사항을 고려한다.

① 노출량–반응 평가를 수행하고자 할 경우 별도의 입증된 과학적 근거가 없는 한 노출에 따른 역치를 가지고 있는 영향과 역치가 없는 영향을 구분하여 수행한다.

② 만성독성, 생식·발달독성, 신경·행동 이상 등 어느 한 노출수준 이하에서 유해성이 관찰되지 않는 유해성항목은 역치를 가지는 건강영향으로 가정한다.

③ 돌연변이성, 유전독성으로 인한 발암성 등 모든 노출수준에서 유해 가능성을 보이는 유해성항목은 역치가 없는 건강영향으로 가정한다.

(3) 화학물질별 독성학적 역치의 유무를 평가하고, 독성학적 역치가 있는 경우 무영향관찰용량(NOAEL) 또는 기준용량 하한값(BMDL)을 산출하는 방법을 활용하고, 역치가 없는 경우 발암잠재력을 추정하는 방법을 활용한다.

(4) 위해도 산정에 활용되는 독성참고치 및 독성자료는 노출경로와 독성학적 역치의 가정 유무에 따라서 내용일일섭취량(TDI), 흡입독성참고치(RfC), 발암잠재력, 무영향관찰용량(NOAEL) 자료 등을 활용할 수 있다. 이 경우 다음에 순차적으로 제시된 자료만을 활용하여야 한다.

① 세계보건기구 등의 국제기구와 식약처, 미국 환경청, 유럽연합 등 국내·외 정부기관에서 제안된 독성참고치 및 독성자료로 국내·외에서 통용될 수 있는 자료

② GLP 인증을 받은 기관에서 생산된 독성자료

③ 국제공인 시험법에 따라 독성자료가 제시된 논문 및 보고서로서 내용이 충실하며 전문가 검토가 이루어진 자료

(5) 비슷한 구조와 유해성을 갖는 화학물질은 하나의 군으로 구분되며, 이 경우 상대독성계수를 적용한 위해성평가 방법을 이용할 수 있다. 상대독성계수는 최신 유해성평가 기술을 적용하여 산출된 자료를 적용하여야 한다.

(6) 예측무영향농도(PNEC) 추정은 종민감도분포를 이용하여 전체 종의 95%를 보호할 수 있는 수준으로 추정한다. 이것이 불가능할 경우 중요 분류군에 대한 생태독성자료 중 가장 민감한 것으로부터 평가계수를 고려하여 안전수준을 결정할 수 있으며, 이 경우 다음의 내용을 고려한다.

① 평가계수는 초기위해성평가에만 활용하며, 종민감도분포를 활용하기 위한 생태독성자료가 부족한 경우에만 잠정적으로 적용한다.

② 종민감도분포를 활용하기 위해 필요한 최소자료는 별도로 규정한다.

(7) 생태독성영향평가에서 일반생태독성 특성을 갖는 화학물질의 경우 물, 토양, 퇴적물 등 환경매체별 예측무영향농도(PNEC)를 도출하며, 이차독성 특성을 갖는 경우 먹이사슬에 따른 이차독성 예측무영향농도(PNEC)를 도출한다.

6. 노출평가

(1) 환경 중 측정된 농도나 배출원 자료로부터 노출경로를 고려한 인체 또는 수용체의 노출농도를 추정한다.

(2) 환경 중으로 화학물질의 노출농도를 추정하기 위해 다음의 방법을 이용할 수 있다.
   ① 환경 매체 중 농도를 직접 측정
   ② 환경 내 거동모형 등의 시나리오에 의한 추정
   ③ 노출과 관련된 생체지표를 이용

(3) 시나리오에 의한 노출농도 추정 결과와 직접 측정된 노출농도는 상호보완적으로 사용할 수 있으며 사용된 거동모형의 타당성, 특성, 이용변수 등을 자세히 기술한다.

(4) 환경 중의 농도는 시료 수, 평균값(산술, 기하), 편차, 상한치, 하한치 등의 모수와 검출한계 및 검출빈도를 제시한다.

(5) 인체노출량을 추정하기 위해 이용되는 가정들은 가능한 정확하고 합리적이어야 하며 노출량-반응 평가를 인체 내부용량으로 수행되었다면 해당 형태의 용량으로 나타낸다.

(6) 인체노출량을 산정하기 위한 노출계수는 한국인을 대상으로 조사된 한국노출계수핸드북(환경부) 등 국가기관에서 제공된 노출정보를 우선적으로 적용한다. 다만 필요에 따라 외국의 자료를 이용할 수 있다.

(7) 생태계의 수용체가 노출되는 환경 중 농도는 노출경로별로 단일 추정값 또는 노출분포로서 예측환경농도(PEC)를 산출한다.

7. 위해도 결정

(1) 화학물질의 노출에 따른 위해도는 노출량-반응 평가와 노출평가의 결과를 바탕으로 산출한다.

(2) 위해도가 한 가지 이상일 경우 대상 집단의 위해도 산출은 가산성(可算性)을 가정하여 위해도의 합으로 나타낼 수 있으며, 이 경우 다음의 사항이 충족되어야 한다.
   ① 각 위해수준이 충분히 작을 경우
   ② 각 영향이 서로 독립적으로 작용할 경우
   ③ 각 영향의 표적기관과 독성기작이 같고 유사한 노출량-반응 모형을 보일 경우

(3) 역치를 가정한 비발암영향의 인체 위해도는 다음의 방법과 같이 나타낼 수 있다.
   ① 노출한계(MOE)
   ② 유해지수
   ③ 노출한계(MOE) 또는 유해지수의 확률분포

(4) 비역치를 가정한 발암 인체 위해도는 저용량 노출에 대한 선형 외삽 여부에 따라 다음의 방법과 같이 나타낼 수 있다.

① 노출한계(MOE) : 기준용량 하한값(BMDL)을 노출수준으로 나눈 값

② 대상 집단의 초과발암확률

(5) 비발암독성에 대한 위해도 판단은 다음과 같다.

① 노출한계(MOE)가 100 이하인 경우 위해가 있다고 판단한다. 이때 사용되는 무영향관찰용량(NOAEL) 값은 만성독성시험에 의해 얻어진 값을 말한다. 만약 만성독성시험에 의한 값이 아닌 경우에는 불확실성 계수를 반영한다.

② 유해지수가 1 이상인 경우 위해가 있다고 판단한다.

(6) 발암성에 대한 위해도 판단은 다음과 같다.

① 발암위해도의 경우 노출한계(MOE) 값이 10,000 이하인 경우 위해가 있다고 판단한다.

② 초과발암확률이 10-4 이상인 경우는 위해가 있다고 판단하며, 10-6 이하인 경우는 위해가 없다고 판단한다. 기타의 경우는 자연에서의 존재 수준, 분석감도, 현실적으로 적용 가능한 최상의 저감기술 반영 여부 등을 종합적으로 고려하여 판단한다.

(7) 화학물질 노출이 환경에 미치는 위해도를 산출하기 위해서는 환경 중 화학물질의 예측농도와 각 환경 매체별 생물종에 미치는 영향수준을 산출하여 생태계 위해의 정도, 발생빈도 등을 다음의 방법과 같이 정성 및 정량적으로 예측한다.

① 정성적 생태위해도결정은 생태영향 분류에 따라 일반생태독성과 이차독성으로 구분하여 평가할 수 있다.

② 정량적 생태위해도 결정방법은 생태위해도를 별도의 확률분포로 나타내지 아니할 경우 유해지수로 위해수준을 나타내며, 이 때 유해지수가 1보다 클 경우에는 해당물질의 노출로 인한 생태 위해의 가능성이 있다고 간주한다.

(8) 일반적으로 전체 생물종의 95%를 보호할 수 있는 수준을 생태위해도 허용수준으로 제시하나 이와 별도로 용도별 관리목표에 따른 생태위해도 허용수준을 다양하게 정할 수 있다.

사업장 위험성평가에 관한 지침
(고용노동부고시)

1. 정의

(1) 위험성평가

사업주가 스스로 유해·위험요인을 파악하고 해당 유해·위험요인의 위험성 수준을 결정하여 위험성을 낮추기 위한 적절한 조치를 마련하고 실행하는 과정을 말한다.

(2) 유해·위험요인

유해·위험을 일으킬 잠재적 가능성이 있는 것의 고유한 특징이나 속성을 말한다.

(3) 위험성

유해·위험요인이 사망, 부상 또는 질병으로 이어질 수 있는 가능성과 중대성 등을 고려한 위험의 정도를 말한다.

(4) 근로자

기간제, 단시간, 파견 등 고용형태 및 국적에 관계없이 법에 따른 근로자를 말한다.

(5) 그 밖에 이 고시에서 사용하는 용어의 뜻은 이 고시에 특별히 정한 것이 없으면 산업안전보건법·시행령·시행규칙 및 산업안전보건기준에 관한 규칙에서 정하는 바에 따른다.

2. 정부의 책무

(1) 고용노동부장관은 사업장 위험성평가가 효과적으로 추진되도록 하기 위하여 다음의 사항을 강구하여야 한다.
   ① 정책의 수립·집행·조정·홍보
   ② 위험성평가 기법의 연구·개발 및 보급
   ③ 사업장 위험성평가 활성화 시책의 운영
   ④ 위험성평가 실시의 지원
   ⑤ 조사 및 통계의 유지·관리
   ⑥ 그 밖에 위험성평가에 관한 정책의 수립 및 추진

(2) 장관은 필요한 사항을 한국산업안전보건공단으로 하여금 수행하게 할 수 있다.

3. 사업장 위험성평가

(1) 위험성평가 실시주체

① 사업주는 스스로 사업장의 유해·위험요인을 파악하고 이를 평가하여 관리 개선하는 등 위험성평가를 실시하여야 한다.

② 작업의 일부 또는 전부를 도급에 의하여 행하는 사업의 경우는 도급을 준 도급인(도급사업주)과 도급을 받은 수급인(수급사업주)은 각각 위험성평가를 실시하여야 한다.

③ 도급사업주는 수급사업주가 실시한 위험성평가 결과를 검토하여 도급사업주가 개선할 사항이 있는 경우 이를 개선하여야 한다.

(2) 근로자 참여

사업주는 위험성평가를 실시할 때, 다음의 어느 하나에 해당하는 경우 해당 작업에 종사하는 근로자를 참여시켜야 한다.

① 유해·위험요인의 위험성 수준을 판단하는 기준을 마련하고, 유해·위험요인별로 허용 가능한 위험성 수준을 정하거나 변경하는 경우

② 해당 사업장의 유해·위험요인을 파악하는 경우

③ 유해·위험요인의 위험성이 허용 가능한 수준인지 여부를 결정하는 경우

④ 위험성 감소대책을 수립하여 실행하는 경우

⑤ 위험성 감소대책 실행 여부를 확인하는 경우

(3) 위험성평가의 방법

① 사업주는 다음과 같은 방법으로 위험성평가를 실시하여야 한다.

　㉠ 안전보건관리책임자 등 해당 사업장에서 사업의 실시를 총괄 관리하는 사람에게 위험성평가의 실시를 총괄 관리하게 할 것

　㉡ 사업장의 안전관리자, 보건관리자 등이 위험성평가의 실시에 관하여 안전보건관리책임자를 보좌하고 지도·조언하게 할 것

　㉢ 유해·위험요인을 파악하고 그 결과에 따라 개선조치를 시행하게 할 것

　㉣ 기계·기구, 설비 등과 관련된 위험성평가에는 해당 기계·기구, 설비 등에 전문 지식을 갖춘 사람을 참여하게 할 것

　㉤ 안전·보건관리자의 선임의무가 없는 경우에는 업무를 수행할 사람을 지정하는 등 그 밖에 위험성평가를 위한 체제를 구축할 것

② 사업주는 ①에서 정하고 있는 자에 대해 위험성평가를 실시하기 위한 필요한 교육을 실시하여야 한다. 이 경우 위험성평가에 대해 외부에서 교육을 받았거나, 관련 학문을 전공하여 관련 지식이 풍부한 경우에는 필요한 부분만 교육을 실시하거나 교육을 생략할 수 있다.

③ 사업주가 위험성평가를 실시하는 경우에는 산업안전·보건 전문가 또는 전문기관의 컨설팅을 받을 수 있다.

④ 사업주가 다음의 어느 하나에 해당하는 제도를 이행한 경우에는 그 부분에 대하여 이 고시에 따른 위험성평가를 실시한 것으로 본다.

　㉠ 위험성평가 방법을 적용한 안전·보건진단

ⓛ 공정안전보고서. 다만, 공정안전보고서의 내용 중 공정위험성 평가서가 최대 4년 범위 이내에서 정기적으로 작성된 경우에 한한다.

ⓒ 근골격계부담작업 유해요인조사

ⓔ 그 밖에 법과 이 법에 따른 명령에서 정하는 위험성평가 관련 제도

(4) 위험성평가의 절차

사업주는 위험성평가를 다음의 절차에 따라 실시하여야 한다. 다만, 상시근로자 5인 미만 사업장(건설공사의 경우 1억원 미만)의 경우에는 다음 중 ①을 생략할 수 있다.

① 사전준비

② 유해·위험요인 파악

③ 위험성 결정

④ 위험성 감소대책 수립 및 실행

⑤ 위험성평가 실시내용 및 결과에 관한 기록 및 보존

(5) 사전준비

① 사업주는 위험성평가를 효과적으로 실시하기 위하여 최초 위험성평가시 다음의 사항이 포함된 위험성평가 실시규정을 작성하고, 지속적으로 관리하여야 한다.

ⓐ 평가의 목적 및 방법

ⓑ 평가담당자 및 책임자의 역할

ⓒ 평가시기 및 절차

ⓓ 근로자에 대한 참여·공유방법 및 유의사항

ⓔ 결과의 기록·보존

② 사업주는 위험성평가를 실시하기 전에 다음의 사항을 확정하여야 한다.

ⓐ 위험성의 수준과 그 수준을 판단하는 기준

ⓑ 허용 가능한 위험성의 수준(이 경우 법에서 정한 기준 이상으로 위험성의 수준을 정하여야 함)

③ 사업주는 다음의 사업장 안전보건정보를 사전에 조사하여 위험성평가에 활용할 수 있다.

ⓐ 작업표준, 작업절차 등에 관한 정보

ⓑ 기계·기구, 설비 등의 사양서, 물질안전보건자료(MSDS) 등의 유해·위험요인에 관한 정보

ⓒ 기계·기구, 설비 등의 공정 흐름과 작업 주변의 환경에 관한 정보

ⓓ 같은 장소에서 사업의 일부 또는 전부를 도급을 주어 행하는 작업이 있는 경우 혼재 작업의 위험성 및 작업 상황 등에 관한 정보

ⓔ 재해사례, 재해통계 등에 관한 정보

ⓕ 작업환경측정결과, 근로자 건강진단결과에 관한 정보

ⓖ 그 밖에 위험성평가에 참고가 되는 자료 등

(6) 유해·위험요인 파악

사업주는 유해·위험요인을 파악할 때 업종, 규모 등 사업장 실정에 따라 다음의 방법 중 어느 하나 이상의 방법을 사용하여야 한다. 이 경우 특별한 사정이 없으면 ①에 의한 방법을 포함하여야 한다.

① 사업장 순회점검에 의한 방법

② 근로자들의 상시적 제안에 의한 방법

③ 설문조사·인터뷰 등 청취조사에 의한 방법

④ 물질안전보건자료, 작업환경측정결과, 특수건강진단결과 등 안전보건 자료에 의한 방법

⑤ 안전보건 체크리스트에 의한 방법

⑥ 그 밖에 사업장의 특성에 적합한 방법

(7) 위험성 결정

① 사업주는 파악된 유해·위험요인이 근로자에게 노출되었을 때의 위험성을 기준에 의해 판단하여야 한다.

② 사업주는 판단한 위험성의 수준이 허용 가능한 위험성의 수준인지 결정하여야 한다.

(8) 위험성 감소대책 수립 및 실행

① 사업주는 위험성을 결정한 결과 허용 가능한 위험성이 아니라고 판단되는 경우에는 위험성의 수준, 영향을 받는 근로자 수 및 다음의 순서를 고려하여 위험성 감소를 위한 대책을 수립하여 실행하여야 한다. 이 경우 법령에서 정하는 사항과 그 밖에 근로자의 위험 또는 건강장해를 방지하기 위하여 필요한 조치를 반영하여야 한다.

　㉠ 위험한 작업의 폐지·변경, 유해·위험물질 대체 등의 조치 또는 설계나 계획 단계에서 위험성을 제거 또는 저감하는 조치

　㉡ 연동장치, 환기장치 설치 등의 공학적 대책

　㉢ 사업장 작업절차서 정비 등의 관리적 대책

　㉣ 개인용 보호구의 사용

② 사업주는 위험성 감소대책을 실행한 후 해당 공정 또는 작업의 위험성의 수준이 사전에 자체 설정한 허용 가능한 위험성의 수준인지를 확인하여야 한다.

③ 확인 결과, 위험성이 자체 설정한 허용 가능한 위험성 수준으로 내려오지 않는 경우에는 허용 가능한 위험성 수준이 될 때까지 추가의 감소대책을 수립·실행하여야 한다.

④ 사업주는 중대재해, 중대산업사고 또는 심각한 질병이 발생할 우려가 있는 위험성으로서 ①에 따라 수립한 위험성 감소대책의 실행에 많은 시간이 필요한 경우에는 즉시 잠정적인 조치를 강구하여야 한다.

(9) 위험성평가의 공유

① 사업주는 위험성평가를 실시한 결과 중 다음에 해당하는 사항을 근로자에게 게시, 주지 등의 방법으로 알려야 한다.

　㉠ 근로자가 종사하는 작업과 관련된 유해·위험요인

　㉡ ㉠에 따른 유해·위험요인의 위험성 결정 결과

　㉢ ㉠에 따른 유해·위험요인의 위험성 감소대책과 그 실행 계획 및 실행 여부

　㉣ ㉢에 따른 위험성 감소대책에 따라 근로자가 준수하거나 주의하여야 할 사항

② 사업주는 위험성평가 결과 중대재해로 이어질 수 있는 유해·위험요인에 대해서는 작업 전 안전점검회의(TBM : Tool Box Meeting) 등을 통해 근로자에게 상시적으로 주지시키도록 노력하여야 한다.

(10) 기록 및 보존

① "그 밖에 위험성평가의 실시내용을 확인하기 위하여 필요한 사항으로서 고용노동부장관이 정하여 고시하는 사항"이란 다음에 관한 사항을 말한다.

㉠ 위험성평가를 위해 사전조사 한 안전보건정보

㉡ 그 밖에 사업장에서 필요하다고 정한 사항

② 기록의 최소 보존기한은 실시 시기별 위험성평가를 완료한 날부터 기산한다.

(11) 위험성평가의 실시 시기

① 사업주는 사업이 성립된 날(사업 개시일을 말하며, 건설업의 경우 실착공일)로부터 1개월이 되는 날까지 위험성평가의 대상이 되는 유해·위험요인에 대한 최초 위험성평가의 실시에 착수하여야 한다. 다만, 1개월 미만의 기간 동안 이루어지는 작업 또는 공사의 경우에는 특별한 사정이 없는 한 작업 또는 공사 개시 후 지체 없이 최초 위험성평가를 실시하여야 한다.

② 사업주는 다음의 어느 하나에 해당하여 추가적인 유해·위험요인이 생기는 경우에는 해당 유해·위험요인에 대한 수시 위험성평가를 실시하여야 한다. 다만, ㉤에 해당하는 경우에는 재해발생 작업을 대상으로 작업을 재개하기 전에 실시하여야 한다.

㉠ 사업장 건설물의 설치·이전·변경 또는 해체

㉡ 기계·기구, 설비, 원재료 등의 신규 도입 또는 변경

㉢ 건설물, 기계·기구, 설비 등의 정비 또는 보수(주기적·반복적 작업으로서 이미 위험성평가를 실시한 경우에는 제외)

㉣ 작업방법 또는 작업절차의 신규 도입 또는 변경

㉤ 중대산업사고 또는 산업재해(휴업 이상의 요양을 요하는 경우에 한정) 발생

㉥ 그 밖에 사업주가 필요하다고 판단한 경우

③ 사업주는 다음의 사항을 고려하여 ①에 따라 실시한 위험성평가의 결과에 대한 적정성을 1년마다 정기적으로 재검토(이때, 해당 기간 내 ②에 따라 실시한 위험성평가의 결과가 있는 경우 함께 적정성을 재검토)하여야 한다. 재검토 결과 허용 가능한 위험성 수준이 아니라고 검토된 유해·위험요인에 대해서는 위험성 감소대책을 수립하여 실행하여야 한다.

㉠ 기계·기구, 설비 등의 기간 경과에 의한 성능 저하

㉡ 근로자의 교체 등에 수반하는 안전·보건과 관련되는 지식 또는 경험의 변화

㉢ 안전·보건과 관련되는 새로운 지식의 습득

㉣ 현재 수립되어 있는 위험성 감소대책의 유효성 등

④ 사업주가 사업장의 상시적인 위험성평가를 위해 다음의 사항을 이행하는 경우 수시평가와 정기평가를 실시한 것으로 본다.

㉠ 매월 1회 이상 근로자 제안제도 활용, 아차사고 확인, 작업과 관련된 근로자를 포함한 사업장 순회점검 등을 통해 사업장 내 유해·위험요인을 발굴하여 위험성결정 및 위험성 감소대책 수립·실행을 할 것

㉡ 매주 안전보건관리책임자, 안전관리자, 보건관리자, 관리감독자 등(도급사업주의 경우 수급사업장의 안전·보건 관련 관리자 등을 포함)을 중심으로 ㉠의 결과 등을 논의·공유하고 이행상황을 점검할 것

ⓒ 매 작업일마다 ㉠와 ㉡의 실시결과에 따라 근로자가 준수하여야 할 사항 및 주의하여야 할 사항을 작업 전 안전점검회의 등을 통해 공유·주지할 것

4. 위험성평가 인정

(1) 인정의 신청

① 장관은 소규모 사업장의 위험성평가를 활성화하기 위하여 위험성평가 활동이 일정수준 이상인 사업장에 대해 인정하는 사업을 운영할 수 있다. 이 경우 인정을 신청할 수 있는 사업장은 다음과 같다.

㉠ 상시 근로자 수 100명 미만 사업장(건설공사를 제외). 이 경우 작업의 일부 또는 전부를 도급에 의하여 행하는 사업의 경우는 도급사업주의 사업장(도급사업장)과 수급사업주의 사업장(수급사업장) 각각의 근로자 수를 이 규정에 의한 상시 근로자 수로 본다.

㉡ 총 공사금액 120억 원(토목공사는 150억 원) 미만의 건설공사

② 위험성평가를 실시한 사업장으로서 해당 사업장을 위험성평가 우수사업장으로 인정을 받고자 하는 사업주는 위험성평가 인정신청서를 해당 사업장을 관할하는 공단 광역본부장·지역본부장·지사장에게 제출하여야 한다.

③ 인정신청은 위험성평가 인정을 받고자 하는 단위 사업장(또는 건설공사)으로 한다. 다만, 다음의 어느 하나에 해당하는 사업장은 인정신청을 할 수 없다.

㉠ 인정이 취소된 날부터 1년이 경과하지 아니한 사업장

㉡ 최근 1년 이내에 인정의 취소사유의 어느 하나에 해당하는 사유가 있는 사업장

④ 작업의 일부 또는 전부를 도급에 의하여 행하는 사업장의 경우에는 도급사업장의 사업주가 수급사업장을 일괄하여 인정을 신청하여야 한다. 이 경우 인정신청에 포함하는 해당 수급사업장 명단을 신청서에 기재(건설공사를 제외)하여야 한다.

⑤ 수급사업장이 인정을 별도로 받았거나, 안전관리자 또는 보건관리자 선임대상인 경우에는 인정신청에서 해당 수급사업장을 제외할 수 있다.

(2) 인정심사

① 공단은 위험성평가 인정신청서를 제출한 사업장에 대하여는 다음에서 정하는 항목에 대해 기준에 따라 인정 여부를 심사(인정심사)하여야 한다.

㉠ 사업주의 관심도

㉡ 위험성평가 실행수준

㉢ 구성원의 참여 및 이해 수준

㉣ 재해발생 수준

② 공단 광역본부장·지역본부장·지사장은 소속 직원으로 하여금 사업장을 방문하여 인정심사(현장심사)를 하도록 하여야 한다. 이 경우 현장심사는 현장심사 전일을 기준으로 최초인정은 최근 1년, 최초인정 후 다시 인정(재인정)하는 것은 최근 3년 이내에 실시한 위험성평가를 대상으로 한다.

③ 현장심사 결과는 인정심사위원회에 보고하여야 하며, 인정심사위원회는 현장심사 결과 등으로 인정심사를 하여야 한다.

④ 도급사업장의 인정심사는 도급사업장과 인정을 신청한 수급사업장(건설공사의 수급사업장은 제

외)에 대하여 각각 실시하여야 한다. 이 경우 도급사업장의 인정심사는 사업장 내의 모든 수급사업장을 포함한 사업장 전체를 종합적으로 실시하여야 한다.

⑤ 인정심사의 운영에 필요한 세부사항은 고용노동부장관의 승인을 거쳐 공단 이사장이 정한다.

(3) 인정심사위원회의 구성·운영

① 공단은 위험성평가 인정과 관련한 다음의 사항을 심의·의결하기 위하여 각 광역본부·지역본부·지사에 위험성평가 인정심사위원회를 두어야 한다.
 ㉠ 인정 여부의 결정
 ㉡ 인정취소 여부의 결정
 ㉢ 인정과 관련한 이의신청에 대한 심사 및 결정
 ㉣ 심사항목 및 심사기준의 개정 건의
 ㉤ 그 밖에 인정 업무와 관련하여 위원장이 회의에 부치는 사항

② 인정심사위원회는 공단 광역본부장·지역본부장·지사장을 위원장으로 하고, 관할 지방고용노동관서 산재예방지도과장(산재예방지도과가 설치되지 않은 관서는 근로개선지도과장)을 당연직 위원으로 하여 5명 이상 10명 이하의 내·외부 위원으로 구성하여야 한다. 이때 외부 위원의 수는 위원장을 제외한 위원 수의 2분의 1 이상으로 한다.

③ 외부위원은 다음에 해당하는 사람 중에서 위원장이 위촉한다.
 ㉠ 노동계·경영계를 대표하는 단체의 산업안전보건 업무 관련자
 ㉡ 법에 따른 산업안전지도사 또는 산업보건지도사
 ㉢ 「국가기술자격법」에 따른 안전·보건 분야의 기술사
 ㉣ 「국가기술자격법」에 따른 안전·보건 분야의 기사 자격 또는 「의료법」에 따른 산업전문간호사 면허를 취득하고 안전·보건 분야 경력이 10년 이상인 사람
 ㉤ 전문대학 이상의 학교에서 안전·보건 분야 관련 학과 조교수 이상인 사람
 ㉥ 안전·보건 분야 박사학위 소지자로 안전·보건 분야 실무경력이 5년 이상인 사람
 ㉦ 「의료법」에 따른 직업환경의학과 전문의
 ㉧ 그 밖에 위원장이 자격이 있다고 인정하는 사람

④ 그 밖에 인정심사위원회의 운영에 관하여 필요한 사항은 고용노동부장관의 승인을 거쳐 공단 이사장이 정한다.

(4) 위험성평가의 인정

① 공단은 인정신청 사업장에 대한 현장심사를 완료한 날부터 1개월 이내에 인정심사위원회의 심의·의결을 거쳐 인정 여부를 결정하여야 한다. 이 경우 다음의 기준을 충족하는 경우에만 인정을 결정하여야 한다.
 ㉠ 규정에 의한 방법, 절차 등에 따라 위험성평가를 수행한 사업장
 ㉡ 현장심사 결과 평가점수가 100점 만점에 70점을 미달하는 항목이 없고 종합점수가 100점 만점에 90점 이상인 사업장

② 인정심사위원회는 인정 기준을 충족하는 사업장의 경우에도 인정심사위원회를 개최하는 날을 기준으로 최근 1년 이내에 인정의 취소에 해당하는 사유가 있는 사업장에 대하여는 인정하지 아니한다.

③ 공단은 인정을 결정한 사업장에 대해서는 인정서를 발급하여야 한다. 이 경우 인정심사를 한 경우에는 인정심사 기준을 만족하는 도급사업장과 수급사업장에 대해 각각 인정서를 발급하여야 한다.

④ 위험성평가 인정 사업장의 유효기간은 인정이 결정된 날부터 3년으로 한다. 다만, 인정이 취소된 경우에는 인정취소 사유 발생일 전날까지로 한다.

⑤ 위험성평가 인정을 받은 사업장 중 사업이 법인격을 갖추어 사업장관리번호가 변경되었으나 다음의 사항을 증명하는 서류를 공단에 제출하여 동일 사업장임을 인정받을 경우 변경 후 사업장을 위험성평가 인정 사업장으로 한다. 이 경우 인정기간의 만료일은 변경 전 사업장의 인정기간 만료일로 한다.
  ㉠ 변경 전·후 사업장의 소재지가 동일할 것
  ㉡ 변경 전 사업의 사업주가 변경 후 사업의 대표이사가 되었을 것
  ㉢ 변경 전 사업과 변경 후 사업간 시설·인력·자금 등에 대한 권리·의무의 전부를 포괄적으로 양도·양수하였을 것

(5) 인정사업장 사후점검

① 공단은 인정을 받은 사업장이 위험성평가를 효과적으로 유지하고 있는지 확인하기 위하여 인정기간 중 1회 이상 사후점검을 할 수 있다. 다만, 사후점검일 기준 잔여공사기간이 3개월 미만인 건설공사는 제외할 수 있다.

② 사후점검은 직전 현장심사를 받은 이후에 사업장에서 실시한 위험성평가에 대해 현장점검을 하는 것으로 하며, 해당 사업장이 인정 기준을 유지하는지 여부 및 수립한 위험성 감소대책을 충실히 이행하고 있는지 여부를 확인하여야 한다.

(6) 인정의 취소

① 위험성평가 인정사업장에서 인정 유효기간 중에 다음의 어느 하나에 해당하는 사업장은 인정을 취소하여야 한다.
  ㉠ 거짓 또는 부정한 방법으로 인정을 받은 사업장
  ㉡ 인정기간 중 다음의 어느 하나에 해당하는 중대재해가 발생한 사업장. 다만, 사업주의 의무와 직접적으로 관련이 없는 재해로서 「고용보험 및 산업재해보상보험의 보험료징수 등에 관한 법률 시행령」에서 정하는 사유는 제외
    • 사망자가 1명 이상 발생한 재해
    • 3개월 이상의 요양이 필요한 부상자가 동시에 2명 이상 발생한 재해
    • 부상자 또는 직업성 질병자가 동시에 10명 이상 발생한 재해
  ㉢ 근로자의 부상(3일 이상의 휴업)을 동반한 중대산업사고 발생사업장
  ㉣ 산업재해 발생건수, 재해율 또는 그 순위 등이 공표된 사업장
  ㉤ 사후점검을 거부하거나 점검 결과 다음의 어느 하나의 사유가 확인된 사업장
    • 인정기준을 충족하지 못한 경우
    • 현장심사 또는 사후점검에서 개선하도록 지적된 사항을 이행하지 않아 조치 기간을 부여하였음에도 이행하지 않은 것이 확인된 경우
  ㉥ 사업주가 자진하여 인정 취소를 요청한 사업장

ⓐ 그 밖에 인정취소가 필요하다고 공단 광역본부장·지역본부장 또는 지사장이 인정한 사업장

② 공단은 ①에 해당하는 사업장에 대해서는 인정심사위원회에 상정하여 인정취소 여부를 결정하여야 한다. 이 경우 해당 사업장에는 소명의 기회를 부여하여야 한다.

③ 인정심사위원회가 인정취소를 결정한 경우 인정취소일은 인정취소 사유가 발생한 날로 한다.

(7) 위험성평가 지원사업

① 장관은 사업장의 위험성평가를 지원하기 위하여 공단 이사장으로 하여금 다음의 위험성평가 사업을 추진하게 할 수 있다.

ㄱ 추진기법 및 모델, 기술자료 등의 개발·보급

ㄴ 우수 사업장 발굴 및 홍보

ㄷ 사업장 관계자에 대한 교육

ㄹ 사업장 컨설팅

ㅁ 전문가 양성

ㅂ 지원시스템 구축·운영

ㅅ 인정제도의 운영

ㅇ 그 밖에 위험성평가 추진에 관한 사항

② 공단 이사장은 사업을 추진하는 경우 고용노동부와 협의하여 추진하고 추진결과 및 성과를 분석하여 매년 1회 이상 장관에게 보고하여야 한다.

(8) 위험성평가 교육지원

① 공단은 사업장의 위험성평가를 지원하기 위하여 다음의 교육과정을 개설하여 운영할 수 있다.

ㄱ 사업주 교육

ㄴ 평가담당자 교육

ㄷ 실무 역량 지원 교육

② 공단은 교육과정을 광역본부·지역본부·지사 또는 산업안전보건교육원(교육원)에 개설하여 운영하여야 한다.

③ 평가담당자 교육을 수료한 근로자에 대해서는 해당 시기에 사업주가 실시해야 하는 관리감독자 교육을 수료한 시간만큼 실시한 것으로 본다.

(9) 위험성평가 컨설팅지원

① 공단은 근로자 수 50명 미만 소규모 사업장[건설업의 경우 전년도에 공시한 시공능력 평가액 순위가 200위 초과인 종합건설업체 본사 또는 총 공사금액 120억 원(토목공사는 150억 원) 미만인 건설공사]의 사업주로부터 컨설팅지원을 요청받은 경우에 위험성평가 실시에 대한 컨설팅지원을 할 수 있다.

② 공단의 컨설팅지원을 받으려는 사업주는 사업장 관할의 공단 광역본부장·지역본부장·지사장에게 지원 신청을 하여야 한다.

③ 공단 광역본부장·지역본부·지사장은 재해예방을 위하여 필요하다고 판단되는 사업장을 직접 선정하여 컨설팅을 지원할 수 있다.

근골격계부담작업의 범위 및 유해요인조사 방법에 관한 고시
(고용노동부고시)

1. 정의

(1) 단기간 작업

2개월 이내에 종료되는 1회성 작업을 말한다.

(2) 간헐적인 작업

연간 총 작업일수가 60일을 초과하지 않는 작업을 말한다.

(3) 하루

「근로기준법」에 따른 1일 소정근로시간과 1일 연장근로시간 동안 근로자가 수행하는 총 작업시간을 말한다.

(4) "4시간 이상" 또는 "2시간 이상"은 "하루" 중 근로자가 근골격계부담작업을 실제로 수행한 시간을 합산한 시간을 말한다.

2. 근골격계부담작업

근골격계부담작업이란 다음의 어느 하나에 해당하는 작업을 말한다. 다만, 단기간작업 또는 간헐적인 작업은 제외한다.

① 4시간 이상 집중적으로 자료입력 등을 위해 키보드 또는 마우스를 조작하는 작업

② 하루에 총 2시간 이상 목, 어깨, 팔꿈치, 손목 또는 손을 사용하여 같은 동작을 반복하는 작업

③ 하루에 총 2시간 이상 머리 위에 손이 있거나, 팔꿈치가 어깨위에 있거나, 팔꿈치를 몸통으로부터 들거나, 팔꿈치를 몸통뒤쪽에 위치하도록 하는 상태에서 이루어지는 작업

④ 지지되지 않은 상태이거나 임의로 자세를 바꿀 수 없는 조건에서, 하루에 총 2시간 이상 목이나 허리를 구부리거나 트는 상태에서 이루어지는 작업

⑤ 하루에 총 2시간 이상 쪼그리고 앉거나 무릎을 굽힌 자세에서 이루어지는 작업

⑥ 하루에 총 2시간 이상 지지되지 않은 상태에서 1kg 이상의 물건을 한손의 손가락으로 집어 옮기거나, 2kg 이상에 상응하는 힘을 가하여 한손의 손가락으로 물건을 쥐는 작업

⑦ 하루에 총 2시간 이상 지지되지 않은 상태에서 4.5kg 이상의 물건을 한 손으로 들거나 동일한 힘으로 쥐는 작업

⑧ 하루에 10회 이상 25kg 이상의 물체를 드는 작업

⑨ 하루에 25회 이상 10kg 이상의 물체를 무릎 아래에서 들거나, 어깨 위에서 들거나, 팔을 뻗은 상태에서 드는 작업

⑩ 하루에 총 2시간 이상, 분당 2회 이상 4.5kg 이상의 물체를 드는 작업

⑪ 하루에 총 2시간 이상, 시간당 10회 이상 손 또는 무릎을 사용하여 반복적으로 충격을 가하는 작업

산업재해통계업무처리규정
(고용노동부예규)

1. 산업재해통계의 산출방법 및 정의

(1) 재해율＝(재해자 수/산재보험적용 근로자 수)×100

① "재해자 수"는 근로복지공단의 유족급여가 지급된 사망자 및 근로복지공단에 최초요양신청서(재진 요양신청이나 전원요양신청서는 제외)를 제출한 재해자 중 요양승인을 받은 자(지방고용노동관서 의 산재미보고 적발 사망자 수를 포함)를 말함. 다만, 통상의 출퇴근으로 발생한 재해는 제외함

② "산재보험적용근로자 수"는 「산업재해보상보험법」이 적용되는 근로자 수를 말함

(2) 사망만인율＝(사망자 수/산재보험적용근로자 수)×10,000

"사망자 수"는 근로복지공단의 유족급여가 지급된 사망자(지방고용노동관서의 산재미보고 적발 사망 자를 포함) 수를 말함. 다만, 사업장 밖의 교통사고(운수업, 음식숙박업은 사업장 밖의 교통사고도 포 함)·체육행사·폭력행위·통상의 출퇴근에 의한 사망, 사고발생일로부터 1년을 경과하여 사망한 경 우는 제외함

(3) 휴업재해율＝(휴업재해자 수/임금근로자 수)×100

① "휴업재해자 수"란 근로복지공단의 휴업급여를 지급받은 재해자 수를 말함. 다만, 질병에 의한 재 해와 사업장 밖의 교통사고(운수업, 음식숙박업은 사업장 밖의 교통사고도 포함)·체육행사·폭력 행위·통산의 출퇴근으로 발생한 재해는 제외함

② "임금근로자 수"는 통계청의 경제활동인구조사상 임금근로자 수를 말함

(4) 도수율(빈도율)＝재해건수/연근로시간 수×1,000,000

(5) 강도율＝(총요양근로손실일수/연근로시간 수)×1,000

• "총요양근로손실일수"는 재해자의 총 요양기간을 합산하여 산출하되, 사망, 부상 또는 질병이나 장 해자의 등급별 요양근로손실일수는 요양근로손실일수 산정요령과 같음

(6) "재해조사 대상 사고사망자 수"는 「근로감독관 집무규정(산업안전보건)」에 따라 지방고용노동관서에 서 법상 안전·보건조치 위반 여부를 조사하여 중대재해로 발생보고한 사망사고 중 업무상 사망사고 로 인한 사망자 수를 말함. 다만 다음의 업무상 사망사고는 제외한다.

① 법의 일부적용대상 사업장에서 발생한 재해 중 적용조항 외의 원인으로 발생한 것이 객관적으로 명백한 재해[「중대재해처벌 등에 관한 법률」(중처법)에 따른 중대산업재해는 제외]

② 고혈압 등 개인지병, 방화 등에 의한 재해 중 재해원인이 사업주의 법 위반, 경영책임자 등의 중처법 위반에 기인하지 아니한 것이 명백한 재해

③ 해당 사업장의 폐지, 재해발생 후 84일 이상 요양 중 사망한 재해로서 목격자 등 참고인의 소재불명 등으로 재해발생에 대하여 원인규명이 불가능하여 재해조사의 실익이 없다고 지방관서장이 인정하는 재해

2. 입력

지방고용노동관서의 장은 사업주가 산업재해조사표를 작성하여 제출한 경우에는 기재사항의 적정 여부를 검토하고, 그 결과 등 전월분의 실적을 매월 5일까지 산업안전보건에 관한 행정정보시스템(노사누리)에 입력하여야 한다.

3. 산업재해조사표의 전송

고용노동부장관은 입력된 산업재해조사표를 한국산업안전보건공단(공단)에 전송하여야 한다.

4. 재해통계 등

(1) 고용노동부 산업재해통계업무 담당자는 분기별·연도별 재해발생현황을 작성하여야 한다.

(2) 작성할 내용은 다음과 같다.
① 재해율
② 사망만인율
③ 휴업재해율
④ 강도율
⑤ 도수율
⑥ 재해조사 대상 사고사망자 수

(3) 지방고용노동관서의 장은 월별·분기별·연도별 재해발생 현황을 관리하여야 한다.

허용기준 이하 유지대상 유해인자의 허용기준 초과여부 평가방법
(작업환경측정 및 정도관리 등에 관한 고시 : 별표 2)

1. 측정한 유해인자의 시간가중평균값 또는 단시간 노출값을 구한다.

(1) 시간가중평균값(X_1)

$$X_1 = \frac{C_1 \cdot T_1 + C_2 \cdot T_2 + \cdots + C_N \cdot T_N}{8}$$

C : 유해인자의 측정농도(단위 : ppm, mg/m^3 또는 개/cm^3)

T : 유해인자의 발생시간(단위 : 시간)

(2) 단시간 노출값(X_2)

작업특성 상 노출수준이 불균일하거나 단시간에 고농도로 노출되어 단시간 노출평가가 필요하다고 판단되는 경우 노출되는 시간에 15분간씩 측정하여 단시간 노출값을 구한다.

2. $X_1(X_2)$을 허용기준으로 나누어 Y(표준화 값)를 구한다.

$$Y(표준화 값) = \frac{X_1(또는 X_2)}{허용기준}$$

3. 95%의 신뢰도를 가진 하한치를 계산한다.

하한치 = Y-시료채취분석오차

4. 허용기준 초과여부 판정

(1) 하한치 > 1일 때 허용기준을 초과한 것으로 판정한다.

(2) 단시간 노출값을 구한 경우 이 값이 허용기준 TWA를 초과하고 허용기준 STEL 이하인 때에는 다음 어느 하나 이상에 해당되면 허용기준을 초과한 것으로 판정한다.

① 1회 노출지속시간이 15분 이상인 경우

② 1일 4회를 초과하여 노출되는 경우

③ 각 회의 간격이 60분 미만인 경우

원자흡광광도법(AAS)로 분석할 수 있는 유해인자

(작업환경측정 및 정도관리 등에 관한 고시 : 별표 3)

1. 구리
2. 납
3. 니켈
4. 크롬
5. 망간
6. 산화마그네슘
7. 산화아연
8. 산화철
9. 수산화나트륨
10. 카드뮴

방진마스크의 성능기준
(보호구 안전인증 고시 : 별표 4)

번호	구분	내용		
1	등급	방진마스크의 등급은 사용장소에 따라 〈표 1〉과 같이 한다.		

〈표 1〉 방진마스크의 등급

등급	특급	1급	2급
사용 장소	• 베릴륨 등과 같이 독성이 강한 물질들을 함유한 분진 등 발생장소 • 석면 취급장소	• 특급마스크 착용장소를 제외한 분진 등 발생장소 • 금속흄 등과 같이 열적으로 생기는 분진 등 발생장소 • 기계적으로 생기는 분진 등 발생장소(규소 등과 같이 2급 방진마스크를 착용하여도 무방한 경우는 제외한다)	• 특급 및 1급 마스크 착용 장소를 제외한 분진 등 발생장소

배기밸브가 없는 안면부여과식 마스크는 특급 및 1급 장소에 사용해서는 안 된다.

번호	구분	내용
2	형태 및 구조분류	방진마스크의 형태 및 구조는 다음과 같이 한다. ① 방진마스크의 형태는 〈표 2〉와 같이 한다.

〈표 2〉 방진마스크의 형태

종류	분리식		안면부여과식
	격리식	직결식	
형태	• 전면형 [그림 1] 참조	• 전면형 [그림 2] 참조	• 반면형 [그림 5] 참조
	• 반면형 [그림 3] 참조	• 반면형 [그림 4] 참조	
사용조건	산소농도 18% 이상인 장소에서 사용하여야 한다.		

번호	구분	내용
2	형태 및 구조분류	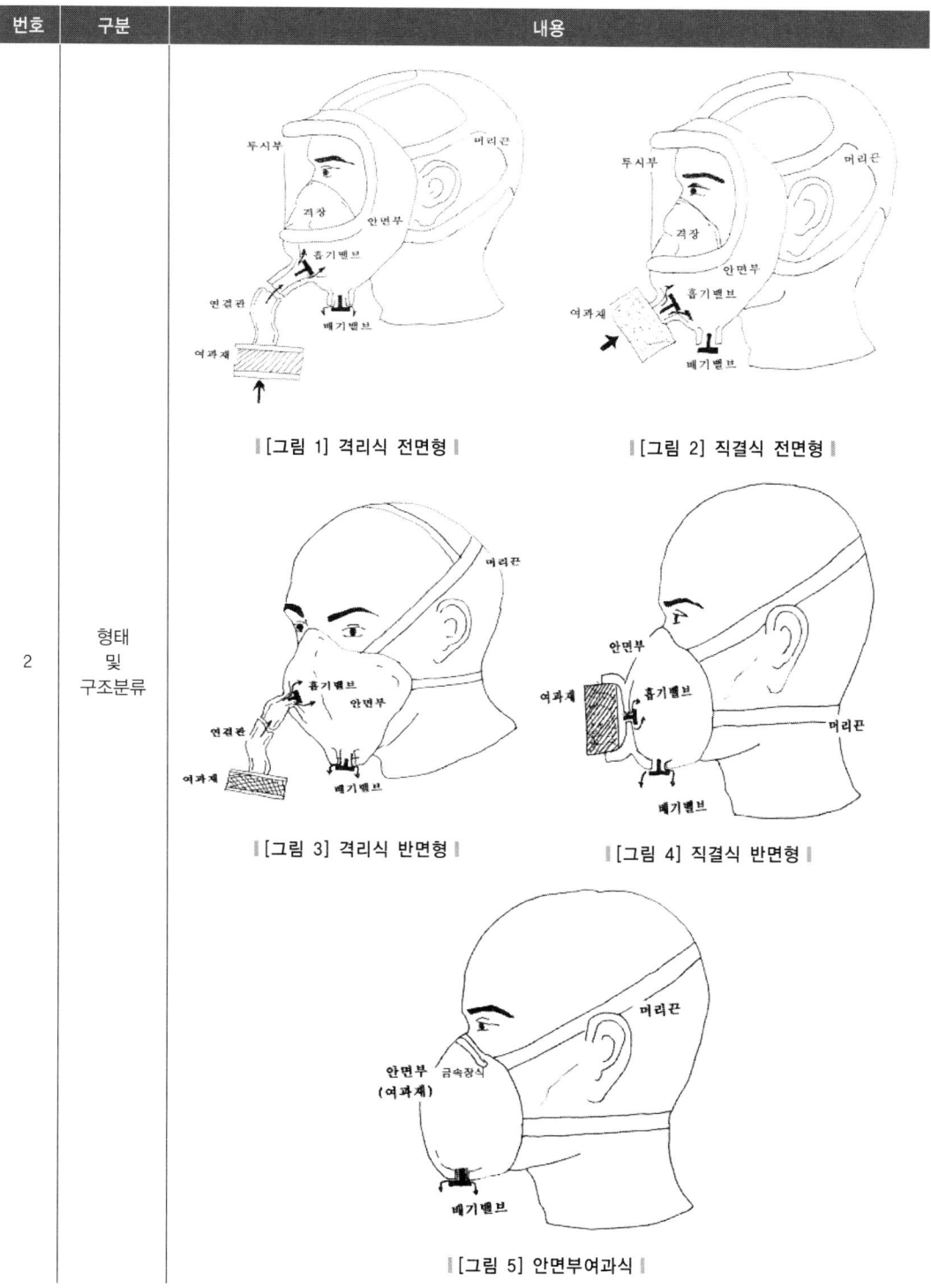

||[그림 1] 격리식 전면형|| ||[그림 2] 직결식 전면형||

||[그림 3] 격리식 반면형|| ||[그림 4] 직결식 반면형||

||[그림 5] 안면부여과식||

번호	구분	내용
2	형태 및 구조분류	② 방진마스크의 형태별 구조분류는 〈표 3〉과 같다. ‖〈표 3〉 형태별 구조분류 ‖ (아래 표 참조)

‖ 〈표 3〉 형태별 구조분류 ‖

형태	분리식		안면부여과식
	격리식	직결식	
구조분류	안면부, 여과재, 연결관, 흡기밸브, 배기밸브 및 머리끈으로 구성되며 여과재에 의해 분진 등이 제거된 깨끗한 공기를 연결관으로 통하여 흡기밸브로 흡입되고 체내의 공기는 배기밸브를 통하여 외기중으로 배출하게 되는 것으로 부품을 자유롭게 교환할 수 있는 것을 말한다.	안면부, 여과재, 흡기밸브, 배기밸브 및 머리끈으로 구성되며 여과재에 의해 분진 등이 제거된 깨끗한 공기가 흡기밸브를 통하여 흡입되고 체내의 공기는 배기밸브를 통하여 외기중으로 배출하게 되는 것으로 부품을 자유롭게 교환할 수 있는 것을 말한다.	여과재로 된 안면부와 머리끈으로 구성되며 여과재인 안면부에 의해 분진 등을 여과한 깨끗한 공기가 흡입되고 체내의 공기는 여과재인 안면부를 통해 외기중으로 배기되는 것으로 (배기밸브가 있는 것은 배기밸브를 통하여 배출)부품이 교환될 수 없는 것을 말한다.

번호	구분	내용

3	구조	① 방진마스크의 일반구조는 다음과 같이 한다.
		  ㉠ 착용 시 이상한 압박감이나 고통을 주지 않을 것
		  ㉡ 전면형은 호흡 시에 투시부가 흐려지지 않을 것
		  ㉢ 분리식 마스크에 있어서는 여과재, 흡기밸브, 배기밸브 및 머리끈을 쉽게 교환할 수 있고 착용자 자신이 안면과 분리식 마스크의 안면부와의 밀착성 여부를 수시로 확인할 수 있어야 할 것
		  ㉣ 안면부여과식 마스크는 여과재로 된 안면부가 사용기간 중심하게 변형되지 않을 것
		  ㉤ 안면부여과식 마스크는 여과재를 안면에 밀착시킬 수 있어야 할 것
		② 방진마스크 각부의 구조는 다음과 같이 한다.
		  ㉠ 방진마스크는 쉽게 착용되어야 하고 착용하였을 때 안면부가 안면에 밀착되어 공기가 새지 않을 것
		  ㉡ 흡기밸브는 미약한 호흡에 대하여 확실하고 예민하게 작동하도록 할 것
		  ㉢ 배기밸브는 방진마스크의 내부와 외부의 압력이 같을 경우 항상 닫혀 있도록 할 것. 또한, 약한 호흡 시에도 확실하고 예민하게 작동하여야 하며 외부의 힘에 의하여 손상되지 않도록 덮개 등으로 보호되어 있을 것
		  ㉣ 연결관(격리식에 한한다)은 신축성이 좋아야 하고 여러 모양의 구부러진 상태에서도 통기에 지장이 없을 것 (또한, 턱이나 팔의 압박이 있는 경우에도 통기에 지장이 없어야 하며 목의 운동에 지장을 주지 않을 정도의 길이를 가질 것)
		  ㉤ 머리끈은 적당한 길이 및 탄력성을 갖고 길이를 쉽게 조절할 수 있을 것

4	재료	방진마스크의 재료는 다음과 같이 한다. ① 안면에 밀착하는 부분은 피부에 장해를 주지 않을 것 ② 여과재는 여과성능이 우수하고 인체에 장해를 주지 않을 것 ③ 방진마스크에 사용하는 금속부품은 내식성을 갖거나 부식방지를 위한 조치가 되어 있을 것 ④ 전면형의 경우 사용할 때 충격을 받을 수 있는 부품은 충격 시에 마찰 스파크를 발생되어 가연성의 가스혼합물을 점화시킬 수 있는 알루미늄, 마그네슘, 티타늄 또는 이의 합금을 사용하지 않을 것 ⑤ 반면형의 경우 사용할 때 충격을 받을 수 있는 부품은 충격시에 마찰 스파크를 발생되어 가연성의 가스혼합물을 점화시킬 수 있는 알루미늄, 마그네슘, 티타늄 또는 이의 합금을 최소한 사용할 것

시험성능기준				
번호	구분	내용		

		형태 및 등급		유량(*l*/min)	차압(Pa)
5	안면부 흡기저항	분리식	전면형	160	250 이하
				30	50 이하
				95	150 이하
			반면형	160	200 이하
				30	50 이하
				95	130 이하
		안면부 여과식	특급	30	100 이하
			1급		70 이하
			2급		60 이하
			특급	95	300 이하
			1급		240 이하
			2급		210 이하

		형태 및 등급		염화나트륨(NaCl) 및 파라핀 오일(Paraffin oil) 시험(%)
6	여과재 분진 등 포집효율	분리식	특급	99.95 이상
			1급	94.0 이상
			2급	80.0 이상
		안면부 여과식	특급	99.0 이상
			1급	94.0 이상
			2급	80.0 이상

		형태	유량(*l*/min)	차압(Pa)
7	안면부 배기저항	분리식	160	300 이하
		안면부 여과식	160	300 이하

		형태 및 등급		누설률(%)
8	안면부 누설율	분리식	전면형	0.05 이하
			반면형	5 이하
		안면부 여과식	특급	5 이하
			1급	11 이하
			2급	25 이하

9	배기밸브 작동	정확하게 작동할 것

번호	구분	내용				

번호	구분	형태		시야(%)			
				유효시야	겹침시야		
10	시야	전면형	1안식	70 이상	80 이상		
			2안식	70 이상	20 이상		

번호	구분	형태	부품	강도	신장률(%)	영구변형률(%)
11	강도, 신장율 및 영구 변형율	분리식 전면형	머리끈과 안면부의 연결부	찢어짐 또는 끊어짐이 없을 것	–	–
			머리끈	–	100 이하	5 이하
			안면부와 나사 연결부	찢어짐 또는 끊어짐이 없을 것	–	–
			배기밸브 덮개	이탈되지 않을 것	–	–
		분리식 반면형	머리끈과 안면부의 연결부	찢어짐 또는 끊어짐이 없을 것	–	–
			안면부와 여과재 연결부	이탈되지 않을 것	–	–
			배기밸브 덮개	이탈되지 않을 것	–	–
		안면부 여과식	배기밸브 덮개	이탈되지 않을 것	–	–
		분리식	음성전달판의 조립부	이탈되지 않을 것	–	–
12	불연성	불꽃을 제거했을 때 안면부가 계속적으로 타지 않을 것				
13	음성전달판	찢어지거나 변형이 없을 것				
14	투시부의 내충격성	이탈, 균열, 깨어짐 및 갈라짐이 없을 것				

번호	구분	형태		질량(g)
15	여과재 질량	분리식	전면형	500 이하
			반면형	300 이하

번호	구분	형태 및 등급		유량(ℓ/min)	차압(Pa)
16	여과재 호흡저항	분리식	특급	30	120 이하
				95	420 이하
			1급	30	70 이하
				95	240 이하
			2급	30	60 이하
				95	210 이하

번호	구분	내용
17	안면부 내부의 이산화탄소 농도	안면부 내부의 이산화탄소 농도가 부피분율 1% 이하일 것

방진마스크의 시험방법
(보호구 안전인증 고시 : 별표 4의2)

번호	구분	내용
1	전처리	안면부 또는 여과재를 성능시험 하기 전에 전처리 하여야 할 경우에는 다음의 방법에 따라 실시해야 한다. ① 온도 전처리 방법은 (70±3)℃의 온도에서 24시간 동안, (-30±3)℃의 온도에서 24시간 동안 연속하여 전처리한 후 표준상태[(20±15)℃, (65±20)RH%]실온에서 4시간 이상 유지한다. ② 인공폐를 이용한 전처리 방법은 다음 방법에 따라 실시한다. 　㉠ 작동조건 　　• 호흡파형 : 정현파 　　• 1회 호흡시 흡기량 : (2±0.1)l 　　• 매분 호흡횟수 : (25±1.25)회 　㉡ 처리과정 　　• 안면부여과식 마스크를 [그림 1]의 시험인두에 장착한다. 　　• 시험을 하기 위하여 인공폐에서 나오는 공기를 포화시키기 위한 장치를 인공폐와 인두 사이에 있는 배기배관에 연결시키고, 포화장치는 인두의 입에 도달하기 전에 공기가 냉각될 수 있도록 온도를 37℃ 이상의 온도에서 조정한다. 　　• 인두의 입에서의 공기는 (37±2)℃로 포화되어야 한다. 　　• 인두의 입에서 흘러나오는 과잉의 물을 제거하고 안면부여과식 마스크의 오염을 방지하기 위하여 과잉의 물이 인두의 입에서 흘러나와 트랩에 모여지도록 인두 머리부가 기울어져 있어야 한다. 　　• 인공폐를 작동시킨다. 　　• 포화장치에 전원을 넣고 모든 장치가 안정될 때까지 기다린다. 　　• 시험을 할 때 안면부여과식 마스크를 인두에 장착시킨다. 　　• 약 20분 간격으로 시험하는 동안 안면부여과식 마스크는 인두로부터 완전히 벗겨지고 재착용한다.

번호	구분	내용
1	전처리	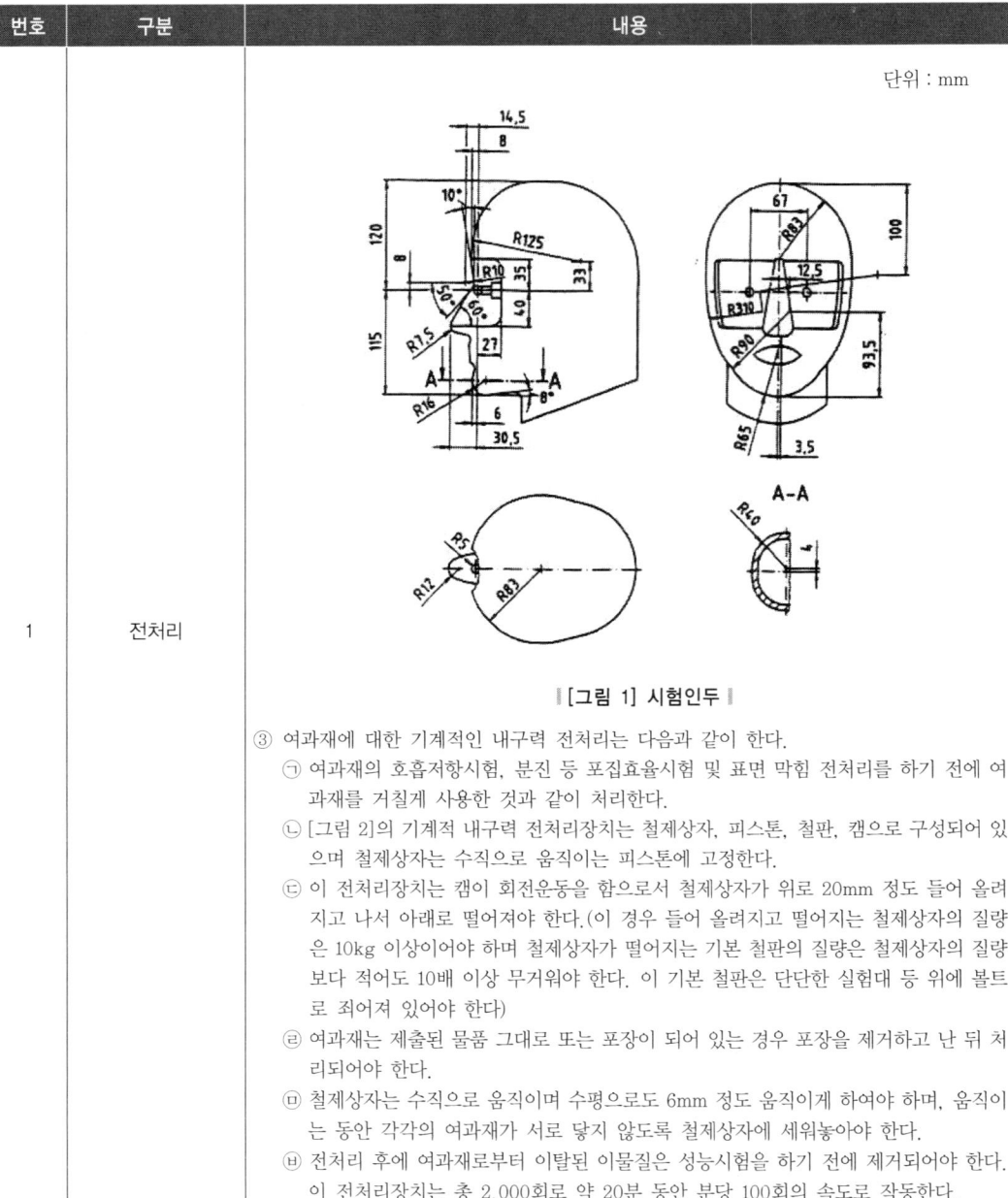

단위 : mm

‖[그림 1] 시험인두‖

③ 여과재에 대한 기계적인 내구력 전처리는 다음과 같이 한다.
  ㉠ 여과재의 호흡저항시험, 분진 등 포집효율시험 및 표면 막힘 전처리를 하기 전에 여과재를 거칠게 사용한 것과 같이 처리한다.
  ㉡ [그림 2]의 기계적 내구력 전처리장치는 철제상자, 피스톤, 철판, 캠으로 구성되어 있으며 철제상자는 수직으로 움직이는 피스톤에 고정한다.
  ㉢ 이 전처리장치는 캠이 회전운동을 함으로서 철제상자가 위로 20mm 정도 들어 올려지고 나서 아래로 떨어져야 한다.(이 경우 들어 올려지고 떨어지는 철제상자의 질량은 10kg 이상이어야 하며 철제상자가 떨어지는 기본 철판의 질량은 철제상자의 질량보다 적어도 10배 이상 무거워야 한다. 이 기본 철판은 단단한 실험대 등 위에 볼트로 죄어져 있어야 한다)
  ㉣ 여과재는 제출된 물품 그대로 또는 포장이 되어 있는 경우 포장을 제거하고 난 뒤 처리되어야 한다.
  ㉤ 철제상자는 수직으로 움직이며 수평으로도 6mm 정도 움직이게 하여야 하며, 움직이는 동안 각각의 여과재가 서로 닿지 않도록 철제상자에 세워놓아야 한다.
  ㉥ 전처리 후에 여과재로부터 이탈된 이물질은 성능시험을 하기 전에 제거되어야 한다. 이 전처리장치는 총 2,000회로 약 20분 동안 분당 100회의 속도로 작동한다.

번호	구분	내용
1	전처리	단위 : mm 철제상자 20 철판 피스톤 캠(CAM) >20 ‖[그림 2] 기계적 내구력 전처리 장치‖ ④ 여과재의 호흡저항상승에 대한 전처리는 부가성능으로 신청자의 요구에 따라 시험할 수 있으며 다음과 같이 한다. ㉠ 염화나트륨 에어로졸을 이용한 전처리 • 염화나트륨 시약을 증류수에 용해시켜 100분의 1 염화나트륨 용액을 만든 후 에어로졸 발생장치를 이용하여 염화나트륨 에어로졸을 발생시킨다. • 챔버 내에 들어가는 염화나트륨 에어로졸의 평균농도는 $(8\pm4)mg/m^3$으로 한다. 이 때 입경분포는 $0.04\mu m\sim1\mu m$이며, 평균입경은 약 $0.6\mu m$이다. • 여과재에 분당 $95l$의 유량으로 120mg 노출시킨다 ㉡ 파라핀오일 에어로졸을 이용한 전처리 • 파라핀 오일(paraffinum perliquidum CP27 DAB7) 미스트 발생장치를 이용하여 파라핀 오일 미스트를 발생시킨다. • 파라핀 오일 미스트의 입경분포는 $0.05\mu m\sim1.7\mu m$이며, 평균 입경은 약 $0.4\mu m$이다. • 파라핀 오일 미스트의 유량은 분당 $95l$이며, 미스트의 농도는 $(20\pm5)mg/m^3$이다. • 여과재에 120mg 노출시킨다.
2	안면부 흡기저항 시험	안면부의 흡기저항시험은 안면부를 인두에 착용시킨 후 다음과 같이 한다. ① 분리식 마스크 3개는 규정된 방법에 따라 전처리한 후 인공폐의 작동조건과 같이 조정하여 차압을 측정하거나 또는 공기를 분당 $160l$의 연속유량으로 통과시켰을 때의 차압을 측정하여야 하며, 공기를 분당 $30l$ 및 $95l$의 연속유량으로 통과시켰을 때의 차압을 측정한다. ② 안면부여과식 마스크는 9개 중 3개는 제출된 물품 그대로, 3개는 1.①에 규정된 방법에 따라 전처리한 후, 나머지 3개는 1.②에 규정된 방법에 따라 전처리하여 공기를 분당 $30l$ 및 $95l$의 연속유량으로 통과시켰을 때의 차압을 측정한다.

번호	구분	내용
3	여과재의 분진 등 포집효율 시험	여과재의 분진 등 포집효율시험은 다음의 방법에 따라 실시한다. ① 분리식 마스크에 대한 염화나트륨 에어로졸(NaCl aerosol)의 시험방법은 다음과 같이 한다. 　㉠ 12개 중 3개는 제출된 물품 그대로, 각 3개는 1.③ 및 1.④에 규정된 방법에 따라 각 각 전처리하고, 3개는 1.③에 규정된 방법에 따라 전처리한 후 1.①에 규정된 방법에 따라 전처리 한다. 　㉡ 시험방법 　　• 염화나트륨 시약을 증류수에 용해시켜 100분의 1염화나트륨 용액을 만든 후 에어로졸 발생장치를 이용하여 염화나트륨 에어로졸을 발생시킨다. 　　• 염화나트륨 에어로졸의 입경분포는 0.04μm~1.0μm이며, 평균 입경은 약 0.6μm이다. 　　• 염화나트륨 에어로졸의 유량은 분당 $95l$이며, 농도는 (8 ± 4)mg/m³이다. 　　• 여과재를 분진포집효율시험장치에 장착하여 염화나트륨 에어로졸을 분당 $95l$의 유량으로 여과재에 통과시킨 후 여과재 통과 전후의 농도를 측정한다. 이 때의 측정 값은 (30 ± 3)초 사이에서 얻어진 평균값으로 하되, 포집효율시험 시작 후 3분 이내에 측정한다. 다만, 1.④로 전처리된 물품은 전처리과정 중에 해당 등급 기준이상 여부를 측정한다. 　　• 계산 $$P(\%) = \frac{C_1 - C_2}{C_1} \times 100$$ 　　P : 여과재의 분진 등 포집효율(%) 　　C_1 : 여과재 통과 전의 염화나트륨 농도(mg/m³) 　　C_2 : 여과재 통과 후의 염화나트륨 농도(mg/m³) 　　• 여과재가 양구 형태인 경우 단구로 시험할 수 있다. 다만, 시험유량을 1/2로 조정하여야 한다. ② 분리식 마스크에 대한 파라핀 오일(Paraffin Oil) 미스트의 시험방법은 다음과 같이 한다. 　㉠ 파라핀 오일 미스트의 분진 등 포집효율 시험에 대한 전처리는 1.①의 염화나트륨 에어로졸의 시험방법에서 정한 전처리 방법에 따른다. 　㉡ 시험방법 　　• 파라핀 오일(paraffinum perliquidum CP27 DAB7) 미스트 발생장치를 이용하여 파라핀 오일 미스트를 발생시킨다. 　　• 파라핀 오일 미스트의 입경분포는 0.05μm~1.7μm이며, 평균 입경은 약 0.4μm이다. 　　• 파라핀 오일 미스트의 유량은 분당 $95l$이며, 미스트의 농도는 (20 ± 5)mg/m³이다. 　　• 여과재를 분진포집효율시험장치에 장착하여 파라핀 오일 미스트를 분당 $95l$의 유량으로 여과재에 통과시킨 후 여과재 통과 전후의 농도를 측정한다. 이 때의 측정 값은 (30 ± 3)초 사이에서 얻어진 평균값으로 하되, 포집효율시험 시작 후 3분 이내에 측정한다. 다만, 제1호 라목으로 전처리된 물품은 전처리과정 중에 해당 등급 기준이상 여부를 측정한다. 　　• 계산 $$P(\%) = \frac{C_1 - C_2}{C_1} \times 100$$ 　　P : 여과재의 분진 등 포집효율(%) 　　C_1 : 여과재 통과 전의 파라핀오일 미스트 농도(mg/m³) 　　C_2 : 여과재 통과 후의 파라핀오일 미스트 농도(mg/m³) 　　• 여과재가 양구 형태인 경우 단구로 시험할 수 있다. 다만, 시험유량을 1/2로 조정한다.

번호	구분	내용
3	여과재의 분진 등 포집효율 시험	③ 안면부여과식 마스크에 대한 시험방법은 다음과 같이 한다. 　㉠ 12개 중 3개는 제출된 물품 그대로, 각 3개는 1.①부터 ③까지에 규정된 방법에 따라 　　각각 전처리한다. 다만, 일회용이 아닌 것은 별도로 3개를 1.④에서 규정된 방법에 　　따라 전처리하며 전처리과정 중 해당 등급 기준이상 여부를 측정한다. 　㉡ 염화나트륨 에어로졸을 이용한 시험방법은 3.①에 규정된 방법대로 시험하고 파라핀 　　오일 미스트를 이용한 시험방법은 3.②에 규정된 방법대로 시험한다.
4	안면부 배기저항 시험	안면부의 배기저항시험은 안면부를 인두에 착용시킨 후 다음의 방법에 따라 실시한다. ① 분리식 마스크는 1.②에 규정된 방법에 따라 전처리한 후 인공폐의 작동조건과 같이 조 　정하여 차압을 측정하거나 공기를 분당 160*l*의 연속유량으로 통과시켰을 때의 차압을 　측정한다. ② 안면부여과식 마스크는 9개 중 3개는 제출된 물품 그대로, 3개는 1.①에서 규정된 방법 　에 따라 전처리 한 후, 나머지 3개는 1.②에서 규정된 방법에 따라 전처리한 후 인공폐의 　작동 조건과 같이 조정하여 차압을 측정하거나 공기를 분당 160*l*의 연속유량으로 통과 　시켰을 때의 차압을 측정한다.
5	안면부 누설율시험	안면부의 누설률 시험은 다음의 방법에 따라 실시하거나 방독마스크의 시험방법의 규정에 따른다. ① 안면부의 누설률은 배기밸브의 누설률도 포함하되, 배기밸브의 누설률은 전면형의 경우 　는 100분의 0.01, 반면형의 경우는 100분의 0.05를 초과하지 않아야 한다. ② 시험방법 　㉠ 전면형 마스크 　　ⓐ 10개 중 6개는 제출 물품 그대로, 4개는 1.①에 규정된 방법에 따라 전처리한다. 　　ⓑ 깨끗하게 면도한 10명(턱수염이나 구레나룻이 없는)을 피시험자로 선정한다. 　　ⓒ 안면길이(턱과 인중과의 거리), 안면넓이(귀와 귀사이의 거리), 안면깊이(귀와 코 　　　끝의 거리) 및 입의 가로크기를 측정한다. 　　ⓓ 시험장비 　　　• 시험환경 : 가능한 염화나트륨 에어로졸이 챔버의 꼭대기로 들어가도록 하고, 그 　　　　속도는 최소한 0.12m/s의 속도로 피시험자의 머리 위로 직접 흘러내리도록 하 　　　　고 염화나트륨 에어로졸의 농도는 균일해야 하고, 속도는 피시험자 머리의 가까 　　　　운 위치에서 측정한다. 　　　• 시험용 여과재(특급 이상) : 안면부와 여과재의 연결 부분에는 시험용 여과재(특 　　　　급 이상)가 사용되며 초경량 연질호스에 의하여 청정공기가 공급되도록 한다. 　　　　안면부에 부착되는 청정공기 호스는 안면부 장착 후에 영향을 주지 않아야 하며 　　　　필요하다면 호스를 고정시킨다. 시험용 여과재(특급이상)는 그 질량이 500g 이 　　　　하이어야 하고 호스의 압력강하는 분당 95*l*의 유량에서 980Pa 이하이어야 하며 　　　　이때 압력강하는 호스의 부위에 관계없이 균일하게 분포되어야 한다. 　　ⓔ 시험과정 　　　• 피시험자에게 안면부가 잘 맞는지 물어 본다. 　　　• 시험공기가 들어가지 않는지 확인한다. 　　　• 피시험자를 챔버 내로 들어가도록 하고 안면부 내부의 염화나트륨 에어로졸 농도 　　　　를 측정할 수 있도록 연결관을 연결한다. 피시험자를 시간당 6km의 속도로 2분 　　　　동안 걷게 한다. 보정값을 얻기 위하여 안면부 내부의 염화나트륨 에어로졸 농도를 　　　　측정한다. 　　　• 안정된 지시치를 얻는다. 　　　• 시험 공기를 공급한다.

번호	구분	내용
5	안면부 누설율시험	• 피시험자는 다음과 같은 운동을 순서에 따라 실시해야 한다. 　– 머리를 움직이거나 말하지 않고 2분 동안 걷는다. 　– 터널의 벽면을 조사하는 것처럼 머리를 좌우로 약 2분 동안 15번 정도 움직인다. 　– 지붕과 바닥을 조사하는 것처럼 머리를 위 아래로 약 2분 동안 15번 정도 움직인다. 　– 2분 동안 「가나다라」 문장을 큰소리로 말한다. 　– 머리를 움직이거나 말하지 않고 2분 동안 걷는다. • 기록 　– 챔버의 농도 　– 각 운동 기간 동안의 누설률 • 시험 공기의 공급을 중단하고 염화나트륨 에어로졸을 챔버로부터 환기 시킨 후 시험자를 나오게 한다. • 시험 후 다음 두 번째 누설률 시험을 하기 위하여 안면부를 사용하기 전에 건조시키고, 소독하고, 청결하게 유지시켜야 한다. ⓕ 염화나트륨 에어로졸을 이용한 측정방법 • 시험장비 　– 염화나트륨 시약을 증류수에 용해시켜 100분의 2 염화나트륨 용액을 만든 후 에어로졸 발생장치를 이용하여 염화나트륨 에어로졸을 발생시킨다. 　– 챔버 내에 들어가는 평균 염화나트륨 에어로졸의 농도는 $(8\pm4)\mathrm{mg/m^3}$로 한다. 이 때 입경분포는 $0.02\mu\mathrm{m}{\sim}2\mu\mathrm{m}$이며, 평균입경은 약 $0.6\mu\mathrm{m}$이다. 　– 안면부 내부 및 챔버 내의 염화나트륨 에어로졸의 농도는 분진포집효율시험 장치를 이용하여 측정한다. • 계산 $$P(\%)=\frac{C_2}{C_1}\times\frac{T_2+T_1}{T_2}\times100$$ P : 안면부누설률(%) C_1 : 챔버 내 농도$(\mathrm{mg/m^3})$ C_2 : 측정된 평균농도$(\mathrm{mg/m^3})$ T_2 : 흡기전체시간(분) T_1 : 배기전체시간(분) ⓛ 반면형 마스크의 경우 　ⓐ 전처리방법, 시험장비, 시험과정, 염화나트륨 에어로졸을 이용한 시험방법은 4.②에서 규정된 시험방법에 따라 실시해야 한다. 다만, 시험용 여과재(특급 이상)의 질량은 300g 이하이어야 한다. 　ⓑ 깨끗이 면도한 10명(턱수염이나 구레나룻이 없는)을 피시험자로 선정하고 피시험자 10명이 5번씩 시험한 결과에 따라 등급별로 누설률을 구한다.(이 경우 총 50개 누설률 시험값 중에서 46개 이상의 누설률 시험값이 기준값 이하이어야 하며 피시험자 10명 중 8명 이상의 평균 누설률은 100분의 2 이하이어야 한다) ⓒ 안면부여과식 마스크의 경우 　ⓐ 10개 중 5개는 제출 물품 그대로, 5개는 1.①에 규정된 방법에 따라 전처리한다. 　ⓑ 깨끗이 면도한 10명(턱수염이나 구레나룻이 없는)을 피시험자로 선정하고 피시험자 10명이 5번씩 시험한 결과에 따라 등급별로 누설률을 구한다. 이 경우 총 50개 누설률 시험값 중에서 46개 이상의 누설율 시험값이 기준값 이하이어야 하며 피시험자 10명 중 8명 이상의 평균 누설률은 등급별로 특급은 100분의 2, 1급은 100분의 8, 2급은 100분의 22 이하이어야 한다. ③ 이미 인증받은 방진마스크에 사용된 면체의 누설율 시험은 생략할 수 있다.

번호	구분	내용
6	배기밸브 작동시험	① 분리식 마스크는 5개 중 3개는 제출된 물품 그대로, 2개는 1.①에서 규정된 방법에 따라 전처리한 후 공기를 분당 300ℓ의 유량으로 30초 동안 연속적으로 배기하거나 안면부 내부의 압력을 외부의 압력보다 8.14kPa 낮추어 방치한 후 내부의 압력이 대기압으로 돌아오고 난 후에 배기밸브가 정확히 작동하는가의 여부를 확인한다. ② 안면부여과식 마스크는 3개 중 1개는 제출된 물품 그대로, 나머지 2개는 1.①에 규정된 방법에 따라 전처리한 후 공기를 분당 300ℓ의 유량으로 30초 동안 연속적으로 배기한 후에 배기밸브가 정확히 작동하는가의 여부를 확인한다.
7	시야시험	전면형의 시야시험은 [그림 3]의 시야시험기를 이용하여 다음과 같이 한다. ① 시야시험기 내에 있는 인두([그림 4] 참조)에 전면형 마스크를 착용시키고 인두의 눈에 있는 전구에 전원을 넣은 후 투시부가 반구형 투영도에 좌우 대칭이 될 때까지 안면부를 조정한다. ② 격자선을 이용하여 [그림 5]의 인쇄된 도형 위에 개별적으로 각 눈의 시야 위치를 그린다. ③ 구의 면적을 측정하는 기기(구적계)를 이용하여 전체 시야면적과 겹침시야 면적을 측정한다. ④ 시험값은 사람들의 통상 시야 면적의 백분율로 나타낸다. ‖[그림 3] 시야시험기‖ 단위 : mm ‖[그림 4] 시야시험기 시험인두‖

번호	구분	내용
7	시야시험	 ‖[그림 5] 인쇄된 도형‖
8	강도, 신장율 및 영구변형율 시험	① 전면형의 시험방법은 다음과 같이 한다. 　㉠ 머리끈과 안면부의 연결부를 10초 동안 150N의 인장하중을 가하였을 경우의 찢어짐 또는 끊어짐의 여부를 확인한다. 　㉡ 머리끈 2개를 50N의 인장하중을 가하였을 경우의 신장률 및 10초 동안 50N의 인장하중을 가하였을 경우의 영구변형률을 각각 확인한다. 　㉢ 안면부와 나사 연결부 3개를 10초 동안 500N의 인장하중을 가하였을 경우의 찢어짐 또는 끊어짐의 여부를 확인한다. 　㉣ 안면부에 부착되어 있는 배기밸브 덮개 3개를 10초 동안 150N의 인장하중을 가하였을 경우의 이탈여부를 확인한다. 이 경우 이 시험은 10초 간격으로 10회 반복한다. ② 반면형의 시험방법은 다음과 같이 한다. 　㉠ 머리끈과 안면부의 연결부 3개를 10초 동안 50N의 인장하중을 가하였을 경우의 찢어짐 또는 끊어짐의 여부를 확인한다. 　㉡ 안면부와 여과재 연결부 3개를 10초 동안 50N의 인장하중을 가하였을 경우의 찢어짐 또는 끊어짐의 여부를 확인한다. 　㉢ 안면부에 부착되어 있는 배기밸브 덮개 3개를 10초 동안 50N의 인장하중을 가하였을 경우의 이탈여부를 확인한다. ③ 안면부여과식 마스크에 부착되어 있는 배기밸브 덮개를 10초 동안 10N의 인장하중을 가하였을 경우의 이탈여부를 확인한다. 이 때 3개 중 1개는 제출된 물품 그대로, 1개는 1.①에서 규정된 방법에 따라 전처리 한 후, 나머지 1개는 1.③에 규정된 방법에 따라 전처리한다. ④ 음성전달판의 조립된 부분을 10초 동안 150N의 인장하중을 가하였을 경우의 이탈여부를 확인한다. 이때 이 시험은 10초 간격으로 10회 반복 한다.

번호	구분	내용
9	불연성시험	① 전면형의 시험방법은 다음과 같이 한다. 　㉠ 3개 중 1개는 제출된 물품 그대로, 2개는 1.①에서 규정된 방법에 따라 전처리한다. 　㉡ [그림 6]의 시험장비로서 시험하되 안면부와 버너 끝 사이의 거리는 250mm, 6개 버너에서 나오는 프로판 가스의 총 유량은 분당(21±0.5)l, 버너 끝 위의 250mm 높이에서의 불꽃 온도는 (950±50)℃로 조정한다. 　㉢ 안면부를 금속재 인두에 장착하고 5초 동안 불꽃에 노출시키고 불꽃을 제거하고 난 후 계속적으로 안면부가 타는가를 확인한다. 이 때 밸브, 음성전달판 등과 같은 부품이 시험부위에 포함되지 아니하였을 경우에는 다시 한번 그 부위를 포함해서 시험한다. 단위 : mm ‖[그림 6] 6개 버너의 배열‖ ② 반면형의 시험방법은 다음과 같이 한다. 　㉠ [그림 6]의 시험장비로서 시험하되 불꽃의 높이를 40mm, 안면부의 가장 낮은 부분과 버너끝 사이의 거리는 20mm, 버너 끝 위의 20mm 높이에서의 불꽃 온도는 (800±50)℃로 조정한다. 　㉡ 안면부 3개를 금속재 인두에 각각 장착하고 (6±0.5)cm/s의 속도로 안면부를 불꽃에 한번 통과시켰을 때 계속적으로 안면부가 타는가를 확인한다.(이 경우 밸브와 같은 부품이 시험부위에 포함되지 아니하였을 경우에는 다시 한번 그 부위를 포함해서 시험한다) ③ 안면부여과식의 시험방법은 다음과 같이 한다. 　㉠ 4개 중 2개는 제출된 물품 그대로, 2개는 1.①에서 규정된 방법에 따라 전처리한다. 　㉡ 시험장비는 9.② 반면형의 ㉠에서 정한 기준에 따른다. 　㉢ 안면부 4개를 금속제 인두에 각각 장착하고 (6±0.5)cm/s의 속도로 안면부를 불꽃에 한번 통과시켰을 때 계속적으로 안면부가 타는가를 확인한다.(이 경우 밸브와 같은 부품이 시험부위에 포함되지 아니하였을 때는 다시 한번 그 부위를 포함해서 시험한다)
10	음성전달판 시험	음성전달판 시험은 음성전달판 3개를 내부의 압력을 외부의 압력보다 8.14kPa로 낮추어 유지한 후 내부의 압력이 대기압으로 돌아오고 난 후에 찢어짐 또는 변형여부를 확인한다.
11	투시부의 내충격성 시험	투시부의 내충격성시험은 전면형의 안면부 5개를 인두에 장착시키고 강구(지름 22mm, 질량 (45±1)g를 높이 1.3m에서 투시부의 중앙에 떨어뜨렸을 때의 이탈, 균열, 깨어짐 및 갈라짐 여부를 확인한다.
12	여과재 질량시험	여과재의 질량측정은 0.1g까지 측정할 수 있는 저울을 사용하여 측정한다.
13	여과재 호흡저항시험	여과재 호흡저항시험은 여과재 3개를 분당 30l 및 95l의 공기유량을 각각 통과시켜 차압을 측정한다. (이 경우 시험은 1.③에서 규정된 방법에 따라 전처리한 후 측정한다)

번호	구분	내용
14	안면부 내부의 이산화탄소 농도시험	안면부 내부의 이산화탄소 농도시험은 방진마스크 완성품을 인두에 착용시킨 후 다음의 방법에 따라 실시한다. ① 안면부 내부의 이산화탄소 농도시험은 1.②에 명시된 인공폐 전처리장치의 작동 및 처리조건에 따른다. ② 인두에 방진마스크를 장착하여 인공폐 전처리장치를 작동시킨다. ③ 실험실 환경에 포함된 이산화탄소 농도에 대하여 공시험을 실시한다. 이때 측정은 인두 코끝의 위치로 1m 이내에서 1분 이상 측정하여 평균값을 구한다. ④ 방진마스크 배기밸브 및 안면부로 배출되는 공기의 이산화탄소 농도가 (5.0 ± 0.5)vol%(건조기준)가 되었는지 가스분석장치(고농도용)로 확인한다. ⑤ 방진마스크 배기밸브에서 배출되는 이산화탄소 농도가 안정화되면 인공폐 전처리장치를 작동시켜 방진마스크 내부의 이산화탄소 농도를 가스분석장치(저농도용)로 20분 동안 기록한다.(이 경우 결과값을 보정하기 위해 공시험을 실시한 실험실 환경의 이산화탄소 농도(평균값)를 감한 값을 측정값으로 사용한다)

방독마스크의 성능기준
(보호구 안전인증 고시 : 별표 5)

번호	구분	내용
1	종류	방독마스크의 종류는 〈표 1〉과 같이 한다. ‖ 〈표 1〉 방독마스크의 종류 ‖ <table><tr><th>종류</th><th>시험가스</th></tr><tr><td rowspan="3">유기화합물용</td><td>시클로헥산(C6H12)</td></tr><tr><td>디메틸에테르(CH3OCH3)</td></tr><tr><td>이소부탄(C4H10)</td></tr><tr><td>할로겐용</td><td>염소가스 또는 증기(Cl2)</td></tr><tr><td>황화수소용</td><td>황화수소가스(H2S)</td></tr><tr><td>시안화수소용</td><td>시안화수소가스(HCN)</td></tr><tr><td>아황산용</td><td>아황산가스(SO2)</td></tr><tr><td>암모니아용</td><td>암모니아가스(NH3)</td></tr></table>
2	등급 및 형태 분류	방독마스크의 등급 및 형태는 다음과 같이 한다. ① 방독마스크의 등급은 사용장소에 따라 〈표 2〉와 같이 한다. ‖ 〈표 2〉 방독마스크의 등급 ‖ <table><tr><th>등급</th><th>사용장소</th></tr><tr><td>고농도</td><td>가스 또는 증기의 농도가 100분의 2(암모니아에 있어서는 100분의 3) 이하의 대기 중에서 사용하는 것</td></tr><tr><td>중농도</td><td>가스 또는 증기의 농도가 100분의 1(암모니아에 있어서는 100분의 1.5) 이하의 대기 중에서 사용하는 것</td></tr><tr><td>저농도 및 최저농도</td><td>가스 또는 증기의 농도가 100분의 0.1 이하의 대기 중에서 사용하는 것으로서 긴급용이 아닌 것</td></tr></table> 비고 : 방독마스크는 산소농도가 18% 이상인 장소에서 사용하여야 하고, 고농도와 중농도에서 사용하는 방독마스크는 전면형(격리식, 직결식)을 사용해야 한다.

번호	구분	내용
2	등급 및 형태 분류	② 방독마스크의 형태 및 구조는 〈표 3〉 및 [그림 1]과 같다.

‖ 〈표 3〉 방독마스크의 형태 및 구조 ‖

형태		구조
격리식	전면형	정화통, 연결관, 흡기밸브, 안면부, 배기밸브 및 머리끈으로 구성되고, 정화통에 의해 가스 또는 증기를 여과한 청정공기를 연결관을 통하여 흡입하고 배기는 배기밸브를 통하여 외기 중으로 배출하는 것으로 안면부 전체를 덮는 구조
	반면형	정화통, 연결관, 흡기밸브, 안면부, 배기밸브 및 머리끈으로 구성되고, 정화통에 의해 가스 또는 증기를 여과한 청정공기를 연결관을 통하여 흡입하고 배기는 배기밸브를 통하여 외기 중으로 배출하는 것으로 코 및 입부분을 덮는 구조
직결식	전면형	정화통, 흡기밸브, 안면부, 배기밸브 및 머리끈으로 구성되고, 정화통에 의해 가스 또는 증기를 여과한 청정공기를 흡기밸브를 통하여 흡입하고 배기는 배기밸브를 통하여 외기 중으로 배출하는 것으로 정화통이 직접 연결된 상태로 안면부 전체를 덮는 구조
	반면형	정화통, 흡기밸브, 안면부, 배기밸브 및 머리끈으로 구성되고, 정화통에 의해 가스 또는 증기를 여과한 청정공기를 흡기밸브를 통하여 흡입하고 배기는 배기밸브를 통하여 외기 중으로 배출하는 것으로 안면부와 정화통이 직접 연결된 상태로 코 및 입부분을 덮는 구조

㉠ 격리식

가) 격리식 전면형 나) 격리식 반면형

번호	구분	내용
2	등급 및 형태 분류	㉡ 직결식 가) 직결식 전면형(1안식)　　　　나) 직결식 전면형(2안식) 다) 반면형 ∥[그림 1] 방독마스크의 형태∥
3	일반구조	① 방독마스크의 일반구조는 다음과 같이 한다. 　㉠ 착용 시 이상한 압박감이나 고통을 주지 않을 것 　㉡ 착용자의 얼굴과 방독마스크의 내면 사이의 공간이 너무 크지 않을 것 　㉢ 전면형은 호흡 시에 투시부가 흐려지지 않을 것 　㉣ 격리식 및 직결식 방독마스크에 있어서는 정화통·흡기밸브·배기밸브 및 머리끈을 쉽게 교환할 수 있고, 착용자 자신이 스스로 안면과 방독마스크 안면부와의 밀착성 여부를 수시로 확인할 수 있을 것 ② 방독마스크 각 부의 구조는 다음과 같이 한다. 　㉠ 방독마스크는 쉽게 착용할 수 있고, 착용하였을 때 안면부가 안면에 밀착되어 공기가 새지 않을 것 　㉡ 정화통 내부의 흡착제는 견고하게 충진되고 충격에 의해 외부로 노출되지 않을 것 　㉢ 흡기밸브는 미약한 호흡에 대하여 확실하고 예민하게 작동할 것 　㉣ 배기밸브는 방독마스크의 내부와 외부의 압력이 같을 경우 항상 닫혀 있어야 하고 미약한 호흡에 대하여 확실하고 예민하게 작동하여야 하며 외부의 힘에 의하여 손상되지 않도록 덮개 등으로 보호되어 있을 것 　㉤ 연결관은 신축성이 좋아야 하고 여러 모양의 구부러진 상태에서도 통기에 지장이 없어야 하고 턱이나 팔의 압박이 있는 경우에도 통기에 지장이 없어야 하며 목의 운동에 지장을 주지 않을 정도의 길이를 가질 것 　㉥ 머리끈은 적당한 길이 및 탄력성을 갖고 길이를 쉽게 조절할 수 있을 것
4	재료	방독마스크의 재료는 다음과 같이 한다. ① 안면에 밀착하는 부분은 피부에 장해를 주지 않을 것 ② 흡착제는 흡착성능이 우수하고 인체에 장해를 주지 않을 것 ③ 방독마스크에 사용하는 금속부품은 부식되지 않을 것 ④ 방독마스크를 사용할 때 충격을 받을 수 있는 부품은 충격 시에 마찰 스파크가 발생되어 가연성의 가스혼합물을 점화시킬 수 있는 알루미늄, 마그네슘, 티타늄 또는 이의 합금으로 만들지 말 것

번호	구분	시험성능기준			
		내용			
5	안면부 흡기저항	형태		유량(*l*/min)	차압(Pa)
		격리식 및 직결식	전면형	160	250 이하
				30	50 이하
				95	150 이하
			반면형	160	200 이하
				30	50 이하
				95	130 이하

① 시험가스 함유공기의 경우 〈표 4〉의 파과농도에 도달할 때까지의 시간이 우측의 파과 시간 이상일 것
② 복합용의 경우 해당 시험가스에 대하여 정화통 제독능력시험을 각각 측정한다.
③ 겸용의 경우 정화통이 장착된 상태에서 제독능력 및 분진포집효율을 측정한다.

〈표 4〉 시험가스의 조건 및 파과농도, 파과시간 등

번호	구분	종류 및 등급		시험가스의 조건		파과 농도 (ppm, ±20%)	파과 시간 (분)	분진포집 효율(%)
				시험 가스	농도(%) (±10%)			
6	정화통의 제독능력	유기 화합물용	고농도	시클로 헥산	0.8	10.0	65 이상	
			중농도	〃	0.5		35 이상	
			저농도	〃	0.1		70 이상	
				〃	0.1		20 이상	
			최저 농도	디메틸에테르	0.05	5.0	50 이상	
				이소부탄	0.25			
		할로겐용	고농도	염소가스	1.0	0.5	30 이상	
			중농도	〃	0.5		20 이상	
			저농도	〃	0.1		20 이상	
		황화 수소용	고농도	황화수소가스	1.0	10.0	60 이상	** 특급 : 99.95 1급 : 94.0 2급 : 80.0
			중농도	〃	0.5		40 이상	
			저농도	〃	0.1		40 이상	
		시안화 수소용	고농도	시안화수소가스	1.0	10.0*	35 이상	
			중농도	〃	0.5		25 이상	
			저농도	〃	0.1		25 이상	
		아황산용	고농도	아황산가스	1.0	5.0	30 이상	
			중농도	〃	0.5		20 이상	
			저농도	〃	0.1		20 이상	
		암모니아용	고농도	암모니아가스	1.0	25.0	60 이상	
			중농도	〃	0.5		40 이상	
			저농도	〃	0.1		50 이상	

번호	구분	내용			
6	정화통의 제독능력	* 시안화수소가스에 의한 제독능력시험 시 시아노겐(C_2N_2)은 시험가스에 포함될 수 있다. (C_2N_2+HCN)를 포함한 파과농도는 10ppm을 초과할 수 없다. ** 겸용의 경우 정화통과 여과재가 장착된 상태에서 분진포집효율시험을 하였을 때 등급에 따른 기준치 이상일 것			

7	안면부 배기저항	형태	유량(l/min)	차압(Pa)
		격리식 및 직결식	160	300 이하

8	안면부 누설율	형태		누설률(%)
		격리식 및 직결식	전면형	0.05 이하
			반면형	5 이하

9	배기밸브 작동	정확하게 작동할 것

10	시야	형태		시야(%)	
				유효시야	겹침시야
		전면형	1안식	70 이상	80 이상
			2안식		20 이상

11	강도, 신장률 및 영구변형률	형태	부품	강도	신장률(%)	영구변형률(%)
		전면형	머리끈과 안면부의 연결부	찢어짐 또는 끊어짐이 없을 것	–	–
			머리끈	–	100 이하	5 이하
			안면부와 나사 연결부	찢어짐 또는 끊어짐이 없을 것	–	–
			배기밸브 덮개	이탈되지 않을 것	–	–
		반면형	머리끈과 안면부의 연결부	찢어짐 또는 끊어짐이 없을 것	–	–
			안면부와 정화통 연결부	찢어짐 또는 끊어짐이 없을 것	–	–
			배기밸브 덮개	이탈되지 않을 것	–	–
		음성전달판의 조립부		이탈되지 않을 것	–	–

12	불연성	불꽃을 제거했을 때 안면부가 계속적으로 타지 않을 것
13	음성전달판	찢어지거나 변형이 없을 것
14	투시부의 내충격성	이탈, 균열, 깨어짐 및 갈라짐이 없을 것

15	정화통 질량 (여과재가 있는 경우 포함)	형태		질량(g)
		격리식 및 직결식	전면형	500 이하
			반면형	300 이하

번호	구분	내용			
16	정화통 호흡저항	등급		최대 호흡저항(Pa)		표면막힘 전처리 후 95*l*/min에서 최대 호흡저항(Pa)

번호	구분	등급		최대 호흡저항(Pa) 30*l*/min	최대 호흡저항(Pa) 95*l*/min	표면막힘 전처리 후 95*l*/min에서 최대 호흡저항(Pa)
16	정화통 호흡저항	고농도	*정화통(특급)	280	1,060	1,140
			*정화통(1급)	230	880	1,140
			*정화통(2급)	220	850	1,040
			정화통	160	640	–
		중농도	*정화통(특급)	260	980	1,060
			*정화통(1급)	210	800	1,060
			*정화통(2급)	200	770	960
			정화통	140	560	–
		저농도 및 최저농도	*정화통(특급)	220	820	900
			*정화통(1급)	170	640	900
			*정화통(2급)	160	610	800
			정화통	100	400	–

* 특급, 1급, 2급의 방진마스크 여과재가 장착된 상태임
* 표면막힘전처리 후 최대호흡저항은 부가성능 기준으로 신청자의 요구시에 시험할 수 있음
* 증기밀도가 낮은 유기화합물의 호흡저항 기준은 중농도 조건에 따름(정화통 호흡저항기준)

17	안면부 내부의 이산화탄소 농도	안면부 내부의 이산화탄소(CO_2) 농도가 부피분율 1% 이하일 것

| 18 | 추가표시 | 안전인증 방독마스크에는 안전인증의 표시에 따른 표시 외에 다음의 내용을 추가로 표시해야 한다. ① 파과곡선도 ② 사용시간 기록카드 ③ 정화통의 외부측면의 표시 색(〈표 5〉에 따름) ④ 사용상의 주의사항 |

‖〈표 5〉 정화통 외부 측면의 표시 색‖

종류	표시 색
유기화합물용 정화통	갈색
할로겐용 정화통	회색
황화수소용 정화통	
시안화수소용 정화통	
아황산용 정화통	노랑색
암모니아용 정화통	녹색
복합용 및 겸용의 정화통	복합용의 경우 해당가스 모두 표시(2층 분리) 겸용의 경우 백색과 해당가스 모두 표시(2층 분리)

※ 증기밀도가 낮은 유기화합물 정화통의 경우 색상표시 및 화학물질명 또는 화학기호를 표기

방독마스크의 시험방법
(보호구 안전인증 고시 : 별표 5의2)

번호	구분	내용
1	전처리	안면부 또는 정화통 성능시험 전의 시료에 대한 전처리는 다음의 방법에 따라 실시한다. ① 온도전처리는 방진마스크의 시험방법 1.①과 같이 한다. ② 인공폐를 이용한 전처리는 방진마스크의 시험방법 1.②와 같이 한다. ③ 정화통에 대한 기계적인 내구력 전처리는 방진마스크의 시험방법 1.③과 같이 한다. ④ 겸용의 정화통에 대한 표면 막힘 전처리는 방진마스크의 시험방법 1.④와 같이 한다.
2	안면부 흡기저항 시험	안면부 흡기저항시험은 방진마스크의 시험방법 2의 규정에 따른다.
3	정화통의 제독능력 시험	정화통의 제독능력시험방법은 다음과 같이 한다. ① 정화통 2개 중 1개는 방진마스크의 시험방법 1.③에 따라 전처리하고, 1개는 방진마스크의 시험방법 1.③에서 규정된 방법에 따라 전처리한 후 방진마스크의 시험방법 1.①의 조건에 따라 전처리한다. ② 시험가스 농도는 성능기준 〈표 4〉에 따라 조성하여야 하며 시험가스를 함유하는 공기는 방독마스크를 안면부에 착용한 상태에서와 같이 (30±1)l/min의 유량을 정화통에 수직방향으로 통과시키고 이 농도를 가스농도 분석기로 2회 측정하여 평균치를 구하며 이때의 시험온도는 (20±1)℃ 및 상대습도는 (70±2)%를 유지한다. ③ 복합용의 정화통은 시험가스 각각에 대하여 제독능력을 측정하였을 때 〈표 4〉의 시험가스 각각에 대한 기준에 적합해야 한다. ④ 겸용의 정화통에 대한 분진포집효율시험은 방진마스크의 시험방법 3.① 및 ② 따라 시험한다. ⑤ 정화통이 양구형태인 경우 단구로 시험할 수 있으며, 이 경우 시험유량은 1/2로 조정한다.
4	안면부 배기저항 시험	안면부 배기저항 시험방법은 방진마스크의 시험방법 4의 규정에 따른다.
5	안면부 누설율시험	안면부누설율은 다음의 시험방법에 따라 실시하거나 방진마스크의 시험방법 5에 따라 시험한다. ① 전면형 마스크의 시험방법은 다음과 같이 한다. ㉠ 10개 중 6개는 제출된 물품 그대로, 4개는 방진마스크의 시험방법 1.①에서 규정된 방법에 따라 전처리한다. ㉡ 깨끗하게 면도한 10명(턱수염이나 구레나룻이 없는)을 피시험자로 선정 ㉢ 안면길이(턱과 인중과의 거리), 안면넓이(귀와 귀 사이의 거리), 안면깊이(귀와 코끝의 거리) 및 입의 가로크기를 측정 ㉣ 시험장비 • 시험환경 : SF$_6$(육불화황) 시험가스가 챔버의 꼭대기로 들어가도록 하고, 그 농도는 부피분율 0.1~1.0vol%(건조기준)의 농도가 피시험자의 머리 위로 직접 흘러내리도록 할 것 [조성된 SF$_6$(육불화황)의 시험가스 농도는 균일해야 한다]

번호	구분	내용

5	안면부
	누설율시험
		• 시험용 여과재(특급 이상) : 안면부와 여과재의 연결 부분에는 시험용 여과재(특급 이상)가 사용되며 초경량 연질호스에 의하여 청정공기가 공급되도록 하고, 안면부에 부착되는 청정공기 호스는 안면부 장착 후에 영향을 주지 않아야 하며, 필요하다면 호스를 고정시킬 것 [시험용 여과재(특급 이상)의 질량은 500g 이하이어야 하고, 호스의 압력강하는 분당 95l의 유량에서 980Pa 이하이어야 하며, 이 때 압력강하는 호스의 부위에 관계없이 균일하게 분포되어야 한다]
		ⓜ 시험과정
		• 피시험자에게 안면부가 잘 맞는지 물어 본다.
		• 시험공기가 들어가지 않는지 확인한다.
		• 피시험자를 챔버 내로 들어가도록 하고 안면부 내부의 SF$_6$(육불화황) 농도를 측정할 수 있도록 연결관을 연결한다. 피시험자를 시간당 6km의 속도로 2분 동안 걷게 한다. 보정값을 얻기 위하여 안면부 내부의 SF$_6$(육불화황) 농도를 측정한다.
		• 안정된 지시치를 얻는다.
		• 시험 공기를 공급한다.
		• 피시험자는 다음과 같은 운동을 순서에 따라 실시한다.
		  – 머리를 움직이거나 말하지 않고 2분 동안 걷는다.
		  – 터널의 벽면을 조사하는 것처럼 머리를 좌우로 약 2분 동안 15회 정도 움직인다.
		  – 지붕과 바닥을 조사하는 것처럼 머리를 위 아래로 약 2분 동안 15회 정도 움직인다.
		  – 2분 동안 「가나다라마」 문장을 큰소리로 말한다.
		  – 머리를 움직이거나 말하지 않고 2분 동안 걷는다.
		• 기록
		  – 챔버의 농도
		  – 각 운동 기간 동안의 누설률
		• 시험 공기의 공급을 중단하고 SF$_6$(육불화황)을 챔버로부터 환기시킨 후 피시험자를 나오게 한다.
		• 시험 후 다음 두 번째 누설률 시험을 하기 위하여 안면부를 사용하기 전에 건조시키고, 소독하고, 청결하게 유지한다.
		ⓗ SF$_6$(육불화황)를 이용한 측정방법은 다음 방법에 따라 실시한다.
		• 시험장비
		  – SF$_6$(육불화황)의 농도를 분석하는 장치는 연속적인 농도분석 및 측정값이 적산(積算)되어야 하고 고농도용과 저농도용으로 측정이 가능해야 한다.
		  – 안면부 내부의 표본추출 탐침은 착용자 입 부근(5mm 이내)에 설치되어야 하며 배기밸브 아래 설치되지 않도록 주의한다.
		  – SF$_6$(육불화황) 농도는 전자포착검출기(Electron capture detector) 또는 적외선분석기(I.R-System)에 의해 분석 기록되어야 한다.
		• 계산
		$$P(\%) = \frac{C_2}{C_1} \times 100$$
		P : 누설률(%)
		C_1 : 챔버 내 농도(mg/m^3)
		C_2 : 측정된 평균농도(mg/m^3)

② 반면형 마스크의 시험방법은 다음과 같이 한다.

  ㉠ 전처리방법, 시험장비, 시험과정, SF$_6$(육불화황)를 이용한 시험방법은 방진마스크의 시험방법 5.②에서 규정된 시험방법에 따라 실시해야 한다. 다만, 시험용 여과재(특급 이상)의 질량은 300g 이하이어야 한다.

번호	구분	내용
5	안면부 누설율시험	ⓛ 깨끗이 면도한 10명(턱수염이나 구레나룻이 없는)을 피시험자로 선정하고 피시험자 10명이 5번씩 시험한 결과에 따라 등급별로 누설률을 구한다. 이 경우 총 50개 누설률 시험값 중에서 46개 이상의 누설률 시험값이 기준값 이하이어야 하며 피시험자 10명 중 8명 이상의 평균 누설률은 100분의 2 이하이어야 한다. 1. 러닝머신 2. 시험챔버 3. 시험가스 확산장치 4. 지지대 5. 시험가스공급관 6. 혼합관[SF_6(육불화황)+공기] 7. 공기공급 유량조절기 8. SF_6(육불화황)공급 유량조절기 9. 시험챔버 내부농도의 표본추출 탐침 10. 시험챔버 내부농도에 대한 분석기 11. 안면부 내부의 표본추출 탐침 12. 안면부 내부농도에 대한 분석기 13. 기록계 및 지시계 14. 고효율 여과장치 15. 정화된 시험공기 ‖ [그림 1] SF_6(육불화황)누설율 시험기 ‖ ③ 이미 안전인증을 받은 방독마스크에 사용된 면체와 동일한 면체로 확인된 면체의 누설율 시험은 생략할 수 있다.
6	배기밸브 작동시험	배기밸브 작동시험방법은 방진마스크의 시험방법의 6의 규정에 따른다.
7	시야시험	전면형의 시야 시험방법은 방진마스크의 시험방법의 7의 규정에 따른다.
8	강도, 신장율 및 영구변형율시험	강도, 신장률 및 영구변형률 시험방법은 방진마스크의 시험방법의 8의 규정에 따른다.
9	불연성 시험	불연성 시험방법은 방진마스크의 시험방법의 9의 규정에 따른다.
10	음성전달판 시험	음성전달판 시험방법은 방진마스크의 시험방법의 10의 규정에 따른다.
11	투시부의 내충격성 시험	투시부의 내충격성 시험방법은 방진마스크의 시험방법의 11의 규정에 따른다.
12	정화통 질량시험	정화통 질량 시험방법은 방진마스크의 시험방법의 12의 규정에 따른다.
13	정화통 호흡저항 시험	정화통 호흡저항 시험방법은 방진마스크의 시험방법의 13의 규정에 따른다.
14	안면부 내부의 이산화탄소 농도시험	안면부 내부의 이산화탄소 농도시험방법은 방진마스크의 시험방법의 14의 규정에 따른다.

송기마스크의 성능기준
(보호구 안전인증 고시 : 별표 6)

번호	구분	내용
1	종류 및 등급	① 송기마스크의 종류 및 등급은 〈표 1〉과 같이 한다.

‖〈표 1〉 송기마스크의 종류 및 등급 ‖

종류	등급		구분
호스 마스크	폐력흡인형		안면부
	송풍기형	전동	안면부, 페이스실드, 후드
		수동	안면부
에어라인 마스크	일정유량형		안면부, 페이스실드, 후드
	디맨드형		안면부
	압력디맨드형		안면부
복합식 에어라인 마스크	디맨드형		안면부
	압력디맨드형		안면부

② 송기마스크의 종류에 따른 형상 및 사용범위는 〈표 2〉와 같이 한다.

‖〈표 2〉 송기마스크의 종류에 따른 형상 및 사용범위 ‖

종류	등급	형상 및 사용범위
호스 마스크	폐력 흡인형	호스의 끝을 신선한 공기 중에 고정시키고 호스, 안면부를 통하여 착용자가 자신의 폐력으로 공기를 흡입하는 구조로서, 호스는 원칙적으로 안지름 19mm 이상, 길이 10m 이하이어야 한다.[그림 1]
	송풍기형	전동 또는 수동의 송풍기를 신선한 공기 중에 고정시키고 호스, 안면부 등을 통하여 송기하는 구조로서, 송기 풍량의 조절을 위한 유량조절장치(수동 송풍기를 사용하는 경우는 공기조절 주머니도 가능) 및 송풍기에는 교환이 가능한 필터를 구비([그림 2] 및 [그림 3])하여야 하며, 안면부를 통해 송기하는 것은 송풍기가 사고로 정지된 경우에도 착용자가 자기 폐력으로 호흡할 수 있는 것이어야 한다.

번호	구분	내용		
1	종류 및 등급	**종류**	**등급**	**형상 및 사용범위**

종류	등급	형상 및 사용범위
에어 라인 마스크	일정 유량형	압축 공기관, 고압 공기용기 및 공기압축기 등으로부터 중압호스, 안면부 등을 통하여 압축공기를 착용자에게 송기하는 구조로서, 중간에 송기 풍량을 조절하기 위한 유량조절장치를 갖추고 압축공기 중의 분진, 기름미스트 등을 여과하기 위한 여과장치를 구비한 것이어야 한다.([그림 4] 및 [그림 5])
	디맨드형 및 압력디맨드형	일정 유량형과 같은 구조로서 공급밸브를 갖추고 착용자의 호흡량에 따라 안면부내로 송기하는 것이어야 한다.([그림 6] 및 [그림 7])
복합식 에어라인 마스크	디맨드형 및 압력디맨드형	보통의 상태에서는 디맨드형 또는 압력디맨드형으로 사용할 수 있으며, 급기의 중단 등 긴급 시 또는 작업상 필요시에는 보유한 고압공기용기에서 급기를 받아 공기호흡기로서 사용할 수 있는 구조로서, 고압공기 용기 및 폐지밸브는 KS P 8155(공기호흡기)의 규정에 의한 것이어야 한다.([그림 7])

∥[그림 1] 폐력 흡인형 호스 마스크

∥[그림 2] 전동 송풍기형 호스 마스크∥

번호	구분	내용
1	종류 및 등급	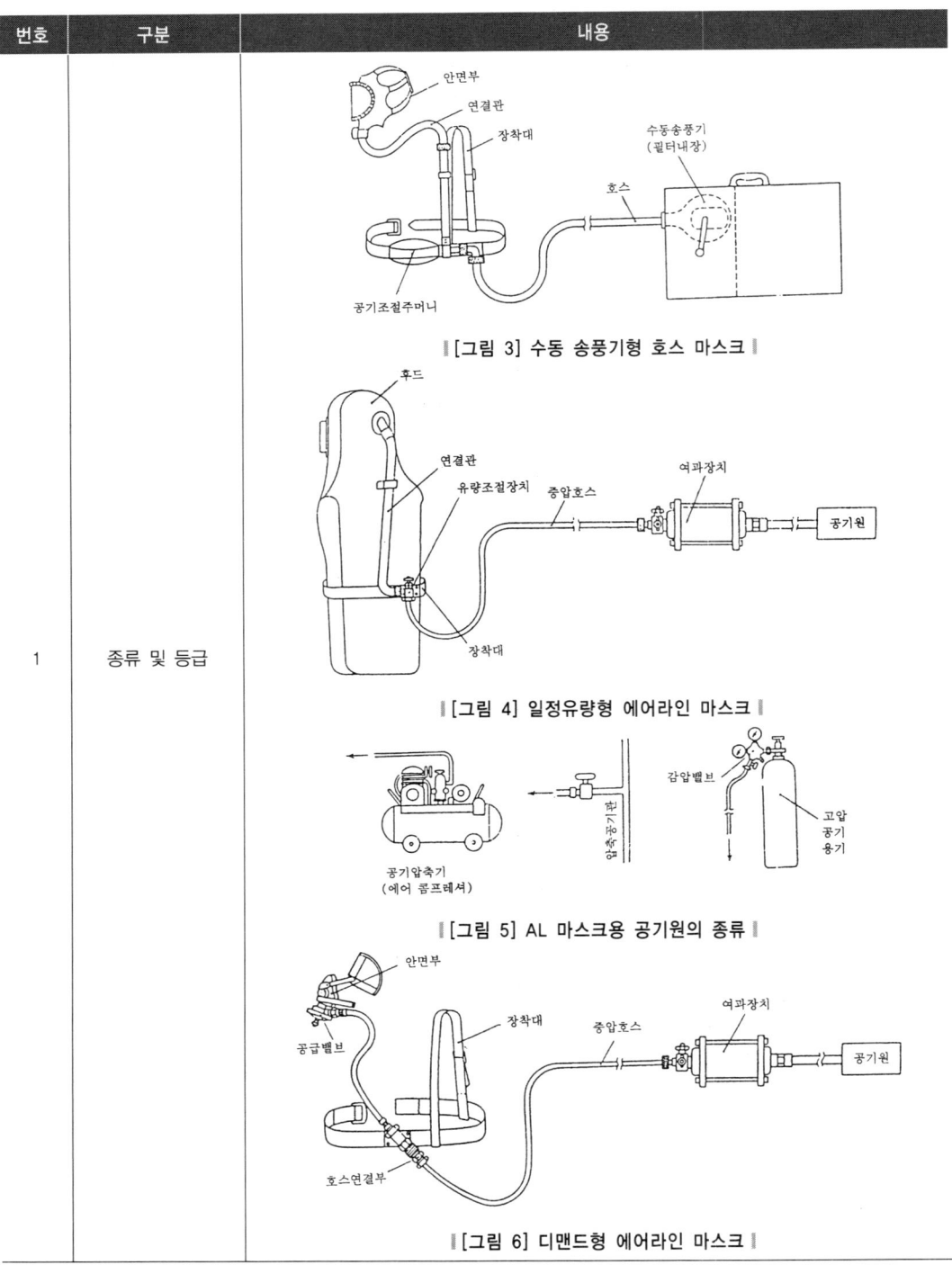

[그림 3] 수동 송풍기형 호스 마스크

[그림 4] 일정유량형 에어라인 마스크

[그림 5] AL 마스크용 공기원의 종류

[그림 6] 디맨드형 에어라인 마스크

번호	구분	내용
1	종류 및 등급	∥[그림 7] 복합식 에어라인 마스크∥
2	일반구조	① 송기마스크는 급기원에서의 공기를 호스 또는 중압호스, 안면부 등을 통하여 착용자에게 송기하는 구조의 것으로서 다음과 같이 한다. ㉠ 튼튼하고 가능한 가벼워야 하며, 장시간 사용하여도 고장이 없을 것 ㉡ 공기공급호스는 그 결합이 확실하고 누설의 우려가 없을 것 ㉢ 취급시의 충격에 대한 내성을 보유할 것 ㉣ 각 부분의 취급이 간단하고 쉽게 파손되지 않아야 하며 착용시 압박을 주지 않을 것 ② 송기마스크의 각 부분은 〈표 3〉과 같이 한다. ∥〈표 3〉각 부분의 기준∥

∥〈표 3〉각 부분의 기준∥

부분	기준
안면부	① 배기밸브를 갖추어야 한다. 폐력 흡인형의 안면부는 흡기밸브도 있어야 한다. ② 착용이 간단하고 머리부 조임끈은 길이를 조절할 수 있는 것이어야 한다. ③ 전면형은 1안식 및 2안식의 것으로서 안면 전체를 가리고 누설이 없어야 하며 아이피스는 투명하여 영상이 흔들리지 않고 시야가 넓은 것으로서 사용중 김서림이 없어야 한다.([그림 8]) ④ 반면형은 코, 입 및 턱을 막아 누설되지 않아야 한다.([그림 9])
흡기밸브	보통의 호흡에 의하여 예민하게 작동해야 한다.
배기밸브	① 밸브 및 밸브자리의 건습 상태에 관계없이 보통의 호흡에 의하여 확실하고 예민하게 작동해야 한다. ② 내부와 외부의 압력이 같을 때는 안면부의 방향에 관계없이 닫힌 상태를 유지해야 한다. ③ 외력에 의한 손상이 생기지 않도록 덮개 등으로 보호된 것이어야 한다.
머리부 조임끈	KS M 6674(방독면)의 강도시험에 적합한 것이어야 한다.
페이스 실드	① 착용자의 얼굴 전체를 가리는 크기이어야 한다.([그림 10]) ② 눈 부분을 가리는 부분은 투명하여 영상이 흔들리지 않고 시야가 넓은 것으로 사용 중 김서림이 없어야 한다. ③ 내측은 연질 플라스틱제, 고무제 또는 이와 동등 이상의 재질로 안면을 둘러싸고 가능한 한 유해 오염물질이 들어오지 못하도록 해야 한다. ④ 용접작업에 사용하는 경우에는 검정에 합격된 용접용보안면과 교환할 수 있는 것이어야 한다. ⑤ 바깥쪽 창틀을 들어 올릴 수 있는 것은 투시부가 흔들리지 않아야 한다.

번호	구분	내용	
		부분	기준
2	일반구조	후드	① 외부에서 유해 오염물질이 들어오지 못하도록 머리, 눈, 안면 및 목부분 전체를 가리는 것으로 하고 목부분은 조임끈에 의해 확실하게 조여지거나 기밀이 양호한 보호복과 하나로 되어 있어야 한다.([그림 11]) ② 착용 중에 머리부를 포함하여 신체의 운동에 가능한 지장이 없어야 한다. ③ 송기구는 그 출구에 바람막이 판을 부착하는 등 착용자에게 불쾌감을 주지 않아야 한다. ④ 아이피스는 투명하여 영상이 흔들리지 않고 시야가 넓은 것으로서 사용 중 김서림이 없어야 한다. ⑤ 배기밸브는 후드 내의 미약한 압력변화에 대하여도 예민하고 확실하게 작동하여야 하며 외력에 의한 변형 및 손상으로부터 보호되어야 한다. ⑥ 후드 내부의 음압수준은 분당 송기량 200*l*에서 KS A 0701(소음도 측정방법)의 정상소음에 규정하는 방법에 따라 시험했을 때 착용자의 귀의 근방에서 80dB(A) 이하이어야 한다.
		연결관	① 신축성이 양호한 것으로서 다양한 상태로 휘어져도 통기에 지장이 없어야 한다. ② 턱 또는 팔의 압박에 의해서도 통기에 지장이 없어야 한다. ③ 목부위를 자유롭게 움직일 수 있도록 충분히 긴 것이어야 한다. ④ 안면부에서 호스연결부까지의 강도는 KS M 6674(방독면)의 연결관 부착 강도시험에 규정하는 방법에 따라 시험했을 때 150N 이상이어야 한다.
		유량 조절 장치	공기유량을 자유롭게 조절할 수 있어야 하며 착용자의 통상적인 수조작에 의하여도 자유롭게 조절되어야 한다. 에어라인 마스크용 유량조절장치는 출구를 완전히 닫은 상태에서 980kPa의 압력에 견디어야 한다.
		공급 밸브	① 당해 제품의 사용압력에 대하여 안전성과 기밀성이 충분하여야 하며 외부로부터의 충격에 대하여 사용압력의 변동이 크지 않아야 한다. ② 디맨드밸브는 흡기에 의하여 예민하게 열리고 흡기정지시 및 배기시에 확실하게 닫혀야 한다. ③ 압력디맨드밸브는 설정 양압에 대하여 예민하게 작동해야 한다.
		감압밸브	고압공기 용기에서의 압축공기 압력을 에어라인 마스크의 최고 사용압력 이하로 감압할 수 있는 것이어야 한다.
		여과장치	압축공기 중의 분진, 기름 미스트 등의 입자를 여과할 수 있어야 한다.
		공기조절 주머니	내부에 스프링재료 등을 넣어 통기성을 확보하여야 하며, 그 공기량은 2*l* 이상이어야 한다.
		공기 취입구	폐력흡인형 호스마스크의 공기 취입구는 이물질의 침입을 방지하여야 하며 호스의 끝을 고정시킬 수 있는 유지기구를 갖추어야 한다.
		호스 연결부	나사조임식, 원터치식 또는 이와 동등 이상 구조를 사용할 수 있어야 한다. 그러나 복합식 에어라인 마스크는 나사 조임식 만으로 하여서는 안 된다.
		장착대	착용자가 호스 또는 중압호스를 뒤쪽으로 당기면서 작업할 수 있도록 견고성이 있어야 하며 착용자의 체격에 따라서 조절이 가능한 것으로서 이음매, 꿰맨 곳 및 호스연결부는 각각 1kN의 인장에 견디어야 한다.
		케이블	전동 송풍기에 사용하는 케이블은 KS C 3004(고무, 플라스틱 절연전선시험방법)에 규정하는 캡타이어 코드 또는 이와 동등 이상의 것이어야 한다.

번호	구분	내용		
2	일반구조	**부분**		**기준**
		긴급 시 급기 경보 장치		에어라인 마스크용의 긴급시 급기경보장치는 에어라인 마스크를 사용할 시의 안전성을 특히 높이기 위하여 사용하는 장치로서 공기원에서는 급기가 갑자기 정지되거나 극히 적은 경우 자동적으로 급기원을 다른 것으로 교환하여 그 압력공기를 착용자에게 송기할 수 있어야 한다. 또한 이 장치는 착용자 및 주변 작업자에게 긴급사태의 발생을 경보할 수 있어야 한다 ([그림 12]).
3	재료	 ‖[그림 8] 전면형 안면부‖ ‖[그림 9] 반면형 안면부‖ ‖[그림 10] 페이스실드‖ ‖[그림 11] 후드‖ ‖[그림 12] 긴급 시 급기 경보장치‖		

번호	구분	내용
3	재료	송기마스크의 재료는 다음과 같이 한다. ① 강도·탄력성 등이 각 부위별 용도에 따라 적합할 것 ② 피부에 접촉하는 부분에 사용하는 재료는 자극 또는 변화를 주지 않아야 하며, 소독이 가능한 것일 것 ③ 금속재료는 내부식성이 있는 것이거나 내부식 처리를 할 것 ④ 호스 및 중압호스는 균일하고 유연성이 있어야 하며, 흠·기포·균열 등의 결점이 없고 유해가스 등에 의하여 침식되지 않을 것

시험성능기준

번호	구분	내용		

번호	구분	종류	등급		누설율(%)
4	안면부 누설율	호스 마스크	폐력흡인형		0.05 이하
			송풍기형	전동	2 이하
				수동	2 이하
		에어라인 마스크	일정유량형		0.05 이하
			디맨드형		
			압력디맨드형		
		복합식 에어라인 마스크	디맨드형		
			압력디맨드형		
		페이스실드 또는 후드			5 이하

번호	구분	내용
5	저압부의 기밀성	공기 누설이 없어야 한다.
6	배기밸브의 작동 기밀성	① 공기를 흡인하였을 때 바로 내부가 감압되어야 한다. ② 내외의 압력차가 980Pa이 될 때까지의 시간이 15초 이상이어야 한다.

번호	구분	종류	흡기량(l/min)	압력(Pa)
7	안면부내의 압력	디맨드형	30	−245 이상 0 이하
			150	−685 이상 0 이하
		압력디맨드형	0	98 이상 588 이하
			0 초과 200 이하	0 이상

번호	구분	종류		흡·배기량 (l/min)	저항(Pa)
8	통기저항	폐력흡인형 호스마스크의 흡기저항		30	148 이하
				85	588 이하
		안면부를 가진 송기마스크의 배기 저항	폐력흡인형 호스마스크	85	196 이하
			송풍기형 호스마스크 및 일정유량형 에어라인마스크	135	343 이하
			디맨드형 AL마스크	30	69 이하
				150	490 이하
			압력디맨드형 AL마스크	30	686 이하
				150	980 이하

번호	구분	내용	
9	호스 및 중압호스	**수압**	파열, 누설, 국부적인 부풀음 등의 이상이 없어야 한다.
		변형	심한 변형이 없고 또한 통기에 지장이 없어야 한다.
		구부림	통기에 지장이 없어야 한다.
10	호스 및 중압호스 연결부	**인장**	찢어지거나 분리되지 않아야 한다.
		누출	공기누출이 없어야 한다.
11	송풍기	① 안면부 등의 흡입구에서는 풍량이 50l/min 이상이고 베어링 등 작동부에 이상이 없으며 수동송풍기의 송풍기 1개당 소비에너지는 150W를 초과하지 않아야 한다. ② 송기구 1개당의 풍량이 100l/min 이상, 압력이 127.5kPa 이상이어야 한다.	

번호	구분	등급	효율(%)
12	송풍기형 호스 마스크의 분진 포집효율	전동	99.8 이상
		수동	95.0 이상

번호	구분	등급별 구분	공기공급량(/min)
13	일정 유량형 에어라인 마스크의 공기공급량	안면부	85 이상
		페이스실드 및 후드	120 이상

번호	구분	내용
14	기타의 구조	일반구조의 규정에 따른다.

송기마스크의 시험방법
(보호구 안전인증 고시 : 별표 6의2)

번호	구분	내용
1	안면부 누설율시험	안면부누설률 시험은 다음의 방법에 따라 실시하거나 방진마스크의 시험방법에 따라 시험한다. ① 송기마스크의 종류에 따라 다음과 같은 방법으로 누설율을 측정한다. 　㉠ 3개 중 2개는 제출된 물품 그대로, 1개는 방진마스크의 시험방법에 따라 전처리할 것 　㉡ 깨끗하게 면도한 10명(턱수염이나 구레나룻이 없는)을 피시험자로 선정할 것 　㉢ 안면길이(턱과 인중과의 거리), 안면넓이(귀와 귀 사이의 거리), 안면깊이(귀와 코끝의 거리) 및 입의 가로크기를 측정할 것 　㉣ 시험장비 　　• 시험환경 : SF₆(육불화황) 시험가스가 챔버의 꼭대기로 들어가도록 하고, 그 농도는 부피분율 0.1~1.0vol%(건조기준)의 농도가 피시험자의 머리 위로 직접 흘러내리도록 할 것[이 경우 조성된 SF₆(육불화황)의 시험가스 농도는 균일해야 한다] 　　• 러닝머신 : 6km/h에서 작동할 수 있는 수준 　㉤ 시험과정 　　• 피시험자에게 송기마스크가 잘 맞는지 물어 본다. 　　• 시험공기가 들어가지 않는지 확인한다. 　　• 피시험자를 챔버내로 들어가도록 하고 송기마스크 내부의 SF₆(육불화황) 농도를 측정할 수 있도록 연결관을 연결한다. 피시험자를 시간당 6km의 속도로 2분 동안 걷게 한다.(보정값을 얻기 위하여 송기마스크 내부의 SF₆(육불화황) 농도를 측정한다) 　　• 안정된 지시치를 얻는다. 　　• 시험 공기를 공급한다. 　　• 피시험자는 다음과 같은 운동을 순서에 따라 실시해야 한다. 　　　- 머리를 움직이거나 말하지 않고 2분 동안 걷는다. 　　　- 터널의 벽면을 조사하는 것처럼 머리를 좌우로 약 2분 동안 15회 정도 움직인다. 　　　- 지붕과 바닥을 조사하는 것처럼 머리를 위 아래로 약 2분 동안 15회 정도 움직인다. 　　　- 2분 동안 「가나다라마」 문장을 큰소리로 말한다. 　　　- 머리를 움직이거나 말하지 않고 2분 동안 걷는다. 　　• 기록 　　　- 챔버의 농도 　　　- 각 운동 기간 동안의 누설률 　　• 시험 공기의 공급을 중단하고 SF₆(육불화황)을 챔버로부터 환기시킨 후 피시험자를 나오게 한다. 　　• 시험 후 다음 두 번째 누설률 시험을 하기 위하여 안면부를 사용하기 전에 건조시키고, 소독하고, 청결하게 유지시켜야 한다.

번호	구분	내용
1	안면부 누설율시험	㉯ SF₆(육불화황)를 이용한 측정방법은 다음 방법에 따라 실시해야 한다. • 시험장비 　– SF₆(육불화황)의 농도를 분석하는 장치는 연속적인 농도분석 및 측정값이 적산(積算)되어야 하고 고농도용과 저농도용으로 측정이 가능하여야 한다. 　– 송기마스크 내부의 표본추출 탐침은 착용자 입 부근(5mm 이내)에 설치되어야 한다. 　– SF₆(육불화황) 농도는 전자포착검출기(Electroncapture detector) 또는 적외선 분석기(I.R-System)에 의해 분석 기록되어야 한다. • 계산 $$P(\%) = \frac{C_2}{C_1} \times 100$$ P : 안면부누설률(%) C_1 : 챔버 내 농도(mg/m³) C_2 : 측정된 평균농도(mg/m³)
2	저압부의 기밀성 시험	저압부의 기밀성 시험방법은 배기밸브자리 및 호스의 끝부분 등의 개구부를 밀폐하고 시험용 사람머리에 장착시킨 후 내부에 1.5kPa의 공기압을 가하여 공기누출유무를 확인하며 송기마스크의 저압부는 다음과 같이 한다. ① 폐력흡인형 호스마스크는 호스 끝의 공기 취입구에서 안면부까지 ② 송풍기형 호스마스크는 유량 조절장치의 호스연결구에서 안면부까지 ③ AL마스크는 유량 조절장치 또는 공급밸브의 출구 측에서 안면부까지
3	배기밸브의 작동기밀성 시험	배기밸브의 작동기밀성 시험방법은 다음의 방법에 따라 시험한다. ① 기밀시험기에 배기밸브를 장착시킨 후 공기를 분당 1ℓ의 유량으로 흡인시켜 배기밸브의 닫힘에 의한 내부의 감압상태를 확인한다. ② 내부압력을 외부압력보다 1.0kPa 저하시킨 후 누설에 의한 내외의 압력차가 0.9kPa이 될 때까지의 시간을 측정 [기밀 시험기의 내용적은 (50±5)mℓ로 한다]
4	안면부 내의 압력 시험	안면부 내의 압력 시험방법은 송기마스크의 안면부를 시험용 사람머리에 부착시키고 안면부내의 압력이 600Pa일 때 송기마스크의 안면부와 시험용 사람머리의 접촉부분에서 누설량이 0.1ℓ/min 이하가 되도록 밀폐하여 안면부에 공급밸브를 부착하고 입구에 최고 및 최저사용압력의 공기를 공급하여 주어진 흡기량으로 흡인했을 때의 안면부내의 압력(코캡을 가진 것은 그 바깥측의 압력)을 측정한다.
5	통기저항 시험	통기저항 시험방법은 송기마스크의 안면부를 시험용 사람머리에 부착하고 공기를 흡기 또는 배기한 경우의 통기저항을 측정할 것. 이때 폐력흡인형 호스마스크는 최장 길이의 호스를 연결하고 디맨드형 및 압력디맨드형 AL마스크는 최고 및 최저사용압력의 공기를 공급하여 시험한다.
6	호스 및 중압호스 시험	호스 및 중압호수 시험방법은 다음과 같이 한다. ① 수압시험은 KS M 6540(고무호스 시험방법)의 수압시험에 규정하는 방법에 따라 중압호스는 1.5MPa, 호스는 1.0MPa의 압력을 가하여 파열, 누설, 국부적 부풀음 등의 이상 유무를 확인한다. ② 변형 시험은 길이 1m 이상의 호스 및 중압호스의 중앙부를 길이 10cm인 2장의 견고한 판자 사이에 끼워 상온하에서 70kg의 하중을 가한 후 변형성 및 통기성을 확인한다. 이 경우 중압호스는 호스 내로 최저 사용압력을 가한 상태에서 시험한다. ③ 구부림 시험은 길이 1m 이상의 시편을 사용하여 상온하에서 둥근막대(바깥지름은 호스 및 중압호스의 안지름의 3배)의 둘레에 180° 구부려서 통기성을 확인한다. 이 경우 중압호스는 호스 내로 최저사용압력을 가한 상태에서 시험한다.

번호	구분	내용
7	호스 및 중압호스 연결부 시험	호스 및 중압호수 연결부 시험방법은 다음과 같이 한다. ① 인장시험은 호스연결부에 상온하에서 1kN의 인장력을 가하여 분리 또는 이상유무를 확인한다. ② 누출시험은 호스연결부를 포함한 호스에는 30kPa, 중압호스에는 최고사용압력을 가하여 호스연결부에서의 공기누출 유무를 확인한다.
8	송풍기시험	송풍기 시험방법은 다음과 같이 한다. ① 송풍기에 최대 길이의 호스, 유량조절장치 및 안면부 등을 최대한 연결시켜 매일연속 6~8시간, 합계 100시간 이상 운전을 하여 안면부 등 흡입구에서의 풍량을 측정하고 베어링 기타 작동부분의 이상유무를 확인하고 수동 송풍기를 사용한 경우는 소비에너지도 확인한다. 이 경우 전동송풍기는 정격으로 운전하고, 수동송풍기는 크랭크의 회전수를 6r/min에서 운전하는 것으로 한다. ② 송풍기 1개를 운전조건에서 운전한 경우에는 송기구 1개당의 풍량 및 압력을 측정한다.
9	송풍기형 호스마스크의 분진포집효율 시험	송풍기형 호스마스크의 분진포집효율 시험방법은 〈표 1〉의 시험조건 하에서 공기 중 분진농도와 안면부 등의 흡기구분진농도를 측정한 후, 다음 산식에 의해 분진포집효율을 산출한다. $$F = \frac{C_1 - C_2}{C_1} \times 100$$ 여기에서, F : 분진포집효율(%) C_1 : 분진시험장치의 공기 중 분진농도(mg/m³) C_2 : 송기마스크의 흡기구에서 나오는 공기 중의 분진 농도(mg/m³) ‖〈표 1〉 분진포집효율 시험조건‖ {표}
10	일정유량형 에어라인 마스크의 공기공급량 시험	일정유량형 에어라인 마스크의 공기공급량 시험방법은 압축공기 공급원에 여과장치, 중압호스, 유량조절장치 및 안면부 등을 연결하고 공기공급원의 압력을 최저 사용압력으로 하고 중압호스의 길이를 최대한 길게 하여 유량조절장치를 전부 열어서 공기를 송기하여 안면부 등의 연결구에서 공기공급량을 측정한다. 또한 1개의 중압호스를 사용하여 착용자와 스프레이건 등에 같이 송기하는 것은 KS B 6151(스프레이건) 규정한 흡입식·중력식 또는 이와 동등 이상의 공기소비량을 가진 스프레이건을 공기밸브를 완전히 열린 상태에서 설치하여 시험한다.
11	기타의 구조시험	그 밖에 구조시험에 대하여는 일반구조에 따른 적합여부를 확인한다.

〈표 1〉 분진포집효율 시험조건

분진 종류	염화나트륨 입경분포는 0.04μm~1.0μm이며, 평균 입경은 약 0.6μm일 것
분진 농도	(8 ± 4)mg/m³
시험분위기의 온도, 습도	온도 : (20 ± 5)℃ 상대습도 : (50 ± 10)RH%
송풍기의 운전조건	정격
송풍기 1개당의 송풍량	제조업체에서 설계한 유량 기준
측정시간	측정값은 (30 ± 3)초 사이에서 얻어진 평균으로 하되, 포집효율시험시작 후 3분 이내에 측정

전동식 호흡보호구 공통의 성능기준
(보호구 안전인증 고시 : 별표 7)

번호	구분	내용
1	분류	전동식 호흡보호구는 〈표 1〉과 같이 한다. **〈표 1〉 전동식 호흡보호구의 분류** 분류 / 사용구분 전동식 방진마스크 : 분진 등이 호흡기를 통하여 체내에 유입되는 것을 방지하기 위하여 고효율 여과재를 전동장치에 부착하여 사용하는 것 전동식 방독마스크 : 유해물질 및 분진 등이 호흡기를 통하여 체내에 유입되는 것을 방지하기 위하여 고효율 정화통 및 여과재를 전동장치에 부착하여 사용하는 것 전동식 후드 및 전동식보안면 : 유해물질 및 분진 등이 호흡기를 통하여 체내에 유입되는 것을 방지하기 위하여 고효율 정화통 및 여과재를 전동장치에 부착하여 사용함과 동시에 머리, 안면부, 목, 어깨부분까지 보호하기 위해 사용하는 것
2	일반조건	① 전동식 호흡보호구는 다음과 같이 한다. ㉠ 위험·유해요소에 대하여 적절한 보호를 할 수 있는 형태일 것 ㉡ 착용부품은 착용이 간편하여야 하고 견고하게 만들어 착용자가 움직이더라도 쉽게 탈착 또는 움직이지 않을 것 ㉢ 각 부품의 재질은 내구성이 있을 것 ㉣ 각 부품은 조립이 가능한 형태이고 분해하였을 때 세척이 용이할 것 ㉤ 전동기에 부착하는 여과재 및 정화통은 교환이 용이할 것 ㉥ 사용하는 여과재 및 정화통은 접합부 사이에서 누설이 없도록 부착할 수 있어야 하고 겸용 정화통의 경우 바깥쪽에 여과재를 장착할 것 ㉦ 호흡호스는 사용상 지장이 없어야 하고 착용자의 움직임에 방해가 없을 것 ㉧ 착용부품 등 안면에 접촉하는 재료는 인체에 무해한 재료를 사용할 것 ㉨ 전원공급장치는 누전차단회로가 설치되어 있어야 하고 충전지는 쉽게 충전할 수 있을 것 ㉩ 본질안전방폭구조로 설계된 전동식 호흡보호구는 정상시 및 사고시(단선, 단락, 지락 등)에 발생하는 전기불꽃, 아크 또는 고온에 의하여 폭발성 가스 또는 증기에 점화되지 않도록 설계될 것 ㉾ 사용할 때 충격을 받을 수 있는 부품은 충격시에 마찰 스파크가 발생되어 가연성의 가스혼합물을 점화시킬 수 있는 알루미늄, 마그네슘, 티타늄 또는 이의 합금으로 만들어지지 않을 것 ㉿ 전동식 호흡보호구에 사용하는 금속부품은 내식성을 갖거나 부식방지를 위한 조치가 되어있을 것 ㋀ 여과재 및 흡착제는 포집성능이 우수하고 인체에 장해를 주지 않을 것

번호	구분	내용
2	일반조건	㉮ 전동기의 작동에 의한 공기공급 유속과 분포가 착용자에게 통증(과도한 국부 냉각 및 눈 자극 유발)을 일으키지 않아야 하고 정상 작동상태에서 공기공급의 차단이 발생하지 않을 것 ㉯ 공기공급량을 조절할 수 있는 유량조절장치가 설치되어 있는 경우 등급이 다른 여과재 및 정화통에 대하여 사용하지 말 것(같은 등급에서의 유량조절 장치는 사용할 수 있다) ② 전동식 호흡보호구의 공기공급량을 확인하기 위해 간편하게 측정할 수 있는 유량점검장치를 공급해야 한다. ③ 전동식 호흡보호구는 물체의 낙하·비래 또는 추락에 의한 위험을 방지 또는 경감하거나 감전에 의한 위험을 방지하기 위해 착용하여야 할 경우 용도에 따라「보호구 안전인증 고시」추락 및 감전 위험방지용 안전모 또는「보호구 자율안전확인 고시」안전모 기준에 따른다. ④ 전동식 호흡보호구는 비산물, 유해광선으로부터 눈 및 안면부를 보호하기 위해 착용하여야 할 경우 용도에 따라「보호구 안전인증 고시」차광 및 비산물 위험방지용 보안경 및 용접용 보안면 또는「보호구 자율안전확인 고시」보안경 및 보안면 기준에 적합해야 한다. ⑤ 전동식 호흡보호구는 깨끗하게 잘 정비된 상태로 보관할 수 있어야 한다.
3	재료	전동식 호흡보호구의 재료는 다음과 같이 한다. ① 사용 중에 접할 수 있는 온도·습도·부식성에 적합한 재료로 만들어질 것 ② 사용자가 장시간 착용할 경우 피부와 접촉하는 재료는 인체에 유해하지 않은 재료를 사용할 것 ③ 사용설명서에 따라 세척, 살균이 용이하도록 만들어야 하고 보관방법 등을 구체적인 사용설명서를 제공할 것 ④ 착용하였을 때 안면부와 접촉하는 재료는 부드러운 소재로 이루어져야 하고, 안면부에 찰과상을 줄 우려가 있는 예리한 요철이 없도록 제작될 것 ⑤ 모든 착용부품은 탈착이 가능하며 손으로 쉽고 견고하게 조립할 수 있을 것 ⑥ 전동식 호흡보호구의 작동으로 여과재 및 흡착제에서 이탈되는 입자가 발생하지 않도록 조치하여야 하고, 여과재 및 흡착제에 사용하는 재료는 인체에 유해하지 않을 것
4	전기구성품	전원공급에 의해 작동되는 전동식 호흡보호구 전기구성품은 다음과 같이 한다. ① 잠재적 폭발성 분위기에서 사용하도록 설계된 전동식 호흡보호구는「방호장치 의무안전인증 고시」성능기준 및 시험방법에 만족할 것 ② 전원공급장치가 충전지인 경우 유출방지형 충전지를 사용하여야 하고 누전시 전원 차단장치의 회로를 구성하여 전원을 차단할 것 ③ 사용전압은 직류 60V 또는 교류 25V(60Hz) 이하의 전압을 사용하여야 하고 전동기의 팬이 반대 방향으로 회전하지 않도록 만들 것 ④ 장시간 사용에 따른 급격한 흡기저항상승 및 비정상적인 작동에 의한 이상현상이 발생하기 전 착용자에게 위험의 상태를 알려줄 수 있도록 경보장치가 작동될 것
5	추가표시	안전인증 전동식호흡보호구에는 안전인증의 표시에 따른 표시 외에 다음의 내용을 추가로 표시해야 한다. ① 전동기 등이 본질안전 방폭구조로 설계된 경우 해당내용 표시 ② 사용범위, 사용상주의사항, 파과곡선도(정화통에 부착) ③ 정화통의 외부측면의 표시 색

방열복의 성능기준
(보호구 안전인증 고시 : 별표 8)

번호	구분	내용
1	종류 및 구조	방열복의 종류 및 구조는 착용부위에 따라 〈표 1〉과 [그림 1]로 구분한다. ‖〈표 1〉 방열복의 종류‖ **〈표 1〉 방열복의 종류** | 종류	착용부위
---	---
방열상의	상체
방열하의	하체
방열일체복	몸체(상·하체)
방열장갑	손
방열두건	머리	 ‖[그림 1] 방열복의 구조‖
2	사용구분	방열두건의 사용구분은 〈표 2〉와 차광보안경의 성능기준의 규정에 따른다. ‖〈표 2〉 방열두건의 사용구분‖ | 차광도 번호	사용구분
---	---
#2~#3	고로강판가열로, 조괴(造塊) 등의 작업
#3~#5	전로 또는 평로 등의 작업
#6~#8	전기로의 작업	

번호	구분	내용
3	일반구조	① 방열복의 구조 　㉠ 방열복은 파열, 절상, 균열이 생기거나 피막이 벗겨지지 않아야 하고, 기능상 지장을 초래하는 흠이 없을 것 　㉡ 방열복은 착용 및 조작이 원활하여야 하며, 착용상태에서 작업을 행하는데 지장이 없을 것 　㉢ 방열복을 사용하는 금속부품은 내식성 재질 또는 내식처리를 할 것 　㉣ 방열상의의 앞가슴 및 소매의 구조는 열풍이 쉽게 침입할 수 없을 것 　㉤ 방열두건의 안면렌즈는 평면상에 투영시켰을 때에 크기가 가로 150mm 이상, 세로 80mm 이상이어야 하며, 견고하게 고정되어 외부 물체의 형상이 정확히 보일 것 　㉥ 방열두건의 안전모는 안전인증품을 사용하여야 하며, 상부는 공기를 배출할 수 있는 구조로 하고, 하부에는 열풍의 침입방지를 위한 보호포가 있을 것 ② 방열복의 제작 　㉠ 땀수는 균일하게 박아야 하며 2땀/cm 이상일 것 　㉡ 박아뒤집는 봉제시접은 3mm 이상일 것 　㉢ 박이시작, 끝맺음 및 특히 터지기 쉬운 곳에 대해서는 2회 이상 되돌아 박기를 할 것

4　질량 및 재료

① 방열복의 질량은 〈표 3〉에 규정된 질량 이하이어야 한다.

‖ 〈표 3〉 방열복의 질량 ‖

단위 : kg

종류	질량
방열상의	3.0
방열하의	2.0
방열일체복	4.3
방열장갑	0.5
방열두건	2.0

② 방열복의 부품별 재료는 〈표 4〉와 같이 한다.

‖ 〈표 4〉 부품별 용도 및 성능기준 ‖

부품별	용도	성능기준	적용대상
내열원단	겉감용 및 방열장갑의 등감용	• 질량 : $500g/m^2$ 이하 • 두께 : 0.70mm 이하	방열상의·방열하의·방열일체복·방열장갑·방열두건
	안감	• 질량 : $330g/m^2$ 이하	〃
내열펠트	누빔 중간층용	• 두께 : 0.1mm 이하 • 질량 : $300g/m^2$ 이하	〃
면포	안감용	• 고급면	〃
안면렌즈	안면 보호용	• 재질 : 폴리카보네이트 또는 이와 동등 이상의 성능이 있는 것에 산화동이나 알루미늄 또는 이와 동등 이상의 것을 증착하거나 도금필름을 접착한 것 • 두께 : 3.0mm 이상	방열두건

번호	구분	내용
5	시험 성능기준	방열복의 시험성능기준은 〈표 5〉와 같이 한다.

‖ 〈표 5〉 방열복의 시험성능기준 ‖

구분	항목	시험성능기준			
내열원단	난연성	잔염 및 잔진시간이 2초 미만이고 녹거나 떨어지지 말아야 하며, 탄화길이가 102mm 이내일 것			
	절연저항	표면과 이면의 절연저항이 1MΩ이상일 것			
	인장강도	인장강도는 가로, 세로방향으로 각각 25kgf 이상일 것			
	내열성	균열 또는 부풀음이 없을 것			
	내한성	피복이 벗겨져 떨어지지 않을 것			
안면렌즈	차광능력	투시부의 가시광선 파장영역에 대한 시감투과율은 0.061% 이상, 43.2% 이하이고, 가시광선 투과율에 따른 적외선 투과율이 다음 수치 이하일 것			

차광도 번호 (#)	가시광선 투과율(%) (380~ 780nm)	적외선 투과율(%)	
		근적외선 (780~ 1,300nm)	증적외선 (1,300~ 2,000nm)
2.0	43.2~29.1	21	13
2.5	29.1~17.8	15	9.6
3	17.8~8.5	12	8.5
4	8.5~3.2	6.4	5.4
5	3.2~1.2	3.2	3.2
6	1.2~0.44	1.7	1.9
7	0.44~0.16	0.81	1.2
8	0.16~0.061	0.43	0.68

항목	시험성능기준			
열충격	열충격 시험 시 균열, 파손, 얼룩, 발포가 없을 것			
표면마모 저항	헤이즈 미터에 의한 시험결과가 다음 기준에 적합할 것			

연삭재의량(g)	100	200	400	800
표면마모저항(%)	3 이하	5 이하	8 이하	13 이하

항목	시험성능기준
내충격	균열 및 파손이 없을 것
내열원단 및 안면렌즈 — 열전도율	이면중심 온도가 47℃ 이하이고, 온도상승이 25℃/4min 이하일 것

화학물질용 보호복의 성능기준
(보호구 안전인증 고시 : 별표 8의2)

번호	구분	내용
1	종류 및 형식	① 화학물질용 보호복 〈표 1〉 화학물질용 보호복의 구분 ② 보호복의 등급은 투과저항 화학물질과 그 성능수준으로 한다. ③ 1, 2형식 보호복은 안전장갑과 안전화를 포함하는 일체형이야 한다.
2	구조 및 재료	보호복의 구조와 재료는 다음과 같이 한다. ① 보호복에 사용되는 재료와 부품은 착용자에게 해로운 영향을 주지 않아야 한다. ② 보호복은 착용 및 조작이 원활하여야 하며, 착용상태에서 작업을 행하는데 지장이 없어야 한다. ③ 착용자에게 접촉되는 보호복의 부위는 상해를 줄 수 있는 날카로운 모서리 등이 없어야 한다.

〈표 1〉 화학물질용 보호복의 구분

형식		형식구분 기준
1형식	1a형식	보호복 내부에 개방형 공기호흡기와 같은 대기와 독립적인 호흡용 공기공급이 있는 가스 차단 보호복
	1a형식 (긴급용)	긴급용 1a 형식 보호복
	1b형식	보호복 외부에 개방형 공기호흡기와 같은 호흡용 공기공급이 있는 가스 차단 보호복
	1b형식 (긴급용)	긴급용 1b 형식 보호복
	1c형식	공기라인과 같은 양압의 호흡용 공기가 공급되는 가스 차단 보호복
2형식		공기라인과 같은 양압의 호흡용 공기가 공급되는 가스 비차단 보호복
3형식		액체 차단 성능을 갖는 보호복. 만일 후드, 장갑, 부츠, 안면창(visor) 및 호흡용보호구가 연결되는 경우에도 액체 차단 성능을 가져야 한다.
4형식		분무 차단 성능을 갖는 보호복. 만일 후드, 장갑, 부츠, 안면창(visor) 및 호흡용보호구가 연결되는 경우에도 분무 차단 성능을 가져야 한다.
5형식		분진 등과 같은 에어로졸에 대한 차단 성능을 갖는 보호복
6형식		미스트에 대한 차단 성능을 갖는 보호복

비고 : 3, 4, 6 형식은 부분보호복을 인정한다.

번호	구분	내용

① 보호복의 형식별 재료시험 항목 및 최소 요구성능 수준은 〈표 2〉와 같다.

‖〈표 2〉 보호복 형식별 재료시험항목 및 최소요구 성능수준 ‖

시험항목	최소요구 성능수준			
	1, 2형식 (긴급용)	3, 4형식	5형식	6형식
투과저항	3(3)		–	–
마모저항	3(6)		1	1
굴곡저항	1(4)		1	–
저온굴곡저항*	2(2)	1	–	–
인열강도	3(3)		1	1
인장강도	3(6)		–	1
뚫림강도	2(3)		1	1
화염저항	–(3)	–	–	–
액체반발	–	–	–	3
액체침투저항	–	–	–	2
연소저항	불꽃 통과	불꽃 통과	–	불꽃 통과

* 저온굴곡저항은 해당 성능을 갖는 보호복만 적용

② 투과저항시험은 ⑥의 화학물질 중 최소 1 종의 화학물질에 대해 적용한다. 다만, 긴급용 보호복은 모든 화학물질에 대해 적용한다.

③ 보호복에 연결되는 안전장갑과 안전화의 투과저항수준은 보호복의 투과저항수준에 따른다.

④ 액체반발시험은 4가지 화학물질 중 최소 하나의 물질에 대하여 3수준 이상이어야 한다.

⑤ 액체침투저항시험은 4가지 화학물질 중 최소 하나의 물질에 대하여 2수준 이상이어야 한다.

⑥ 투과저항시험에 사용되는 화학물질은 〈표 3〉과 같다.

번호: 3, 구분: 재료시험

번호	구분	내용
3	재료시험	‖〈표 3〉 투과저항 시험 화학물질 목록‖ | 화학물질 | 물리적 상태 | CAS 번호 | | 메탄올 | 액체 | 67-56-1 | | 아세톤 | 액체 | 67-64-1 | | 아세토니트릴 | 액체 | 75-05-8 | | 디클로로메탄 | 액체 | 75-09-2 | | 이황화탄소 | 액체 | 75-15-0 | | 톨루엔 | 액체 | 108-88-3 | | 디에틸아민 | 액체 | 109-89-7 | | 테트라하이드로퓨란 | 액체 | 109-99-9 | | 에틸아세테이트 | 액체 | 141-78-6 | | N-헥산 | 액체 | 110-54-3 | | 수산화나트륨 40% | 액체 | 1310-73-2 | | 황산 96% | 액체 | 7664-93-9 | | 암모니아 99.99% | 기체 | 7664-41-7 | | 염소 99.5% | 기체 | 7782-50-5 | | 염화수소 99.0% | 기체 | 7647-01-0 | ⑦ 액체 반발시험 및 액체 침투시험에 사용되는 시험용액은 〈표 4〉와 같다 ‖〈표 4〉 액체 반발 및 침투시험 화학물질‖ | 화학물질 | 농도(무게 %) | | 황산 | 30 | | 수산화나트륨 | 10 | | o-크실렌 | 비희석 | | 1-부탄올 | 비희석 |

번호	구분	내용
3	재료시험	⑧ 보호복 재료에 대한 시험항목별 성능기준은 〈표 5〉와 같다.

‖〈표 5〉 보호복 재료에 대한 시험항목 ‖

시험항목 (단위)	시험성능수준(class)					
	6	5	4	3	2	1
투과저항(분)	>480	>240	>120	>60	>30	>10
인장강도(N)	>1,000	>500	>250	>100	>60	>30
인열강도(N)	>150	>100	>60	>40	>20	>10
뚫림강도(N)	>250	>150	>100	>50	>10	>5
마모저항(횟수)	>2,000	>1,500	>1,000	>500	>100	>10
굴곡저항(횟수)	>100,000	>40,000	>15,000	>5,000	>2,500	>1,000
화염저항(초)	해당 없음	해당 없음	해당 없음	5	1	불꽃 통과
저온굴곡저항 (횟수)	>4,000	>2,000	>1,000	>500	>200	1>100
액체반발지수 (%)	해당 없음	해당 없음	해당 없음	>95	> 90	>80
액체투과지수 (%)	해당 없음	해당 없음	해당 없음	<1	<5	<10

번호	구분	내용
4	솔기 및 접합부 시험	① 보호복의 솔기 및 접합부에 대한 시험항목별 시험성능기준은 〈표 6〉과 같이 한다.

‖〈표 6〉 보호복의 솔기 및 접합부에 대한 시험항목별 시험성능기준 ‖

시험항목 (단위)	시험성능수준(class)					
	6	5	4	3	2	1
투과저항(분)	>480	>240	>120	>60	>30	>10
솔기강도(N)	>500	>300	>125	>75	>50	>30
접합부 연결강도	안전장갑, 안전화 등이 연결된 구조인 경우 접합부 연결강도시험에서 100N의 인장력에 파손 또는 분리되어서는 안 된다. 긴급용인 경우 인장력은 250N으로 한다.					

② 솔기 및 접합부의 대한 시험항목별 성능기준은 다음과 같이 한다.
　㉠ 솔기의 투과저항은 보호복 재료의 투과저항 수준 이상일 것. 다만, 5, 6형식 보호복은 적용하지 않는다.
　㉡ 1, 2형식 보호복에 대한 솔기강도는 5수준 이상일 것
　㉢ 3~6형식 보호복에 대한 솔기강도는 1수준 이상일 것
③ 긴급용 보호복의 지퍼(찍찍이)는 화학물질 모두에 대하여 투과저항이 5분 이상의 파과 시간을 가져야 하며, 2등급 이하에서는 덮개가 있어야 한다.

번호	구분	내용

① 1, 2형식 보호복 완성품에 대한 시험항목은 〈표 7〉과 같다.

〈표 7〉1, 2형식 보호복 완성품의 시험항목

시험항목	형식			
	1a	1b	1c	2
전처리	○	○	○	○
기밀	○	○	○	
누설율		○(1)	○	○
안면창 시야	○		○	○
안면창 강도	○		○	○
전면형 마스크	○	○		
공기호흡기 연결부				
강도	○			
성능	○			
공기 공급시스템 연결부 강도			○	○
호흡 및 환기호스				
외부 호흡호스			○	○
내부 호흡호스			○	○
외부 환기호스		○(2)		
공기유량				
연속 유량밸브			○	○
경고장치			○	○
압축 공기공급 튜브			○	○
배기장치	○	○(3)	○	○
보호복 내 압력	○	○(3)	○	○
호흡저항			○	○
이산화탄소 농도			○	○
보호복에 유입되는 공기의 소음			○	○

비고
(1) 호흡용보호구가 영구 결합형태가 아닌 경우
(2) 공기호흡기가 보호복 외부에 있으며 환기를 위해 실린더 공기가 보호복으로 공급되는 경우
(3) 공기호흡기가 보호복 외부에 있으며 환기를 위해 실린더 공기가 보호복으로 공급되고, 공기가 호흡용 보호구로부터 보호복으로 환기되는 경우

② 1, 2형식 보호복 완성품에 대한 시험항목별 성능기준은 다음과 같다.
㉠ 기밀시험을 하여 압력 저하가 6분 동안 300Pa 이하이어야 한다.
㉡ 누설율은 0.05% 이하여야 한다.
㉢ 안면창은 다음 성능을 만족하여야 한다.
 • 강도시험에서 물리적인 손상이 없어야 한다.
 • 작업 모의시험을 하는 동안 안면창의 시야는 확보되어야 하며, 6m 떨어진 거리에서 100mm 크기의 문자를 읽을 수 있어야 한다.

5 — 1, 2형식 보호복 완성품 성능시험

번호	구분	내용
5	1, 2형식 보호복 완성품 성능시험	㉣ 전면형 마스크는 다음 성능을 만족하여야 한다. • 보호복과 일체형으로 결합되어 있는 경우에는 작업 모의시험을 하는 동안 기능에 이상이 없어야 한다. • 비영구적인 결합형태인 경우 액체분사시험에서 흡수작업복에 나타난 총 얼룩면적이 기준 얼룩면적의 3배 이하이어야 한다. 이때 시편은 전처리 후 3개로 실시한다. ㉤ 공기호흡기 연결부는 다음 성능을 만족하여야 한다. • 연결부 강도시험을 통과하여야 한다. • 550kPa에서 최소 300l/min을 전달하여야 한다. ㉥ 연속 유량조절밸브는 쉽게 조작할 수 있어야 하며, 제조자의 최소 설계유량보다 큰 범위에서만 작동하여야 한다. ㉦ 배기밸브 기밀시험에서 1분 동안 압력 변화가 100Pa 이하여야 한다. 3개를 시험하며 하나는 전처리 후 시험한다. ㉧ 보호복 압력시험에서 보호복 내부 압력이 400Pa 이하여야 한다. 1b 형식은 배기장치가 있는 경우에만 실시한다. ㉨ 호흡저항은 다음 사항을 만족하여야 한다. • 공기가 보호복에서 공급되는 경우 흡기저항은 0Pa 이상이어야 하며, 배기저항은 500Pa 이하여야 한다. • 공기가 전면형 마스크로 공급되는 경우 송기마스크의 성능기준 규정을 따른다. ㉩ 보호복에 부착되는 공기공급라인은 안전인증기준의 송기마스크와 전동식 호흡보호구의 안전인증기준을 따른다.
6	3형식 보호복 완성품 성능시험	① 예비시험에서 작업복에 손상이 없어야 하며, 7단계 운동 과정이 무리 없이 수행되어야 한다. ② 액체분사시험에서 흡수작업복에 나타난 총 얼룩면적이 기준 얼룩면적의 3배 이하이어야 한다. ③ 안면창은 다음 성능을 만족하여야 한다. ㉠ 강도시험에서 물리적인 손상이 없어야 한다. ㉡ 6m 떨어진 거리에서 100mm 크기의 문자를 읽을 수 있어야 한다. ④ 부분 보호복의 솔기 및 접합부도 액체분사시험 성능기준을 만족하여야 한다.
7	4형식 보호복 완성품 성능시험	① 예비시험에서 작업복에 손상이 없어야 하며, 7단계 운동 과정이 무리 없이 수행되어야 한다. ② 액체분무시험에서 흡수작업복에 나타난 총 얼룩면적이 기준 얼룩면적의 3배 이하이어야 한다. ③ 안면창은 다음 성능을 만족하여야 한다. ㉠ 강도시험에서 물리적인 손상이 없어야 한다. ㉡ 6m 떨어진 거리에서 100mm 크기의 문자를 읽을 수 있어야 한다. ④ 부분 보호복은 액체분무시험 성능기준을 적용하지 아니한다.
8	5형식 보호복 완성품 성능시험	① 누설율 시험에서 오름차순으로 정렬한 누설율 값의 91.1%에 분포하는 값이 30% 이하이고, 오름차순으로 정렬한 보호복당 총 누설율의 80%에 분포한 값이 15% 이하여야 한다. ② 안면창은 다음 성능을 만족하여야 한다. ㉠ 강도시험에서 물리적인 손상이 없어야 한다. ㉡ 누설율 시험을 하는 동안 안면창의 시야는 확보되어야 하며, 6m 떨어진 거리에서 100mm 크기의 문자를 읽을 수 있어야 한다.
9	6형식 보호복 완성품 성능시험	액체연무시험에서 흡수작업복에 나타난 총 얼룩면적이 기준 얼룩면적의 3배 이하이어야 한다.

번호	구분	내용
10	추가표시	안전인증 보호복에는 안전인증의 표시에 따른 표시 외에 다음의 내용을 추가로 표시해야 한다. ① KS K ISO 13688(보호복의 일반요건)에서 정하는 보호복 치수 ② 성능수준(class) ③ 보관·사용 및 세척상의 주의사항(세탁방법 포함) ④ 보호복을 표시하는 화학물질보호성능표시([그림 1] 참조) 및 제품 사용에 대한 설명 ⑤ 화학물질 외 다른 화학물질에 대한 투과저항시험, 액체반발 및 액체침투 시험의 성능 수준은 제조회사의 시험 결과임을 명시하여 사용설명서에 나타낼 수 있다. ⑥ 재료시험의 각 성능 수준을 사용설명서에 표시하여야 한다. ‖[그림 1] 화학물질 보호성능 표시‖

방음용 귀마개 또는 귀덮개의 성능기준
(보호구 안전인증 고시 : 별표 12)

번호	구분	내용
1	종류 및 등급 등	방음용 귀마개 또는 귀덮개의 종류와 등급 등은 〈표 1〉과 같이 한다. ‖〈표 1〉 방음용 귀마개 또는 귀덮개의 종류·등급 등‖
2	일반구조	① 귀마개는 다음과 같이 한다. 　㉠ 귀마개는 사용수명 동안 피부자극, 피부질환, 알레르기 반응 혹은 그 밖에 다른 건강상의 부작용을 일으키지 않을 것 　㉡ 귀마개 사용 중 재료에 변형이 생기지 않을 것 　㉢ 귀마개를 착용할 때 귀마개의 모든 부분이 착용자에게 물리적인 손상을 유발시키지 않을 것 　㉣ 귀마개를 착용할 때 밖으로 돌출되는 부분이 외부의 접촉에 의하여 귀에 손상이 발생하지 않을 것 　㉤ 귀(외이도)에 잘 맞을 것 　㉥ 사용 중 심한 불쾌함이 없을 것 　㉦ 사용 중에 쉽게 빠지지 않을 것 ② 귀덮개는 다음과 같이 한다. 　㉠ 인체에 접촉되는 부분에 사용하는 재료는 해로운 영향을 주지 않을 것 　㉡ 귀덮개 사용 중 재료에 변형이 생기지 않을 것 　㉢ 제조자가 지정한 방법으로 세척 및 소독을 한 후 육안상 손상이 없을 것 　㉣ 금속으로 된 재료는 부식방지처리가 된 것으로 할 것 　㉤ 귀덮개의 모든 부분은 날카로운 부분이 없도록 처리할 것 　㉥ 제조자는 귀덮개의 쿠션 및 라이너를 전용 도구로 사용하지 않고 착용자가 교체할 수 있을 것 　㉦ 귀덮개는 귀전체를 덮을 수 있는 크기로 하고, 발포 플라스틱 등의 흡음재료로 감쌀 것 　㉧ 귀 주위를 덮는 덮개의 안쪽 부위는 발포 플라스틱 공기 혹은 액체를 봉입한 플라스틱 튜브 등에 의해 귀 주위에 완전하게 밀착되는 구조일 것 　㉨ 길이조절을 할 수 있는 금속재질의 머리띠 또는 걸고리 등은 적당한 탄성을 가져 착용자에게 압박감 또는 불쾌함을 주지 않을 것

〈표 1〉 방음용 귀마개 또는 귀덮개의 종류·등급 등

종류	등급	기호	성능	비고
귀마개	1종	EP-1	저음부터 고음까지 차음하는 것	귀마개의 경우 재사용 여부를 제조특성으로 표기
	2종	EP-2	주로 고음을 차음하고 저음(회화음영역)은 차음하지 않는 것	
귀덮개	-	EM		

번호	구분	내용	
3	시험 성능기준	① 귀마개 또는 귀덮개의 차음성능기준은 〈표 2〉에 따른다. ‖〈표 2〉 귀마개·귀덮개 차음성능 기준‖	

〈표 2〉 귀마개·귀덮개 차음성능 기준

	중심주파수(Hz)	차음치(dB)		
		EP-1	EP-2	EM
차음성능	125	10 이상	10 미만	5 이상
	250	15 이상	10 미만	10 이상
	500	15 이상	10 미만	20 이상
	1,000	20 이상	20 미만	25 이상
	2,000	25 이상	20 이상	30 이상
	4,000	25 이상	25 이상	35 이상
	8,000	20 이상	20 이상	20 이상

번호	구분	내용
		② 귀덮개의 충격성능(저온 포함)시험 시 깨지거나 분리되지 않을 것(다만, 탈부착 가능한 쿠션부분은 제외한다)
4	추가표시	안전인증 귀마개 또는 귀덮개에는 안전인증의 표시에 따른 표시 외에 다음의 내용을 추가로 표시해야 한다. ① 일회용 또는 재사용 여부 ② 세척 및 소독방법등 사용상의 주의사항(다만, 재사용 귀마개에 한한다)

방음용 귀마개 또는 귀덮개의 시험방법
(보호구 안전인증 고시 : 별표 12의2)

번호	구분	내용

1	차음성능 시험	차음성능시험방법은 다음과 같이 한다.
		① 시험은 정상적인 청력을 가진 자(피시험인)의 귀에 의한 차음성능을 시험하는 방법으로 한다
		② 피시험인은 2,000Hz 이하의 주파수에서 15dB 이하의 음을, 2,000Hz 이상의 주파수에서 25dB 이하의 음을 들을 수 있는 청력수준을 갖는 자로서 양쪽 귀의 청력이 거의 같은 자로 한다.
		③ 청력수준의 측정은 KS P 1201(오디오미터)를 사용한다.
		④ 시험장소는 외부의 음을 충분히 차음한 무음실이어야 하며, 시험장소의 환경소음은 ⑤의 조건을, 시험음의 분포는 ⑧의 조건을 따른다.
		⑤ 시험장소의 환경소음은 시험할 때의 피시험인의 양측 귀를 중심으로 스피커가 45도 각도가 되는 점(시험위치)에서 시험하여 〈표 1〉과 같이 한다.
		
		〈표 1〉 시험장소의 환경소음기준
		
		표 참조
		
		⑥ 시험장소의 시험음을 내는 스피커는 피시험인으로부터 1m 이상으로 한다.
		⑦ 시험음은 중심 주파수에서 1/3 옥타브대역 소음을 시험장소의 스피커를 통하여 발생시킨다.
		⑧ ⑦에 따른 시험음은 피시험인의 머리 주위에 같은 크기로 입사되어야 하며, 시험위치로부터 전후좌우 상하로 각각 15cm 떨어진 위치에서 음압수준이 ±3dB 이상 차이가 나지 아니하도록 한다.
		⑨ 피시험인에 대한 시험방법은 다음과 같다.
		  ㉠ 피시험인은 10명으로 하며 잘 맞는 귀마개(귀덮개)를 선택하여 착용하고 시험에 응할 것
		  ㉡ 피시험인은 시험방법을 숙지하도록 한다.
		  ㉢ 피시험인은 적어도 시험시작 1시간 전부터 소음에 노출되지 않도록 할 것
		  ㉣ 피시험인이 귀마개(귀덮개)를 착용하지 않은 상태에서 ⑦에 따른 시험음을 발생시켜 최소 가청치를 상승법으로 구할 것
		  ㉤ 피시험인에게 귀마개(귀덮개)를 착용시킨 후 시험위치에서 60dB~70dB의 백색소음을 발생시키면서 피시험인의 머리를 상하 좌우로 수 회 움직이고 입을 개폐하게 하여 대상보호구의 위치를 바르게 되도록 조정할 것

〈표 1〉 시험장소의 환경소음기준

중심주파수(Hz)	소음수준(dB)
125	35 미만
250	23 "
500	22 "
1,000	30 "
2,000	35 "
4,000	42 "
8,000	45 "

번호	구분	내용
		⑪ 위치 조정이 완료되면 피시험인이 귀마개(귀덮개)를 착용한 상태에서 시험음을 발생시켜 최소가청치를 상승법으로 구할 것 ⓢ ⓔ 및 ⑪의 시험은 귀마개(귀덮개) 1개에 대하여 피시험인 10명에게 각각 3회 독립하여 실시할 것 다만 귀마개(귀덮개)를 매 회마다 다시 착용한다. ⑩ 차음치는 착용시의 최소가청치와 착용전의 최소가청치와의 차이를 중심주파수 별로 평균값과 다음 산식의 표준편차로 기록한다 $$SD = \sqrt{\frac{\Sigma d^2}{N-1}}$$ 여기서, SD = 표준편차 　　　　d = 각 시험의 측정치와 평균치와의 차이[(시험치를 xi, 평균치를 x라 하면 $(xi - \dot{X})$] 　　　　N = 각 시험의 측정회수 ⑪ 재사용 가능한 귀마개의 경우에는 제조자가 지정한 방법으로 세척 및 소독한 후 감쇄 특성에 줄 수 있는 변형을 확인하고 차음성능시험을 실시한다.
2	충격시험	충격시험시방법은 다음과 같이 한다. ① 머리밴드 귀덮개는 바닥에 (500×500×10)mm 철판을 댄 후 귀덮개의 컵과 머리밴드를 중간범위로 조정하여 철판 위 (1,500±10)mm 높이에서 귀덮개를 낙하시킨다. ② 안전모부착형 귀덮개는 수직벽에 (500×500×10)mm 철판을 부착하고 [그림 1]과 같이 두 개의 와이어를 안전모에 연결한 후 귀덮개를 부착하여, 컵/지지암을 최대로 늘린 후 철판에 안전모 부착형 귀덮개를 평행하게 조절하면서 안전모 쉘의 앞쪽과 뒤쪽 끝을 두개의 선으로 매달아 안전모를 뒤집고 안전모 정수리 부분의 끝점까지의 수직거리가 (1,000±10)mm에서 귀덮개를 철판 위에 낙하시킨다. 1. 고정축　2. 와이어　3. 철 판 ‖[그림 1] 충격시험장치‖
3	저온충격 시험	귀덮개의 저온충격시험방법은 (−20±3)℃에서 4시간 전처리 후 방음용 귀마개 또는 귀덮개의 시험방법의 규정에 따른다.

유예 사항에 대한 성능기준 및 시험방법
(보호구 안전인증 고시 : 별표 13)

1. 방독마스크 정화통의 제독능력 시험기준은 〈표 1〉과 같이 한다.

〈표 1〉 방독마스크 종류별 함유공기 농도, 파과농도 및 파과시간

종류		시험가스(시험연기)함유공기		농도 (ppm)	시간 (분)	분진포 집효율 (%)
		시험가스(시험연기) 의 종류	농도			
할로겐가스용의 방독마스크정화통 (Cl_2)	격리식	염소	0.5%	1	60	
	직결식	"	0.3%	1	15	
	직결식소형	"	0.02%	1	40	
유기가스용의 방독마스크정화통 (CCl_4)	격리식	사염화탄소	0.5%	5	100	
	직결식	"	0.3%	5	30	
	직결식소형	"	0.03%	5	50	
일산화탄소용의 격리식 방독마스크정화통(CO)		일산화탄소	1.0%	50	180	
암모니아용의 방독마스크정화통 (NH_3)	격리식	암모니아	2.0%	50	40	
	직결식	"	1.0%	50	10	
	직결식소형	"	0.1%	50	40	
아황산가스용의 방독마스크정화통 (SO_2)	격리식	아황산가스	0.5%	5	50	
	직결식	"	0.3%	5	15	
	직결식소형	"	0.03%	5	35	
아황산·황용의 방독마스크정화통 (분진 포함)	격리식	아황산가스	0.5%	5	30	
		담배연기	약 100~200mg/m^3			95
	직결식	아황산가스	0.3%	5	15	
		담배연기	약 100~200mg/m^3			80
	직결식소형	아황산가스	0.03%	5	35	
		담배연기	약 100~200mg/m^3			60

2. 차광보안경 및 용접용보안면의 시감투과율 차이 시험방법은 〈표 2〉과 같이 한다.

〈표 2〉 차광보안경 및 용접용보안면 시감투과율 차이 시험방법

구분	내용
시감투과율 차이 시험	시감투과율의 차이는 좌·우측의 접안렌즈의 시각적 중심이나 기하학적 중심에 대해 380~780nm 파장점의 분광투과율을 측정하고 좌·우측렌즈의 시감투과율 값 중 큰 값을 A, 작은 값을 B라 하고 다음 산식으로 계산한다. $$시감투과율\ 차이 = \frac{A-B}{\left(\dfrac{A+B}{2}\right)} \times 100$$

MEMO

산업보건지도사 2차 시험
산업위생공학

2023. 1. 18. 초 판 1쇄 발행
2026. 1. 7. 3차 개정증보 3판 1쇄 발행

지은이 | 서영민
펴낸이 | 이종춘
펴낸곳 | **BM** ㈜도서출판 **성안당**
주소 | 04032 서울시 마포구 양화로 127 첨단빌딩 3층(출판기획 R&D 센터)
       | 10881 경기도 파주시 문발로 112 파주 출판 문화도시(제작 및 물류)
전화 | 02) 3142-0036
       | 031) 950-6300
팩스 | 031) 955-0510
등록 | 1973. 2. 1. 제406-2005-000046호
출판사 홈페이지 | **www.cyber.co.kr**
ISBN | 978-89-315-8510-0 (13530)
정가 | 52,000원

이 책을 만든 사람들
책임 | 최옥현
진행 | 이용화, 김원갑
교정 · 교열 | 김원갑
전산편집 | 이다혜
표지 디자인 | 박원석
홍보 | 김계향, 임진성, 김주승, 최정민, 이해솜
국제부 | 이선민, 조혜란
마케팅 | 구본철, 차정욱, 오영일, 나진호, 강호묵
마케팅 지원 | 장상범
제작 | 김유석